吴良镛院士主编：人居环境科学丛书

南京城市规划史
Urban Planning History of Nanjing
（第二版）

苏则民　编著

中国建筑工业出版社

图书在版编目（CIP）数据

南京城市规划史／苏则民编著. —2版. —北京：中国
建筑工业出版社，2015.10
（人居环境科学丛书／吴良镛主编）
ISBN 978-7-112-18339-5

Ⅰ.①南…　Ⅱ.①苏…　Ⅲ.①城市规划-城市史-南京市
Ⅳ.①TU984.253.1

中国版本图书馆 CIP 数据核字（2015）第 175897 号

责任编辑：兰丽婷　石枫华
责任校对：姜小莲　党　蕾

吴良镛院士主编：人居环境科学丛书

南京城市规划史
（第二版）
苏则民　编著
*
中国建筑工业出版社出版、发行（北京西郊百万庄）
各地新华书店、建筑书店经销
北京嘉泰利德公司制版
北京中科印刷有限公司印刷
*
开本：787×1092毫米　1/16　印张：36¾　字数：758千字
2016年1月第二版　2016年1月第二次印刷
定价：168.00元
ISBN 978-7-112-18339-5
　　　（27483）

内容提要

本书记述了古代南京从远古时期一直到清末的漫长岁月里的成长、发展的演变过程。着重论述了六朝、南唐、明朝三个时期的都城规划史。南京是体现以《管子》为代表的"天材地利"规划思想的典型。本书结合南京"龙盘虎踞"的山水形胜，着重分析了古代南京的都城规划特色。

南京在我国近代史上占有重要而突出的地位。本书记述了南京城市走向近代化和引进西方规划设计思想、方法的过程。详细介绍了《首都计划》和《首都大计划》等总体规划，中山陵园等详细规划和建筑设计，以吕彦直为代表的中国近代第一代规划师、建筑师们在规划、设计中体现中国传统所作的卓有成效的探索。

本书按时序叙述了新中国成立以后至改革开放以前南京城市规划历史的具体内容；对改革开放以后南京的规划工作作了概括性的综合叙述，并对有特点的重要内容——城市空间发展规划理念、传承历史文脉彰显城市特色、城市规划编制体系和规划管理法制化等四个方面，分节作了较为详细的阐述。

凤凰古国李白诗已家喻户晓青年学干

工设计院授以南京老城南作名城市设计

共同课题我在辅导清华同学时曾

自这样都城南中有中华门及两花台

及报恩寺塔为中轴东有白鹭洲为忠

城西已有新修复的愚园 为纪念凤凰

道城西城的中心，主要秦淮河

游览廊道蔚为壮丽这一地区要具

风景。前次叶为长本家时间句、李度

诸生、清子以辞告甚在京书中将凤台

增加了给出来

吴良镛 [印]

乙未
四月廿八

則民同道：

賜寄「南京規劃史稿」收到多日，對先生南京之古近城規學人第其信大感興趣，此書類之為千年前出路之「史稿」，尤為廣闊且增「近代篇」，實屬難得。知悉以後不再以史題寫書（書名於明研究心得之論著可另起別名）故此書名似可將「稿」字略去，以示前後兩書之不同。

附帶有一事相懇商榷，南京

吴良镛先生致作者的信

则民同道：

赐寄"南京规划史稿"收到多日。对出生南京之建筑学人当然倍感兴趣。此书较之若干年前出版之"史稿"大有展阔，且增"近（现）代篇"，实居（属）难得。如您以后不再以此题写书（当然如有研究心得之论著，可另起别名），故此书名似可将"稿"字略去，以示前后两书之不同。

附带有一事和您商榷，南京凤凰台因李白诗已家喻户晓。去年若干建筑院校以南京老城南作为城市设计共同课题，我在辅导清华同学组时曾有这样的建议：老城南中有中华门及雨花台及报恩寺塔为中轴，东有白鹭洲为中心，城西已有新修复的愚园。如能将凤凰遗址加以扩大，形成老城南西城的中心，并与秦淮河游览廊道蔚为体系，使这一地区更具风采。前次叶局长来我家时间匆匆，未及谈此，请予以转告，并在宏著中将凤台增加介绍为感。

吴良镛

乙未　四月廿八日

又《凤麓小志》一书因纸太薄，不好复印。如您有兴趣，用照片为你翻拍。

镛又及

"人居环境科学丛书"缘起

18世纪中叶以来，随着工业革命的推进，世界城市化发展逐步加快，同时城市问题也日益加剧。人们在积极寻求对策不断探索的过程中，在不同学科的基础上，逐渐形成和发展了一些近现代的城市规划理论。其中，以建筑学、经济学、社会学、地理学等为基础的有关理论发展最快，就其学术本身来说，它们都言之成理，持之有故，然而，实际效果证明，仍存在着一定的专业的局限，难以全然适应发展需要，切实地解决问题。

在此情况下，近半个世纪以来，由于系统论、控制论、协同论的建立，交叉学科、边缘学科的发展，不少学者对扩大城市研究作了种种探索。其中希腊建筑师道萨迪亚斯（C.A.Doxiadis）所提出的"人类聚居学"（EKISTICS: The Science of Human Settlements）就是一个突出的例子。道氏强调把包括乡村、城镇、城市等在内的所有人类住区作为一个整体，从人类住区的"元素"（自然、人、社会、房屋、网络）进行广义的系统的研究，展扩了研究的领域，他本人的学术活动在20世纪60~70年代期间曾一度颇为活跃。系统研究区域和城市发展的学术思想，在道氏和其他众多先驱的倡导下，在国际社会取得了越来越大的影响，深入到了人类聚居环境的方方面面。

近年来，中国城市化也进入了加速阶段，取得了极大的成就，同时在城市发展过程中也出现了种种错综复杂的问题。作为科学工作者，我们迫切地感到城乡建筑工作者在这方面的学术储备还不够，现有的建筑和城市规划科学对实践中的许多问题缺乏确切、完整的对策。目前，尽管投入轰轰烈烈的城镇建设的专业众多，但是它们缺乏共同认可的专业指导思想和协同努力的目标，因而迫切需要发展新的学术概念，对一系列聚居、社会和环境问题作进一步的综合论证和整体思考，以适应时代发展的需要。

为此，十多年前我在"人类居住"概念的启发下，写成了"广义建筑学"，嗣后仍在继续进行探索。1993年8月利用中科院技术科学部学部大会要我做学术报告的机会，我特邀约周干峙、林志群同志一起分析了当前建筑业的形势和问题，第一次正式提出要建立"人居环境科学"（见吴良镛、周干峙、林志群著

《中国建设事业的今天和明天》，城市出版社，1994）。人居环境科学针对城乡建设中的实际问题，尝试建立一种以人与自然的协调为中心、以居住环境为研究对象的新的学科群。

建立人居环境科学还有重要的社会意义。过去，城乡之间在经济上相互依赖，现在更主要的则是在生态上互相保护，城市的"肺"已不再是公园，而是城乡之间广阔的生态绿地，在巨型城市形态中，要保护好生态绿地空间。有位外国学者从事长江三角洲规划，把上海到苏锡常之间全都规划成城市，不留生态绿地空间，显然行不通。在过去渐进发展的情况下，许多问题慢慢暴露，尚可逐步调整，现在发展速度太快，在全球化、跨国资本的影响下，政府的行政职能可以驾驭的范围与程度相对减弱，稍稍不慎，都有可能带来大的"规划灾难"（planning disasters）。因此，我觉得要把城市规划提到环境保护的高度，这与自然科学和环境工程上的环境保护是一致的，但城市规划以人为中心，或称之为人居环境，这比环保工程复杂多了。现在隐藏的问题很多，不保护好生存环境，就可能导致生存危机，甚至社会危机，国外有很多这样的例子。从这个角度看，城市规划是具体地也是整体地落实可持续发展国策、环保国策的重要途径。可持续发展作为世界发展的主题，也是我们最大的问题，似乎显得很抽象，但如果从城市规划的角度深入地认识，就很具体，我们的工作也就有生命力。"凡事预则立，不预则废"，这个问题如果被真正认识了，规划的发展将是很快的。在我国意识到环境问题，发展环保事业并不是很久的事，城市规划亦当如此，如果被普遍认识了，找到合适的途径，问题的解决就快了。

对此，社会与学术界作出了积极的反应，如在国家自然科学基金资助与支持下，推动某些高等建筑规划院校召开了四次全国性的学术会议，讨论人居环境科学问题；清华大学于1995年11月正式成立"人居环境研究中心"，1999年开设"人居环境科学概论"课程，有些高校也开设此类课程等等，人居环境科学的建设工作正在陆续推进之中。

当然，"人居环境科学"尚处于始创阶段，我们仍在吸取有关学科的思想，努力尝试总结国内外经验教训，结合实际走自己的路。通过几年在实践中的探索，可以说以下几点逐步明确：

（1）人居环境科学是一个开放的学科体系，是围绕城乡发展诸多问题进行研究的学科群，因此我们称之为"人居环境科学"（The Sciences of Human Settlements，英文的科学用多数而不用单数，这是指在一定时期内尚难成为单一学科），而不是"人居环境学"（我早期发表的文章中曾用此名称）。

（2）在研究方法上进行融贯的综合研究，即先从中国建设的实际出发，以问题为中心，主动地从所涉及的主要的相关学科中吸取智慧，有意识地寻找城乡人居环境发展的新范式（paradigm），不断地推进学科的发展。

（3）正因为人居环境科学是一开放的体系，对这样一个浩大的工程，我们工作重点放在运用人居环境科学的基本观念，根据实际情况和要解决的实际问题，做一些专题性的探讨，同时兼顾对基本理论、基础性工作与学术框架的探索，两者同时并举，相互促进。丛书的编著，也是成熟一本出版一本，目前尚不成系列，但希望能及早做到这一点。

希望并欢迎有更多的从事人居环境科学的开拓工作，有更多的著作列入该丛书的出版。

1998 年 4 月 28 日

《南京城市规划史稿　古代篇·近代篇》序

吴良镛　2008 年

我国在 20 世纪 80 年代后加快了城市化的进程，对城市规划工作的质量要求日高，城市研究的不足也渐凸显，如历史人文研究等。中国城市史虽然新中国成立后有人开始著书立说，但我认为，如果各个地方城市史没有得到充分的挖掘的话，那么中国城市史仍然是不容易完备的。何况新中国成立以来，特别是改革开放以来，城市建设有了很大的发展，各个地方对当地城市历史、城市文化的研究也有十分迫切的需求。南京是我的家乡，作为建筑与城市工作者，对南京的历史自然倍感关心。苏则民先生的《南京城市规划史稿》，我粗读之认为这本书有两个特点：

第一，南京的历史发展，可以从一个侧面说明人居环境发展演变的过程：从"南京人"（南京江宁汤山镇人头骨化石，约晚于"北京人"5000~6000），到新石器时代北阴阳营遗址的原始聚落，至春秋后期城邑的兴起，从六朝到明代各个都城的兴亡交替等等的发展变化，颇值得总结；并且由于南京城是在中华人民共和国建国以前的最后一个都城，建都在我国早期现代化以后，时间虽不长，但从种种现代化措施来看，可以认为中国具近代意义的大规模城市规划是从南京开始的，因而更有一定的时代价值。因此，南京城的历史发展可以视之为人居环境变迁的一个缩影，具有一定的典型性。

第二，本书的作者是建筑与规划师，他多少以他的专业观点从事本书的写作：

·历史的脉络清晰。从秦代起一直到民国，对历史背景、体制变化、城市沿革及各个历史时期规划建设的原则交待得清楚，对有些重要掌故考据周详。

·对城市赖以发展的自然条件、山川形胜尽有描述；对在各个不同时期与条件下城市在发展中如何改造和利用所在的条件形成城市的特色作了重要的分析，甚至对其要点不厌其详。

·对南京各个时代的城市文化活动，能够给予特别的关注，这对今天我们如何分析城市的历史文化发展可以有很大的启发。

·并且在上述基础上，作者能够从城市设计的观点对城市构成的特色多做阐述。比如对南京中轴线构图的形成、城墙的建造、风景园林的塑造，都能够有所分析，并从历史中总结出规律性的东西，不仅能使我们了解到城市发展的沿革，对当今的城市设计也有所启发。

总之，本书不仅根据文献和现状对南京的城市发展史做出了规律性的理解，也说明了对地方历史文化研究的重要性，并有助于其规划建设。作者治学严谨，考证周详，内容充实，图文并茂；可以认为这是一本地方城市规划史中难得的有价值的参考书。希望全国能有更多这类的著作问世。

作者苏则民先生1965年研究生毕业于清华大学。当年研究生制度在试行中，系里遴选学生中优秀者进行研究生学习。学习期间他完成了中西城市规划建设史等专门课程的学习，并作为清华大学城市规划教研组的成员，参与了1964年北京市天安门广场与长安街规划设计的竞赛，负责报告的写作。在研究生毕业论文中他对天安门广场周边建筑环境的现状和历史沿革都作了详细的资料收集和测绘工作。后来进行毛主席纪念堂设计时，因为动乱刚结束后的北京规划局正在恢复中，几乎找不到相关资料，这篇论文成了当时周边环境设计的重要依据之一，发挥了特殊的作用。我借此表达他的业绩。

多年来，苏则民在南京参与了规划院、规划局、建委的领导工作，在实践基础上跑遍了南京的山山水水，同时结合历史文献的查阅不遗余力，特别是卸去行政职务后，更集中精力于本书的写作，数易其稿，才能够取得如此的成绩，我读后倍感欣慰。故聊记所感于上。我在一些专业会议上曾经说过，一个人因为年龄从岗位上退休，如果健康允许，可以是另一事业的开始。这本书的问世，也足以说明此点。我想全社会都会欢迎离退休后学人的这种贡献。

前　言

对南京近2500年的建城历史,人们有着各种不同的解读。赞美她的山水风光,赞美她的区位优势,赞美她的悠久历史,赞美她的文化底蕴,赞美她在城市规划领域的创新之举;同时也感叹她建都王朝的"短命",感叹她名胜古迹之多"陵",谓之曰悲情城市。其实,这些正是她的特色所在。

本书希冀从城市规划和建筑学的专业视角,叙述、剖析南京这座城市的发展历程,从而对南京今后的规划建设有所启迪;为我国城市规划史和建筑史的研究添砖加瓦。

有关南京城市演变的课题,前人已经有了许多研究,也不乏史料翔实、论述有据的著作。但限于当时条件,有不少史料语焉不详,诸家说法不一,甚至以讹传讹。本书尽可能辨别正误,或几说并列存疑。力图从城市规划的角度去运用这些史料,加以分析、论述;同时尽量把史料中的文字记述用图表述出来。

城市的"规划"、"建设"是人类有意识、有目的的自觉行为。而城市在发展演变过程中,大量是自发行为。尤其是古代,只有各级行政中心城市,城市中的行政中心部分,可以说是有"规划"的,而对大部分城市,对城市中的大部分地区而言,很难说,城市是按"规划""建设"的。在近现代又何尝不是如此。且不说许多地方根本没有规划,即使有了规划,也不一定按规划建设。所以,对于城市自古至今的发展演变,用"规划"、"建设"来概括,都不够全面和确切。再者,城市规划的内涵广泛而丰富,涉及城市的方方面面。所以,本书记述的虽然是南京城市规划史,但对南京古代的城市而言更多的是从城市规划的视角来述说南京城市发展的演变过程,尤其是南京作为都城的演变过程;还有一些内容虽然不一定直接涉及南京的发展演变,之所以编入,是因为对于今天从事南京的城市规划工作而言是应该了解的重要历史信息。

历史总是由后人写的。现在来写"现代"的内容,似乎为时尚早。所以,本书现代部分(第六篇、第七篇),按时序叙述的具体内容只写到改革开放以前;改革开放以后的部分,在开头加了"综述"一节,对改革开放前的30年作了回顾小结，对改革开放以后的规划工作作了概括性的综合叙述。而对我认为有特点的重要内容，也就是城市空间发展规划理念、传承历史文脉彰显城市特色、城市规划编制体系和规划管理法制化等四个方面，分节作了较为详细的阐述，而且大体以 2000 年为时间下限。这部分内容，更多的是南京对城市规划工作的探索，本书的叙述也主要是对这些问题的探讨。好在笔者参与了其中多数工作，至少记录了当事人当时的思索。

目　录

第3篇 南唐复兴 承前启后

第4篇 明都辉煌 规划杰作

第5篇　近代民国　中西结合

第6篇　全新时代　曲折前行

第7篇 改革开放 探索创新

绪

论

南京，著名古都、江苏省省会、长江下游重要的中心城市。

2000 年南京市辖玄武、白下、秦淮、建邺、鼓楼、下关、浦口、大厂、栖霞、雨花 10 区和江宁、江浦、六合、溧水、高淳 5 县，总面积 6598 平方公里，其中市区面积 1026 平方公里；全市人口为 544.89 万人，其中市区 289.51 万人。（图 0–1）

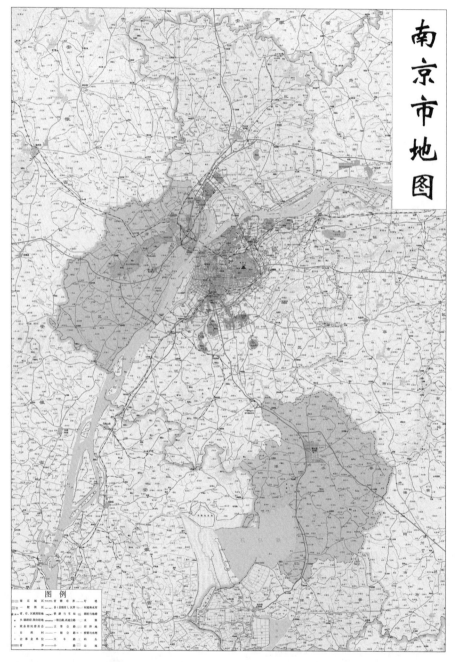

图 0–1　南京市地图
资料来源：南京市城市规划编制研究中心

"古建康城邑始于周。建康地本属春秋之吴，取之吴而城长干者，越勾践也，取之越而置金陵邑者，楚熊商也。……郡县始于秦，为都始于孙吴。"[①]从棠邑、濑渚邑或是越城起算，南京已经有大致2500年的历史。

纵观这2500年，首先是自然山水提供了优越的发展条件，"龙盘虎踞"几乎专门用来描述南京的山川形势，成了南京的代名词，而且确也当之无愧。

南京的地理位置，在我国的东部，长江下游，地跨大江南北。在历史的长河中，特别是在文化层面上，南京是东西南北交融的结合点。

城市的规划和建设从来就是城市统治者意志的反映。在古代、在都城更是如此。南京的辉煌都是在成为都城时发生的。但是，经济地理条件也制约着城市的命运，这是不以城市统治者的意志为转移的。

在我国漫长的都城规划建设史上，《周礼·考工记》所反映的"乐和礼序"的规划思想以长安（西安）和北京为典型代表；而南京却是我国另一种重要规划思想——以《管子》所反映的"天材地利"观念的典型代表，别具一格。在世界城市发展史上，南京特别是明代南京，也书写了辉煌的一页。

南京作为我国近代唯一的建都城市，在城市规划史上有着极为重要的独特地位。

到了现代，南京虽然失去了国都的政治地位，但由于山川形胜、人文荟萃，在我国城市规划史上依然书写了亮丽的一页。（图0-2）

0.1 龙盘虎踞——山川形势

唐朝许嵩在《建康实录》中说："案《吴录》：刘备曾使诸葛亮至京，因观秣陵山阜，曰：'钟山龙盘，石头虎踞，此乃帝王之宅也。'"[②]《吴录》，晋人张勃作。诸葛亮是否真的到过南京，说过这样的话，已无据可考，但"龙盘虎踞"确实道出了南京这个地方独特的山川形势。对于"龙盘虎踞"形象，李白在《金陵歌·送别范宣》中有过生动的描述："石头巉岩如虎踞，凌波欲过沧江去。钟山龙盘走势来，秀色横分历阳树。"

宋朝周应合在《景定建康志》中对南京的山川形势有一段较为确切的概括，为"龙盘虎踞"作了注释："钟山来自建邺之东北而向乎西南，大江来自建邺之西南而朝于东北。由钟山而左，自摄山、临沂、雉亭、衡阳诸山，以达于东；又东为白山、大城、云穴、武冈诸山，以达于东南；又东南为土山、张山、青龙、石硊、天印、彭城、雁门、竹堂诸山，以达于南；又南为聚宝山、戚家山、梓潼山、紫岩、夏侯、天阙诸山，以达于西南；又西南绵亘至三山而止于大江。此亮所谓龙盘之势也。由钟山而右，近之为覆舟山、为鸡笼山，皆在宫城之后；又北为直渎山、大壮观山、四望山，以达于西北；又西北为幕府、卢龙、马鞍诸山，以达于西，是为石头城，

① （宋）周应合.景定建康志·卷之六·建康表总序.台北成文出版社，1983
② （唐）许嵩.建康实录·卷第二吴中·太祖下.上海古籍出版社，1987

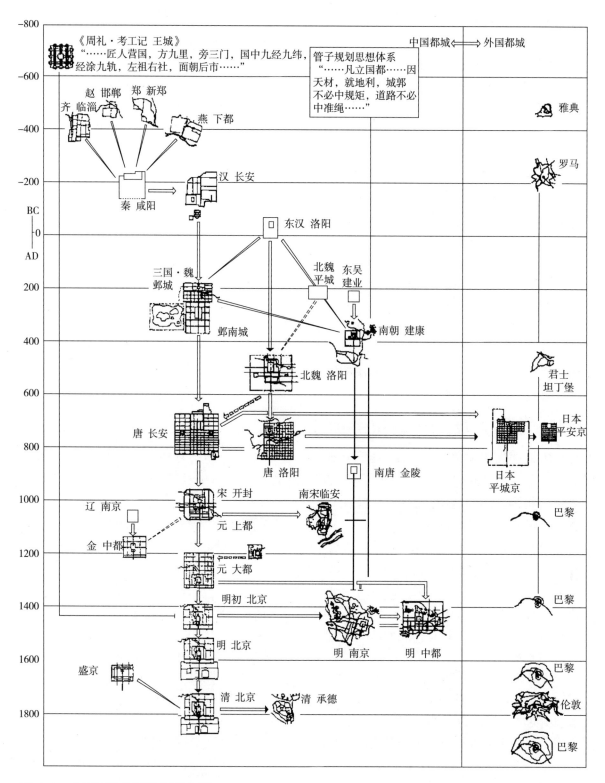

图 0-2　中国历代都城发展演变图

资料来源：吴良镛. 北京旧城与菊儿胡同. 中国建筑工业出版社，1996

亦止于江。此亮所谓虎踞之形也。其左右群山若散而实聚，若断而实续。世传秦所凿断之处，虽山形不联而骨脉在地隐然相属，犹可见也。石头在其西，三山在其西南，两山可望而扼大江之水横其前；秦淮自东而来，出两山之端而注于江。此盖建邺之门户也。覆舟山之南，聚宝山之北，中为宽平宏衍之区，包藏王气，以容众大，以宅壮丽。此建邺之堂奥也。自临沂山以至三山围绕于其左，直渎山以至石头，溯江而上，屏蔽于其右。此建邺之城郭也。玄武湖注其北，秦淮水绕其南，青溪萦其东，大江环其西。此又建邺天然之池也。形势若此，帝王之宅宜哉。"①

朱元璋认为"建业长江天堑，龙盘虎踞，江南形胜之地，真足以立国。"明朝顾起元在《客座赘语》中说："钟山自青龙山至坟头一断复起，侧行而向西南，而长江自西南流向东北，所谓山逆水，水逆山，真天地自然交会之应也。"②孙中山先生也说过：南京"其位置乃在一美善之地区。其地有高山，有深水，有平原，此三种天工，钟毓一处，在世界中之大都市诚难觅如此佳境也。""当夫长江流域东区富源得有正当开发之时，南京将来之发达，未可限量也。"③

"龙盘虎踞"也许是古人对天上星象的形象描绘，是"象天法地"的体现。按古人所定的方位，龙虎两星座一东一西，左苍龙、右白虎，与一南一北，前朱雀、后玄武共同形成环绕中宫的四宫星象。龙虎是天帝的守护神。人间帝王当然也就把龙虎作为自己的守护神。龙虎是皇权的象征，唐代刘知几在《史通》中说："虎踞龙盘，帝王表其尊极。"④

钟山和石头山从方位上讲，正好一东一西；从形象上讲，钟山绵延数里，犹如卧龙欲腾飞，石头蹲踞江边，恰似猛虎欲跃起。所以"龙盘虎踞"不仅是钟山、石头山等的群山形势，而且也是群山与长江、秦淮河等江河结合在一起的山川形势。将金陵东面的绵延钟山和西面大江边的石头山比作青龙、白虎，天地相应，为金陵成为帝王之宅提供依据。

"龙盘虎踞"确是南京自然山水特色的最好写照。

0.2　古城兴衰——战略区位

0.2.1　文化中枢

以"湖熟文化"为代表的考古发掘证明，南京自古就是南北、东西文化交流的重要通道。苏秉琦先生在《中国文明起源新探》一书中曾说："以南京为中心的宁镇地区，连接皖南与皖北的江淮之间以及赣东北部一角。……这里的新石器文化与青铜文化是相衔接的，同时也表明，这里也是南北通道，较早地与中原地区古文化有了更密切的联系，是西北与东南古文化的交叉地带，对于中国西北和东

---

① （宋）周应合.景定建康志·卷之十七·山川志序.台北成文出版社，1983
② （明）顾起元.客座赘语·卷八·金陵垣局.庚己编·客座赘语.中华书局，1987
③ 孙文.建国方略·之二·实业计划.中州古籍出版社，1998
④ （唐）刘知几.史通·内篇书志第八

南两大地区文化的交流，曾经起过独特作用，从而也有别于太湖流域古文化。"[①]

史籍记载，至迟于商朝末年"太伯奔吴"后，周朝势力和中原文化就影响了南京地区。到了春秋战国时期，吴、越、楚常常交战于南京地区，并交替占领南京地区，南京完全称得上是"吴头楚尾"。

六朝时期，南京成为全国政治、文化、经济中心之一。第一次作为一国首都的南京，自然吸取了更为辉煌的中原文化，包括都城的规划思想。东晋时，大批北人南下，南北交融甚至改变了南京的许多风俗习惯。南京大部分地区（溧水县城以北）的语言就开始由吴语系转变为北方语系，而溧水县城南部和高淳仍然保留着吴语系。南京成为吴语系和北方语系的交接地带。

南京是我国江南最早传播佛教文化的胜地，六朝时期的南京成为全国重要的译经中心。在我国形成的佛教各宗派，大都和南京有关。

不可否认，在分裂时期，往往由于官方控制力的降低，居民的南北迁徙，而使得各种思想流派、艺术风格、宗教派别得以产生、传播和交融。南京多次成为分裂时期的都城，因此，南京"吴头楚尾"、南北交融的作用显得尤为突出。

所以，南京既是东西文化汇合的地区，又是南北文化交融的地区，是东西、南北文化融汇的结合点。

此后，随着经济社会的发展，交流当然更加频繁，为南京丰富多彩的文化底蕴打下了深厚的基础。

0.2.2　东南重镇

南京的地理位置自古以来就处于南北、东西文明交汇融合之地，富饶的长江三角洲与江淮平原衔接节点，而长江天堑更使南京成为东南重镇、战略要地。但决定一个城市的地位、作用的，除了相对稳定的自然条件外，主要取决于政治、军事、经济诸多因素，取决于形势的变化，也就是城市当时所处的战略态势。

0.2.2.1　中原以外地区建都的首选之地

南京古代的城市规划及其实践主要是南京作为都城的建设活动，可以说南京古代的城市规划史主要就是南京作为都城的变迁史。古代的南京随着建都而兴，废都而衰。在建都时期，南京兴旺发达；而到了非建都时期，南京就衰退，建设活动乏善可陈。从公元前 541 年南京地区建固城算起至 1949 年，2490 年间在南京建都的时间累计才 441 年，只占不足五分之一。而且在南京建都的朝代大都为国家处于分裂状态下的政权，为时不长。明朝是全国统一的，但建都南京只有 53 年。民国也算是统一的，但先是军阀割据，后被日寇侵占半壁江山。最长的是东晋，103 年。整个六朝自东吴到陈被灭，除西晋的短暂间隔外，共326 年，可被视为是连续的。但是，无论如何，这约五分之一的时期对南京所起的作用却远超过其余的五分之四。（图 0-3、图 0-4）

---

① 苏秉琦.中国文明起源新探.三联书店，1999

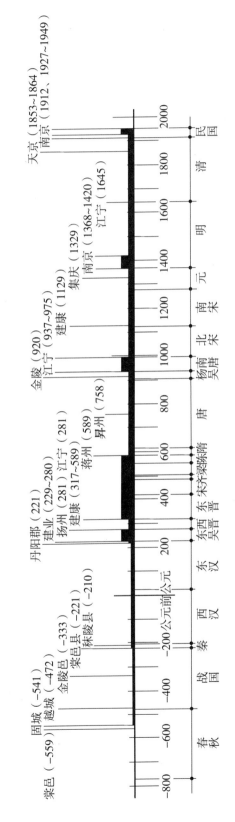

图 0-3 南京历史沿革简图

图0-4 南京历代都城变迁图

为什么以南京为都城的政权均是"短命"的，这个问题至今众说纷纭，似乎始终没有合乎情理的解释。其实，在南京建都的都是短命政权的原因不在南京本身，这是中国的自然条件、地理环境使然。中国古代，中原比东南部发达，一统天下的大王朝的发祥地均在中原地区，因而也在那里建都。只有在分裂时期，封建割据的情况下才有可能在中原以外地区建立政权中心。中国的七大古都，只有南京和杭州在东南地区，而且是偏安一隅的或短命的政权的首都。因此，与其说凡在南京建都的都是偏安一隅的短命政权，不如说往往在分裂割据的情况下才在南京建都。而中国历史上，统一的时间总比分裂的时间长得多。所以，在南京建都的都是短命政权，并不能说明在南京建都的只能是短命政权。此外，一统天下的明朝迁都也有点特殊。如果不是燕王朱棣夺了侄子建文帝的皇位，也不至于在定都南京 40 年后非迁都不可。如果不是仁宗朱高炽突然病故，国都也就迁回南京了。虽然历史不可能有"如果"，但这也从另一个角度说明，南京建都的政权都短命，原因不一定在于南京本身。至于在南京建都的政权有 10 个之多，那恰恰说明，南京是我国古代中原以外地区中建都的首选之地。南宋时曾任建康知府的马光祖就说过："昔忠定李公（李纲）尝言，天下形胜，关中为上，建康次之。"[①]

0.2.2.2 定都、迁都与战略态势

定都南京的政权均是"短命"的，不仅如此，是否定都南京每有争论；即使定都南京之后，也不时引起迁都之议，甚或付诸行动。六朝、南唐、明朝、民国，概莫能外。这些现象的根本原因是战略态势的不断变化。

东吴定都建业，吴太元二年（252）四月，孙权死后，诸葛恪挟天子当政，准备还都武昌未果。到了甘露元年（265）九月，末帝孙皓还是把都城迁到了武昌。一年零三个月后又迁回建业。

东晋在苏峻之乱后，"咸议迁都，唯王导固争不许。"

侯景之乱中，梁元帝萧绎曾于梁承圣元年（552）至承圣四年（555）即位于江陵。

五代十国吴（杨吴）于大和五年（933），曾定金陵为都，但因金陵失火而作罢。

南唐以江宁为都，建隆二年（961）二月，中主李璟曾迁都南昌。六月，李璟卒，后主李煜还都江宁。

南宋抵抗派李纲等力主以建康为都。但群臣意见分歧，赵构举棋不定，最终定都杭州，只以建康为"行都"、"行在"。

明朝定都或迁都的争论，自开国起一直到正统六年（1441）北京三大殿重新建成，进行了七八十年，甚至连续建了三处都城，最后以罢中都、定南京、迁北京而告终。

中华民国定都南京。但袁世凯窃取大权后，将临时政府迁往北京。北伐军

---

① （宋）周应合.景定建康志·卷首·原序.台北成文出版社，1983

攻克南京后，复定南京为首都。日军侵华，国民政府曾于民国21年（1932）1月30日迁往洛阳，11月29日返回。民国26年（1937）11月至民国35年（1946）5月，国民政府迁往陪都重庆。

南宋张敦颐在《六朝事迹编类》中认为，"吴孙策以会稽为根本，大帝嗣立，稍迁京口，其后又尝住公安，又尝都武昌。盖往来其间，因时制宜，不得不尔。及江南已定，遂还建业。保有荆扬，而与魏蜀抗衡。其宏规远略，晋宋而下，不能易也。故孙皓舍建业而之武昌，吴因以衰。梁元帝舍建业，而守江陵，梁遂以亡。李嗣主舍建业，而迁洪府，南唐遂不能立。"[①] 当然，不是说一国之亡，仅仅取决于都城位置，但在战乱频仍的分裂时期，如何审时度势，依据当时的战略态势，决定定都何处确是生死攸关的战略决策。

经济地理条件的改变，也改变着城市的命运。隋朝江南运河的开凿和通航，昔日繁华的建康顿时变得一片萧条。而沪宁、津浦两条铁路先后通车，使南京特别是下关地区呈现出空前的生机勃勃的景象。上海的兴起，很快取代南京，成为全国的经济中心，即使南京仍然是全国的政治中心也罢。所以，一个城市的经济地位不是人们的主观意志能够左右的。

0.2.2.3 古代和近代的四个辉煌时期和三次浩劫

南京的兴衰，主要是由于建都与否，也就是说取决于政治地位。**六朝、南唐、明朝、民国是南京古代和近代城市规划史上最重要的四个时期**，也是南京历史上最辉煌的时期。作为都城的南京的城市格局、街巷肌理，以至古迹遗存，始终影响着后代，直到今天。

当然，对南京的影响决不仅仅是建都时期，也不仅仅是都城、皇城和宫城。在历史上，有的建设内容或人物活动场所，在当时对城市并不具有什么重大影响，但却是发生过著名历史事件的地点，或是著名人士的居所等等。因为它们著名，也就有了历史价值。

更多的地方是什么事件也没有发生过。即使如此，随着那个时代的远去，留下来的印记、痕迹都是这个城市独有的文化积淀，在今天的城市规划中，它们就是重要的历史元素了。

南京历史上也遭遇过三次大规模的破坏：隋灭陈、太平军与清军的攻防战、日寇屠城。三次浩劫深深铭刻在了南京的历史上。

0.2.2.4 中国近代史的起讫

作为1840年鸦片战争失败的苦果，1842年在南京签订中国近代史上第一个不平等条约——中英《南京条约》，揭开了中国的近代史。而1949年中国人民解放军解放南京则是中国近代史的终结。近代早期的太平天国政权、后期的民国都以南京为首都。作为中国近代史上重要事件的发生地，**南京在近代城市规划史上占有特别重要而突出的地位。**

---

① （宋）张敦颐.六朝事迹编类·卷之一总叙门·六朝建都.南京出版社，1989

0.3　天材地利——规划理念

　　我国的古都，大多数在黄河流域，南京是我国在长江流域建都的典型代表，它与建于中原的都城有着很多共同的东西，但也有着它非常突出的特点。

　　先秦时期的儒家、法家和道家都对建城的理论和实践有过深刻的影响。三者的理念也许可以用"乐和礼序"、"天材地利"与"象天法地"来概括。**"乐和礼序"和"天材地利"代表着我国国都建设的两个不同的理念：等级礼仪和师法自然。"象天法地"则是达到上述理念的象征手法。**以《周礼·考工记》为代表的"乐和礼序"的规划思想是我国都城规划的传统，这在建于中原的都城的建设中得到了最充分而经典的体现。而**南京却是我国另一种重要规划思想——以《管子》为代表的"天材地利"观念的典型**，别具一格。当然，两者不是水火不相容的，它们也往往你中有我、我中有你。

0.3.1　乐和礼序

　　我国古代典章制度和礼乐理论方面的专著《礼记·乐记》中说："乐者，天地之和也；礼者，天地之序也。和，故百物皆化；序，故群物皆别。乐由天作，礼以地制。过制则乱，过作则暴。明于天地，然后能兴礼乐也。"①意思是说，乐所表现的是天地间的和谐；礼所表现的是天地间的秩序。因为和谐，万物能化育生长；因为秩序，万物能显现出差别。乐依天道而凿，礼按地理而制。制礼超过分寸会造成混乱，作乐超过分寸会越出正轨。明白天地的道理，然后才能制礼作乐。对于统治者来说，秩序与和谐是维护统治的重要前提。没有秩序，就会陷入混乱；没有和谐，人心就会涣散，这样，统治将无法维持下去。因此，秩序与和谐的确十分重要。②

　　《周礼·考工记》在营建城邑方面完全体现了"乐和礼序"的思想："匠人营国，方九里，旁三门。国中九经、九纬。经涂九轨。左祖右社，面朝后市，市朝一夫。……内有九室，九嫔居之；外有九室，九卿朝焉。九分其国以为九分，九卿治之。王宫门阿之制五雉，宫隅之制七雉，城隅之制九雉。经涂九轨，环涂七轨，野涂五轨。门阿之制，以为都城之制；宫隅之制，以为诸侯之城制。环涂以为诸侯经涂，野涂以为都经涂。"③这一等级森严、合乎礼仪的规划形制是我国古代都城规划建设的主流理念。尤其汉武帝年间，武帝采纳大臣董仲舒提出"罢黜百家，独尊儒术"的建议后，儒教、儒学形成了汉朝以后中国历朝历代一贯遵从的治国方略。

　　当然，这是一种理想的或者说理论上的规制，历代都城没有一个是完全照

---

① 礼记·卷十七·乐记
② 中国孔子网站.乐者，天地之和也——以礼乐维护秩序与和谐
③ 周礼·卷六·冬官考工记

此办理的，从布局上讲，元大都比较近似"左祖右社，面朝后市"。东汉洛阳、曹魏邺城、唐长安和明北京是体现这一主流理念的典型实例。

0.3.1.1 东汉洛阳

东汉洛阳的规划仿效汉长安，经过魏、晋的增建和改建，成为东晋建康的蓝本（图0-5a）。

东汉洛阳"城南北九里七十步，东西六里十步"。宫城位于都城的北部靠中央的位置，在南宫前出现了主轴线，自南宫正门经都城正门——平城门，直至郊外之圜丘。

东汉建安末年，曹操重修因战乱遭毁坏的洛阳城，在汉北宫基础上新筑单一宫城——洛阳宫。宫城正门称阊阖门，南对都城宣阳门，二门之间的御街称铜驼街，成为东汉洛阳的主要轴线。

司马炎建立西晋，定都洛阳。西晋仍然沿用曹魏时期的城池，城市形制与布局并无大的改变。

0.3.1.2 曹魏邺城

东汉末年的曹魏邺城（图0-5b）的规划，更是我国城市规划史上具有里程碑意义的范例，也直接影响了六朝建康的城市规划。

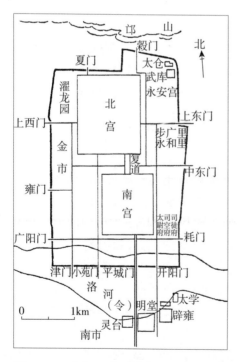

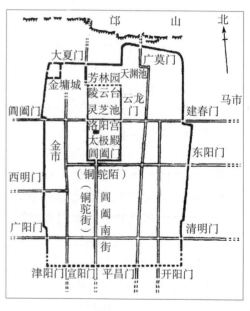

左　东汉洛阳
上　魏晋洛阳

图0-5a　东汉、魏晋洛阳

资料来源：庄林德，张京祥.中国城市发展与建设史.东南大学出版社，2002；钱国祥.由阊阖门谈汉魏洛阳.考古，2003（7）

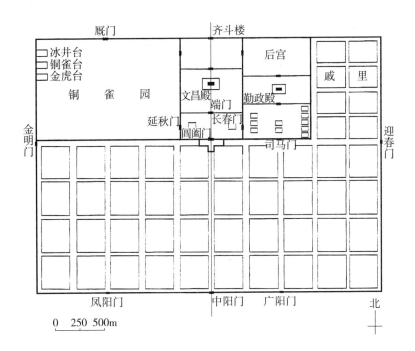

图 0-5b　曹魏邺城

资料来源：据庄林德，张京祥．中国城市发展与建设史．东南大学出版社，2002

东汉建安九年（204），曹操击败袁绍进占邺城（今河北省临漳县漳水之滨），营建邺都，邺城自此成为曹魏、后赵、冉魏、前燕、东魏、北齐六朝都城，居黄河流域政治、经济、军事、文化中心长近 4 个世纪。隋文帝称帝前一年，北周周静帝大象二年（580），时为大丞相的杨坚企图代周，下令焚烧邺城，邺城夷为废墟。

曹魏邺城平面呈矩形，东西约 3000 米，南北约 2160 米。邺城的形制主要有：宫前一条横贯东西的大道，把城分为南北两部分，宫城在北，坊里、衙署、市在南；礼仪性的大朝与日常政务的常朝在宫内并列，形成两组宫殿群，各有出入口，大朝为文昌殿和阊阖门，常朝为勤政殿和司马门；大朝门前形成御街，直抵南城门，形成南北中轴线；在南北中轴线和东西大道交叉处出现"T"形广场，这在都城规划史上是首次。

邺城这一形制一直为以后都城规划所沿用。

邺城西侧沿城墙一带是贮存粮食和物资的仓库区、武器库和宫廷专用的马厩。在邺城西北角城墙上建筑了 3 个高大的台榭，即冰井台、铜雀台和金虎台，成为曹操和宾客们饮宴赋诗的场所，也是战备的要地。目前，地表尚存金虎、铜雀二台遗址。

0.3.1.3　唐长安

唐长安城（图 0-5c）在隋末建成的大兴城基础上规划兴建，分为都城、皇

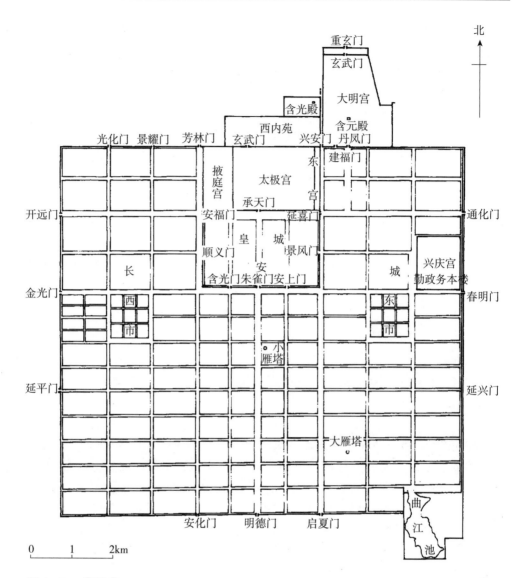

图 0-5c 唐长安

资料来源：贺业钜 . 中国古代城市规划史 . 中国建筑工业出版社，1996

城、宫城三重城郭。都城呈矩形，南北长 8.6 公里，东西宽 9.7 公里，面积约 84 平方公里，是同期城市的世界之最。唐长安按中轴线对称布局，规划设计非常严谨规整。中轴线南起都城南门——明德门，经皇城正门——朱雀门、宫城正门——承天门，北止都城北门——玄武门，长达 8.6 公里。承天门前有横街，宽 300 步，形成"T"形广场。全城共有纵横南北大街 11 条，东西大街 14 条，将居住区分为 110 个坊。宫城是唐代的政治中心，最初有太极宫和太极宫东西两翼的东宫（太子居住）、掖庭宫（嫔妃居住）。唐太宗在太极宫东北扩建大明宫，加上唐玄宗建在春明门北、东城墙内的兴庆宫，形成三大宫殿区，也称三大内。

0.3.1.4 明北京

明北京（图 0-5d）是宫城—皇城—都城—外郭四重城郭，不过外郭（外城）只修筑了南面一部分，使明北京城垣呈"凸"字形。北京的都城（内城）城墙

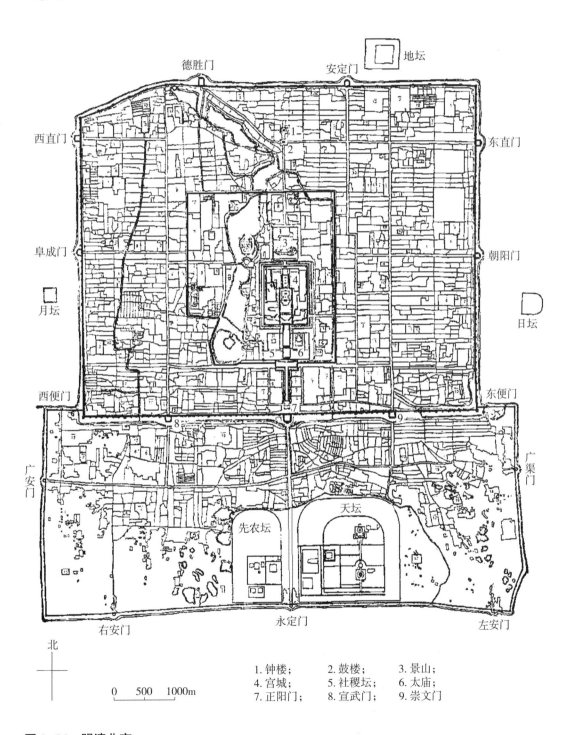

1.钟楼；　2.鼓楼；　3.景山；
4.宫城；　5.社稷坛；　6.太庙；
7.正阳门；　8.宣武门；　9.崇文门

图 0-5d　明清北京

东西长 6650 米，南北长 5350 米；外郭（外城）东西长 7950 米，南北长 3100 米。北京在元大都的基础上，吸取了明中都和南京的经验，都城形制更符合等级礼仪的理想模式，布局规整，结构严谨。"左祖右社"、"天南地北"、"日东月西"、"天圆地方"等传统观念被反映得淋漓尽致。中轴线南起永定门，北至钟鼓楼，长达 7.8 公里。

0.3.2 天材地利

如果说建于北方的都城更多的体现了"乐和礼序"的观念的话，那么《管子》"天材地利"的观念更多地体现在建于南方的都城。

《管子》传说是春秋时期管仲的著作，是战国时各学派的言论汇编，内容庞杂，包括法家、儒家、道家等观点。其中记述的有关城市规划的论述，涉及城市的分布、选址、规模、分区、形制等等。在城市的形制方面，《管子》特别强调"因天材，就地利"，主张"因天材，就地利，故城郭不必中规矩，道路不必中准绳"。[①] 认为"天子中而处，此谓因天之固，归地之利"。[②] "天材地利"是一种更加注重自然、因地制宜而与"乐和礼序"有所不同的主张。

0.3.2.1 齐临淄

管子参与建设的齐国国都临淄（图 0-5e），从作为齐国首都起，到战国末年

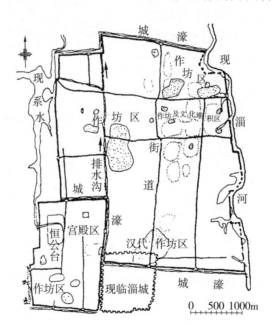

图 0-5e　齐临淄
资料来源：汪德华．中国城市规划史纲．东南大学出版社，2005

---

① 管子·乘马第五
② 管子·度地第五十七

（前 221）齐为秦所灭止，历西周、春秋、战国三个时期，共 830 年之久。临淄城位于临淄河西岸，南北城墙外有护城河，由大小二城构成。最为特殊之处在于不仅大小二城平面形状均为不规则形，而且小城嵌在大城的西南角，共用一部分城墙。这充分体现了顺应自然，不拘一格的管子建城理念。

0.3.2.2　吴阖闾

吴都阖闾（图 0-5f）是吴王阖闾和伍子胥"象天法地"造筑的。城东西最宽 3.9 公里，南北 4.5 公里。其实，阖闾城主要是适应江南水网地带，没有刻意追求规整、方正，而是顺应自然，就势筑城。

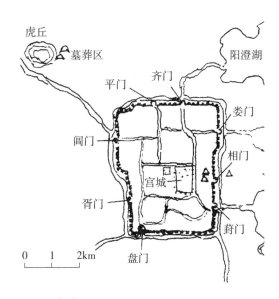

图 0-5f　吴阖闾
资料来源：汪德华 . 中国城市规划史纲 . 东南大学出版社，2005

0.3.2.3　南宋临安

临安为五代吴越国（907~978）的都城，东临浙江（钱塘江），南倚凤凰山，西靠西湖，北近宝石山。南宋最后定都临安（杭州）（图 0-5g）。临安只有都城、宫城两重城郭，没有常见的皇城。都城呈南北狭长的不规则长方形。宫城在都城的南端，也呈不规则形，且不居中。整座城市街区在北，形成了"南宫北市"的格局，而自宫殿北门向北延伸的御街贯穿全城，成为全城的繁华区域。除了宫殿部分遵循了礼制规定外，整座临安城称得上是依山傍水的山水城市。

0.3.2.4　南京

从东吴开始一直到明，南京的规划建设也贯穿着"乐和礼序"的传统理念。越近核心部分越是这样。毕竟我国的这一主流理念最能表达皇权的至高无上。但是历代主持南京都城营建的帝王大臣们一方面限于自然地理条件，一方面有

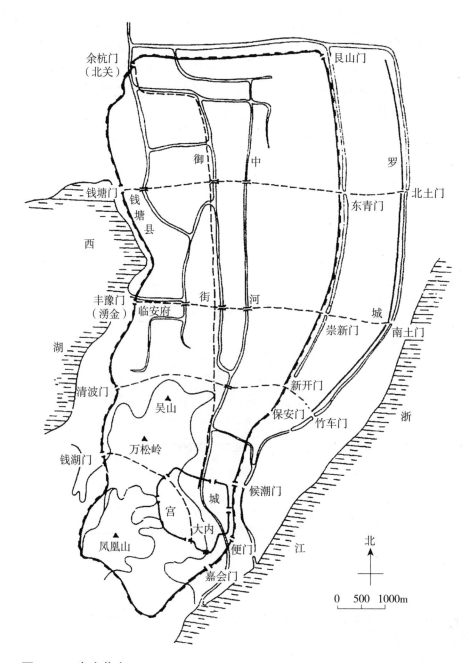

图 0-5g　南宋临安
资料来源：庄林德，张京祥.中国城市发展与建设史.东南大学出版社，2002

相对开阔的视野，不囿于"乐和礼序"的束缚。自东吴建都开始，南京就利用了"龙盘虎踞"的山川形势，从城址的选择到城市的形制格局，创造了一座独具特色的城市。经过六朝、南唐的经营，到了明代，南京就成了体现《管子》的"天材地利"规划观念的典型杰作。

0.3.3 象天法地

《易经·系辞》中说：“在天成象，在地成形，变化见矣”[1]。“成象之谓乾，效法之谓坤”[2]。象天法地主要是一种象征手法，以天象解释自然，以自然象征天象。主观上以此维护王权的合法性和正当性；而在客观上也因此使城市的建设与自然有良好的结合。

吴王阖闾和伍子胥曾“象天法地，造筑大城”。“阖闾元年，……子胥乃使相土尝水，象天法地，造筑大城。周回四十七里，陆门八，以象天八风，水门八，以法地八聪。筑小城，周十里，陵门三，不开东面者，欲以绝越明也。立阊门者，以象天门通阊阖风也。立蛇门者，以象地户也。阖闾欲西破楚，楚在西北，故立阊门以通天气，因复名之破楚门。欲东并大越，越在东南，故立蛇门以制敌国。吴在辰，其位龙也，故小城南门上反羽为两鲵鳙以象龙角。越在巳地，其位蛇也，故南大门上有木蛇，北向首内，示越属于吴也。”[3]

秦始皇在咸阳进行了大规模的建设。其中不乏“象天法地”的规划手法。在阿房宫的选址和营建中，以南山之巅为阙。“周驰为阁道，自殿下直抵南山。表南山之巅以为阙。为复道，自阿房渡渭，属之咸阳，以象天极阁道绝汉抵营室也。”[4]

这种“象天法地”的规划思想和规划手法在我国历代都城规划中屡见不鲜。阿房宫以南山之巅为阙就直接影响了六朝建康以牛首山双峰为“天阙”。

0.4 历史传承——城市特色

0.4.1 历史文化名城的神韵

据说诸葛亮至南京，因观秣陵山阜，曰：“钟山龙盘，石头虎踞，此乃帝王之宅也。”“龙盘虎踞”确切而生动地概括了南京独特的山川形势。

在我国漫长的都城规划建设史上，《周礼·考工记》所反映的“乐和礼序”的规划思想以西安和北京为典型代表；而南京却是我国另一种重要规划思想——《管子》所反映的“天材地利”观念的典型代表。南京在我国古代和近代城市规划史上有着极为重要的独特地位。

“虎踞龙盘”的山川形势反映了南京的自然特色；“天材地利”的规划实践则是南京的人文特点。所以，南京的城市空间特色被归结为：**山水城林，交融一体**。“山水”指南京的自然条件；“城”特指南京的城墙，也指南京的城市景观；

① 周易·易经·系辞上传第一章
② 周易·易经·系辞上传第五章
③ （汉）赵晔.吴越春秋·阖闾内传第四·阖闾元年
④ （汉）司马迁.史记·卷六·本纪六·秦始皇本纪

"林"特指南京的林荫道，也指南京的绿化。

0.4.2 古都特色的载体

要继承和发扬传统特色，首先要保护好那些承载着历史文化内涵的载体。最能体现南京古都特色、最能反映南京历史文化名城神韵的载体是城墙、秦淮河、紫金山—玄武湖和中山大道等城市轴线。（图 0-6）

图 0-6 古都特色的载体

0.4.2.1　城墙

最能体现古都特色、最能反映历史文化名城神韵的载体首推城墙。

就年代而言，现存城墙主要是明代建的。但她的历史文脉上可追溯到春秋时期、六朝、南唐，下可延续到清末和民国：

周显王三十六年（前333），楚威王熊商灭越，置金陵邑于石头。

东汉建安十七年（212），孙权于石头山（今清凉山）附近，在楚金陵邑旧址筑军事城堡石头城。

五代十国杨吴至南唐，筑江宁府城，其南面和西面的城墙及护城河成为明城墙及护城河的基础。

明城新筑自通济门向东，经今中山门，止于今太平门西侧段，于吴元年（元至正二十七年，1367）八月完工。南面和西面，则利用南唐的江宁府城的城墙，加厚、增高，并延伸至神策门；新筑太平门至今鸡鸣寺北"台城"段。时间约在至正二十六年（1366）至洪武十年（1377）以后。

清末，同治四年（1865），于朝阳门城券外增建"方越城"，即外瓮城；光绪三十四年（1908），于清凉、定淮二门之间增辟草场门；宣统二年（1910）为建公园及筹办南洋劝业会，在神策、太平二门间辟丰润门（今玄武门）。

民国10年（1921）开海陵门，18年（1929）就武定桥迤东辟武定门，20年（1931）就石城门迤北辟汉中门；而改聚宝曰中华，正阳曰光华，朝阳曰中山，太平曰自由，神策曰和平，仪凤曰兴中，丰润曰玄武，海陵曰挹江。

所以，南京城墙，不仅是"明"城墙，应称古城墙。

南京城墙还是世界上现存最完整、最大、历史最悠久的城墙。形制独特，非方非圆。体现了《管子》"因天材，就地利"，"城郭不必中规矩"的规划思想。与自然山水巧妙结合，依山而显其巍峨，就水而展其壮丽。古今中外，独一无二。

就地域而言，城墙把南京重要的自然与人文景观串联了起来，形成南京的一个人文绿环：玄武湖—六朝宫苑遗址（鸡鸣寺、九华山）—紫金山—半山园（王安石故居）—白鹭洲—秦淮风光带—大报恩寺遗址—越城遗址—莫愁湖—石头城—金陵邑遗址—清凉山—古林公园—绣球公园—静海寺—阅江楼—神策门—玄武湖。

0.4.2.2　秦淮河

最能体现古都特色、最能反映历史文化名城神韵的另一个载体就是以夫子庙为核心的秦淮河。

秦淮河古名龙藏浦，汉代后通称淮水，唐代以来称秦淮。南京的发端、发展始终与秦淮河联系在一起，秦淮河是南京的母亲河。秦淮河两岸台地很早就是先民定居的聚落所在地。越城就建在秦淮河南岸。六朝时期，秦淮河虽在建康城南五里，但已是繁华地区。乌衣巷、朱雀桥、桃叶渡等秦淮两岸是贵族世家聚居之地，也是文人墨客荟萃的地方。南唐以后，秦淮河的一部分被围在城内，秦淮河遂有了内外之分。而通常所说的"十里秦淮"特指内秦淮河。及至明清，秦淮河两岸依然河房鳞次栉比，富贾云集，青楼林立。尤其是夫子庙、贡院附近这一段，更是河上画舫凌波，桨声灯影，歌女花船，昼夜不绝。每年元宵节，自农历正月初一至十八，这里举行夫子庙灯会，流光溢彩，热闹非常。天然河流秦淮河作它的泮池，是南京夫子庙的一大特色。同时，其两岸纵深地区，即（中华）门东、门西地区，也是历来南京主要的居住区，因而也是南京古城格局、民居风貌集中体现的地区。

秦淮河，千年流淌，王导、谢安、王羲之、王献之、孔尚任、吴敬梓、朱自清……串联起多少名人逸事！

0.4.2.3 紫金山—玄武湖

紫金山和玄武湖是南京最主要的自然要素，是南京所以被称作"虎踞龙盘"的地理基础。紫金山，亦称钟山，古时曾称金陵山、蒋山。北高峰海拔448.9米，为南京的最高峰。东西连绵约8公里，南北宽约3公里，宛如一条巨龙，气势雄伟而秀丽。它的余脉——富贵山、九华山、北极阁，绵延至玄武湖边。

玄武湖古称桑泊，又有后湖、北湖、昆明池、元武湖等名称。三国时代，玄武湖已初具湖泊形态。六朝以来，玄武湖逐步发展为南京的著名景区。

紫金山林木葱茏，玄武湖碧波荡漾，充分反映了南京绿色城市的特点。

紫金山、玄武湖离城市很近。透过开阔的玄武湖，现代南京的城市风貌尽收眼底。

紫金山—玄武湖地区集中体现了南京自然与人文的结合，是最能体现古都特色、最能反映历史文化名城神韵的又一个重要载体。

0.4.2.4 城市轴线

作为城市空间结构的关键要素，南京有三条城市轴线，承载着反映城市特色的历史信息：南唐都城的中轴线、明宫城的中轴线和民国的中山大道。

南唐都城的中轴线沿今中华路至北门桥一线。六朝时期都城建康的中轴线的准确位置至今没有定论，但大体走向有可能是与南唐都城的中轴线一致的。因为建康中轴线直对牛首山，以两个山峰作为"天阙"。

明都城南京虽为不规则形，但不仅宫城、皇城是同一条中轴线，而且与都城的主要轴线重合，形成了南起都城的正阳门（今光华门），北至皇城的玄武门，长达3km余的中轴线。至今沿御道街还遗存着外五龙桥、午门等建筑。

民国时期的南京没有传统意义上的中轴线，但按《首都大计划》确定的线路修建的中山大道（今中山北路—中山路—中山东路）就是民国时期南京的城市轴线。它不仅是城市的主要道路骨架，沿路集中了民国时期很多重要的公共建筑，而且它的三块板的道路断面、悬铃木为行道树，遮阴蔽日，极具特色，成了南京的一大标志。

0.4.3　传统特色的继承和发扬

现代南京的城市规划，继承了"山水城林，交融一体"这一特色，也拓展着这一特色。不仅是地域的拓展，也是内涵的延伸。

从对于南京的城市特色重要载体的分析，可以看出，这些载体都在老城及其周边。所以，发扬传统特色的首要问题就是保护好老城，但城市在快速发展，需要解决的关键正是快速城市化背景下，在老城的保护与更新中保持和发扬城市的空间特色。

保护好老城就要以发展外围城镇来疏散老城、提升老城，使南京"显山、露水、透绿"。

在保护老城、提升老城的同时，在更大的都市发展区范围延续南京"山水城林，交融一体"的城市空间特色。1980 年代的"圈层式城镇群体"，1990 年代的"都市圈"，21 世纪的"多中心、开敞式"，都是力图在更大范围内继承和发扬南京的城市特色，创造新时代的"山水城林，交融一体"的大南京。

地域的扩大，承载特色的载体当然也随之变化，它们所体现的特色内涵需要延伸。保护和传承城市特色深层次的含义是内涵的延伸。

0.5　借鉴探索——规划体系

0.5.1　不同的规划思想体系

南京曾经是世界上最为宏大、壮丽的城市之一。南京明代城墙是现在世界上保存最为完整、规模最大、历史最久的古代城墙。我国古代的城市规划尤其是都城的规划与西方国家古代的城市规划包括都城的规划，属于两种完全不同的规划思想体系。就其规模和壮丽程度也许只有古罗马和以巴黎为代表的"绝对君权"时期的城市能与之相类比。[①]

以雅典为代表的古希腊实行的是古典民主共和政治体制，与之相适应的是人本主义的规划思想，追求与自然的和谐。雅典卫城是其杰出的代表（图 0-7a）。与古希腊几乎同一时期，我国也曾有过先秦诸子百家争鸣的局面，反映在城市规划上，则出现了相对比较自由、结合自然的东周列国的都城。然而过于强大的封建集权思想最终占据了全国的主导地位。

古罗马时期无疑是西方古代城市建设十分辉煌的时期。城市成为替帝王歌功颂德的场所，凯旋门、铜像、纪功柱，广场群、轴线对称，无不体现出君权的绝对威严。但古罗马人仍然是世俗的，他们崇尚享乐主义，城市中出现大量公共浴池、斗兽场、豪华的府邸。比起我国古代的城市，还是开放得多。（图 0-7b）

① 张京祥.西方城市规划思想史纲.东南大学出版社，2005

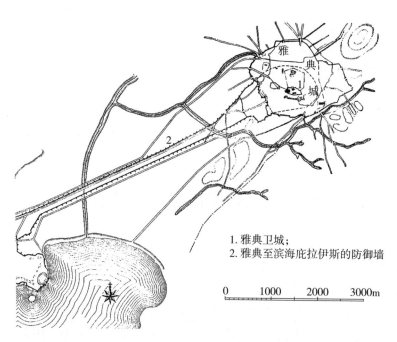

1. 雅典卫城；
2. 雅典至滨海庇拉伊斯的防御墙

0   1000   2000   3000m

图 0-7a　雅典
资料来源：А.В.Бунин.История Градостроительного Искусства · Том Первый. Москва, 1953

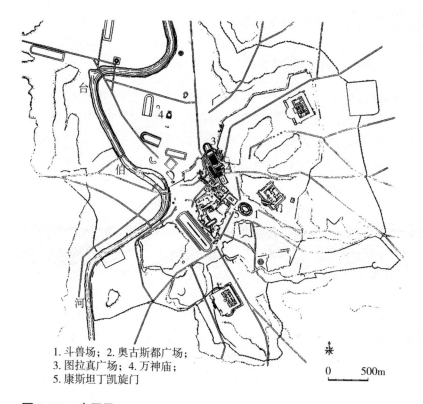

1. 斗兽场；2. 奥古斯都广场；
3. 图拉真广场；4. 万神庙；
5. 康斯坦丁凯旋门

0   500m

图 0-7b　古罗马
资料来源：А.В.Бунин.История Градостроительного Искусства · Том Первый. Москва, 1953

到了中世纪，教堂成为西方城市的标志。教堂以它庞大的体量，高耸入云的形象，控制了整个城市。文艺复兴运动则以复兴古典主义为口号，反对教会主宰一切，提倡向"人文主义"回归。（图0-7c）

君主的权力与新兴资产阶级的经济实力的结合，使城市达到了空前的规模和非凡的气势。法国的巴黎（图0-7d），还有俄罗斯的圣彼得堡（图0-7e）都是"绝对君权"时期的城市规划和建设的典范。它们虽然与我国的著名都城都有着空前的规模和非凡的气势，但它们却没有我国都城那种封闭和森严。

产业革命的发生和相继完成，引起西方城市的巨大而深刻的变化。人口快速集聚，新型交通工具不断涌现，城市的各种矛盾日益尖锐，在这种社会背景下，为适应资本主义城市的发展，出现了各种城市规划的理论和实践。欧洲进行了

1.安农齐阿广场；2.多奥莫教堂；3.西闹里广场；
4.乌菲齐大街；5.维其奥桥

图 0-7c　19 世纪佛罗伦萨

资料来源：А.В.Бунин.История Градостроительного Искусства·Том Первый. Москва, 1953

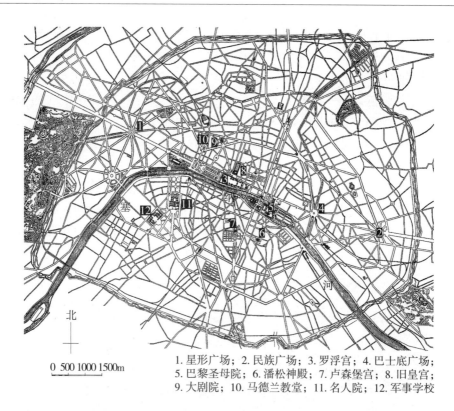

1. 星形广场；2. 民族广场；3. 罗浮宫；4. 巴士底广场；
5. 巴黎圣母院；6. 潘松神殿；7. 卢森堡宫；8. 旧皇宫；
9. 大剧院；10. 马德兰教堂；11. 名人院；12. 军事学校

图 0-7d　19 世纪巴黎

资料来源：А.В.Бунин.История Градостроительного Искусства · Том Первый. Москва, 1953

1. 彼得保罗要塞；2. 冬宫；3. 海军部；
4. 伊萨基也夫斯基教堂；5. 涅瓦大街

图 0-7e　圣彼得堡

资料来源：А.В.Бунин.История Градостроительного Искусства · Том Первый. Москва, 1953

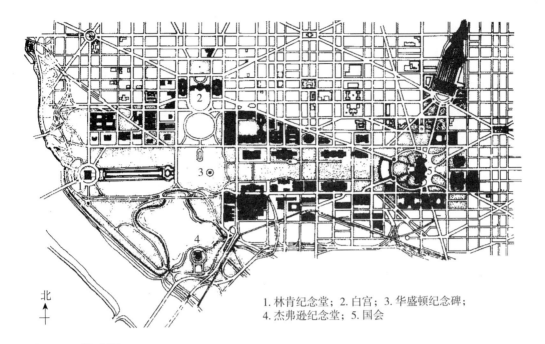

1. 林肯纪念堂；2. 白宫；3. 华盛顿纪念碑；
4. 杰弗逊纪念堂；5. 国会

图 0-7f　华盛顿

资料来源：А.В.Бунин.История Градостроительного Искусства · Том Первый. Москва, 1953

大量的旧城改造。美国则进行新兴城市的规划和建设，由法国工程师朗方完成的美国首都华盛顿的规划充分体现了新兴资产阶级的三权分立的民主政治理想（图 0-7f）。而我国直到 19 世纪中叶太平天国规划建设天京时，还是几千年来的老传统、老手法。

可见，在古代，我国和西方的城市规划是两种完全不同的规划思想体系，他们的规划理念是迥然不同的。比较一下北京和巴黎这两个当时都处于"绝对君权"时期的城市中轴线，就一目了然了（图 0-8）。

规划理念不同，处理手法也就不同。我国在处理官式建筑群和广场时，总是左右绝对对称，而且十分突出纵轴及在纵轴上的主要建筑，但很少强调横轴。在纵轴上（并不在纵横轴线的交点上）放一堵影壁、放一座牌坊，或在纵轴左右对称设置石狮、华表、日晷、嘉量等，以取得严整的效果和"唯我独尊"的气氛。而西方的城市，不一定强调绝对对称，即使对称，也不一定强调轴线的主次，在纵横（主次）轴线的交点上放置纪念物是最常见的处理手法，并不追求封闭神秘、权威至高无上的效果（图 0-9）。

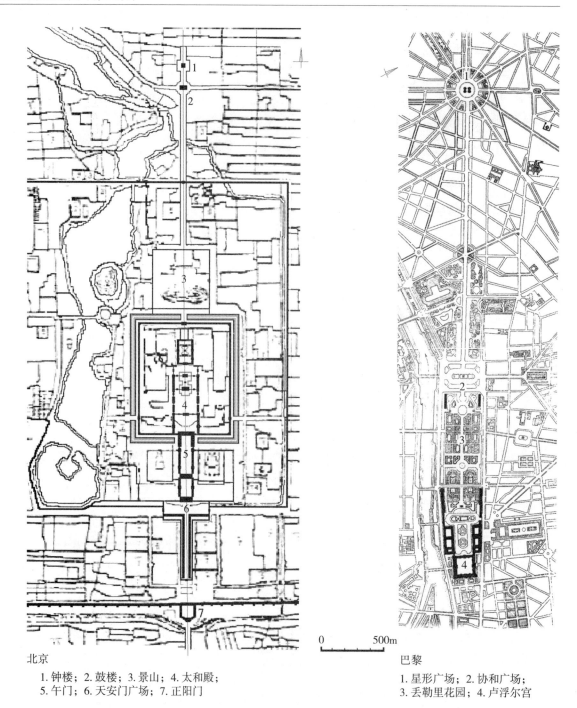

北京

1. 钟楼；2. 鼓楼；3. 景山；4. 太和殿；
5. 午门；6. 天安门广场；7. 正阳门

巴黎

1. 星形广场；2. 协和广场；
3. 丢勒里花园；4. 卢浮尔宫

0   500m

图 0-8　北京与巴黎的城市中轴线及广场群（同比例尺）

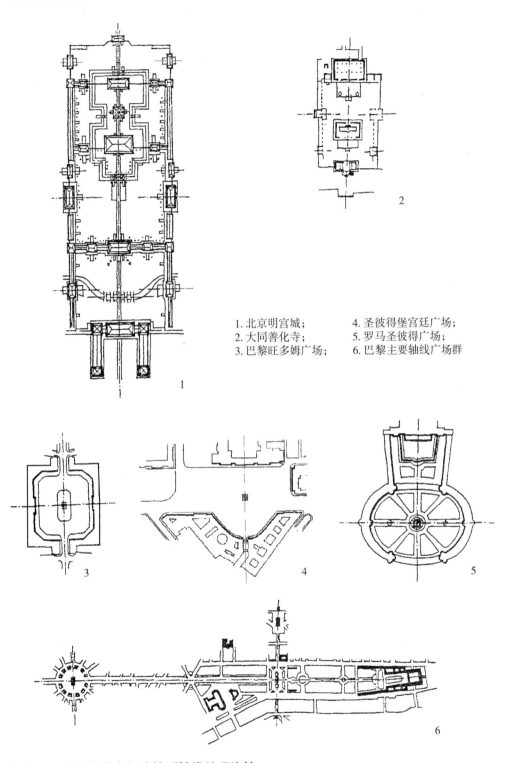

1. 北京明宫城；　　　4. 圣彼得堡宫廷广场；
2. 大同善化寺；　　　5. 罗马圣彼得广场；
3. 巴黎旺多姆广场；　6. 巴黎主要轴线广场群

图 0-9　中外古代广场建筑群轴线处理比较

29

0.5.2 借鉴

到了近代，情况就不同了。产业革命导致世界范围的城市化。城市迅猛扩展，使城市功能日趋复杂，环境更加恶劣，矛盾越来越多，促使人们开始从各个方面研究对策，试图从社会改革角度解决城市问题。近现代城市规划学科开始形成。

早在 16 世纪，英国人 T. 莫尔描述了"乌托邦"的理想，法国人 C. 傅立叶提出了"法朗吉"的设想，英国人 R. 欧文设计了"协合新村"。这些空想社会主义的设想和理论，成为以后的"田园城市"、"卫星城市"等规划理论的渊源。1898 年英国人 H. 霍华德在他的著作《明天，一条引向真正改革的和平道路》中提出了"田园城市"的理论。20 世纪初，"田园城市"的理论由其追随者英国建筑师 R. 昂温进一步发展成为在大城市的外围建立"卫星城市"以疏散人口、控制大城市规模的理论。英国生物学家和社会学家 P. 格迪斯是区域规划思想的倡导者。他在 1915 年发表的《进化中的城市》中认为，城市与区域都是决定地点、工作与人之间，以及教育、美育与政治活动之间各种复杂的相互作用的基本结构。他突破了常规的城市范围，强调了把自然地区作为规划的基本框架。

当大城市的恶性发展的后果日益严重，控制大城市规模的设想又成泡影之后，人们不得不提出大城市的改造问题。法国人勒·柯布西耶提出一个 300 万人口的"现代城市"设想方案。他的观点在《明日的城市》（1922）和《阳光城》（1933）中作了表述。他的一些设想，如在城市采用立体交通体系，修建高层楼房，扩大城市绿地，创造接近自然的生活环境等，被广泛采用。芬兰建筑师伊利尔·沙里宁在 1942 年写的《城市，它的生长、衰退和将来》一书中提出了有机疏散论。他认为城市作为一个机体，它的内部秩序实际上是和有生命的机体内部秩序相一致的，要按照机体的功能要求，把城市的人口和就业岗位分散到可供合理发展的离开中心的地域。城市中心地区由于工业外迁而腾出的大面积用地，应该用来增加绿地，也可以供必须在城市中心地区工作的人员居住。

20 世纪 20 年代，美国人 C. 佩里等提出"邻里单位"的居住区规划理论，以适应城市道路机动交通日益增长的情况，防止外部交通由邻里内部穿越。后来这一理论又发展成为"小区规划"理论，把小区作为构成居住区的一个"细胞"。

1933 年，国际现代建筑协会制定了一个被称为《雅典宪章》的《城市规划大纲》。大纲提出城市要与其周围影响地区作为一个整体来研究，指出城市规划的目的是解决居住、工作、游憩与交通四大活动的正常进行。大纲把城市规划从单纯的空间艺术构图中解脱出来置于科学的基础上。

1977 年，一些著名建筑师、规划师等在祕鲁利马集会，以《雅典宪章》为出发点讨论了1930年代以来城市规划方面的新问题,发表了《马丘比丘宪章》。《马丘比丘宪章》认为,根据新的情况,《雅典宪章》的某些观点应该加以修改和发展。它明确提出规划过程包括经济计划、城市规划、城市设计和建筑设计;不应当把城市当作一系列孤立的组成部分拼在一起,而必须努力创造一个综合的、多功能的环境;主张交通政策应使私人汽车从属于公共交通系统的发展;呼吁防止环境继续恶化,恢复环境原有的正常状态;强调保护历史遗产和文物,继承文化传统。还指出,区域规划和城市规划是个动态过程,不仅包括规划的制定,也包括规划的实施;要使群众参与规划的全过程。

实践证明,城市规划的实施、城市的建设和管理,必须有相应的法律体系,城市规划的法规是城市规划学科的一个组成部分。英国早在1906年颁布了《住宅与城市规划法》。瑞典1907年制定了有关城市规划和土地使用的法律。美国纽约1916年通过了《用地区划条例》,它以控制"什么不应该发生"的消极控制方式对土地使用和建筑高度进行控制,以维护公众利益。到了1961年,纽约推出了全新的《用地区划法规》,"确定什么应该去做而不是禁止什么不应该去做",由消极的控制转向积极的引导,其控制体系也更趋完善,是一部集土地使用控制和使用强度控制为一体的用地区划法规。此后,"区划"(zoning)更注入了新的观念,即将城市设计思想纳入其中,使区划成为强制推行一个总的城市观念的法律手段。南京民国时期的几次重要规划,尤其是《首都大计划》和《首都计划》,无论是功能分区、道路系统,还是空间布局,都是以欧美的城市规划为摹本的。国民政府国都设计技术专员办事处处长林逸民在《首都计划》编制过程中明确指出:"查城市设计外国早已盛行,近且城市与城市之间,即未开辟之地亦为设计所及"[1]。 显然,《首都计划》所界定的规划范围就是受此影响确定的。《首都计划》中"中央政治区平面图"更明显地可以找到华盛顿规划的影子。《首都计划》所拟《城市设计及分区授权法草案》"大抵参照美国授权标准法而订"。这并不奇怪。我国近代意义上的城市规划是从民国时期开始的,就是向西方学习的结果。主导《首都计划》编制的就是美国人。

新中国成立以后,南京的城市规划和全国一样,由传统的逐步转向现代的。由于南京的特殊地位,民国时期编制的南京城市规划当然被摒弃了。

20世纪50年代,规划又受苏联影响。传统的城市规划,从专业角度讲是由建筑学拓展而来的,更注重空间的艺术布局。苏联专家对南京《城市分区计划初步规划(草案)》的意见,其中主要的一条就是"市区分配图上建筑艺术布局极不成熟"。

在计划经济体制下,城市规划是国民经济计划的继续。

---

[1] 林逸民.呈首都建设委员会文.国都设计技术专员办事处.首都计划,1929

0.5.3 探索

"近半个世纪以来，由于系统论、控制论、协同论的建立，交叉学科、边缘学科的发展，不少学者对扩大城市研究作了种种探索。其中，希腊建筑师道萨迪亚斯（C.A.Doxiadis）所提出的'人类聚居学'就是一个突出的例子。道氏强调把包括乡村、城镇、城市等在内的所有人类住区作为一个整体，从人类住区的'元素'（自然、人、社会、房屋、网络）进行广义的系统的研究，……"吴良镛先生在 1980 年代至 1990 年代，由"广义建筑学"发展到"人居环境科学"，针对城乡建设中的实际问题，建立起一种以人与自然的协调为中心，以居住环境为研究对象的新的学科群。[1]

我国改革开放以后，随着工业化、城市化的快速推进，城市发展和城市规划工作遇到了古今中外从未有过的境况。南京和全国各个城市一样，都在为破解难题而求索。

0.5.3.1 城市空间发展的规划理念

随着工业化、城市化的快速推进，"控制大城市规模"的政策遇到了空前的挑战，城市如何健康地发展，如何规划建设"人与自然协调"的"人居环境"，成为摆在城市规划工作者面前迫切的课题。南京对此进行了探索：1980 年代的"圈层式城镇群体"、1990 年代的"都市圈"、21 世纪初的"多中心、开敞式"。城市规划突破传统，在空间上拓展，引入区域概念；时间上延伸，增加远景构想。

"圈层式城镇群体"这一规划思想主要是试图以建设外围城镇来控制大城市规模和促进城乡经济协调发展，以"市—郊—城—乡—镇"的"圈层式城镇群体"布局模式，对当时国家"控制大城市规模，合理发展中等城市，积极发展小城市"的城市发展方针作出的积极回应。

"都市圈"概念的提出，主要是为了解决大城市如何合理发展的问题。南京都市圈是以长江为依托，以主城为核心，以主城及外围城镇为主体，以绿色生态空间相间隔，以便捷的交通相联系的高度城市化地区。它有三大要素：城镇、生态空间和交通联系。规划希望，通过"都市圈"的构建，南京城市的发展将适度扩展主城用地，合理控制主城规模，重点发展外围城镇，建设城镇化新区，以合理分布产业和人口；结合自然地形，严格保护绿色空间，构筑生态网架；强化基础设施、完善城镇之间互相联系的交通通道和通信手段。力图在南京都市圈这个更大的空间范围内，求得南京既能够加速发展，又得以合理布局；既是一个特大城市，又有良好生态环境。予发展以广阔空间，置城镇于绿色之中。

"多中心、开敞式"是在新形势、新情况下对"都市圈"概念的延伸和发展。鉴于《南京市城市总体规划（1991~2010）》在实施过程中的实际情况，在原"都

---

[1] 吴良镛."人居环境科学丛书"缘起.人居环境科学导论.中国建筑工业出版社，2001

市圈"概念基础上,特别提出,都市发展区逐步形成以长江为主轴,以主城为核心,结构多元,间隔分布,多中心、开敞式的现代化大都市空间格局。

0.5.3.2 城市规划工作框架

城市规划工作是把对城市的发展意图编制成规划图则,而后通过规划管理加以实施的过程。这当中,规划管理是规划编制与规划实施之间的中介。要真正地认识城市规划,就有必要从规划管理的角度来研究问题。

规划管理是依据城市规划的有关法规和法定的规划图则对城市的各项建设活动进行引导或控制的行政行为,规划管理必须做到有法可依、依法行政。这就要求把整个城市规划工作纳入到统一的法规体系之中,也就是必须有能起到管理的准绳作用的规划图则,要有关于城市规划的各种法规。城市规划体系应当包括规划立法、规划编制和规划管理三个部分。城市规划工作的法制化是建立和完善我国的城市规划体系的核心问题,只有使规划管理依法行政,才能使规划满足管理的需要,使管理跟上实施的要求;也才能使规划意图在实施过程中得以贯彻。

1. 规划立法

城市规划体系的核心问题是城市规划工作的法制化,使规划管理依法行政,即依靠法律的权威,运用法律的手段,按程序,科学、合理地制定或修订城市规划图则,严格地进行规划管理。

城市规划立法主要是规定城市规划图则编制的程序、内容和方法,使按法定程序编制的城市规划图则具有法律效力;规定规划管理的机构、程序,使规划管理具有法律赋予的权力和职责;制定关于引导、控制城市发展的各种具体的规定、规范等,作为规划管理的依据。

2. 规划编制

城市规划的编制就是根据城市在区域范围内的地位和作用,对组成城市的众多要素进行组合或调整,以求得最合理的城市结构和外部联系。城市规划有两重作用:既是城市建设的目标、计划和蓝图,要逐步付诸实施;又是城市建设的法定依据、规范和准则,必须遵照执行。与此相应,规划编制也有两个方面:规划设计(广义的城市设计)和图则制定。前者主要用来体现城市发展的意图,后者则用编制法定的图则来保证城市发展意图的实现。没有前者,就没有灵魂;而没有后者,就没有载体。规划设计是城市规划的编制工作,图则制定同样是城市规划的编制工作。

3. 规划管理

规划管理必须依法行政,同时必须提高办事效率。建立完善的规划图则体系和法规体系,目的就是使规划管理中就事论事的、被动的、不透明的,亦即人治的处理办法,变为规范化的、主动的、公开的,即法治的处理办法。人治的处理办法,总是同扯皮、推诿甚至权钱交易联系在一起的。

对于城市规划管理人员来说,重要的是加强法制观念,明确规划管理就是依法行政。一方面，规划管理部门所有作出的决定，核发的许可证件，特别是作出处罚决定或否定行为，必须符合法定的规划图则和所有有关的法律、法规。规划管理部门只是这些规划图则和有关的法律、法规的执行机构。在执行过程中需要对图则进行修改时，必须按法定程序办理。另一方面，对所有申请，包括送审的方案，只要它不违反有关规划图则和规定，符合规划部门事先提出的"规划设计要点"，就应颁发许可证或给予答复。规划管理既要依法对申请事项实施严格管理，同时规划管理部门也只能依法办事。

第1篇
龙盘虎踞　吴头楚尾

南京地处长江下游，气候湿润，四季分明。低山丘陵，河湖密布，植被茂密，具有极好的自然条件。南京的山川形势更被誉为"龙盘虎踞"。

但中国古代文明的发源地是在黄河流域。"楚越之地，地广人稀"。南京这个地区，直到西汉时期，还只是一个属县。东汉建安年间南京才成为郡治所在。"古建康城邑始于周。建康地本属春秋之吴，取之吴而城长干者，越勾践也，取之越而置金陵邑者，楚熊商也。……郡县始于秦，为都始于孙吴。"

以南京为中心的宁镇地区，自古就是南北、东西文化交流的重要通道。但自先秦直至秦汉，这种交流更多还是东西向的，也就是南京处于"吴头楚尾"。南京是吴越文化和楚文化的交汇地区。

第 1 章

远古洪荒

大自然是人类聚居的基础。

《管子·乘马》中说："凡立国都，非于大山之下，必于广川之上，高毋近旱而水用足，下毋近水而沟防省。"[①]这不仅是建城立国的选址原则，也是一般居民点的选址条件。

南京正是由于其优越的自然地理环境而从无到有、由小而大发展起来的（图1-1）。

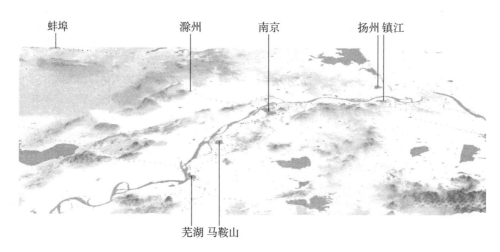

图1-1　南京山水结构图

资料来源：清华大学建筑与城市研究所. 南京城市发展研究综合报告，2008

1.1　地理位置

南京地处北纬 31° 14′ ~32° 37′，东经 118° 22′ ~119° 14′。

南京位于长江下游，地跨长江两岸，东距长江入海口约 300 公里。南京现为江苏省省会，据江苏省西南隅。东与江苏省扬州市、镇江市、常州市相邻；北、西、南三面与安徽省滁州市、马鞍山市、芜湖市、宣城市接壤。

长江三角洲由于其优越的自然地理条件，自汉以后，逐渐成为全国最富庶的地区之一。南京在长江三角洲的西端，东望大海，西接荆楚，南连皖浙，北达江淮。

南京属北亚热带湿润性气候。四季分明，但冬夏长而春秋短。冬季干旱寒冷，夏季炎热多雨。年平均温度为 15.7℃，最高气温 43℃（1934 年 7 月 13 日），最低气温 –16.9℃（1955 年 1 月 6 日），最热月平均温度 28.1℃，最冷月平均温度 –2.1℃。年平均降雨 117 天，降雨量 1106.5 毫米，最大平均湿度 81%。最大风速 19.8 米 / 秒。土壤最大冻结深度 –0.09 米。夏季主导风向东南、东风，冬季主

---

① 管子·乘马第五

导风向东北、东风。地震烈度 7 度。无霜期 237 天。每年 6 月下旬到 7 月中旬为梅雨季节。年度最佳气候为秋季 9~11 月。

1.2　地质特征

1.2.1　地质特征

就地质特征而言，南京地区位于扬子板块的东北部，与华北板块毗邻，是地壳比较稳定的部分。大致可划分为 3 块。[①]

江北老山至冶山一带，大致为西南—东北走向，主要由元古代晚期的震旦纪及古生代早期的寒武纪地层构成。新生代特别是新第三纪地层较为发育，且相当典型，分布于浦口、六合一带，组成平丘缓岗地貌。境内地层平坦，说明此处地壳运动并不剧烈。但有从扬州到巢湖的一条断层穿过，因而分布着一系列温泉和泉水。

江南宁镇山脉西段，包括幕府山、钟山、栖霞山及城外东南诸山。主要为元古代晚期的震旦纪地层，古生代与三叠纪的海相地层十分发育，分布颇广。三叠纪晚期的"印支运动"奠定了宁镇山脉的雏形，包括南京在内的江南、华南东部成为新生大陆。中生代后期发生的大断裂形成沿江山崖陡峭，长江也由此发育。

宁芜（湖）山脉东北段，包括南郊及溧水、高淳诸山。中生代特别是晚侏罗世至白垩纪的火山岩系特别发育，分布很广。火山爆发，岩浆入侵，形成许多矿产。濒江处也是一条中生代的大断层。

1.2.2　地质活动的遗迹

三叠纪晚期的"印支运动"，使南京地区露出海面，形成大陆。南京的山川格局就奠定在距今约两亿年前。

南京地区经历过两次强烈的火山活动。距今约 14000 万年前的晚侏罗世的火山爆发在宁芜凹陷区留下了痕迹，如在江宁区西南部的龙王山、大王山、娘娘山能找到古火山口。新近纪（距今 2350 万年至 260 万年）的火山活动留下了不少平顶方山，如江宁的方山、六合横梁的方山。六合方山还是 1000 万年前古滁河和长江汇合处，在这里沉积起各色砂石，其中一种玛瑙，色彩斑斓、晶莹圆润，就是驰名中外的雨花石。六合桂子山的"石林"更是十分壮观，无数六角形的石柱，高达数十米，也是那次火山活动的杰作。

新近纪末期，长江开始成为波涛滚滚的大河，秦淮河和滁河也发育成较大的河流。

[①]　季士家，韩品峥 . 金陵胜迹大全 · 综述编 · 南京地质风貌 . 南京出版社，1993

1.3　地形地貌

　　南京的山川形成了南京地域的丘陵岗地和平原洲地，成为先民生存的土壤，成为一代代风云人物施展才华的舞台，也是历来塑造南京城市特色的主要元素（图1-2）。

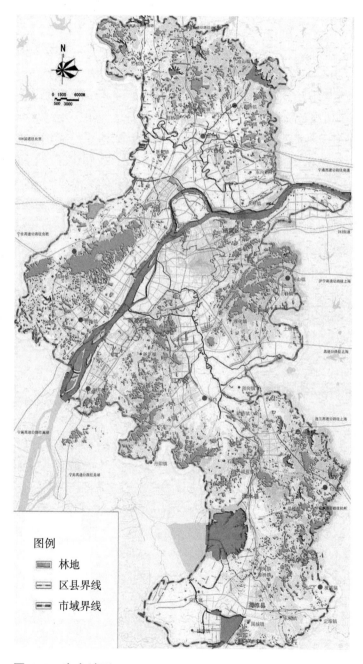

图1-2　南京地形

资料来源：南京市城市规划编制研究中心

南京属江苏省西南部低山、丘陵地区，长江自西南至东北流经市境中部。境内地形以低山、丘陵为骨架，组成了一个低山、丘陵、岗地和平原、洲地交错分布的地貌综合体。低山、丘陵和岗地占全市土地总面积的 64.5%，植被良好。低山、丘陵之间为河谷平原或滨湖平原，土地肥沃。

江北六合境内多方山丘陵，孤立散布，山体较小，脉络不清，如金牛山、方山、灵岩山、平山等。江浦境内沿长江一线，东北—西南延伸着老山山脉，山体绵延。长江以南，宁镇山脉自镇江一带逶迤而来，在市区东侧分成三支：北支龙潭山、栖霞山、幕府山、狮子山；南支汤山、青龙山、牛首山、祖堂山和云台山；南北两支分别围绕着市区北、南边缘西去，直至大江之滨。中支钟山屹立于市区东郊，其余脉从太平门附近延伸入城，自东向西有富贵山、九华山和鸡笼山，一直深入到市区中部。江宁南部苏皖交界处东西延伸着弧形的横山山脉。市境东南茅山山脉自北向南伸展，至句容、溧水二县交界处分为两支，一支向西经东芦山、双尖山、至小茅山西与横山山脉相接；另一支往南经回峰山、芳山、小游山，至高淳县南部与自南向北伸入的天目山余脉大金山相连。

境内除高淳东部和六合北部小部分地区分属西太湖水系和淮河水系外，大部分地域均属四大水系：长江水系、秦淮河水系、石臼湖—固城湖水系和滁河水系。[①]

史前时期南京为大片水面所覆盖，玄武湖、秦淮河等与长江直接相连。地势较高的山丘、岗地则为森林所覆盖。（图 1-3）

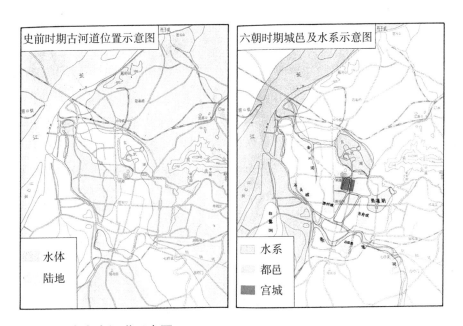

图 1-3　南京古河道示意图
资料来源：缪本正，石尚英 . 南京城内古水道 . 南京市政，1986（2）

---

① 南京市地方志编纂委员会 . 自然地理志·第五章地表水及地下水·第一节地表水 . 南京出版社，1992

1.3.1 山脉

1.3.1.1 钟山

钟山，亦称紫金山，古时曾称金陵山。汉末秣陵尉蒋子文死于此，孙权为之立庙于钟山，并改山名称蒋山。山势略呈弧形，弧口朝南。三个山峰，东西并列。北高峰居中，海拔448.9米，为本市最高峰；东为第二峰小茅山，海拔350米；西为第三峰天堡山，海拔250米。东西连绵约8公里，南北宽约3公里，宛如一条巨龙，气势雄伟而秀丽。山脊走向以北高峰为转折点，西段走向南西，经太平门附近入城，余脉向西断续延伸为富贵山、九华山，止于北极阁；东段走向南东，止于马群。

"蒋山本少林木。东晋令刺史罢还都种松百株，郡守五十株。宋时诸州刺史罢职还者栽松三千株，下至郡守各有差。"[1]

"钟阜晴云"是所谓金陵四十八景[2]之一。

富贵山高约87米；九华山又名覆舟山，高约55米；北极阁曾称鸡笼山或鸡鸣山，高约63米。"鸡笼山在县西北九里。连龙山，西接落星冈，北临栖玄塘。《舆地志》云：'其山状如鸡笼，以此为名。'"[3]

1.3.1.2 清凉山

鼓楼岗以西，也分布着一连串山冈，它们是与钟山余脉不同地质年代的产物。清凉山，位于秦淮河边，西北接马鞍山，东南连五台山、冶山。海拔63.7米。相传有客自江北来，一路见山不见石，至此才见有石之山，故称石头山。孙吴时在此筑石头城，故又名石城山。南唐李昇在此避暑，为石头清凉大道场，石头山也改名清凉山。"石城虎踞"即指此山。清凉山树木葱茏，风景秀美，当年长江从其山脚下流过，秦淮河也在附近入江，岩壁陡峭，地形险要，像一只卧伏的猛虎，峭壁犹如高昂的虎头，其两侧岩体酷似前肢蹲踞。所以李白说"石头巉岩如虎踞，凌波欲过沧江去"。从清凉山到鼓楼岗向东，在地面上与北极阁至钟山连在了一起。

鼓楼岗一带古也称"落星岗"，曾以"星岗落石"被列入金陵四十八景。

1.3.1.3 幕府山、直渎山

幕府山是南京城北临江的天然屏障，与长江大体平行，长约6公里。因东

---

① （宋）周应合.景定建康志·卷之十七·山川志一·山阜.台北成文出版社，1983

② 明代开始有金陵八景、十景等说法流传。万历年间，余梦麟约焦竑、朱之蕃、顾起元以金陵诸名胜二十处，著诗纪之，汇集名曰《雅游篇》，刊行于世。朱之蕃兴犹未尽，最后编成《金陵四十景图考诗咏》。清乾隆年间，"金陵四十景"发展成为"金陵四十八景"。清末，徐行敏作《金陵四十八景图册》，后因战乱丢失了一半，由收藏此图册的李诚斋将其补全。张通之根据徐行敏所作《金陵四十八景图册》作《金陵四十八景题咏》。（张通之.金陵四十八景题咏.南京文献·第二十三号.南京市通志馆，民国37年）各种版本的金陵四十八景，景点和景名均略有不同。

③ （宋）乐史.太平寰宇记·卷之九十·江南东道二·昇州.中华书局，2007

晋丞相王导建幕府于此而得名。幕府山盛产石灰石和白云石，亦称石灰山、白石山。山有五峰，主峰北固峰，海拔 205 米，西北两峰合称夹萝峰，峰下有达摩洞和五马渡等。相传西晋末年琅琊王司马睿与彭城王等皇族分乘五马来此，琅琊王所乘之马忽然化龙飞去。于是有了金陵四十八景之一——"化龙丽地"。

多年来，学者对南京城北诸山名称多有疑惑。2001 年，郭家山南发现温峤墓。《建康实录》明确记载：温峤"初葬豫章，朝廷追思之，乃为造大墓，迎还，葬元、明二陵北幕府山之阳。"[①]因此，有学者认为，古幕府山当是今郭家山；今幕府山应是卢龙山；而今被认为是古卢龙山的狮子山是四望山。[②]

今幕府山东直至燕子矶。其东部为古代的直渎山。东吴后主孙皓在此挖直渎沟以泄王气，山以沟名，亦曾名岩山、严山、观音山、西十里长山。长约 6 公里，宽约 1 公里，海拔 187 米。山体由石灰岩构成，南坡较缓，北坡以断层悬崖临江，多溶洞，有严山十二洞之说，以头台洞、二台洞、三台洞著名。三台洞分上、中、下三层，上洞洞顶高出长江水面约 30 余米。出口处有飞阁凌云，登阁远眺，江天一色。幕府山上古有嘉善寺、永济寺，现均废。金陵四十八景中有"幕府登高"、"嘉善闻经"、"永济江流"和"达摩古洞"等景。

1.3.1.4　燕子矶

直渎山的东端即为燕子矶。燕子矶石峰突兀江上，三面临空，远望若燕子展翅欲飞而得名，海拔 34.2 米。燕子矶总扼大江，是重要的长江渡口和军事重地，被世人称为万里长江第一矶。燕子矶在金陵四十八景中名曰"燕矶夕照"。

1.3.1.5　栖霞山

南京城东北 22 公里处，长江岸边矗立着栖霞山，南朝时山中建有"栖霞精舍"，因此得名。山呈孤峰独峙之势，因山状如繖（伞），古名繖山，又因山上盛产药草，可滋润摄生，又称摄山。主峰三茅峰海拔 286 米，又名凤翔峰。栖霞山自古是江南名胜，自然风景优美。满山遍布枫、乌桕、槭等色叶树，每当深秋，层林尽染，丹霞一片，有"秋栖霞"之美称。"栖霞胜景"也成为金陵四十八景之一。

1.3.1.6　孔山

孔山在江宁东北部，东至观山，西接青龙山，北与射乌山为邻，南隔广谷与汤山相望。以形似北地雁门，古称雁门山，又称羊山、阳山，乡人还称此山为空山、巩山。山体东西延伸 7 公里许，南北宽约 15 公里。主峰居中略西，海拔 341.9 米。主峰西南半山坡有明永乐年间遗留的巨大碑材，原拟用于明孝陵，因无法运输而弃置，今称"阳山碑材"。

1.3.1.7　汤山

汤山在江宁东北，距南京城约 30 公里，以温泉"四时如汤"而得名。因有

---

①　（唐）许嵩．建康实录·卷第七晋中·显宗成皇帝．上海古籍出版社，1987
②　李东怀．金陵卢龙山四望山之再定位．南京晨报，2009 年 9 月 27 日，C08

北京汤山，故亦称此山为南汤山。山地东西向延伸 5 公里，宽约 15 公里。主峰团子尖海拔 292.2 米。山体由寒武系及奥陶系白云岩和石灰岩构成，为奥陶系中统地层汤山组命名地。有盐鸭子洞、朱砂洞、老虎洞等溶洞分布。东麓有多处温泉出露，水温常在 50~60℃，为著名温泉疗养胜地。

1.3.1.8　江宁方山

方山位于江宁中部、秦淮河东岸，距中华门约 20 公里。此山是死火山，约在距今 300 万年至 1000 万年间，曾 2 次喷发。故山体呈方形，孤绝耸立，山顶平坦，名方山。因形似印鉴，又称天印山。海拔 208.6 米。山顶及山麓曾建佛寺、道观多所，还有众多古迹。"天印樵歌"曾是金陵四十八景之一。

1.3.1.9　青龙山

青龙山位于江宁东北，南京城东南 20 余公里。此山"石坚而青"，"重峦叠嶂"，迂回曲折，与黄龙山成二龙竞走状，故名青龙，亦曰青山。走向西南——东北，长约 15 公里，宽约 2 公里。主峰在中段，海拔 277 米。山间多冲凹，最大的十里长山凹，宽约 300 米，长近 4000 米。山西麓山口村附近有泉水出露。

黄龙山附近淳化新庄境内的老虎洞，因其秀丽的景色，以"虎洞明曦"，列为金陵四十八景之一。

1.3.1.10　牛首山—祖堂山

牛首山位于南京城南 13 公里，南接祖堂山，东为翠屏山，西北为梅山。山顶南北双峰对峙如牛首，故名。又以双峰耸峙，正对六朝宫殿中轴线，犹如天然石阙，被东晋丞相王导指为"天阙"，遂称天阙山。山西峰有一石窟，梁武帝时于其下建寺庙一座，名"佛窟"。主峰海拔 242.9 米。山上盛产松、竹、茶、兰，暮春季节，桃李盛开，满山春兰和杜鹃，松竹掩映，景色绝佳，所以有"春牛首"之美称。"牛首烟岚"也列为金陵四十八景之一。

祖堂山位于江宁中部，牛首山之南，古名幽栖山，因南朝刘宋大明三年（459）建有幽栖寺而得名。唐贞观初，法融禅师在此得道，成为佛教南宗第一祖师，幽栖寺被誉为"南宗祖堂"，山地更名祖堂山，又名花岩山。主峰芙蓉峰，海拔 255.9 米。

牛首山—祖堂山名胜古迹颇多，山南有石窟献花岩，相传法融禅师在岩下讲《法华经》时，有百鸟衔花来集，"献花清兴"为金陵四十八景之一。山西南麓有南唐李昪的钦陵和李璟的顺陵。

1.3.1.11　云台山

云台山在江宁陶吴镇西南，距南京城 36 公里，因陶吴镇上古云台寺得名。主峰海拔 319 米。南端一峰，名母鸡山，海拔 273.8 米，与南侧天台山峰公鸡山，南北对峙。

1.3.1.12　横山

横山位于江宁南端苏皖交界处，以山形四周望去都横列若屏障而得名，又名横望山、衡山。山体近东西呈弧形分布，山脊线长约 15 公里，南北宽 3~5 公里。由大小 62 个山峰组成，苍翠亘天。位于安徽省当涂县境内的主峰呈拱形，太阳一出即可照到，故名太阳拱，海拔 458 米。次高峰四径山，海拔 363 米，为江宁最高峰。另有陡山、神仙洞、灯张挂壁、大茅岭庵、青楷岘等山峰，海拔均在 200 米左右。横山地势险要，易守难攻，自古以来，为兵家必争之地。据考证，"今当涂县北有横山，即春秋之衡山也。"[①]

1.3.1.13　三山矶

南京西南有三山矶濒于大江。三座小山南北并列相连，屹立江岸。分上、下两矶，上山矶在烈山东岸，又称仙人矶。最高一座海拔 54.5 米。孙吴时，三山矶是建业都城外围江上重要军事据点之一。李白《登金陵凤凰台》诗云："三山半落青天外，二水中分白鹭洲。"是唐时金陵江边情景的真实写照。

1.3.1.14　采石矶

采石矶古称牛渚矶，位于今安徽马鞍山西南翠螺山麓。翠螺山西北临大江，三面为牛渚河环抱，海拔 131 米，犹如一只硕大的碧螺浮在水面而得名。采石矶突兀江中，绝壁临空，扼据大江要冲，水流湍急，地势险要，自古为兵家必争之地。曹彬平南唐、虞允文抗金兵、朱元璋占太平、太平天国守天京……历来与南京息息相关。古往今来，采石矶还吸引着许多文人名士，特别是唐代诗人李白等，多次来采石矶游览，留下了许多著名的诗篇。

1.3.1.15　老山

江北多分散的低山丘陵。老山位于江北的滁河与长江之间，东西长约 35 公里，南北宽近 15 公里，其主峰——龙洞山海拔 422 米，为江北之最高峰。老山群峰环抱，高于 300 米的山峰还有：亭子山、天井山、大马腰、狮子岭、西华山、鹰嘴山、钓鱼台、黄山岭、大椅子山。老山林壑幽深，更有大小洞穴引人入胜，如龙洞、天井洞、大小观音洞、祖师洞、白筱岭洞等。

1.3.1.16　六合方山

方山位于六合东南 14 公里，为一死火山，顶高 180.7 米，山顶平缓，中间凹陷，凹陷处为火山口位置，火山口外围直径约 600 米，底部直径约 200 米，陷落深度约 80 米。北侧有一缺口，因此，方山从东、南、西三面观之为平顶，平面呈一马蹄形火山锥。传说黄帝封姜雷为六合方山侯。山南半山腰有仙人洞，洞穴幽深，传为昭明太子读书处。

1.3.1.17　灵岩山

灵岩山位于六合东南 5 公里处，海拔 170.7 米。传说，岩顶常有灵瑞出现，故名。灵岩山山峦层耸，四面如一，为兀立平原之上的死火山。山上旧有诸多名胜，曾为游览胜地，如凤凰台、鹿跑泉、白龙池、望山亭、望江亭、观音殿、三茅宫、盘石寺（半山寺）等。但历经沧桑，多数已踪迹无存，仅存的三茅宫、

---

① （清）钱大昕 . 廿二史考异·卷四·史记四·吴太伯世家 . 上海古籍出版社，2004

半山寺，亦已非原貌。

1.3.2 河湖

1.3.2.1 长江

亚洲第一大河长江，发源于青藏高原，浩浩荡荡，注入东海。

长江流经南京，古称江或大江。古代呈天然河道状态，江面宽阔，河段在两岸山体约 10 公里之间摆动。南岸江边不仅濒临幕府山，而且直逼石头山。故有"潮打空城寂寞回"之句。隋唐以后，山外逐渐出现多处沙洲。隋末，始涨八卦洲，当时名新洲，又名薛家洲。宋《景定建康志》所记江中洲名已有长命洲、马昂洲、白鹭洲等 25 个。现今长江在南京境内上起和尚港，下至大道河口，航程长约 94 公里。江中洲地主要有：八卦洲，明代时形似草鞋，名草鞋洲，清朝得今名，面积 56 平方公里；江心洲，又名梅子洲，宋代已形成，面积 15 平方公里；新济洲，形成于清乾嘉年间，面积 8.5 平方公里。

1.3.2.2 秦淮河

秦淮河古名龙藏浦，与长江这"大江"相对而言，称"小江"。汉代后通称淮水，唐代以来称秦淮。秦淮河有两个源头，北源在句容市宝华山南麓，称句容河。南源在溧水县东庐山，称溧水河。南北二源合流于江宁区方山埭西北村。然后河水绕过方山，向西北流经洋桥、青砂嘴，沿途汇集吉山、牛首山诸水，再北经刘家渡、竹山和东山，至今上方门进入南京城区。南唐以前，秦淮河入江河口在今莫愁湖附近。据清《同治上江两县志》记载，"六朝以来，江流在下，涛水入城，前史屡载。自南唐后江水益西，洲渚蒙密。今日石城门，北抵下关安流一水，非复汹涌之势矣。"[1] 古秦淮河面宽阔，东晋咸康二年（336）"新立朱雀浮航。……长九十步，广六丈"[2]。说明当时河面宽约 120 米左右。

传说秦淮河为秦始皇所开，故名秦淮。这是讹传。唐许嵩的《建康实录》说："始皇东巡，自江乘渡。望气者云：'五百年后金陵有天子气。'因凿钟阜，断金陵长陇以通流，至今呼为秦淮。"但《建康实录》接着就说，秦淮河"其二源分派，屈曲不类人功，疑非秦始皇所开。古老相传，方山西渎江土山三十里，是秦始皇开。又凿石碛山西，而疏决此浦，后人因名秦淮也。"[3] 南宋张敦颐的《六朝事迹编类》也说："其分派屈曲，不类人功，疑非秦皇所开。而后人因名秦淮者，以凿方山言之。"[4]

---

① 南京市地方志编纂委员会．南京水利志·第一章水利自然环境·第三节水系．海天出版社，1994

② （唐）许嵩．建康实录·卷第七晋中·显宗成皇帝．上海古籍出版社，1987（按东周铜尺，每尺 23.1 厘米．古代以 6 尺为一步，每步为 138.6 厘米．依此计算，九十步约合 125 米）

③ （唐）许嵩．建康实录·卷第一吴上．上海古籍出版社，1987

④ （宋）张敦颐．六朝事迹编类·卷之五江河门·秦淮．南京出版社，1989

南唐以后，秦淮河的一部分被围在城内，秦淮河遂有了内外之分。

"秦淮渔歌"是金陵四十八景之一。

1.3.2.3　金川河

金川河也是古代南京北部地区一条重要的河流，集五台山、清凉山周围之水，北入长江。它的起点原在清凉山北。其东支经玄武门北的大树根闸通玄武湖，是玄武湖与长江的通道之一。金川河在明代以前，也是一条大河。明代筑城，金川河的中上游包入城内，水量逐年减少。

1.3.2.4　滁河

在长江以北有滁河。滁，古代作"涂"，"涂水即滁河"，唐代后称滁河。又名全河。源自安徽肥东，流经今浦口、六合，于瓜埠东的大河口入长江。

1.3.2.5　玄武湖

玄武湖古称桑泊，又有后湖、北湖、昆明池、元武湖等名称。原来只是一块因断层作用而形成的沼泽湿地，三国时代，玄武湖才初具湖泊的形态。玄武湖在唐以前与长江相通，江水由狮子山畔入湖。六朝以来，玄武湖逐步发展为南京的著名景区。"北湖烟柳"是金陵四十八景之一。

1.3.2.6　莫愁湖

与玄武湖一起被称为南京两颗明珠的莫愁湖，在六朝时还是长江的一部分，是秦淮河的入江口。后来由于长江和秦淮河的河道变迁而逐渐形成了湖泊。北宋乐史著的《太平寰宇记》中最早开始有"莫愁湖"之名。据传是由于南齐时洛阳少女卢莫愁远嫁江东，居于湖滨而得名。莫愁湖历来是南京的名胜，"莫愁烟雨"列入了金陵四十八景。

1.3.2.7　石臼湖、固城湖

南京南部古有丹阳湖。古丹阳湖原为江南著名的大泽，大致成湖于二三百万年前，面积约 4000 平方公里。约在春秋前期，古丹阳湖逐步解体，分化出石臼湖、固城湖和丹阳湖。

石臼湖是溧水县、高淳县和安徽省当涂县三县间的界湖，又名北湖，由古丹阳湖分化而成。总面积 196 平方公里。

固城湖由古丹阳湖分化而成，称小南湖，后因湖滨古"固城"而得名。现存面积 30 多平方公里。

1.4　南京先民

1993 年 3 月 13 日和 4 月 18 日，江宁汤山镇雷公山北坡一个山洞内出土了两具古人类头骨化石，引起了世界的瞩目。该山洞以状若平卧的葫芦而得名葫芦洞。在发现的两具南京猿人头骨化石中，一号头骨保存稍完整，有顶骨、额骨、左眼眶及部分面颊、鼻骨和枕骨等，代表一个 21~35 岁之间的成年女性个体。2号颅骨化石保存完整，有额骨、顶骨、枕骨等部分，2 号颅骨化石厚重、粗壮，

经研究，代表一个 30~40 岁之间的成年男性个体。葫芦洞中还出土一枚猿人牙齿化石及 2000 余件古脊椎动物化石，代表了 15 种脊椎动物，其中中国鬣狗、肿骨鹿等绝大部分动物已在远古时灭绝。初步测定，其地质时代为中更新世晚期，距今约 35 万年左右。葫芦洞古人类头骨化石的出土，说明 **35 万年以前，南京地区已有先民活动**。

第 2 章

先秦勾吴

《史记》称:舜"一年而所居成聚,二年成邑,三年成都"[①]。"聚"是指由简单的一个氏族定居的聚居地,由若干氏族组成一个部落后的聚居地是"邑"。"都"则是部落或部落联盟据点的聚落,"都"是统治据点的总称,已具备地域性政治经济中心的功能。"凡邑有宗庙先君之主曰都,无曰邑。邑曰筑,都曰城。"[②]而一般氏族聚居的聚落,则演变为依附于"都"的"鄙邑"。"君子居国(城)","小人狎于野"。既要考虑"城"("国"),同时尚需安排治"野"。

依据现有史料,南京地区至迟在距今约 6000~5000 年前有了"聚"和"邑",春秋末期则有了建城活动(图 2-1)。

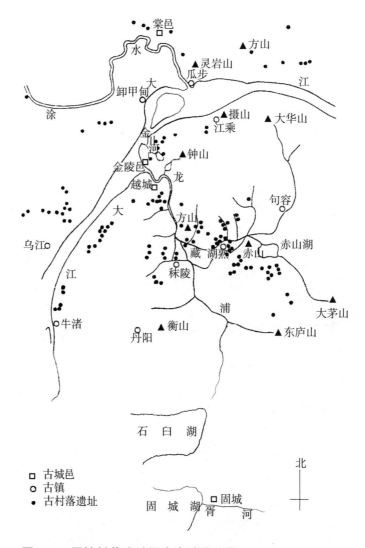

图 2-1 原始村落遗址及先秦城邑位置

资料来源:据蒋赞初的《南京史话》(南京出版社,1995)编绘

---

① (汉)司马迁.史记·卷一·本纪一·五帝本记
② (春秋)左丘明.春秋左传·庄公二十八年

早期的"城"实质上是政治军事城堡，并不具备明显的经济功能。

2.1 原始聚落：北阴阳营遗址

随着原始农业的诞生，出现了相对稳定的、按氏族血缘关系形成的聚落。南京秦淮河、金川河、滁河及长江两岸台地逐渐成了先民定居的聚落所在地。

《尔雅》称："邑外谓之郊，郊外谓之牧，牧外谓之野，野外谓之林，林外谓之垌。"[①]南京北阴阳营遗址正是典型的部落聚居地。有耕地，有牧场，还有荒野及森林。

距今约 6000 年前至 5000 年前之间，在新石器时代，有氏族部落生活在北阴阳营遗址（今鼓楼岗西北）所在地。[②]北阴阳营遗址位于金川河东岸的二级台地上。遗址三面为许多池塘环绕，是宜于耕种的肥沃土地。另一面为森林密布的低山丘陵，即今鼓楼岗及其以东的鸡笼山、覆舟山、富贵山等低矮山丘区，大量野兽出没其间，原始居民可在这里狩猎。北阴阳营出土的很多石器，经鉴定，其石料大部分来自紫金山北蒋王庙一带。说明东面通向今鼓楼岗、富贵山直至紫金山北。

北阴阳营聚落遗址的东部为居住遗迹，西部为一片集中的墓地。在居住区里，还可以找到一些大大小小的房子遗迹。这些营造简陋的房屋最大一处面积为 35 平方米，小的还不到 10 平方米。屋内地面用火烧烤过，墙壁用竹、木编织，涂以草泥。房子的外面有椭圆形或长方形的炊煮食物用的火塘。墓葬没有墓坑，用夹有烧土碎屑的土薄薄地掩埋。死者多为仰身直肢葬，头一律朝向东北，这可能表示他们所信仰的灵魂去向。

北阴阳营遗址这种选址和布局结构不仅与长江流域的其他氏族聚落，而且与黄河流域的氏族聚落均大体相同，如选址在沿河的台地上，采取分区的形式，居住与墓葬东西分列，墓葬无墓坑、墓具，头向都为东北。说明这些是先民们经过长期实践摸索出来适合当时生产、生活需求的共通的经验。

北阴阳营遗址也有与其他聚落不同的地方，如在居住区内有与住房分离的灶室。

同类遗址文化尚见于高淳薛城遗址、江宁太岗寺遗址、陶吴眢庙遗址、大厂卸甲甸遗址、江浦蒋城子遗址、浦口营盘山遗址等处。

2.2 远古传说：姜雷方山封侯

据文献所记传说，远古末期，黄河、长江流域出现了华夏、东夷和苗蛮三

---

① 尔雅·释地
② 季士家，韩品峥.金陵胜迹大全·文物古迹编·北阴阳营古文化遗址.南京出版社，1993

大集团。

华夏集团的势力范围在黄河中、上游地区，以炎帝和黄帝部落最为强大。东夷集团地处黄河下游流域，主要包括少皞、蚩尤部落。苗蛮集团居于长江中游流域。《史记·封禅书》说："黄帝时有万诸侯。"[①]说明当时中原地区有成千上万的氏族或部落存在。

据传说和方氏宗谱有关记载，公元前 2600 年左右，炎帝神农氏十一世孙姜雷联合轩辕氏共同打败蚩尤，并且将帝位让给轩辕氏，轩辕氏代替炎帝族，成为部落联盟首领，正式命名为黄帝。黄帝委任姜雷为左相，封为六合方山侯，并以地赐姓，从此姜雷更姜姓为方姓，成为方姓始祖。后来，黄帝娶了方雷之女——发明植桑、养蚕、织丝的嫘祖为正妃，方雷便成为轩辕黄帝的岳父。

六合方山古有梵天寺，始建于梁天监元年（502）。寺内曾专设雷祖殿堂，可以作为姜雷方山封侯的佐证。[②]

2.3 夏、商、西周

传说黄帝以后，我国黄河流域，又先后出现了几位杰出的部落联盟领袖——尧、舜、禹。尧又称陶唐氏，故称唐尧，舜是有虞氏的成员，故称虞舜，禹是夏后氏人，称为夏禹。"尧禅位于舜，舜荐大禹"[③]。

2.3.1 夏扬州

禹是中国父系氏族社会最后一位部落联盟的首领。公元前约 2070 年，禹建立我国第一个朝代——夏。"及禹崩，虽授益，益之佐禹日浅，天下未洽。故诸侯皆去益而朝启，曰'吾君帝禹之子也'。于是启遂即天子之位，是为夏后帝启。"[④]自此，帝位传子，遂成制度。《礼记·礼运篇》说，"今大道既隐，天下为家，各亲其亲，各子其子，货力为己。大人世及以为礼，城郭沟池以为固，礼义以为纪，以正君臣，以笃父子，以睦兄弟，以和夫妇，以设制度。"[⑤]人类进入私有制社会，城池开始出现。

夏王朝的中心地区当在今河南嵩山和伊、洛、颍、汝四水流域的豫西地区。夏代都城的迁徙，大体是在一个以偃师为中心的周围地区之内。据《尚书·禹贡》记载，禹时分为冀、兖、青、徐、扬、荆、豫、梁、雍九州。扬州"沿于江、海，

[①] （汉）司马迁.史记·卷二十八·书六·封禅书

[②] 蔡明义.轩辕黄帝岳父方雷敕封六合方山考略//张年安，杨新华.南京历史文化新探.南京出版社，2006

[③] （汉）赵晔.吴越春秋·越王无余外传第六

[④] （汉）司马迁.史记·卷二·本纪二·夏本纪

[⑤] 礼记·卷七·礼运

达于淮、泗。"[①] 今南京所在地区属扬州。

"帝禹东巡狩,至于会稽而崩"[②]。说明长江下游,今江浙一带均属夏的势力范围。

2.3.2　商勾吴

商原为夏的属国之一,逐步由一个迁征不定的氏族发展成为一个强国。夏末,夏桀无道,公元前约 1600 年,商国王成汤兴兵讨伐,放桀于南巢,得天下,建立商朝。商汤以武力夺得天下,开了中国朝代更迭史上的先例。

商朝统治中心位于今天的河南中部,最早的国都是亳(今河南商丘)。但商朝前期,因为王族内部经常争夺王位,发生内乱,几度迁都。盘庚即位后,于公元前约 1300 年,将都城由奄(今山东曲阜)迁于殷(今河南安阳小屯村),始定都。故商又称殷或殷商。此后,商朝出现过"武丁中兴"。到商末纣王时,终因暴政而于公元前 1046 年亡于周。

2.3.2.1　湖熟文化

约三四千年前,在夏商时代,政治、军事和经济活动主要集中在黄河流域。

以今湖熟镇为中心的秦淮河及其支流两岸分布着湖熟古文化遗址。这种类型的文化遗址几乎遍及整个现在的南京市域,在江苏、安徽的长江沿岸地区也普遍发现。如江浦汤泉农场牛头岗遗址。

"湖熟文化"所处的时代,是一个由石器到青铜器、铁器的过渡时代。遗址出土遗物有石器、陶器、青铜器。

北阴阳营晚期的遗址第二、第三层也是"湖熟文化"的代表性遗址之一。[③]考古发现在北阴阳营遗址第三层的灰坑中有一件炼铜的陶钵,钵内表黏附一层铜液,这说明湖熟文化的青铜器是当地制造的。考古工作者认为在属于新石器时代的北阴阳营第四层,不见有铜,但到了第三层一跃进入了青铜时代,这种突然的变化显然是外来文化的影响。而且从北阴阳营、锁金村等遗址出土的一些器物,明显具有中原风格,不排除有北方殷商文化的渗入。湖熟文化保留有许多本地的土著文化传统,还吸收了南方印纹陶文化的因素。所以,湖熟文化是以本地土著文化传统为主导,兼有殷商文化因素和南方几何印纹陶文化因素,三者相互融合形成的一种混合文化。

"湖熟文化"说明南京自古就是南北、东西文化交流的结合点,对于中国西北和东南两大地区文化的交流,曾经起过独特作用。

2.3.2.2　太伯奔吴

公元前 12 世纪,商朝末年,西伯君主周太王姬亶父欲将王位传于少子季历,

---

① 尚书·夏书·禹贡
② (汉)司马迁.史记·卷二·本纪二·夏本纪
③ 季士家,韩品峥.金陵胜迹大全·文物古迹编·湖熟古文化遗址.南京出版社,1993

长子太伯、次子仲雍让国于弟季历及侄昌（即后来的周文王），出走"奔荆蛮，自号勾吴"[①]。一般认为在今无锡、苏州一带建立其权力中心。"太伯所筑勾吴故城在梅里平墟，今常州无锡县东三十里，故吴城是也。"[②]

《吴越春秋》说太伯、仲雍"二人托名采药于衡山，遂之荆蛮"[③]。据清代著名学者钱大昕考证，"今当涂县北有横山，即春秋之衡山也。"[④]当涂县北横山位于当涂、江宁、溧水交界处。因此有学者认为勾吴的政权中心就在宁镇地区。2007 年在镇江发现一处古城遗址，该遗址距今已有近 3000 年历史。这座名为"葛城"的吴国古城东西长 200 多米，南北长 190 多米，占地面积达 3.62 万平方米。古城的轮廓至今依稀可见，护城河也清晰可辨。[⑤]这为这一论断提供了佐证。虽然对这一结论还有不同看法，但"太伯奔吴"后，商、周的势力和中原文化及于宁镇地区是确实无疑的，南京地区属勾吴范围。

2.3.3　西周吴

周原为商朝西陲的一个小属国。相传西伯姬昌在位 50 年，益行仁政，天下诸侯多归从。公元前 1056 年，姬昌去世。姬昌子姬发继位后，对内重用贤良，对外联合更多诸侯国，壮大自己力量。此时，商朝在纣王统治下，政治上已十分腐败。姬发率军进攻，经牧野之战，纣王见大势已去，自焚身死，商朝灭亡。公元前 1046 年，周武王姬发建立周朝，都城由丰迁镐，建都镐京（今陕西西安西南），史称西周，追尊姬昌为文王。

周武王灭商后派人到吴地寻找先祖太伯、仲雍后裔，封太伯四世孙周章为君，列为诸侯，国号吴，纳入周朝版图。周的疆域东到海边，南抵五岭，西达甘肃、内蒙古，北至河北北部及辽宁部分地区。周简王元年（前 585），太伯十八世孙寿梦称王。其子诸樊定吴（今苏州）为都。南京地区属吴。

2.4　春秋战国

西周末年，周王朝出现了衰落的现象。周幽王更是沉湎酒色，不理国事，荒淫无耻到"烽火戏诸侯"。周幽王五十一年（前 771），申后部族联合犬戎部落攻破镐京，周幽王被犬戎杀死。太子宜臼受到申、许、鲁等诸侯拥戴，在申（今河南南阳北）即位，是为平王。为避犬戎，平王把都城从镐京东迁至洛邑（今河南省洛阳），史称东周。

---

① （汉）司马迁.史记·卷三十一·世家一·吴太伯世家
② （唐）许嵩.建康实录·卷第一吴上.上海古籍出版社，1987
③ （汉）赵晔.吴越春秋·吴太伯传第一
④ （清）钱大昕.廿二史考异·卷四·史记四·吴太伯世家.上海古籍出版社，2004
⑤ 光明日报，2007 年 09 月 24 日

孔子的史书《春秋》记述了鲁隐公元年（前722）到鲁哀公十四年（前481）的历史，后人把东周自周平王元年（前770）至周敬王四十四年（前476）这一时期称为"春秋时期"。

春秋中期以后，随着各诸侯国的经济不同程度的发展，政治形势也发生了相应的变化。他们利用各自的经济实力，互相争斗，扩充领地。从周元王元年（前475）至秦王政二十六年（前221）的255年中，有大小战争230次。西汉末年的刘向，将有关这段历史编成《战国策》。此后，人们将东周的这一历史阶段称为"战国时期"。

战国时期最有实力的是齐、楚、燕、秦、韩、赵、魏，人称"战国七雄"。

南京地区在春秋、战国时期先后属吴（都吴，今江苏苏州）、越（都会稽，今浙江绍兴）、楚（都郢，今湖北江陵），但地处三国交界地带，在吴、越先后为楚所灭前，归属常有变化（图2-2）。

寿梦称王（前585）后，吴国势力日益强大，曾经联晋攻楚。吴、楚之间的连年战争，有几次就发生在衡山（今江宁横山）、棠邑（今六合程桥附近）、固城（今高淳县境内）等地。

南京地区的城邑最早出现于春秋后期。

2.4.1 棠邑

据《春秋左传》记载，鲁襄公十四年（周灵王十三年，前559），"秋，楚子为庸浦之役故，子囊师于棠以伐吴"[①]。**这是在现今南京市域范围内有关城邑的最早的记载。**伍员（子胥）胞兄伍尚（? ~前522）曾任棠邑大夫。古代"四大刺客"之一的刺杀吴王僚的专诸即棠邑人。

据考古发掘推断，棠邑位于今六合程桥一带，滁河岸边。

程桥附近有薛山、羊角山、大墩子等"湖熟文化"遗址。1964年在程桥出土有铭文的编钟，为吴时乐器，说明此处确为春秋时期遗址。

2.4.2 濑渚邑（固城）

南京地区的建城活动最早出现于春秋末期今高淳县境内之固城。宋《景定建康志》称："此城最古，在越城、楚邑之先。"

吴王余祭七年（周景王四年，前541），吴在濑水（即溧水）之滨设濑渚邑，筑濑渚邑城，后被称为固城。周景王七年（前538）楚攻克固城。周敬王四年（前516），楚平王以固城为行都，大造宫殿，后人因称楚王城。吴王阖闾九年（周敬王十四年，前506），吴举兵伐楚，固城陷落，"固城宫殿，逾月烟焰不灭。

---

① （春秋）左丘明 . 春秋左传·襄公十四年

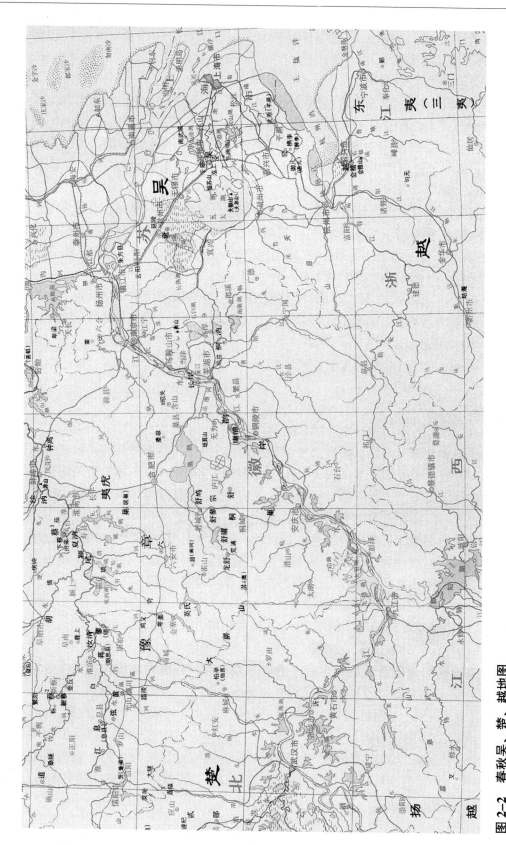

图 2-2　春秋吴、楚、越地图

资料来源：谭其骧．中国历史地图集．中国地图出版社，1982~1988

其城遂废"[1]。周元王三年（前473），越灭吴，固城属越。周显王三十五年（前334），楚灭越，固城复归楚。

今固城湖畔有一古城遗迹，一般认为此即濑渚邑城。在遗迹内外发现了相当数量的周秦以来的文物，有西周的铜戈，春秋的铜鼎、编钟，战国的铜剑、铜斧和铜斤等。还在罗城遗址发现楚国金币——郢爰。

但是，固城遗址未经整体考古发掘，对于现存遗迹是否就是春秋吴所筑之固城，还难有定论。有学者认为春秋战国时期作为县邑的城址的规模一般都不大，少有超过七里者。现存遗迹具有"两汉"文化特征，是汉溧阳县城。

在固城镇古城址中，发现的铜戈、编钟、青铜剑、镞等西周、春秋战国时期的遗物，均分布于内重子城的西部和西北方位，发现的楚国货币——郢爰，也多在子城周围。而子城以东，汉以前的遗物至今没有出土。因此，春秋时期吴之濑渚邑城，推测当在今固城遗址之偏西部。今固城镇墙屋村北、瑶园村西，地面仍有一条宽似城垣的陇岗，可能即为吴筑濑渚邑城东垣遗存；而由瑶园村断断续续通向后埠村，再南抵固城湖畔的称作"城埂头"的另一条陇岗，则可能是其北垣遗存；其西垣和南垣因为现村镇建筑所覆压，历来破坏较大，已难辨城垣走向。[2]

2.4.3 越城

以南京城而言，越城，开始了南京迄今 2480 余年的建城史。

2.4.3.1 年代与位置

周元王姬仁三年（前473）越灭吴。第二年即勾践二十五年（前472），越于淮水（即今秦淮河）之滨，今中华门外长干里一带筑城以图楚，史称越城，又称"越台"。唐朝许嵩著《建康实录》记载："元王四年（前472），……当春秋之末，越既灭吴，尽有江南之地。越王筑城江上镇，今淮水一里半废越城是也。"[3]

据《景定建康志》记载，汉景帝刘启前元年间（前156~前150）"以错言欲削吴地，濞约诸侯同举兵，以诛错为名，邹阳枚乘皆谏不听，上使周亚夫击吴，大破之，濞自越城走丹徒"。[4]越城"在今瓦棺寺东南，国门桥西北。《图经》云：……在秣陵县长干里，今江宁县尉廨后。遗址犹存，俗呼为越台。"[5]南宋绍兴年间张敦颐的《六朝事迹编类》说："今南门外有越台，与天禧寺相对。"[6]清嘉庆年间周宝瑛的《金陵览胜诗考》有越城"在报恩寺西，今净业堂内，遗址犹存"的

① （宋）周应合.景定建康志·卷之二十·城阙一·古城郭.台北成文出版社，1983
② 濮阳康京.江苏高淳固城遗址的现状与时代初探.东南文化.2001（7）
③ （唐）许嵩.建康实录·卷第一吴上.上海古籍出版社，1987
④ （宋）周应合.景定建康志·卷之六·建康表一.台北成文出版社，1983
⑤ （宋）周应合.景定建康志·卷之二十·城阙一·古城郭.台北成文出版社，1983
⑥ （宋）张敦颐.六朝事迹编类·卷之三城阙门·越城.南京出版社，1989

记载。这些记载均说明汉到宋直到清时越城尚存遗迹，位置应在今中华门外上码头、下码头附近。

2.4.3.2 规模

《六朝事迹编类》说："春秋时越既灭吴，尽有江南之地。于是筑城江上，以镇江险。《图经》云：周回二里八十步，在秣陵县长干里。"①

据南京大学历史系文物室藏洛阳出土的东周铜尺，每尺23.1厘米。我国古代以6尺为一步，300步为一里。依此计算，每步为138.6厘米，每里为415.8米，越城周长相当于942.5米，以城大体呈方形计，城中面积约为5~6公顷。从城的规模看，是一个军事性城堡。一般居民住在城外秦淮河两岸，逐渐成为居民聚居和物品交易的场所。

2.4.3.3 越城与范蠡

另有史籍称越城为越相范蠡（前536~前448）所筑，故越城又称"范蠡城"。还说，范蠡曾领军在此驻扎。《建康实录》就说：越城"案越范蠡所筑。"《景定建康志》也说："越城者，建康作古之城，勾践、范蠡之所营也。越台者，越城之故址也。"②

越城确实存在过，当无疑义。但是否范蠡筑越城，且曾领军在此驻扎，则还有疑问。史籍记载筑越城是在越灭吴后的第二年。而据《吴越春秋》记载："二十四年（前473）九月丁未，范蠡辞于王，……乃乘扁舟，出三江，入五湖，人莫知其所适。"③也就是说范蠡已于周元王姬仁三年、勾践二十四年（前473）越灭吴的当年出走，不可能第二年再来筑城、领军。《史记》也记载了范蠡出走："勾践已平吴，……范蠡遂去，自齐遗大夫种书曰：'蜚鸟尽，良弓藏；狡兔死，走狗烹。越王为人长颈鸟喙，可与共患难，不可与共乐。子何不去？'种见书，称病不朝。"④《六朝事迹编类》未说越城为范蠡所筑。所以，清人陈文述已经怀疑范蠡筑越城。他在《越城》一诗中说："扁舟已泛烟波去，未必当年此筑台。"

筑越城应与范蠡无关。除非史籍记载的筑越城时间或范蠡辞王时间有误。

2.4.4 金陵邑

楚威王熊商（？~前329）置金陵邑于石头。"周显王三十六年（楚威王七年，前333），越为楚所灭。乃因山立号，置金陵邑，今石头城是也。"⑤**这是南京称金陵之始。**一般认为，石头即石头山，今天的清凉山。"金陵邑城在清凉寺西，去

① （宋）张敦颐.六朝事迹编类·卷之三城阙门·越城.南京出版社，1989
② （宋）周应合.景定建康志·卷之五·地理图序.台北成文出版社，1983
③ （汉）赵晔.吴越春秋·勾践伐吴外传第十·勾践二十四年
④ （汉）司马迁.史记·卷四十一·世家十一·越王勾践世家
⑤ （宋）周应合.景定建康志·卷之二十·城阙志一·古城郭.台北成文出版社，1983

台九里。南开二门，东一门。"① 当时，清凉山西侧，就是浩瀚的大江。金陵邑依山傍水，临江控淮。

为什么称金陵，说法不一。多数古籍认为是南京钟山在春秋时称金陵山，"乃因山立号，置金陵邑也。楚之金陵，今石头城是也。或云：地接华阳金坛之陵，故号金陵。"②《景定建康志》说"楚威王时，以其地有王气，埋金以镇之，故曰金陵。……至秦始皇时，望气者谓其地有天子气，又埋金宝于山"。但接着就指出，埋金之说只不过是熊商、嬴政驱人凿山之术，骗人而已。"地有王气，楚秦所忌，故将凿山以泄其气也。役其人以凿山，则人未必从，于是借埋金之说，以致凿山之人，曰山有金也。……埋金之说所以为驱人凿山之术，岂真埋金也哉？"③

2.4.5　丹阳

丹阳（今江宁丹阳）在春秋战国时期并无建城的记载。秦始皇三十七年（前210）置丹阳县时才成为县治所在。但丹阳南有河道与丹阳湖相连，北与长江古渡相对，春秋战国时期已经是一处战略要地和交通要道，南京地区重要的道路大都经由丹阳通向吴、楚其他地方，显示了丹阳当时特殊的地理位置。《景定建康志》载："小丹阳路，今在江宁县横山乡陶吴镇西南十里，与太平州当涂县接界。里俗犹呼丹阳。"④

丹阳又作丹杨。从"阳"者说：《江南地志》云：郡国有赭山，其山丹赤，《寰宇记》云：赭山亦名丹山。……山南为阳，故曰丹阳"；从"杨"者说："晋《地理志》于丹杨郡之丹杨县注云：山多赤柳，以此证之丹杨即赤柳之异名"。而实际上，"古史字多通用，……丹山之有丹杨，则因木取义宜也；丹杨山之南曰丹阳，因方取义亦宜也。二字之通，毋庸深辨。"⑤

2.5　"吴头楚尾"

据有关文献记载，"吴头楚尾"的说法最早始于宋代。今鄂东南与赣西北地区，春秋时多为吴、楚两国接界之地，故出生在那里的古代文人有"家在吴头楚尾"之说。

"吴头楚尾"究竟指哪里，对"吴头楚尾"如何理解？有不同的说法。"吴头楚尾"应该是一个比较宽泛的概念。一则吴、楚两国，相互交战，并无固定的接界之地。南京地区就时而属楚，时而属吴，可见也是两国接界之地。二则"吴

① （元）张铉.至正金陵新志·卷之十二古迹志·城阙官署.南京文献·第十九号.南京市通志馆，民国37年
② （唐）许嵩.建康实录·卷第一吴上.上海古籍出版社，1987
③ （宋）周应合.景定建康志·卷之五·地理图序.台北成文出版社，1983
④ （宋）周应合.景定建康志·卷之十六·疆域志二·道路.台北成文出版社，1983
⑤ （宋）周应合.景定建康志·卷之五·地理图序.台北成文出版社，1983

头楚尾"不仅是地理概念，更应理解为文化概念。"吴头楚尾"就是吴、楚文化互相交流、互相融合的地带。

2.5.1　文化融合

考古发现，南京地区湖熟文化遗址出土的一些器物，保留有许多本地的土著文化传统。而同时既明显具有中原风格，还有南方印纹陶文化的因素。所以，湖熟文化是以本地土著文化传统为主导，兼有殷商文化因素和南方几何印纹陶文化因素，三者相互融合形成的一种混合文化。可见宁镇地区自古就是南北、东西文化交流的重要通道，较早地与中原地区古文化有了密切的联系，是西北与东南古文化的交叉地带。

不过，考古界还有不同看法，认为宁镇地区长江两岸发现的商末和周初的文化遗存显示了明显的差异，这种差异代表了江北和江南地区两种不同的文化传统。中原地区商文化的南下，首先是从长江中游的赣江、鄱阳湖地区越过长江，然后扩散到长江下游的宁镇及其以远地区。

即使如此，有一点是肯定的：不论经过什么途径，宁镇地区自古就是南北、东西文化交流的重要结合点，名副其实的"吴头楚尾"。

2.5.2　土墩墓形制的存废

在今溧水、高淳和江宁境内分布着许多土墩墓①。土墩墓这种墓葬形制的存废也反映了南京地区文化交融的特征。

土墩墓是江南地区两周时代独有的墓葬形式，其营造特征是以平地（或设坑）埋葬，并在其上起封堆土，外形略呈馒头状，一墩多墓。未发现有葬具。墓室都呈向心布置的土墩墓结构。据推测，这很可能是同一个大家族的墓穴，向心结构中，位于中间的墓室应该是一家之主或是最年长、最有威信的祖先，周围的墓室则是家族的后代，表达一种对先人的向往和崇敬。随葬品多属几何印纹硬陶和原始瓷等器物。

土墩墓主要分布于宁镇地区、钱塘江流域等地，而以宁镇地区最多，约有5000多座。在这些地域，往往无论是丘陵还是平原地区，都有大大小小的西周、春秋战国时期的土墩墓存在，或三五成群，或连成一片。

这种墓葬代表着西周至春秋战国时期，中原文化没有融入前，江南特有的土著文化。

土墩墓至战国中晚期渐渐消失。这与越国被楚国所灭有直接的关系。土墩墓是当时江南地区吴、越两国特有的墓葬形制，一旦受中原文化影响很大的楚

---

① 季士家，韩品峥.金陵胜迹大全·文物古迹编·溧水土墩墓.南京出版社，1993

政权进入该区域，这种状态就被彻底打破。楚灭越后，楚国的文化也就随之进入了吴越两地。土墩墓渐渐消失，土坑竖穴墓开始盛行。

从这些土墩墓中出土的大量随葬器物中，大部分为陶容器和原始瓷豆，在陶器中，炊器有鼎、鬲，盛储粮食用的有周身印有花纹图案的黑皮陶罐与几何印纹硬质罐。这些陶器与中原地区的陶器有一定的联系，比如出土了体现中原文化特点的炊器鬲，但更多的还是鲜明的当地土著特色。

2.5.3　道路

有了人类的活动，必然会有路。随着活动范围的扩大，路也就向远处延伸。北阴阳营出土了很多石器和随葬品，经鉴定，石器的石材大部分来自紫金山北麓蒋王庙一带；而随葬品中有玛瑙石制成的装饰物和雨花石，玛瑙石就是雨花台一带的雨花石。可见五六千年前的北阴阳营聚落就有了原始的道路，分别向东经过今鼓楼岗、覆舟山、富贵山等高坡地通向紫金山北麓，向南经过今五台山、朝天宫等高坡地通向雨花台。"从鼓楼经绸市口（今广州路口之小粉桥地区）、管家巷、双石鼓、易驾桥（今铁管巷、二茅宫）、大王府巷，再经仓巷到下浮桥、菱角市、来凤街，基本上是一条直道"[1]。

春秋战国时期，处于"吴头楚尾"的南京地区就成了交通要道。据记载，有三条重要的道路经由丹阳（今江宁丹阳）通向吴、楚其他地方，这三条重要的道路是：向西南经鸠兹（今芜湖东清水河）、驾邑（今芜湖西鲁港）、鹊岸（今铜陵一带），到达方城（今贵池西南）；向东经朱方（今镇江东、丹徒南）直达吴都（今苏州）；向南至濑渚邑（今高淳固城）。[2]

2.5.4　水运

由于境内河湖密布，渔业的发展促进了水上交通和水战的出现；从而也进一步提高了水上交通工具——舟船制造技术。春秋战国时期，我国南方已有专设的造船工场——船宫。至迟到了春秋时期就已经可以用船横渡长江了。文献记载，周景王二十三年（前 522），伍员（子胥）离楚奔吴，出昭关（在今安徽含山县境）后，"至江，江上有一渔父乘船，知伍胥之急，乃渡伍胥"[3]，在今江浦乌江附近由渔父驾舟渡过长江。

不仅利用天然河湖用作水上交通，为了运输需要，也人工开辟通道。南北走向的茅山山脉横亘在长江流域与太湖流域之间。春秋吴伐楚时，伍子胥建议

---

① 吕武进，李绍成，徐柏春 . 南京地名源 . 江苏科学技术出版社，1991
② 南京市人民政府研究室 . 南京经济史（上）· 第三章春秋战国时期的南京经济 . 中国农业科技出版社，1996
③ （汉）司马迁 . 史记 · 卷六十六 · 列传六 · 伍子胥列传

开挖一条运河运输粮食。吴王在阖闾四年（前511）接受此议，并任命伍子胥负责筹划，凿开东坝、下坝间的岗阜，开凿了胥溪运河，它东起阖闾大城，接太湖支流荆溪，由胥口入太湖，经宜兴、溧阳、高淳等地，通过固城、石臼、丹阳几个湖泊，在安徽芜湖连接长江的支流青弋江、水阳江，全长450多公里（图2-2）。**胥河是我国开凿最早的人工运河**。胥河古道在今高淳县城东15公里的东坝和下坝之间，长约5公里。

第 3 章

秦汉秣陵

南京这个地区，直到西汉时期，还只是丹阳郡的一个属县。"楚越之地，地广人稀"[①]，与中原相比，仍属不发达地区。当时全国的政治、经济、文化中心在黄河流域。东汉末年南京才成为郡治所在地。所以，秦汉时期南京的城市发展在史籍中很少留下记载。但是，在我国历史上，秦汉时期是具有深远影响的极为重要的鼎盛年代，远在黄河流域的中央政府的重要举动，都对南京的发展留下了深刻的印记。

3.1　秦

秦是战国七雄之一。秦昭襄王五十七年（前250），秦昭襄王死，安国君即位，是为秦孝文王，子楚为太子。秦孝文王安国君及秦庄襄王子楚在位时间均很短。秦庄襄王三年（前247），刚13岁的嬴政登上秦王的宝座，政事落入了吕不韦和赵太后之手。秦王政八年（前239），嬴政满21岁，依照秦国的旧制，第二年举行加冠礼。嬴政在平息了依仗赵太后势力的嫪毐的叛乱和除掉了吕不韦后，便开始对东方的六国采取军事行动，于秦始皇二十六年（前221）灭掉六国中最后一国——齐，统一了中国，定都咸阳。

秦统一全国前二年，秦王政二十四年（前223），秦灭楚，设会稽郡。金陵邑属会稽郡。

秦始皇三十七年（前210）出巡，病死沙丘宫平台。第十八子胡亥在赵高与李斯的帮助下，杀害兄弟姐妹二十余人，并逼死扶苏而当上秦朝的二世皇帝。秦二世即位后，赵高掌实权，实行残暴的统治，激起了陈胜、吴广农民起义。秦二世三年（前207）胡亥被赵高的心腹阎乐逼迫自杀于望夷宫。秦子婴元年（前206），刘邦的军队进抵灞上，秦王子婴投降，秦朝灭亡。秦朝统治时间虽不长，但采取了一系列重要的政治经济措施。秦始皇颁布了"使黔首自实田"的律令，正式确立了土地私有权。在统一的封建帝国里，货币、度量衡、车轨等都得到统一。秦始皇的新政，大大促进了生产力的发展。

3.1.1　郡县制

秦始皇确立郡县制的行政系统以构筑全国性的城镇系列，对城市的发展有着直接的影响。

郡县制[②]是古代中央集权制在地方政权上的体现。中国的县制起源于春秋。楚武王（前740~前690）灭权国，将其改为县，这是我国历史上第一个县。春秋时期，一些诸侯大国如楚、秦、晋等把新兼并得来的土地设"县"。县与卿大夫的

---

① （汉）司马迁.史记·卷一百二十九·列传六十九·货殖列传
② 中国大百科全书·中国历史·郡县制.中国大百科全书出版社，1986

封邑不同，是直接隶属于国君的地方行政区域，有利于国君对边远地区的统治。

春秋中期以后，随着当时土地私有制的发展和世卿制的没落，县制逐步从一种边区防御的权宜之计演变为比较定型的地方行政制度。秦孝公十二年（前350）商鞅第二次变法，秦国推行县制，把乡、邑、聚合并为县。郡的出现要比县晚些。春秋末期，有的诸侯国在新得到的边远地区设置了郡。进入战国，郡所辖的地区逐渐繁荣，人口增多，于是在郡的下面分设了县，产生了郡统辖县的两级地方行政组织。至此，郡县制开始形成。郡县制使各诸侯国形成了中央、郡、县一套比较系统的行政机构，对实行集权统治起了重要的作用。由于战国时期各国分立，执行情况不尽相同。

秦始皇采纳廷尉李斯的建议，"不立尺土之封，分天下为郡县"，废除分封制，实行中央集权制，把郡县行政区划制度推行到全国。

郡是中央政府辖下的地方行政机构，长官为郡守，掌全郡政务；郡尉辅佐郡守；监御史掌监察工作。郡下设县，边地少数民族地区设道。县有大县小县之分，万户以上的大县设县令，不满万户的小县设县长。县令、县长下设县尉、县丞。县尉掌管全县的军事和治安，县丞为县令和县长的助手，掌全县司法。

秦"分天下以为三十六郡"[①]，以后增至40多个。南京地区属会稽郡。在今南京城周边设置过多个隶属于会稽郡的县。（图3-1）

3.1.1.1 棠邑

秦始皇二十六年（前221）置棠邑县。**这是南京地区出现的第一个县。**

3.1.1.2 江乘

许嵩在《建康实录》记载："当始皇三十六年（前211）[②]，始皇东巡，自江乘渡。"遂设江乘县。江乘在栖霞山附近，县治在今栖霞镇一带，今仍有江乘村名。

20世纪80年代，有专家对江乘县城故址进行过实地调查，认为古江乘县城址在今栖霞区摄山乡西湖村。该村原名"江乘"，后讹为"江嵊"，现村名乃因村西头开挖西湖而改，但村中小学仍名"江嵊"。村北至今尚见断壁残垣横亘，乡人名之"土城脚"。附近还有称之"九乡河"的古河道，以及疑为古渡口的西渡村。[③]

3.1.1.3 秣陵

就是始皇三十六年（前211）这次秦始皇出巡回归，至金陵自江乘渡时，"望气者云：'五百年后金陵有天子气。'……乃改金陵邑为秣陵县。秦之秣陵县城，即在今县城[④]东南六十里，秣陵桥东北故城是也。"[⑤]

3.1.1.4 丹阳

丹阳在春秋战国时期已经是一处交通要道，秦始皇三十七年（前210）置丹

---

① （汉）司马迁.史记·卷六·本纪六·秦始皇本纪
② 按史记，应为秦始皇三十七年（前210），见（汉）司马迁.史记·卷六·本纪六·秦始皇本纪
③ 周建国.江乘县考略.南京史志，1987（6）
④ 许嵩在《建康实录》中所说的"县（城）"指当时的江宁县治所，位于冶城旧址，今建邺路中共江苏省委党校一带
⑤ （唐）许嵩.建康实录·卷第一吴上.上海古籍出版社，1987

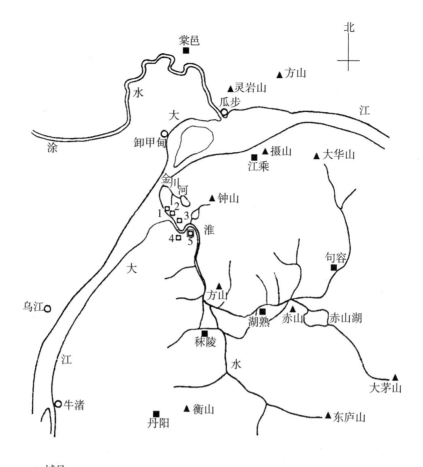

□ 城邑
■ 县治所在地
▣ 郡治所在地
1. 金陵邑；2. 石头城；3. 冶城；4. 越城；5. 丹阳郡

图 3-1　秦汉郡县

阳县，县治在今江宁丹阳。[①]

3.1.2　驰道

秦帝国建立后，为有效控制全国，以及军事行动和物资运输上的需要，特别注意修道路、置驿传、挖运河、设渡口，开辟各条交通干线，沟通全国交通网络。

3.1.2.1　驰道和直道

秦始皇统一全国后第二年，下令修筑以咸阳为中心的、通往全国各地的驰道和直道。根据"车同轨"的要求，秦朝在把过去错杂的交通路线加以整修和连接的基础上，修筑了以驰道为主的全国交通干线。《汉书·贾邹枚路传》载，贾

---

① 南京市地方志编纂委员会 . 南京简志·第一篇建置·沿革 . 江苏古籍出版社，1986

山在其《至言》中提到驰道："为驰道于天下，东穷燕、齐，南极吴、楚，江湖之上，濒海之观毕至。道广五十步，三丈而树，厚筑其外，隐以金椎，树以青松。为驰道之丽至于此，使其后世曾不得邪径而托足焉。"[1]驰道道宽 50 步，约今 69 米，隔三丈（约今 7 米）栽一棵树。十里建一亭，作为路段的管理所、行人招呼站和邮传交接处。路中间为专供皇帝出巡车行的部分，车轨的统一宽度为 6 尺。

"直道"不同于"驰道"，路线更直和行驶更快。

著名的驰道有 9 条，如出函谷关通河南、河北、山东的东方道，出今商洛通东南的武关道，出秦岭通四川的栈道，出今淳化通九原的直道等。

到秦二世时，仍在进一步修建，《史记》称二世"治直、驰道"[2]。

3.1.2.2　经过南京的驰道和渡口

秦始皇三十七年，"始皇出游，……过丹阳，至钱唐。临浙江，……上会稽，祭大禹，望于南海。……还过吴，从江乘渡。"[3]说明有驰道经由丹阳、江乘与咸阳相通。可以说这是经过南京的最早的"国道"了。

而江乘古渡隔江相对有瓜步古渡（今瓜埠），是古代长江上的重要渡口。

3.1.3　邮驿

秦朝统一了邮驿的名称，把"邮"、"传"、"遽"、"驲"、"置"等等不同名目一概统一规定为"邮"。从此，"邮"便成为通信系统的专有名词。在邮传方式上，秦时大都采用接力传递文书的办法，由官府规定固定的路线，由负责邮递的人员一站一站接力传递下去。

秦朝的邮路，其中之一随驰道由咸阳经江乘，延伸到南方。

3.2　西汉

秦末，陈胜、吴广领导大泽乡农民起义，群雄起而响应，其中属项羽和刘邦军力最强。初，他们同在项梁手下，联合作战，大破秦军。而后分道扬镳，成了争夺天下的敌手。汉高祖元年（前 206），刘邦在张良、萧何、韩信等人的帮助下，登临帝位，国号汉，初都洛阳，不久迁长安，史称西汉。汉高祖五年（前 202），刘邦最终击败项羽。

西汉通过一系列政治经济的改革，使国力强盛、人民安乐，呈现出一派太平盛世的景象。

西汉末，汉哀帝死后，刘衎即位，是为平帝。平帝时年九岁，由太皇太后临朝，

---

[1]（汉）班固 . 汉书·卷五十一·贾邹枚路传第二十一
[2]（汉）司马迁 . 史记·卷八十七·列传二十七·李斯列传
[3]（汉）司马迁 . 史记·卷六·本纪六·秦始皇本纪

王莽居首辅。后王莽毒死平帝，于公元 9 年，废孺子婴，改国号为"新"。

新地皇四年（23），王莽被杀。绿林起义军拥立淮阳王刘玄称帝，年号定为"更始"。更始三年（25），刘秀称帝，定都洛阳，史称东汉。

3.2.1 丹阳郡的属县

在西汉、东汉的大部分时间里，南京仍是一个郡的属县。

秦末汉初，西楚霸王项羽曾领九郡，分会稽郡置鄣郡。以故鄣（今浙江安吉）为郡治。江乘、秣陵等 17 县属鄣郡。刘邦平西楚后，立韩信为楚王，鄣郡属楚国。次年，楚国分为荆、楚二国，鄣郡属荆国。汉高祖十二年（前 195），改荆国为吴国；汉景帝前元三年（前 154），又改为江都国。汉武帝元朔元年（前 128），将江都分为丹阳、胡孰、秣陵三侯国。封江都王之子刘胥行为胡熟侯。武帝元狩二年（前 121），废江都国，改丹阳、胡孰、秣陵为县，隶属鄣郡。武帝元封二年（前 109），改鄣郡为丹阳郡，属扬州，统十七县，包括江乘、秣陵、溧阳、句容、故鄣等。

汉高祖六年（前 201）封陈婴为棠邑侯。汉武帝元狩六年（前 117），改棠邑称堂邑。汉元鼎元年（前 116），废堂邑侯国，为堂邑县，属临淮郡。

王莽新天凤元年（14），改丹阳郡为宣亭郡，江乘县改相武县，秣陵县改宣亭县。淮阳王刘玄更始元年（23），郡县恢复旧称。

3.2.2 固城——溧阳县城

秦始皇二十六年（前 221）秦统一全国，以楚平陵置溧阳县。汉时仍设溧阳县。南宋"绍兴中得后汉校官碑于溧阳固城之旁，知其为汉县治。"[1] "汉溧阳长潘乾元贞校官碑，（东汉）灵帝光和四年（181）所立。……沦于固城湖中。绍兴十三年（1143）癸酉，溧水尉喻仲远得之，辇置听事之侧。盖相距九百六十二年矣。"[2] 潘乾，陈国长平（今河南西华县东北）人，东汉灵帝光和（178~184）中为溧阳长。潘乾死后，县丞赵勋及左、右尉董并、程阳等于光和四年（181）立碑为之颂德。"汉溧阳长潘乾元贞校官碑"现藏南京博物院。

今固城湖畔的古城遗址，曾被认为是春秋濑渚邑城。但有学者深入研究发现，现存遗迹具有"两汉"文化特征，推断是汉溧阳县城，汉溧阳县城在濑渚邑城基础上向东扩建和改筑。而春秋濑渚邑城，位于遗址内偏西。[3]

固城遗址[4]，分内外两重。城高一丈五尺，罗城（外城）周回七里三百三十步，

① （宋）周应合.景定建康志·卷之二十·城阙一·古城郭.台北成文出版社，1983
② （宋）周应合.景定建康志·卷之五十·拾遗.台北成文出版社，1983
③ 濮阳康京.江苏高淳固城遗址的现状与时代初探.东南文化，2001（7）
④ 季士家，韩品峥.金陵胜迹大全·文物古迹编·固城遗址.南京出版社，1993

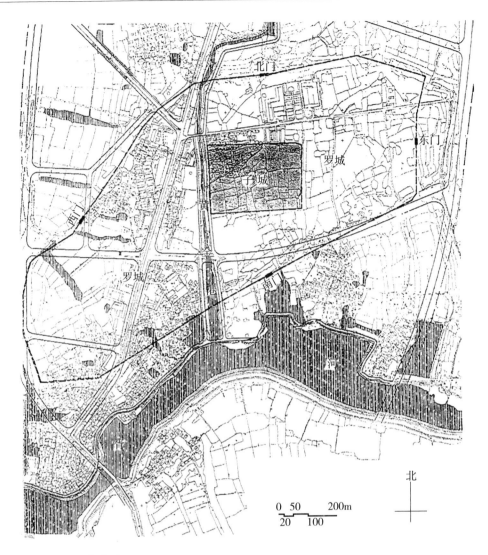

图 3-2　固城遗址

资料来源：据濮阳康京的《江苏高淳固城遗址的现状与时代初探》（东南文化，2001（7））编绘

子城（内城）一里九十步。遗迹今仍可考，现残存部分呈长方形，罗城南北约800 米，东西约 1000 米，经实测，周长 3915 米；保存较好的北城，城基宽 41 米，残高 4~6 米，顶宽 25.5 米；城外原有护城河，宽约 18.5 米。子城位于罗城腹地略偏西，正南遥对秀山，北向背靠"楚王山"，城亦呈长方形，南北 121 米，东西 196 米，四周亦有护城河，宽约 13.5 米。（图 3-2）

3.3　东汉

西汉末，刘秀以"复兴汉室"为号召起兵，与众豪杰并争天下。在昆阳之

战中摧垮新莽 42 万大军，又一举平定河北，成为灭亡新朝的关键人物。淮阳王刘玄更始三年（25），刘秀称帝于鄗（今河北柏乡北）。刘秀身为汉室皇族，故仍定国号为汉，不久定都洛阳，史称东汉，年号建武，是为汉光武帝。到公元 1 世纪中叶，经过光武帝、明帝、章帝三代的治理，东汉王朝已经逐渐恢复了往日汉朝的强盛，这一时期被人称为"光武中兴"。

东汉时，南京地区仍为丹阳郡属县。丹阳郡治在宛陵（今安徽宣城）。

3.3.1 建业——第一次成为郡治所在

东汉末，吴郡富春（今浙江富阳）豪族孙坚，参加东汉王朝扑灭黄巾起义军的战争，又联合其他军阀，起兵讨伐董卓。东汉初平二年（191），孙坚在与刘表争夺荆州的战役中被射杀身亡。孙坚死后，长子孙策率兵渡江，逐步扩大势力，在江东建立起东吴政权。东汉建安五年（200），孙策在丹徒遇刺身亡，其弟孙权继位。

东汉建安十三年（208），孙权（182~252）"始自吴迁于京口（今镇江）而镇之。"建安"十六年（211），权始自京口徙治秣陵。十七年（212），……改秣陵为建业。"**这是南京大发展的起点。**

东汉建安"二十六年（221），其年始置丹阳郡，自宛陵理于建业。"[①]**南京第一次成为郡治所在。**

孙权在他称帝、建都建业前，长期经营建业，就是准备以建业这个地方为基地，发展壮大，"建功立业"。由此开始，现今南京这个地方逐渐发达起来，以至成为一国之都。

3.3.2 将军府

孙权是东汉王朝的讨虏将军、行车骑将军。东汉建安十六年（211），孙权自京口徙治秣陵，以长沙桓王孙策故府为将军府。

孙权由武昌移都建业之初所居之太初宫即为将军府，"城建业太初宫居之。宫即长沙桓王故府也，因以不改。今在县东北三里，晋建康宫城西南。"[②]吴赤乌十年（247）又在原址改建。可见将军府与后来的太初宫就在同一个地方。

3.3.3 沿淮立栅

孙权统领东吴后，认为"秣陵有小江百余里，可以安大船，吾方理水军，

---

① （唐）许嵩.建康实录·卷第一吴上·太祖上.上海古籍出版社，1987
② （唐）许嵩.建康实录·卷第二吴中·太祖下.上海古籍出版社，1987

当移据之"，^①即徙治秣陵。据宋《景定建康志》记载，"《六朝记》云：吴孙权沿淮立栅"。^②《六朝事迹编类》称："吴大帝时，自江口沿淮筑堤，谓之横塘。"^③小江即淮水，后来称秦淮河。立栅、筑堤，既是防洪设施，也是军事防线。

"2004 年 4 月，南京市博物馆考古工作者在今秦淮河南岸下浮桥旁的'皇册家园'工地，发现有早晚两个时期的木栅遗迹。……早期的木栅时代推测为孙吴，出土了多排整齐布列的木桩。……此外，在这些成排的木桩南侧还清理一处保存较好、用废旧木板和木桩围护起来的半封闭的建筑遗址，残长约 4 米，内用木板分隔成四个单元。此建筑结构简易，遗迹内外发现有不少铜箭镞、甲片等，毫无疑问是一种与战争有关的临时建筑。从其位置、时代、构筑特征等分析，这些排列整齐的木构建筑可能是当时战争期间沿秦淮河南岸所立的木栅一类的防御性设施。"^④

3.3.4　石头城

在孙权自京口徙治秣陵后，即于汉建安"十七年（212），城楚金陵邑地，号石头。"^⑤"戎车盈于石头"^⑥，是一处军事要塞，建有仓城，储存军粮和器械。"石头城，吴时悉土坞"^⑦。

《六朝事迹编类》记载："吴孙权沿淮立栅，又于江岸必争之地筑城，名曰石头。常以腹心大臣镇守之。今石城故基乃杨行密稍迁近南，夹淮带江，以尽地利。"^⑧就是说后来的石头城是杨吴时筑的，比先前的石头城"稍迁近南"。孙权的石头城位置应在石头山（今清凉山）附近的江边，在今石头城（俗称鬼脸城）稍北。

孙权在石头城西南的最高处设烽火总台，并由此沿长江上下游方向，在江岸险隘的地方，或 100 里，或 50 里、30 里设一烽火台。各郡县亦设有烽火设施。这是一种古老的通讯方式，举火相告，一夕可行万里。"石头城山最高处，吴时举烽火于此，自建康至西陵五千七百里，有警急半日而达。"^⑨烽指烽烟，用于白昼，火指燧火，用于黑夜。

石头城后来成为南京的一个代称，"石城霁雪"是金陵四十八景之一。

① （晋）陈寿撰，（宋）裴松之注．三国志·卷五十三·吴书八·张严程阚薛传第八
② （宋）周应合．景定建康志·卷之十七·山川志一·山阜．台北成文出版社，1983
③ （宋）张敦颐．六朝事迹编类·卷之五江河门·横塘．南京出版社，1989
④ 杨国庆，王志高．南京城墙志·第二章六朝京师城墙·第三节其他城垒．凤凰出版社，2008
⑤ （唐）许嵩．建康实录·卷第一吴上·太祖上．上海古籍出版社，1987
⑥ （晋）左思．三都赋·吴都赋
⑦ （宋）周应合．景定建康志·卷之十七·山川志一．台北成文出版社，1983
⑧ （宋）张敦颐．六朝事迹编类·卷之二形势门·石城．南京出版社，1989
⑨ （宋）周应合．景定建康志·卷之二十二·城阙志三·台观．台北成文出版社，1983

3.3.5　冶城

　　孙权还在运渎之北的冶山（今朝天宫所在）设冶铸作坊，后称冶城。刘宋临川王刘义庆撰、梁刘孝标注《世说新语》两处提到冶城时加注："《扬州记》曰：冶城，吴时鼓铸之所。吴平，犹不废。王茂弘所治也。""《丹阳记》曰：丹阳冶城，去宫三里，吴时鼓铸之所，吴平犹不废。又云：孙权筑冶城，为鼓铸之所。"[①]

　　另有说法，相传公元前五世纪，吴王夫差在冶山设冶铸之所，后称冶城。这可能是弄混了东汉末期的吴和春秋末期的吴。

　　南朝去东汉末期不过百余年，当时的著述引《丹阳记》明确是"孙权筑冶城"，而引《扬州记》提到的王茂弘即王导是东晋时人。应该认为筑冶城之吴，乃东汉末期之吴，而非春秋末期之吴。

---

① （刘宋）刘义庆撰，（梁）刘孝标注.世说新语·语言第二·轻诋第二十六

第2篇
六朝繁华　南北交融

孙权定建业为东吴都城，开启了南京的建都史，也使南京从一个地方郡县跃升为一个区域的中心。东吴，而后东晋，再后南朝（宋、齐、梁、陈），六朝建都，使建康成为空前繁华的大都市，成为全国政治、经济、文化的中心之一。

作为六朝都城，东吴奠基，东晋定制，南朝增华。

六朝建康以河网水系作为城市骨架，在保持都城严谨格局的同时也适应了自然山水，在我国都城规划史上写下了独特的篇章。

自孙权开始，从行政建制、军事防御、产业布局到水陆交通等各个方面，以"区域"的观念作出部署，形成以建康城为核心的"大建康"。

六朝都城的规划建设，吸取了中原地区的丰富经验；同时，六朝都城的规划建设，也直接影响了北方的国都规划建设。北魏"将作大匠"蒋少游、隋新都大兴"总规划师"宇文恺均曾亲临建康考察。六朝都城的规划建设是南北文化交融的实例。

第 4 章

六朝建康

三国时期的吴，东晋以及南北朝时期的南朝（宋、齐、梁、陈），均以南京为都，史称六朝。

这一时期，除西晋有过短暂的统一局面外，全国处于分裂状态。自吴黄龙元年（229），到隋开皇九年（589）陈亡，共 361 年间，有 324 年在南京建都。中间只间隔了西晋的 37 年，城市的演变一直是连续的。对南京来说，这是第一次成为一国首都，第一次成为全国政治、经济、文化中心之一。**六朝时期是对今天的南京城市格局最有影响的四个时期之中的第一个时期。**

南北分裂对于加速民族融合起到了极其重要的作用，是中华民族发展过程中的一个重要环节，为中国后来成为多民族统一的国家打下基础。

4.1 定都、偏安、沿袭

4.1.1 东吴

4.1.1.1 三国鼎立
第一个在南京建都的，是三国时期的吴。

东汉末年，中央政权急剧衰落，各地的割据势力以强并弱，各霸一方，最后形成了三国：魏、蜀汉、吴。

东汉建安二十五年（220，魏文帝黄初元年），曹丕代汉建魏，称魏文帝，东汉亡。

次年（221，汉昭烈帝章武元年），以汉室皇族自居的刘备在四川成都称帝，国号"汉"，史称蜀汉，是为蜀汉昭烈帝。

在建业成为丹阳郡郡治所在地的第二年，即吴黄武元年（222），孙权向魏臣服称藩，接受曹魏封号，称吴王于鄂，改鄂为武昌（曾名江夏，今湖北鄂州），遂成三国鼎立。

吴黄龙元年（229）四月，孙权在武昌称帝，是为吴大帝。孙权根据当时三国鼎立的形势，决定迁都。当年九月便离开武昌，定都建业，开创了南京作为国都的历史。吴甘露元年（265）九月，末帝孙皓迁都武昌。次年，吴宝鼎元年（266）十二月，还都建业。

吴天纪四年（280）后主孙皓降晋。东吴先后 4 代，历 52 年。（图 4-1）

4.1.1.2 定都
1. "宁饮建业水，不食武昌鱼"

孙权统领东吴后，认为"秣陵有小江百余里，可以安大船，吾方理水军，当移据之"。遂于汉建安十六年（211）徙丹阳郡治秣陵，又改秣陵为建业。

相传刘备或刘备派诸葛亮出使东吴，与孙权联辔石头山、蛇山一带观察山川形势，做出"龙盘虎踞"之叹。现留有"驻马坡"地名。无论刘备或诸葛亮是否到过秣陵，说过"虎踞龙盘"的话，但可以说明，孙权不仅看到了"秣陵

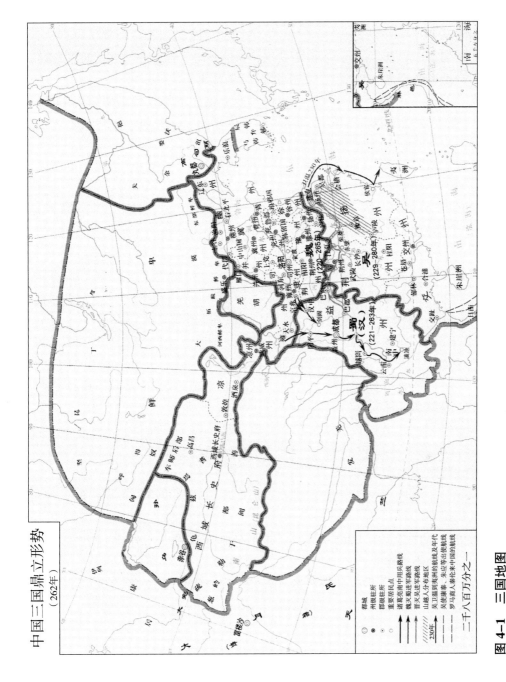

图 4-1　三国地图

资料来源：张芝联，刘学荣．世界历史地图集．中国地图出版社，2002

有小江百余里，可以安大船，吾方理水军"的军事作用，也看中了南京"虎踞龙盘"的山川形胜，并利用这些自然山水来营建这座城市。

孙权的谋士张纮也"建计宜出都秣陵，权从之。""纮谓权曰：'秣陵，楚武王所置，名为金陵。地势岗阜连石头，访问故老，云昔秦始皇东巡会稽经此县，望气者云金陵地形有王者都邑之气，故掘断连岗，改名秣陵。今处所具存，地有其气，天之所命，宜为都邑。'权善其议，未能从也。后刘备之东，宿于秣陵，周观地形，亦劝权都之。权曰：'智者意同。'遂都焉。"[1]

但基于当时的形势，东吴政权在建都问题上着眼的不仅仅是南京的山川形势，更注重的是南京的战略地位，是政治、军事因素。三国时期，战事频繁，政治、军事形势多变，时而孙、刘联盟抗曹，时而孙、刘关系紧张。赤壁之战（208）后，孙权基于巩固与刘备联盟的考虑，以建业为其统治中心。随着孙、刘关系的紧张，为击败刘备、巩固长江上游局势奠定基础，孙权将其政权中心迁往武昌。夷陵之战（222）后，孙权又为了维持与蜀汉的联盟关系，定都于建业。蜀汉灭亡后不久，孙皓即从建业移都武昌，以增强对北方政权的防御力量，但迫于江东大族的反对，不得不还都建业。"宁饮建业水，不食武昌鱼；宁还建业死，不止武昌居"正是作为东吴政权经济支柱的江东大族的心声。但根据当时的战略形势，东吴始终将武昌和建业视为战略重镇，互为首都和陪都。

东吴初由武昌而定都建业，但仍派上大将军陆逊辅佐太子孙登留守武昌，成为东吴的陪都（或西都）。吴太元二年（252）四月，孙权卒，孙亮继位，太傅诸葛恪挟天子当政。"恪有徙都意，使治武昌宫"[2]，派人重修武昌宫殿，准备还都武昌。但诸葛恪数次北伐，最终败北，以致怨声载道，被孙峻设计杀害，迁都未果。吴甘露元年（265）九月，末帝孙皓徙都武昌，留御史大夫丁固、右将军诸葛靓镇建业，武昌再度成为东吴首都，建业却成为陪都。次年，吴宝鼎元年（266）十二月，又迁回建业，卫将军滕牧留镇武昌。

2. 建业与京口

孙权在移治秣陵，并改秣陵为建业以前，对秣陵与京口以至周边的芜湖是作过比较、权衡的。

汉建安十三年（208）即赤壁之战胜利之后，"始自吴迁于京口（今镇江）而镇之。案《地志》：吴大帝亲自吴迁朱方（秦改称丹徒，今镇江），筑京城，南面、西面各开一门，即今润州城也。因京岘立名，号为京镇，在建业之北，因为京口。"[3]"京城"在临江的北固山前峰。这座城周长620步，约305丈，面积很小，但城内外都用砖砌成，高3丈1尺。京城又称铁瓮城，是孙权的一座军事堡垒，成为建业的屏障。

据《三国志·吴书》裴松之注引《献帝春秋》云："刘备至京，谓孙权曰：'吴

---

① （晋）陈寿撰．（宋）裴松之注．三国志·卷五十三·吴书八·张严程阚薛传第八

② （晋）陈寿撰．（宋）裴松之注．三国志·卷五十九·吴书十四·吴主五子传第十四

③ （唐）许嵩．建康实录·卷第一吴上·太祖上．上海古籍出版社，1987

去此数百里,即有警急,赴救为难,将军无意屯京乎?'权曰:'秣陵有小江百余里,可以安大船,吾方理水军,当移据之。'备曰:'芜湖近濡须,亦佳也。'权曰:'吾欲图徐州,宜近下也。'"①濡须,在今安徽省无为县城北边,孙权曾建有濡须口,为战时港口。东汉建安十八(213)年和魏黄初四年(吴黄武二年,223)的两次濡须口之战就发生在此地,两次战争均以曹军无功而返告终。

4.1.2　东晋

4.1.2.1　永嘉南渡

魏咸熙二年(265,吴甘露元年),晋王司马炎夺取政权,灭魏,建立晋朝。先都洛阳,后迁长安,史称西晋。晋太康元年(280),晋武帝司马炎平吴,南北出现了短暂的统一。建业遂恢复旧称——秣陵,并恢复江乘、湖熟两县,又于秣陵西南置临江县。**晋太康二(281)年,改临江为江宁,南京别名江宁始于此。**同年,江北扬州治移至秣陵,南北扬州合一。**这是南京第一次成为州治所在。**建业虽已改回秣陵,但一般百姓仍习惯称为建业。晋武帝无奈之下,只好于次年,以秦淮为界,南为秣陵,北设建邺。但改"业"为"邺",音同字异,变孙权的发迹地为司马氏的发祥地,也不失为一种自作聪明的文字游戏。建邺县治在故都宣阳门内古御街东。晋愍帝建兴元年(313),为避愍帝司马邺讳,"诏改建邺为建康"。②

晋太熙元年(290),晋武帝死。后发生"八王之乱",北方少数民族也起而反抗。匈奴贵族刘渊建立刘汉政权后,中原局势进一步恶化,开始了中国的长期战乱和南北分裂。晋怀帝即位后,于晋永嘉元年(307)命琅琊王司马睿(276~322)为安东将军、都督扬州诸军事。司马睿用王导(276~339)之谋,移镇建康。永嘉年间,为避战乱,中原士民纷纷渡江,司马睿管辖的江东便成了中原战乱的避难所,每天南渡者如"过江之鲫",史称"永嘉南渡"。晋建兴四年(316)汉刘聪遣刘曜攻关中,晋愍帝司马邺被俘,宣告了西晋的灭亡。弘农太守宋哲从长安逃到建康,传达晋愍帝的诏令,命司马睿重组政权。司马睿在南渡过江的中原士族与江南士族的拥护下,即晋王位,改元建武元年(317)。次年,司马邺亡故,司马睿在建康称帝,是为晋元帝,国号仍为晋,史称东晋。建康又成为国都。所以对南京而言,从东吴到陈被灭,六朝时期只有西晋的37年没有在南京建都,即从晋太康元年(280)晋武帝平吴,到东晋元帝建武元年(317)司马睿在建康即位。

与东晋同时,北方少数民族相继建立政权,先后"十六国"王朝不断更替,形成南北对峙局面。(图4-2)

---

① (晋)陈寿撰.(宋)裴松之注.三国志·卷五十三·吴书八·张严程阚薛传第八
② (唐)许嵩.建康实录·卷第五晋上·中宗元皇帝.上海古籍出版社,1987

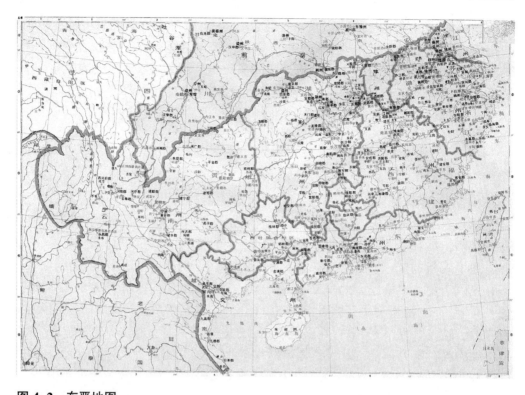

图 4-2　东晋地图

资料来源：谭其骧 . 中国历史地图集 . 中国地图出版社，1982~1988

东晋自建武元年（317）至元熙二年（420）建都建康，相袭 11 代，为时 103
年，是在南京建都时间最长的王朝。其间，东晋安帝元兴二年（403）权臣桓玄篡
位，建立楚帝国，改元永始。次年，桓玄败死，桓玄叔父桓冲次子桓谦继续挟
持安帝，改元天康。东晋义熙元年（405）为东晋刘道规所灭。

4.1.2.2　偏安

司马睿能够取得帝位，并巩固政权，主要依靠中原著名高级士族出身的王
导的支持。王导建议司马睿把南渡的名士俊杰收罗起来，联络南方士族，共同
维持东晋朝廷，造成一种偏安江左的局面。

在这种形势下，建康成为东晋王朝的都城，也属势所必然。

苏峻之乱后，东晋王朝"温峤以下咸议迁都，唯王导固争不许。"[①]"及贼平，
宗庙宫室并为灰烬，温峤议迁都豫章，三吴之豪请都会稽，二论纷纭，未有所适。
导曰：'建康，古之金陵，旧为帝里，又孙仲谋、刘玄德俱言王者之宅。古之帝
王不必以丰俭移都'"[②]"王导断然折会稽、豫章之论，而以建业为根本。自晋而下，

---

① （宋）乐史 . 太平寰宇记 · 卷之九十 · 江南东道二 · 昇州 . 中华书局，2007
② （唐）房玄龄等 . 晋书 · 列传第三十五 · 王导

三百年之基业，导之力也。"①

东晋哀帝兴宁元年（363），大司马桓温北伐，"平洛阳，议欲迁都"。而此时"北土萧条，人情疑惧"，为王述、孙绰等大臣谏阻。②

4.1.3　南朝

4.1.3.1　南北分治

东晋元熙二年（420），刘裕废晋恭帝司马德文，自立为帝，建立宋国。宋后，相继出现齐、梁、陈政权。同一时期，北魏于太延五年（439）统一了北方。后来北魏分裂为东魏、西魏，最后东魏、西魏又分别被北齐、北周所取代。历史上把北魏、东魏、西魏、北齐、北周合称为北朝，南方的宋、齐、梁、陈为南朝，形成南北朝。（图 4-3）

南朝的宋、齐、梁、陈均以建康为首都。

1. 宋

东晋隆安三年（399），爆发了大规模的农民起义。刘裕（363~422）在镇压义军过程中逐渐壮大，在朝廷的地位显赫无比。东晋义熙十四年（418）十二月，刘裕令心腹鸩弑晋安帝司马德宗，立其弟司马德文为傀儡皇帝。东晋元熙二年（420），刘裕迫晋恭帝司马德文禅让，自立为帝，国号宋，东晋亡。刘宋自宋武帝永初元年（420）至宋顺帝升明三年（479），传 9 代，计 60 年。

2. 齐

刘宋末，皇室成员争权，自相残杀。南兖州刺史萧道成（427~482）是将门之子，渐渐掌握了刘宋军政大权。刘宋元徽五年（477），萧道成杀宋后废帝刘昱迎立刘准为帝，拜司空、录尚书事，后位至相国，封齐王。刘宋升明三年（479），萧道成废宋顺帝刘准，取代刘宋，建立齐国，自齐高帝建元元年（479）至齐和帝中兴二年（502），传 7 代，计 23 年。

3. 梁

齐东昏侯萧宝卷治国无术，却很残忍，引起内乱。雍州刺史萧衍（464~549）联合了南康王萧宝融，攻占首都建康，于齐永和三年（501）拥戴宝融即位为齐和帝。齐中兴二年（502），萧衍逼死和帝，废齐，建立梁国，自梁武帝天监元年（502）至梁敬帝太平二年（557），传 8 代，计 55 年。

北朝东魏大将侯景，于梁武帝太清元年（547）率部投降梁朝，驻守寿阳，不久起兵反叛，于太清三年（549）攻破建康，软禁梁武帝致死，立萧纲为帝。梁天正元年（551）废杀萧纲立萧栋。同年，侯景废萧栋而称帝，国号汉，改元太始。次年，梁将陈霸先、王僧辩攻下建康。侯景乘船出逃，被部下杀死。梁

① （宋）张敦颐. 六朝事迹编类·卷之一总叙门·六朝建都. 南京出版社，1989

② （唐）许嵩. 建康实录·卷第八·废皇帝奕、太宗简文皇帝昱. 上海古籍出版社，1987

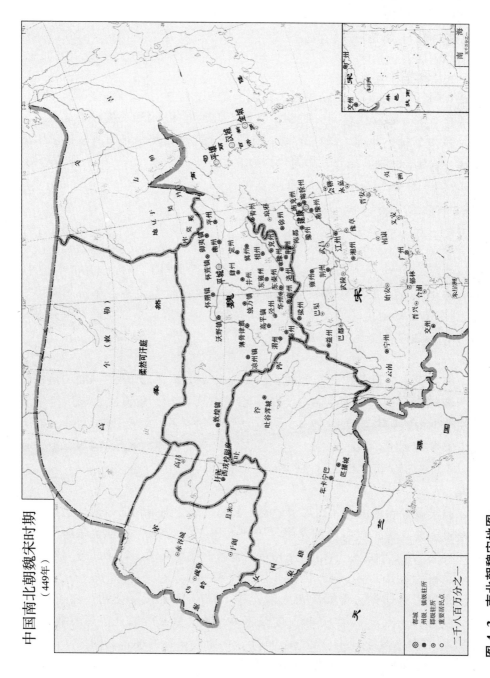

中国南北朝魏宋时期
（449年）

二千八百万分之一

- ◎ 都城
- ◉ 州级、镇级驻所
- ● 部级驻所
- ● 重要居民点

图 4-3　南北朝魏宋地图

资料来源：张芝联、刘学荣．世界历史地图集．中国地图出版社，2002

天正二年（552）萧绎即位于江陵（今湖北荆州），是为梁元帝，改号承圣。梁承圣四年（555），西魏攻陷江陵，梁元帝被杀。同年即梁建安公萧渊明天成元年（555），陈霸先迎萧绎子萧方智入建康为帝，是为梁敬帝，改元绍泰。[①]

与此同时，西魏立萧詧为帝，以江陵为都城，建立起了一个小朝廷，史称后梁（也称西梁）。萧詧自居为南朝正统，与梁敬帝及陈朝对立，其实不过是西魏、北周和隋的附庸，而后为隋文帝废除。后梁自宣帝萧詧大定元年（梁承圣四年，555）、经明帝萧岿、至后主萧琮广运二年（隋开皇七年，587），共存 33 年。

4. 陈

梁大宝元年（550），陈霸先（503~559）在始兴（今广东韶关西南）起兵，于梁天正二年（552）讨灭侯景，被任命为征北大将军。梁天成元年（555），陈霸先立萧方智为梁敬帝。同年击败北齐进攻，进位司徒、丞相，由陈国公受封陈王。梁太平二年（557），陈霸先废梁敬帝，建立陈国，自陈武帝永定元年（557）至陈后主祯明三年（589），传 5 代，计 33 年。

隋开皇九年（589），陈后主陈叔宝投降隋朝，结束了南朝建都建康 171 年的历史。

4.1.3.2　沿袭

东晋政权演变为南朝，南朝宋、齐、梁、陈的交替，完全是割据政权内部的政变，全国的政治、军事态势并无大的变化。都城也主要是沿袭，只有局部的改建、增建而已。

4.2　"大建康"

六朝时期所辖领土时有不同。

东吴时，建业为一国之都，辖扬州、荆州和交州，同时又是扬州治所。扬州下辖丹阳、会稽、豫章、鄱阳等 13 郡，范围包括江苏南部，安徽、江西、浙江的大部和福建的一部分。

东晋时在今南京范围内，江南有 9 郡、17 县，江北有 3 郡、16 县。

刘宋初有 22 个州、238 个郡、1179 个县。齐时有 23 个州、390 个郡、1485 个县。至陈后期有 42 个州、109 个郡、438 个县。

六朝时期，特别是东晋时，南京得到了空前的发展，是南京第一个辉煌的时期，也使中国政治、经济和文化的重心第一次由黄河流域移到长江流域。自东吴起，为了政权的生存和拓展，在营建以宫城为核心的都城外，同时也着力经营建业（建康）的周围地区，深深懂得太湖流域是其经济命脉所在。所以从行政建制、军事防御、产业布局到水陆交通等各个方面，以"区域"的观念作出部署，保障国都的政治稳定和物质供应。

① （唐）许嵩.建康实录·卷第十七梁帝纪上·世祖元皇帝、敬皇帝.上海古籍出版社，1987

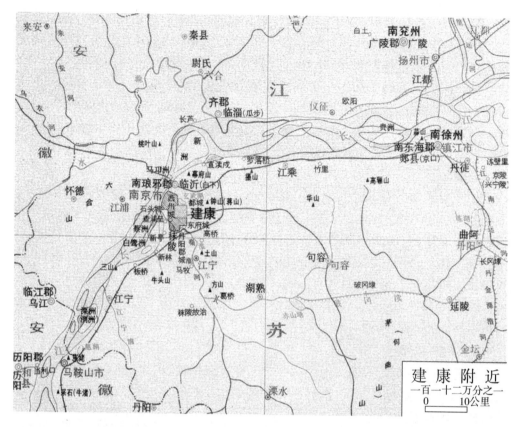

图4-4 南朝建康附近地图

资料来源：谭其骧.中国历史地图集.中国地图出版社，1982~1988

以建康城为核心的"大建康"是当时区域的，以至全国的政治、经济、文化中心。"大建康"包括：建康城，东府城、西州城、石头城等外围城池，周围的郡县治所和安置北方士族和移民的侨县，以及军事城堡。（图4-4）

4.2.1 周围城镇

4.2.1.1 外围城池

赵翼在《廿二史札记》中认为："六朝时，建业之地有三城。中为台城，则帝居也，宫殿台省皆在焉。其西则石头城，尝宿兵以卫京师。……台城之东，则有东府，凡宰相录尚书事兼扬州刺史者居之。实甲尝数千人。……缘此二城，拱卫京师，最居要害故也。"[①]其实，自孙吴经营至东晋，拱卫台城的除了石头城和东府，至少还有西州城。

---

① （清）赵翼.廿二史札记·卷八晋书

1. 东府

东晋元帝大兴元年（318），以宰相兼领扬州牧，宰相府——东府即为扬州治所。东晋安帝义熙四年（408）春，"诏刘裕为扬州刺史，自丹徒入居东府辅政。"义熙十年（414）冬，刘裕就原有基础"城东府。案图经：今城县东七里青溪桥东南（现大中桥以东通济门一带），临淮水，周三里九十步。"东晋简文帝司马昱任会稽王时旧第，"后为会稽文孝王道子（文帝子，武帝弟）宅。谢安薨，道子领扬州刺史，于此理事，时人呼为东府。至是，筑城以东府为名"[①]。此后，南朝的宰相府就常设在这里。南齐东昏侯永元元年（499），始安王萧遥光据东府叛乱，东府城内建筑被焚。梁太清三年（549），侯景举兵，毁土墙，改砖墙。梁敬帝太平元年（556），完全焚毁。陈文帝天嘉元年（560），在旧址东三里，齐安寺西重建，仍南临淮水。陈亡后再毁。

东府城周三里九十步。有西门、南门。城周有壕。出西门跨青溪有桥与都城相通。

2. 西州

在冶城附近还建有西州城。

"西州城即古扬州城。汉扬州治曲阿，晋永嘉中迁于建康，王敦始为建康并立州城，即此城也。"[②]西州城西即吴时冶城，东则运渎。"晋有西州城，与东府城相望，台城居中。……旧天庆观东，有西州桥，即城所置。冶城在西州城内西南。"[③]"扬州廨，乃王敦所创。开东南西三门，俗谓之西州。""城东至西州桥，西至冶城，周回三里。"[④]

3. 石头城

石头城始筑于汉建安十七年（212），"孙权沿淮立栅，又于江岸必争之地筑城，名曰石头，常以心腹大臣镇守之。""自六朝以来皆守石头以为固，以王公大臣领戍军为镇，其形势盖必争之地。"当时的石头城只是一个城堡。

东吴后，石头城有所扩建、改建。"石头城，吴时悉土坞，（东晋）义熙初始加砖累甓，因山以为城，因江以为池，地形险固，尤有奇势，亦谓之石首城。"[⑤]规模也大大增加，"今石城故基乃杨行密稍迁近南，夹淮带江，以尽地利。其形势与长干山连接。《舆地志》云：环七里一百步，在县西五里，去台城九里，南抵秦淮口。今清凉寺之西是也。诸葛亮论金陵地形云：'钟阜龙盘，石头虎踞，真帝王之宅。'正谓此也。"[⑥]石头城在功能上也不限于军事用途。刘宋孝武帝大明年间以石头城内仓城为离宫。刘宋前废帝"景和元年（465）……以石头城为

① （唐）许嵩.建康实录·卷第十晋下·安皇帝.上海古籍出版社，1987
② （宋）周应合.景定建康志·卷之二十·城阙志一·古城郭.台北成文出版社，1983
③ （元）张铉.至正金陵新志·卷之一地理图·冶城图考.南京文献·第十号.南京市通志馆，民国36年
④ （宋）乐史.太平寰宇记·卷九十·江南东道二·昇州.中华书局，2007
⑤ （宋）周应合.景定建康志·卷之十七·山川志一.台北成文出版社，1983
⑥ （宋）张敦颐.六朝事迹编类·卷之二形势门·石城.南京出版社，1989

长乐宫"。①

按史籍有关记载，石头城有四门，即南开二门：南门、西（南）门，东、北各开一门。

当时长江就在石头山下，石头城还常有被淹之虞，可见并不在山上，其地势不高。如东晋永和七年（351）"秋七月甲辰，涛水入石头，溺死者数百人。"②东晋太元十三年（388）"冬十二月戊子，涛水入石头"③。陈祯明二年（588）五月"水入石头城"④。

4.2.1.2　郡县治所

1. 扬州

扬州辖郡 18、县 173。"自汉初置杨（与扬通）州，治无定所。""初理历阳，后理寿春。灵帝末，……又徙曲阿"。晋太康二年（281），江北扬州治移至秣陵，南北扬州合一。"晋永嘉中，王敦始为建康创立州城。……其西即吴时冶城，东则运渎"⑤。东晋元帝大兴元年（318）即以宰相兼领扬州牧。东府为宰相府，又是扬州治所。

2. 丹阳郡

丹阳郡属扬州，辖 11 县，包括建康、秣陵、江宁、湖熟、丹阳等。郡治自东吴开始，即在淮水南，建康东南五里。晋太康二年（281）筑郡城。丹阳郡城"案宫苑记，在长乐桥东一里，南临大路。城周一顷，开东、南、北门。"⑥长乐桥，今武定桥。

3. 建兴郡

陈太建十年（578）"立建兴，领建安、同夏、乌山、江乘、临沂、湖熟等六县，属扬州。"⑦

4. 建康县

晋太康三年（282），以秦淮为界，南为秣陵，北设建邺。晋建兴元年（313），为避司马邺讳，改建邺为建康。"古建康县，初置在宣阳门内。晋咸和三年（328），苏峻作乱，烧尽，遂移入苑城；咸和六年（331），以苑城为宫，乃徙出宣阳门外御街西，今建初寺门路东是。"⑧

5. 秣陵县

秣陵县与建康县分别在淮水南北，并称京邑二县。西晋时秣陵县治仍在秣

① （唐）许嵩 . 建康实录 · 卷第十三宋下上 · 少帝子业 . 上海古籍出版社，1987
② （唐）许嵩 . 建康实录 · 卷第八 · 孝宗穆皇帝聃 . 上海古籍出版社，1987
③ （唐）许嵩 . 建康实录 · 卷第九晋中下 · 烈宗孝武皇帝 . 上海古籍出版社，1987
④ （唐）许嵩 . 建康实录 · 卷第二十陈下 · 后主长城公叔宝 . 上海古籍出版社，1987
⑤ （唐）许嵩 . 建康实录 · 卷第一吴上 . 上海古籍出版社，1987
⑥ （元）张铉 . 至正金陵新志 · 卷之十二古迹志 · 城阙官署 . 南京文献 · 第十九号 . 南京市通志馆，民国 37 年
⑦ （唐）姚思廉 . 陈书 · 本纪第五 · 宣帝
⑧ （宋）乐史 . 太平寰宇记 · 卷之九十 · 江南东道二 · 昇州 . 中华书局，2007

陵关。东晋元熙元年（419）移治小长干巷内。

6. 江宁县

"晋武帝太康元年（280），分秣陵立临江县。"太康二年（281），更名江宁。[①]
县城即今江宁镇。"古城在今城西南七十里，南临江宁浦，周六里四十步。"[②] 临江、
江宁均成为南京别名，"宁"则一直是南京的简称。

7. 湖熟县

晋太康元年（280）恢复湖熟县。县治仍在湖熟镇。

8. 江乘县

晋太康元年（280）复置江乘县。东晋咸康元年（335），以江乘县立琅琊郡。
江乘县属琅琊郡。

4.2.1.3 侨县

西晋末，北方人大举南迁，侨居江南。建康为东晋立国之都，更是北方人
侨居之首选。建康人口大增，风俗、语言都为之一变。南京溧水县城以北的大
部分地区的语言正是在这一时期开始由吴语系转变为北方语系。王导为拉拢土
著豪门，使土著与侨民各得其所，在南方豪族势力较弱的地区专门设置与侨民
原住地同名的州、郡、县，设立侨州、侨郡、侨县，以安置北方士族和移民。
侨县甚至安排到燕子矶附近。今燕子矶镇杨梅塘北的临沂山就因东晋侨置临沂
县而得名。有的郡、县并没有实际的土地，只是侨置于其他郡、县。这种侨县
之制始自晋元帝设怀德县、琅琊郡，直至隋灭陈后才废止。

1. 琅琊郡

琅琊原为晋元帝封国。东晋初于金城立琅琊郡。[③] 东晋大兴三年（320），琅
琊郡侨置于江乘，属扬州。成帝咸康元年（335），以江乘县立郡，才有了实际
的土地，辖江乘、怀德、临沂等县。

2. 秦郡

秦郡本治池阳（在今陕西）。西晋末，秦郡人寄寓堂邑者日众。棠邑先属楚，
后入吴，为堂邑。西晋堂邑郡即以堂邑县为治所。东晋隆安元年（397）改堂邑
郡为秦郡，以堂邑境为实土。陈太建十一年（579）归属北周为方州。

3. 齐郡

南齐建元元年（479，一说齐永明二年，484），析秦郡置齐郡，于瓜步（今瓜埠）
筑城为郡治所在。

瓜步自古就是渡口和军事要地。古时瓜步山南临大江，刘宋元嘉二十七年
（450），刘宋文帝发动"元嘉北伐"，北魏太武帝拓跋焘率兵反攻至瓜步，设行
宫于瓜埠山，隔江威胁建康。因拓跋焘小名佛狸，后人称此行宫为佛狸祠。

---

① （梁）沈约. 宋书·志第二十五·州郡一

② （元）张铉. 至正金陵新志·卷之一地理图·江宁县图考. 南京文献·第十号. 南京市通志馆，
民国 36 年

③ （唐）许嵩. 建康实录·卷第九晋中下·烈宗孝武皇帝. 上海古籍出版社，1987

4. 怀德县

东晋大兴三年（320）"诏琅琊国人随在此者，近有千户，以立为怀德县，统丹阳郡。""帝又创已北为琅琊郡，而怀德属之，后改名费县。"县城"在宫城南七里，今建初寺前路东，后移于宫城西北三里耆园寺西。"[①] 刘宋元嘉十五年（438）费县并入临沂。

5. 临沂县

临沂县（现临沂市）原为徐州琅琊国县。东晋咸康七年（341），"分江乘县西界置临沂县，属琅琊郡。案临沂县废城在东江独石山，西临大江，在今县北四十里。"[②]

4.2.1.4 军事城堡

整个六朝时期，全国处于分裂状态，战争的威胁时刻存在，护卫京城始终是不可忽视的重要战略任务。为此，自孙权称帝前建石头城开始，建业（建康）城周围部署着许多军事城堡，包括已有的越城。

1. 越城

始建于越勾践二十五年（前472）的越城，始终是建康城具有重要攻防作用的外围城池。《景定建康志》云："越而楚，楚而秦，秦而汉，汉而吴、晋、宋、齐、梁、陈，攻守于此者，西则石头，南则越城，皆智者之所必据。"[③]

2. 白马城

白马城在石头城西南最高处，置烽火台。沿江筑台，以烽火传递信息，自建业至西陵（今湖北宜昌西），"并日而达"。

3. 吴王城

相传孙权在六合姜家渡筑城，后人称吴王城。吴赤乌十三年（250），江淮间地域为吴所占。孙权以军卒十万在棠邑作涂（滁）圩，以水阻魏军，并筑城于瓦梁堰（今安徽来安境内）。这是东吴在江北的军事城堡。

4. 金城

金城为东吴后主孙皓所建，是建业城北部的一处军事要塞。位置约在今迈皋桥附近。"按《图经》：金城，吴筑。在今县城东北五十里。中宗初，于此立琅琊郡。"[④]

5. 白下

东晋咸和三年（328）正月，历阳（今安徽和州）内史苏峻反叛，自牛渚（今采石矶）攻入建康。荆州刺史陶侃率军反攻，接受监军部将李根建议，在白石陂筑白石垒，并派庾亮率兵2000人驻守。九月，"斩峻于白石陂岸。至今呼此陂为苏峻湖，今在县西北20里，石头城正北，白石垒即在陂东岸。"[⑤]

① （唐）许嵩.建康实录·卷第五晋上·中宗元皇帝.上海古籍出版社，1987
② （唐）许嵩.建康实录·卷第七晋中·显宗成皇帝.上海古籍出版社，1987
③ （宋）周应合.景定建康志·卷之五·地理图序·辨越台.台北成文出版社，1983
④ （唐）许嵩.建康实录·卷第九晋中下·烈宗孝武皇帝.上海古籍出版社，1987
⑤ （唐）许嵩.建康实录·卷第七晋中·显宗成皇帝.上海古籍出版社，1987

白石垒在白石山，后因山筑城称白下城。刘宋升明元年（477），荆州刺史沈攸之反叛，直逼建康。萧道成"召（李）安民以本官镇白下，治城隍"[①]。南齐永明六年（488），齐武帝萧赜对白下城大事修筑。"白下城按《图经》及《寰宇记》引《舆地志》云：本江乘之白石垒也。齐武帝以其地带江山，移琅琊居之"[②]，将琅琊郡治从江乘迁到了白下城。南京北郊今金川门外狮子山下一带的坡地称为白下陂。白下是南京的别称之一。

6. 新亭垒

新亭、白下，一南一北，是六朝时期建康的南北门户，军事堡垒。新亭垒因新亭而得名。

新亭自东吴起就是一处景点，东晋时是驻军营地。刘宋文帝元嘉三十年（453），太子刘劭篡位，武陵王刘骏起兵讨伐，其前锋柳元景"至新亭依山筑垒，东西据险，察贼衰竭，乃开垒鼓噪以奔之，贼众大溃。亭今在城西南十二里，垒不存。"[③]刘骏乃设坛即帝位于新亭垒营所，是为孝武帝，仆射王僧达改新亭名为中兴亭。

据有关史籍记载，新亭在建康西南，今菊花台一带。当时还紧邻长江。

7. 药园垒

东晋义熙六年（410），卢循兵临建康，"诏太尉刘裕出屯石头，徙南岸民居渡淮北，发材板栅石头，使筑查浦、药园、廷尉三垒。"[④]

药园垒在覆舟山南、北郊坛西，原为药园，故名。刘宋时划入乐游苑。

4.2.2　经济重心

自东吴在建业立国，经东晋，至南朝，整个六朝时期，相对比较安定的江南地区经济得到了飞速的发展："江南之为国盛矣。……地广野丰，民勤本业；一岁或稔，则数郡忘饥。……荆城跨南楚之富，扬部有全吴之沃，鱼盐杞梓之利，充仞八方；丝绵布帛之饶，覆衣天下。"[⑤]

与此同时，这里出现了一座规模空前的一国都城，成为江南的经济中心，也是全国的经济重心。

东吴兴旺时，建业都城人口达到约 30 万。东晋初，"元帝大兴元年（318）"，丹阳郡"领县八，户四万一千一十，口二十三万七千三百四十一。"[⑥]由于北方居民为避战乱，大批南迁，建康人口迅速增加到约 45 万。进入南朝，经济更为繁荣。环建康的城镇，如东府、西州、越城、白下、新林、丹阳郡、南琅琊郡等逐渐

---

① （梁）萧子显 . 南齐书 · 列传第八 · 李安民
② （宋）周应合 . 景定建康志 · 卷之二十 · 城阙志一 · 古城郭 . 台北成文出版社，1983
③ （宋）周应合 . 景定建康志 · 卷之二十 · 城阙志一 · 古城郭 . 台北成文出版社，1983
④ （唐）许嵩 . 建康实录 · 卷第十晋下 · 安皇帝 . 上海古籍出版社，1987
⑤ （梁）沈约 . 宋书 · 列传第十四
⑥ （梁）沈约 . 宋书 · 志第二十五 · 州郡一

连成一片，周围也陆续发展出居民区和商业区。梁朝全盛期，建康已发展为人兴物阜的大城市。建康以篱为外郭，设有 56 个篱门，可见其地域之广。"按《金陵记》云：'梁都之时，城中二十八万余户。西至石头城，东至倪塘，南至石子冈，北过蒋山，东西南北各四十里。'"[①]。如此说可信，则说明当时建康是一座超过百万人口的大都会，是中国最巨大、最繁荣的城市之一。即使人口数字不确，但建康是一座极其繁华的城市是确实的。左思在曾使"洛阳纸贵"的《三都赋·吴都赋》中描述，市内店肆林立，百货齐备，车水马龙，以至"挥袖风飘而红尘昼昏，流汗霡霂而中逵泥泞"，"开市朝而并纳，横阛阓而流溢"，"轻舆案辔以经隧，楼船举帆而过肆"，"乘时射利，财富巨万"[②]。魏徵在《隋书》中也说"淮水北有大市百余，小市十余所。"[③]"丹阳旧京所在，……市廛列肆，埒于二京（指长安和洛阳）"[④]。

当时的破岗渎，为建业东南的主要水运交通线，沟通了长江和秦淮河，而上下 14 埭，"通会市，作邸阁"[⑤]，同时也是货物交流之地。

不仅如此，六朝时期的南京，已经是座有相当规模的国际大商埠了。《宋书》记载，东晋安帝元兴年间，在江面上，"是时贡使商旅，方舟万计"。[⑥]

4.2.3 文化中心

魏晋南北朝时期是个思想解放的时代。六朝特别是东晋和南朝，虽然王朝不断更迭，但比较北方而言，政治上相对稳定得多。尤其由于东晋安于江南 103 年，而北方十六国走马灯似的政权更迭，使得江南的名士与大批渡江的中原人士有了更多的交流机会，促进了社会文化的发展。北方的手工业技术与南方的技术相互融合，使东晋的手工业水平比西晋有了大幅度的提高。

因此，建康吸引了全国的人才，文化领域异常活跃。玄学盛极一时，佛教获得进一步传播，文学、艺术以及科学技术等方面，都取得了很大的成就。**在建康曾经汇聚了众多杰出的人才，产生过一批极高水平的作品，发生过许多影响深远的事件，建康成为东晋和南朝乃至全国的文化中心。**

4.2.3.1 文学艺术

自曹魏以来，文学发展有大步前进。东晋出现了山水诗人谢灵运、田园诗人陶渊明等人，他们对旧体诗作出改革，为后来隋、唐的诗文盛世创造了前提条件。南朝民歌中的抒情长诗《西洲曲》和北朝民歌中的叙事长诗《木兰诗》，分别代表着南北朝民歌的最高成就。

① （宋）乐史.太平寰宇记·卷九十·江南东道二·昇州.中华书局，2007
② （晋）左思.三都赋·吴都赋
③ （唐）魏徵.隋书·志第十九·食货
④ （唐）魏徵.隋书·志第二十六·地理下
⑤ （晋）陈寿撰、（宋）裴松之注.三国志·卷四十七·吴书二·吴主传第二
⑥ （梁）沈约.宋书·志第二十三·五行四

刘宋武帝刘裕的侄子刘义庆整理编纂的《世说新语》，是我国第一部轶事类笔记小说集。梁时刘孝标为《世说新语》作注，引用了 400 多种古籍，这些古籍后来大多佚失，所以刘孝标注《世说新语》更为后人所珍重。

梁时，刘勰在上定林寺著《文心雕龙》，全书 10 卷、50 篇，是我国文学批评史上最早的一部巨著。

梁武帝的长子萧统邀集文人共同编选《昭明文选》。萧统死后谥"昭明"，称昭明太子。《昭明文选》是我国现存最早的一部诗文总集，选录自先秦至梁七八百年间的 130 位作家的各体诗、文、辞赋等 38 类，共 700 余篇，对以后的文学影响十分深远。

周兴嗣奉梁武帝萧衍之命，编写《千字文》，称得上是世界教育史上问世最早、流传最久、影响最大的识字读本。

东晋大画家顾恺之除在瓦官寺绘有壁画《维摩诘像》外，更有传世之作——《女史箴图》。《女史箴图》是我国最早的人物画卷，依据西晋张华《女史箴》一文而作。西晋惠帝是中国历史上典型的昏庸无能皇帝，大权尽落皇后贾氏之手。贾氏为人心狠手辣，荒淫无度，引起朝中众臣的不满。张华便收集历史上各代先贤圣女的事迹，写成《女史箴》，以示劝诫和警示。顾恺之根据文章十二节分段配画，画面形象地提示了箴文的含义。

顾恺之不仅画艺精湛，他的《画云台山记》、《魏晋胜流画赞》和《论画》三篇文章也反映了他很高的绘画理论素养，是我国古代极为重要的画论著作。

张僧繇、陆探微的绘画艺术对后世也有着极大的影响。张僧繇用天竺（今印度）传入的凹凸画法创作壁画，所绘物象具有立体感，成语"画龙点睛"的故事即出自于有关他的传说。陆探微据传是正式以书法入画的创始人。后人将顾恺之、张僧繇、陆探微并列为六朝三大家。

出土于南朝帝陵的竹林七贤与荣启期画像砖①是南朝砖刻珍品。图画记录了曹魏正始、嘉平年间（240~254）在山阳（今河南辉县、修武一带）的七位清谈名士和春秋时代高士荣启期。全图以线描为主，刻画各个人的性格。画作使用砖坯先作阴刻，在压印成为凸出的阳线烧制而成。

南齐永明七年（489），明僧绍之子明仲璋与明僧绍生前挚友智度禅师为纪念明僧绍，在栖霞寺后开凿三圣殿造像。此后，相继凿刻大小佛像，计佛龛 294座，造像 515 尊，号称千佛崖。这些造像雕刻，技艺娴熟，风格典雅，在我国南方实为罕见，与北朝的云岗、龙门，异曲同工。

书法方面，东晋王羲之、王献之等的作品自我创新，达到了极高的境界，对我国书法艺术的发展有着巨大的影响。南朝书法，继承东晋的传统，创造了无愧于前人的优秀作品，也为形成唐代书法百花竞妍、群星争辉的鼎盛局面创

---

① 出土于南朝帝陵，计三套，1959 年南京江宁西善桥出土一套，1968 年江苏丹阳胡桥吴家村和丹阳建山金家村各出一套，内容、形式大体相同。

造了必要的条件。

以乐曲《梅花三弄》、舞蹈《鸲鹆舞》等为代表的音乐、舞蹈体现了清新、高雅的艺术风格，达到了相当高的水平。[①]

著名的中国四大民间传说之一的梁山伯与祝英台的故事背景也发生在东晋时代。

4.2.3.2 科学技术

刘宋时在鸡笼山山顶（今北极阁）上建立了日观台，也称司天台，用以观察天文气象，编制历法，是我国最早的天文气象台。南朝大科学家祖冲之（429~500）就是在这里于刘宋孝武帝大明六年（462），创制了中国历法史上著名的新历——《大明历》。在《大明历》中，他首次引用了岁差，是我国历法史上的一次重大改革；他还采用了391年中设置144个闰月的新闰周，比古代发明的19年7闰的闰周更加精密。祖冲之推算的回归年和交点月天数都与观测值非常接近。祖冲之还在这里推算出圆周率的真值应该介于3.1415926和3.1415927之间，达到这样的精度比欧洲要早1000多年。

南齐永明六年（488）祖冲之与北魏人索麟驭在乐游苑比赛指南车，他还依据水流冲击机械的原理，在乐游苑中设计制造了粮食加工机器——水碓磨。

南朝时，已发展到能建造1000吨的大船。为了提高航行速度，南齐祖冲之"又造千里船，于新亭江试之，日行百余里"[②]。这是一种装有桨轮的船舶，称为"车船"，利用人力以脚踏车轮的方式推动船的前进，在造船史上占有重要地位。

4.2.3.3 织锦技艺

南京丝织业发端于东吴时期。东晋末年，大将刘裕北伐，灭后秦后，将长安的官营手工业"百工"全部迁到建康。其中织锦工匠占很大比例，他们继承了两汉、曹魏、西晋和十六国前期少数民族的织锦技艺。东晋义熙十三年（417），在建康设立专门管理织锦的官署——锦署，**这是南京云锦正式诞生的标志。**

4.2.3.4 佛教文化

1. 佛教文化的传入

东汉末年，佛教文化开始影响南京。最早把佛教带到南京的是支谦和康僧会二高僧。支谦，月氏国（原中国西北古族，前汉时受匈奴所迫西迁至今中亚地区，地约在今阿富汗东北部）人，汉灵帝时随祖父入中国，后在洛阳习佛法，通六国语言，是一位学贯中西的难得人才。东汉末年，支谦南下建业，于东吴孙权年间（222~253），译出《维摩》、《法句》等经书。孙权闻其博学多才，拜为博士，使辅导东宫。康僧会为康居国（古西域国名，地在今巴尔喀什湖和咸海之间）人，随父亲做买卖移家交趾，十多岁时因父母双亡而出家为僧。他到达建业后，翻译了《阿难念弥陀经》等，又注了《安般守意》、《法镜》、《道树》三经，最

---

① 徐耀新.南京文化志·综述.中国书籍出版社，2002
② （唐）李延寿.南史·卷七十二·列传第六十二·文学

早融合释、儒、道三家思想，为佛教的中国化做出了重要贡献。孙权为他建"建初寺"，使南京有了第一座寺庙。

六朝时期，佛教在江南地区广泛流传，逐渐成为主流意识形态。"都下佛寺五百余所，穷极宏丽。僧尼十余万，资产丰沃。"[①]

这一时期在我国形成佛教各宗派，大都和南京有关。禅宗初祖达摩"一苇渡江"驻锡浦口的定山寺、长芦寺；中国佛教第二大宗三论宗创立于栖霞寺；第一大宗天台宗至今视瓦官寺为祖庭。慧果、净音等于建康南林寺受具足戒，是我国比丘尼得戒之始。

2. 佛经翻译

六朝，一代代译经大师在建康翻译了大小乘佛教经典约 500 部、2000 多卷，南京成为全国重要的译经中心。

道场寺（又名斗场寺，约在今雨花门外）云集我国高僧法显、宝云和印度僧人佛驮跋陀罗等从事佛经翻译和中外文化交流事业的代表人物。

法显（337~422），俗姓龚，平阳郡武阳（今长治市襄垣县）人，东晋高僧、翻译家、旅行家，是我国历史上到达中印度、斯里兰卡、印度尼西亚的第一人。东晋隆安三年（399），法显与慧景、道整、慧应、慧嵬等一行从长安出发，经西域诸国，越过帕米尔高原，周游天竺（今印度）诸国，寻访佛迹和佛经。归途中乘船经锡兰岛和苏门答腊岛，未能到达广州，被海风吹至山东半岛的牢山（今青岛附近崂山）。登陆后，经广陵（今扬州）和京口（今镇江）等地，于东晋义熙九年（413）秋到达建康。次年，法显以 80 高龄写成了他的旅行记，全文 9500 多字，记述了当时中亚、印度和南海诸国的历史、地理和风俗人情，被称为《法显传》，又名《佛国记》或《历游天竺记传》。《法显传》不仅是研究所到各国的地方史、佛教史的第一手珍贵资料，而且也是我国最早、最详备的海上交通的历史记录。这部书和后来记述唐代三藏法师玄奘西行的《大唐西域记》，是六朝和唐代我国最杰出的两部国外旅行记。法显在道场寺里大约住了 5 年左右，除了写成《法显传》外，还同佛驮跋陀罗及宝云译出佛典《摩诃僧祇律》40 卷、《大般泥洹经》6 卷、《杂阿毗昙心》13 卷、《僧祇比丘戒本》1 卷、《杂藏经》1 卷、《方等泥洹经》2 卷，共 6 部 63 卷，100 多万字。

在法显到建康的前一年（义熙八年，412），他在长安结识的印度高僧佛驮跋陀罗及其大弟子慧观，已由东晋大将刘裕请到道场寺。接着，同样也去过印度取经、并与法显在北天竺会过面的高僧宝云也来到道场寺。宝云在国外钻研并掌握了印度的古文字"梵文"。佛驮跋陀罗、宝云和上百名中国僧人，从义熙十四年（418）起在道场寺共同翻译出大部头的《华严经》。其中宝云在道场寺从事译经工作的时间最长，据说他能一边看着梵文本的佛经，一边立即口译成流利的中文。经过他译成和订正的佛经还有《无量寿经》等。

---

① （唐）李延寿．南史·卷七十·列传第六十·循吏

4.2.3.5 无神论思想

针对当时佛教的盛行和有神论思想的泛滥，南朝齐、梁之际的无神论思想家范缜（约450~515）著《神灭论》、《答曹思文难神灭论》（即《答曹舍人》）予以驳斥。他指出"神即形也，形即神也，是以形存则神存，形谢则神灭也。""形者神之质，神者形之用，是则形称其质，神言其用，形之与神不得相异也。"同时指出人的富贵贫贱并非天生命定，因果报应纯系无稽之谈。"人生如树花同发，随风而坠，自有拂帘幌坠于茵席之上，自有关篱墙范于粪溷之中。……贵贱虽复殊途，因果竟在何处？"此论一出，朝野哗然，与范缜展开一场舌战。最后在理论上无法驳倒神灭论的情形下，笃信佛教的梁武帝只好下诏，范缜以"背经"、"乖理"、"灭圣"的罪名遭贬，结束这场辩论。

4.2.4 交通枢纽

4.2.4.1 道路

东吴建业通往各地的道路主要有：新亭大路，向西南经牛渚（今当涂采石矶）可渡大江经历阳（今和县）去洛阳；方山大道，通破岗渎上的水陆码头——方山埭；丹阳路，利用春秋战国时期就有的丹阳古道，成为去鸠兹（今芜湖）、宛陵等皖南地区的主要通道；其他还有道路分别通向钟山墓葬区和白马城、金城等军事要地。东晋、南朝时增加很多大道，建康城向周围地区的道路直达大江南北城镇，形成以建康城为中心的道路网。

4.2.4.2 水运

吴赤乌三年（240），孙权开凿运渎、潮沟，用以沟通秦淮河和皇宫后面仓城的水运。赤乌四年（241），凿东渠，名青溪，至内桥汇运渎后向东入淮水。这样就构筑了南接淮水、北通后湖的水运河网。

东吴的主要经济来源在太湖流域，定都建业，与太湖流域的联系只能通过长江，有风涛之险。为了确保都城的供应，孙权于赤乌八年（245），"遣校尉陈勋将屯田及作士三万人凿句容中道，自小其至云阳西城，通会市，作邸阁"[1]，称为"破岗渎"，把秦汉时期已基本形成的"江南运河"与秦淮河连接，沟通了建业与太湖、钱塘江流域的直接航线。"破岗渎"起于小其（在今句容），向东穿过山岗，越镇江南境，到今丹阳市延陵镇南，与原有河道衔接，直通今浙江绍兴。山岗开断后，河道纵坡仍很陡，只好沿途修建14个用以蓄水的埭。埭就是横拦渠道的坝，渠道纵坡太陡，用堰分成梯级，可以蓄水、平水，保证通航。船过堰时需要拖上坝，再放到相邻段内。拖船上下坝最初用人力，后来用牛拉。用牛拉的叫牛埭。大船还需要绞盘等简单机械。破岗渎的埭是我国文献记载中最早的埭（图4-4）。

---

[1] （晋）陈寿撰 .（宋）裴松之注 . 三国志·卷四十七·吴书二·吴主传第二

4.2.4.3　浮航

由于水网密布，城内外设有很多浮航。"二十四航，旧在都城内外，即浮桥也。""案《舆地志》云：自石头东至运渎，总二十四渡，皆浮航。"最著名的有"四航"。"四航，皆秦淮上，曰丹阳，曰竹格，曰朱雀，曰骠骑。"竹格航即竹格渡，"在今县城西南二里。""朱雀航本吴时大航。骠骑航在东府城外渡淮，会稽王道之所立。"丹阳航即丹阳郡城后航。[①]此外还有不少渡口，如朱雀航之左有挥扇渡。今利涉桥附近有桃叶渡，相传书法家、诗人王献之经常在此渡口迎接其爱妾桃叶。"桃叶复桃叶，渡江不用楫；但渡无所苦，我自迎接汝。"（王献之：《桃叶歌》）"桃渡临流"是金陵四十八景之一。[②]

朱雀航立于东晋咸康二年（336），"航在县城东南四里，对朱雀门，南度淮水，亦名朱雀桥。案《地志》，本吴南津大吴桥也。王敦作乱，温峤烧绝之，遂权以浮航往来。至是，始议用杜预河桥法作之。长九十步，广六丈，冬夏随水高下也。"[③]所谓"杜预河桥法"，就是建浮桥。《晋书》中说："预又以孟津渡险，有覆没之患，请建河桥于富平津。议者以为殷周所都，历圣贤而不作者，必不可立故也。预曰：'造舟为梁，则河桥之谓也'。"[④]

4.2.4.4　津

东晋都建康，城市商业逐渐繁荣，"商市林立，百货辐辏"。对外交往和进出口贸易随之发展。当时的百济、倭国、林邑、扶南、狮子、波斯等国，分别向中国输出象牙、犀角、珠玑、琉璃、吉贝和香料等货物，同时从中国购买绫绢丝锦等物品，出现了建康"贡使、商旅，方舟万计"的繁荣景象。为此，东晋朝廷设置了称为"津"的关卡机构，其性质是封建割据时期的关卡，其职能是检查违禁品和亡叛者，对过境货物从价征税，与现在的海关有相似之处。东晋时期设在都城建康的方山津、石头津，就是南京最早出现的海关机构雏形。"都西有石头津，东有方山津，各置津主一人，贼曹一人，直水五人，以检察禁物及亡叛者。"[⑤]方山津和石头津分扼淮水上下游，是船舶从长江和破岗渎进入南京的必经之地。此外还有"龙安津在城西北二十里，与真州宣化镇相对，今为靖安渡。南津在城西南。"[⑥]

4.2.4.5　邮驿

六朝时期，设有烽火设施，作为紧急通信的工具。幕府山北坡、白石垒、石头城等处的烽火台联成一线。

---

① （宋）周应合.景定建康志·卷之十六·疆域志二·桥梁.台北成文出版社，1983
② 另一说桃叶渡为长江一个渡口，在浦口桃叶山（今宝塔山）下。据《江浦埤乘》所记："桃叶山一名晋王山，在宣化山东。初名桃叶，以隋杨广曾屯兵於上，故更呼晋王山。山下江渡名桃叶渡。上有塔曰晋王塔"。
③ （唐）许嵩.建康实录·卷第七晋中·显宗成皇帝.上海古籍出版社，1987
④ （唐）房玄龄等.晋书·列传第四·杜预
⑤ （唐）魏徵.隋书·志第十九·食货
⑥ （宋）周应合.景定建康志·卷之十六·疆域志二·津渡.台北成文出版社，1983

东吴置邮驿以传文书。中央设有中书令，起草和颁发诏书，地方各郡有郡奏曹史，负责传递奏章，基层组织是亭。邮亭多设于主要干线上，从建业经曲阿到会稽的路上就有同昌亭、布塞亭等。驿的交通工具除马以外，还有船。

晋室东渡后，变原来的传驿分管为"邮驿共置"，即步递、马递同时并存，将邮驿二字并用。这在中国邮驿史上是首创。同时还设置适应南方水陆运输需要的水驿，如从浔阳（今九江）到建康是水路，一昼夜行 300 里。[1]

4.3　都城

东吴定都建业，为六朝都城构筑了骨架，奠定了宫城、都城和外郭三重城郭的基础；东晋及南朝的建康都城的位置、范围与东吴没有变化。"《舆地志》曰：晋琅琊王渡江镇建邺，因吴旧都修而居之。宋、齐而下，宫室有因有革，而都城不改。《东南利便书》曰：孙权虽居石头，以扼江险，然其都邑则在建邺，历代所谓都城也。东晋及齐、梁因之，虽时有改筑，而其经画皆吴之旧。"[2]

东晋新筑宫城——建康宫，融合了我国黄河流域建都的经验，使宫城与都城的布局关系更为有机，把都城的营建水平提到了新的高度；而南朝主要是沿袭原有格局，作了局部的改建、增建。

4.3.1　位置

关于建业城的位置，古籍《建康实录》、《六朝事迹编类》、《景定建康志》、《至正金陵新志》等都没有具体记述。明代陈沂在《金陵古今图考》中说了大体的四至："都城在淮水北五里，据覆舟山下，东环平岗以为安，西据石头以为重，后带玄武湖以为险，前拥秦淮以为阻。周围二十里十九步。"[3]清代陈文述在《吴都城图考·秣陵集》中写的与此相同。按这一说法，建业都城约在今南京中部，北依鸡笼（今北极阁）、覆舟（今九华山）二山，南抵今淮海路，东临青溪（今太平门），西至鼓楼岗的范围内。（图 4-5、图 4-6）

学者杨国庆、王志高根据近年来的考古新发现，研究分析认为六朝建康都城的大致范围，可以潮沟、青溪、运渎三条水道基本框定：潮沟北段为都城北壕，潮沟西段和运渎一段为都城西壕，青溪为都城东壕。然考虑到青溪西岸还有兴业寺、湘宫寺及少量贵族邸宅等建筑，则都城西（应为"东"）墙与青溪之间当有一段距离。都城之南界，据文献记载距淮 5 里。

"据上可推定南朝建康都城的四至范围：北界为今珠江路南侧一线水道（即

---

① 南京市地方志编纂委员会.南京邮政志·第一章机构沿革·第一节古代通信.中国城市出版社，1993

② （宋）周应合.景定建康志·卷之二十·城阙志一·古城郭.台北成文出版社，1983

③ （明）陈沂.金陵古今图考·孙吴都建邺图考.南京文献·第四号.南京市通志馆，民国36年

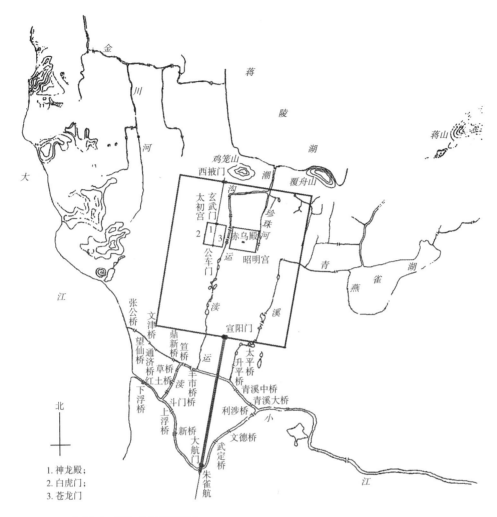

图 4-5 东吴水系及建业示意图

南唐都城北壕）之南，东界南起棉鞋营、二条巷一线直北，西界北起估衣廊、糖坊桥、丰富路北段一线略折向东达大香炉，南界为今娃娃桥、马府街、五福巷一线。都城南面正门宣阳门大约在今洪武路与娃娃桥、闺食营交界处之东侧，津阳门大约在今太平南路与马府街交界处附近。这样推测的都城周长，与文献记载的'二十里十九步'大体相近。"[①]（图 4-7a）

　　这一推论与顾起元在《客座赘语》中的说法比较相似。顾起元认为陈沂《金陵古今图考》"考证六朝大司马门在中正街。案六朝都城东阻于白下桥，即今之大中桥也，中正街距大中桥甚近，台城偏依一隅，恐难立止。记又言:六朝都城，北据鸡笼、覆舟等山，亦恐误。晋元帝、明帝、成帝、哀帝四帝陵并在鸡笼山下，

① 杨国庆，王志高 . 南京城墙志·第二章六朝京师城墙·第一节都城与外郭 . 凤凰出版社，2008

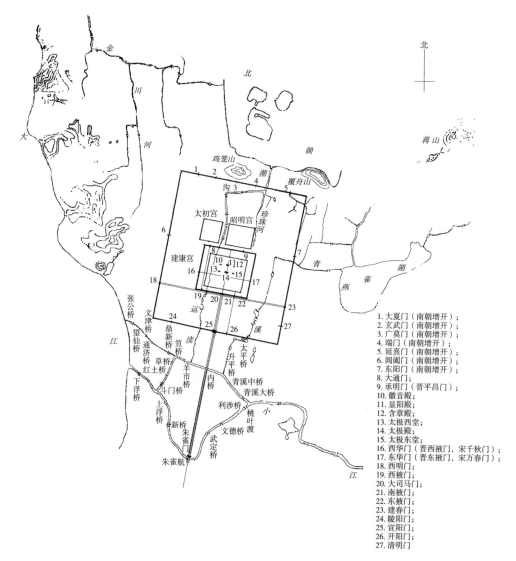

1. 大夏门（南朝增开）；
2. 玄武门（南朝增开）；
3. 广莫门（南朝增开）；
4. 端门（南朝增开）；
5. 延熹门（南朝增开）；
6. 阊阖门（南朝增开）；
7. 东阳门（南朝增开）；
8. 大通门；
9. 承明门（晋平昌门）；
10. 徽音殿；
11. 显阳殿；
12. 含章殿；
13. 太极西堂；
14. 太极殿；
15. 太极东堂；
16. 西华门（晋西掖门，宋千秋门）；
17. 东华门（晋东掖门，宋万春门）；
18. 西明门；
19. 西掖门；
20. 大司马门；
21. 南掖门；
22. 东掖门；
23. 建春门；
24. 陵阳门；
25. 宣阳门；
26. 开阳门；
27. 清明门

图4-6　东晋及南朝建康城示意图

若城带诸山，恐无倚城起陵之理。余臆断六朝都城亦当如南唐，北止于北门桥之南岸；玄圃、华林、乐游诸苑，或是城外离宫，未必尽括城内也。"[1]

这一推论也与潘谷西主编的《中国建筑史》的说法及所附"南朝建康平面推想图"相似。[2]（图4-7b）

近期，武廷海博士认为"有必要在纸上之材料、地下新材料这二重证据的基础上，加上大地这个基础性的材料和证据，是可谓都城研究的'三重证据法'"，并提出"充分考虑到大地的重要价值，六朝建康规画可以概括为仰观俯察、相

① （明）顾起元.客座赘语·卷一·南唐都城.庚己编·客座赘语.中华书局，1987
② 潘谷西.中国建筑史·第一篇中国古代建筑·第二章城市建设.中国建筑工业出版社，2004

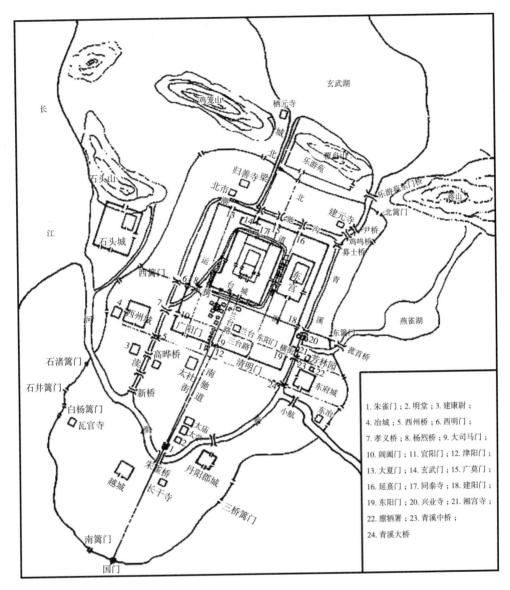

图 4-7a 六朝建康
资料来源：杨国庆，王志高 . 南京城墙志 . 凤凰出版社，2008

土尝水、辨方正位、计里画方、置陈布势、因势利导等六个方面。"并认为"东晋建康仿照汉晋洛阳之制，其中最基本的就是借鉴城市结构形态关系，东汉洛阳呈现'九六城'形态，即长宽比为九比六。建康城周二十里十九步，可以得知建康城长六里，宽四里。建康台城周八里，若呈方形，则建康台城方二里。结合台城南门大司马门距离朱雀航七里，都城南门宣阳门距离朱雀门五里的记载，可以推定建康都城呈现台城居中的格局"。"太初宫与昭明宫建成后的差异，体现在规模上，就是昭明宫要比太初宫大，太初宫'周三百丈'，昭明宫'周

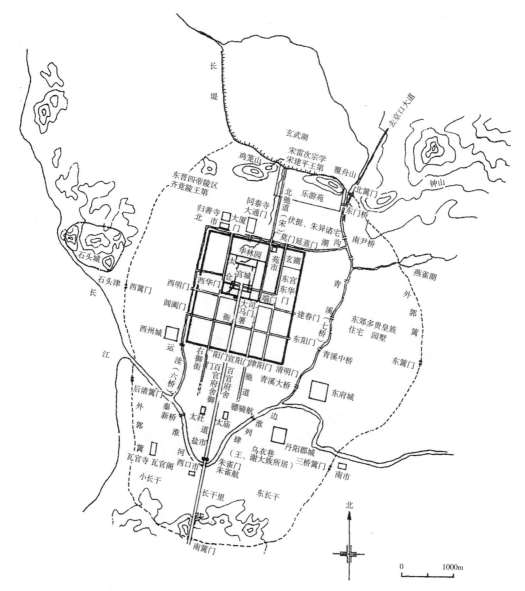

图 4-7b　六朝建康平面推想图

资料来源：潘谷西．中国建筑史（第五版）．中国建筑工业出版社，2004

五百丈'。昭明宫与太初宫毗邻相望，如果太初宫呈方形（方 75 丈，或 150 步），昭明宫与太初宫东西同宽（即 150 步）则昭明宫南北长为 350 步。"据此，武廷海得出了他的推论。（图 4-7c）[1]

　　当然，这些界定"在没有发现新的文献材料，或将来考古新发现之前，仍只是一种推论。"[2]

① 武廷海．六朝建康规画·第一篇规画．清华大学出版社，2011
② 杨国庆，王志高．南京城墙志·第二章六朝京师城墙·第一节都城与外郭．凤凰出版社，2008

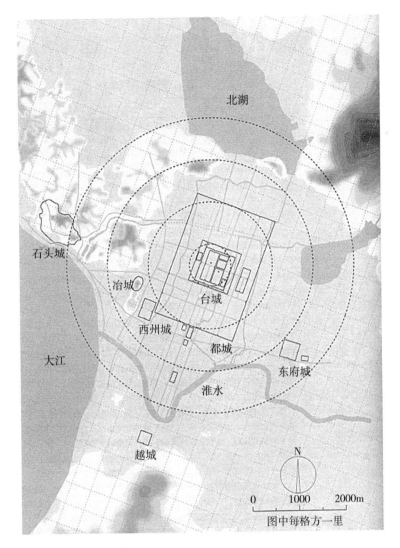

图 4-7c　南朝建康

资料来源：武廷海. 六朝建康规画. 清华大学出版社，2011

4.3.2　形成

4.3.2.1　东吴奠基

1. 城市骨架

（1）河网水系

东吴时"穿堑发渠"，构筑河网水系，一是为了运输，二是"以备盗贼"，同时也成为六朝时期南京的城市骨架（图 4-5）。《东南利便书》曰：古城向北，秦淮既远，其漕运必资舟楫，而濠堑必须水灌注。故孙权时，引秦淮名运渎，以入仓城；开潮沟以引江水；又开渎以引后湖；又凿东渠名青溪，皆入城中，由城北堑而入后湖。此其大略也。"[①]吴赤乌三年（240）"十二月，使左台侍御史郗俭监凿城西南自秦淮，北抵仓城，名运渎"，用以沟通秦淮河和皇宫后面仓城的水运。运渎在斗门桥附近接淮水，北经红土桥、草桥至笪桥，复北上至莲花桥附近接源自玄武湖的潮沟。自笪桥向东，在内桥接青溪。自笪桥向西，至铁窗棂入大江。赤乌四年（241）十一月，为泄湖水及屏障建业东部，"诏凿东渠，名青溪，通城北潮沟。潮沟亦帝所开，以引江潮。"[②]青溪源于钟山西麓古前湖，自小营南流，经五老、寿星、常府、升平等桥，至内桥汇运渎后向东，经青溪中桥（四象桥）、青溪大桥（淮青桥）入淮水。"青溪九曲"是金陵四十八景之一。吴宝鼎二年（267）"开城北渠，引后湖水激流入宫内，"[③]西接运渎。

后湖是一个天然的受水面积较广的盆地。古称桑泊，东吴时称蒋陵湖、练湖。东晋元帝建武元年（317）时改称北湖，并在南岸修筑了一条长堤；两年后又筑了北堤。

孙权充分利用已有的河湖，又大力凿渠破岗，犹如今日之修路架桥，解决城市的经济命脉——运输粮食及其他物资，也构筑了整个六朝时期建康的城市骨架——河网水系。这些新开河渠的走向大体都南偏西，与都城轴线及主要大道的方向相吻合，形成城市的肌理，为城市后来的发展奠定了基础，甚至仍然是今天南京城市架构的一部分。

（2）道路

道路大致沿河势走向，与水网共同构成城市骨架。东吴主要道路有御街，从苑城门经白门（即晋宣阳门）直抵朱雀门，长7里，宽10余米。在御街西侧，有与御街平行的道路，称右御街或右街。

"案《宫城记》，吴时自宫门南出至朱雀门七八里，府寺相属。""天纪二年（278），卫尉岑昏表修百府。自宫门至朱雀桥，夹路作府舍。又开大道，使男女异行。夹道皆筑高墙瓦覆或作竹藩。""又有右御街在台城西掖门外。案《宫苑记》，吴太初宫北曰元武门，北直对台城西掖门前路东，即右御街是也。"[④]

2. 三重城郭

"阖闾造吴城郭宫室，其子夫差嗣，增崇侈靡。孙权移都建业，皆学之，故曰阐阖闾之所营，采夫差之遗法"。[⑤]

东吴建业城郭有三重：外郭、都城和宫城。

外郭未筑城，而以篱为外界，设有56个篱门。范围大致东至青溪，南至淮水，西至石头城，北至覆舟山。

① （宋）周应合.景定建康志·卷之十九·山川志三·沟渎.台北成文出版社，1983
② （唐）许嵩.建康实录·卷第二吴中·太祖下.上海古籍出版社，1987
③ （唐）许嵩.建康实录·卷第四吴下·后主.上海古籍出版社，1987
④ （宋）周应合.景定建康志·卷之十六·疆域志二·街巷.台北成文出版社，1983
⑤ （晋）左思.三都赋·吴都赋

"建业都城周二十里一十九步。"[①]"城设竹篱。"《舆地志》云：都城南正中宣阳门对苑城门，其南直朱雀门正北面。"[②]这应是都城之中轴线——御道。据左思《吴都赋》描述："朱阙双立，驰道如砥。树以青槐，亘以绿水。玄荫眈眈，清流亹亹。列寺七里，侠栋阳路。屯营栉比，廨署棋布。"[③]御道南端即大航门，立有双阙，门下的大航——朱雀航，在今天的镇淮桥稍东，是都城的南部交通咽喉。宣阳门又称白门。白门也成为南京的一个别称。《南史·宋本纪下》说："宣阳门谓之白门，上（宋明帝）以白门不祥，讳之。"[④]宫城初为太初宫，后为昭明宫。昭明宫南门就是苑城门，东西各有门，东弯崎，西临硎。宫城东为太祖庙。

4.3.2.2 东晋定制

司马睿"自永嘉元年（307）领江左，至建武二年（318），积十一年即帝位，居旧府舍，至明帝亦不改作，而成帝业始缮苑城也。"[⑤]

不过东晋初年，宗庙、社稷的定位，等于已经确定了都城中轴线的位置，从而也为都城的格局形成奠定了基础。

建武元年（317）"立宗庙社稷。……按《图经》：晋初置宗庙，在古都城宣阳门外。郭璞卜迁之。左宗庙，右社稷。"[⑥]也就是说，相对于宣阳门面南而言，太庙在"左"、太社在"右"，即分别在宣阳门外御街的东、西两侧。有学者认为，郭璞定宗庙、社稷的位置，"已对建康有一个建都规划，将来准备把宫城东移到正对宣阳门的位置"[⑦]。后来正是按此规划实施的。

东晋成帝"咸和六年（331）使卞彬营治，七年（332）迁于新宫。"[⑧]"按《舆地志》，都城周二十里一十九步，本吴旧址。"在东吴建业城的基础上新筑五门，"与宣阳为六"："南面三门，最西曰陵阳门，后改名为广阳门。门内有右尚方，世谓之尚方门。次正中宣阳门，本吴所开，对苑城门，世称谓之白门，晋为宣阳门。门三道，上起重楼，……南对朱雀门，相去五里余，名为御道，开御沟，植槐柳。次最东开阳门。东面，最南清明门，门三道，对今湘宫寺巷门，东出清溪港桥。正东面建春门，后改为建阳门，门三道。……正西，南西明门，门三道。东对建春门，即宫城大司马门前横街也。正北面用宫城，无别门。"[⑨]西明门与建春门之间横街的出现，形成了大司马门前"T"字形格局（图4-6）。东晋孝武帝太元三年（378）有一次较大规模的改建修葺，但格局未变。

① （唐）许嵩.建康实录·卷第二吴中·太祖下.上海古籍出版社，1987
② （宋）周应合.景定建康志·卷之二十·城阙志一·古城郭.台北成文出版社，1983
③ （晋）左思.三都赋·吴都赋
④ （唐）李延寿.南史·卷三·宋本纪下第三
⑤ （唐）许嵩.建康实录·卷第五晋上·中宗元皇帝.上海古籍出版社，1987
⑥ （唐）许嵩.建康实录·卷第五晋上·中宗元皇帝.上海古籍出版社，1987
⑦ 傅熹年.中国古代建筑史第二卷·第二章两晋南北朝建筑.中国建筑工业出版社，2001
⑧ （宋）乐史.太平寰宇记·卷之九十·江南东道二·昇州.中华书局，2007
⑨ （唐）许嵩.建康实录·卷第七晋中·显宗成皇帝.上海古籍出版社，1987

秦淮河上东吴时的大航毁于东晋初年王敦之乱，东晋咸康二年（336）更作浮航，名朱雀航。当时，从石头城到青溪的秦淮河上有浮航24个。

4.3.2.3　南朝增华

自东晋咸和年间形成格局，达到一定规模后，建康"都城虽经五代，而门墙互有修改"[①]。南朝时期进行了改建、增建，尤其是梁时，锦上添花，使建康城更加华丽、壮美。

1. 增辟城门

建康城东晋时有六门。至南朝，陆续增辟为十二门。"案《宫苑记》：凡十有二门。南面最西曰陵阳门，后改为广阳门。正门曰宣阳门。次东曰开阳门，后改为津阳门，门三道，直北对端门。最东曰清明门，直北对延憙门，当二宫中大路。东面最南曰东阳门，直青溪桥巷，即今湘宫寺门路。最北曰建春门，陈改为建阳门，西对西明门，即台城前横衔。北面最东曰延憙门，南直对清明门，当二宫中大路。次西曰广莫门，门三道，陈改名北捷门，北直对乐游苑南门。次西曰元武门，门三道，齐改名宣平门，北直趋元武湖大路。最西曰大夏门，南直对广阳门，北对归善寺门。西面最北曰西门（应为明）门，直对建阳门，即大司马门前横街是。最南曰阊阖门，西（应为东）直对东阳门。"[②]

2. 立都墙

东吴、东晋至宋，都城没有城墙，只设竹篱。"自晋以来，建康宫之外城唯设竹篱,而有六门。会有发白虎樽者,言'白门三重关,竹篱穿不完'。上（齐高帝）感其言，命改立都墙。"[③]南齐建元二年（480）"五月，立六门都墙"[④]。

3. 立双阙、作国门

梁武帝时，国力相对强盛，都城的建设又有了一个高潮。

东晋元帝司马睿采纳王导以牛头山两峰为天阙之议。到了梁武帝时，还是在大司马门前立了神龙、仁虎二阙。梁天监"七年（508）春正月……作神龙、仁虎阙于端门、大司马门外。"[⑤]南宋张敦颐在《六朝事迹编类》中说："县北五里有四石阙，在台城之门南，高五丈，广三丈六寸。梁武帝所造。"[⑥]可见石阙在南宋时尚存。

"梁天监七年（508）作国门于越城南，在今高座寺东南，洞桥北，越城东偏。……国门，其地在越城东南。"[⑦]

由此，加强了中轴线，并将中轴线延长到了秦淮河南。

---

① （唐）许嵩.建康实录.卷第七晋中·显宗成皇帝.上海古籍出版社，1987
② （宋）周应合.景定建康志·卷之二十·城阙志一·门阙.台北成文出版社，1983
③ （宋）司马光.资治通鉴.卷第一百三十五·齐记
④ （梁）萧子显.南齐书.本纪第二·高帝下
⑤ （唐）姚思廉.梁书·本纪第二·武帝中
⑥ （宋）张敦颐.六朝事迹编类·卷之三城阙门·石阙.南京出版社，1989
⑦ （宋）周应合.景定建康志·卷之二十·城阙志一·门阙.台北成文出版社，1983

4. 筑驰道

南朝刘宋孝武帝大明五年（461）筑南北驰道，南自阊阖门至淮水，平行于"大司马门—宣阳门—朱雀门"的御道；北自宫城北面承明门经广莫门，至玄武湖。《宋书》记载："宋孝武帝大明五年（461）九月初立驰道，自阊阖门至于躅雀门，又自承明门至于玄武湖。"①

梁时又增加自青溪至石头城的东西向大路（淮清桥至汉西门），与御街十字交叉。②此外，还有横塘、查下和长干 3 条大道。

5. 修葺宫室

为了强化宫城核心区域的防守，南朝在台城第一、第三重城墙之间增筑了第二重城墙。梁太平元年（556），"冬十一月乙卯，起云龙、神虎门。"③云龙门、神虎门是第二重城墙的东门和西门。

侯景之乱后，陈朝尽力修葺破败的宫室，"盛修宫室，无时休止"④。陈武帝永定二年（558）秋七月，"诏中书令沈众兼起部尚书，少府卿蔡俦兼将作大匠，起太极殿。"同年"冬十月……，太极殿成"⑤。陈文帝天嘉年间（560~566），社会稳定，经济复苏，"天嘉六年（565）秋七月，……时帝盛修宫室，起显德等五殿，称为壮丽"⑥。同年，重新修复沟通都城南北交通的枢纽朱雀桥。陈后主即位后，在宫中兴建金碧辉煌的亭台楼阁，《陈书·沈皇后传》记载："至德二年，乃于光熙殿前起临春、结绮、望仙三阁。阁高数丈，并数十间"⑦。

4.3.3　结构布局

4.3.3.1　"T"字形格局

为表明自己是正统王朝晋的继续，东晋在都城建设上按魏晋洛阳的模式改造东吴留下的建康，在城市布局上更多地继承了曹魏邺城和魏晋洛阳的制度，使东晋建康成为南北文化融合的结果。最重要的就是让宫城位于都城的中部，宫城正中南门——**大司马门直对都城宣阳门，使宫城和都城的中轴线重合，在大司马门前新辟从建春门至西明门的东西向道路，与中轴线上的御街形成"T"字形格局。**

这一"T"字形格局也成为城内道路的准绳，形成大体与魏晋洛阳类似的较为规整的路网。

---

① （梁）沈约.宋书·本纪第六·孝武帝
② 南京市地方志编纂委员会.南京市政建设志·第一章城市道路·第一节路网.海天出版社，1994
③ （唐）姚思廉.梁书·本纪第六·敬帝
④ （唐）李延寿.南史·卷十·陈本纪下第十
⑤ （唐）姚思廉.陈书·本纪第二·高祖下
⑥ （唐）魏征等.隋书·志第十七·五行上
⑦ （唐）姚思廉.陈书·列传第一·世祖沈皇后

4.3.3.2 中轴线

在中轴线上安排众多门阙是我国古代都城规划设计的主要手法之一。唐代刘知几在《史通》中说："千门万户，兆庶仰其威神"。[①] 东汉郑玄注《礼记·明堂位》曰："天子五门，皋、库、雉、应、路。"[②]

《建康实录》载：东晋咸康二年（336）"冬十月，更作朱雀门，新立朱雀浮航"[③]。"按《地图》：朱雀门北对宣阳门，相去六里，名为御道。夹开御沟，植柳。朱雀门南渡淮，出国门，去园门五里。吴时名为大航门，亦名朱雀门。南临淮水，俯枕朱雀桥，亦名大航桥也。"按《苑城记》：城外堑内并种橘树，其宫墙内则种石榴，其殿庭及三台、三省悉列种槐树，其宫南夹路出朱雀门，悉垂杨与槐也。[④] 据《金陵古今图考》说：东晋"宫城正南曰大司马门。……与都城宣阳门对。又南出至淮水，上置朱雀门，东吴之大航门也。……淮水上设浮航二十有四。朱雀航，即朱雀门处，在今镇淮桥东。后移至桥处。"[⑤] 梁"改朱雀门稍西，在今镇淮桥北"[⑥]。

今大行宫周围新的考古发现，六朝时期的南北向道路、城墙皆为南偏西，与古河道运渎、青溪的走向大体一致。按照前述宫城、都城的位置推断，六朝宫城、都城的中轴线应经今镇淮桥，而与运渎、青溪大体平行，北起建康宫大司马门，经都城宣阳门，至朱雀门跨淮水，直至外郭的"国门"。

同时，这条中轴线南对牛首山。司马睿听取丞相王茂弘（即王导）的建议，以牛首山两峰为"天阙"。"文选陆捶石阙铭注云，大兴中，议者皆言汉司徒义兴许彧墓，二阙高壮，可徙施之。王茂弘弗欲。后陪乘出宣阳门，南望牛头山两峰，即曰：此天阙也，岂烦改作。帝从之。"[⑦]"案《地记》：至今此山名天阙山。自朱雀南出，沿御道四十里到此山。"[⑧]（图4-8）

4.3.4 功能分布

4.3.4.1 宫衙

建业都城范围不大，宫衙多在都城内。

南朝建康分别在淮水南北设秣陵县与建康县，并称京邑二县。淮水以北主要为宫城及衙署所占。淮水以南秣陵县境是居民密集、商市繁华之地。

---

① （唐）刘知几.史通·内篇书志第八

② 礼记·明堂位

③ （唐）许嵩.建康实录·卷第七晋中·显宗成皇帝.上海古籍出版社，1987

④ （唐）许嵩.建康实录·卷第九晋中下·烈宗孝武皇帝.上海古籍出版社，1987

⑤ （明）陈沂.金陵古今图考·东晋都建康图考.南京文献·第四号.南京市通志馆，民国36年

⑥ （明）陈沂.金陵古今图考·南朝都建康图考.南京文献·第四号.南京市通志馆，民国36年

⑦ （明）盛时泰.牛首山志.南京文献·第一号.南京市通志馆，民国36年

⑧ （唐）许嵩.建康实录·卷第七晋中·显宗成皇帝.上海古籍出版社，1987

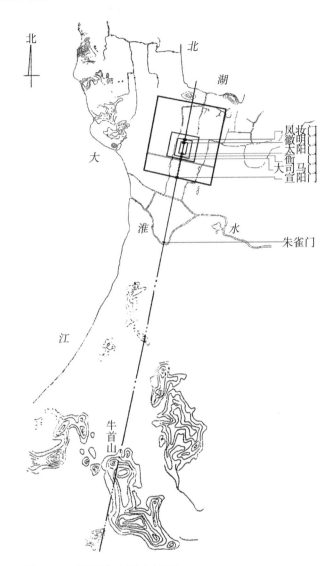

图 4-8　东晋建康城中轴线

4.3.4.2　居民区

南京的发端、发展始终与秦淮河联系在一起，秦淮河是南京的母亲河。六朝时期，秦淮河虽在建康城南五里，但其两岸已是繁华地区。民居大多在都城外，而以秦淮河和青溪两岸最为稠密。乌衣巷、朱雀桥、桃叶渡等秦淮河两岸是贵族世家聚居之地，也是文人墨客荟萃的地方。青溪两岸以显贵为主。沿秦淮河一带的居民区有横塘、查下、乌衣巷、长干里等。

大批南下的中原民户被安置在琅琊郡等侨县，一般都在郊外。

1. 横塘、查下、长干

"横塘查下，邑屋隆夸。长干延属，飞甍舛互。吴自宫门南出苑路，府寺相属，侠道七里也。……横塘在淮水南，近家渚，缘江筑长堤，谓之横塘。北接栅塘查下。查浦在横塘，西隔内江。自山头南上十里，至查浦。建业南五里有山岗，其间平地，吏民杂居。东长干中有大长干、小长干，皆相连。大长干在越城东，小长干在越城西，地有长短，故号大、小长干。"①"古来缘江筑长堤，谓之横塘。淮在北，接栅塘，在今秦淮迳口。吴时夹淮立栅，自石头南上十里，至查浦，查浦南上十里至新亭，新亭南上二十里至孙林，孙林南上二十里至板桥，板桥上三十里至烈洲。洲有小河，可止商旅。"②东吴时秦淮河入江口在今莫愁湖附近，在江口秦淮河南筑堤防水，堤名横塘。所以作为居民区的横塘、查下等大概位于今汉中门、水西门一带。而沿江自石头城经新亭至板桥，当时也已有频繁的活动。

长干里位于聚宝山岗垄之间（今中华门外至雨花台一带），"江东谓山陇之间曰干。建康南五里有山岗，其间平地，民庶杂居。有大长干、小长干、东长干，并是地理名。"③

横塘、长干等被后来的诗人当成了居住地的典型代表，写入诗作。"君家何处住？妾住在横塘。停船暂借问，或恐是同乡。""家临九江水，来去九江侧。同是长干人，生小不相识。"（崔颢：《长干曲》）李白的五言古诗《长干行》中的"青梅竹马"、"两小无猜"更成为人人皆知的成语。"长干故里"是金陵四十八景之一。

2. 乌衣巷

"乌衣巷在秦淮南。晋南渡，王、谢诸名族居此。时谓其子弟为乌衣诸郎。今城南长干寺北有小巷，曰乌衣，去朱雀桥不远。"④

乌衣巷以王、谢二族为主，王导、谢安住过这里，两晋名士谢鲲、书圣王羲之、山水诗鼻祖谢灵运、谢脁也住过这里。"王导宅在乌衣巷中，南临骠骑航。……谢安宅在乌衣巷骠骑航之侧。"⑤

刘禹锡"旧时王谢堂前燕"的诗句，使"来燕名堂"成为金陵四十八景之一。

南宋张敦颐的《六朝事迹编类》把"旧时王谢堂前燕"写成"旧时王榭堂前燕"，并说"王榭，金陵人，世以航海为业。……因目榭所居为乌衣巷。"⑥而实际上，王榭是宋代传奇小说《王榭传》（作者不详）中的虚构人物。《王榭传》被收入刘斧《青琐高议》别集卷四，本名《王榭》，题下原注"风涛飘入乌衣国"，鲁迅在《唐宋传奇集》中收录时删去此注，另加"传"字。小说写王榭在燕子国的一段奇遇，最后引刘禹锡《乌衣巷》诗，改"王谢"为"王榭"，以表明故事不是虚构的。其实小说正是根据这首诗想象渲染而成。《景定建康志》就指出：

---

① （晋）左思．三都赋·吴都赋

② （唐）许嵩．建康实录·卷第四吴下·后主．上海古籍出版社，1987

③ （唐）许嵩．建康实录·卷第二吴中·太祖下．上海古籍出版社，1987

④ （宋）周应合．景定建康志·卷之十六·疆域志二·街巷．台北成文出版社，1983

⑤ （宋）周应合．景定建康志·卷之四十二·风土志一·第宅．台北成文出版社，1983

⑥ （宋）张敦颐．六朝事迹编类·卷之七宅舍门·乌衣巷．南京出版社，1989

"今世小说尤可笑者，莫如刘斧摭遗所载乌衣传引刘禹锡王谢堂前之句，遂为唐朝金陵人姓王名谢，因海舶入燕子国。其实以乌衣为燕子国，不知王者王导等人，谢者谢鲲之徒也。按世说，诸王诸谢世居乌衣，摭遗之说，亦何谬耶！"又说："按《舆地志》，晋王氏自立乌衣宅，当时诸谢曰乌衣之聚，皆此巷也。王氏谢氏乃江左衣冠之盛者。……刘斧摭遗乃以王谢为一人姓名，其言既怪诞，遂托名于钱希白，终篇又以刘梦得诗实其事。希白不应如此谬，是刘斧妄言耳。"[①]鲁迅也说："此篇改谢成榭，指为人名，且以乌衣为燕子国名，殊乏意趣。"（鲁迅：《唐宋传奇集·稗边小缀》）

王、谢等住在乌衣巷，引发了许多名人逸事。"坦腹东床"的典故就是王羲之住在乌衣巷时发生的。"郗太傅（鉴）在京口，遣门生与王丞相（导）书，求女婿。丞相语郗信：君往东厢，任意选之。门生归，白郗曰：王家诸郎亦皆可嘉，闻来觅婿，咸自矜持，唯有一郎在东床上坦腹卧，如不闻。郗公云：正此好。访之，乃是逸少（王羲之），因嫁女与焉。"[②]后因以"东床坦腹"或"东床"代指女婿。

其他如凤毛麟角、一往情深、大笔如椽、管中窥豹等成语典故也发生在乌衣巷。

4.3.4.3 市及手工业

东吴建业城有二市，即建初寺前的大市和东市。

西晋除东吴的大市和东市外又立北市，东晋隆安年间又立秣陵斗场市。大司马门前横街的出现，使建康大司马门前也成为繁华的街市。

由于东晋末年刘裕将长安的大批"百工"迁到建康，建康的手工业有很大的发展。

东晋义熙十三年（417），在建康设立"锦署"，专门管理丝织业。此外，还设有"纸官署"管理造纸，"钱署"管理以铁铸钱。

在南朝，冶炼业空前发达。东吴的冶城成为"西冶"，另有"东冶"和"南冶"。

4.3.4.4 学宫

"晋建武元年（317）十一月，征南军司戴邈上疏曰：……宜笃道崇儒，以劝风化。元帝从之，始立太学。"[③]东晋成帝司马衍咸康三年（337）正月，根据王导提议"治国以培育人才为重"，"诏立太学于淮水南。在今县城东南七里，丹阳城东南，今地犹名故学。"[④]

东晋太和十一年（386）"立宣尼（孔子）庙，在故丹阳郡城前隔路东南。案《地志》：齐移庙过淮水北蒋山置之，以其旧处立孔子寺，亦呼其巷为孔子巷。在今县东南五里二百步，长乐桥东一里。"[⑤]"宋元嘉十九年（442），诏复孔子庙。至

① （宋）周应合.景定建康志·卷之十六·疆域志二·街巷.台北成文出版社，1983
② （刘宋）刘义庆撰.（梁）刘孝标注.世说新语·雅量第六
③ （宋）周应合.景定建康志·卷之二十八·儒学志一·前代学校兴废.台北成文出版社，1983
④ （唐）许嵩.建康实录·卷第七晋中·显宗成皇帝.上海古籍出版社，1987
⑤ （唐）许嵩.建康实录·卷第九晋中下·烈宗孝武皇帝.上海古籍出版社，1987

齐迁于今处。"①

"宋元嘉十五年（438）立儒学于北郊，命雷次宗居之。明年，又命丹杨尹何尚之立元学，著作郎何承天立史学，司徒参军谢元立文学。《宫苑记》：儒学在钟山之麓，时人呼为北学，今草堂是也；元学在鸡笼山东，今栖元寺侧；史学、文学并在耆阁寺侧。……二十七年（450）罢国子学，而其地犹名故学。齐竟陵王子良开西邸，延才俊，遂命为士林馆。西邸在鸡笼山。梁大同六年（540）于台城西立士林馆，延集学者。"②

刘宋明帝泰始六年（470）"立总明观，征学士以充之。置东观祭酒。"③"右泰始六年（470），以国学废，初置总明观，玄、儒、文、史四科，科置学士各十人，……（齐）永明三年（485），国学建，省。"④"总明观"建在冶山，学者云集，成为文苑盛事。

4.4 宫城

六朝时期，"都城不改"，而"宫室有因有革"。东吴初创，宫城主要为太初宫和昭明宫。东晋建建康宫，开启建康的辉煌。

4.4.1 太初宫、昭明宫和苑城

4.4.1.1 太初宫

孙权由武昌移都建业之初，"城建业太初宫居之。宫即长沙桓王（孙策）故府也，因以不改。"此太初宫亦即孙权由京口徙治秣陵时的将军府。

18 年之后，孙权才改建太初宫。赤乌"十年（247）春，适南宫。案《舆地志》：南宫，太子宫也。……吴时太子宫在南，故号南宫。改为太初宫。诏移武昌材瓦，有司奏'武昌宫作已二十八年，恐不堪用，请别更置。'帝曰'大禹以卑宫为美，今军事未已，所在多赋，妨损农业。且建康宫乃朕从京来作府舍耳，材柱率细，年月久远，尝恐朽坏。今武昌材木自在，且用缮之。'"次年"三月，太初宫成，周回五百丈，正殿曰神龙。南面开五门，正中曰公车门，东门曰升贤门、左掖门，西曰明扬门、右掖门；正东曰苍龙门，正西曰白虎门，正北曰玄武门。起临海等殿。"⑤

孙吴宫室毁于西晋末年的战乱。《建康实录》卷五《中宗元皇帝》记载："按太初宫本吴之宫。晋平吴后，石冰作乱，焚烧荡尽。陈敏平石冰，据扬州，因

---

① （宋）张敦颐.六朝事迹编类·卷之七宅舍门·孔子巷.南京出版社，1989
② （宋）周应合.景定建康志·卷之二十八·儒学志一·前代学校兴废.台北成文出版社，1983
③ （梁）沈约.宋书·本纪第八·明帝
④ （梁）萧子显.南齐书·志第八·百官
⑤ （唐）许嵩.建康实录·卷第二吴中·太祖下.上海古籍出版社，1987

太初故基创造府舍。"陈敏败灭后，晋怀帝永嘉元年（307），"以琅琊王司马睿为安东将军，都督扬州江南诸军事，用王导计渡江，镇建业，讨陈敏余党，廓清江表。因吴旧都城，修而居之，太初宫为府舍。"[①]

关于太初宫的规模，史书有"方三百丈"、"周回五百丈"两种说法。《三国志·吴书三·三嗣主传第三》载："太康三年地记曰：吴有太初宫，方三百丈，权所起也。昭明宫方五百丈，皓所作也。"[②]考虑到因为孙皓嫌太初宫不够壮美，才大兴土木建造昭明宫，"太初宫方三百丈"、"昭明宫方五百丈"的说法应该较为可信。太初宫的位置也说法不一，《建康实录》说：太初宫"今在县东北三里，晋建康宫城西南。"[③]唐时，江宁（上元）县县治大致在冶城东。

4.4.1.2 昭明宫

东吴后主孙皓嫌太初宫不够壮美，宝鼎"二年（267）夏六月，起新宫于太初之东，制度尤广，二千石已下，皆自入山督摄伐木。又攘诸营地，大开苑囿。起土山，作楼观，加饰珠玉，制以奇石。左弯崎，右临硐。又开城北渠，引后湖水激流入宫内，巡绕堂殿，穷极伎巧，功费万倍。……十二月，新宫成，周五百丈，署曰昭明宫。开临硐、弯崎之门。正殿曰赤乌殿。"[④]晋灭吴，未毁宫室。《三国志·吴书·三嗣主传》载："太康三年地记曰：……昭明宫方五百丈，皓所作也。避晋讳，故曰显明。"[⑤]可见西晋时昭明宫尚在。

但此后昭明宫或显明宫却不见于史书记载。因此，有学者推测："昭明宫即是后来东晋初年的建平园，建平园在苑城内东南。据《太平御览》卷一三八引《晋中兴书》：晋元帝死后，其宠妃郑氏称'建平园夫人'。很可能就因居于建平园而得名。"[⑥]这一推测的另一佐证是《建康实录》记载，东晋成帝咸和四年（329），苏峻乱后，"宫阙荒残，帝居止兰台，甚卑陋，欲营建平园。"[⑦]

昭明宫位置也众说不一，根据史料记载，应在太初宫东，应是在苑城范围内。

4.4.1.3 苑城

孙吴在太初宫周边还有一些宫苑的建设。除南宫外，"今运渎东曲折内池，即太初宫西门外池。吴宣明太子所创为西苑。初，吴以建康宫地为苑。"[⑧]吴在太初宫周边形成了宫苑区，即所谓"苑城"。东晋建康宫就建在苑城旧址。《建康实录》说太初宫在"晋建康宫城西南"，也就是说，苑城在太初宫东北。

苑城是东吴的皇家宫苑，是御花园。

苑城内有皇家仓库即"苑仓"。"案吴时苑城内有仓，名苑仓，亦名仓城。"

① （唐）许嵩.建康实录·卷第五晋上·中宗元皇帝.上海古籍出版社，1987
② （晋）陈寿撰.（宋）裴松之注.三国志·吴书三·三嗣主传第三
③ （唐）许嵩.建康实录·卷第二吴中·太祖下.上海古籍出版社，1987
④ （唐）许嵩.建康实录·卷第四吴下·后主.上海古籍出版社，1987
⑤ （晋）陈寿撰.（宋）裴松之注.三国志·吴书三·三嗣主传第三
⑥ 杨国庆，王志高.南京城墙志·第二章六朝京师城墙·第二节宫城.凤凰出版社，2008
⑦ （唐）许嵩.建康实录·卷第七晋中·显宗成皇帝.上海古籍出版社，1987
⑧ （唐）许嵩.建康实录·卷第二吴中·太祖下.上海古籍出版社，1987

咸和八年（333）正月，在成帝迁于新宫——建康宫后，即"改苑仓为太仓。……
至此治苑为宫，惟仓不改，在西掖门内，是年改名焉。"①

苑城也是皇家卫队的驻防地。《三国志》有记载说：东吴太平二年（257），
孙亮招兵选将，"曰：'吾立此军，欲与之俱长。'日于苑中习焉。"②

4.4.2 建康宫

西晋末、东晋初，一直整修东吴旧都城居之，以太初宫为府舍。"太初宫本
吴之宫。晋平吴后，石冰作乱，焚烧荡尽。陈敏平石冰，据扬州，因太初故基，
创造府舍。"晋永嘉元年（307），"以琅琊王睿为安东将军，都督扬州江南诸军事，
用王导计渡江镇建业，讨陈敏余党，廓清江表。因吴旧都城，修而居之，太初
宫为府舍。"③司马睿开创东晋后不久，王敦叛乱。元帝死，明帝继位，平王敦。
3年后明帝死，幼小的成帝司马衍继位，又有苏峻之乱。东晋咸和二年（327），
苏峻叛军攻入建康，"遂据蒋陵覆舟山，率众因风放火，台省及诸营寺署一时荡尽。
遂陷宫城，纵兵大掠，侵逼六宫，穷凶极暴，残酷无道。"④

苏峻之乱平定后，"成帝业始缮苑城也。"其实，此时成帝年幼，应是王导
主事。咸和五年（330）九月，诏修新宫（按乐史《太平寰宇记》为咸和六年），
咸和七年（332）十一月，"新宫成，署曰建康宫，亦名显阳宫，……十二月，
帝迁于新宫。"⑤建康宫，即台城。"台城，一曰苑城。本吴后苑城。晋成帝咸和中，
新宫成，名建康宫，世所谓台城也。……至杨吴时改筑，而城遂废"。因晋时称
朝廷禁省为"台"，故俗称宫城为台城。说明当时的台城即为建康宫，并非今日
所谓之"台城"。

由于新宫初创，此后在不变旧制的情况下逐步改善，及至东晋成帝咸康五
年（339）八月"始用砖垒宫城，而创构楼观"⑥。

东晋孝武帝咸和年间政局稳定，成帝时新建的宫室已渐渐损坏。谢安奏请
重修宫室，但尚书令王彪之则严词反对。《晋书·王彪之传》记载："安欲更营
宫室，……曰：'宫室不壮，后世谓人无能。'彪之曰：'任天下事，当保国宁家，
朝政惟允，岂以修屋宇为能邪！'安无以夺之。故终彪之之世，不改营焉。"⑦晋
孝武帝太元二年（377）底，王彪之卒。次年，太元"三年（378）春正月，尚
书仆射谢安石以宫室朽坏，启作新宫。帝权出居会稽王第。二月，始工，内外
日役六千人。安与大匠毛安人决意修定，皆仰模玄象，体合辰极。并新制置省

---

① （唐）许嵩.建康实录·卷第七晋中·显宗成皇帝.上海古籍出版社，1987
② （晋）陈寿撰.（宋）裴松之注.三国志·卷四十八·吴书三·三嗣主传
③ （唐）许嵩.建康实录·卷第五晋上·中宗元皇帝.上海古籍出版社，1987
④ （唐）房玄龄等.晋书·列传第七十·苏峻
⑤ （唐）许嵩.建康实录·卷第七晋中·显宗成皇帝.上海古籍出版社，1987
⑥ （唐）许嵩.建康实录·卷第七晋中·显宗成皇帝.上海古籍出版社，1987
⑦ （唐）房玄龄等.晋书·列传四十六·王彪之

阁堂宇，名署时政。构太极殿，……又起朱雀门重楼，皆绣栭藻井，门开三道，上重名朱雀观。观下门上有两铜雀悬楣上，刻木为龙虎，左右对。……秋七月，新宫成，内外殿宇大小三千五百间。"[①]

建康宫，又称台城、苑城，还称建平园。"苑城即吴之后苑也，一名建平园。"[②]说明建康宫是建在东吴时的苑城范围内，由太初宫、昭明宫改建、扩建而成。

4.4.2.1　位置

对建康宫的四至，历来记载语焉不详。《至正金陵新志》说台城"在上元县东北五里，周八里。……今胭脂井南，至宣阳楼基二里，即古台城之地。"[③]据梁萧统《文选》卷二十《献诗》范蔚宗《乐游应诏诗》李贤注:《丹阳郡图经》曰:"乐游苑，宫城北三里，晋时药园也。"[④]

近年来，在今大行宫周围，新的考古发现，为六朝宫城的方位提供了许多重要信息，主要有两处：①位于长江路南侧南京图书馆新馆工地北部，相互垂直呈曲尺形的两段夯土城墙。据分析，它很可能是台城内第二重城墙或第三重城垣的东南角折拐点。②位于利济巷西侧的工地东部，南北向包砖夯土城墙，墙外有宽 17.25 米的城壕。这处城墙极有可能就是台城外重城垣的东墙。

据推定，六朝建康都城以潮沟即位于今珠江路南侧的一线河道为北壕，而都城北墙与台城北墙之间，还有同泰寺等建筑，故台城北界可能还要略偏南。按此推定，乐游苑的南界距台城北界正约合三里。如此则台城北界大约在今如意里、长江后街一线以南；另有文献记载台城大司马门距朱雀门七里，可以推知台城南界大约在今游府西街、文昌巷北侧一线；台城西界从运渎北段在今洪武北路东侧折近台城西墙的分析看，可能在今网巾市、邓府巷及洪武北路东侧一线；而台城东墙在今利济巷西已发现一段遗存，证明其东界就在今利济巷西及其以北一线。如此，四界的范围为一南北略长、东西略短的近方形，其长度累计正约合台城之周八里。[⑤]

4.4.2.2　布局

台城有三重宫墙。第一重、第三重宫墙应为东晋时建，南朝增建位于两者之间的第二重宫墙。

《建康实录》说:咸和七年（332）十一月，"新宫成，署曰建康宫"，"案《图经》，……周八里，有两重墙。"[⑥]内宫墙五里，外宫墙八里。建康宫位于建康城中央，平面略呈正方形。墙外环绕城濠，"濠阔五丈，深七尺。"[⑦]布局均仿洛阳旧制。

① （唐）许嵩．建康实录·卷第九晋中下·烈宗孝武皇帝．上海古籍出版社，1987
② （唐）许嵩．建康实录·卷第七晋中·显宗成皇帝．上海古籍出版社，1987
③ （元）张铉．至正金陵新志·卷之一地理图·台城古迹图考．南京文献·第十号．南京市通志馆，民国 36 年
④ 徐复，李文通．江苏旧方志提要·南京市·佚志·丹阳郡图经．江苏古籍出版社，1993
⑤ 杨国庆，王志高．南京城墙志·第二章六朝京师城墙·第二节宫城．凤凰出版社，2008
⑥ （唐）许嵩．建康实录·卷第七晋中·显宗成皇帝．上海古籍出版社，1987
⑦ （宋）周应合．景定建康志·卷之二十·城阙志一·古城郭．台北成文出版社，1983

台城第一重宫墙"周八里"，宫墙内主要分布有尚书台、尚书下省以及武库、太仓、廷尉等机构。

第二重宫墙"周六里一百十步"，宫墙内集中设置尚书省、中书省等内省机构。太子居东宫前居住的永福省也在此。华林园也在第二重宫墙内。

第三重宫墙"周五里"，宫墙内则是台城的核心，前部为皇帝理事的前朝，后部为帝后起居的后宫。

关于宫城城门，记载不一。据《建康实录》，建康宫"开五门：南面二门，东西北各一门。""按修宫苑记，建康宫五门"：南正中大司马门，南近东阊阖门（后改南掖门），东东掖门，北平昌门，西西掖门。[①] 而《至正金陵新志》则说："按宫苑记，晋成帝修新宫，南面开四门：最西曰西掖门；……正中曰大司马门，……直对宣阳门；次东曰南掖门，宋改阊阖门，陈改端门，南直对津阳门，北对应门；最东曰东掖门，……南直对兰台路。东面正中曰东华门，……晋本名东掖门，宋改万春门，梁改东华门。北面最东曰承明门，……本晋平昌门，南直对东掖门（东掖疑即南掖）；最西曰大通门。西面正中曰西华门，晋本名西掖门，宋改千秋门，梁改西华门。"[②]

南朝增建第二重宫墙后的宫城城门，《同治上江两县志·城厢考》注曰："六朝故城图考，台城南面四门，中大司马门，次东南掖门，梁改端门，最东东掖门，次西西掖门。北面二门，东平昌门，宋改广莫，又改承明，齐改北掖，西大通门。东面一门，东中华门，梁改东华门。西面一门，中西中华门，梁改西华门。其第二重宫墙，南面二门，东止车门，西衙门。北面二门，中凤妆门，西（似应为东）鸾掖门。东面一门，中云龙门。西面一门，中神虎门。其第三重宫墙，南面一门，中晋端门，宋改南中华，梁改太阳。北面一门，中徽明门。东面一门，中万春门。北（应为西）面一门，中千秋门。"[③]

东晋及南朝，宫殿门阙屡有变更，名目繁多，史籍记述不一。但除南朝增建第二重宫墙外，多是细节和局部的变化，无关宫城格局。

4.4.2.3 殿宇

建康宫正殿名太极。"太极殿，建康宫内正殿也。晋初造以十二间，象十二月。至梁武帝改制十三间，象闰焉。高八丈，长二十七丈，广十丈。内外并以锦石为砌。次东有太极东堂，七间；次西有太极西堂，七间。亦以锦石为砌。更有东西二上阁在堂殿之间，方庭阔六十亩。"[④] 两侧东西二堂，是天子听政、臣下朝谒的主要场所。太极殿以北是后妃的居室。"皇后正殿曰显阳，东曰含章，西曰徽音，

---

① （唐）许嵩．建康实录·卷第七晋中·显宗成皇帝．上海古籍出版社，1987
② （元）张铉．至正金陵新志·卷之一地理图·台城古迹图考．南京文献·第十号．南京市通志馆，民国36年
③ （清）莫祥芝，甘绍盘等．同治上江两县志·卷五·城厢考
④ （宋）周应合．景定建康志·卷之二十一·城阙志二·古宫殿．台北成文出版社，1983

又洛宫之旧也。……曰昭阳，晋避文帝讳，改为此。"①

"侯景之平也，火焚太极殿"，陈武帝于永定二年（558）七月"诏中书令沈众兼起部尚书，少府卿蔡俦兼将作大匠，起太极殿。……十月，……太极殿成"②。

4.4.3　东宫

东吴时太子宫在南。"案舆地志：南宫，太子宫也。……其地今在县城二里半，吴时太子宫在南，故号南宫。"③

"晋初，太子宫在宫西"。东晋孝武帝太元十七年（392）"八月新筑东宫，徙左卫营。"其地在宫城东南。④

南朝的太子宫"按《舆地志》：其地本晋东海王第，后筑为永安宫，穆帝何皇后居之。宋文帝元嘉十五年（438），始筑为东宫，齐末为火灾焚尽。梁天监五年（506），更修筑于故齐地，盛加结构。侯景乱，又烧尽。"陈太建九年（577）"修东宫城。十二月移皇太子居新宫。"⑤

东宫城"四周土墙、堑两重，在台城东门外，南、东、西开三门"。"南面正中曰承华门，直南出路，东有太傅府，次东左詹事府，又次东左率府。路西有少傅府，次西右詹事府，又次西右率府。东面正中曰安阳门，东直对东阳门，西对温德门。西面正中曰则天门，西直对台城东华门。"⑥

4.5　外郭

建康都城外有外郭。外郭跨秦淮河南北两岸，西达石头城东，北抵覆舟山南，东极东府城东，南据越城南，东府城、西州城、丹阳郡城、越城等外围城池尽在其中。郭内广布官署、商市、作坊、宅邸。外国使者馆舍也在郭内。郭之内外是城郊之分野。

外郭或以岗峦、水域为界，可能设简易的篱墙，设有篱门。"案《宫苑记》：旧京邑南北两岸篱门五十六所，盖京邑之郊门也。江左初立，并用篱为之，故曰篱门。又云：东篱门本名肇建篱门，在古肇建市东；西篱门在石头城东；南篱门在国门西；北篱门在覆舟山东，元武湖东南角有亭，名篱门；又有三桥篱门在光宅寺侧；白杨篱门、石井篱门在护军府西。"⑦

---

① （宋）李昉．太平御览·卷一百七十五引丹阳记．转引自：郭黎安．魏晋南北朝都城形制初探．中国古都研究（第二辑）．浙江人民出版社，1986

② （唐）姚思廉．陈书·本纪第二·高祖下

③ （唐）许嵩．建康实录·卷第二吴中·太祖下．上海古籍出版社，1987

④ （唐）许嵩．建康实录·卷第九晋中下·烈宗孝武皇帝．上海古籍出版社，1987

⑤ （唐）许嵩．建康实录·卷第二十陈下·高宗孝宣皇帝顼．上海古籍出版社，1987

⑥ （宋）周应合．景定建康志·卷之二十·城阙志一·古城郭．台北成文出版社，1983

⑦ （宋）周应合．景定建康志·卷之二十·城阙志一·门阙．台北成文出版社，1983

位于越城南的都城中轴线上的"国门"也是外郭的一个篱门。

4.6 园林、宅邸

4.6.1 园林景点

4.6.1.1 皇家宫苑

宫城以北是皇家苑囿区。南京皇家园林始于东吴。至南朝宋文帝元嘉年间，社会安定，经济繁荣，宋文帝大事增建、扩建苑囿。

1. 苑城

东吴时皇家花园苑城即后苑，在太初宫的东面和北面。"初，吴以建康宫地为苑。"东晋咸和五年（330）建康宫即建在苑城内。苑城是御花园，也是皇家卫队的营地，还有皇家仓库"苑仓"（亦称"仓城"）。苑城用地范围很大。

"建康宫城即吴苑城，城内有仓，名曰'苑仓'，……晋咸和中，修苑城为宫，惟仓不毁"①。

2. 西苑

"今运渎东曲折内池，即太初宫西门外池。吴宣明太子（孙登）所创为西苑。"②"（东晋）中宗即位，明帝（司马绍）为太子，更加修之。多养武士于池内，筑土为台，时人呼为太子西池。今惠日寺后池也。"③

西苑是皇家园囿。东晋太元十年（385）四月，"帝自行西池宴群臣钱（谢）安，赋诗者五十八人。"④

3. 华林园

华林园，东吴时始建，毁于陈亡，为贯穿六朝的一座皇家宫苑。它大体西起今中科院南京分院西侧，东至今公教一村东侧，北界今"台城"，南迄今北京东路以南成贤街一带，面积很大。

后主孙皓时，在园内建昭明宫，并开"城北渠"，引后湖水入园内。东晋成帝修建康宫时，华林园的规模已相当大，园内山水融为天趣，是帝王消遣行乐的去处。南朝时，又几经整修，特别是宋文帝进行了大规模整建。"其山川制置，多是宋将作大匠张永所作。"据《舆地志》：宋文帝元嘉二十二年（445），保留了东吴时期的景区，"重修广之。又筑景阳、武壮诸山，凿池名天渊，造景阳楼以通天观。""元嘉中，筑蔬圃，又筑景阳东岭，又造光华殿，设射棚。又立凤光殿、醴泉堂、花萼池，又造一柱台、层城观、兴光殿。梁武又造重阁，……及朝日、

---

① （唐）许嵩.建康实录·卷第二吴中·太祖下.上海古籍出版社，1987
② （唐）许嵩.建康实录·卷第二吴中·太祖下.上海古籍出版社，1987
③ （唐）许嵩.建康实录·卷第九晋中下·烈宗孝武皇帝.上海古籍出版社，1987
④ （唐）许嵩.建康实录·卷第九晋中下·烈宗孝武皇帝.上海古籍出版社，1987

明月之楼，……陈初，更造听讼殿。天嘉三年（562），又作临政殿。"①宋孝武大明三年（459）在今武庙闸处作"大窦"，引水入华林园。大明中，又造琴堂、灵曜前后殿、芳香堂、日观台。梁时，侯景起兵，华林园遭到大破坏。陈初重建，陈后主再行大整修。"至德二年（584），乃于光昭殿前起临春、结绮、望仙三阁，高数十丈，并数十间。……其下积石为山，引水为池，植以奇树，杂以花药。"②

传说陈后主泛舟玄武湖出口处的珍珠河，雨洒荷叶聚珠，宫人指曰："满河皆珍珠。"珍珠河由此得名。"珍珠浪涌"曾是金陵四十八景之一。

隋开皇九年（589），隋军攻入建康，华林园被焚为灰烬。

4. 乐游苑

乐游苑北纳覆舟山（今九华山），南到今小营附近。

乐游苑本东吴乐游池苑。"按《舆地志》：县东北八里，晋时为药圃，……其地旧是晋北郊，宋元嘉中移郊坛出外，以其地为北苑，遂更兴造楼观于覆舟山。乃筑堤壅水，号曰后湖。其山北临湖水，后改曰乐游苑。山上大设亭观，……至大明中，又盛造正阳殿。梁侯景之乱，悉焚毁。至陈天嘉二年（561），更加修葺。……陈亡并废。"

另据记载，甘露曾屡降于乐游苑。陈宣帝太建七年（575）九月"甘露三降乐游苑。丁未，幸乐游苑，采甘露，宴群臣，诏于苑内覆舟山上立甘露亭"。③"甘露佳亭"是金陵四十八景之一。

5. 上林苑

刘宋孝武大明三年（459）"初筑上林苑于玄武湖北，今县北十三里。"④《宫苑记》云：孝武立名西苑，梁改名上林。今其地有古池，俗呼为饮马塘，亦曰饮马池。其西又有望宫台。"⑤其范围很大，包括现红山公园、黑墨营、樱驼村。陈宣帝太建十年（578）举行水陆大演练，在上林苑中建"大壮观"，因而山称大壮观山。

6. 玄武湖

玄武湖古名桑泊。六朝时期的玄武湖"周回四十里"，北至红山，西接卢龙山，辽阔的湖面是练兵的场所，也是皇家游猎的乐园。

东汉末年秣陵尉蒋子文死难于钟山之阴，葬于湖畔。东吴时称玄武湖为"蒋陵湖"。又因孙权常在此湖训练水师称为"练湖"。

东晋元帝大兴三年（320）在湖南岸修筑了一条十里长堤，称玄武湖为"北湖"。"是岁，创北湖，筑长堤以壅北山之水，东自覆舟山西，西至宣武城六里

① （唐）许嵩.建康实录·卷第十二宋中·太祖文皇帝.上海古籍出版社，1987
② （唐）李延寿.南史·卷十二·列传第二·后妃下
③ （唐）许嵩.建康实录·卷第十二宋中·太祖文皇帝.上海古籍出版社，1987
④ （唐）许嵩.建康实录·卷第十三宋下上·中宗世祖孝武皇帝.上海古籍出版社，1987
⑤ （宋）周应合.景定建康志·卷之二十二·城阙志三·园苑.台北成文出版社，1983

余。"① 刘宋文帝元嘉二十三年（446），"筑北堤，立玄武湖，"②"上欲于湖中立方丈、蓬莱、瀛洲三神山，尚之固谏乃止。"③ 但是后来宋文帝还是命时任建康令的张永于元嘉二十五年（448），对玄武湖进行疏浚，把挖出来的湖泥堆积在一起，成了露出水面的"蓬莱"、"方丈"、"瀛洲"三岛，合称"三神山"，这或许是今天玄武湖中几个洲的前身。

据说昭明太子萧统在今梁洲建"梁园"，并在此编选《昭明文选》。

"陈（宣帝）太建十一年（579）幸大壮观，大阅武步骑十万，陈于真武湖上。"④ 陈后主"至德四年（586）九月，幸玄武湖，肆舻舰阅武。宴群臣赋诗。"⑤

7. 商飚馆

商飚馆亦名商飚观，是南齐武帝在钟山南麓梅花山建的离宫别馆。《南齐书》记载：南齐武帝永明五年（487）"九月，己丑，诏曰：'九日出商飚馆登高宴群臣。'辛卯，车驾幸商飚馆。馆，上所立，在孙陵岗，世呼为'九日台'者也。"⑥《六朝事迹编类》引《舆地志》曰：九日台当孙陵曲折之旁，故名蒋陵亭"⑦。"商飚别馆"成为金陵四十八景之一。

4.6.1.2 私家花园

据记载，南京私家花园最早出现于东晋。南朝时，私家花园已遍布都城内外。

1. 冶城园

据《寰宇记》:（东）晋元帝大兴初，以王导疾久，方士戴洋云：'君本命在申，而申地有冶，金火相烁，不利。'遂移冶城于石头城东，以其地为园。"⑧ 就是说王导久病，乃冶山铸炼所致，于是将冶炼作坊迁至清凉山一带，在冶山建西园。西园又名冶城园。东晋太元五年（380），在此建冶城寺。东晋元兴三年（404），桓楚国建立者桓玄入建康，改冶城寺为其宅第花园。⑨"冶城西峙"是金陵四十八景之一。

2. 凤凰台王氏园

刘宋时，王恺在今城南门西地区建园。《建康实录》载：宋元嘉十四年（437）正月"戊戌，凤凰二见于京师，有鸟随之，改其地为凤凰里。"⑩《至正金陵新志》说得更生动："宋元嘉十四年（437），大鸟二，集秣陵民王恺园中李枭上。大如孔雀，头小足高、毛羽鲜明、文彩五色。声音谐从众鸟如山鸡者。随之行三十

① （唐）许嵩.建康实录·卷第五晋上·中宗元皇帝.上海古籍出版社，1987
② （梁）沈约.宋书·本纪第五·文帝
③ （梁）沈约.宋书·列传第二十六·何尚之
④ （宋）周应合.景定建康志·卷之二十·城阙志一·门阙.台北成文出版社，1983
⑤ （唐）许嵩.建康实录·卷第二十陈下·后主长城公叔宝.上海古籍出版社，1987
⑥ （梁）萧子显.南齐书·本纪第三武帝
⑦ （宋）张敦颐.六朝事迹编类·卷之十二庙宇门·吴大帝庙.南京出版社，1989
⑧ （宋）张敦颐.六朝事迹编类·卷之三城阙门·冶城.南京出版社，1989
⑨ 南京市地方志编纂委员会.南京园林志·第二章古代园林·第二节宅第花园.方志出版社，1997
⑩ （唐）许嵩.建康实录·卷第十二宋中·太祖文皇帝.上海古籍出版社，1987

步顷，东南飞去。扬州刺史彭城王义康以闻，改鸟所集永昌里为凤凰里，后于
（保宁）寺筑台建楼。"① 台即凤凰台，所在之山更名为凤台山，保宁寺更名为凤
游寺，相邻的街道更名为来凤街。

3. 梁沈约园

梁沈约园为南朝著名史学家、文学家沈约所筑。沈约，宋时为尚书度支郎，
南齐为五兵尚书、国子祭酒，在梁朝被封为建昌侯，官至尚书左仆射、尚书令、
领中书令。"沈约郊园，在钟山下"，在南齐文惠太子博望苑旁。"古博望苑在城
东七里。齐文惠太子所立，辅公祐城是也。"② 沈约园以植物布景为主，充分表现
自然山水美，是江南山水园创始之代表。

4. 梁萧伟园

梁萧伟园位于今武定门至通济门一带，原为南齐芳林苑。"芳林苑，案《寰
宇记》，一名桃花园。本齐高帝旧宅，在古湘官寺前巷，近青溪中桥。帝即位，
修旧宅为青溪宫，一名芳林园，后改为芳林苑。……梁天监初，赐南平元襄王（萧
伟）为第。"③

4.6.1.3　景点

1. 新亭

"《丹阳记》曰：新亭，吴旧立，先基崩沦。（东晋）隆安中，丹阳尹司马恢
之徙创今地。"六朝时期，新亭是达官贵人、文人墨客聚会、饯别、迎宾之所。"新
亭对泣"的成语就产生于此。东晋初，"过江诸人，每至美日，辄相邀新亭，藉
卉饮宴。周侯（颛也）中坐而叹曰：风景不殊，正自有江河之异。皆相视流泪。
惟王丞相（导也）愀然变色曰：当共戮力王室，克复神州，何至作楚囚相对？"④

新亭的具体位置各史籍记载稍有出入，应在建康西南，今菊花台一带。唐
代许嵩《建康实录》有记载说：卫玠"葬新亭东，今在县南十里。"⑤ 南宋时曾任
建康留守的吏部侍郎史正志的《新亭记》中说，新亭"南去城十二里，有岗突
然起于丘墟垅堑中，其势回环险阻，意古之为壁垒者，或曰此六朝所谓新亭是也。"
而《六朝事迹编类》则说：新亭"去城西南十五里，俯近江渚。"⑥

2. 劳劳亭

新亭之南，在今板桥附近有劳劳山，劳劳山上还有一个"劳劳亭"，劳劳者，
忧伤也。"举手长劳劳，二情同依依"（《孔雀东南飞》）。劳劳亭"古送别之所，吴置。
今顾家寨大路东即其所。"《舆地志》云：新亭垅上有望远楼。宋元嘉中，改名

---

① （元）张铉. 至正金陵新志·卷之四疆域志·坊里. 南京文献·第十五号. 南京市通志馆，民
　国 37 年
② （宋）周应合. 景定建康志·卷之二十二·城阙志三·园苑. 台北成文出版社，1983
③ （宋）周应合. 景定建康志·卷之二十二·城阙志三·园苑. 台北成文出版社，1983
④ （刘宋）刘义庆撰.（梁）刘孝标注. 世说新语·语言第二
⑤ （唐）许嵩. 建康实录·卷第五晋上·中宗元皇帝. 上海古籍出版社，1987
⑥ （宋）张敦颐. 六朝事迹编类·卷之四楼台门·新亭. 南京出版社，1989

临沧观。后名劳劳亭是也。"①

新亭和劳劳亭，早已湮没在历史的长河中，只是留下了很多诗篇。最有名的就是李白的诗："金陵风景好，豪士集新亭。举目山河异，偏伤周颙情。四坐楚囚悲，不忧社稷倾。王公何慷慨，千载仰雄名。"（《金陵新亭》）"天下伤心处，劳劳送客亭。"（《劳劳亭诗》）"金陵劳劳送客堂，蔓草离离生道傍。"（《劳劳亭歌》）

4.6.2　宅邸

六朝时期除乌衣巷、长干里等相对集中的居住地有王、谢等大宅院外，也有一些富户贵人选择较有特色的地方建造私宅。如"周处台"、"东山别墅"。曾任梁朝尚书仆射和陈朝尚书令的江总持等六朝重臣、名士的住宅就在淮清桥附近。

4.6.2.1　周处台

"周处年少时，凶强侠气，为乡里所患，又义兴水中有蛟，山中有邅迹虎，并皆暴犯百姓，义兴人谓为三横，而处尤剧。或说处杀虎斩蛟，实冀三横唯余其一。处即刺杀虎，又入水击蛟，蛟或浮或没，行数十里，处与之俱，经三日三夜，乡里皆谓已死，更相庆。竟杀蛟而出。闻里人相庆，始知为人情所患，有自改意。乃自吴寻二陆，平原不在，正见清河，具以情告，并云：欲自修改而年已蹉跎，终无所成。清河曰：古人贵朝闻夕死，况君前途尚可。且人患志之不立，亦何忧令名不彰邪？处遂改励，终为忠臣孝子。"②后来改邪归正的周处在秦淮河利涉桥南筑台（今老虎头43号），立志苦学，发奋读书，写出了《墨语》、《风土记》等书。并且出任东吴东观左丞，后一直做到建威将军。晚年在平齐万年起义中阵亡。

周处台在光宅寺旁。南宋张敦颐《六朝事迹编类》说，"府雉东南有故台基，曰周处台。今鹿苑寺之后。"③鹿苑寺即光宅寺。周处台所在地是赤石矶的一部分。"赤石矶者，雨花山之分支也。杨吴筑城时，断而为二，在城内者为紫岩，俯临娄湖。……冈脊有周孝侯处读书台，正气浩然，高山并峙。"④

4.6.2.2　东山别墅

谢安（320~385），字安石，曾隐居浙江会稽的东山。后来谢安在建康任职，居乌衣巷，常至江宁土山游览。谢安十分怀念会稽东山，选江宁土山仿故居筑了一所别墅。"于土山营墅，楼馆林竹甚盛。"⑤土山也改名东山。东晋太元八年（383）8月，前秦百万大军大举伐晋，东晋举国惊恐。谢安坐镇东山，运筹帷幄，

---

① （元）张铉.至正金陵新志·卷之十二古迹志·城阙官署.南京文献·第十九号.南京市通志馆，民国37年
② （刘宋）刘义庆撰.（梁）刘孝标注.世说新语·自新第十五
③ （宋）张敦颐.六朝事迹编类·卷之四楼台门·周处台.南京出版社，1989
④ （清）陈作霖.东城志略·志山.金陵琐志九种.南京出版社，2008
⑤ （唐）房玄龄等.晋书·列传第四十九·谢安

决胜千里之外，令前秦军"草木皆兵"，"风声鹤唳"，赢得了淝水之战的胜利。而"谢公与人围棋，俄而谢玄淮上信至。看书竟，默然无言，徐向局。客问淮上利害，答曰：'小儿辈大破贼。'意色举止，不异于常。"①

金陵四十八景里的"东山秋月"指的就是这里。"东山再起"这个成语虽指谢安隐居浙江会稽东山再起，但可以说与江宁东山也不无关系。

4.6.2.3　江令宅

陈尚书令江总持的住宅位于城东青溪旁淮清桥附近，景色宜人，闻名遐迩。江总（519~594），字总持，南朝陈大臣，虽居执政之位，但不理政务，终日陪侍陈后主，游宴后宫。江总是宫体诗重要作家，今存诗近百首，浮艳靡丽，内容贫弱，多是一些为统治者淫乐助兴之作。《建康实录》及杨修之诗注云：南朝鼎族多夹青溪，江令宅尤占胜地。后主尝幸其宅，呼为狎客。"

诸葛恪宅"里俗传云：在今县东南百余步，面对青溪。其东即江令宅也"。陆机宅《图经》云：在县南五里，秦淮之侧"。孙玚宅"在青溪东，西即江总宅"。②

4.7　坛庙、陵寝

4.7.1　宗庙、社稷

东吴建都建业后，开始立庙祭祖。东晋时，郭璞仿照魏晋洛阳的做法，在建康立"左祖右社"形制，但并未如洛阳那样在都城宣阳门内，而在宣阳门外。

吴建兴元年（252），"权卒，子亮代立。明年正月，于宫东立权庙曰太祖庙"③

东晋建武元年（317）"立宗庙社稷。……按《图经》：晋初置宗庙，在古都城宣阳门外。郭璞卜迁之。左宗庙，右社稷。去今县东二里玄风观即太社西偏。对太社右街，东即太庙地。……社立三坛，帝社、太社各一，稷一。"按《宋书》：晋武帝建武元年（317），依洛京二社一稷礼，左宗庙，右社稷，历代因之。"④

东晋孝武帝太元十六年（391）"二月庚申，改筑太庙。秋九月，新庙成。按《地志》：太庙，中宗置。郭璞迁卜，定在今处。……及帝即位，常嫌庙东迫淮水，西逼路。至此年，因修筑，欲依洛阳改入宣阳门内。尚书仆射王珣奏以为龟筮弗违，帝从之。于旧地不移，更开墙坤，东西四十丈，南北九十丈。五代仍之，至陈乃废。"⑤

---

①　（刘宋）刘义庆撰．（梁）刘孝标注．世说新语·雅量第六

②　（宋）张敦颐．六朝事迹编类·卷之七宅舍门．南京出版社，1989

③　（梁）沈约．宋书·志第六·礼三

④　（唐）许嵩．建康实录·卷第五晋上·中宗元皇帝．上海古籍出版社，1987

⑤　（唐）许嵩．建康实录·卷第九晋中下·烈宗孝武皇帝．上海古籍出版社，1987

4.7.2 郊坛

六朝时期，已逐渐确立在郊外按"天南地北"方位设祭坛以祭天地的祭祀礼制。但具体位置却屡有变迁。

4.7.2.1 南郊坛

梁朝沈约在《宋书》中说，"孙权始都武昌及建业，不立郊兆。至末年太元元年（251）十一月，祭南郊，其地今秣陵县南十余里郊中是也。"[①] 此时秣陵县治已于东晋元熙元年（419）由秣陵关移到小长干巷内。

东晋大兴二年（319）"作南郊，……郭璞卜立之。按《图经》：在今县城东南十八里，长乐桥东篱门外三里。今县南有郊坛村，即吴南郊地。"[②]

宋孝武帝大明三年（459）九月，按尚书右丞徐爰建议，"移郊兆于秣陵牛头山西，正在宫之午地。世祖崩，前废帝即位，以郊旧地为吉祥，移还本处。"[③]

"梁南郊，为圆坛，在国之南。高二丈七尺，上径十一丈，下径十八丈。其外再墠，四门。"[④]

4.7.2.2 北郊坛

东晋咸和八年（333）"作北郊于覆舟山之阳，制度一如南郊。"[⑤]

"宋太祖（文帝刘义隆）以其地为乐游苑，移于山西北。后以其地为北湖，移于湖塘西北。其地卑下泥湿，又移于白石村东。其地又以为湖，乃移于钟山北原道西，与南郊相对。后罢白石东湖，北郊还旧处。"[⑥]

梁"北郊，为方坛于北郊。上方十丈，下方十二丈，高一丈。四面各有陛。其外为墙再重。"[⑦]

近年在钟山主峰之南山腰上，发现一处古建筑遗迹。

该遗迹由两座被认为是祭坛的建筑遗址和一处附属建筑区构成，其中1号坛在中部，2号坛位于最北面，位置也最高。两坛垂直高差和水平距离均约20米。附属建筑区位于1号坛南面的山坡上，平面近于长方形，南北长约111米，东西宽约41~47米，顺坡而设。其结构较为复杂，西侧从上到下建有4个平台，每个平台上有1个坑；东侧从上到下建6个平台；中部从上到下建有台阶。

考古人员在文化层中发现了一批青瓷片和砖、瓦等建筑构件，具有典型的东晋晚期至刘宋时期的特征。《六朝事迹编类》说："按《通典》：宋孝武帝大明三年（459），移北郊于钟山北原道西。今钟山定林寺山巅有平基二所，阔数十

---

① （梁）沈约.宋书·志第四·礼一
② （唐）许嵩.建康实录·卷第五晋上·中宗元皇帝.上海古籍出版社，1987
③ （梁）沈约.宋书·志第四·礼一
④ （唐）魏征等.隋书·志第一·礼仪一
⑤ （唐）许嵩.建康实录·卷第七晋中·显宗成皇帝.上海古籍出版社，1987
⑥ （梁）沈约.宋书·志第四·礼一
⑦ （唐）魏征等.隋书·志第一·礼仪一

丈，乃其地也。"① 通过这些出土文物，并结合古代文献，认为该遗存正是六朝刘宋时所筑的"北郊坛"。而且这一遗存，正处于六朝建康都城东北方 12 地支的"丑"位上，与文献所载当时位于城东南之"巳"位的南郊坛遥相呼应，体现了我国古代都城祭坛"天南地北"的方位关系。坛体平面呈方形，也与"天圆地方"之说相吻合。

但对此结论，学术界还有不同看法，有待进一步证实。

4.7.3　寺庙

建康是南北朝时期南中国的佛教中心，梵宇林立，宝刹相望，佛事活动盛极一时。"南朝四百八十寺，多少楼台烟雨中。"（杜牧：《江南春》）"都下佛寺五百余所，穷极宏丽。僧尼十余万，资产丰沃。"② 寺庙成为宫苑、居住以外建康最主要的建筑了，分布很广。主要分布在城南秦淮河两岸、运渎下游、城北鸡笼山麓、城东青溪之滨和紫金山周围。

4.7.3.1　建初寺

东吴赤乌四年（241），西域人康僧会来到建康传播佛教。赤乌十年（247），孙权"因引见僧会，……帝崇佛教，以江东初有佛法，遂于坛所立建初寺。"③ 同时把建寺的地方，叫作佛陀里，地点在长干里西南，秦淮河南岸，"当今花盝冈之南"④。花盝冈今称花露冈。建初寺被认为是江南第一座寺庙。

4.7.3.2　比丘尼与铁索罗寺、南林寺

《六朝事迹编类》记载：铁索罗寺"本东晋尼寺也。尚书仲杲女见释书有比丘尼，问讲师，师曰：'女子削发出家，为比丘尼。'后因铁索罗国尼至，遂就此建寺，以铁索罗为名。中国尼自此始。"⑤ 又据宋释赞宁在《大宋僧史略·卷上》"尼得戒由"条记载："阿潘出俗又实希奇。始徒受于三归，且未全于二众。按五运图云，自汉永平丁卯，泊宋元嘉甲戌中间，相去三百六十七年，尼方具戒。又萨婆多师资传云，宋元嘉十一年（434）春，师子国尼铁索罗等十人，于建康南林寺坛上，为景福寺尼慧果、净音等二众中受戒法事，十二日度三百余人。此方尼于二众受戒，慧果为始也。知阿潘等但受三归，又晋咸康中，尼净捡于一众边得戒，此亦未全也。"⑥ 就是说，释赞宁认为阿潘、净捡，其受戒未尽如法，慧果、净音等于建康南林寺受具足戒，才是我国比丘尼得戒之始。

为感谢铁索罗，重修原尼寺，更名铁索罗寺。铁索罗寺（南林寺）的具体位置已无从查考。

---

① （宋）张敦颐.六朝事迹编类·卷之一总叙门·六朝郊社.南京出版社，1989
② （唐）李延寿.南史·卷七十·列传第六十·循吏·郭祖深
③ （唐）许嵩.建康实录·卷第二吴中·太祖下.上海古籍出版社，1987
④ （清）陈作霖.南朝佛寺志·卷上·吴.金陵琐志九种.南京出版社，2008
⑤ （宋）张敦颐.六朝事迹编类·卷之十一寺院门·铁索寺.南京出版社，1989
⑥ （宋）释赞宁.大宋僧史略·卷上·尼得戒由

4.7.3.3　高座寺与雨花台

雨花台，东吴时称石子岗，因产五彩石子，亦称玛瑙岗、聚宝山。

西晋永嘉七年（313），有西域僧尸黎密来到建康建初寺，时人尊称其为高座，死后葬于雨花台。东晋初在其葬处建寺，称为高座寺。传说高僧云光法师在此设坛讲经，因说法虔诚所至，感动上苍，落花如雨，雨花台始得名。明代周晖《金陵琐记》收辑的《雨花台诗集序》中说："高座寺，去金陵城南二里，据岗阜高处，昔天竺吉友尊者（西名尸黎密），永嘉中游建康，止建初寺。王导一见，先呼为我辈人，当时名流，如庾亮、谢鲲、桓寻等，无不叹洽。常以高座孤坐，故时称为高座。法师卒葬兹山，元帝初为树刹表识，后沙门造寺于冢，谢鲲即以其座名名寺。梁天监二年（503），宝志公来居，与五百大士，俱有云光，延坐冈说法，天花乱坠……"。"雨花说法"也被收进了金陵四十八景。

高座寺至宋时改永宁寺。寺中有泉，因寺而名永宁泉。南宋时，陆游品其为"第二泉"。

4.7.3.4　瓦官寺

瓦官寺即升元寺，"在城西隅，前瞰江面，后踞崇冈，……寺之名起自西晋。（晋愍帝司马邺）建兴年中，长沙城阿陆地生青莲两朵，民间闻之，官司掘得一瓦棺，开之，见一僧形貌俨然，其花从舌根顶颅生出。询及父老曰：昔有一僧，不说姓名，平生诵法华经万余部，临死遗言曰：'以瓦棺葬之此地'。所司具奏朝廷，乃赐建莲花寺。"①

东晋哀帝兴宁二年（364），"诏移陶官于淮水北，遂以南岸窑处之地施僧慧力造瓦官寺。"②寺有"三绝"：戴逵（安道）的"佛像五躯"、狮子国（今斯里兰卡）所贡玉佛、顾恺之的壁画"维摩诘像"。

（狮子国）于"晋义熙初，始遣献玉像，经十载乃至，像高四尺二寸，玉色洁润，形制特殊，殆非人工。"③

"按《京师寺记》：兴宁中，瓦官寺初置，僧众设会，请朝贤鸣刹注疏，其时士大夫莫有过十万者。既至长康（顾恺之字长康），直打刹一百万。长康素贫，时以为大言。后寺成，僧请勾疏。长康曰：'宜备一壁。'遂闭户，往来一百余日，所画维摩一躯。工毕，将欲点眸子，谓寺僧曰：'第一日开，见者责施十万；第二日开，可五万；第三日可任例责施。'及开户，光明照寺，施者填咽，俄而果百万钱也。"④

陈光大元年（567）创立佛教天台宗的智者大师智颉曾在此讲经弘法。八年后，智颉离开瓦官寺，在天台山修行，创立天台宗。故瓦官寺被尊为佛教天台宗的祖源。

---

① （宋）张敦颐.六朝事迹编类·卷之十一寺院门·升元寺.南京出版社，1989
② （唐）许嵩.建康实录·卷第八·哀皇帝丕.上海古籍出版社，1987
③ （唐）姚思廉.梁书·列传第四十八·诸夷
④ （唐）许嵩.建康实录·卷第八·太宗简文皇帝昱.上海古籍出版社，1987

瓦官寺在今集庆门五福街尚有痕迹可寻。

4.7.3.5 定林寺

定林寺有下定林寺和上定林寺。

1. 下定林寺

刘宋文帝元嘉元年（424）慧觉于南京钟山创建下定林寺。"元嘉元年，……又置下定林寺，东去县城一十五里，僧监造，在蒋山陵里也。"①

下定林寺在钟山下紫霞湖附近的紫霞洞一带。南宋乾道元年（1165），陆游在由建康府通判改任隆兴府通判离开建康前游览钟山定林寺，在今紫霞洞外石壁上留有摩崖题刻："乾道乙酉七月四日笠泽陆务观冒大雨独游定林"20 字。陆游题名石刻于 1975 年 10 月被发现。由石刻位置可以确定下定林寺的大体方位。

2. 上定林寺

刘宋元嘉十六年（439）"置上定林寺，西南去县十八里。……禅师竺法秀造，在下定林之后"②，十分壮观。近年的考古发掘在下定林寺遗址上方发现建筑遗迹，出土南朝和唐代的瓦当，据分析认为是上定林寺的遗址。③ 上定林寺高僧云集，是当时佛教活动中心。在此还出土砚台几十方，说明这里曾是文人集聚之地。文艺评论家刘勰皈依佛门后，依高僧僧祐 10 余年，所著不朽巨著《文心雕龙》即完成于上定林寺。

昭明太子萧统也曾读书于此。"昭明书台，在蒋山定林寺后山北高峰上"。昭明太子读书处另"一在湖孰"。④ 其实传说中南京还有几处昭明太子读书处，如江浦惠济寺、六合方山仙人洞等。"台想昭明"曾是金陵四十八景之一。

4.7.3.6 栖霞寺

栖霞寺坐落在栖霞山西麓。"按《栖霞寺江总碑》云：齐居士平原明僧绍，宋泰始中游此山，乃刊木结茅，二十许年。有法度禅师与僧绍甚善，僧绍遂舍宅成此寺。盖齐永明七年（489）正月三日也"⑤（一说永明元年），初称栖霞精舍。南齐建武年间（494~497），《华严经》和《中论》、《十二门论》、《百论》"三论"命家，兼修禅观的僧朗法师到达江南，于此大弘三论教义。梁时，崇尚佛教的梁武帝派了僧诠等十人，去向他学习三论，三论宗随之光大，使此学传承不绝。僧朗被称为江南三论宗初祖，栖霞寺成为中国佛教三论宗的发祥地之一。

4.7.3.7 长干寺

东吴赤乌年间建长干寺，"因孙綝乱曾毁废之，塔亦同泯。"晋太康年间，复建长干寺。梁天监元年（502），"立长干寺。案《寺记》：寺在秣陵县东长干里内，有阿育王舍利塔，梁朝改为阿育王寺。……又案《梁书》大同二年（536）八月，

① （唐）许嵩.建康实录.卷第十二梁帝纪上.太祖文皇帝.上海古籍出版社，1987
② （唐）许嵩.建康实录.卷第十二梁帝纪上.太祖文皇帝.上海古籍出版社，1987
③ 贺云翱.南京钟山二号寺遗址出土南朝瓦当初探 // 张年安，杨新华.南京历史文化新探.南京出版社，2006
④ （明）程三省.万历上元县志.南京文献·第八号.南京市通志馆，民国 36 年
⑤ （宋）张敦颐.六朝事迹编类·卷之十一寺院门·栖霞禅寺.南京出版社，1989

高祖改阿育王塔，塔下舍利及佛爪发，发青绀色，……"①。

4.7.3.8 定山寺

梁天监二年（503），梁武帝为高僧法定敕建定山寺于江北大顶山狮子峰下。定山寺规模宏大，香火极盛，与江南栖霞寺齐名。佛教禅宗创始人、天竺国（今印度）二十八代禅师达摩应梁武帝之邀来建康讲学，两人话不投机，达摩于梁普通七年（526）"折苇"渡江至长芦寺。后达摩至定山寺驻锡，面壁修行，留下许多遗迹，如"卓锡泉"、明弘治四年（1491）的达摩画像石碑。石碑达摩画像络腮圆眼，拱手立于渡江的芦苇之上。

达摩是禅宗初祖。宋代诗人贺铸（1052~1125）的《游六合定山真如寺达摩第一道场己巳十二月赋》称定山寺为达摩第一道场。

定山寺因年久失修，塌毁于1954年的大雨之中。

4.7.3.9 开善寺及志公塔

"梁武帝天监十三年（514），以钱二十万，易定林寺前冈独龙阜，以葬志公。永定公主以汤沐之资，造浮屠五级于其上。十四年（515）即塔前建开善寺。"②宝志（418~514），南北朝齐、梁时高僧，又称"宝志"、"保志"、"保公"、"志公"。俗姓朱，年少出家，依于钟山道林寺。参禅开悟，被称为"神僧"，谥号"广济大师"。明初，为建孝陵，迁建至紫金山东南麓，即后来的灵谷寺。

4.7.3.10 光宅寺与古柏庵

光宅寺位于城南老虎头，始建于梁天监十三年（514）。此处是赤石矶的一部分，原有东吴张昭宅第——娄湖（张昭封娄侯，故名），人称娄湖头。"俗称老虎头者，娄湖头之转音也。其坡陀处为南冈。……稍东为同夏里，梁武帝生于斯。……因舍三桥旧宅为光宅寺，亦名萧帝寺。南唐更名法光，宋曰鹿苑。……后为郗氏窟，盖梁武皇后化蟒处。……冈脊有周孝侯处读书台，正气浩然，高山并峙。台下为古柏庵，林木名节，辉映千秋矣。门外嵌宋管仲姬画大士石刻，后又就山凿像，故谓之石观音院。"③

当时光宅寺宏伟壮丽，梁武帝曾请僧祐造高达一丈八尺的无量寿佛。光宅寺无量寿佛与栖霞山千佛崖三圣殿大像及剡县石佛（在今浙江新昌）齐名，均是僧祐的著名杰作。

4.7.3.11 同泰寺

梁武帝"大通元年（527）……帝创同泰寺，寺在宫后，别开一门，名大通门，对寺之南门。……寺在县东六里。"《舆地志》称它"在北掖门外路西，寺南与台隔，……浮图九层，大殿六所，小殿及堂十余所。宫各象日月之形，禅窟禅房，山林之内，东西般若台各三层，筑山构陇，亘在西北，柏殿在其中。东南有璇

---

① （唐）许嵩．建康实录·卷第十七梁帝纪上·高祖武皇帝．上海古籍出版社，1987
② （宋）张敦颐．六朝事迹编类·卷之十一寺院门·蒋山太平兴国禅寺．南京出版社，1989
③ （清）陈作霖．东城志略·志山．金陵琐志九种．南京出版社，2008

玑殿"。[1] 同泰寺称得上是南朝首刹，中国历史上最著名的崇佛皇帝梁武帝萧衍，一生曾 4 次到同泰寺出家做和尚。

可见，同泰寺在鸡笼山以南的六朝都城以内、建康宫以北，紧依建康宫北垣外，与建康宫隔路相对，约在今兰园以南一带。同泰寺非鸡鸣寺前身。

4.7.3.12 汤泉禅院

汤泉禅院（今惠济寺）位于南京市浦口区汤泉镇北，始建于南朝。刘宋时，武帝刘裕万乘来游；萧梁时，昭明太子萧统曾在此读书，据说附近原有一昭明太子濯足过的温泉，人称"太子汤"。寺内现存三棵古银杏树，皆有 1400 多年的树龄，是南京地区现存最早的古银杏树，相传均为昭明太子萧统在此读书时手植。

4.7.3.13 蒋王庙

从东吴开始，六朝时在建康及其附近地区盛行奉蒋子文为神，上至帝王将相，下至平民百姓，无不虔诚信奉，盛况空前。蒋子文死难于钟山之阴，葬于湖畔，称玄武湖为"蒋陵湖"。孙权时为蒋子文立庙于钟山北麓，并称钟山为"蒋山"。庙虽早已不存，但"蒋王庙"地名至今犹存。

"蒋子文者，广陵人也。嗜酒，好色，挑挞无度。常自谓：'己骨清，死当为神。'汉末，为秣陵尉，逐贼至钟山下，贼击伤额，因解绶缚之，有顷遂死。及吴先主之初，其故吏见文于道，乘白马，执白羽，侍从如平生。见者惊走。文追之，谓曰：'我当为此土地神，以福尔下民。尔可宣告百姓，为我立祠。不尔，将有大咎。'是岁夏，大疫，百姓窃相恐动，颇有窃祠之者矣。文又下巫祝：'吾将大启佑孙氏，宜为我立祠；不尔，将使虫入人耳为灾。'俄而小虫如尘虻，入耳，皆死，医不能治。百姓愈恐。孙主未之信也。又下巫祝：'吾不祀我，将又以大火为灾。'是岁，火灾大发，一日数十处。火及公宫。议者以为鬼有所归，乃不为厉，宜有以抚之。于是使使者封子文为中都侯，次弟子绪为长水校尉，皆加印绶。为立庙堂。转号钟山为蒋山，今建康东北蒋山是也。自是灾厉止息，百姓遂大事之。"[2] "子文功业虽无足道，然其神话势力之大，直足以风靡六朝，甚至追崇帝号；亦犹关羽之于后世也。"[3]

4.7.4 陵寝

4.7.4.1 帝陵

1. 东吴

东吴神凤元年（252）夏，大帝孙权崩，"秋七月，葬蒋陵。今县东北十五

① （唐）许嵩 . 建康实录 · 卷第十七梁帝纪上 · 高祖武皇帝 . 上海古籍出版社，1987
② （晋）干宝 . 搜神记 · 卷五
③ 朱偰 . 金陵古迹图考 · 第三章秦汉以前之遗迹 . 商务印书馆，民国 25 年

里钟山之阳"^①。据《上元县志》称："吴大帝陵在钟山阳、今孙陵岗上。有步夫人墩，墩侧即冢地。"其地即今梅花山，但具体位置历来史书记载不详，地面也未见痕迹。

东吴其他帝陵均不在南京，孙休墓位于安徽当涂，孙皓墓位于河南洛阳。

2. 东晋

"晋十一帝，有十陵。元、明、成、哀四陵在鸡笼山之阳，阴葬不起坟。康、简文、武、安、恭五陵在钟山之阳，亦不起坟。惟孝宗（穆帝）一陵在幕府山，起坟也。"^② "今幕府山前近西，里俗相传有穆天子坟，即其地也。"^③ 由于墓前没有石刻，陵的具体范围，规模形制，皆无记载，已无痕迹可考。

3. 南朝

南朝宋、陈帝王陵墓分布在麒麟门外及栖霞山一带。尚有遗迹可寻的有：麒麟门外刘裕初宁陵、上坊陈霸先万安陵和栖霞山附近狮子冲陈蒨永宁陵等三座帝陵。

（1）初宁陵

宋武帝刘裕初宁陵坐落在今江宁麒麟镇。刘裕于称帝后的第三年即宋武帝永初三年（422）因病亡故。同年七月"葬丹阳建康县蒋山初宁陵。在县东北二十里，周围三十五步，高一丈四尺。"^④ 陵墓坐北朝南，现存石麒麟一对，东西相向，东为双角，西为独角，均为雄兽，造型相似，身上细部刻纹略有不同。这两只麒麟是现存南朝陵墓神道石刻中时代最早的一对。

（2）万安陵

陈武帝陈霸先万安陵坐落在今江宁上坊。陈霸先于陈永定三年（559）六月去世，"葬于万安陵，在今县东南三十里彭城驿侧，周六十步，高二丈。"^⑤ 陈武帝陵至今仍保存石麒麟两只，均为雄兽，无角。两只麒麟造型相似，均昂首张口，头有鬣毛，长舌下垂，下颏须髯拂胸，腹侧饰双翼，四足，脚趾着地，长尾曳地旋转成半圆形。整个造型既像麒麟又像辟邪。

（3）永宁陵

陈文帝陈蒨永宁陵在栖霞甘家巷东南、北象山下狮子冲。陈天康元年（566）陈蒨"葬永宁陵。陵在今县东北四十里陵山之阳，周四十五步，高一丈九尺。"^⑥ 现存陵墓前天禄、麒麟二石兽，东西相对。西边的麒麟比较完整，独角双翼，环目张口，舌尖上翘，须髯下垂，双翼刻鳞纹，衬以羽翅纹，遍体饰卷毛纹。

① （唐）许嵩 . 建康实录 · 卷第二吴中 · 太祖下 . 上海古籍出版社，1987
② （唐）许嵩 . 建康实录 · 卷第八 · 孝宗穆皇帝聃 . 上海古籍出版社，1987
③ （宋）张敦颐 . 六朝事迹编类 · 卷之十三坟陵门 . 南京出版社，1989
④ （唐）许嵩 . 建康实录 · 卷第十一宋上 · 高祖武皇帝 . 上海古籍出版社，1987
⑤ （唐）许嵩 . 建康实录 · 卷第十九陈上 · 高祖武皇帝 . 上海古籍出版社，1987
⑥ （唐）许嵩 . 建康实录 · 卷第十九陈上 · 世祖文皇帝 . 上海古籍出版社，1987

齐、梁帝王死后大多归葬丹阳（现属镇江），丹阳是齐、梁两代帝王的故里。丹阳南朝陵墓主要分布地点有陵口镇萧梁河两岸等八地十处，从陵口至水经山南北长约 16 公里。其中有齐武帝萧赜的景安陵、齐明帝萧鸾的兴安陵、齐废帝东昏侯萧宝卷陵（丹阳建山金家村）、齐和帝萧宝融陵（丹阳胡桥吴家村）和梁武帝萧衍的修陵。此外还有死后被追尊为帝的齐宣帝萧承之的永安陵、齐景帝萧道生的修安陵（丹阳胡桥鹤仙坳）和梁文帝萧顺之的建陵。

（4）景安陵

齐武帝萧赜景安陵位于丹阳建山乡田家村附近，陵坐北向南，陵前存有一对石兽，东为天禄，西为麒麟。

（5）兴安陵

齐明帝萧鸾兴安陵坐西向东，陵前存有石刻二件，北为天禄，肢体残断，半身湮没于土中，仅存部分前驱；南为麒麟，四足全失。

（6）修陵

梁武帝萧衍修陵，坐西向东，陵前石刻仅存一位于神道北侧的天禄。

4.7.4.2　王侯墓

王侯墓多分布在今尧化门、仙鹤门、麒麟门一带以及句容等地。其中以梁为最多。南齐的墓在丹阳建山、胡桥。绝大多数陵墓均坐北朝南，前有墓道，两旁有石刻。石刻距陵墓约千米左右。

4.8　石刻

4.8.1　栖霞山千佛崖石窟

南齐永明七年（489），明僧绍之子明仲璋与明僧绍生前挚友智度禅师为纪念明僧绍，在栖霞山栖霞寺后开凿三圣殿造像。三圣殿中为无量寿佛坐像，通高 12 米，观音、势至两菩萨左右侍立，均高约 10 米。以后南齐、梁太子及王公大臣，各依崖之高下开凿佛像。杰出的佛教学者、雕塑家僧祐常为之规画并监造。三圣殿无量寿佛坐像与僧祐的另两件著名杰作——光宅寺无量寿佛及剡县石佛（在今浙江新昌）齐名。

近代先后发现在无梁殿窟区的最高处陡壁上的题刻："梁中大通二年赴八月廿三日作凌长族"，说明千佛崖石窟在南朝最早到梁中大通二年（530）才完工。

此后，唐、宋、元、明各朝均相继在此凿刻大小佛像，最多达到佛龛 302 座，造像 704 尊，大者高数丈，小者仅盈尺，号称千佛崖。至民国时期，据考古学家向达 1925 年实地调查，尚有佛龛 294 座，造像 515 尊。

千佛崖石窟显然受北朝大同云冈石窟、洛阳龙门石窟的影响，堪与云冈石窟、龙门石窟媲美（图 4-9）。

图 4-9 千佛崖

4.8.2 神道石柱和石兽

南朝陵墓都有石刻，分布在南京及附近的句容、丹阳境内，主要是神道石柱和石兽，是我国璀璨的绚丽瑰宝。石兽包括麒麟、天禄和辟邪。

石刻的造型在各朝有所变化。如石兽，在刘宋时，处于开创时期，造型较为简朴，浑厚自然；到南齐、梁时是成熟期，造型雄健，姿态生动；至陈则进入衰微期，石兽头颅较大而后仰，缩颈拱肩，四肢矮短无力，已无挺胸傲视的雄姿。

现存石柱以萧景墓神道西石柱较为完好。柱分座、柱、盖三部分，通高 6.05 米。柱座下部为方形，四面雕有首尾相交衔珠双螭，故呈圆形。柱体圆形，表面刻 20 道瓦楞凹纹，柱端为覆宝莲盖，盖上立小辟邪。

萧景墓神道西石柱上部近盖处有矩形柱额一面，上刻"反左书"铭文："梁故侍中中抚将军开府仪同三司吴平忠侯萧公之神道" 23 字。反左书是以左手反写的字体，是六朝时期书法艺术中的一朵奇葩。萧景墓神道石柱题字书法整齐严谨、笔画匀称。古代墓志或神道石柱题字均由当时名人撰文、书丹，并留其名，而萧景墓石柱柱额铭文无书者姓名。反左书在南朝梁时盛行，不久却销声匿迹，成了我国书法史上的绝响。萧景墓神道东的辟邪也较完好。辟邪长和高各 3.80 米，宽 1.55 米。这两件石刻现在已经成为南京的标志性装饰物了。（图 4-10）

石柱

柱额
"反左书"

辟邪

图 4-10　南朝石刻

4.9　小结：都城建设的继承与创新——南北交融的结果

六朝时期，南京第一次成为一国之都。而于中国，都城的建设至少已有上千年的历史。到了秦汉，国都的建设已经有了一套系统而完整的规划思想和城市体制。六朝建都，兼收并蓄，使南京的城市规划和建设在中原建都经验基础上提高到空前的水平，为南京此后的发展奠定了基础；同时南京的经验也反馈到北方，进一步丰富了我国都城建设的经验。在此期间，北方的政权包括了少数民族政权，南北交流，对民族融合起到了很好的促进作用。

4.9.1　南北交融

在六朝建设建康时，在中原大地已经有了丰富的建都的实践和经验可资借鉴，建康的规划当然继承了它们特别是曹魏邺城的传统。东晋更以魏晋洛阳为蓝本，处处仿照。同时由于建康所处的独特地理位置，建康的建设也为我国都城建设史增添了新的一页。建康城在东吴初创，经过东晋时的南北融合，到梁武帝再造辉煌，已经发展到了相当成熟的程度。

建康对北魏的都城（先平城，后洛阳）规划建设有着直接的影响。北魏孝文帝太和十五年（491，南齐永明九年）"诏假通直散骑常侍李彪、假散骑侍郎蒋少游使萧赜（齐武帝）"，实地了解建康城的汉族传统规制。"将作大匠"蒋少游曾主持营建太庙、华林殿、太极殿等重要宫城建筑。有记载说"少游有机巧，（魏孝文帝）密令观京师宫殿楷式。……庡宫室制度，皆从其出。"[①]。蒋少游回去后，太和十六年（492）二月"坏太华殿，经始太极殿。"十月，"太极殿成，大飨群臣"[②]。就是说孝文帝在了解了建康宫殿的规制后下令拆除代京（平城）宫城主要宫殿太华殿，摹仿建康宫殿的汉族传统制度，改建为太极殿。北魏太和十九年（495）孝文帝迁都洛阳，对汉魏故城进行了大规模改造与扩建。

据记载，堪称隋新都大兴总规划师的宇文恺曾亲临已成废都的建康考察。"及迁都，上以恺有巧思，诏领营新都副监。高颎虽总大纲，凡所规画，皆出于恺。"宇文恺在考察建康明堂遗迹后记述："平陈之后，臣得目观，遂量步数，记其尺丈。"[③]

总之，建康城是南北都城规划经验互相交流的结果，同时又有许多创新之处，对我国的都城规划建设产生过深远影响。

4.9.2 "T"形格局

东晋建康把北方自周以来的都城形制与东吴实际存在的建业结合起来。尤其是宫城前形成的"T"形广场，最初出现在曹魏邺城，在东晋建康得到了继承和发扬，继而一直延续成为我国古代都城形制的固定模式。

东晋没有改动东吴建业的大的格局。但与魏晋洛阳和曹魏邺城相比，东吴的宫城在都城的位置没有居中，还不合礼制。所以仿效洛阳和邺城，把宫城——建康宫东移，使宫城的大司马门正对东吴时的御街，又把御街南延，跨过秦淮河上的朱雀航浮桥，直抵南面祭天的南郊，形成正对宫城正门、正殿的全城南北中轴线。宫城主要建筑群左右对称。同时开辟从西明门到建春门的东西街道即宫城大司马门前横街，在大司马门前形成了"T"字形的交叉口。横街将全城分成南北两部分，北部置宫城，南部置中央和地方各级衙署。中轴线上的御道，北起大司马门，经宣阳门，南抵朱雀门。御道左右建官署，南端临秦淮河左右分建宗庙、社稷。经此改建，建康城内形成宫室在北，宫前有南北主街、左右建官署、外侧建居里的格局，城门也增为 12 个，并沿用洛阳旧名，表明自己是正统王朝晋的继续。

4.9.3 利用自然，适应自然

东吴建业地处丘陵地带，又有河道纵横，与山水结合是南方城市的特征。孙权看中了南京"虎踞龙盘"的山川形胜，还引运渎，开漕沟，凿青溪，构筑了整个六朝时期建康的城市骨架——河网水系。东吴建业在保持都城严谨格局

① （梁）萧子显. 南齐书·列传第三十八
② （北齐）魏收. 魏书·帝纪第七下·高祖纪下
③ （唐）魏征等. 隋书·列传第三十三·宇文恺

的同时也适应了这些山水,利用这些山水来营建这座城市。建康充分利用了自然,适应了自然,从而在我国都城规划史上写下了独特的篇章。

宫城以北的皇家苑囿区更是利用了原有的自然山水,营造出一系列独特的景色。

4.9.4　中轴线和"天阙"

建康中轴线不仅跨过秦淮河,还直对牛首山的两个山峰。司马睿听取了王导的建议,牛首山的两个山峰成为"天阙"(图 4-8)。王导南渡来建业后,依赖南渡的北方士族,团结江东土著,协助司马睿建立并巩固了东晋政权。王导建议的本意大概是劝司马睿别搞那些劳民伤财的无用的门面工程;但王导的建议显然是继承了秦咸阳阿房宫的选址经验,与"表南山之巅以为阙"异曲同工。

司马睿在建造建康城的过程中,未必有意识地规划好把中轴线直对牛首山的两个山峰,而且这条中轴线从宣阳门到朱雀航这一段在东吴时就有了。但司马睿、王导他们也许意识到了,利用自然山水为城郭宫廷增色,不失为一个好办法。不难看出,"天阙"以及"虎踞龙盘"、"玄武湖"、"朱雀航"等名称说明,建康的规划建设显然运用了"象天法地"的手法。

从有关文献的记载看,建康城中轴线从东晋到南朝,有一个稍向西移的变化。这个变化不大,因为牛首山的两个山峰成为"天阙"的情况没有改变。而就朱雀航(今镇淮桥)这一节点而言,秦淮河在这里处于最南端,形成一个河弯。中轴线在此大致与其垂直相交,在景观上能有最佳的效果;在工程上无论浮航还是桥梁,距离较短。

4.9.5　具有战略意义的城市布局

六朝时期,全国处于分裂状态,南北对峙,城市的防卫始终是重要的战略任务。同时太湖流域是经济命脉所在,所以自孙权开始,从行政建制、军事防御、产业布局到水陆交通等各个方面,以"区域"的观念作出部署,形成以建康城为核心的"大建康",保障国都的政治稳定和物质供应。

东晋开始,"大建康"的周围城池主要为三种类型:州府治所如扬州、丹阳郡治所、东府、西州城等;为了防卫建康城的军事城堡,如白马城、吴王城、金城、白下城、新亭等;为了安置北方士族和移民侨州、侨郡、侨县,如琅琊、怀德、临沂等。

其实这些外围的城堡或侨县平时是一般的城邑,战时就是防卫据点。这是一个具有战略意义的城市整体布局,既安置了大批南下的北方人士,避免了建康城人口的过分集中,又加强了城市的防御功能。

第3篇
南唐复兴　承前启后

隋文帝诏建康城邑宫室，"平荡耕垦"，六朝都城毁于一旦；江南运河的开凿和通航，南京原来交通枢纽地位被江都（扬州）、京口（镇江）所取代。南京在政治上遭受打击的同时，经济上也趋于衰落。

唐朝中期，安史之乱，大批人口南下。远离政治中心的南京开始复苏。唐末，我国处于分裂战乱的时代。杨吴至南唐是南京古代历史上最为重要的时期之一。

杨吴时期的经营，尤其是南唐建都，使南京得到了复兴。就南京的城市发展而言，南唐前承六朝，后启明代。南唐规划建设了一座有相当规模的都城，把秦淮河两岸包括在南唐都城范围内，使"城"和"郭"、"城"和"市"共处于一个统一体中。这在南京城市发展史上是一个重要的转折点。

第 5 章

隋唐丹阳

隋、唐在我国都是一统天下的王朝，尤其唐朝更有过灿烂辉煌的太平盛世。但这一时期的南京却因隋文帝"建康城邑宫室，并平荡耕垦"一纸诏书而沦落为一般州、郡甚至县的治所。"六朝旧事随流水"（王安石：《桂枝香·金陵怀古》）。这300余年间，与长安、洛阳形成强烈反差的是南京的落寞，南京成为唐代文人发思古之幽情的故都，留下了多少诸如"金陵昔时何壮哉，……金舆玉座成寒灰"（李白：《金陵歌·送别范宣》）的感叹。

由于这里的自然条件和地理位置，到了唐朝中期，南京的经济有所复苏，仍然是南方经济、交通的重镇之一。在军事上，也仍然是南北要冲。

5.1 隋

北周隋国公杨坚，在周静帝时总揽大权，封隋王。北周大定元年（581），杨坚废静帝自立，国号隋，建都长安。

隋开皇九年、陈后主祯明三年（589），陈叔宝投降隋朝，陈灭，全国重新统一。

隋大业十三年（617），"炀帝在江都荒淫益甚，帝见中原已乱，无心北归，欲都丹阳（今南京），保据江东，命群臣廷议之。虞世基等皆以为善。"而李才和李桐客则极力反对。隋炀帝授意弹劾李桐客毁谤朝政，"于是公卿皆阿意言'江东民望幸已久，陛下过江抚而临之，此大禹之事也。'乃命治丹阳宫。"但次年三月，隋炀帝被宇文化及和司马德戡缢杀，迁都未果。[①]

5.1.1 "平荡耕垦"

南朝后期，梁武帝太清二年（548），南豫州牧侯景起兵反叛，直至梁元帝承圣元年（552），数年的侯景之乱，已使建康城受到极大的创伤。陈时有所恢复，但时隔不久，隋灭陈对南京而言更是遭到了灭顶之灾。隋开皇九年（589），"陈国皆平"，隋文帝杨坚诏"建康城邑宫室，并平荡耕垦，更于石头置蒋州。"[②]建康城及东府、丹阳诸城遭平毁，只留石头城用作蒋州治所。盛极一时的六朝都城毁于一旦，"吴宫花草埋幽径，晋代衣冠成古邱"，一片凄凉景象。这是南京历史上遭遇的第一次浩劫。隋平陈后，蒋州"统县三，户二万四千一百二十五。"[③]定居建康城的不到1万人。[④]"地下若逢陈后主，岂宜重问后庭花。"（李商隐：《隋宫》）隋初，废丹阳郡，于石头城筑城垣，设蒋州，并秣陵、建康、同夏三县入江宁，辖江宁、溧水、句容等五县。

---

① （宋）周应合.景定建康志·卷之十二·建康表八.台北成文出版社，1983

② （宋）司马光.资治通鉴.卷第一百七十七·隋纪一

③ （唐）魏征等.隋书·志第二十六·地理下

④ 南京市人民政府研究室.南京经济史（上）·第七章隋唐五代时期的南京经济.中国农业科技出版社，1996

隋大业三年（607），废蒋州，置丹阳郡，辖江宁、溧水、当涂三县。

5.1.1.1 江宁县

隋开皇九年（589）将江宁县治由今江宁镇移至原宣阳门外陈的安德宫。次年又移至西州城旧址（今朝天宫东）。

5.1.1.2 溧水县

隋开皇十一年（591），析溧阳县西北境及丹阳县故地东部置溧水县，属蒋州。县治初在开化城，后迁至在城镇（即今溧水县城永阳镇）。

"古开化城，去县九十里。在固城东，即溧水旧县。"[1] 开化城"环地三里六十步，高五尺。"[2] 有推测认为今高淳县桠溪镇南城村的南城遗址即古开化城址。

在城镇为子罗城，皆土筑。子城周一里一百十四步，罗城周五里七步。开五门：东爱景，东南寻仙，南永安，西临淮，北望东。[3]

5.1.2　江南运河

南京在隋、唐时期的衰落，首先是政治上的，同时也是经济上的。

为了控制江南广大地区，使长江以南地区的丰富物资运往洛阳，隋朝于隋文帝仁寿三年（603）下令开凿从洛阳经山东临清至河北涿郡（今北京西南）长约 1000 公里的"永济渠"；隋炀帝大业元年（605）又开凿洛阳到江苏清江（淮阴）约 1000 公里长的"通济渠"。

大业六年（610），镇江至杭州长约 400 公里的"江南运河"拓浚整治后全线畅通。早在周敬王二十五年（前 495），吴王夫差开河通运，从苏州经望亭、无锡至奔牛，达于孟湖，形成最初阶段的"江南运河"。秦汉时期又基本接通了杭州至镇江入长江的水运通道。

在"江南运河"全线贯通的同时，又对春秋时期开凿的邗沟进行了改造。这样，洛阳与杭州之间全长 1700 多公里的河道，可以直通船舶，流经今天的北京、天津、河北、山东、江苏、浙江六个省市，连接了海河、黄河、淮河、长江和钱塘江五大河流，成为全国的交通大动脉，大大促进了经济的繁荣和人员的交流。（图 5-1）

就全国而言，从全局着眼，这一宏大的工程何尝不是全国经济一个大的发展。但是对南京而言，却是一个致命的打击。江南运河的开凿和通航，南京原来南北、东西的水运交通枢纽地位不复存在，而被江都（扬州）、京口（镇江）所取代。破岗渎也失去作用逐渐废弃。昔日"贡使、商旅，方舟万计"的港口码头如石头津也一片萧条景象。

---

① （宋）乐史.太平寰宇记·卷之九十·江南东道二·昇州.中华书局，2007

② （宋）周应合.景定建康志·卷二十·城阙志一·古城郭.台北成文出版社，1983

③ 杨国庆，王志高.南京城墙志·第三章隋唐五代宋元城墙·第一节隋唐城墙.凤凰出版社，2008

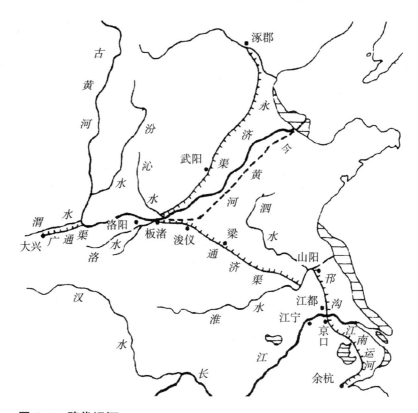

图 5-1　隋代运河

资料来源：段进．城市空间发展论．江苏科学技术出版社，1999

5.1.3　零星的建设

隋朝时南京在政治上遭受打击、经济上呈现衰落的情况下，只可能有些许零星的建设。

5.1.3.1　丹阳宫

隋大业十三年（617），中原已乱，隋炀帝在江都无心北归，欲迁都丹阳（今南京），命建丹阳宫。《隋书》记载："由是筑宫丹阳，将居焉。功未就而帝被杀。"[1]由此可见，丹阳宫是建成了，但未记载在何处。

5.1.3.2　军事堡垒

史书记载"韩擒虎垒在上元县西四里"，"贺若弼垒在上元县北二十里"。这些都是韩擒虎和贺若弼与陈军对垒时的军事堡垒。

隋开皇八年（588），晋王杨广（即后来的隋炀帝）为灭陈，屯兵宣化镇（今浦口）桃叶山（今宝塔山）一带，临江建土城，史称"晋王城"。

---

① （唐）魏征等．隋书·志第十七·五行上

5.1.3.3　舍利塔

值得一提的是，隋文帝仁寿元年（601）在栖霞寺内、千佛崖旁建造舍利塔。"仁寿元年，隋文帝于八十三州造舍利塔，其立舍利塔诏以蒋州栖霞寺为首。"[①]当时为木塔，后毁于唐武宗会昌年间，但它为南唐时改建成石塔奠定了基础。

5.2　唐

隋末农民起义遍布全国。太原留守李渊与次子李世民在隋大业十三年（617）五月起事，十一月即攻破长安。隋大业十四年（618），李渊称帝，建立唐朝，定都长安，改元武德。后在李世民的努力下，又一次统一中国。经"贞观之治"使中华帝国进入一个辉煌的时代。

5.2.1　建置

南京在唐时仍为一般城市，建置及名称变更频繁。

唐武德三年（620），隋末起义军领袖杜伏威降唐，唐高祖李渊命他为扬州刺史、东南道行台尚书令、淮南道安抚使，进封吴王，以辅公祏为行台左仆射，封舒国公，由历阳（今安徽和州）移驻丹阳（今南京）。为鼓励杜伏威的归唐之举，改江宁为归化，隶属扬州，为扬州及东南道治所。武德六年（623），辅公祏又举兵反唐，并于丹阳（今南京）称帝，国号为宋。武德七年（624），唐军攻破丹阳，辅公祏战败，出走途中被俘。扬州更名蒋州，辖归化、溧水、丹阳等七县。武德八年（625），杜伏威受辅公祏反唐的牵连被毒死在长安，归化改为金陵，复改蒋州为扬州，设大都督府，废东南道行台。武德九年（626），金陵县治移驻故白下城，并更名白下县，扬州大都督府移治江都，由此，扬州专指江都。同时另置宣州、润州，白下等属润州，丹阳、溧水属宣州。唐贞观元年（627），全国设十道，宣州、润州属江南道。贞观九年（635），白下更名江宁。唐开元二十一年（733），江南道分为东、西道，润州属江南东道（治所苏州）。唐天宝元年（742），改润州为丹阳郡（治所丹徒），辖江宁、句容等6县。唐至德二年（757），于江宁县置江宁郡。唐乾元元年（758），改江宁郡为昇州，辖江宁、句容、溧水、当涂四县。唐上元二年（761），江宁更名上元；改昇州为润州（治所丹徒）。唐光启三年（887），复置昇州，辖上元、句容、溧水、溧阳四县。[②]

唐末，南京属以广陵（今扬州）为中心的杨吴的势力范围。

5.2.1.1　扬州

唐武德三年（620），杜伏威以石头城为扬州治所。武德八年（625），平杜伏

① 赵朴初.重修栖霞寺碑文.1979
② 南京市地方志编纂委员会.南京简志·第一篇建置·沿革.江苏古籍出版社，1986

威、辅公祏后，置扬州大都督府于石头城。同年底，扬州大都督府移治江都。

5.2.1.2 昇州

唐乾元元年（758），改江宁郡为昇州。唐上元二年（761），改昇州为润州。唐光启三年（887），复置昇州。昇州治所在冶城东旧江宁县治，而江宁（上元）县治则移至城南的凤台山西南。

5.2.1.3 江宁（上元）县

唐时，县名变更频繁，但县治大致未动，都在冶城东旧江宁（上元）县址，直到唐末复置昇州。

5.2.1.4 其他城垒

因军事需要，出现过一些城垒。

1. 杜城

唐武德三年（620），杜伏威、辅公祏筑城屯军，称杜城。"杜城在溧水县南一十二里，环地四百余步"[1]，在今溧水县杜城山。杜城山"高六十丈，周回五十五里。"[2]

2. 辅公祏城

"辅公祏城，在县东七里。舆地志云：'齐文惠太子之第也。武德七年（624），辅公祏筑以为城。'"[3]齐文惠太子之第即南朝名园博望苑。《建康实录》说："菰首桥，一名走马桥，桥东燕雀湖，湖连齐文惠太子博望苑，隋末辅公祏筑其地以为城。"[4]可见辅公祏城大致在今半山园南。

5.2.2 经济开始复苏

唐初，南京并没有因新政权的建立而复兴，南京城市并没有什么建设。

唐朝中期，天宝十四年（755）至宝应元年（762），安禄山和史思明发动叛乱，历时八年之久，中国北方地区遭遇了战乱的破坏，经济萧条，大批人口南下。而江淮地区远离政治中心，免遭战乱，致使经济得以正常发展。正是在这种背景下，南京开始复苏。但这主要是经济上的，农业、手工业、商业得到了相应的发展，而且仍然远逊于扬州、苏州等地；而南京的政治地位并未提升，势必不会有较大规模的城市建设。

5.2.3 佛寺

佛教在唐朝大起大落。唐初，佛教在中国的影响达到顶峰。但唐武宗李炎

---

① （宋）周应合 . 景定建康志·卷之二十·城阙志一·古城郭 . 台北成文出版社，1983

② （宋）周应合 . 景定建康志·卷之十七·山川志一·山阜 . 台北成文出版社，1983

③ （宋）乐史 . 太平寰宇记·卷之九十·江南东道二·昇州 . 中华书局，2007

④ （唐）许嵩 . 建康实录·卷第二吴中·太祖下 . 上海古籍出版社，1987

却奉道士赵归真为师，排斥佛教，于唐会昌五年（845）诏毁天下佛寺，并敕僧尼还俗。只在长安、洛阳各留四寺，地方诸州各留一寺，破佛寺共四万四千六百所。除上寺容二千人，中寺十人，下寺五人外，勒令佛教、明教、祆教教众还俗，被还俗者二十六万五百人。寺中钟磬铜像，交官铸钱，铁像铸农具。唐大中元年（847）宣宗李忱即位，诛杀赵归真等人，大力复兴佛教。

5.2.3.1　栖霞寺及明征君碑

唐高祖李渊命在栖霞山大兴土木，扩建栖霞寺，增建殿宇四十余所，改名功德寺，异常壮丽。"唐代寺运益隆，遂与台州国清寺、荆州玉泉寺、济州岩灵寺并称为天下四绝。"[①] 唐初是栖霞寺的全盛时期。栖霞寺的创始人明僧绍，刘宋时历次征为通直郎、参军、正员外郎等，后又被征为记室参军、国子博士等，他都"称疾不就"，隐居深山，故称"征君"，又称"隐君"。唐高宗时改功德寺为隐君栖霞寺。

唐高宗上元三年（676）在寺前立"摄山栖霞寺明征君之碑"。碑文由唐高宗李治应明僧绍五世孙明崇俨请求亲撰，书法家高正臣书写；碑额"明征君碑"为书法家王知敬所篆；碑的背面所刻"栖霞"二字相传为李治亲笔。碑文为行书 33 行，满行 74 字，共 2376 字，记述明僧绍生平，以及齐梁两代在栖霞山兴寺凿像等史事。碑材采自栖霞山，是栖霞组灰岩石，又系动物化石。豆粒状白色斑纹，为 2.8 亿年前浅海中的动物海百合茎化石和中国孔珊瑚化石，有 22000 多个。碑下龟趺头用 2.9 亿年前的上石炭统船山组炭岩雕刻而成。

此后栖霞寺几经兴废。唐武宗排斥佛教，栖霞寺于"武宗会昌（841~846）中废。宣宗大中五年（851）重建。"[②]

5.2.3.2　幽栖寺

幽栖寺坐落在幽栖山（今祖堂山）南麓，始建于刘宋大明三年（459）。唐光启年间（885~888），寺废。

唐贞观年间法融禅师居此修道。法融因性懒散，又称懒融。幽栖山有一天然石隙，形似佛龛，深可十步。贞观十七年（643），法融于洞中别立茅茨禅室，成天"中坐"石室而得道，成禅宗一支——牛头宗之始祖。四祖道信经过，在石洞内书一"佛"字，对法融得道予以肯定。幽栖寺为牛头宗即"江表牛头"的发祥地，亦被誉为南宗祖堂。由此，幽栖寺改称祖堂寺，幽栖山更名祖堂山，法融修道的石室亦成为"祖师洞"。祖堂山在牛首山即牛头山南，为牛首山分支。"祖堂振锡"也列为金陵四十八景之一。

5.2.3.3　保圣寺塔

唐贞元十七年（801）在高淳镇东三里龙城山建寺，北宋祥符年间定名保圣寺。寺内大佛殿后有塔。清咸丰年间宝圣寺失火，寺毁塔存。

---

① 赵朴初.重修栖霞寺碑文.1979
② （宋）张敦颐.六朝事迹编类·卷之十一寺院门·栖霞禅寺.南京出版社，1989

保圣寺塔始建于唐，四面七级，原为砖木结构，宋、明年间大修后改为砖身仿木结构，高 31.5 米。

5.2.4 唐代文人在金陵

六朝都城既毁，唐代文人到金陵未免引起盛衰兴亡之感，驻足慨叹，发思古之幽情，留下诸多凭吊遗迹之作。

5.2.4.1 诗人踪迹

唐代诗人王昌龄（一说京兆长安人）、殷遥、冷朝阳、皇甫冉等本金陵人士。

王昌龄在唐玄宗开元年间曾任江宁县丞，其住宅在青溪畔。王昌龄的好友常建在《宿王昌龄隐居》诗中说"清溪深不测，隐处唯孤云。"但确切地址已不可考。据考证南唐画家周文矩的《文苑图》所绘琉璃堂人物故事，即王昌龄任江宁县丞期间，在县衙旁琉璃堂与朋友宴集的故事，与会者可能为其诗友岑参兄弟、刘眘虚等人。画中四位文士围绕松树思索诗句，情态各异，形神俱备。冷朝阳也有住宅在金陵，位于城西乌榜村，即今朝天宫西南。韩翃有《送冷朝阳还金陵旧宅诗》，"落日澄江乌榜外，秋风疏柳白门前"。

其他著名诗人虽未在金陵常住，但很多都到过金陵，留下不朽的诗篇。

李白与金陵有着不解之缘。他不仅多次到过金陵，还在他供奉翰林遭贬后，有一段长时间留住金陵。李白避乱金陵所居冶城园位于冶山，系东晋西园遗址，又称西园。安史之乱时，李白甚至写了《为宋中丞请都金陵表》，建议迁都金陵。所以，李白留下了很多有关金陵的诗篇：《长干行》、《金陵城西楼月下吟》、《金陵酒肆留别》、《登金陵凤凰台》、《登瓦官阁》、《劳劳亭》、《金陵歌·送别范宣》等等。最为人传颂的当属《登金陵凤凰台》。唐时凤凰台濒临大江，为登高远眺胜地。可以想见当年李白在凤凰台，眼见水天一色的大江之上，三山半落，二水中分，何等壮丽的景色，令李白流连忘返，诗兴大发。

因李白的这首诗，金陵四十八景中就有了"凤凰三山"和"鹭洲二水"。

登金陵凤凰台

李白

凤凰台上凤凰游，凤去台空江自流。

吴宫花草埋幽径，晋代衣冠成古丘。

三山半落青天外，二水中分白鹭洲。

总为浮云能蔽日，长安不见使人愁。

李白的另一首诗《玩月金陵城西孙楚酒楼》中有"朝沽金陵酒，歌吹孙楚楼"句，也使"楼怀孙楚"成为金陵四十八景之一。孙楚酒楼，"在城西。……相传今莫愁湖东，即其处。"[1] 孙楚字子荆，太原中都人。生年不详，卒于晋惠帝元康三年（293）。西晋文学家。曾任县令，后任朝廷禁军司马，晋惠帝即位后为冯翊太守，有文集传世。"晋冯翊太守《孙楚集》六卷梁十二卷，录一卷。"[2] 据称其"才藻卓绝，爽迈不群"。"孙子荆年少时欲隐，语王武子（济）当枕石漱流，误曰漱石枕流。王曰：流可枕，石可漱乎？孙曰：所以枕流，欲洗其耳；所以漱石，欲砺其齿。"[3]

刘禹锡、杜牧、韦庄、崔颢的诗同样脍炙人口。

乌衣巷
刘禹锡

朱雀桥边野草花，乌衣巷口夕阳斜。
旧时王谢堂前燕，飞入寻常百姓家。

石头城
刘禹锡

山围故国周遭在，潮打空城寂寞回。
淮水东边旧时月，夜深还过女墙来。

江南春
杜牧

千里莺啼绿映红，水村山郭酒旗风。
南朝四百八十寺，多少楼台烟雨中。

泊秦淮
杜牧

烟笼寒水月笼沙，夜泊秦淮近酒家。
商女不知亡国恨，隔江犹唱《后庭花》。

金陵图
韦庄

江雨霏霏江草齐，六朝如梦鸟空啼。
无情最是台城柳，依旧烟笼十里堤。

① （明）程三省.万历上元县志.南京文献·第八号.南京市通志馆，民国 36 年
② （唐）魏徵.隋书·志第三十·经籍四集道经佛经
③ （刘宋）刘义庆撰.（梁）刘孝标注.世说新语·排调第二十五

长干曲

崔颢

其一

君家何处住？妾住在横塘。

停船暂借问，或恐是同乡。

其二

家临九江水，来去九江侧。

同是长干人，自小不相识。

杜牧的另一首诗《清明》中有"借问酒家何处有，牧童遥指杏花村"句。《清明》是否杜牧所作，还有争议。而杏花村究竟在哪里，更是众说不一。可能本来就只是诗人的泛指而已。有一种说法是杏花村在今南京门西地区。时任池州刺史的杜牧，于唐大和七年（833）春，由宣州赴扬州淮南节度使府，途经金陵，写下《清明》。《太平寰宇记》说："杏花村，在县理西。相传杜牧之沽酒处。"[①]"杏村沽酒"名列金陵四十八景之一。

杜甫也曾到金陵欣赏顾恺之在瓦官寺作的壁画维摩诘像图样，写下诗句："看画曾饥渴，追踪恨森茫。虎头金粟影，神妙独难忘。"（杜甫：《送许八拾遗归江宁觐省甫昔时尝客游此县于许生处乞瓦棺寺维摩图样志诸篇末》）

5.2.4.2 乌龙潭颜鲁公祠

乌龙潭原为入江水道。东吴时名清水大塘、芙蓉池。传说在晋代潭中有四处泉眼，终年喷涌不息。某年六月十九日，四条乌龙环绕泉眼戏水。以后，每年乌龙准时出现，乌龙潭由此而得名。

时任昇州刺史的书法家颜真卿在给唐肃宗的《乞御书天下放生池碑额表》中说："臣去年（唐乾元二年，759）冬，任昇州刺史日，属左骁卫左郎将史元琮、中使张庭玉等，奉宣恩，于天下州县临江带郭处，各置放生池。始于洋州兴道，迄于昇州江宁秦淮太平桥，凡八十一所。"据传，颜真卿把乌龙潭作为江宁放生池，并亲书《天下放生池碑铭》。后人于唐元和年间在潭西建放生庵，以祀鲁公（颜真卿曾被封鲁郡公）。

第 **6** 章

南唐金陵

唐末爆发黄巢起义。唐乾符四年（877）朱温参加黄巢起义，后又出卖起义军，成为唐朝封疆大吏。天复四年（904），朱温杀死唐昭帝。天祐四年（907）朱温废唐哀帝李柷，改名朱晃，自立为帝，国号梁，建都汴（今河南开封），史称后梁。

后梁取代唐，中国再次陷入分裂状态。在以后的50多年间，北方先后出现后梁、后唐、后晋、后汉、后周"五代"。与此同时，南方及北方的山西地区，出现了杨吴、南唐、吴越、楚、闽、南汉、前蜀、后蜀、南平、北汉等"十国"。历史上将这一分裂时期称为"五代十国"。"十国"中的杨吴对南京有着极为重要的影响，而南唐则建都南京。**杨吴至南唐是南京古代、近代历史上最为重要的四个时期之一。**（图6-1）

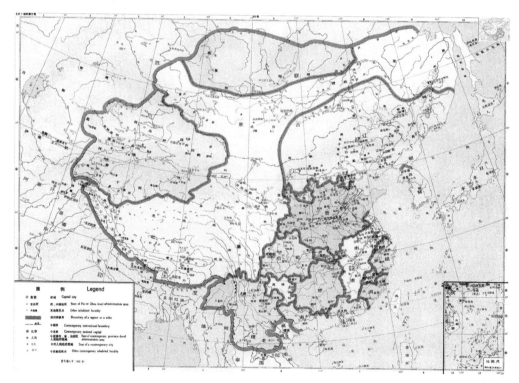

图6-1 五代十国地图

资料来源：谭其骧.中国历史地图集.中国地图出版社，1982~1988

6.1 杨吴与南唐

唐末，安徽合肥人杨行密在与起义军对抗中逐步发迹，形成以广陵（今扬州）为中心的割据势力。唐天复二年（902），昭宗李晔封杨行密为吴王。唐天祐二年（905）杨行密死，长子杨渥继位。天祐五年（908），杨渥被杨行密旧臣徐温、张颢之牙兵杀。杨行密次子杨隆演继位，由徐温主政。杨吴武义二年

（920），杨隆演去世，杨行密四子杨溥继位，改昇州（即南京）大都督府为金陵府。杨吴顺义七年（927），杨溥称帝，都江都（今扬州），改元乾贞元年。

杨吴天祚元年（935），拥有大权的徐温养子徐知诰被封为齐王。天祚三年（937），徐知诰在金陵废吴帝自立，建齐国，改元升元，"以金陵为西都，广陵为东都"，结束了杨吴政权的历史。

南唐升元三年（939），徐知诰自称是唐宪宗李纯第五世孙，改名李昇，立国号为唐，史称南唐。

南唐以金陵为都，改称江宁府，辖上元、江宁、溧水、句容等十县。

中主李璟时，南唐国势渐衰。后周世宗柴荣南征，攻入扬州，李璟割江北十四州求和，去帝号，称国主，并于宋建隆二年（961）二月迁都洪州（今南昌）。李璟立李煜为太子监国，仍留江宁。同年六月，李璟卒，李煜在江宁登基即位，还都江宁。

宋太祖开宝四年（971），宋灭南汉后，李煜对宋称臣，将自己的称呼改为江南国主。开宝八年（975），宋军占领江宁，后主李煜被俘，南唐亡。自南唐升元元年（937）至宋开宝八年（975），江宁作为南唐都城计 3 代，39 年。

6.2　杨吴金陵

杨吴政权建都广陵（今扬州），在其 30 余年的发展中，为以后的南唐奠定了坚实的经济文化基础。由于大权在握的徐温及其养子徐知诰一直占据金陵，在金陵苦心经营，为日后徐知诰称帝做好了准备。

杨吴时徐温、徐知诰两次在金陵筑城，先称金陵府城，后称江宁府城或建康府城。

唐天祐六年（909），杨吴权臣徐温派其养子徐知诰管辖金陵。3 年后，徐知诰升任昇州刺史，于天祐十一年（914）开始修造昇州城，并建大都督府。"治城市府舍甚盛"[①]。天祐十四年（917），分上元另置江宁县，两县同城而治。[②]此后，徐温派遣润州司马陈彦谦主持修建府城。杨吴武义二年（920），"金陵城成"[③]，改昇州大都督府为金陵府。此时的金陵城规模不是很大，周长"二十五里"。杨吴大和四年（932）"徐知诰广金陵城周围二十里"[④]，拓展了原有城墙。

杨吴大和"五年（933），建都金陵。六年（934）闰正月，金陵火，罢建都"[⑤]。杨吴虽曾拟以金陵为都，但因"金陵火"而作罢。

① （宋）司马光.资治通鉴·卷第二百六十九
② 南京市地方志编纂委员会.南京简志·第一篇建置·沿革.江苏古籍出版社，1986
③ （宋）司马光.资治通鉴·卷第二百七十一
④ （宋）司马光.资治通鉴·卷第二百七十八
⑤ （宋）欧阳修.新五代史·吴世家第一

6.3 南唐江宁

6.3.1 都城

南唐建都金陵。都城即为徐知诰扩建的金陵城，改称江宁府。

6.3.1.1 广金陵城周围二十里

杨吴大和四年（932）"徐知诰广金陵城周围二十里"。此时的金陵城周长已是四十五里（约今 20 公里余）：西据石头岗阜之脊，南接长干山势，东以白下桥（今大中桥）为限，北以玄武桥（今北门桥）为界；城高三丈五尺，上阔二丈五尺，下阔三丈五尺，皆为土筑。这个新城就成为南唐的都城。

都城共八门，"由尊贤坊东出，曰东门（今大中桥处）；由镇淮桥南出，曰南门（今中华门）；由武卫桥西出，曰西门（今汉中门）；由清化市而北，曰北门（今北门桥即为当时桥梁故址)；由武定桥溯秦淮而东，曰上水门（今东水关）；由饮虹桥沿秦淮而西出，折柳亭前，曰下水门（今西水关）；由斗门桥西出，曰龙光门（今水西门）；由崇道桥西出，曰栅寨门（今涵洞口）。"[1]

古籍中有关南唐都城的城门有白下门、秦淮门、保德门、玄武门（或元武门）等名称，推测这些应该分别是东门、南门、西门、北门的正式名称。

秦淮河的一部分被围在了都城内，后称内秦淮。与此同时，征发民丁沿城开挖护城河，史称"杨吴城濠"。濠于竺桥会青溪，西经浮桥会珍珠河，再西经北门桥，入乌龙潭，再入江；自竺桥向南经玄津桥、大中桥，再向南，继而折向西，经长干桥，再西汇入秦淮河。[2] 绕城南的一段后来也被称为外秦淮河。

6.3.1.2 位置

南唐都城的城墙位置大部分是确定的，只有西北角是否将清凉山包在城内，尚无定论。《景定建康志》说：石头山"在城西二里"[3]。与该书所载"历代城郭互见之图"相符。（图 6-2）因此，《景定建康志》说，金陵"城西隅据石头冈阜之脊"中的"石头冈阜"可以理解为泛指城西山丘。但明顾炎武《肇域志》中说："国初都城……通济门西至清凉门皆仍旧址"，就是说明城墙清凉门段是南唐"旧址"。明陈沂《金陵古今图考》的"南唐江宁府图"也明确将清凉山画在城内。孰是孰非？难有结论。

6.3.1.3 形制

南唐江宁有两重城墙：都城和宫城，宫城也称皇城。

都城由城壕、羊马墙、城墙组成守御体系。

---

① （宋）周应合.景定建康志·卷之二十·城阙志一·门阙.台北成文出版社，1983

② 南京市地方志编纂委员会.南京水利志·第三章城市水利·第一节河湖.海天出版社，1994

③ （宋）周应合.景定建康志·卷之十七·山川志一·山阜.台北成文出版社，1983

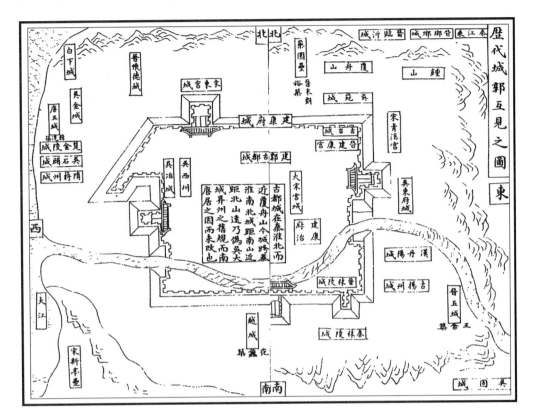

图 6-2　历代城郭互见之图

资料来源 :（宋）周应合 . 景定建康志 . 台北成文出版社，1983

　　都城城墙外、城壕"内卧羊城，阔四丈一尺，皆杨吴顺义中所筑也"[①]羊马
墙是在城壕内修筑的一周矮墙，平时羊马墙里面可以放养羊、马、牛等家畜；
战时可以与大城互相呼应，利用它作为一道简易的防线，以加强城墙的守御能力。
宋人陈规的《守城录》云："盖羊马城之名，本防寇贼逼逐人民入城，权暂安泊
羊马而已。""及攻破羊马墙至城脚下，则敌于羊马墙内两边受敌，头上大城向
下所施矢石，即是敌当一面，而守城人三面御之。羊马墙内兵，赖羊马墙遮隔
壕外矢石。是羊马墙与大城，系是上下两城，相乘济用，使敌人虽破羊马墙而
无敢入者。故羊马墙比大城虽甚低薄，其捍御坚守之效，不在大城之下也。又
羊马墙内所置之兵，正依城下寨以当伏兵，不知敌人以何术可解？……又羊马
墙脚去大城脚止于二丈，不令太远者，虑大城上抛掷砖石，难过墙外，反害墙
内人；又不令太近者，虑其太窄，难以回转长枪。"[②]

① （元）张铉 . 至正金陵新志・卷之一地理图・旧建康府城形势图考 . 南京文献・第十号 . 南京
　　市通志馆，民国 36 年
② 杨国庆，王志高 . 南京城墙志・第三章隋唐五代宋元城墙・第二节杨吴、南唐城墙 . 凤凰出版
　　社，2008

6.3.1.4　御街

新城南移而避开了早已荒芜了的六朝建康城宫廷活动的主要部分。但城的中轴线走向大体没有变，也就是说仍以牛首山的两个山峰为"天阙"。只不过这条中轴线在六朝时大部分在都城外；而南唐则都包到城内，两旁主要为官署，路面铺砖，两侧开沟，成为真正的御街。从南门（今中华门）至宫门前虹桥（今内桥）相距1.5公里，显示了都城的皇家气势（图6-3）。

6.3.1.5　坛庙

后晋"天福二年（南唐升元元年，937），徐知诰建太庙、社稷。"[①] "南唐郊坛即梁故处，在长乐乡，去城十二里。"[②]

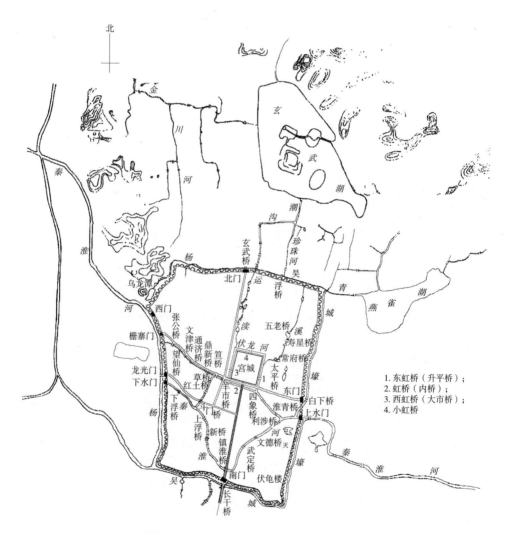

图6-3　南唐江宁府城示意图

① （宋）周应合．景定建康志·卷之二十一·城阙志二·古宫殿．台北成文出版社，1983
② （宋）周应合．景定建康志·卷之四十四·祠祀志一·古郊庙．台北成文出版社，1983

6.3.1.6 伏龟楼

建于南唐的伏龟楼位于当时金陵城东南隅，地势较高，可登高远眺，是当时一处重要的战略制高点。《景定建康志》载："伏龟楼在府城上东南隅。"[①]宋代杨万里有诗云："周遭故国是山围，对境方知此句奇。偶上伏龟楼上望，一环碧玉缺城西"（杨万里：《与次公幼舆二子登伏龟楼》）。范成大在他的游记中甚至说："唐人诗所谓'山围故国周遭在'者，惟此处所见为然。凡游金陵者，若不至伏龟，则如未始游焉。一城之势，此地最高，如龟昂首状。"[②]元代张铉在《至正金陵新志》中也说："又有伏龟楼在城上东南隅"[③]。说明该楼至少到元代时还存在。

近年在南京武定门南明城墙东南角内侧的土岗上发现一处大型建筑台基，其平面呈长方形，东西残长 15.85 米，南北残宽 7.61 米，残高 1.6 米，内外均用长方形青灰砖构筑。所用青灰砖与南唐二陵及其他南唐墓葬用砖相仿。从其形制及构筑特征看，被推断为南唐伏龟楼遗迹。[④]

6.3.2 宫城

南唐宫城也称皇城。

南唐升元元年（937），徐知诰改建江宁府治（牙城）为宫城。城周四里二百六十五步，高二丈五尺，下阔一丈五尺。宫城以护城河（即护龙河）围绕，河水源自青溪，自东虹桥流入，绕东、北、西三面，至西虹桥与青溪复合为一。[⑤]据朱偰考证：南唐宫城四至为"南至虹桥，即今内桥。……东至东虹桥，即今升平桥，桥北犹有沟渠遗迹。……西至西虹桥，即大市桥，……北至小虹桥，今卢妃巷北口，近户部街处，犹有石桥一道，半没淤泥中，一沟自西向东，可五六丈，遗迹犹存；……南向正对内桥，士人称曰虹桥，盖正南唐北护龙河之遗址也。……由此可推得南唐宫城北界，……宫殿所在为卢妃巷，今改洪武路。"[⑥]虹桥南直抵南门大街（今中华路），即当时的御街。

1986 年在张府园一带挖掘出河道的石砌护坡，其大条石石料与南唐钦陵封门石料相同，确认此河道应为南唐宫城西护城河，由此可推得南唐宫城西界的准确位置。

---

① （宋）周应合.景定建康志·卷之二十一·城阙志二·楼阁.台北成文出版社，1983
② （宋）范成大.吴船录·卷下
③ （元）张铉.至正金陵新志·卷之一地理图·旧建康府城形势图考.南京文献·第十号.南京市通志馆，民国 36 年
④ 有学者认为：由于遗迹清理中未发现能够确切断代的遗物，且遗迹的全部范围不很清楚，故此推断有待进一步考定。该处遗址极有可能是"孝侯台"（即"周处台"）遗存。见：杨国庆，王志高.南京城墙志·第四章明城墙营建与布局·第三节京城.凤凰出版社，2008
⑤ 南京市地方志编纂委员会.南京水利志·第三章城市水利·第一节河湖.海天出版社，1994
⑥ 朱偰.金陵古迹图考·第八章南唐遗迹.商务印书馆，民国 25 年

因此，南唐宫城的位置应是完全确定的。

据史料，南唐宫城的城门有朝元门、顺天门、镇国门等。朝元门为宫城正南门，过虹桥直对御街。

另据文献记载，宫城内有兴祥殿、崇英殿、升元殿、积庆殿、澄心堂、百尺楼等建筑。[①]

6.3.3 政治、经济、文化中心

南唐建都江宁，重新确立了南京在中国一定地域范围内的政治中心地位。

南唐的"保境息民"、"轻徭薄赋"政策，促进了江淮地区经济的恢复发展。而南京作为政治中心，更随之带来了文化的繁荣。

南唐江宁在当时也称得上是一座大城市，城市人口包括军队，约有 40 余万。

6.3.3.1 官署

江宁城作为都城，当然以宫城为核心。宫城位于御街北端。除宫城外，官衙主要分布在御街两侧和宫城前东西向大道旁。

6.3.3.2 手工业

当时，手工业主要有丝织和造船。

南唐的农桑政策，鼓励农民种桑养蚕的积极性，也促进丝织业的发展。不仅官府生产的丝织品非常精美，品种、数量很多，民间的丝织业发展也很迅速。丝织业的发展也带动了染色技术的提高。当时普遍采用的"天水碧"染色法，就已经达到了相当高的技术水平。

杨吴、南唐时期，南京也是江淮地区造船基地之一。南唐时更有官府设置造船工场，制造战舰、航船、海船、游船。[②]

6.3.3.3 商业

杨吴、南唐时期的南京已经逐渐繁荣起来。及至南唐，为了适应王公贵族的吃喝玩乐，江宁城更趋繁华。各种市场应运而生。"鸡行街，自昔古繁富之地，南唐放进士榜于此。……银行，今金陵坊银行街，物货所集。花市，今层楼街，又呼花行街，有造花者。"[③]

一般居民的居住和手工业作坊、商肆等分布在秦淮河两岸。由于都城南移，使官和民，居住和工商业同处于城内。

南唐在当时分裂的中国占据着最富庶的地区，随着经济的发展，它的贸易遍及海内外。

① 南京市白下区文物事业管理委员会.南京市白下区文物志·二、宫殿城垣官署·南唐宫南宋行宫.江苏古籍出版社，1995

② 南京市人民政府研究室.南京经济史（上）·第七章隋唐五代时期的南京经济.中国农业科技出版社，1996

③ （元）张铉.至正金陵新志·卷之四疆域志·镇市.南京文献·第十五号.南京市通志馆，民国 37 年

6.3.3.4　交通

1. 道路

主要道路除南北向的御街——南门大街（今中华路）外，在宫城前由御街向东至东门（今大中桥附近），向西至栅寨门（今涵洞口），有一条东西干道（今建邺路和白下路），与御街形成"丁"字交叉。另一条南北向的道路是，在宫城西侧由北门向南经今估衣廊、糖坊桥、丰富路、明瓦廊、大香炉、木料市至今昇州路折而向西至龙光门（今水西门）。

2. 港口

对外贸易促进了水运的发展和港口的繁荣。由于杨吴、南唐时期的江宁城将秦淮河等河道围入城内，两岸建筑增多，河道变窄，对外又为城墙阻隔，"自杨溥夹淮立城，……春夏积雨，淮水泛溢，城中皆被其害，及盛冬水涸，河流往往干浅"[①]，秦淮河等原有河道已不能承担航运功能。港口就逐渐移到了后来被称为外秦淮河的"杨吴城濠"以至长江。

6.3.3.5　文化

南唐特别是先主李昇时，社会经济相对繁荣发达，社会相对安定，为文化事业的发展提供了较为良好的环境。李昇开设太学，广招人才，在金陵形成了一个文人社会。南唐"特置学官，滨秦淮开国子监，今镇淮桥北御街东旧比较务即其地，里俗呼为国子监巷。"[②]

南唐的文学艺术有着承前启后的作用。以中主李璟、后主李煜、宰相冯延巳为代表的南唐词派，对宋词的发展有着重大影响，词作为一种文体，开始取得和诗同样重要的地位。王国维认为："词至李后主而眼界始大，感慨遂深，遂变伶工之词而为士大夫之词。"（王国维：《人间词话》）

五代的绘画在唐代绘画的基础上继续得到发展。南唐设画院，集中了一批丹青高手。董源擅长水墨、淡着色山水画，属南派山水画，对宋代及其以后的山水画派都有重大影响。徐熙的花鸟画取得突出成就。人物画的杰出画家顾闳中的《韩熙载夜宴图》更是传世名作。从栖霞舍利塔（图6-4）和钦陵、顺陵等可以看出，南唐的石刻艺术与绘画有着同样的艺术成就。南唐也有众多的书法家，且具很高的造诣。南唐绘画书法的兴盛，还促进了文房四宝——笔墨纸砚这一手工业的发展，时诸葛笔、李廷圭墨、澄心堂纸以及龙尾山砚，成为文房珍品。

南唐朝野好乐舞。由于词的普及，加之词格形式多样，表现内容丰富，加快了歌曲艺术形式由工整的诗体歌曲向活泼的词体歌曲转化，乐曲的创作日趋兴盛，产生了大量的以长短句为主的词曲，乐坛一片新风。南唐舞蹈无论在宫廷还是在民间也很普及，舞蹈的编创十分活跃。[③]

① （宋）周应合.景定建康志·卷之十九·山川志三·沟渎.台北成文出版社，1983
② （宋）周应合.景定建康志·卷之二十八·儒学志一·前代学校兴废.台北成文出版社，1983
③ 徐耀新.南京文化志·综述.中国书籍出版社，2002

图 6-4　舍利塔
资料来源：南京雕塑家建筑家协会．南京古今雕刻．南京出版社，1992

6.4　寺院、陵寝

6.4.1　寺院

6.4.1.1　清凉寺

杨吴武义三年（921），徐温在石头山建兴教寺。南唐升元元年（937），李昪在此避暑，改为石头清凉大道场，石头山也改名清凉山。后主李煜时在寺内建"德庆堂"作为避暑离宫，并亲书"德庆堂"匾额。现尚存古井一口，当是南唐保大三年（945）由僧广惠所挖，称"保大井"、"还阳泉"。

清凉山是中国佛教禅宗中五家之一的法眼宗发祥地。文益禅师（885~958）晚年住持清凉寺，四方学人云集，不下千人，禅风大振。他去世后，被南唐中主李璟谥为"大法眼禅师"，因此后人称他为"法眼文益"，又称他所开创的禅法为"法眼宗"。法眼宗提出"理事不二，贵在圆融"和"不著他求，尽由心造"

的主张。以"对病施药，相身裁缝，随其器量，扫除情解"，概括其宗风。法眼宗是中国禅宗重要宗派之一，至今在朝鲜、韩国、日本仍有很大影响。

成语"解铃还须系铃人"出自文益禅师住持清凉寺的时期。宋惠洪《林间集》卷下载：一日法眼问大众曰："虎项下金铃，何人解得？"众无以对。法灯泰钦适至，法眼举前语问之，泰钦曰："大众何不道：'系者解得'。"金陵四十八景中有"清凉问佛"。

6.4.1.2　妙应寺（栖霞寺）及舍利石塔

栖霞寺在唐武宗时一度被废，后虽在唐宣宗大中五年（851）重建，景况已大不如前。至南唐时，佛教又兴。"南唐高越林仁肇建塔，徐铉书额，曰：妙应寺。"[①]

南唐重修栖霞寺时，高越、林仁肇将隋文帝仁寿元年（601）时建的木舍利塔改建为仿木结构的石塔（图6-4）。石塔八面五级，连基座共七层，高18.04米。规模并不大，但造工十分精致，由各种不同形状的石灰岩与大理石垒砌而成，而且接榫安装，精密稳固，是南方少见的密檐式塔。塔下用须弥座为基座，座上并有仰莲式平座，开创了以后密檐塔逐渐华丽的先风。挑檐较深，檐下只刻出凸圆线脚，不雕斗栱，柱枋雕刻也简洁有节，塔刹敦实，比例得体。石面布满了浮雕，是五代雕刻精品。塔基上浮雕释迦八相图和海石榴、鱼、龙、凤、花卉等图案；塔身刻有高浮雕天王像、普贤骑象图和文殊菩萨像，像上还刻有"匠人徐知谦"等题名；塔檐下雕飞天、乐天、供养人等像。舍利塔代表了南唐时代雕刻艺术的最高水平，它上承隋唐佛教艺术精神，下开宋元佛教艺术的先河。在中国建筑史和雕刻史上占有重要地位。

6.4.2　陵寝

南唐陵寝在江宁祖堂山南麓的太子墩，为南唐烈祖李昇与皇后宋氏合葬的钦陵和中主李璟与皇后钟氏合葬的顺陵，由南唐大臣江文蔚和韩熙载筹划。

两陵相距50米，均坐北朝南，钦陵偏西9°，顺陵偏东5°。墓室均仿木结构建筑，壁面上用砖砌或石雕成柱、枋、斗栱，其上绘有色彩鲜艳的彩画。这些彩画尤其是钦陵的彩画被认为是现存我国最早的绘于柱枋上的彩画，在建筑史和艺术史上具有很高的价值。[②]

近期在顺陵西北侧发现的一座竖穴土坑砖室墓葬，墓为南北方向，墓坑平面呈"中"字形，长7.2米，宽3.5米，东西两侧有对称分布的耳室，墓道底部还发现有台阶。根据封土、墓道中出土的瓷碗残片及墓砖规格判断，可以推定该墓葬为南唐时期的高等级宗室墓。

据《南唐书》记载，乾德二年（964）"十有一月，国后周氏殂"。"三年春，

① （宋）张敦颐.六朝事迹编类·卷之十一寺院门·栖霞禅寺.南京出版社，1989
② 季士家，韩品峥.金陵胜迹大全·文物古迹编·南唐二陵.南京出版社，1993

葬昭惠后于懿陵。"①懿陵应该就在祖堂山南唐陵园范围之内。父子关系的钦、顺二陵相距 50 米，照此规制推测，懿陵也应该在顺陵西侧偏北 50 米外的范围内。新发现的墓葬位置刚好与此吻合，因此该墓葬为懿陵的可能性最大。墓葬主人大致有两种可能：一是后主李煜的次子岐王李仲宣。据史料记载，仲宣为昭惠后（"大周后"）所生。乾德二年（964），年仅 4 岁的李仲宣夭折，死后被追封为岐王。另一种可能则是李煜夫人、昭惠后周氏娥皇。②

李煜国破降宋后被宋太宗毒死，葬于洛阳邙山。

6.5　小结：前承六朝后启明代

杨吴和南唐，对南京的城市发展而言，前承六朝，后启明代，留下了深深的烙印，是南京历史上最为重要的四个时期之一。

杨吴未曾正式建都南京，但徐温及其养子徐知诰两次在金陵筑城，南唐江宁府城实际上是在杨吴时期奠定的基础。在徐温、徐知诰的治理下，南京逐渐走出了隋、唐时期的低迷景况，再一次跃上全国的政治、经济、文化中心地位。

6.5.1　南京的复兴

在我国处于分裂战乱的时代，南唐有一个相对稳定的时期。南唐建都江宁，重新确立了南京在中国一定地域范围内的政治中心地位。南京这个六朝繁华地遭遇隋初的致命打击后，一直到唐末，在 300 余年漫长的岁月里，始终处于低潮时期。杨吴时期的经营，尤其是南唐建都，使南京得到了复兴。

杨吴和南唐都采取了"保境息民"、"轻徭薄赋"的政策，促进了江淮地区经济的恢复发展。首先是农桑的发展，接着是工商业的兴旺，南京作为政治中心，更随之带来文化的繁荣。

南唐文化保存和发展了优秀传统，风格独特，影响深远，体现了唐宋之际中国社会发生重大转型时期的文化特色，反映了当时文化发展的总体趋势，在诗词、绘画、书法、音乐、舞蹈、石刻等领域继承了唐代艺术之成就，开创了一代新风，并成就了宋代文化的繁荣。作为南唐国都的南京继六朝之后，再一次担负并完成了传承和发展中华文明的历史重任，又一回扮演了中国区域性政治、经济、文化中心的角色。③

南唐留下不少文学艺术的传世名作。李煜的词，顾闳中的《韩熙载夜宴图》，栖霞寺舍利石塔，南唐二陵的彩画等等。

---

① （宋）马令.南唐书·后主书

② 神秘砖室墓应为大周后懿陵.南京日报 2010 年 12 月 4 日，A6

③ 徐耀新.南京文化志·综述.中国书籍出版社，2002

6.5.2 "城"、"郭"、"市"

作为南唐国都的江宁城，在南京城市发展史上是一个重要的转折点。六朝时建康都城偏北，而且只将宫廷、衙署圈在城内，处于秦淮河两岸的一般工商业和居民则在都城外。南唐江宁城比六朝的建康城大大南移了，它不仅避开了荒芜了300多年的南朝宫城区，最主要的是把秦淮河两岸包括在南唐都城范围内，将秦淮河及其周围的居民区、商业区包括在了都城内。从此之后，今天被称为"城南地区"的范围始终是南京人口最密集、工商业最繁华的地区。

同时在江宁城的中间略偏北构筑宫城，"筑城以卫君，造郭以守民"。"城"和"郭"、"城"和"市"共处于一个统一体中。

正如明代顾起元《客座赘语》所说："南唐都城，南止于长干桥，北止于北门桥。盖其形局，前依雨花台，后枕鸡笼山，东望钟山，而西带冶城、石头。四顾山峦，无不攒簇，中间最为方幅。而内桥以南大衢直达镇淮桥与南门，诸司庶府，拱夹左右，垣局翼然。当时建国规摹，其经画亦不苟矣！"[①]

6.5.3 对南京城市格局的影响

一般认为南唐在南京遗存不多，除了南郊的"南唐二陵"，已难觅踪迹。其实，杨吴和南唐所进行的都城建设不仅直接影响了明南京的都城，且影响所及一直延续到了今天。

6.5.3.1 城墙与护城河

"徐知诰广金陵城周围二十里"所建西、南城墙和东城墙东水关以南部分成为明朝修建都城城墙的基础，留存至今。

明南京都城的聚宝门也是在南唐江宁城南门的基础上修建的，成为今天的中华门。

城周所开护城河，史称"杨吴城濠"。城北段自竺桥西经浮桥，再西经北门桥，入乌龙潭，现为内秦淮河北段及干河沿。城东段自竺桥向南经玄津桥、大中桥，被划入明都城以内，现为内秦淮河东段；城东段在城外部分及城南段成为明南京都城的护城河，则是今天的外秦淮河。

6.5.3.2 中轴线

由南唐宫城正南门外的虹桥（今内桥），经南门大街（今中华路），南出镇淮桥，直抵南门（今中华门），即当时的御街，亦即贯穿南唐宫城和都城的中轴线。它是南京城市重要的历史遗存之一。

正因为南唐将都城南扩，把秦淮河两岸包括在内，使都城的中轴线更长、更壮观。尤其是中轴线正好穿过秦淮河河湾处，镇淮桥、南门、秦淮河组成了

---

① （明）顾起元.客座赘语·卷一·南唐都城.庚己编·客座赘语.中华书局，1987

中轴线上重要的视觉节点。而秦淮河更把这一意境延伸到了后来称之为门东、门西的城南地区。

6.5.3.3　道路与城市肌理

南唐都城的中轴线——中华路以及道路网络中的昇州路、建邺路和白下路至今仍是南京老城的主要道路；而北门向南的道路也至今仍在，这些东北—西南走向的街巷形成了南京城南地区的城市肌理，与城北地区有着明显的差异，至今仍然影响着南京的规划和建设。

第7章

南宋行都

赵匡胤在后周任殿前都点检，领宋州归德军节度使，掌握兵权。后发动陈桥兵变，于后周显德七年（960）即帝位，国号宋，年号建隆，以开封为都，称东京，结束了五代纷乱的局面，但仍与辽等政权共存。

宋太祖开宝四年（971），宋灭南汉，南唐后主李煜对宋称臣，自称江南国主。开宝八年（975），宋军占领江宁，南唐亡。

宋钦宗靖康元年（1126）闰十一月，金兵攻克开封，北宋亡。次年三月，金人立张邦昌为"楚国皇帝"，迫其定江宁（今南京）为都，并掳徽、钦二帝和宗室、后妃、教坊乐工、技艺工匠等数千人，携文籍舆图、宝器法物等北返。史称"靖康之变"。金人退兵之后，张邦昌去除帝号。

"靖康之变"后，徽宗第九子、钦宗弟、康王赵构于靖康二年（1127）在应天府（今河南商丘）称帝，改元建炎，史称南宋。

7.1 北宋江宁府

7.1.1 江宁府

宋灭南唐后，江宁府改为昇州，为江南路的首府。宋天禧二年（1018），昇州恢复为江宁府。天禧四年（1020）分江南路为江南东路和江南西路，江宁府为江南东路首府。辖上元、江宁、溧水、句容、溧阳五县。

7.1.1.1 府治

北宋时，南京的南唐城郭没有变化，以南唐皇宫作为江宁府治。宋庆历八年（1048），江宁府治大火，宫室大部被焚，唯存玉烛殿。[①]

宋政和年间蔡嶷将虹桥改建为石桥，被称为蔡公桥。

7.1.1.2 莫愁湖

随着城西的长江主泓道逐渐向西北迁移，到宋代，江中的白鹭洲与陆地相连，秦淮河原入江口附近的低洼地，留下许多池塘，莫愁湖是其中最大的一个。北宋乐史的《太平寰宇记》有了关于莫愁湖的最早记载："莫愁湖，在三山门外。昔有妓卢莫愁家此，故名"[②]。莫愁一说是南齐时的歌妓，善于歌唱《石城乐》（又名《莫愁乐》）。还有一说见于文人的诗歌。梁武帝萧衍《河中之水歌》云："河中之水向东流，洛阳女儿名莫愁。莫愁十三能织绮，十四采桑南陌头，十五嫁为卢家妇……"。

---

① 《同治上江县志·大事》。转引自:南京市白下区文物事业管理委员会.南京市白下区文物志·二、宫殿城垣官署·南唐宫南宋行宫.江苏古籍出版社,1995

② （宋）乐史.太平寰宇记·卷九十·江南东道二·昇州.中华书局,2007

7.1.2 王安石与江宁

7.1.2.1 三任江宁知府

王安石（1021~1086），江南西路抚州临川（今江西临川）人。宋景祐四年（1037），王安石父亲王益任江宁府通判，十七岁的他第一次来到南京。宋宝元二年（1039）王益病逝在任上，王安石跟着两个哥哥入江宁府学做了一名诸生。宋庆历元年（1041），王安石赴礼部考试，中甲科第四名。从此步入仕途。宋嘉祐八年（1063）秋，王安石将母亲吴氏归葬江宁府。他在江宁府服丧三年，从事著述。后因病滞留，在江宁府收徒讲学，宣传他的改革思想，形成了以他为代表的史称"荆公新学"学派，为后来推行新法准备了舆论和人才。

宋治平四年（1067），王安石被宋神宗起用，任江宁知府。过了几个月，宋神宗又命王安石到开封当翰林学士兼侍讲。熙宁二年（1069）二月，入朝当参知政事（副宰相），第二年又升为同平章事（宰相），在政治、经济、军事各方面制订了一套新法，以惊人的魄力，大刀阔斧地开展了一次以富国强兵为目的的变法运动。但因遭司马光等保守势力的反对，加之变法派内部的分裂和宋神宗听信谗言后的动摇，使新法的推行日益受阻。熙宁七年（1074），王安石被迫要求辞去宰相职务，回到江宁府再次担任江宁府尹。熙宁八年（1075）二月，王安石赴开封第二次拜相，但"上意颇厌之，事多不从"，根本没法把变法推向前进。熙宁九年（1076）六月，他的儿子王雱病死，王安石更因忧伤而多病。十月，慨然复求罢相，宋神宗罢免了他的宰相职务，给他一个"判江宁府"的官衔。他又回到了江宁。一年不到连江宁府长官之职——判府事也辞掉。王安石在江宁府度过了十年隐退生活，终老于此。

王安石在隐退江宁府的十年里，寄情山水田园与佛学，创作了大量诗篇，同时他难忘新法的推行与存废，最后忧病而死。钟山之麓的半山园是王安石的故居遗址，病逝后也葬在那后面。

7.1.2.2 玄武湖

隋、唐以来，玄武湖逐渐荒芜。"空余后湖月，波上对瀛洲。"（李白：《金陵三首》）北宋时曾为放生池，"桑泊之淤甚矣"。

王安石于宋神宗熙宁七年（1074）再任江宁知府。面对玄武湖的衰败景象，他于熙宁八年（1075）上疏，认为玄武湖，"前代以为游玩之地，今则空贮波涛，守之无用"。建议"于内权开十字河源，泄去余水，决沥微波，……贫民得以春耕夏种"。根据他的建议，玄武湖废湖为田。[①] 但废玄武湖后，本以玄武湖为尾闾的北郊诸山以南径流，没有了出路。江宁府城北部地区的用水和排水问题日趋严重，水患不断。

---

① （明）顾起元 . 客座赘语 · 卷十 · 王荆公疏湖田 . 庚己编 · 客座赘语 . 中华书局，1987

7.1.2.3　半山园

半山园是王安石故居，地处江宁府东郊，原名白塘。因白塘正处在江宁府城白下门（今大中桥处）与钟山的半道（相距各 7 里），王安石称所盖之园为半山园。王安石崇尚自然，园以植物山水造景，景点因势布置，宅仅蔽风雨，园不设墙垣，望之若逆旅之舍。园内松竹繁茂，楸梧蔽日，渠池菱荷辉映，充满山林真趣。王安石深爱钟山景色优美，经常骑驴游玩钟山，到定林庵休息。他在庵内建了一个供自己休息和写字读书的书斋，取名"昭文斋"。王安石曾三任江宁知府。宋熙宁九年（1076）因变法失败辞去宰相后于次年居住半山园，逝世后又葬于钟山脚下，留下了许多壮丽的诗文和逸闻趣事。有记载称因建明孝陵而将王安石墓迁至麒麟门外金子堰村一带。

白塘"旧以地卑积水为患，自荆公卜居，乃凿渠决水，以通城河。元丰七年（1084）公以病闻，神庙遣国医诊视。既愈，乃请以宅为寺。因赐额报宁禅寺。寺后有谢安墩，其西有土山，曰培塿。乃荆公决渠积土之地。由城东门至蒋山，此半道也。故今亦名半山寺。陈轩《金陵集》载荆公半山诗凡十五首。寺中有宝禅师语录序，王游撰，米芾书。"[①]自己的住宅改建寺院后，王安石搬到秦淮河畔居住。宋元祐元年（1086）王安石病逝安葬在半山园内。明初筑南京城，半山寺被包入城内划为禁地，寺务渐衰，后屡毁屡建。

白塘被认为曾是东晋谢安住所，称谢公墩。谢安字安石，所以王安石写了《谢公墩》诗记述这一趣事："我名公字偶相同，我屋公墩在眼中；公去我来墩属我，不应墩姓尚随公。……"不过此为谢公墩之一，另有一谢公墩在冶城北二里，即今五台山永庆巷附近。明顾起元在《客座赘语》中认为："按《庆元志》，城东半山寺旧名康乐坊，因谢玄封康乐公，……恐是玄及其子孙所居。……在今冶城北与永庆寺南者，乃谢安石所眺；荆公宅之半山寺所云谢公墩，乃谢玄所居。荆公或误以为太傅者。"[②]金陵四十八景中有"谢公古墩"一景。

王安石久居金陵，作过不少怀古诗词。宋治平四年（1067），46 岁的王安石被宋神宗起用，任江宁知府。他写下最受人推崇的著名词作《桂枝香·金陵怀古》。

桂枝香

金陵怀古

王安石

登临送目，正故国晚秋，天气初肃。千里澄江似练，翠峰如簇。征帆去棹残阳里，背西风，酒旗斜矗。采舟云淡，星河鹭起，画图难足。

念往昔，繁华竞逐，叹门外楼头，悲恨相续。千古凭高对此，漫

---

① （宋）张敦颐.六朝事迹编类·卷之十一寺院门·半山报宁禅寺.南京出版社，1989
② （明）顾起元.客座赘语·卷十·两谢公墩.庚己编·客座赘语.中华书局，1987

嗟荣辱。六朝旧事随流水，但寒烟芳草凝绿。至今商女，时时犹唱，
后庭遗曲。

7.2　南宋建康府

据《景定建康志》："建康府东西二百三十五里，南北四百六十里。东至本
府界首一百四十里，自界首至镇江府四十里；西至本府界首一十里，自界首至
和州八十三里；南至本府界首二百四十里，自界首至宁国府一百二十里；北至
本府界首四十九里，自界首至真州一百一十里。"辖上元、江宁、句容、溧水、
溧阳诸县。①

景定年间，建康府有人口："主户一十万三千五百四十五，口二十二
万一千七百五十五；客户一万四千二百四十二，口二万六千四百四十一。"其
中"隶上元县者：主户一万一千二百八十，口一万五千七百八十五；客户
七千四百六十六，口八千七百五十七。隶江宁县者：主户一万一千三百五十四，
口一万六千四百八十五；客户二千二百五十七，口二千四十七。"②

7.2.1　"行都"

宋靖康元年（1126），金兵占领开封。次年三月，立张邦昌为"楚帝"，定江
宁为都。不过这个"楚国皇帝"只当了 32 天，"楚国"以江宁为都只是一句空话。

南宋高宗建炎元年（1127），赵构在商丘即位后，为避金兵进攻，以巡幸为名，
先后南逃至扬州、平江府（今苏州）、杭州、建康府（今南京）、绍兴府等地，所
到州府，均名之"行在"。据《景定建康志》记载，抵抗派李纲、陈亮等力主以
金陵为都，"廷臣率附其议"。建炎三年（1129），赵构下诏宣称："建康之地，古
称名都，既前代创业之方，又仁祖兴王之国。……江宁府可改为建康府。"③（宋仁
宗赵祯先为升王，封金陵）但并没有记载赵构决定建都建康。实际上赵构也并没
有在建康府常驻，《元史》记载的只是"高宗改建康府，建行都"④。《宋史》中说，
建炎三年（1129）五月，赵构"至江宁府，驻跸神霄宫，改府名建康。"同年七月，
升杭州为临安府。"闰八月……帝发建康，复还浙西"。"十月……帝至杭州"。

宋建炎四年（1130），金人侵入并焚建康府。"兀术趋建康，（岳）飞设伏牛
头山待之。"⑤牛头山即牛首山，今尚存岳飞设伏的"故垒"遗迹数处。

宋绍兴八年（1138），"正月戊子朔，帝在建康"。"癸亥，帝发建康"。"戊寅，

① （宋）周应合.景定建康志·卷之十五·疆域志一.台北成文出版社，1983
② （宋）周应合.景定建康志·卷之四十二·风土志一·民数.台北成文出版社，1983
③ （宋）周应合.景定建康志·卷之三·建炎以来诏令.台北成文出版社，1983
④ （明）宋濂.元史·志第十四·地理五
⑤ （元）脱脱.宋史·列传第一百二十四·岳飞

帝至临安"。"是岁，始定都于杭"。[①]

由此可以推断，自建炎元年（1127）建立南宋王朝起，南宋朝廷始终颠沛流离于诸"行在"之间。在建都问题上，群臣意见分歧，赵构举棋不定，甚至在绍兴八年（1138）定都临安之后，仍不时有定都建康之议。绍兴三十二年（1162），赵构最后一次到建康，还命众臣议论定都之事，有人主张"大驾宜留建康"；有人主张仿唐制，以建康、临安分别为西都、东都。

说到底，赵构以及群臣多数只是想偏安江南而已。而此时的建康已非六朝的建康。"据当时事势衡之，欲恢复中原，进取淮、颍，固宜坐建康以便经略。故李纲请高宗去越而幸建康以此，至欲建立宗庙社稷，稍图安居，则在高宗时，建康不如临安之为巩固矣。盖建康既无淮、泗，与虏仅隔一江而居，烽烟之警，无日无之，六宫百官，何以安处？……此南宋所以不终都建康也。"[②]

南宋最终定都临安，但建康始终设有行宫，"以备巡幸"。建康一直被称为"行都"、"留都"、"陪都"等。

7.2.2　皇城与行宫

行都建康以南唐宫城作为皇城，修行宫于皇城内。

"皇城周四里二百六十五步，高二丈五尺，下阔一丈五尺。绍兴二年（1132）即旧子城基增筑。"改虹桥为天津桥。

皇城有南、东、西三门。南门正对天津桥，北对宫门，南直对御街；东门曰东华门，对后军教场，城上有看教楼，前有日华桥；西门曰西华门，对江宁县前大街，前有月华桥。

南宋"绍兴二年（1132），上命江南东路安抚大使臣李光即府旧治修为行宫。臣光乞增创后殿，上许之。""行宫在天津桥之北，御前诸军都统制司之南。宫门在宫之南，皇城南门之北。寝殿在宫中，朝殿在寝殿之南，复古殿在寝殿之后，罗木堂在复古殿之后，御膳所在朝殿之左，进食殿在复古殿西南，直笔阁在朝殿之右。"此外，在皇城内、行宫外还有内东宫、孝思殿、大射殿、小射殿、资善堂，又有天章阁、学士院、御教场等。[③]

7.2.3　建康府城

建康府城就是南唐都城。自宋开宝克复昇州，城郭皆因其旧。

7.2.3.1　修固建康府城

建康只是南宋的"行都"、"行在"，当时又处于南北分裂时期，当然没有可

---

① （元）脱脱.宋史·本纪第二十五·高宗二——本纪第二十九·高宗六

② （明）顾起元.客座赘语·卷二·南宋建都.庚已编·客座赘语.中华书局，1987

③ （宋）周应合.景定建康志·卷之一·留都录一.台北成文出版社，1983

能进行大规模的建设。不过，自宋建炎四年（1130）至德祐元年（1275），建康处于相对稳定时期，尤其是马光祖（1200~1273）任建康知府时，对建康城进行了不少建设和修葺。

建康府城以行宫为中心，行宫周边主要集中了亲兵寨、十三营、破敌教场等军事设施，而官署和府学（转运司、建康府、学府）主要在行宫的东南面，居民区集中在行宫南面和西南面的秦淮河两岸。商业区在南门（今中华门）内的镇淮桥至新桥（饮虹桥）一带的秦淮河两岸。城内中部笪桥一带，北门内的清华市，也是比较集中的商业区。

"自（宋）开宝克复昇州，城郭皆因其旧。（南宋）绍兴初略加修固。（南宋）乾道五年（1169）留守史正志，因城坏，复加修筑，增立女墙。（南宋）景定元年（1260）大使马光祖，以开濠之土培厚城身。创硬楼四所一百七十八间。又于栅寨门创瓮城及硬楼七间、闪门六扇，皆裹以铁，圈门一座，址以石武台二座，铁水窗二扇。绕城浚濠四千七百六十五丈有奇。以深丈五、阔三十丈为率城之外濠。之里皆筑羊马墙，其长如濠之数。"[1] 所谓硬楼是一种防卫设施，有两类形制，一类建于突出主体城墙面的马面上；一类直接建于主体城墙上。马面也是一种防卫设施，突出于主体城墙外，高而狭长，形似马面，故名。有了马面，守城人员可以从三个方向观察逼近城墙脚的来敌，从而大大提高城墙的防御能力。马面之实例最早见于汉代城墙，宋元以后亦常见设置。建康城墙并无马面，所建硬楼应直接建于主体城墙上。

从清代宫廷画家杨大章临摹自《宋院本金陵图》的《仿宋院本金陵图》可见当时东门内外的大体情景（图 7-1）。

7.2.3.2　改建桥梁

秦淮河两岸自南唐后，交通日益繁忙。原有桥梁不堪重负。秦淮河上重要的两座桥——镇淮、饮虹（一名新桥）就屡次重建。南宋"乾道五年（1169）

图 7-1　东门内外（《仿宋院本金陵图》局部）
资料来源：故宫博物院藏杨大章《仿宋院本金陵图》

---

[1]（宋）周应合．景定建康志·卷之二十·城阙志一·今城郭．台北成文出版社，1983

十一月，建康府重作镇淮、饮虹二桥，六年（1170）正月桥成。……率增其旧四之一。各宽三丈六尺。镇淮长十有六丈，为二亭。……饮虹长十有三丈，加屋焉，凡十有六楹，而并广三十有六尺。基以巨石，甃以厚甓。"把木桥改建为砖石桥，并在桥上加盖房屋，以避日晒雨淋。后又屡次重建，而且"镇淮桥每与此桥（饮虹）同建。""开禧元年（1205），丘公崇来为留守，重建桥。……宝祐四年（1256）桥坏于潦，留守马公光祖重建之。"[1]

7.2.3.3 建府学、创贡院、祀先贤

1. 府学

宋仁宗景祐元年（1034），由东晋学宫扩建成孔庙。南宋建炎年间遭兵火焚毁。南宋绍兴九年（1139）重建孔庙，称建康府学。

2. 贡院

贡院是会试的考场，即开科取士的地方。

"建康府贡院在青溪之南、秦淮之北，即蔡四浪侍郎宽夫宅旧址也。乾道四年（1168），留守史公正志建。绍熙三年（1192）留守余公端礼修而广之。嘉定十六年（1223）端礼之子嵘为守，撤而新之。"[2]

据记载：建康府贡院建置详密，封弥所、誊录所、交卷所、对读所、天井、花台、正厅、衡鉴堂、内外受事室、厨屋、钱米库、更衣室等一应俱全，考试房舍计有八九百间。

南宋时除了建康府贡院以外，还有一个江东转运司贡院，它是进行"牒试"的场所。所谓牒试也称"别头试"、"漕试"，是指由转运司使主持的对地方官员亲属门客等进行的选拔考试。宋景祐四年（1037），为了防止地方官员徇私舞弊，决定由诸路转运司专门举行对本路现任官员亲属的发解考试，此后在宋代遂形成制度。"漕试贡院，旧皆寓试僧寺。"南宋宁宗嘉定九年（1216），江东路转运"副使真德秀始创贡院于青溪之西。"[3]

3. 书院

"唐以降，士多骛于科举。儒学自明太学外，仅为春秋释奠习礼之地。而日试季考讲学之事，几悉归于书院。南京书院之最著者，首推明道书院。（南宋）孝宗时，以明道程子尝为上元簿，祠之学宫。……宁宗时改筑新祠，立精舍置堂长及职事员，延致学者。时称明道先生书堂。……理宗时赐明道书院额。规制益备。"据《乾隆江南通志》，"明道书院在江宁府镇淮桥东北。"[4]

4. 先贤祠

南宋景定元年（1260），"马光祖建先贤祠堂一所，在府学之东，明道书院之西，青溪之上。自周、汉而下，与祀者四十一人，……祀者皆于此土有涉，非泛然而

① （宋）周应合. 景定建康志·卷之十六·疆域志二·桥梁. 台北成文出版社，1983
② （宋）周应合. 景定建康志·卷之三十二·儒学志五·贡士. 台北成文出版社，1983
③ （宋）周应合. 景定建康志·卷之十四·建康表十. 台北成文出版社，1983
④ 叶楚伧，柳诒征. 首都志·卷七·教育上·书院. 正中书局，民国 24 年

已。"计有吴太伯、范蠡、诸葛亮、王导、谢安、王羲之、李白等 41 人。[①]

7.2.3.4　修葺景点、古迹

1. 赏心、白鹭等亭

城西下水门（今水西门）一带，建有赏心亭、白鹭亭、折柳亭、二水亭等，是宋代建康的著名景点。

北宋真宗"祥符中，丁晋公出典金陵，真宗以《袁安卧雪图》赐之，真古妙手；或言周昉笔，亦莫可辨。至金陵，择城之西南隅旷绝之地，建赏心亭，中设巨屏，置图其上，遂为金陵奇观。"[②]丁晋公，名谓，北宋太宗、真宗、仁宗三朝元老，封晋国公。据《景定建康志》记载，"赏心亭在下水门之城上，下临秦淮，尽观览之胜。丁晋公谓建。景定元年（1260）亭毁，马光祖重建。"[③]"赏心及白鹭亭相属，为金陵绝景。毁于火，乃重建之，雄于旧观。其前临水，作亭，扁曰折柳，为宾饯之所；后为馆，扁曰横江，以待四方之宾客，皆昔所未有也。"[④]"白鹭亭接赏心亭之西，下瞰白鹭洲，柱间有东坡留题。景定元年（1260）马公光祖重建。""二水亭在下水门之城上，下临秦淮，西面大江，北与赏心亭相对。岁月寝久，旧址仅存。乾道五年（1169）秋，留守史公正志因修筑城壁重建。""折柳亭在赏心亭下，张忠定公咏建，为祖饯之所，久废。景定元年（1260）马公光祖重建。"[⑤]张咏为北宋人，北宋太宗、真宗两朝的名臣。"由饮虹桥沿秦淮河而西，出折柳亭，前曰下水门。"[⑥]

辛弃疾、陆游等都曾登赏心亭，留下著名诗词。辛弃疾（1140~1207）于南宋乾道四至六年（1168~1170）间任建康通判。他曾上赏心亭，留下《水龙吟·登建康赏心亭》。

水龙吟
登建康赏心亭
辛弃疾

楚天千里清秋，水随天去秋无际。遥岑远目，献愁供恨，玉簪螺髻。落日楼头，断鸿声里，江南游子。把吴钩看了，栏杆拍遍，无人会，登临意。

休说鲈鱼堪脍，尽西风，季鹰归未？求田问舍，怕应羞见，刘郎才气。可惜流年，忧愁风雨，树犹如此！倩何人唤取，红巾翠袖，揾英雄泪？

南宋淳熙元年（1174），辛弃疾由滁州知府迁任江东安抚司参议官，再到建康，

① （明）顾起元.客座赘语·卷八·青溪先贤祠.庚己编·客座赘语.中华书局，1987
② （宋）王辟之.渑水燕谈录·卷七·书画
③ （宋）周应合.景定建康志·卷之二十二·城阙志三·亭轩.台北成文出版社，1983
④ （宋）周应合.景定建康志·卷之十四·建康表十.台北成文出版社，1983
⑤ （宋）周应合.景定建康志·卷之二十二·城阙志三·亭轩.台北成文出版社，1983
⑥ （宋）周应合.景定建康志·卷之二十·城阙志一·门阙.台北成文出版社，1983

又两次登上赏心亭，分别作《菩萨蛮·金陵赏心亭为叶宰相赋》和《念奴娇·登建康赏心亭，呈留守致道》，向叶衡表白自己的心情，为友人史致道（即史正志）送别。

陆游于南宋孝宗隆兴元年（1163），曾上疏建议从临安迁都建康，以利抗金，朝廷未予采纳。他壮年过金陵登赏心亭，想到前事，不觉涕泪交流。

登赏心亭

陆游

蜀栈秦关岁月遒，今年乘兴却东游。

全家稳下黄牛峡，半醉来寻白鹭洲。

黯黯江云瓜步雨，萧萧木叶石城秋。

孤臣老抱忧时意，欲请迁都涕已流。

2. 乌衣园

"乌衣园在城南二里乌衣巷之东。王谢故居一堂扁曰来燕，岁久倾圮。咸淳元年（1265）五月，马公光祖撤而新之。堂后植桂，亭曰绿玉香中梅花弥望，堂曰百花头上。其余亭馆，曰更展，曰颖立，曰长春，曰望岑，曰挹华，曰更好。左右前后，位置森列，佳花美木，芳荫蔽亏，非复曩时寒烟衰草之陋矣。"[1]

7.3 水陆交通及造船业

宋代南京的对外水陆交通主要通过渡口、驿路进行，通信联络则依靠递铺。

7.3.1 渡口

长江自古就是南京对外交通的"天堑"。宋开宝七年（974）闰十月，宋军攻打南唐时曾在采石矶"以大舰并黄黑龙船跨江为浮梁，……王师如履平地。""浮梁"渡宋军过江，攻入江宁。[2]

由于长江南京段江面宽阔，浮桥难以维持，不久就被拆除，日常交通只能依靠渡船。南宋时，"府境北据大江，是为天险。上自采石，下达瓜步（今六合瓜埠），千有余里，共置六渡：一曰烈山渡（今江宁镇西）……；五曰南浦渡、龙湾渡（今下关）、东阳渡（今栖霞镇北）、大城堙渡（今板桥镇西北）、冈沙渡"。[3]还有一些私渡，如马家渡（今铜井镇西）等。

---

① （宋）周应合.景定建康志·卷之二十二·城阙志三·园苑.台北成文出版社，1983

② （宋）周应合.景定建康志·卷之十三·建康表九.台北成文出版社，1983

③ （元）脱脱.宋史·志第五十·河渠七

7.3.2　驿路

宋代驿路是陆路交通大道，一般两旁有排水沟和遮阳的树木。驿路沿途设有官办的旅馆——驿站。北宋时的江宁府和南宋时的建康府都是通向首都开封和临安（今杭州）的中转地之一。

南宋时建康府的驿路有东、南、西、北四路，设驿站 24 处。建康府城内设有永宁驿。

东驿路沿长江南岸经东阳驿（今栖霞镇）、柴沟驿（今龙潭镇），进入镇江境内，再经平江府（今苏州）折而向南至临安（今杭州）。

南驿路经秣陵驿、金陵驿（在今陶吴）、中山驿（在今溧水县城）、蒲塘驿（在今渔歌）、漆桥驿、招贤驿，进入广德建平（今安徽郎溪），然后通向临安。

西驿路沿长江南岸经江宁驿（在今江宁镇）进入太平（今安徽当涂），是通向江南西路和荆湖南、北路进而通向四川的主要通道。

北驿路渡江北上，在北宋时曾是通向开封府的交通要道。到了南宋，北驿路只能通到淮南。

7.3.3　递铺

递铺就是官方的邮局，主要为了传送官方文书，分步递、马递和急脚递，通常每 20 里左右设一个递铺。北宋中期曾在西北一些地区每 10 里左右设一个递铺，以传递边防军情；南宋时还设立了专门用于军事的"摆铺"和"斥候铺"，每十里设铺。邮路通常也就是驿路。建康府的东、南、西、北四条邮传干线也大致与驿路相应。"驿路五十一铺，每铺相去十里。"东路 13 铺，直抵镇江府界炭渚铺；南路 25 铺，直抵广德军界顾置铺；西路 9 铺，直抵太平州界慈湖铺；北路 4 铺，直抵滁州界宣化铺。"县路十一铺，每铺相去二十里。此系诸县不通驿路处递传之路。"[①]

7.3.4　造船业

南京自东吴以来，造船业已初具规模。宋朝时造船更加发达，船场规模相当庞大，称"都船场"，设在龙湾。南宋绍兴四年（1134）"就建康自置船场，增造一车十二桨四百料战船。"[②]自南宋淳祐九年（1249）以后至南宋咸淳元年（1265），"大略可考造船、修船共三千五百五十只，造新船共八百五十七只，修旧船共二千六百九十三只。"南宋开庆元年（1259）四月至南宋景定二年（1261）

---

① （宋）周应合 . 景定建康志 · 卷之十六 · 疆域志二 · 铺驿 . 台北成文出版社，1983
② （宋）周应合 . 景定建康志 · 卷之二十五 · 官守志二 · 制置司 . 台北成文出版社，1983

五月两年时间内，共造新船 550 只，修理旧船 275 只。据《景定建康志》记载，船舰种类繁多，有车头船、飞捷船、铁头船、铁鹞船、桨船、板船、脚船、多棹船、柴舫船、水哨马船、小富阳坐船、四橹海船等 20 余种。由此可见当时造船力量的雄厚。景定年间马光祖又"龙湾水次度地三百余丈，创屋二百五十间，立闸启闭"，称为"沿江大使司船寨"。"寨成，众船以次藏泊"①。

7.4 寺庙、陵墓

7.4.1 寺庙

7.4.1.1 天禧寺

"梁初起长干寺。按《塔记》，在秣陵县东。今天禧寺，乃大长干也。"②宋端拱元年（988），长干寺僧可政在陕西终南山紫阁寺得到唐玄奘顶骨，将其迎请到江宁，供于长干寺东阁塔，后改葬于寺内之东岗。"天禧二年（1018）改为天禧寺，政和六年（1116）建法堂。寺有阿育王塔，天禧中赐名圣感。""李公之仪端叔天禧寺新建法堂记云：'天禧寺者，乃长干道场，葬释迦真身舍利。祥符中建塔，赐号圣感舍利宝塔。'"③

2008 年在南京大报恩寺塔遗址的地宫出土的石函上有铭文，题为《金陵长干寺真身塔藏舍利石函记》，记载了宋真宗大中祥符四年（1011），金陵长干寺住持演化大师可政和守滑州助教王文等人，得到宋真宗允许，修建九层宝塔之事，塔高二百尺，塔内地宫藏有"感应舍利十颗，并佛顶真骨，洎诸圣舍利，内有金棺，周以银椁，并七宝造成阿育王塔，以铁□□函安置"。④

铭文中还提到佛顶骨舍利的进献者"施护"。据研究，佛顶真骨舍利，是由印度僧人施护带来南京的。施护，宋代译经僧，北印度乌填曩国人，号显教大师，北宋太平兴国五年（980）抵汴京。⑤

7.4.1.2 栖霞寺

栖霞寺自齐明僧绍创建以后，几经兴废。宋"太平兴国五年（980）改为普云寺，景德五年（1008）又改为栖霞禅寺，元祐八年（1093）六月改赐今额为参政简翼张公璪功德寺。左有千佛岭，后有天开岩、碧鲜亭、白云庵、迎贤石、醒石、中峰涧、石房、白云泉亦名品外泉，寺前有明僧绍、高越墓，寺中古碑及时贤题咏颇多。"⑥

① （宋）周应合.景定建康志·卷之三十九·武卫志二·战舰.台北成文出版社，1983
② （宋）张敦颐.六朝事迹编类·卷之十一寺院门·长干寺.南京出版社，1989
③ （宋）周应合.景定建康志·卷之四十六·祠祀志三·寺院.台北成文出版社，1983
④ 南京晨报.2010 年 6 月 11 日，A07
⑤ （明）释明河.补续高僧传·卷第一译经篇
⑥ （宋）周应合.景定建康志·卷之四十六·祠祀志三·寺院.台北成文出版社，1983

7.4.1.3　定林寺

1. 钟山下定林寺

始建于刘宋元嘉元年（424）的钟山下定林寺到宋朝已渐渐荒圮，称定林庵。但这里幽静的氛围、美不胜收的自然景色仍然吸引了不少文人雅士。

宋熙宁九年（1076）后，王安石隐居于半山园，离定林庵不远，常来此歇息。后来还在定林庵建了个书斋——"昭文斋"。

南宋孝宗乾道元年（1165），陆游在由建康府通判改任隆兴府通判离开建康前游览钟山定林庵，在昭文斋壁上题词："乾道乙酉七月四日笠泽陆务观冒大雨独游定林"。后被僧人将这 20 字刻于紫霞洞外石壁上。题刻高 2 尺，长 2 尺 6 寸，楷书 5 行，每行 4 字，字径 4 寸。陆游在第二次游览定林庵后在《入蜀记》中写道："予乙酉秋，尝雨中独来游，留字壁间，后人移刻崖石，读之感叹，盖已五、六年矣。"陆游题名石刻于 1975 年 10 月被发现。

2. 方山定林寺

南宋乾道年间（1165~1173），高僧善鉴因钟山上定林寺废，便募资在方山重建定林禅寺，与钟山上定林寺大体南北正对，将"上定林寺"匾额移至方山，沿袭寺名。

3. 方山定林寺塔

南宋乾道九年（1173）建方山定林寺塔，塔高约 14.50 米，为七级八面仿木结构楼阁式砖塔，专供佛像，不能上人。现塔已严重倾斜，原为 7° 57′ 22″，经纠正后稳定在 5° 6′。

7.4.1.4　保圣寺塔

保圣寺塔，俗称四方宝塔，位于高淳县双塔乡龙城山，始建于东吴赤乌二年（239）。唐贞元十七年（801）重建山门、大殿、保圣塔、观音堂等。宋祥符年间（1008~1016）改龙城寺为保圣寺。现存塔重建于南宋绍兴四年（1134），四方七级，砖木结构，楼阁式，高 33.3 米，塔内有楼梯，塔檐飞翘，外观玲珑清秀，如玉笋拔地。

7.4.1.5　惠济寺

位于南京市浦口区汤泉镇北的惠济寺始建于南朝，初称汤泉禅院。南唐时立有"汤泉禅院之碑"，该碑为青石质地，宽 117 厘米，厚 12 厘米，下承龟趺，碑首半圆，上有蟠龙浮雕。碑文行草，碑额篆题"汤泉禅院之碑"六字，笔力雄壮遒劲，应为名家手迹。碑文系南唐文苑名流韩熙载所撰。此碑在"文革"期间被炸成数段，现已收集到其中 5 块，可见 100 余字，尚有 10 余字可辨识。

北宋初年，汤泉禅院易名为惠济院。北宋元祐初，高僧忠境将惠济院改建为惠济寺。元祐三年（1088）建转轮藏殿并供奉银函葬佛舍利。现尚存记载建转轮藏殿并供奉舍利事迹的北宋元祐三年刻石。

7.4.2　陵墓

7.4.2.1　卞壶墓

"卞壶墓在冶城。……晋苏峻之乱，尚书令右将军卞公壶力疾率厉散众及左右吏数百攻贼，苦战死之，二子眕、盱见父没，相随赴贼，同时见害，并葬冶城。义熙间，盗发壶墓，……安帝诏给钱十万以修茔兆。齐、梁续加修治。……南唐于墓所建忠正亭，穿地得断碑，徐锴为之识。本朝（宋）庆历三年（1043），叶公清臣改忠孝亭。元祐八年（1093），曾公肇为堂绘壶像其中，列诸祀典为之记。建炎兵革，碑毁不存。史公正志取曾公记重刻石。……嘉定四年（1211），黄公度建忠孝堂、冶城楼于墓侧。"[①]卞壶墓在今朝天宫西。

7.4.2.2　王德墓

王德墓位于燕子矶下庙村伏家桥。王德，南宋抗金名将，宋高宗绍兴二十五年（1155）卒于建康。

墓前现存宋代石刻珍品：石碑、石虎、石羊各1尊，石马2尊。石碑高约4米，宽1.26米，厚0.28米。额浮雕蟠龙，下衬云纹，楷书"宋故赠检校少保王公神道碑"。碑文为傅雱撰书，楷体，记载了王德的生平事迹。石兽形象生动，有立、有跪，雕凿精致。

7.4.2.3　秦桧墓

秦桧（1091~1155），字会之，江宁（今江苏南京）人。北宋末年任御史中丞，与宋徽宗、钦宗一起被金人虏获，卖身投靠金太宗之弟挞懒。后南归，出任礼部尚书，两任宰相，力主和议，坚持投降，为南宋高宗朝有名的奸相。秦桧世居建康，并被宋高宗封为"建康郡王"。秦桧府第在城南夫子庙附近的秦状元境（秦桧父子都曾考中过状元），当地人耻于提及其氏，称"状元境"。

"秦桧墓在牛首山，去城十八里。"[②]经实地调查和研究，证实秦桧墓在江宁县铜井乡牧龙村。据说墓碑不镌一字，因为无人为其撰写碑文。

7.5　厢坊、镇市

7.5.1　厢坊

在唐代，居民区"坊"与商业区"市"分开，四周都筑有围墙，坊、市门按时启闭。[③]北宋初年，随着商业的发展，坊、市的围墙被冲破了，居民区与工商业区不再有区别，凡是向街的地方都可以开设商店。坊不再有围墙，市也不一定是集中的商业区。府、州所在城市通常在"坊"上设"厢"。一种与之

---

① （宋）周应合.景定建康志·卷之四十三·风土志二·古陵.台北成文出版社，1983
② （宋）周应合.景定建康志·卷之四十三·风土志二·古陵.台北成文出版社，1983
③ 中国大百科全书·中国历史·厢坊制.中国大百科全书出版社，1986

相适应的城市制度"厢坊制"代替了唐代城市的"坊市制"。在南宋乾道年间（1165~1173），南京城内分左南、右南、左北、右北 4 厢，共辖 20 坊。南宋嘉定十七年（1224）时，"城内五厢，城外二厢"。《景定建康志》记载，南宋景定年间，城内有坊 35 个。[①]

7.5.2 镇市

到了宋代，镇已不像唐代那样是军事要地，而是乡村的经济中心。南京地区在北宋时期，已设有许多镇了。上元县有淳化、土桥、湖熟、石步四镇；溧水县有孔家岗（孔镇）、高淳、固城三镇。据《景定建康志》记载，南宋时，设的镇有上元县的淳化、土桥，江宁县的金陵（本陶吴铺）、秣陵、江宁，句容县的常宁、下蜀、东阳，溧水县的邓步、孔家岗、固城、高淳，溧阳县的举善（俗名戴步）、社渚。

此外，《景定建康志》列举有各县的 29 个称为"市"和 4 个称为"步"的乡村集市。其中有的后来发展为著名的镇，如汤泉（汤山）、栖霞、板桥、铜井等。[②]

① （宋）周应合 . 景定建康志 · 卷之十六 · 疆域志二 · 坊里 . 台北成文出版社，1983
② （宋）周应合 . 景定建康志 · 卷之十六 · 疆域志二 · 镇市 . 台北成文出版社，1983

第 **8** 章

元代集庆

12 世纪后半叶，蒙古族崛起于漠北。南宋宁宗开禧二年（1206），铁木真建国，被推举为成吉思汗。南宋景定元年（1260），忽必烈和阿里不哥先后在各自的根据地开平和和林宣布自己为大汗。经过 4 年内战，忽必烈成为独一无二的大汗。南宋咸淳七年（元至元八年，1271），忽必烈自称皇帝，建国号为"大元"。次年，确定以燕京为首都，改称大都。南宋赵昺祥兴二年（元至元十六年，1279），南宋亡，中国再次统一。

8.1 集庆路与"南台"

8.1.1 集庆路

元至元十二年（1275），元军攻占建康府，于建康置江东路宣抚司。至元十四年（1277），更立建康路总管府，隶属江淮行省江东道，辖江宁、上元、溧水、句容、溧阳等五县。至元二十三年（1286），建康路隶属江浙行省江东道。元文宗"至顺元年（1330），改集庆路。所管除录事司治府城中，溧阳、溧水，由县升州。余因旧名，无所更易。"[①] 也就是说，此时集庆路辖溧阳、溧水二州，上元、江宁、句容三县；而城区由在城录事司专管。

集庆路"地所接四境"与南宋建康府完全一样，即"集庆路东西二百三十五里，南北四百六十里。东至本路界首一百四十里，自界首至镇江府四十里；西至本路界首一十里，自界首至和州八十三里；南至本路界首二百四十里，自界首至宁国府一百二十里；北至本路界首四十九里，自界首至真州一百一十里。"[②] 人口据元至元二十七年（1290）统计：在城录事司户 18250，口 94992；江宁县户 22750，口 132787；上元县户 29277；句容县户 34814，口 214790；溧水州户 57896，口 316425；溧阳州户 63482。[③]

8.1.2 江南诸道行御史台

元至元二十九年（1292），设"江南诸道行御史台"，定治建康，以南宋行宫为御史台治。江南诸道行御史台负责监治东南三省（江浙、江西、湖广）、十道（江东、江西、浙东、浙西、湖南、湖北、广东、广西、福建、海南）。"江南诸道行御史台"与在西安的"北台"——"陕西诸道行御史台"并列，称为

① （元）张铉.至正金陵新志·卷之四疆域志·历代沿革.南京文献·第十五号.南京市通志馆，民国 37 年
② （元）张铉.至正金陵新志·卷之四疆域志·地所接四境.南京文献·第十五号.南京市通志馆，民国 37 年
③ （元）张铉.至正金陵新志·卷之八民俗志·户口.南京文献·第十七号.南京市通志馆，民国 37 年

"南台"，成为元朝统治东南半壁江山的中心。

　　元代著名诗人萨都剌（约 1305~1355）曾在集庆任江南诸道行御史台掾史。萨都剌为官清正，在江南御史台掾史任上，曾因弹劾权贵而受过贬谪。萨都剌博学能文，兼善楷书。他的文学创作，以诗歌为主。萨都剌的词作不多，但颇有影响，尤以对金陵的怀古之作《满江红·金陵怀古》、《念奴娇·登石头城》两首最为脍炙人口：

满江红
金陵怀古
萨都剌

　　六代豪华，春去也，更无消息。空怅望，山川形胜，已非畴昔。王谢堂前双燕子，乌衣巷口曾相识。听夜深寂寞打孤城，春潮急。

　　思往事，愁如织。怀故国，空陈迹。但荒烟衰草，乱鸦斜日。玉树歌残秋露冷，胭脂井坏寒螀泣。到如今，惟有蒋山青，秦淮碧。

念奴娇
登石头城
萨都剌

　　石头城上，望天低吴楚，眼空无物。指点六朝形胜地，唯有青山如壁。蔽日旌旗，连云樯橹，白骨纷如雪。一江南北，消磨多少豪杰。

　　寂寞避暑离宫，东风辇路，芳草年年发。落日无人松径里，鬼火高低明灭。歌舞尊前，繁华镜里，暗换青青发。伤心千古，秦淮一片明月。

8.2　集庆路城

　　元代是个大一统的朝代，幅员辽阔，而且重工、重商。纸币在全国通行更促进了商品的流通。这一切都推动了南京地区工商业的发展。据史书记载，在元朝初年，由在城录事司管辖的人口仅有 9.5 万人，而到元天历年间（1328~1330），人口已有 214538 户，1072690 人。[①]曾经是六朝和南唐故都的建康，虽历尽沧桑，又渐渐恢复为富庶繁荣的城市。

8.2.1　城市格局

　　与宋代一样，元承接了南唐时的格局，城墙、道路、沟渠皆因袭南唐，没有什么变化。北部主要是衙署、军营，南部则以居住、商业为主。全城设坊 34。

---

① 徐仲杰.南京云锦.南京出版社，2002

元代早期，南宋行宫还一度作为建康宣抚司和集庆路总管府衙署。"至元十五年（1278），拆其材瓦赴北，以地属财赋提举司，民佃为圃，其宫殿、府寺、台榭遗址犹存，阙门今为军总铺警火之所。"[①]

江南诸道行御史台"公署在城内东南隅，临青溪，即故府治。"[②]

元代在南京只有零星的城市建设，"今集庆旧规，大抵皆马制置光祖所记。"[③]甚至"天下一统，城郭沟池，悉废为耕艺"。[④]

8.2.2 疏浚河湖

1. 玄武湖

玄武湖自北宋时废湖为田后，北部地区的用水和排水问题日趋严重，水患不断。元大德五年（1301），"申奉省札行下钟山乡，开后湖河道"，使玄武湖在此恢复一个池。元至正三年（1343）"开浚后湖河道，……上至钟山乡珍珠桥，下接金陵龙湾（今下关）大江，通一十七里"，以恢复玄武湖。[⑤]但湖面已比北宋前大为缩小。

2. 青溪古道

宋元以来，青溪古道被淤塞，排水不畅。元惠宗至元五年（1339），"行台大夫忽剌哈赤，令有司开浚天津桥下古沟，东起青溪，西抵栅寨门，至石城下，水道复通。"[⑥]

8.2.3 文化教育

1. 集庆路学

宋景祐元年（1034），由东晋学宫扩建而成孔庙。南宋绍兴九年（1139）重建后称建康府学。南宋乾道四年（1168）创立贡院。元朝改为集庆路学。元至大二年（1309）重建孔庙。

元大德十一年（1307），元成宗加封孔子为"大成至圣文宣王"，并对孔子

---

① （元）张铉.至正金陵新志·卷之十二古迹志·城阙官署.南京文献·第十九号.南京市通志馆，民国37年
② （元）张铉.至正金陵新志·卷之六官守志·历代官制.南京文献·第十六号.南京市通志馆，民国37年
③ （元）张铉.至正金陵新志·卷之一地理图·行台察院公署图考.南京文献·第十号.南京市通志馆，民国36年
④ （元）张铉.至正金陵新志·卷之十兵防志·总叙.南京文献·第十八号.南京市通志馆，民国37年
⑤ （元）张铉.至正金陵新志·卷之三金陵表·金陵表下.南京文献·第十四号.南京市通志馆，民国37年
⑥ （元）张铉.至正金陵新志·卷之五山川志·沟渎.南京文献·第十六号.南京市通志馆，民国37年

的家族、弟子等加封了种种称号。

现存夫子庙的三块碑记录了元朝有关孔子的盛事。"集庆孔庙碑"记载了元至大二年（1309）重建孔庙的经过。碑文于至大二年（1309）重建孔庙时由元朝著名文学家卢挚撰写，至顺元年（1330）由纯斋王公书写刻石。"封四氏碑"记述元至顺二年（1331），元文宗诏示：加封颜回、曾参（孔子的两个弟子）、孔伋（孔子的孙子）、孟轲（孔子的再传弟子）为四亚圣。"封至圣夫人碑"记述元至顺二年（1331），文宗皇帝颁旨加封孔子之妻兀官为至圣夫人。

2. 鸡笼山观象台

元世祖至元十三年（1276），著名天文学家郭守敬创制和改制了简仪、仰仪、圭表、景符等天文仪器，每式复制 13 份，分赐各行省。集庆路拟于鸡笼山（今北极阁）顶复建观象台。元惠宗至正元年（1341）正式建台，配置当年郭守敬创制的天文仪器。

8.2.4 手工业

1. 织染局

元代蒙古族统治者习尚用真金妆点官服，当时黄金开采量增大，使以织金夹银为主要特征的云锦成为最珍贵、工艺水平最高的丝织品种，受到封建君主和豪门贵族的宠爱，也受到蒙、藏、维吾尔等少数民族人民的喜爱，并被指定为皇室御用贡品。元朝在集庆设立为朝廷织造缎帛的"织染局"。"东织染局，至元十七年（1280），于城东南隅前宋贡院（今武定桥一带）立局。……管人匠三千六户，机一百五十四张，额造段匹四千五百二十七段"。"西织染局，至元十七年（1280）于旧侍卫马军司（今汉中门一带）立局。设官与东织染局同"[①]，估计规模也应大致相当。**官办织务的设立，为南京锦织工艺的发展起了重要的奠基作用。**此后，南京云锦在继承元代著名的织金锦基础上得到进一步发展。

2. 军器局

元代设立杂造局负责军器制造。集庆"军器局，即前宋旧都作院杂造局，专一置造军器。"[②] 所造兵器主要供应当地驻军。

3. 出版业

集庆路学也是书籍的出版机构。张铉的《至正金陵新志》就是由集庆路学与溧阳州学、溧水州学、明道书院共同刊行的。

---

① （元）张铉. 至正金陵新志·卷之六官守志·历代官制. 南京文献·第十六号. 南京市通志馆，民国 37 年
② （元）张铉. 至正金陵新志·卷之六官守志·历代官制. 南京文献·第十六号. 南京市通志馆，民国 37 年

8.3　交通运输

8.3.1　转运港

元代政治中心在大都（今北京），但粮食等物质还要依赖江南。为了使南北相连，不再像隋、唐时期那样绕道洛阳，先后开挖了"洛州河"和"会通河"，把天津至江苏清江之间的天然河道和湖泊连接起来，清江以南接邗沟和江南运河，直达杭州。而北京与天津之间，又新修"通惠河"。元至元三十年（1293），新的京杭大运河全线贯通。与此同时，从江苏刘家港经长江口到界河口（今天津大沽）的海上运输线也全线通航。在这种大布局条件下，南京以它通江达海的地理位置，成了粮食等物质集结和转运的主要港口。通过集庆龙湾（今南京下关）集中粮米，运至刘家港的太仓，转入海船。

龙湾的粮仓称广运仓。元"至治元年（1321），于龙湾起盖东、西、北仓廒四十座，……计屋二百间。收受江西湖广二省、饶州路，并本路县官民财赋等粮，逐年都漕运万户府。装运由海道赴都。"还有"大军仓"，"前宋为平籴仓。至元十五年（1278）改大军仓。……收支本路粮斛，逐年拨装海运。"[①]

8.3.2　驿站和急递铺

元代有驿站和急递铺两个交通系统。

"元制站赤者，驿传之译名也。……凡站，陆则以马以牛，或以驴，或以车，而水则以舟。"

同时，"设急递铺，以达四方文书之往来，……每十里或十五里、二十五里，则设一铺，……铺兵一昼夜行四百里。……每铺安置十二时轮子一枚、红绰楔一座，并牌额及上司行下、诸路申上铺历二本。每遇夜，常明灯烛。……凡铺卒皆腰革带，悬铃，持枪，挟雨衣，赍文书以行。夜则持炬火，道狭则车马者，负荷者，闻铃避诸旁，夜亦以惊虎狼也。"[②]由此可见，急递铺这种邮递形式，到元朝达到了昌盛时期，制度完备、组织严密、网络发达。

驿站分陆站和水站。以马作为主要交通工具的称马站。在今南京地区的主要驿站有：在城金陵驿，在正东隅青溪坊，内含水站一处，马站一处；江宁县水马站，内含江宁马站和大城港水站各一处，马站在江宁镇，水站离江宁城东南30里；上元县龙湾水站，在金陵乡，去县十五里；句容县水马站，内含东阳马站、下蜀马站、老鹳嘴马站和水站；溧水州中山驿，在州治内惠政桥西南；溧阳州馆驿一所，在本州永定坊。

---

① （元）张铉.至正金陵新志·卷之六官守志·历代官制.南京文献·第十六号.南京市通志馆，
　　民国37年
② （明）宋濂.元史·志第四十九·兵四

急递铺南京地区"驿路五十一铺，每铺相去十里。""县路十一铺，每铺相去二十里。此系诸县不通驿路处,递传之路。"[1]驿站和急递铺,再加长江的航运,构成了南京通达全国的交通通信网络。

8.4 佛寺

1. 龙翔集庆寺

大龙翔集庆寺在今朝天宫东秦淮运渎闪驾桥（鸽子桥）北。"上自金陵入正大统，改元天历。以金陵为集庆路。遣使传旨行御史大夫阿思兰海牙，仍以潜宫之旧，作龙翔集庆寺云。"元天历二年（1329）兴工。潜宫就是元文宗图帖睦尔住过的府邸。图帖睦尔于元泰定帝时封怀王，居建康。图帖睦尔登位后，给了建康格外的关照。大龙翔集庆寺是元代建于南京（建康）最大的皇家寺院，规模宏大。"其大殿曰大觉之殿，后殿曰五方调御之殿，居僧以致其道者曰禅宗海，会之堂居其师以尊其道者曰传法，正宗之堂师弟子之所警，发辩证者曰雷音之堂，法宝之储曰龙藏，治食之处曰香积。钟鼓之宣，金谷之委，各有其所。"[2]

明洪武二十一年（1388），龙翔集庆寺遭火灾，焚毁殆尽。

2. 祈泽寺

祈泽寺在江宁上坊镇东二里的祈泽山西侧，始建于南朝宋景平元年（423），初名宋少寺。《寺记》云：宋少帝景平元年建，去府城二十里。梁朝置龙堂。有初法师者，来结茅庵于山下。日夜诵法华经。有一女郎来听，移时方去。师讶之，因问其住止。女曰：'儿东海龙女，游江淮间，闻师诵经，来听之。'师曰：'此山乏水，汝能神变，为我开一泉，可乎？'女曰：'此固易事，容儿归白父。'言讫不见。后数日，忽作风雷，良久有清泉涌于座中。南唐保大中，以久旱祈雨于旧寺基，信宿而雨作。自后以为祈祷之所。本朝（宋）治平中，改赐祈泽治平寺。"[3]南宋绍兴二年（1132）敕赐"嘉惠"额，名"祈泽夫人庙"。后毁，元至正二年（1342）重建，复名祈泽治平寺。

祈泽寺曾有历代石刻多件，大多砌于大殿壁间，有南唐断石，北宋"祈泽治平寺残碑"、"宋仁寿县君苏氏墓志铭"、"高逸上人诗碑"，南宋绍兴祈雨碑，元代"白野碑"、"类慧泉碑"、"舍田记碑下题名"、"祈泽治平寺舍田记碑"、"上元县祈泽治平寺佛殿碑"、"祈泽寺元人纪事刻石"等。后寺毁，石刻散落。

① （元）张铉 . 至正金陵新志·卷之四疆域志·铺驿 . 南京文献·第十五号 . 南京市通志馆, 民国 37 年
② （元）张铉 . 至正金陵新志·卷之十一祠祀志·寺院 . 南京文献·第十八号 . 南京市通志馆, 民国 37 年
③ （宋）张敦颐 . 六朝事迹编类·卷之十一寺院门·祈泽寺 . 南京出版社, 1989

8.5　镇市

自宋代开始，市、镇作为工商业活动场所已是一定范围的经济中心。到了元代，南京地区的市、镇在宋代基础上又有新的发展。据《至正金陵新志》记载，当时属集庆路辖下溧阳、溧水二州和江宁、上元、句容三县的镇有：淳化、土桥、金陵（本陶吴铺）、秣陵、石步、大城港、靖安、常宁、下蜀、土槁、东阳、江宁、邓步、孔镇、固城、高淳、举善（俗名戴步）、社渚等 17 处；市有约 30 处，现在仍著名的如栖霞、汤泉（汤山）、板桥、湖熟、土桥、铜井等。

在城区，各种"市"遍布东西南北。"至今有清化市、马帛市。而昔言市者，则以东市、西市、凤台、鹭洲四坊之建为市。盖即鱼市、今银行、花行、鸡行、镇淮桥、新桥、笪桥皆市也。"[①]

与城市工商业活动日益发达相适应，元代在路级治所设录事司"掌城中民户之事"。建康路就专设在城录事司管理城区。

---

① （元）张铉. 至正金陵新志·卷之四疆域志·镇市. 南京文献·第十五号. 南京市通志馆，民国 37 年

第4篇
明都辉煌　规划杰作

明朝"国初三都"，最后定南京、罢中都、迁北京。北京以南京、中都为蓝本，结合当地条件，把我国古代都城的规划设计水平推到了登峰造极的高度。

明南京是大一统的中国的国都。"宫城—皇城—都城——外郭"四重城郭的京师空前壮丽，无比辉煌。"乐和礼序"的传统规划思想在明南京的规划建设中已发挥得相当完备；而在遵循"天材地利"的规划思想上更独具特色。南京是当时国内乃至世界上最雄伟壮丽的城市，明初也是南京在国内乃至世界上最具影响力的时期。

明孝陵"前朝后寝"和前后三进院落的陵寝形制为帝王陵寝的一代新制。从规划设计的角度看，孝陵也是"象天法地"与"天材地利"理念的杰作。

朱棣迁都北京后，仍以南京为留都。"并建两京，所以宅中图治，足食足兵，据形势之要，而为四方之极者也。"

到了清朝，两江总督署的设置，说明南京仍然是我国东南地区的中心。

第 9 章

明朝南京

元末，濠州钟离（今安徽凤阳东北）人、皇觉寺僧朱元璋参加农民起义军郭子兴部。郭子兴卒后，朱元璋统率其军，被小明王韩林儿授为左副元帅。元至正十六年（1356），朱元璋攻克集庆。他采纳了朱升"高筑墙、广积粮、缓称王"的建议，以应天为据点，用韩林儿宋龙凤年号，逐步壮大自己的力量。直至至正二十四年（1364），朱元璋才自称吴王。至正二十七年（1367），改年号为吴元年。次年（1368）元月，朱元璋称帝，国号明，年号洪武。

洪武三十一年（1398）闰五月，明太祖朱元璋驾崩，朱允炆即位，改年号建文。建文帝用兵部尚书齐泰和大常卿黄子澄谋，定策削藩。

建文元年（1399）七月，燕王朱棣在姚广孝等人游说下以"清君侧"为名举兵起事，史称"靖难之役"。建文四年（1402）六月，李景隆和谷王朱橞打开南京金川门迎降，朱允炆不知下落。朱棣称帝，年号永乐。

明代洪武、建文、永乐三朝，以南京为都，称京师，计53年。永乐十九年（1421），成祖朱棣正式迁都北京。迁都北京后，改京师为南京，作留都。（图9-1）

明崇祯十七年即清顺治元年（1644），明朝残余势力福王朱由崧在南京称帝，建立所谓南明弘光王朝。这时的明代宫殿已破败不堪，朱由崧只能在武英殿"登基"了。次年，清军占领南京，朱由崧被俘。南明弘光王朝亡。

9.1 "国初三都"

明朝初年，在定都何处的问题上，决策层一直争论不休，朱元璋本人也一直犹豫不决，甚至在洪武、永乐年间建了3处都城，出现所谓"国初三都"的局面。[①] 最后以定南京、罢中都、迁北京而告终。

9.1.1 定都南京

元至正十六年（1356），朱元璋占领集庆，建军府于元御史台旧址即南宋行宫，改集庆路为应天府，属江南行省。

明太祖洪武元年（1368）八月，朱元璋宣布"以应天为南京，开封为北京"[②]，废江南行省，直隶中书省。**这是南京这个地方以"南京"作为正式地名的首次。** 次年九月又"诏以临濠（今安徽凤阳）为中都，……命有司建置城池宫阙，如京师之制焉。"[③] 建设中都耗费了大量财力物力，南京城的建设几乎停顿。洪武八年（1375），诏罢中都役作。洪武"十一年（1378）正月，改南京为京师"。建都南京的争议才告一段落。

但是，朱元璋的犹豫并没有随之结束。加之他对新宫也不满意，遂又萌生

---

① 王剑英.明中都·一、明初营建都城的概况.中华书局，1992
② （清）张廷玉等.明史·卷二·本纪第二·太祖二
③ 明太祖实录·卷四十五.转引自王剑英.明中都·一、明初营建都城的概况.中华书局，1992

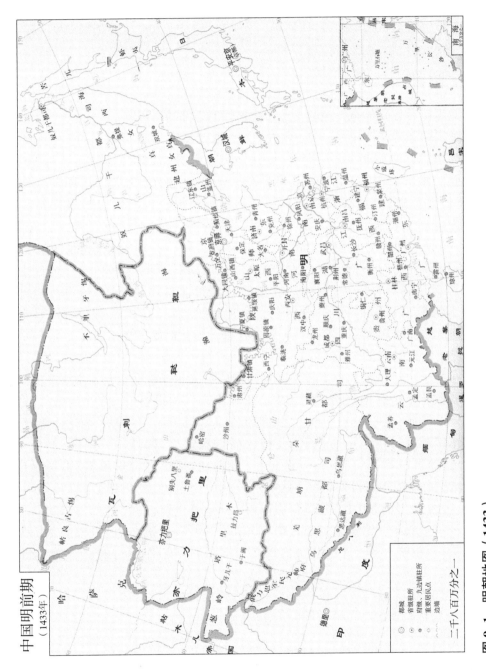

图 9-1　明朝地图（1433）
资料来源：张芝联，刘学荣．世界历史地图集．中国地图出版社，2002

迁都关中的想法,还派太子朱标赴陕西考察。洪武"二十四年（1391）八月,……敕太子巡抚陕西。……比还,献陕西地图,遂病。病中上言经略建都事。"[1] "后以太子薨不果"[2]。朱元璋在当年年底的《祭光禄寺灶神文》中说:"惟宫城前昂后洼,形势不称。本欲迁都,今朕年老,精力已倦,又天下初定,不欲劳民。且兴废有数,只得听天"。[3]

9.1.2 留都

朱元璋没有想到的是,他的儿子朱棣遂了他迁都的心愿。

燕王朱棣于建文四年（1402）攻占南京夺取帝位后,即于明永乐四年（1406）立北平为京都并改称北京,决定营建北京宫殿。永乐十四年（1416）八月下诏开工营建。永乐十八年（1420）北京宫殿建成。"凡庙社、郊祀、坛场、宫殿、门阙规制,悉如南京,而高敞壮丽过之"[4]。永乐十九年（1421）正式迁都北京,改京师为南京。朱棣迁都北京后,仍以南京为留都,南京原来的官署一个也没有取消,只是"别铸南京诸衙门印信,皆加南京二字"[5],形成南北两京的制度。

其实迁都也并非一帆风顺。从朱棣夺取帝位到下诏开工营建北京宫殿,其间经历了十几年。而且事有凑巧,朱棣正式迁都北京才几个月,永乐十九年（1421）四月初八日,北京新宫中的主要建筑奉天、谨身、华盖三大殿遭雷击起火,化为灰烬。许多大臣,本来就不愿意迁都,因此借此事交相上疏反对迁都。使迁都的争论又闹腾了一阵。

朱棣长子、仁宗朱高炽生长于南京,继位后又想迁都回南京。主要是因为北京仅是政治中心,而经济、文化中心仍在南京,相距遥远。在当时条件下,给统治全国带来了不少问题。明仁宗洪熙元年（1425）三月"戊戌,将还都南京,诏北京诸司悉称行在,复北京行部及行后军都督府。""四月……壬子,命皇太子谒孝陵,遂居守南京。"[6] 南京于是又成了明王朝京师。朱高炽还下令重新修葺南京皇城。可是当年五月朱高炽突然病死,还都南京成了终身遗愿,留下遗诏:"南北供亿之劳,军民俱困。四方仰咸南京,斯也吾之素心。"

又过了十六年,明英宗正统六年（1441）三大殿重新建成,迁都的争论才真正结束。"正统六年,于北京去'行在'字,于南京仍加'南京'字,遂为定制"。[7]

---

[1] （清）张廷玉等.明史·列传第三·兴宗孝康皇帝标
[2] （清）张廷玉等.明史·列传第三十五·胡广
[3] （清）顾炎武.天下郡国利病书·卷十三·江南一.转引自王剑英.明中都.一、明初营建都城的概况.中华书局,1992
[4] 明太宗实录·卷二百三十二·永乐十八年十二月癸亥
[5] 明太宗实录·卷二百二十九·永乐十八年九月丁亥
[6] （清）张廷玉等.明史·本纪第八·仁宗
[7] （清）张廷玉等.明史·志第四十八·职官一

为什么要"两京"？明朝宰辅、著名政治家丘浚说得明白："天下财赋，出于东南，而金陵为其会；戎马盛于西北，而金台为其枢。并建两京，所以宅中图治，足食足兵，据形势之要，而为四方之极者也。"[1]

9.1.3　关于定都与迁都

定都或迁都的争论，自明朝开国起一直到明正统六年（1441）北京三大殿重新建成，进行了七八十年。这一争论主要反映在 3 个方面，而最本质的其实是对南京在全国的地位的不同看法。

首先是所谓"六朝国祚不永"的忌讳。在南京建都的都是偏安一隅的短命王朝。就因为这一点而否定建都南京固然有迷信的成分，但也确实不能不引起朱元璋及其大臣们的思考。在当时条件下，因此而不想在南京建都是最自然不过了。

其次是朱元璋及其统治集团构成人员的籍贯因素。如果朱元璋不是凤阳人，当然就不会有"中都"之议。而其统治集团多为江浙皖人士，许多功臣更出身于淮西。江淮是与他们利害攸关的地区。所以，他们不愿意在开封建都，宁可选择凤阳。于是朱元璋在《中都告祭天地祝文》和《奉安中都城隍神主祝文》中说："及至彼（开封），民生凋敝，水陆转运艰辛，恐劳民之至甚。会议群臣，人皆曰古钟离（凤阳）可，……于此建都。""朕今新建国家，建都于江左，然去中原颇远，控制良难，择淮水以南，以为中都"[2]。仁宗朱高炽继位后迁都回南京之议也与他生长在南京不无关系。

但是朱元璋终究是位战略家。最终，他还是以"劳费"为由罢建中都。当然，建中都劳民伤财，引发了工匠的激烈抗争是其起因。而其深层次的原因是朱元璋统治集团内部矛盾日益加剧。出身淮西的功臣恃功自傲，结党谋私，朱元璋担心建中都会更加助长他们的势力。其实刘基早就向朱元璋建言："凤阳虽帝乡，然非天子所都之地"[3]。

其三也是最根本的是对南京在全国的地位的看法，也就是对南京的战略地位、山川形势、交通条件等的分析。明洪武二年（1369），"上诏诸老臣问以建都之地。或言关中险固金城，天府之国；或言洛阳天地之中，四方朝贡，道里适均；汴梁亦宋之旧京；又或言北平元之宫室完备，就之可省民力者。上曰：所言皆善，惟时有不同耳。长安、洛阳、汴京，实周、秦、汉、魏、唐、宋所建国，但平定之初，民力未苏息，朕若建都于彼，供给力役悉资江南，重劳其民；若就北平，要之宫室不能无更作，亦未易也。今建业长江天堑，龙盘虎踞，江南形胜之地，真足以立国。临壕则前江后淮，以险可恃，以水可漕，朕欲以

---

[1] （明）顾起元. 客座赘语·卷二·两都. 庚己编·客座赘语. 中华书局，1987

[2] 明太祖实录·卷九十九、八十

[3] 明太祖实录·卷九十九

为建中都，何如？群臣皆称善。"①可见，朱元璋认为，随着时代的变迁，全国各地城市的战略地位在改变。长安、洛阳、汴京，早已失去过去的战略地位、交通条件了。而南京"长江天堑，龙盘虎踞，江南形胜之地，真足以立国"。这样，明初就形成了南京、中都并存，并最终罢建中都的情况。

但朱棣夺取帝位后，情况就完全不一样了。朱棣于明洪武三年（1370）被封为燕王，洪武十三年（1380）受命就藩北平（北京），到他起兵"靖难"时，已在北京经营20年了，北京是他的发祥之地。在北京和南京各有利弊的情况下，他对北京的优势和南京的缺憾比其他任何人都看重，迁都北京也就不足为奇了。在当时的条件下，长江岸边的金陵，离重要的北部边陲，显得过于遥远。当时北方少数民族入侵中原的威胁并未消除。迁都北京，正是居重御轻，可以加强北部边防。所以朱棣的谋士们就认为"伏惟北京，圣上龙兴之地，北枕居庸，西崎太行，东连山海，俯视中原，沃野千里，山川形势，足以控制四夷天下，乃为成地万世之都"。

但即使如此，不论是定都北京还是南京，在当时条件下，都存在不少问题。仁宗朱高炽还都南京的举动就说明了这一点。于是才有"两京"之制。

9.2 应天府与京师

9.2.1 应天府

元至正十六年（1356），朱元璋攻克集庆，改集庆路为应天府，属江南行省。明洪武元年（1368），以金陵为南京，废江南行省，直隶中书省。洪武十一年（1378）正月，改南京为京师。所谓直隶中书省，即"南直隶"，其地域范围相当于今天的上海市、江苏省和安徽省。（图9-2）

9.2.1.1 地域范围

南京地域范围自明朝"始括江北二县。"成祖朱棣迁都北京，改京师为南京后，应天府辖上元、江宁、句容、溧水、溧阳、江浦、六合等七县。明"弘治四年（1491），析溧水十四区民，增置高淳。所领凡八县"，曰上元、江宁、句容、溧水、溧阳、高淳、江浦、六合。"东西相距三百六十里，南北相距四百六十里。"②明嘉靖《南畿志》记载，当时应天府有17镇、19市。明万历《应天府志》记载，当时应天府有27镇。

9.2.1.2 人口

朱元璋"定鼎金陵，趋旧民置云南，乃于洪武十三等年（1380），起取

---

① 明太祖实录·卷四十五

② （明）陈沂.金陵古今图考·应天府境方括图考.南京文献·第四号.南京市通志馆，民国36年

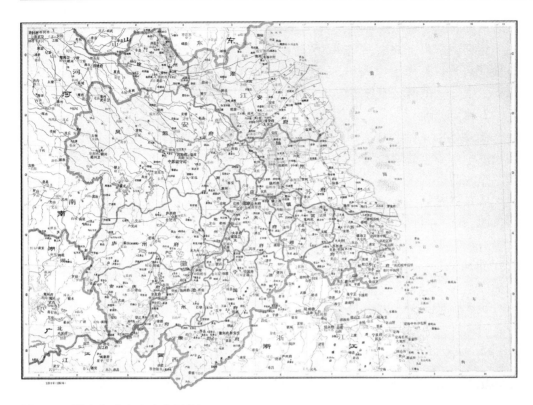

图 9-2　明南京（南直隶）地图
资料来源：谭其骧.中国历史地图集.中国地图出版社，1982~1988

苏、浙等处上户四万五千余家，填实京师"。① 南京人口增加很快，迅速成为上百万人的大城市。据记载，朱元璋刚入城时，南京约 95000 人。"洪武二十六年（1393）编户一十六万三千九百一十五，口一百十九万三千六百二十。弘治四年（1491），户一十四万四千三百六十八，口七十一万一千三。万历六年（1578），户一十四万三千五百九十七，口七十九万五百一十三。"②

9.2.1.3　交通

1. 航海

由于外交、贸易等需要，明初，尤其是永乐年间，往返海外非常频繁。《明史》就有很多出使外国的记载。"（永乐）六年，郑和使其国（占城）。……十年，……复命郑和使其国。""（永乐）十年命中官洪保等往（暹罗）赐币。"③

明代永乐三年（1405）至宣德八年（1433），郑和（1371~1433）受朝廷派遣，率领规模巨大的船队七次出海远航，最远到达非洲东海岸，同南洋、印度洋的 30 多个国家和地区进行友好和平的交流。远航的船只由南京宝船厂建造，

---

① （明）顾起元.客座赘语·卷二·坊厢始末.庚己编·客座赘语.中华书局，1987
② （清）张廷玉等.明史·志第十六·地理一·南京
③ （清）张廷玉等.明史·列传二百十二·外国五

然后从苏州刘家港出发。

近期南京出土的洪保墓碑，清楚记载了洪保乘"大福等号五千料巨舶"，"充正使使海外，航海七度西洋，由占城至爪哇，过满剌加、苏门答剌、锡兰山及柯支古里，直抵西域之忽鲁谟斯、阿丹等国……天方在数万余里……"。[1]

2. 水陆交通

南京作为京师，建有以南京为中心辐射全国的驿道网：东至辽东；西极四川松潘；西南至云南金齿；南逾广东崖州；东南至福建漳州；北至北平大宁卫；西北至陕西、甘肃。[2]

永乐迁都后，作为留都，"金陵绾毂两畿，辐辏四海。繇京师而至者，其路三：陆从滁阳、浦口截江而抵上河，一也。水从邗沟、瓜洲溯江而抵龙潭，二也。从銮江、瓜埠溯江而抵龙江关，三也。繇中原而至者，其路三：从寿阳、濡须截江而抵采石，一也。从灵壁、盱眙而抵乌江，二也。从皖之黄口截江而抵李阳河，三也。繇上江而至者，其路三：陆从采石江宁镇而抵板桥，一也。从姑孰、小丹阳而抵金陵镇，二也。水从荻港、三山顺流而抵大胜港，或径抵上新河，三也。繇下江而至者，其路五：陆从云阳走句曲而抵淳化镇，一也。京口起陆过龙潭而抵朝阳关，二也。舟至栖霞浦，走花林而抵姚方门，三也。水从京口溯江而抵龙江关，四也。又陆从湖州、广德、溧水而抵秣陵镇，五也。"[3]

应天府内大道主要有：龙江口迎宾道、钟山路、江东大道、沿江营堡连接道、牛首山大道、上元县至丹阳大道、淳化大道，分别通京口、卢州、宿州、扬州、凤阳的驿道和浦滁驿道。

3. 胭脂河与天生桥

为了沟通南京与两浙地区的漕运，使船只由太湖经东坝入石臼湖，再通秦淮河，关键是"尚阻溧水胭脂岗"。于是，明洪武二十六年（1393），朱元璋派崇山侯李新"督有司开胭脂河于溧水，西达大江，东通两浙，以济漕运。河成，民甚便之。"[4]李新组织两省数万民工，焚石浇水，利用热胀冷缩的原理，凿河7.5公里，上接石臼湖，下连秦淮河，在洪兰埠附近入石臼湖。

在工匠们开凿胭脂河时将石质最硬、地势最高的两处留下，而从地下凿通石头成胭脂河，顶部自然成桥。这种人工开凿运河留石为桥的做法十分罕见，它体现了古代工匠们的智慧。可惜南桥早在明嘉靖七年（1528）崩塌，仅余北桥。现存天生桥长34米、宽9米、厚8.9米，桥面高程35米，河底高程3.5米。[5]（图9-3）

---

① 洪保墓出土碑文透出惊人信息.南京日报，2010年11月10日，A6
② 明太祖实录·卷二百三十四
③ （明）顾起元.客座赘语·卷二·南京水陆诸路.庚己编·客座赘语.中华书局，1987
④ （清）张廷玉等.明史·列传第二十·李新
⑤ 季士家，韩品峥.金陵胜迹大全·风景名胜编·胭脂河与天生桥.南京出版社，1993

图 9-3　天生桥

随着永乐迁都北京，胭脂河漕运任务渐渐废弃。尤其是明万历十五年（1588）的大水，更使两岸岩石不断滚落，胭脂河逐渐淤塞，终至断航。

4. 关

明朝在水陆要冲及商品集散地设"关"，掌客商贩运之税收。"关"也是交通结点。龙江关在仪凤门外，亦称下关；上新河关在江东门外上新河；大胜关在大胜港（原名大城港，因朱元璋在此大败陈友谅而改），亦称上关；江淮关在江浦县东南三里。金陵四十八景之一的"龙江夜雨"即指下关龙江边（今三汊河一带）景色。

5. 邮驿

明代自京师至四方，都设有邮驿组织。在京师称会同馆，在外叫水、马驿和递运所，用于人员往来，货物运载。而公文递送，则置急递铺。水马驿、递运所的交通工具，主要是马、驴、牛、车、船。急递铺则专职公文递送。

会同馆设于通济门内今公园路一带，为全国驿务总枢纽。驿有龙江水马驿、江东驿、龙江马驿、大胜水驿、江宁驿、秣陵驿、龙潭驿、江淮驿和乌蛮驿。当时这些驿馆也是国家的高级招待所，南亚和西亚各国的使臣和商人来南京，就分别住在会同馆、乌蛮驿、龙江驿及江东驿内。迁都北京后，南京作为留都，会同馆继续保留。①

9.2.1.4　工场及工匠集居地

朱元璋为建设京师，从全国各地调来了大批工匠，同时也调集大量建筑材料，制作构配件。在沿江建造船厂。

1. 皇木场

城外江边为大型工场及货物集散地。建造宫殿需要从外地调运大量木材。隔夹江与江心洲相望的上新河，建有工部的广积场（民间称"皇木场"），是著名的木材集散地。设新江关（也称西新关）于此。

明末在距上新河镇棉花堤以北建太阳宫。因木材频遭火灾，为祈求火神照应、赐福，湖南、湖北二帮协商后选址购地共建太阳宫。宫中敬立火神（太阳），即在殿内迎面墙壁上装一面直径 2 米的太阳形状窗户为神。

---

① 南京市地方志编纂委员会 . 南京邮政志 · 第一章机构沿革 · 第一节古代通信

2. 石匠村——"窦村"

从全国各地调来的大批石匠，被集中安排在出产石料的青龙山前居住。石匠们在青龙山开采各种尺寸的青石，通过秦淮河运到城里，并在明城墙、明故宫、明孝陵等工地上现场雕成需要的石构件。石匠们住的地方就被称为"斗村"，就是各地的人"斗"在一起形成的村，久而久之成了"窦村"。石匠们用山上的石头盖房铺路，还专门仿照南京城的样子，环村建了十三道城门，以利于防盗安居。如今窦村的居民多是明初石匠的后代，他们中有很多姓氏，只是没有姓窦的。

"永乐三年（1403）秋，于阳山采石为孝陵碑。石长十四丈，阔三之二，厚一丈二尺，黝泽如漆。"[1]今阳山南麓有碑材三块。碑材已有雏形，但终弃而未用，可能是实在太大了。其中碑座石材高 13 米，宽 16 米，长 30.35 米，重达 1.6 万吨；碑身石材长 49.40 米，宽 4.4 米，高 10.7 米，重 8799 吨左右；碑额石材高 10 米，长 20.3 米，宽 8.40 米，重 6000 吨左右。

3. 窑岗村琉璃窑址

窑岗村一带是当年为建造宫殿和大报恩寺琉璃塔烧制琉璃构件的地方。琉璃窑址东到今雨花西路，西到今赛虹桥宁芜铁路边，南到今纬八路，北到今雨花台区安监局。在芙蓉山、眼香庙一带挖到琉璃制品，有龙纹、凤纹瓦当和番莲纹滴水、脊瓦等，与明故宫、明孝陵建筑物的构件一样。同时还出土了标有层数和左右等字样的琉璃构件。

据史料记载和学者考证[2]，明初窑岗村至西善桥一带有 72 座大窑。制造琉璃需要两种重要的材料：白泥——瓷土；红土——含硫磺亚铁的土壤，着色琉璃的主要原料之一。这两种主要原料都要从外地运来。白泥多产于安徽太平府土山和江西景德镇。白泥和红土的存放地点在后来都成了地名——白泥地和红土塘。白泥地位于今南京同仁堂制药厂西侧，宁芜铁路东百米处。红土塘在南京同仁堂制药厂东约百米处。

这里还建有眼香庙。因窑工长年烧窑容易被窑场沙土伤眼，于是建庙请眼香娘娘保佑窑工的双目健康。传说该庙除了供奉护眼神外，在主持和尚手中有一张琉璃构件藏宝图。工部会定期把报缺的琉璃构件清单交主持，由主持命人由眼香庙内的秘道潜下地下库房将构件配齐。

烧造成的琉璃通过南河进入到秦淮河，在距离大报恩寺最近的窑湾停靠，大量的琉璃构件就临时堆放在窑湾以备使用。窑湾（今窑湾街），位于中华门外长干桥，紧靠秦淮河的上码头、下码头。

据说 1958 年以前，窑岗村有一条用废旧琉璃砖瓦铺成的"琉璃路"。从拖板桥向东穿过现在的亿源装饰城，过窑岗村、眼香庙转向北，穿过今南京第二化工机械厂，直达中华门外西街。琉璃路全长约 2 公里、宽 2 米多。

---

[1] （明）顾起元. 客座赘语·卷三·孝陵碑石. 庚己编·客座赘语. 中华书局, 1987
[2] 据江苏郑和研究会副秘书长郑自海考证, 扬子晚报, 2008 年 05 月 17 日

4. 宝船厂和龙江船厂

明初"定鼎金陵。环都皆江也,四方往来,省车挽之劳,而乐船运之便。……后定都燕京,南北相距水程数千余里,百凡取办于南畿。船日多"[1]。同时,明初,尤其是永乐年间,往返海外非常频繁。所以自明洪武初,即沿用宋、元时期在龙湾的"都船场"等建造船厂。

据现有史料,明朝在南京城西北至少有两个大船厂——宝船厂和龙江船厂。由明嘉靖三十年(1551)任龙江船厂主事的李昭祥撰写的《龙江船厂志》及其附图可知宝船厂和龙江船厂不是同一个厂,而是两个厂。《龙江船厂志》中提到了宝船厂,而且用"该厂"指宝船厂。这两个厂分处秦淮河两岸,宝船厂在秦淮河西、长江边;龙江船厂在秦淮河东定淮门附近。

（1）宝船厂

"宝船厂……洪武、永乐中,造船入海取宝。"[2]"今城之西北有宝船厂。永乐三年(1403)三月,命太监郑和等行赏赐古里、满剌诸国,……宝船共六十三号,大船长四十四丈四尺(约合 139 米),阔一十八丈(约合 56 米);中船长三十七丈,阔一十五丈。"[3]在明末军事家茅元仪撰辑的《武备志》的"自宝船厂开船从龙江关出水直抵外国诸番图"(一般简称"郑和航海图")中不仅提到宝船厂而且画出明确位置。它位于秦淮河入江口的西侧,即今南京城西北角的三汊河地区中保村一带,20 世纪 70 年代尚存当年造船的"作塘" 7 个以及"娘娘宫"数间。"作塘"长 300 米,宽 50~60 米或 40~50 米不等。1957 年在船场遗址出土一个全长 11 米以上的巨型舵杆。由于高超的造船技术和巨大的生产规模,才建造出"五千料巨舶",支撑了郑和、洪保等庞大的船队和伟大的西洋之旅。

（2）龙江船厂

明朝还另有一个龙江船厂。《龙江船厂志》中记载,"洪武初,即都城西北隅空地,开厂造船。其地东抵城濠,西抵秦淮卫军民塘地,西北抵仪凤门第一厢民住廊房基地,南抵留守右卫军营基地,北抵南京兵部苜蓿地及彭城伯张田","路由马鞍山下逶迤,属之通衢"。"厂地外萦天堑,内依石城,衍沃四望,卢龙、马鞍、挂榜诸峰,前后拱揖,足称形胜"。厂区东西阔 138 丈,南北深 354 丈。[4]《龙江船厂志》并附有龙江船厂示意图。(图 9-4)

龙江船厂"自洪武初年,专为战舰而设也。"[5]而后"乃括提举司所修造者,类而为五:曰黄、曰战、曰巡、曰渔、曰湖是已。"大的如"大黄船"、"四百料战座船"等,小的如"后湖平船"、"金水河渔船"等。[6]

---

① （明）欧阳衢.龙江船厂志序.李昭祥.龙江船厂志.江苏古籍出版社,1999
② （明）李昭祥.龙江船厂志·卷之三·官司志.江苏古籍出版社,1999
③ （明）顾起元.客座赘语·卷一·宝船厂.庚已编·客座赘语.中华书局,1987
④ （明）李昭祥.龙江船厂志·卷之四·建置志.江苏古籍出版社,1999
⑤ （明）李昭祥.龙江船厂志·卷之三·官司志.江苏古籍出版社,1999
⑥ （明）李昭祥.龙江船厂志·卷之二·舟楫志.江苏古籍出版社,1999

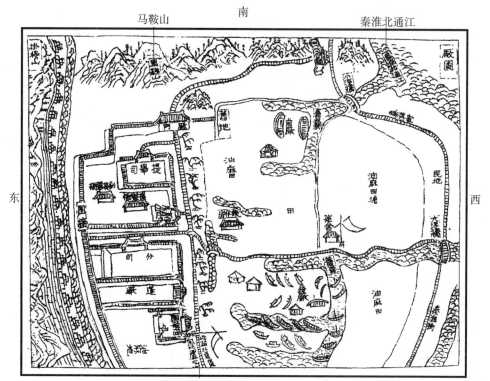

图 9-4　龙江船厂
资料来源：（明）李昭祥 . 龙江船厂志 . 江苏古籍出版社 .1999

9.2.2　京师

朱元璋称帝前后，对定都南京虽有犹豫，但已开始按帝都规划建设南京。经过二三十年的努力，**南京成为规模空前、壮丽无比的一国京师。**

作为京师，明南京有四重城郭构成：宫城—皇城—都城—外郭（图 9-5）。

9.2.2.1　宫城

宫城是核心，它的位置和形制成为整个京师布局的决定因素。朱元璋攻克后的集庆，虽已历经宋、元的改建，但主要基础还是南唐的建康城。"旧内（指朱元璋的吴王府，即南唐的宫城）在城中，因元南台为宫，稍庳隘。上命刘基等卜地，定作新宫于钟山之阳，在旧城（南唐城）东，白下门之外二里许。"[①] 朱

---

① 明太祖实录·卷二十一·丙午年八月庚戌。另《庚己编》载：刘基"尝对御言及道士（刘基拜其为师）。上令驿召至阙，年且八十，而容色甚少。命与诚意（刘基）及张铁冠择建宫之地，初各不相闻，既而皆为图以进，尺寸若一。"（［明］陆粲 . 庚己编·卷第十·诚意伯 . 庚己编·客座赘语 . 中华书局，1987）

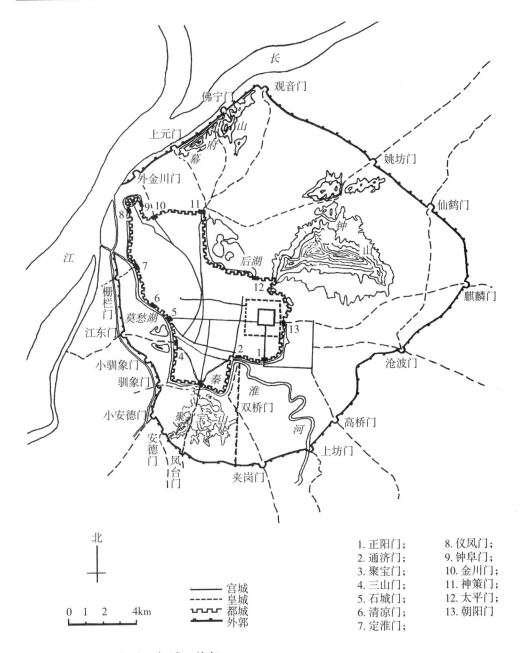

北

0 1 2   4km

—— 宫城
---- 皇城
⊔⊓⊔ 都城
▪▪▪ 外郭

1. 正阳门；   8. 仪凤门；
2. 通济门；   9. 钟阜门；
3. 聚宝门；   10. 金川门；
4. 三山门；   11. 神策门；
5. 石城门；   12. 太平门；
6. 清凉门；   13. 朝阳门；
7. 定淮门；

图 9-5　宫城—皇城—都城—外郭

元璋和刘基等人避开了繁杂的南唐旧城，也避开了早已废弃的六朝旧城，在其东另选新址。这样回避了"六朝国祚不永"的忌讳，更避免了大量的拆房扰民。旧城以东当时是相对开阔的郊野，北部的燕雀湖面积不大，填平可作宫殿，而以龙广山（今富贵山）为中轴线起点，完全可以实现朱元璋在此"立国"的宏伟蓝图。

9.2.2.2 皇城

宫城位置既定，中轴线也就确定。按照传统，左祖右社、前朝后宫，皇城的布局也不难定夺。

古代规模不大的国都往往没有皇城，也可以说宫城、皇城不分。如南唐宫城也称皇城。明初南京先建宫城，此时宫城、皇城名称常常混用，将宫城称为皇城，以至后人将宫城门名当成了皇城门名，如西安门长期被误称为西华门。

9.2.2.3 都城

问题在于整个都城怎么布局，按照传统，宫城应在都城内居中偏北。但这样很难处理新城与旧城的关系，新城也会相当局促。

朱元璋和刘基的雄才大略破解了这一难题，创造了既继承传统，又不拘泥于旧规的杰出典范——明都城。

宫城、皇城及其中轴线的布局都是传统的，中规中矩，充分表现了皇权的至高无上和气势的恢弘。

而都城却完全体现了管子的思想，"因天材，就地利，故城郭不必中规矩，道路不必中准绳。"宫城、皇城没有居中于都城；都城平面形状非方非圆，把新城、旧城以及近处的制高点都包括入内；城墙或利用南唐旧城，或依山就势而筑；护城河尽可能利用已有河道，玄武湖、燕雀湖的残留部分——前湖、琵琶湖也作为护城河的一部分，明代开挖的只是城北和东南护城河，城与河的间距有宽有窄，在外秦淮河离城墙较远的段落，另挖城壕（图9-6）。

9.2.2.4 外郭

外郭也是明南京独有的。为了加强京师的城防，外郭围入了幕府山、紫金山、聚宝山（今雨花台）等军事制高点。圜丘（天坛）、方丘（地坛）分别在"正阳门外钟山之阳"、"太平门外钟山之北"，都在外郭之内。孝陵、皇家墓地、功臣附葬区也在外郭之内。所以说皇家的所有功能在外郭之内是一应俱全了。

外郭的设置，使宫城、皇城大体处在了居中的地位，弥补了在形制上皇城、宫城"居极东偏"的缺陷。

9.3 都城

9.3.1 城墙的修筑

都城的修筑[1]始自朱元璋称帝前两年即元至正二十六年（1366），完成于明洪武二十六年（1393），历经20余年。建城的时序反映出建都南京的犹豫和都城的规划意图。

元至正二十六年（1366），"拓建康城。初，建康旧城西北控大江；东进白

---

① 季士家，韩品峥．金陵胜迹大全·文物古迹编·明代南京城．南京出版社，1993

1. 钟楼；　　2. 鼓楼；　　3. 皇城；　　4. 宫城；
5. 社稷坛；　6. 太庙；　　7. 圜丘；　　8. 孝陵

图 9-6　明都城

下门，外距钟山既阔远，而旧内在城中，因元南台为宫，稍庳隘。上命刘基等
卜地，定作新宫于钟山之阳，在旧城（南唐城）东，白下门之外二里许。故改
筑新城，东北尽钟山之趾，建亘周回凡五十余里，规制雄壮，尽据山川之胜焉。"
这一新城自通济门向东，经今中山门，止于今太平门西侧，于第二年即吴元年
（元至正二十七年，1367）八月完工。

　　新城自通济门向南的东墙、南墙和西墙，则利用南唐的江宁府城的城墙，
加厚、增高，形成通济门经聚宝、三山至定淮门（或清凉门）段。新城的北面
新筑太平门至今鸡鸣寺北段。时间约在元至正二十六年（1366）至明洪武十年
（1377）以后。1973 年在解放门西段城墙维修时发现城砖中有"洪武十年 × 月

× 日"的铭文。

最后完成的是由定淮门（或清凉门）经仪凤、钟阜诸门至神策门和今解放门至神策门玄武湖西岸的城墙。据明洪武十九年（1386）十二月的上谕："诏中军都督府督造……新筑后湖城"，说明这段城墙为洪武十九年（1386）十二月以后才开工。

今解放门西有一段250米长，现被称为"台城"的废城墙。这段城墙由东向西，可能表明原拟由此向西与定淮门或清凉门接合。但当想把江防要地狮子山等围入城内后，就停止了西进，改由沿玄武湖西岸北上，到神策门接合向西。

"京师城垣，洪武二十六年（1393）定。……城周围九十六里，门十三，曰：正阳、通济、聚宝、三山、石城、清凉、定淮、仪凤、钟阜、金川、神策、太平、朝阳。"[1]

9.3.2 都城结构布局

9.3.2.1 城池

南京明代都城城池不仅有城墙、城门，还有护城河、瓮城、水关，真可谓"金城汤池"。

1. 城墙

城墙蜿蜒曲折，依山傍水，顺其自然，或高或低，就势而筑。有的城墙就是山体本身。（图9-7a、图9-7b、图9-7c）

经实测，明城墙周长35267米。现仍高出地面大于5米、基本完好的长22425米；尚存遗迹（高出地面不足5米）的2666米，地面无遗迹的遗址10176

图9-7a　由钟山远眺龙广山上的明城墙

图9-7b　石头城——明城墙清凉山段

---

[1]　大明会典·卷之一百八十七.转引自南京市明城垣史博物馆编.城垣沧桑——南京城墙历史图录.文物出版社，2003

图 9-7c　玄武湖畔明城墙
资料来源：南京市明城垣史博物馆 . 城垣沧桑——南京城墙历史图录 . 文物出版社，2003

米。墙高一般在 14~21 米；最高 26 米（琵琶湖段）。墙底宽 14 米左右。顶宽 7
米左右，最宽 19.75 米（西干长巷段）；最窄 2.6 米（富贵山西侧）。沿城墙的护
城河（湖）全长 31195 米。[①]

明都城城墙范围内面积约 43 平方公里。

清凉门西北约 500 米处，依山筑城，墙体直接砌在石壁之上，留下一块长
约 6 米，宽近 3 米的赭红色砾岩，凹凸不平，其状如一张有鼻有眼、面目狰狞的
脸，故称为"鬼脸"，由此，后人称其为"鬼脸城"。"鬼脸"前有一水潭，名之曰
"镜子塘"，有鬼脸照镜的传说。

2. 护城河

都城护城河南部利用"杨吴城濠"，加宽至约 120 米；西面利用外秦淮河，
在外秦淮河离城墙较远的段落，另挖城壕；[②]东北面利用玄武湖、前湖、琵琶湖；
北面和东南面则另开宽阔的城壕。玄武湖的西南一角包入城内，留下一个大水塘，
即今西家大塘。但护城河并没有环绕全城。由于地势关系，在钟山之麓便利用
山坡陡峻，没有护城河。

3. 城门

"都城之域，惟南门、大西、水西三门因旧，更名聚宝、石城、三山。自旧
东门处，截濠为城，沿淮水北崇礼乡地，开拓八里。增建南出者二门，曰通济、

① 南京市文物局 2006 年 2 月 16 日公布的数据。
② 由李昭祥的《龙江船厂志》及其附图可知，龙江船厂附近的城墙除外秦淮河外另有城壕 . 见（明）
  李昭祥 . 龙江船厂志·卷之四·建置志 . 江苏古籍出版社，1999

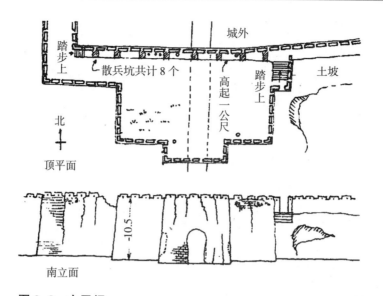

图 9-8 太平门

资料来源：南京市城墙损坏情况调查表（1954 年 8 月 3 日），南京市城建档案馆

正阳。自正阳以东而北，建东出者一门，曰朝阳。自钟山之麓曰龙广山，围绕而西，抵覆舟山，建北门，曰太平（图 9-8）。又西据覆舟、鸡鸣山，缘湖水以北，至直渎山而西八里，又建北出者二门，曰神策、金川。自金川北，绕狮子山于内，雉堞东西相向，亦建二门，曰钟阜、仪凤。自仪凤迤逦而南，建定淮、清凉二门，以接旧西门。……东尽钟山之南冈，北据山控湖，西阻石头，南临聚宝，贯秦淮于内外，横缩屈曲，计周九十六里。"[①]

三山门旧称水西门；石城门又称汉西门，俗称旱西门。

城门上均建有城楼，有瓮城的城门在瓮城上还设闸楼。

4. 瓮城

明南京城门大多设有瓮城。瓮城，是古代冷兵器时代城垣的重要护卫设施。南京明城墙可以说是集瓮城形制之大成，有外瓮城、内瓮城，有两者结合的；规模有大有小，平面形状各异。南京明城墙一反中国传统的外瓮城旧制，将瓮城设置在城门内。内瓮城的形制，为明初南京城墙首创。这是因为南京城墙呈不规则形，真正直线段不长，各段城墙间容易组织侧防。而且由于内瓮城设置在城门的内侧，就有条件设置藏兵洞，这是外瓮城所难以做到的。正阳门不仅有内瓮城，也有外瓮城。而太平、金川、钟阜、仪凤、定淮诸门未见构筑瓮城，因为这些地段城墙更形曲折，周边岗垄可以作为制高点加强城门的防御能力。

明城墙的瓮城十分坚固，具有强大的防御能力。尤其是聚宝门，城堡东西

[①]（明）陈沂. 金陵古今图考·国朝都城图考. 南京文献·第四号. 南京市通志馆，民国 36 年

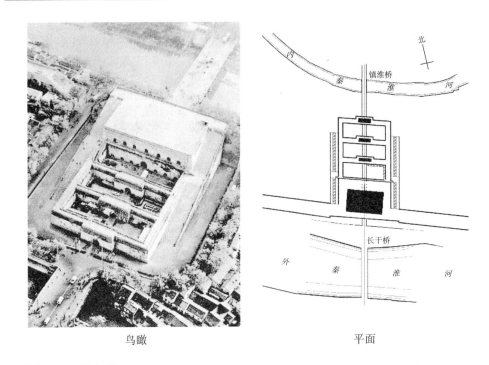

鸟瞰　　　　　　　　　　　　　　　　平面

图 9-9　聚宝门

资料来源：鸟瞰引自：南京市明城垣史博物馆.城垣沧桑——南京城墙历史图录.文物出版社，2003

宽 118.5 米，南北长 128 米，占地面积约 1.5 万平方米，设计巧妙，结构完整。有四道城墙隔成三道瓮城。城门高 21.45 米，各门均有双扇木门和可上下启动的千斤闸。城堡内有藏兵洞 27 个，战时用以贮备军需物资和埋伏士兵。东西两侧设马道用于运送军需物资，将领亦可策马直登城头。（图 9-9）

各个城门及其瓮城平面形状都因地形、地势的不同而不同。

聚宝门平面看似矩形，其实呈平行四边形。这是由于都城的南墙与都城中轴线并不垂直，聚宝门的南北向城墙平行都城中轴线，而东西向城墙平行都城的南墙。

通济门也有三道瓮城，整个城门呈船形（图 9-10a、图 9-10b）。

三山门的平面形状与通济门一样为三道瓮城，呈船形，只是规模略小（图 9-11）。

从《陆师学堂新测金陵省城全图（1908）》可知，正阳门既有内瓮城，也有外瓮城，这也是城墙建筑史上独一无二的（图 9-12）。

神策门是南京城唯一只有外瓮城的城门，而且瓮城平面完全按地势呈不规则形（图 9-13）。2004 年 4 月，在神策门维修中发现，外瓮城东南侧因坍塌暴露出的墙体内部所填青砖的尺寸，较之明代城砖规格要小。主城墙砌筑规整，而在瓮城墙体内部，却没有一定的规制。在外瓮城东侧与主城墙接合部，没有相互间咬合，明显是两个时期建造。不仅如此，外瓮城所用的黏合材料明显劣

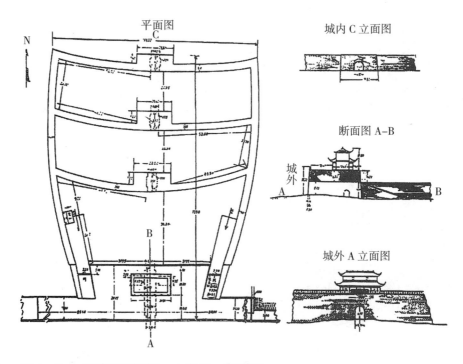

图 9-10a　通济门平面图、立面图、断面图

资料来源：郭湖生 . 中华古都 . 台北空间出版社，2003

图 9-10b　通济门鸟瞰（1929 年）

资料来源：朱偰 . 金陵古迹名胜影集 . 商务印书馆，民国 25 年

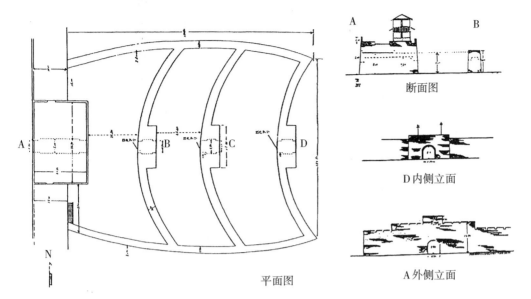

图 9-11　水西门平面图、立面图、断面图
资料来源：郭湖生 . 中华古都 . 台北空间出版社，2003

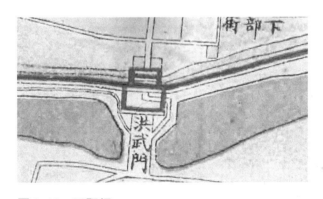

图 9-12　正阳门
资料来源：陆师学堂新测金陵省城全图，1908

于主城墙段。曾有学者认为神策门外瓮城为太平天国时筑。[①]而有史料表明，神策门在明代建造时就有外瓮城。清军攻打天京时，神策门外瓮城被毁，清军占领天京后，神策门瓮城及其附近的城墙得以修复。修筑者难免马虎了事，修修补补，主城墙和瓮城之间不再是完整的一体了。[②]

5. 水关、水闸

除 13 座城门外，城墙两次跨秦淮河，一次跨金川河，各设有东水关、西水关和北水关。

① 杨国庆，王志高 . 南京城墙志 · 第七章明城墙的修缮 · 第二节清代 . 凤凰出版社，2008
② 现代快报 .2012 年 02 月 06 日

图 9-13　神策门
资料来源：照片引自：朱偰.金陵古迹名胜影集.商务印书馆，民国 25 年

东水关（图 9-14）和西水关均设有水闸、桥道和藏兵洞，可以控制秦淮河出入城的水量，作为桥梁供人行走，又是防御工事。水关大小 33 个券洞，分 3 层，每层 11 个洞。上面两层 22 个为藏兵洞，向城外一侧封堵。下面一层 11 个洞通水，每个涵洞设有 3 道门，前后两道为防止敌人潜水进城的栅栏门，中间一道用绞关可以闭合，以控制水位。11 个涵洞的中间一洞稍大，以活动铁栅替代固定铁栅，

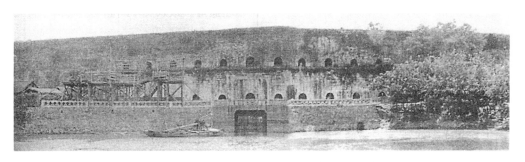

图 9-14　东水关（1958 年）

资料来源：南京市明城垣史博物馆 . 城垣沧桑——南京城墙历史图录 . 文物出版社，2003

以通舟楫。[1]

　　此外，在玄武湖南的城墙下建造了"通心水坝"（清同治年间建武庙后，称"武庙闸"）。大闸的进水槽弯弯曲曲长 40 米。高达数丈的闸槽以及总长 143.9 米的隧道，全由管径为 0.92 米的铜管（每节长 0.85 米，共 103 米）和铁管（每节长 0.82 米，共 37 米）组成，十分坚固。隧道中还有一把随水流不断旋转的镞刀，能斩断杂草，不使水路堵塞。闸身长宽各 7.5 米，方井深 8.5 米，穿城隧道称为"灵福洞"。临闸口上方城肚内，还有一砖砌瓮室，高约 2.5 米，有 3 间居室大小。[2] 城内侧出水闸，用条石砌如方井，闸板由相叠的两重铜盘组成。上盘可提升，盘下面有圆榫五，下盘固定，有圆孔五。闭闸时，榫嵌入圆孔，水阻不流；开闸时，提升上盘，水由下孔溢出。此种铜闸，在故宫内五龙桥金水河穿过宫城处也有发现。此国内罕见，仅南京明城有数处遗物，表现了明代的科学技术水平高超，非常珍贵。[3]（图 9-15）

9.3.2.2　中轴线

　　南京明城继承了曹魏邺城、东晋建康、唐长安和元大都的传统，宫城—皇城—都城有一条共同的中轴线。

　　南京明都城虽为不规则形，但不仅宫城、皇城是同一条中轴线，而且与都城的主要轴线重合，形成了南起都城的正阳门（今光华门），北至皇城的玄武门，长达 3 公里余的中轴线。由南而北排列着皇宫的所有最主要的建筑：正阳门、洪武门、承天门、端门、午门、奉天门、奉天殿、华盖殿、谨身殿、乾清门、乾清宫、坤宁宫、玄武门。轴线最主要的部分与北京城的中轴线几乎是一样的，不同仅仅是北京城的中轴线多一个"尾声"——经过景山，到鼓楼和钟楼。由于南京都城的特殊形制和地势，钟楼和鼓楼建在了都城西北部的岗地上，接近都城的中央。

---

[1]　杨国庆，王志高 . 南京城墙志·第四章明城墙营建与布局·第三节京城 . 凤凰出版社，2008
[2]　李源 . 玄武湖趣史·明代的水利杰作——武庙闸 . 江苏古籍出版社，2001
[3]　郭湖生 . 中华古都·第一部分：历代都城·九、明南京（兼论明中都）. 台北空间出版社，2003

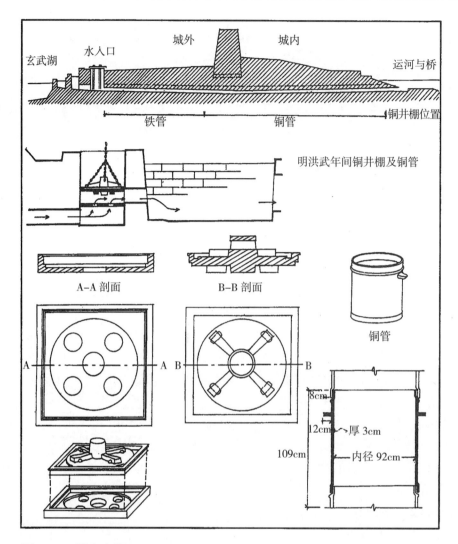

城外　城内

玄武湖　水入口　运河与桥

铜井棚位置

铁管　铜管

明洪武年间铜井棚及铜管

A-A 剖面　B-B 剖面

铜管

A　A　B　B

8cm
12cm　厚 3cm
109cm　内径 92cm

图 9-15　通心水坝

资料来源：郭湖生. 中华古都. 台北空间出版社，2003

即使少了"尾声"，南京城这样的中轴线，也已经是气象万千，非同凡响了。尤其是进了洪武门，一直往里，形成了千门万户、禁宫深院的奇特景象。"千门万户，兆庶仰其威神"。[①] 在当时，两旁排列着仪仗、刀斧手，殿门前钟磬齐鸣、香烟缭绕，丹墀上下跪满了文武大臣，在这种排场之下，走在这条中轴线上，的确会给人以精神上的莫大压力，使人感到宫廷威武森严，不寒而栗。

9.3.2.3　社稷坛和太庙

明代开始，太庙和社稷坛在皇城内紧靠中轴线左右布置。

社稷坛于元至正二十七年（1367）建于"宫城之西南"，"在端门之右。旧

---

① （唐）刘知几. 史通·内篇书志第八

社稷坛全景（上）

社稷坛北门（左）

图 9-16　社稷坛遗迹（20 世纪 30 年代）

资料来源：朱偰. 金陵古迹名胜影集. 商务印书馆，民国 25 年

尝分祭，有乖礼意者多。皇上历考古制，互有不同，以为五土生五谷，所以养夫民者也。分而祭之，生物之意若无所施。于是合祭于一，春祈秋报，岁率二祀"[①]。（图 9-16）

[①]（明）礼部. 洪武京城图志·坛庙. 南京文献·第三号. 南京市通志馆，民国 36 年

太庙在宫城东南，与社稷坛分列中轴线之左右。"明初作四亲庙于宫城东南，各为一庙。皇高祖居中，皇曾祖东第一，皇祖西第一，皇考东第二，皆南向。……（洪武）八年（1375），改建太庙。前正殿，后寝殿。殿翼皆有两庑。寝殿九间，间一室，奉藏神主，为同堂异室之制。九年十月，新太庙成。"[①]

9.3.2.4 鼓楼、钟楼

明洪武十五年（1382）建鼓楼，位置在城防驻地范围内，坐西北面东南。"在今北城兵马司东南，俗名为黄泥冈。"[②]鼓楼下部台座尚存。

《洪武京城图志》文字记载及所附《楼馆图》标明，钟楼"在鼓楼西"[③]。《南都都察院志》载："钟楼原在坐子铺，建于明洪武十五年（1382），楼上悬鸣钟一口，洪武二十四年（1391）四月二十日，铸造立钟一口于楼前，洪武二十五年（1392）十二月十四日[④]，造卧钟一口于府军卫后岗。到了清康熙年间，钟楼倒塌，鸣钟、立钟皆毁，惟独卧钟尚存，半陷于土中，俗称倒钟厂。卧者于光绪十五年（1889）由江宁布政使许振祎在此建亭悬挂，称铁柱亭（大钟亭）。"[⑤]说明今大钟亭的位置不是明代钟楼所在，所挂的大钟也不是原钟楼的鸣钟、立钟，而是另外一口造于府军卫后岗的"卧钟"。

考古发掘印证了这一点。在鼓楼西侧约 100 米处的一高岗上曾发现一遗迹。该遗迹内距地表约 3 米处出土了大量炉渣、铜渣、烧土块、木炭灰、板瓦以及各种陶、瓷器碎片。从出土文物看，这处遗迹应为明初为钟楼就近铸钟的地方。

明代都城平面形状虽然不规则，但钟楼、鼓楼的位置接近都城的中央。

9.3.2.5 道路

都城内道路由官街、小街、巷道形成道路网络，分两大部分：旧城范围沿袭历史，以六朝、南唐形成的道路为基本骨架；新城则以宫城为核心，以御道为轴线。两大部分之间通过竺桥、玄津桥、复成桥和白下桥以东西向道路联系起来。主要道路有：

南北向 7 条：

六朝、南唐的中轴线，即聚宝门—内桥—卢妃巷—香铺营（今中华路、洪武路、洪武北路）；

明御道（今御道街）；

陡门桥—高井大街（今丰富路）—糖坊桥—估衣廊—北门桥—大树根—神策门；

仓巷口—鼓楼—仪凤门—龙江关；

广艺街—火瓦巷—成贤街—文庙；

---

① （清）张廷玉等.明史·志第二十七·礼五（吉礼五）
② （明）礼部.洪武京城图志·楼馆.南京文献·第三号.南京市通志馆，民国 36 年
③ （明）礼部.洪武京城图志·楼馆.南京文献·第三号.南京市通志馆，民国 36 年
④ 按现存大钟的铭文为"洪武二十一年（1388）九月吉日铸"。
⑤ 季士家，韩品峥.金陵胜迹大全·文物古迹编·明代南京城.南京出版社，1993

针巷—太平街—吉祥街—土街（今太平南路）；

双桥门—通济门—玄津桥—太平门（今龙蟠南路、龙蟠中路）。

东西向 7 条：

北安门—羽林（小营）—洪武街（今珠江路浮桥至莲花桥）—焦状元巷（今广州路东段）—清凉故道（今广州路西段）—清凉门；

玄津桥—汉王府（今汉府街）—管家桥—五台山（今长江路、华侨路）；

西安门—玄津桥—土街（大行宫）—双石鼓—罗寺转弯—石城门（今中山东路西段、汉中路东段）；

复成桥—常府街—户部街—丰富巷（今石鼓路）—汉西门大街—石城门；

白下桥（大中桥）—中正街—内桥—朝天宫南—堂子街—石城门（今白下路、建邺路）；

白下桥（大中桥）—文思院—驴子市（三山街）—水西门（今白下路、昇州路）；

武定桥—尚书坊—新桥—来凤街（今长乐路、集庆路）。

此外在旧城还有竺桥经如意里、豆菜桥至五台山，以及沿内秦淮河两岸的道路；新城还有长安街（今八宝前街、八宝东街）、崇礼街（今大光路）等。[1]（图 9-5）

9.3.3　功能构成

从功能上讲，都城内由三大区构成：东部为宫殿衙署，南部为市区，西北为城防驻地。

9.3.3.1　宫殿衙署

东部地区，主要是以宫城为中心的皇城及其外围的衙署。另外，后湖地区虽在都城太平门外，但这里与都城只一墙之隔，有刑部、都察院和大理寺三个主刑法的衙署（即所谓"三法司"）在太平门外的后湖畔。而整个后湖地区则是户部的黄册库。

1. 衙署

皇城外"洪武门北之左，列吏、户、礼、兵、工五部；吏部之北，有宗人府；宗人府之后，有翰林院、詹事府、太医院。洪武门北之右，列中、左、右、前、后五军都督府；后府之南，有太常寺；府之后有通政司、锦衣卫、钦天监；通政司之北，有鸿胪寺、行人司"。[2]

"三法司衙在太平门外，较城中尤巍侈，后园大墙几于包蔽后湖"。[3]就是说

---

[1]　南京市地方志编纂委员会 . 南京市政建设志·第一章城市道路·第一节路网 . 海天出版社，1994

[2]　（明）陈沂 . 金陵古今图考·国朝都城图考 . 南京文献·第四号 . 南京市通志馆，民国 36 年

[3]　（明）吴应箕 . 留都见闻录·下卷·公署 . 南京市秦淮区地方史志编纂委员会，南京市秦淮区图书馆，1994

刑部、都察院、大理寺不仅不在皇城外围，而且不在都城内，而在太平门外后湖岸边，即今玄武湖东岗子村至新庄一带。

2. 黄册库

明洪武十四年（1381），朱元璋采纳了户部尚书范敏的建议，"诏天下府、州、县编赋役黄册"。规定以户为主，分"里"编造，详列丁口、事产、乡贯、名姓等具体情况，作为征收赋役的根据。由于其中送户部的一份要用黄色纸张做封面，更由于"黄"字在明代之前已含有户口版籍之意，故将这种册籍称之为"黄册"。

朱元璋认为后湖"周遭四十里，中突数洲……诚天造而地设者也"。这里既有高大城垣以为险，又有广阔湖面以为阻，是宁静安全的场所，对黄册的妥善保存最为有利。于是他下令在后湖设立"黄册库"。明洪武二十四年（1391），后湖黄册库正式成立。

后湖黄册库的范围很大。据明弘治三年（1490）黄册库官厅前所立的碑刻记载，后湖黄册库的范围是：东自都察院（今南京电影机械厂一带）前湖坡地埂起，北至沈阳左卫旧仓基址（今沈阳村一带）至神策门，沿明城墙到太平门，再以湖坡为限，到都察院前。在这个范围里，每百步立土堆一个、界石一块，计立界石 36 块。[①]

9.3.3.2　市区

市区大致是原南唐都城的范围，是一般居民就业和生活的地方。

1. 居住

朱元璋攻克集庆后，不放心原居民，将他们迁往云南，而另从外地调集工匠和富户进住南京。为了统一编户管理，明洪武十三年（1380），朱元璋下令"改作在京街衢及军民庐舍"[②]，将居民按职业不同分类，承担不同差役。通过这次"改作"，居民按职业不同分类居住。这是管子的思想，管子说过，"士农工商四民者，国之石民也。不可使杂处，杂处则其言咙。其事乱，是故圣王之处士，必于闲燕。处农必就田墅。处工必就官府。处商必就市井。"[③]这样，市区就分成手工业作坊、商业、官吏富户等按类集中的不同区域。《客座赘语》说，"南都一城之内，民生其间，风尚顿异。"[④]

王公贵胄官吏富户的居住地主要集中在两个地段：一是镇淮桥至下浮桥的内秦淮河西段两岸；一是广艺街以东。

2. 手工业作坊

"盖国初建立街巷，百工货物买卖各有区肆"。有 10 余万手工业工人聚居在城南 18 个坊内，手工业作坊多分布在内秦淮河两岸。这 18 个作坊是：颜料坊、

---

① 李源.玄武湖趣史·朱元璋决定建立"后湖黄册库"，戒备森严的"后湖黄册库".江苏古籍出版社，2001

② 明太祖实录·卷一百三十

③ 管子·匡君小匡第二十

④ （明）顾起元.客座赘语·卷一·风俗.庚己编·客座赘语.中华书局，1987

踹布坊、豆腐坊、弓匠坊、箭匠坊、白酒坊、织锦坊、细柳坊、锦绣坊、木匠坊、铜作坊、铁作坊、银作坊、鞍辔坊、皮作坊、毡匠坊、机匠坊、钦化坊。

到了明万历年间，顾起元在《客座赘语》中说："如铜铁器则在铁作坊；皮市则在笪桥南；鼓铺则在三山街口，旧内西门之南；履鞋则在轿夫营；帘箔则在武定桥之东；伞则在应天府街之西；弓箭则在弓箭坊；木器南则钞库街，北则木匠营。……今沿旧名而居者，仅此数处。其他名在而实亡"[①]。

（1）云锦

起源于六朝，元代逐渐发展起来的云锦，在明朝，织锦工匠又创造了"妆花"这一锦缎新品种，工艺日臻完善，生产规模空前，形成了南京丝织提花锦缎的地方特色，使其闻名天下，与成都的蜀锦、苏州的宋锦、广西的壮锦合称"中国四大名锦"，成为宫廷皇家的御用贡品。在明朝织云锦的机织业织锦坊大多在旧城的西南角门以西地区。

（2）印刷

宋、元时期金陵的刊印业就初具规模，到了明代则更为兴盛，除了普通的木刻板以外，已开始有使用木活字和铜活字的活字印刷。

①《本草纲目》

李时珍的《本草纲目》就是在南京刊印的。《本草纲目》编写后，为了解决出版问题，李时珍四处奔波。明万历七年（1579）李时珍赴南京寻求出版，但并不顺利。次年九月，李时珍去太仓拜访当时文坛"后七子"之一、著名学者王世贞，请他为《本草纲目》作序。王世贞曾在湖广做过按察使，同李时珍虽不相识，却时有耳闻，故欣然答应。

明万历十八年（1590），70多岁的李时珍由儿子李建元陪同，再次从武昌跑到南京，得到南京刻书家胡承龙的支持，开始刻印，万历二十一年（1593）全书刻成，在李时珍去世后的第3年、万历二十四年（1596），《本草纲目》刊印完成出版。

②"十竹斋"

明万历年间来自安徽休宁的书画家、出版家胡正言（1580~1671），擅长金石书画，尤精雕版印刷。因其家中庭院种翠竹十余株，所以将其居室命名为"十竹斋"。"十竹斋"位于鸡笼山下胥家大塘（后讹为西家大塘）边。胡正言对雕版印刷技术的改进做出了巨大贡献，他所采用的"饾版"、"拱花"[②]新工艺，是一次划时代的突破，将我国古代的印刷技术，提高到一个新的水平。分别成书于明天启七年（1627）的《十竹斋书画谱》、明崇祯十七年（1644）的《十竹斋

① （明）顾起元.客座赘语·卷一·市井.庚己编·客座赘语.中华书局，1987
② 所谓"饾版"印刷，就是按照彩色绘画原稿的用色情况，经过勾描和分版，将每一种颜色都分别雕一块版，然后再依照"由浅到深，由淡到浓"的原则，逐色套印，最后完成一件近似于原作的彩色印刷品。所谓"拱花"技术，就是在经过"饾版"套印以后，在平面印刷基础上，在柔软的宣纸表面压印出凸起的暗纹，让画面产生浅浮雕效果。

笺谱》誉播中外，为世人留下了一笔弥足珍贵的传统文化遗产，开创了古代套色版画的先河。

《十竹斋书画谱》属于画册性质，兼有收录名画讲授画法供人们鉴赏和临摹的功能。分为《书画谱》、《墨华谱》、《果谱》、《翎毛谱》、《兰谱》、《竹谱》、《梅谱》、《石谱》等八大类，收入他本人的绘画作品和复制古人及明代的名作三十家。每谱中大约有 40 幅画，每幅都配有书法极佳的题词和诗，总共 180 幅画和 140 件书法作品。

《十竹斋笺谱》比《十竹斋书画谱》更为精致艳丽，并使用了他首创的"拱花"印刷技术，给印刷史添上了浓墨重彩的一笔。

3. 商业市井

（1）街市

商业市井广布在市区。"南都大市为人货所集者，亦不过数处，而最夥为行口，自三山街西至斗门桥而已，其名曰果子行。它若大中桥、北门桥、三牌楼等处亦称大市集，然不过鱼肉蔬菜之类。"① 随着商业的繁荣，越来越多的"坊"变成"街"，如广艺街、评事街、三山街等等；而各种行业的"市"，如花市、网巾市、米市、牛市……，更是不胜枚举。

（2）榻房、廊房

为方便商人存货，在三山门外水源码头附近等地设立官办的"榻房"，让商人存储货物，官方在此收税；为方便商人居住，在城内外如上新河等地建了许多"廊房"，租给商人居住和经商。

（3）旅馆

"会同馆"，专门接待外国使臣；另建"乌蛮驿"，招待使臣的随行人员。"会同馆在长安街西，四方进贡使客所居。乌蛮驿在会同馆西，以待四夷进贡使人。龙江驿在金川门外大江边。江东驿在江东门外大江边。"另在长安街口、竹桥北、通济街西和江东门内南北街各有一客店，"以待四方客旅。"

（4）邮铺

邮铺"一在通政司，一在鼓楼，一在应天府，一在安德门外，一在太平门外。"②

（5）瓮堂

明朝初年，建造南京城墙时，为解决数十万筑城民工的洗澡问题，特地在民工驻地附近建造了一批形状独特的浴室——瓮堂。当时有五处，都是用青砖砌成半球形双曲拱顶的瓮堂。现存一处，位于中华门外悦来巷 2 号的聚恩泉浴室。

该瓮堂由东、西两个瓮组成。东瓮稍大于西瓮。两瓮呈"8"字形紧密相连的"双连体穹隆形"。堂顶很像馒头状的蒙古包。两瓮内部并不贯通，各自开一狭小的门。瓮内既有采光，还可在气温较高的情况下，打开天窗上的四面窗子透气，设计

---

① （明）顾起元.客座赘语·卷一·市井.庚己编·客座赘语.中华书局，1987
② （明）礼部.洪武京城图志·楼馆.南京文献·第三号.南京市通志馆，民国 36 年

相当合理。如今，东瓮澡堂仍在使用，西瓮则为烧火的工作间。

（6）旧院与十六楼

作为制造南京繁荣、笼络官民的一种手段，明朝实行官妓制。旧院和十六楼是官妓集中之地，游乐、宴集场所，还经常有戏曲演出活动。"长桥选妓"也被列为金陵四十八景之一。

洪武初，在乾道桥设"富乐院"，后迁至武定桥，规模逐渐扩大。"旧院人称曲中，前门对武定桥，后门在钞库街"，"与贡院遥对，仅隔一河，原为才子佳人而设"①。

"洪武初年，建十六楼以处官妓，淡烟轻粉，重译来宾，称一时韵事"②。十六楼主要分布在聚宝门外、三山门外、石城门外，而大半在三山门与江东门之间。江东楼—江东门西，对江东渡；鹤鸣楼—三山门外西关中街北；醉仙楼—三山门外西关中街南；集贤楼—瓦屑坝西乐民楼南；乐民楼—集贤楼北；南市楼—三山街皮作坊西；北市楼——南乾道桥东；轻烟楼—江东门内西关南街，与淡粉楼相对；翠柳楼—江东门内西关北街，与梅妍楼相对；梅妍楼—江东门内西关北街，与翠柳楼相对；淡粉楼—江东门内西关南街，与轻烟楼相对；讴歌楼—石城门外，与鼓腹楼并；鼓腹楼—石城门外，与讴歌楼并；来宾楼—聚宝门外来宾街，与重译楼相对；重译楼—聚宝门外，与来宾楼相对；叫佛楼—三山街北，即陈朝进奏院故址，宋改报恩光孝观，今为叫佛楼。③

十六楼于明洪武二十七年（1394）全部建成。

4. 文化教育机构

（1）国子监和《永乐大典》

国子监在市区占有重要的位置。明洪武十五年（1382），改应天府学为南京国子监，成为明代国家设立的最高学府。南京国子监规模宏大，地点在鸡鸣山之南，东到小营，西抵进香河，南至珍珠桥，北迄鸡鸣山麓。今东南大学一带是国子监的主要部分。现存被称为"六朝松"的桧柏疑是当年遗物。国子监内有房屋1089间，有正堂1座，支堂6座，正堂前及东、西、南面各建牌楼1座。另有藏书楼、号房（学生宿舍）、光哲堂（外国留学生宿舍）、供会馔（食堂）等建筑。洪武十七年（1384）有学生数千人，以至在集贤门外增建"外号房"500间。国子监受业的监生除了本朝子弟，还接受高丽、日本、琉球、暹罗等国来的留学生。据《明史》载，国子监设"祭酒一人，司业一人，监丞一人，典簿一人，博士三人，助教六人，学正五人，学录二人，典籍一人，学馔一人。"④

鸡鸣山因形似鸡笼，原名鸡笼山。明洪武十四年（1381）时，朱元璋选中

---

① （清）余怀.板桥杂记·雅游.上海启智书局，民国22年
② （清）余怀.板桥杂记.上海启智书局，民国22年
③ （明）礼部.洪武京城图志·楼馆.南京文献·第三号.南京市通志馆，民国36年
④ （清）张廷玉等.明史·志第五十一·职官四

鸡笼山的东坡建造国子监。可是在鸡笼山上建国学，好像是把国子们放进了"鸡笼"，朱元璋觉得不雅，遂改名鸡鸣山，取"晨兴勤苦"之意。

明永乐元年（1403），另在北京成立国子监，与南京国子监合称南北两监，或南北两雍。

我国古代最大的一部百科全书——《永乐大典》，就是在南京国子监编抄成书的。朱棣称帝后，命翰林院学士解缙、太子少保姚广孝为监修，编纂一部大型类书，明永乐三年（1405）正式开始编纂，永乐五年（1407），全书大体定稿，正式定名为《永乐大典》。次年冬，全书抄写完毕。《永乐大典》是我国古代编纂的一部大型类书，全书22877卷，目录60卷，共11095册，书中保存了我国上自先秦，下迄明初的各种典籍资料达8000余种，堪称中国古代最大的百科全书。

（2）观象台

南朝宋在鸡笼山顶建了"司天台"，设专职官员观天象、编制历法。到了元朝，原址建观象台，至正元年（1341）配置了郭守敬发明的天文仪器。明洪武元年（1368），徐达率军攻克大都（北京），将大都观象台的天文仪器全部运回应天（南京）鸡笼山（后改名鸡鸣山）。明洪武十八年（1385），在鸡鸣山建观象台，又名钦天台。

明成祖朱棣迁都北京后，鸡鸣山钦天台规模渐减，但台内设施依然壮观。明万历二十七年（1599），意大利人利玛窦到南京看到鸡鸣山钦天台后记载说："城内一侧有一座高山，它的一边有一块开阔的平地，非常适于观察星象。这个区域附近有一群宏丽的房屋，就是该院人员的住宅。每晚指定一个工作人员观天和记录天象，例如天空出现彗星或者一道火光，这都要详细报告给皇帝，并说明这种现象预示什么。他们在这里安装了金属铸就的天文仪器或者器械，其规模和设计的精美远远超过曾在欧洲所曾看到和知道的任何这类东西。这些仪器虽经受了近二百五十年的雨、雪和天气变化的考验，却丝毫无损于它原有的光彩。这里有四件最大的仪器。"[①]

（3）崇正书院

据《乾隆江南通志》，"崇正书院在江宁府治北，清凉山东。嘉靖间督学御史耿定向建。"[②]

9.3.3.3 城防驻地

旧城西北，濒临大江，岗丘起伏，朱元璋进占集庆，就在这里安营扎寨，成了城防驻地，后成为明都城向西、向北新扩的部分。金川河成为城北城防驻地运送军需物资的主要水道，也是通过长江运输物资至城内的重要通道。

城防驻地内建置各卫营房、仓库，设置校场等各项军事设施。

朱元璋实行驻军屯田政策，城北的广大土地也是屯田好场所。

---

① （意）利玛窦，（比）金尼阁 . 利玛窦中国札记·第四卷·第五数学和皈依者 . 中华书局，2010
② 叶楚伧，柳诒征 . 首都志·卷七·教育上·书院 . 正中书局，民国24年

9.4　皇城

9.4.1　形制

　　皇城始建于明洪武元年（1368）建洪武门，洪武六年（1373）开始建皇城城墙，至洪武十年（1377）大体建成。洪武二十五年（1392）有一次大的改建，使明代的宫阙制度更为完善。

　　"皇城居极东偏，……在宋元都城之外，燕雀湖地。西安门以北，宫墙即古都城之故址，东出青溪桥处也。""正门曰洪武，与都城正阳直对。"中间为御道，即今御道街。明洪武"二十五年（1392），建金水桥（今遗迹尚存，称外五龙桥）及端门、承天门楼各五间，长安东西二门。"[①] 洪武门内有一"T"形广场，建有千步廊。北即承天门，东侧有长安左门，西侧有长安右门。承天门之北，午门之南为端门。皇城东为东安门，西为西安门，北为北安门。

　　皇城南北约 2500 米，东西初建时约 1500 米，明永乐三年（1405）六月又向西扩展，西墙西移近 1000 米至杨吴城濠东侧，并重建西安门。皇城周长由原8.23 公里扩大为 10.32 公里。[②] 西安门（图 9-17）及门外杨吴城壕上之玄津桥遗迹尚存。

图 9-17　西安门

①　（清）孙承泽 . 天府广记（上册）· 卷之五 · 宫殿 . 北京出版社，1962
②　杨国庆，王志高 . 南京城墙志 · 第四章明城墙营建与布局 · 第二节皇城 . 凤凰出版社，2008

皇城南开御河，其水源自城东的护城河，经铜管闸入城，自东向西建有青龙、外五龙、白虎、会同（今五马）、五福、柏川（今半边）诸桥，于柏川桥下注入杨吴城壕。[①]

皇城内除了宫城外，主要还有社稷坛和太庙。按照"左祖右社"的形制，太庙和社稷坛在宫城外、皇城内，分别在午门之东南和午门之西南。历代都城，虽都是"左祖右社"，但太庙和社稷坛均在皇城内紧靠中轴线左右布置的形制是在明代才出现的。元大都时，太庙和社稷坛还都在皇城以外，分别远在齐化门内和平则门内。朱元璋在吴元年（元至正二十七年，1367）"改筑新城"时，太庙还建在"皇城之东北"。建明中都时，将太庙和社稷坛安排在午门之东南和西南。明洪武八年（1375），罢中都重新建设南京"改作太庙"时，朱元璋认为"祖宗神室，旧建皇城东北，愚昧无知"。洪武九年（1376）"定王国祭祀之制。凡王国，宫城外左立宗庙，右立社稷"[②]。（图9-18）

社稷坛"旧尝分祭，有乖礼意者多。皇上历考古制，互有不同，以为五土生五谷，所以养夫民者也。分而祭之，生物之意若无所施。于是合祭于一，春祈秋报，岁率二祀。"[③]

9.4.2 "T"形广场

皇城正南门——承天门前的"T"形广场是整个皇城中轴线上最具特色的重要节点。

"T"形广场这种形制有一个发展过程。曹魏邺城在南北中轴线和东西大道交叉处出现了一个"T"形广场，这在都城规划史上是首创。东晋建康继承了以曹魏邺城为代表的皇宫形制，开辟了从西明门到建春门的东西街道，在大司马门前形成了"T"字形的交叉口。唐都城长安，宫城正门——承天门前就有一个很大的广场，东西长约3公里，南北宽四五百米。广场前中轴线上也有一条很宽的大街——朱雀门大街。不过这时还没有廊子。北宋汴京，宫门（宣德门）前出现了廊子，称为"御廊"。据《东京梦华录》记载："御街，自宣德门一直南去，约阔二百余步，两边乃御廊，……中心御道。"[④]金中都承袭了北宋汴京的布局，正式出现了"千步廊"的名称。据《三朝北盟会编》卷二百四十四引《金图经》记载："宣阳门正北曰千步廊，东西对焉，廊之半各有偏门，向东曰太庙，向西曰尚书省。"[⑤]元大都则把千步廊设于皇城大门之外，从丽正门到崇天门（皇城正门）。明萧洵的《故宫遗录》中说："南丽正门内曰千步廊，可七百步，建

---

① 南京市地方志编纂委员会.南京水利志·第三章城市水利·第一节河湖.海天出版社，1994
② 明太祖实录·卷一百，一百零三
③ 礼部.洪武京城图志·坛庙.南京文献·第三号.南京市通志馆，民国36年
④ （宋）孟元老.东京梦华录·卷二·御街
⑤ 朱偰.元大都宫殿图考.商务印书馆，民国25年

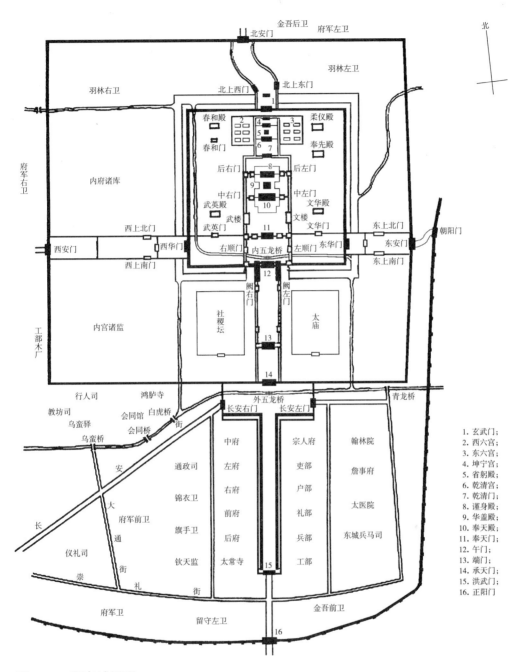

图9-18　明皇城平面

资料来源：潘谷西．中国建筑史．中国建筑工业出版社，2004

1. 玄武门；
2. 西六宫；
3. 东六宫；
4. 坤宁宫；
5. 省躬殿；
6. 乾清宫；
7. 乾清门；
8. 谨身殿；
9. 华盖殿；
10. 奉天殿；
11. 奉天门；
12. 午门；
13. 端门；
14. 承天门；
15. 洪武门；
16. 正阳门

灵星门。内建萧墙，周围可二十里，俗呼红门阑马墙。"①

　　明代南京继承了这一布局手法。皇城正门——承天门前既是"国门"前的

———————

① （明）萧洵．故宫遗录．北平考·故宫遗录．北京出版社，1963

御道，又是宫廷前联系东南西三个方向的广场。皇城在正南与皇城外的联系，不是通过一个门，而是以一个"T"形广场连接三个方向：南向的御道和东西向的长安街。南端是皇城的外门——洪武门。洪武门之北红墙之内为东西相向而列的"千步廊"。到长安街南侧再随红墙向东、西方向延伸，两旁又各有朝北的"千步廊"，东西尽头是长安左门和长安右门。广场是整个都城中轴线中段的开始，是全轴线的重点之一；同时也是联系东西向的长安街的枢纽。皇帝"御驾亲征"或每年冬至去天坛祭天和夏至去地坛祀地，也都出入承天门。

各个时期皇宫的礼仪及举行地点不尽相同，根据有关北京明清时期承天门（天安门）广场使用情况的记载，可见一斑。

承天门城楼是举行"颁诏"仪式的地方。所谓"颁诏"就是把皇帝"登基"、"册立皇后"等大事公告全国。在千步廊，吏部和兵部常在那里选拔官吏，即所谓"月选"、"挚签"。礼部常在长安左门前的千步廊"磨勘"，即重新审核各地乡会试的考卷。得中状元、榜眼、探花者在殿上"传胪"唱名后，骑皇帝"特赐"的骏马，走出承天门，穿过长安左门，跨马游街。因此，长安左门又被叫作"龙门"。长安右门内的千步廊前，刑部每年都要举行"秋审"和"朝审"，"罪犯"被带入长安右门如入虎口，凶多吉少。因此，长安右门又被叫作"虎门"。[1]

9.5　宫城

明宫城所在地原有一片水面，称燕雀湖，因玄武湖称后湖，这里亦称前湖，又称太子湖。燕雀湖范围大致东临今中山门附近，南至午朝门一带，西抵今逸仙桥，北达后宰门。现今前湖、琵琶湖是其残留部分。[2]

图 9-19　午门遗迹（1888 年）
资料来源：杨新华，杨国庆.古城一瞬间.上海辞书出版社，2007

---

① 赵洛，史树青.天安门.北京出版社，1957
② 南京市地方志编纂委员会.南京水利志·第三章城市水利·第一节河湖.海天出版社，1994

明洪武元年（1368）朱元璋称帝时迁入的"宫殿作于吴元年，门曰奉天，三殿曰奉天、曰华盖、曰谨身，两宫曰乾清、坤宁，四门曰午门（图 9-19）、东华、西华（遗迹尚存）、玄武。"[1] 午门为宫城南门，今称午朝门，遗迹尚存。玄武门为宫城北门，又称厚载门，今讹为后宰门。

宫城建筑"制皆朴素，不为雕饰"。[2] 洪武八年（1375），朱元璋停建中都之后，"诏改建大内宫殿"。"改作大内午门，添两观，中三间，东西为左右掖门，奉天门之左右为东西角门，奉天殿之左右曰中左中右。两庑之间，左文楼，右武楼，奉天门外两庑曰左顺、右顺及文华、武英二殿。"[3] 洪武十年（1377），"改作大内宫殿成，……制度皆如旧，而稍加增益，规模益宏壮矣"。[4] 明宫城，呈矩形。以古燕雀湖改成护城河（御河）和金水河。"金水河即古燕雀湖也。王宫既宅，则是水萦络宫墙，如古之御沟矣。"[5]

《大明会典》载：宫城"南北各二百三十六丈二尺，东西各三百二丈九尺五寸"。如果将此理解为"南（墙和）北（墙）各二百三十六丈二尺，东（墙和）西（墙）各三百二丈九尺五寸"，那么折合今制，宫城东西宽约 760 米，南北长约 970 米。

由于填湖筑城，宫城南高北低，后宫容易积涝。

朱元璋营建中都时，雄心勃勃，运用他至高无上的权力，调集全国的人力财力物力，在六年时间内，尽力使所有宫殿楼宇均"穷极侈丽"。从记载和留存的遗迹来看，中都的宫殿不仅规模大，而且装饰华美，雕工精湛，比南京、北京的都有过之而无不及。

而元至正二十六年（1366）朱元璋在南京建造宫殿时，才用了不到一年时间，"制皆朴素，不为雕饰"。明洪武八年（1375），以"劳费"为由诏罢中都。这时，虽改建南京大内宫殿，但朱元璋已感到无力"穷极侈丽"了。"朕今所作，但求安固，不事华丽，凡雕饰奇巧，一切不用，惟朴素坚壮，可传永久"。用了两年时间便告完成，其华美壮丽程度显然不及中都。[6]

北京城池宫殿"悉如金陵之制而弘敞过之。"[7] 但由于朱元璋的"祖训"，朱棣营建北京宫殿其富丽程度也比中都逊色不少。

9.6　外郭

外郭，明洪武二十三年（1390）四月始建，周 180 里，实际约 60 公里，所围面积约 230 平方公里。（图 9-5）

---

[1]　（清）孙承泽．天府广记（上册）·卷之五·宫殿．北京出版社，1962
[2]　明太祖实录·卷二十
[3]　（清）孙承泽．天府广记（上册）·卷之五·宫殿．北京出版社，1962
[4]　明太祖实录·卷一百零一，一百一十五，一百一十四
[5]　（明）李昭祥．龙江船厂志·卷之二·舟楫志．江苏古籍出版社，1999
[6]　王剑英．明中都·二、明中都是朱元璋统一全国后悉心经营的高标准建筑．中华书局，1992
[7]　（清）孙承泽．天府广记（上册）·卷之五·宫殿．北京出版社，1962

9.6.1　功能

南京都城虽然已将大小山头包进了城内，但城东的紫金山却在城外，紧贴城墙，近临皇城。相传当时年仅 14 岁的朱棣曾看出都城规划中的致命弱点："紫金山上架大炮，炮炮击中紫禁城"。城南的聚宝山（今雨花台）、城北的幕府山也是战略高地，都未包入城内。于是，朱元璋又按古制建筑外郭。

外郭的建造，不仅从防卫角度将重要制高点纳入外郭之内，也从功能角度将建在玄武湖的集中了全国户籍的"黄册库"，太平门外的刑部、都察院和大理寺三个衙署，圜丘、方丘和紫金山脚下的明孝陵等皇家陵地，被外郭包括进来了。所以在夹岗、凤台两门之间修筑与都城东南相接的这段"土城头"，或许是因为"双桥门"东有天地坛等重要设施的缘故。

外郭的建造，还使皇城、宫城大体处于外郭围合的地域的居中位置。

9.6.2　城墙

外郭在城门附近的段落以砖石砌筑，其余均为利用黄土丘陵，依山带水夯成的土墙。外郭的部分遗迹尚存，俗称"土城头"；大部分已毁，只留下了作为当地地名的外郭城门名称。

9.6.3　城门

有关史籍对外郭城门说法不一，数目不同，名称有异。《明史》说，"门十有六：东曰姚坊（今尧化）、仙鹤、麒麟、沧波、高桥、双桥，南曰上方、夹岗、凤台、大驯象、大安德、小安德，西曰江东，北曰佛宁、上元、观音。"[①]而《明太祖实录》则说，"置京师外城门：驯象、安德、凤台、双桥、夹岗、上方、高桥、沧波、麒麟、仙鹤、姚坊、观音、佛宁、上元、金川，凡十五门。"[②]《洪武京城图志》则记载"外城门"为"沧波、高桥、上方、夹岗、凤台、大驯象、小驯象、大安德、小安德、江东、佛宁、上元、观音、姚坊、仙鹤、麒麟"[③]十六门。《金陵古今图考》也说外郭"辟十有六门"，但实际文字所记门的名称只有十五。而在其"明都城图"中却有"栅栏门"和"外金川门"[④]。与《洪武京城图志》比较，文字记载中少一个"小驯象"。

南京民间有"内十三，外十八"之说。诸说有所出入的是小安德、小驯象、双桥、栅栏和外金川。从现存地名所在位置看，双桥门应不在其列。在夹岗、凤台两门之间，另有一段"土城头"与都城东南相接，双桥门即为其门。《金陵古今图考》

---

① （清）张廷玉等．明史·志第十六·地理一·南京

② 明太祖实录·卷二百零一

③ （明）礼部．洪武京城图志·城门．南京文献·第三号．南京市通志馆，民国 36 年

④ （明）陈沂．金陵古今图考·国朝都城图考．南京文献·第四号．南京市通志馆，民国 36 年

的"明都城图"和《洪武京城图志》的"京城山川图"上均绘有这段"土城头"。《金陵古今图考》的"明都城图"还标有"双桥门"。但这段"土城头"并不是外郭的组成部分。所以，上述记载中，《洪武京城图志》和《金陵古今图考》是可信的。外郭初建时为十六门或十五门，后来陆续增辟为十八门，增加了江边的栅栏门和外金川门；或小驯象门也是后来增辟。

9.7　坛丘、寺庙、园林

9.7.1　坛丘

明初在南京按天南地北、日东月西和天圆地方的观念，建有圜丘、方丘、日坛、月坛等，史籍记载有"上朝日于东郊"、"夕月于西郊"。但日坛、月坛具体位置已不可考。

1. 天地坛

明朝祭祀天地，"按古以南北二郊分祭，……国初尝因之"。吴元年（1367）建圜丘，以冬至祀昊天上帝；建方丘，以夏至祀皇地祇。圜丘（俗称天坛）、方丘（俗称地坛）分别在正阳门外钟山之阳和太平门外钟山之北。符合"天南地北"、"天圆地方"的传统观念。后来，朱元璋认为，"以王者父天母地，无异祭之理，乃以天地合坛而祭"[①]。"洪武十年（1377）……始定合祀礼，……圜丘旧壝作大祀殿，坛而屋之，罢方丘。"[②]现石门坎乡将军潭东尚存天地坛院墙遗迹一段；杨庄尚存一 1.27 米见方的柱础，应是天地坛南面东大门前的牌坊遗迹。可能正由于后来天地合祀而"罢方丘"，所以南京的方丘（地坛）已无迹可寻了。

光华门外的神乐观，原名真武大帝行宫，专供奉道教"真武大帝"。明洪武十二年（1379），明太祖敕建为"神乐观"。明永乐四年（1406）立澧泉井碑，泉水是明代洪武、建文、永乐三朝到天坛祭天时所用之净水。神乐观今无处可寻，仅存六角井栏、赑屃及澧泉碑遗物。澧泉碑历经沧桑，风雨剥蚀，碑文难以辨认，但碑额篆字"瑞应澧泉之碑"仍依稀可识，此六字为明翰林学士胡广撰写。明神乐观被列入金陵四十八景之一，曰"神乐仙都"。

2. 龙江坛

龙江坛，"国朝新建，在金川门外。凡行幸出师，亲王之国，则祀于此。"[③]

3. 朝天宫

朝天宫在冶城。东晋时这里是王导的西苑。刘宋在此建立"总明观"，成为学术研究机构。唐代后，成为道观。北宋雍熙年间（985~987）建文宣王庙，第一次成为文庙。不久改为天庆观、祥符宫，元朝元贞元年（1295）改为玄妙观。

① （明）礼部.洪武京城图志·坛庙.南京文献·第三号.南京市通志馆，民国 36 年
② （清）孙承泽.天府广记（上册）·卷之六·郊坛.北京出版社，1962
③ （明）礼部.洪武京城图志·坛庙.南京文献·第三号.南京市通志馆，民国 36 年

明洪武十七年（1384）重建，称朝天宫。朝天宫既是皇室贵族焚香祈福的道场，同时也是春节、冬至、皇帝生日这三大节前文武百官演习朝拜天子礼仪的场所。

9.7.2 寺庙、教堂

1. 隆昌寺

宝华山位于应天府句容县（今属江苏镇江市），距南京七十里许，海拔高431.2米。因夏季盛产黄花，名为华山；又因山中多宝，盛产茶、竹、木、果、药以及铁、铜等矿，因而得名"宝华山"。

位于宝华山的隆昌寺，始建于梁天监元年（502），宝志和尚曾在此修行，名志公庵。明嘉靖年间（1522~1572），僧普照慕名来山，仿效宝志，再度结庵。明万历三十一年（1603），妙峰大师请当朝慈圣皇太后布施造三座铜殿，分供天下峨眉、五台、普陀三大名山。其中供普陀的铜殿，从武汉运至龙潭遇风受阻，歇于金陵。当时，沿海一带常遭倭寇抢劫，普陀僧众要求供于内地。金陵各寺僧众经充分酝酿后，于万历三十三年（1605）在隆昌寺安置铜殿，并由明神宗朱翊钧赐额"护国圣化隆昌寺"。经三昧、见月、定庵等几代律师的努力，隆昌寺成为佛教律宗放戒祖基。

隆昌寺的建筑布局相当特别。隆昌寺寺大山门小，山门仅一开间，且不在主轴线上，而是偏在寺庙的东北角。主体建筑大雄宝殿坐南朝北，与藏经楼、方丈室形成主轴线，又与左右厢楼及正面的大悲楼组成一四合院，结构方正，对称严谨，主次分明，回廊环绕。而沿着北端西侧向东建有斋堂和下客堂、戒堂、铜殿和无梁殿、祖祠堂和师姑楼，均有小院，院中套院，院院相通，布局灵活，空间变化丰富，与主轴线上的建筑形成强烈对比，是一处很有特色的寺庙建筑群。

2. 弘觉寺

早在梁朝天监中，司空徐度在牛首山兴建寺院，取名佛窟寺。唐朝时名长乐寺，唐大历九年（774），在东峰建造了一座七级浮屠。南唐后主李煜时改名为弘觉寺，塔便因寺得名。宋、元、明时，寺院名称屡易，到明正德年间才又恢复原名。现存的弘觉寺塔是明初重建的。塔高45米，共7层，外八角内四方形。

3. 灵谷寺

明洪武十四年（1381），朱元璋选中紫金山玩珠峰为自己建陵。原在此处的蒋山寺住持长老仲羲不得不迁寺及志公塔于紫金山之东南，并改寺名大灵谷寺。蒋山寺即南朝所建的开善寺，"唐乾符（874~879）中，改为宝公院。南唐升元（937~942），徐德裕重修。（宋）开宝三年（970），后主改为开宝道场。（宋）太平兴国五年（980）改赐今额（太平兴国禅寺）"[1]。到了明朝初年，太平兴国寺

---

① （宋）张敦颐. 六朝事迹编类·卷之十一寺院门·蒋山太平兴国禅寺. 南京出版社，1989

再次更名蒋山寺。

大灵谷寺规模十分宏大，占地 500 亩，从山门至大殿长达 5 华里，还设有鹿苑，现在寺址仅是明初灵谷寺龙王殿的一部分。灵谷寺毁于清咸丰三年（1853）太平天国战火，现仅存无量殿（无梁殿）。"灵谷深松"是金陵四十八景之一。

4. 大报恩寺

明初，大报恩寺与灵谷寺、天界寺并称为三大寺，且规模更大。大报恩寺位于古长干里，它的范围，东起今晨光机器厂，西至雨花路，南起雨花台山脚，北抵秦淮河边扫帚巷，周围九里十三步。此处原有始建于三国吴赤乌年间的长干寺，晋太康年间，复建长干寺。后屡经兴废，南朝梁称阿育王寺，宋天禧二年（1018）改寺名为天禧寺，元又改为慈恩旌忠教寺。明初建塔。永乐六年（1408）寺塔全毁于火。

（1）大报恩寺及琉璃塔

明永乐十年（1412），明成祖朱棣命工部于原址建大报恩寺，历时 16 年，于明宣德三年（1428）完工。大报恩寺山门和主要建筑朝西，北半部为佛殿和塔，南半部为僧房和禅堂。中轴线上依次排列着一组建筑：金刚殿（山门）、香水河桥、天王殿、大雄宝殿、琉璃塔、观音殿、法堂。香水河桥的南北两侧有对称布置的御碑亭各一。观音殿两侧有祖师殿和伽蓝殿，南北有画廊 118 间。

同时，"依大内图式，造九级一色琉璃宝塔一座，曰第一塔，以扬先皇太后之德"。塔完工于宣德六年（1431）。大报恩寺塔平面为八角形，高 9 层，约 79 米。琉璃色彩鲜艳，造型独特，被誉为中世纪世界奇迹之一。"登九级塔，俯视金陵城阙，旭日飞甍，参差可见。西瞰大江，南望牛首，东面蒋山，紫云丹巘，出没烟雾，郁作龙蟠。近眺秦淮、青溪，三十六曲，才若一线。"[①] "报恩寺塔"列为金陵四十八景之一。

近年在大报恩寺塔遗址发现地宫，出土宋真宗大中祥符四年（1011）的石函，瘗藏"感应舍利十颗，并佛顶真骨，洎诸圣舍利，内有金棺，周以银椁，并七宝造成阿育王塔"，说明琉璃塔是建在原天禧寺"圣感舍利宝塔"遗址上的，而且并没有打开地宫。（图 9-20a、图 9-20b）

（2）三藏殿

宋端拱元年（988），长干寺僧可政迎请唐玄奘顶骨供于长干寺东阁塔，后改葬于寺内之东岗。明洪武十九年（1386），又在寺内南岗建三藏塔安置。明永乐十年（1412）建大报恩寺时，在三藏塔前增建三藏殿。

大报恩寺及其琉璃塔、三藏塔、三藏殿等毁于 1856 年太平天国时期。现存山门为晚清建筑。山门后有香水河桥遗址，青石桥面尚存，宽 2.5 米，长 4.5 米，桥下有水沟。两侧御碑亭各一，亭毁，二碑残存，南为永乐年间御制，北为宣德年间御制。大报恩寺塔的夯土地基尚存。南部有三藏殿，亦为晚清建筑。前

---

① （清）王士禛．游金陵城南诸刹记

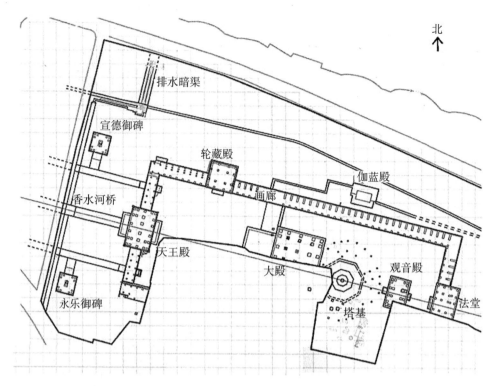

图 9-20a 大报恩寺考古发掘

资料来源：东南大学建筑学院

殿为 1935 年重建。[1]

5. 天界寺

明洪武二十一年（1388），龙翔集庆寺遭火焚，朱元璋下令在城南凤山（今雨花西路能仁里 1 号）重建，并赐名"天界善世寺"。明永乐二十一年（1423），又遭火灾，几乎焚烧殆尽，仅存大雄宝殿和两棵银杏。天顺二年（1458），有僧人觉义募捐重建天王、观音、轮藏等殿，未毕而亡，其弟继续募捐修复。天界寺在明代与灵谷寺、报恩寺齐名，是南京三大佛寺之一。"统次大刹二，城内曰鸡鸣，郭内曰静海"，统中刹 12 座：清凉寺、永庆寺、瓦官寺、鹫峰寺、承恩寺、普缘寺、吉祥寺、金陵寺、嘉善寺、普惠寺、弘济寺、接待寺。周围还有很多规模较小的寺庙陪衬着它，山门的左右两侧分别为能仁寺、碧峰寺，成为城南一带的主寺。"天界招提"是金陵四十八景之一。

6. 祈泽寺

祈泽寺在江宁上坊镇东祈泽山西侧，始建于南朝宋景平元年（423），初名宋少寺。宋治平年间（1064~1067）改名祈泽治平寺。后屡经毁建，明嘉靖十二年（1533）修葺为祈祷雨泽之所，仍名祈泽寺。

---

① 季士家，韩品峥. 金陵胜迹大全·文物古迹编·大报恩寺及碑. 南京出版社，1993

大报恩寺琉璃塔、长干桥和城墙

由大报恩寺琉璃塔上西望

图 9-20b　西方人士画笔下的大报恩寺琉璃塔
资料来源：英国画师托马斯·阿罗姆（Thomas Allom）1843 年据 1793 年访华的英国马嘎尔尼使团随团
画师威廉·亚历山大的素描稿所作的铜版画．据南京市博物馆资料，2011

"祈泽池深"为金陵四十八景之一。

7. 静海寺

静海寺在仪凤门外，为明仁宗洪熙元年（1425）敕建并赐额。明南京礼部侍郎杨廉撰《静海寺重修记略》中说："永乐间命使（郑和）航海……而因以名焉，盖以昭太宗（成祖）皇帝圣德。"明天顺五年（1461）内府刻本《大明一统志》则说："静海寺，……洪熙元年（1425）赐额。"[1] 古静海寺规模宏阔，占地30亩，曾几毁几修。

8. 天妃宫

天妃宫建于明永乐五年（1407）。郑和第一次下西洋回国后，明成祖赐建"龙江天妃宫"，并亲自撰写为天妃歌功颂德的天妃宫碑碑文。郑和在以后的六次下西洋出航之前及归航之后，都前往龙江天妃宫祭祀妈祖。龙江天妃宫绘有郑和下西洋的大型壁画。天妃宫构建之初，在当时妈祖庙中规格最高，规模最大，影响最广。天妃宫毁灭于侵华日军的炮火，仅明永乐年间所立御制弘仁普济天妃宫之碑犹存。

9. 鸡鸣寺

鸡鸣寺始建于明洪武二十年（1387），位于鸡鸣山巅，背依城墙，下瞰玄武湖，远眺紫金山。明宣德年间（1426~1435）建凭虚阁，后经明宣德、成化年间（1465~1487）的扩建和弘治年间（1488~1505）的大修，寺院规模扩大到占地100余亩，常住寺僧有百余人之多。寺院依山而建，别具风格，共建有殿堂楼阁、台房宇30余座。"凭虚远眺"成为金陵四十八景之一。

明朝礼部纂修的《洪武京城图志》明确记载"鸡鸣寺在鸡鸣山。国朝新建"[2]。说明鸡鸣寺并非由同泰寺改建。建寺时随山名称鸡鸣寺。"鸡笼云树"是金陵四十八景之一。

10. 古林寺

古林寺在城西今古林公园处。南朝宝志公搭棚为观音庵。宋淳熙中，易名古林庵。

明万历年间，古心律祖化庵为寺，阐扬戒法，中兴南山，独为天下第一戒坛。

11. 清真寺

（1）净觉寺

净觉寺初建于明洪武二十一年（1388），是南京现存最早的清真寺，坐落在三山街口昇州路28号。明宣德五年（1430）净觉寺遭火灾被毁，此时恰逢郑和准备第七次下西洋的前夕，明宣宗特准郑和的奏请，动用国库资金重建净觉寺。明嘉靖年间世宗皇帝赐以"净觉寺"匾额，是我国唯一由皇帝赐名并在牌楼上允许雕刻动物的皇家清真寺。明清以来，刘智、王岱舆、伍遵契等对中国伊斯

---

① 严中.静海寺为明仁宗敕建并赐额.新华报业网，2006

② （明）礼部.洪武京城图志·寺观.南京文献·第三号.南京市通志馆，民国36年

兰教起过重大影响的学者都在此进行著书立说等学术活动。

（2）南门清真寺

六合南门清真寺坐落在六合清真街 1 号。常遇春二世孙常泰公受恩赐起第六合。常遇春为回族人，为方便礼拜，常泰公于明永乐二年（1404），建清真寺，有大殿、正厅、旁厅、宿舍、水房等。明嘉靖三十二年（1553）重修。1964 年，大殿因年久失修被拆除，1979 年重修，面积约 143 平方米。现存大殿、古井及柏树，大殿坐西朝东。南门清真寺现为阿訇达浦生纪念馆，列为南京市市级文物保护单位。

12. 天主教堂

南京是明末耶稣会士传教的重地。明万历年间，天主教开始传入南京。意大利籍教士利玛窦（Mathew Ricci 1552~1610）曾在明万历年间三次到过南京。

明万历二十七年（1599）利玛窦第三次到达南京，"他们住的地方叫承恩寺（Cinghensu），是一个宽敞的庙宇"[①]。承恩寺在今三山街东北角的承恩里。随后，传教士们购置了一处房屋，"它坐落在城里最高的地段，不怕河水浸淹，并且位于南京的大街上，此处街道约有一投石的宽度。从瞭望楼四周，可以看到皇宫和各部衙门。大厅和起居室可供大约十名传教士居住。……神父们在主厅里建了一座神坛"。据《利玛窦全集》的编者和注释者耶稣会士德礼贤（P. Pascsl D'Elia）考证这里为正阳门（今光华门）西营崇礼街[②]。不久，利玛窦在城西罗寺转湾（今螺丝转湾）购买私宅，略加改造，作为个人进行宗教活动的小教堂，称为"罗寺湾公所"，这是南京天主教堂之始，也是石鼓路天主堂的前身。

万历二十八年（1600），利玛窦在朝阳门外卫岗附近正式建造了南京第一座天主教堂。万历四十四年（1616）七月，以南京礼部侍郎沈㴶为代表的保守派官僚联合某些佛、道人士发动了"南京教案"，逮捕耶稣会传教士及天主教信徒数十人。这座西式教堂也在万历四十六年（1618）被拆除。

13. "十庙"

明洪武年间，在鸡鸣山南麓，或新建，或迁建，集中了帝王庙、城隍庙、真武庙、卞壶庙、蒋忠烈庙、刘越王庙、曹武惠王庙、元卫国公庙、功臣庙、五显庙、关羽庙等一批庙宇，称"十庙"。

帝王庙，"国朝新创。凡古之圣帝明王，下及历代开基创业之君，制治保邦之主，能遗法于后世者，皆于此祀之。庙在鸡鸣山阳。"

功臣庙，"国朝建鸡鸣山南，凡本朝开国元勋，功在社稷、泽及生民者，则祀于此。"

关羽庙即武庙，与祭祀孔子的文庙并列。"旧在针工坊，宋庆元年间建，今

---

① （意）利玛窦，（比）金尼阁. 利玛窦中国札记·第四卷·第四章陆路去南京的旅程. 中华书局，2010

② （意）利玛窦，（比）金尼阁. 利玛窦中国札记·第四卷·第八章南京传教会的房舍. 中华书局，2010

徒鸡鸣山南。"①关羽庙建于明洪武二十七年（1394），建得最晚，但是所有关羽庙中最为壮丽的一座。后毁于清末战火。现存武庙建筑建成于清同治八年（1869），实为明朝的文庙原址。明洪武年间，建文庙于国子监东，即今武庙所在地。

9.7.3　园林景点

明代开始有金陵八景、十景等流传。万历年间，顾起元等著诗纪之的金陵诸名胜已有二十处。"白下山川之美，亡过于钟山与后湖，今为皇陵册库，游趾不得一错其间，……其他在城中则有六，……在城外近郊则有十四"。城中六处是：清凉寺、鸡鸣寺、永庆寺之谢公墩、冶城、金陵寺之马鞍山、卢龙观之狮子山；城外近郊十四处是：大报恩寺之浮屠、天界寺、高座寺之雨花台、方正学祠之木末亭、牛首之天阙、献花岩、祖堂、栖霞寺之摄山、弘济寺、燕子矶、嘉善寺之一线天、崇化寺之梅华水、幕府寺之幕府山、太子凹之夹萝峰。"此二十处或控引江湖，或映带城郭。二陵佳气，常见郁郁葱葱；六代清华，何减朝朝暮暮。宜晴宜雨，可雪可风，舒旷揽以无垠，恣幽探而罔极。"②

明初并没有在南京大规模兴建皇家游乐宫苑，朱元璋说过："台榭苑囿之作，劳民费财以事游观之乐，朕决不为之。"话虽如此，随着社会民生的安定，修筑园林之风日盛。

1. 后湖

明时玄武湖称后湖。明洪武四年（1371），在太平门外，湖的东岸建太平堤，将湖水限在堤西。③"后湖之中有五洲：西北曰旧洲，一名祖洲。西南曰新洲，……前抱一小洲，……东二洲，一曰陵趾洲，一曰太平洲。近西小洲号别岛。"④"今为册库之地，罕有察其处者。然从城内覆舟山一带观之，犹可指点分明耳。钟山踞湖之左，亘以修堤，山光水色遥相掩映。三法司在湖南，近岸皆种荷花，亦清漪满目。"⑤

2. 莫愁湖

莫愁湖，在三山门外。明初，朱元璋在湖滨建楼迎宾，后赐予徐达。现有"胜棋楼"，相传，朱元璋与徐达常在此下棋。徐达棋艺超群而恐犯欺君之罪，每以失子而告终，太祖深知其秘而不责。一日，二人复来此对弈，朱示徐尽使棋艺以决高低。此局自晨奕至午后胜负未决，时太祖连吃徐二子，自以胜券在握。徐曰：请皇上细看全局，朱元璋至徐达一侧细观，见徐以棋子巧布"万岁"二字。

① （明）礼部.洪武京城图志·坛庙.南京文献·第三号.南京市通志馆，民国36年
② （明）顾起元.客座赘语·卷一·登览.庚己编·客座赘语.中华书局，1987
③ 南京市地方志编纂委员会.南京水利志·第三章城市水利·第三节排水.海天出版社，1994
④ （明）顾起元.客座赘语·卷十·后湖.庚己编·客座赘语.中华书局，1987
⑤ （明）吴应箕.留都见闻录·上卷·山川.南京市秦淮区地方史志编纂委员会、南京市秦淮区图书馆，1994

至此，朱元璋始服徐达棋艺实较已为高。[①]

3. 徐达府邸西圃和东园

明代中山王徐达府邸东近今夫子庙，西临古御街，南界长乐路，北达三山街。当年在其左右各有一坊，今夫子庙西南的"东牌楼"即为其东坊。东牌楼前的石桥亦因徐达谥号武宁而名武宁桥（清代因避道光名旻宁讳改为武定桥）。府邸西花园，称"西圃"（今瞻园），有止鉴堂（今静妙堂），为徐达晚年消闲处。西圃经徐氏七世、八世、九世三代人修缮与扩建，至万历年间已初具规模。[②]

东园即今白鹭洲公园。明永乐初，徐达长女仁孝皇后把徐达府邸东面靠城墙的一片土地赐给徐家作为菜园，称太傅园。明正德年间（1506~1521），徐达后人徐天赐占有太傅园后，大兴土木，改名东园。

4. 煦园

煦园位于南京市区长江路 292 号大院西侧，俗称西花园。它以太平湖为中心，占地面积 3.1 公顷，其中水面 0.21 公顷。明洪武元年（1368），朱元璋招抚劲敌陈友谅旧部，在此为陈友谅之子陈理建造了汉王府。明永乐二年（1404），明成祖封其次子朱高煦为汉王，辟原汉王府东半部为"新汉王府"。此园为府第西园，并以朱高煦之"煦"字取其名谓"煦园"。

5. 狮子山与《阅江楼记》

狮子山东晋时名卢龙山，"《图经》云：在城西北十六里，……西临大江。旧经云：晋元帝初渡江到此，见山岭绵延，远接石头，真江上之关塞。以比北地卢龙山，因以为名。"[③]卢龙山海拔 77 米，属幕府山余脉。登其巅，北可览长江，南可瞰金陵胜景。朱元璋为纪念在卢龙山大败陈友谅，于明洪武七年（1374）登临此山，赐改卢龙山名为狮子山，下诏在山顶建阅江楼，并亲自撰写了《阅江楼记》，又命众文臣每人写一篇《阅江楼记》，大学士宋濂所写一文被认为最佳。后因明王朝百废待兴，无力顾及，阅江楼终未建成，"有记无楼"600 余年。

狮子山西侧有崖穴（在今静海寺内），南宋虞允文督师抗金时曾三宿其下，故名三宿岩。狮子山和三宿岩均列入了金陵四十八景："狮岭雄观"、"三宿名岩"。

6. 赤石矶

在金陵四十八景中有"赤石片矶"，指的是赤石矶。清末陈作霖在《东城志略》中说：赤石矶"杨吴筑城时，断而为二，在城内者为紫岩，俯临娄湖。"[④]即城内老虎头周处台所在地也是赤石矶的一部分。

而城外部分，明末吴应箕在《留都见闻录》中说："赤石矶在聚宝门外西天寺下河干之南岸也。"今养虎巷外秦淮河南岸有一块紫红色的石头，"其石大蔽数牛，横瞰水面，河流洄伏其下，故名矶焉"。赤石矶在明代是一处景点。《留都见闻录》

---

① 南京市地方志编纂委员会 . 南京园林志 · 第三章公园 · 第四节莫愁湖公园 . 方志出版社，1997
② 南京市地方志编纂委员会 . 南京园林志 · 第三章公园 · 第十九节瞻园 . 方志出版社，1997
③ （宋）张敦颐 . 六朝事迹编类 · 卷之六山冈门 · 卢龙山 . 南京出版社，1989
④ （清）陈作霖 . 东城志略 · 志山 . 金陵琐志九种，南京出版社，2008

描述其景致："岸皆林樾，尤多石榴。林杪通街，为居人鳞次，而矶以隔林，遂觉静窅。"明代著名文人钟伯敬在此萌生了终老于此的念头，矶上遂有了他"埋我于此"的题镌。吴应箕更是视这里为人间天堂、世外桃源，"尝避客舟中，系舟矶侧者半月，……就荫而休，昼阅游舫，夜闻渔唱，……又或观书矶上，濯足溪旁，遇有大风雨，则掩篷酣寝"，过足了神仙般的生活，写下了《大雨卧赤石矶》诗。[①]

7. 木末亭

木末亭位于雨花台东岗之巅，始建于明代。"木末"二字，最早见于屈原的《九歌·湘君》，意为高于树梢之上。亭名"木末"，意思是亭更秀出林木。而在雨花台建木末亭，还有另一层含义，因为在木末亭畔，有泰伯祠，有南宋杨邦乂剖心处，有明代大学士方孝孺墓，有海瑞祠等，所以金陵四十八景有"木末风高"，赞扬历代志士仁人的高风亮节。

9.8 陵寝

朱元璋以孝陵为核心，把整个紫金山的西部地区划为陵区。山南为皇家墓地，北麓为功臣附葬区。

9.8.1 孝陵

明太祖朱元璋的陵墓——孝陵建在紫金山独龙阜玩珠峰。朱元璋和马皇后合葬于此。孝陵始建于明洪武十四年（1381），朱元璋命中军都督府佥事李新主持。次年八月，马皇后去世，九月葬入此陵。马皇后谥曰孝慈，此陵定名为"孝陵"。洪武十六年（1383）孝陵殿建成，完成了主要工程。洪武三十一年（1398）闰五月，朱元璋病逝，与马皇后合葬。整个工程至明永乐三年（1405）才告结束。

明孝陵工程浩大，气势雄伟。为保护陵墓而建的红墙周长达 45 华里（22.5公里）。南朝时期在这一地区的 70 所寺院有一半被围入禁苑之中。陵内植松 10万株，养鹿千头，每头鹿颈间挂有"盗宰者抵死"的银牌。为了保卫孝陵，内设神宫监，外设孝陵卫，有 5000~10000 多军士日夜守卫。

9.8.1.1 构成

明孝陵大体由三部分组成：陵前道路、神道和陵区。从下马坊到大金门为陵前道路；神道由大金门到文武坊门前的御河桥；陵区，由御河桥经文武坊门到明楼、宝城、宝顶为止。现存建筑有神烈山碑、禁约碑、下马坊、大金门、神功圣德碑及碑亭（俗称四方城）、石兽、翁仲、御河桥、陵门、碑亭、孝陵殿、宝城、墓及清末所建碑亭、享殿等。（图 9-21a、图 9-21b）

---

① （明）吴应箕.留都见闻录·上卷·山川.南京市秦淮区地方史志编纂委员会、南京市秦淮区图书馆，1994

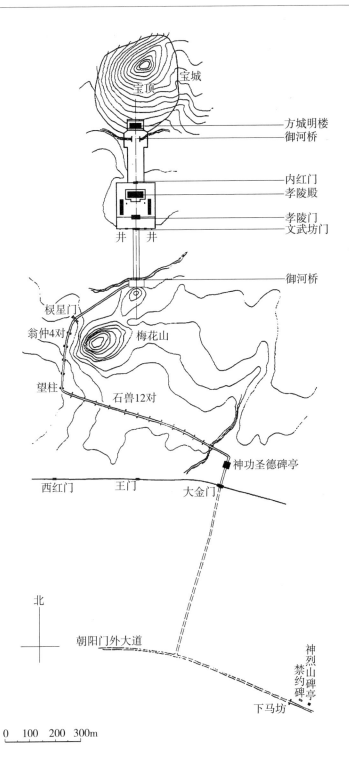

图 9-21a　明孝陵总平面

图 9-21b　明孝陵鸟瞰

资料来源：潘谷西．中国建筑史．中国建筑工业出版社，2004

1. 陵前道路

今卫岗东的下马坊为孝陵的入口处。一座二间柱的石牌坊，额枋上刻"诸司官员下马"六个大字，谒陵官员，到此下马步行。坊旁有明崇祯十四年（1641）立的禁约碑，重申严格保护孝陵。禁约碑旁还有神烈山碑及亭。神烈山碑及亭建于明嘉靖十年（1531）。嘉靖皇帝朱厚熜封其生父朱祐杬的显陵为"纯德山"，同时把孝陵所在地钟山改称"神烈山"。

下马坊横跨大道而建，下马坊向西的道路原是利用了朝阳门外大道的一段。当时朝阳门内即是皇宫及皇城所在，这一带没有居民区，很少有人从朝阳门进出。一般谒陵官员应是从都城南面的正阳门（今光华门）或通济门出去，向东绕行到孝陵下马坊以东，然后向西转北，再由大金门进入神道及陵区。从下马坊到大金门约 1.2 公里。

这段道路及其两旁没有与孝陵有关的建筑或小品，只是引向孝陵正门的陵前道路而已，还不是神道。

2. 神道

孝陵的正门是大金门。进大金门后是碑亭（四方城）。碑亭内有一赑屃（亦称龟趺），背驮"大明孝陵神功圣德碑"，碑文 2746 字，历述了明太祖一生的功德，是明成祖朱棣永乐三年（1405）为其父朱元璋所立。整个碑高 8.84 米，碑身高 4.78 米，宽 2.24 米，厚 0.83 米，是南京地区地面现存石碑中最大的一个。

过四方城转向西北，过霹雳涧上的御河桥是神道，神道的两侧排列着 12 对石兽：狮、獬豸、驼、象、麒麟、马，每种 4 只，两蹲两立，绵延 1 里多。之后，神道又折向北，开始为望柱 1 对，继而是威武雄壮、神态肃穆的石像翁仲 4 对，两武两文。神道尽头处再向北 18 米是棂星门（现仅存石雕柱础 6 个）。由棂星门折向东北 275 米，是御河桥。

3. 陵区

过了御河桥就是文武坊门，进入孝陵的主体部分——陵区。依照宫殿格局，建筑布局为"前朝后寝"。孝陵殿位于御碑亭的后面，重檐九楹，左右有庑。现存为清光绪二十八年（1902）在原址上重建的，但其规模大为缩小，殿中挂有明太祖的遗像。另有神宫监和具服殿、宰牲亭、燎炉、水井等设施。最后一座重要建筑是明楼又称"方城"。现城上明楼的楼顶已塌毁，仅存四壁。其后为宝城，是一个直径约 400 米的圆形土丘，上植松柏，下为朱元璋和马皇后的墓穴。周围筑有高墙，条石基础，砖墙。

清咸丰三年（1853）孝陵地区成为太平军和清军对峙的重要战场，地面木结构建筑几乎全毁。

9.8.1.2　开创帝王陵寝一代新制

孝陵"前朝后寝"和前后三进院落的陵寝形制是前所未有的，开创了帝王陵寝一代新制。朱元璋还承袭了南京周围的部分南朝王侯家族墓地世代共用一条神道和一组石象生的遗风，开创了明代皇帝陵寝的神道为后世子孙（太子朱标的东陵）所共用的制度。后来的明、清帝王陵寝均以明孝陵为范本。

9.8.1.3　"天人合一"的杰作

明孝陵的布局是尊重自然，顺应山水形势的杰作。朱元璋、刘基等人选定这一"风水宝地"，吸取中国古代哲学中的传统思想，赋予独龙阜玩珠峰以深刻的文化内涵：独龙阜东、西两侧各有一小山；南为前湖；北为玩珠峰。这象征青龙、白虎、朱雀、玄武四象。正前方有梅花山作为"前案"，远处有天印山表示"远朝"。[①] 陵东、南两面有溪流自东北向西南流淌。山清水秀的自然环境，天造地设的山川形胜，与明孝陵建筑群协调和谐，浑然一体，使自然环境更富有文化底蕴，使人文景观更具有自然色彩，使明孝陵更显得雄伟壮观，大气磅礴。

明孝陵的神道是曲折的，绕过孙陵岗（今梅花山），这在我国帝王陵寝中也是独一无二的。对于神道为什么如此曲折，有多种说法。一是为了延长神道的长度，使之曲折深藏，一眼看不到头；二是为了保留孙权墓所在的梅花山作为屏障，也就是传说中所讲的朱元璋要让孙权为他看大门；三是明孝陵的平面布局就像北斗七星。其实不论哪种说法，都说明朱元璋不拘一格，不随意变更自然地形，遂使明孝陵达到了人文建筑和自然环境高度和谐统一的"天人合一"境界，成为中国传统文化、建筑艺术和自然环境相结合的典范。

---

① 贺云翱，王前华，廖锦汉．"世界遗产"明孝陵二论．南京大学文化与自然遗产研究所

9.8.2 皇家墓地

紫金山南麓的皇家墓地除孝陵外，还有东陵及嫔妃从葬区。

皇太子朱标于明洪武二十五年（1392）葬孝陵东，称东陵。明东陵位于明孝陵以东约60米、紫霞湖以南，与明孝陵毗邻，两陵处于同一陵域内。朱标先后三次获得"帝号"，曾被追尊为孝康皇帝，从其历史地位而言，明东陵当视为明代的帝陵之一。

明东陵的布局仍然采用孝陵的制度，只不过在规模上要小一些，建筑也有所减少，陵园大门、陵寝大门、享殿前门、享殿以及玄宫埋葬区等主要建筑分布在一条南北轴线上。陵寝前部的围墙平面前尖后方，呈龟背形，这是目前全国仅见的帝陵布局形态。东陵与孝陵共用一条神道。

孝陵西为嫔妃从葬区。

9.8.3 功臣附葬区

紫金山南麓是皇家墓地，开国功臣附葬区在紫金山北麓和聚宝门（今中华门）外。

9.8.3.1 紫金山北麓

紫金山北麓为开国功臣附葬区。可考的有11座，目前可以找到遗迹的有七八座，能确定墓主的有徐达、常遇春、李文忠、吴良、吴祯等陵墓。

徐达、常遇春、李文忠等十几位明代开国功臣的陪葬墓在紫金山北麓布置错落有致，呈拱卫状护卫着孝陵陵寝。

1. 徐达墓

徐达是明朝开国元勋，死后，追封为中山王，赐葬钟山之阴，今太平门外板仓。徐达陵园坐北朝南，面向钟山主峰，规制宏伟。明洪武十九年（1386）立的"御制中山王神道碑"，通高8.95米，宽2.2米，厚0.70米，下承龟趺，蔚为壮观，它是明代功臣墓中最大、最有代表性的一座神道碑。碑文为明太祖朱元璋亲自撰写，共约2100余字，记载了徐达一生的主要活动和功绩。而碑文标有句读，实属罕见，可算是古碑中的奇闻。这一地区是以徐达墓为中心的徐达家族墓区，附近还有明南京守备徐达第三代孙徐钦、第五代孙徐俌墓。

2. 常遇春墓

常遇春，明朝开国元勋。明洪武二年（1369）暴病而故，朱元璋赐葬钟山之阴。墓位于太平门外白马村东。墓高2.4米，墓基周长约29米。现墓茔与墓前石刻保存完好。有石柱一，石马、石羊、石虎、武将各二。石兽雕刻工艺精湛，神形兼备。武士双手抚剑，顶盔贯甲，威武雄健。碑上镌刻"明故世祖开平王遇春常公之墓"，系清同治十年（1871）二月重修时其裔孙所立。

3. 李文忠墓

李文忠，明太祖朱元璋姐之子，曾为朱元璋养子。早年追随朱元璋起义，封曹国公。明洪武十七年（1384）病故，追封岐阳王，赐葬钟山之阴。陵寝位于今太平门外蒋王庙街 6 号。陵园坐西面东，正对钟山。茔冢位于一山包之巅。茔冢前列神道石刻，有神道碑一、石望柱、石马、石羊、石虎、石刻武将、文臣各二，其中一件石马尚为半成品，也属罕见。

4. 吴良、吴祯墓

吴良、吴祯功臣墓位于太平门北约 1 公里的今岗子村南京电影机械厂内，埋葬的是明代江国公吴良、海国公吴祯以及吴祯次子吴忠等人。吴良、吴祯同葬一地。两墓前神道各有一组石刻，每组石刻有石马、石羊、石虎、石人各 1 对。

5. 仇成墓

皖国公仇成墓在太平门外钟山第三峰西麓、常遇春墓北侧约 100 米处。墓冢今已不存，现存一石人，石虎、石马、石羊各一对。

6. 康茂才墓

蕲国公康茂才墓在神策门外安怀村。墓的神道碑、石马、石羊、石虎和石人均比较完好。

9.8.3.2　聚宝门外

聚宝门外雨花台到牛首山一带是另一个明初功臣墓葬区。功臣墓有宁河王邓愈墓，虢国公俞通海、安南侯俞通源和越巂侯俞通渊三兄弟墓，镇国将军李杰墓，西宁侯宋晟家族墓，黔宁王沐英家族墓以及著名航海家郑和墓等。

1. 俞氏三兄弟墓

虢国公俞通海、安南侯俞通源和越巂侯俞通渊三兄弟墓位于聚宝门外戚家山北麓今晨光机器厂职工宿舍院内。墓前神道石刻仅存石柱、石马、石羊各一。

2. 邓愈墓

宁河王邓愈墓位于聚宝门外邓府山。墓前神道石刻有神道碑、墓碑、文臣、武将、石马、石羊和石虎等，保存得较完整，与徐达墓前的石刻相似，仅神道碑稍小，高 5.2 米。

3. 李杰墓

镇国将军李杰墓位于聚宝山阴（今雨花台东麓），墓前神道石刻保存尚好，有神道碑、石马、石羊、石虎和石人等。

4. 宋晟墓

西宁侯宋晟及其父宋朝用墓，原在聚宝门外能仁里雷家山（今郎宅山）西麓，1960 年迁移至今雨花西路 113 号雨花中医院院内。墓前仅存宋晟及其父宋朝用的神道碑各一通，坐南东，面北西，碑通高 6.06 米。经过发掘的 6 座宋氏墓内出土的遗物都是明朝初年瓷器中的精品。位于牛首山的宋晟之子宋琥及安成公主墓中，出土有珍贵的釉里红"岁寒三友图"梅瓶。

5. 沐英及其家族墓

在牛首山东面的观音山（因有沐英墓，今称将军山）南麓，分布着西平侯

（死后赠封黔宁王）沐英及其家族墓，墓前未见石刻遗留。但沐英墓中出土有金山（铜质）、银山（铁质）、铜号和铜喇叭等少见的随葬品，尤其是"青花萧何月下追韩信大梅瓶"堪称国宝。其子沐晟墓中，也有珍贵的青花缠枝牡丹梅瓶和剑、戟、盔、甲等遗物发现，都具有一定的历史艺术价值。

6. 郑和墓

航海家郑和墓位于南郊牛首山南麓谷里乡周昉村东。墓居于一小山坡上，北面正对牛首山弘觉寺塔，东邻祖堂山，西北面有牛首山、翠屏山、吴山、岱山等连拱环抱。南面为一片开阔地，远处长江如线，从墓地可以远眺江水。

郑和墓所在地被称为回回山，称墓为马回回墓。据清康熙《江宁县志》记载："三宝太监郑和墓，在牛首山之西麓。永乐中命下西洋，有奇功。……宣德初，复命入西洋，卒于古里国，此则赐葬衣冠处也。"墓丘背依牛首山，坐北朝南，长约150米，东西长约60米，高约8米。墓前原有一批神道石刻和巨碑石座。墓牌坊、墓丘与背后山上的弘觉寺舍利塔正好在一条线上。

郑和（1371~1435），云南昆阳（今云南昆明晋宁县）人，回族，本姓马，明洪武年间，郑和被送入皇宫当"侍童"，后被赐给燕王朱棣。朱棣登位后升为内官监太监，被称为"三宝太监"。明永乐三年（1405），明成祖朱棣命郑和出使海外各国，宣扬明王朝的德政，并进行经济和文化的交流。从明永乐三年（1405）至明宣德十年（1435）间，郑和七次率领船队，航行于南洋群岛、印度洋，还远航至非洲东海岸各国，航程十万余海里。他在永乐三年（1405）六月第一次泛海远航，率将士27800余人，"宝船"62艘。"宝船"长44丈，宽18丈。

但学术界对郑和墓是否是郑和的真身墓，一直众说纷纭。一说真体，一说衣冠，也有说是纪念墓。主要是对郑和的殁年、葬地，史籍所载，各有出入。一种认为郑和于明宣德八年（1433）7月22日殁于南洋，葬地应在爪哇"三宝洞"；另一种说法是宣德九年（1434）殁于下西洋航行归国途中，遗物由郑和侍从海札儿携回，中有衣冠、发、靴，葬于牛首山；第三种说法是根据法国人伯希和《郑和下西洋考》"郑和墓在南京"的记述。目前牛首山郑和墓到底是真体还是衣冠，尚无一致结论。[①]

9.8.4 浡泥国王墓

明永乐六年（1408）八月，浡泥（今文莱）国王麻那惹加那乃率妻儿、陪臣等150余人来到南京，受到明成祖的热烈欢迎、亲切接待。九月，"王忽感疾"。十月，国王自知病笃，临终前请其妻向明成祖转告自己的意愿，"体魄托葬中华"。于是明成祖"葬之安德门外石子冈，树碑神道。又建祠墓侧"[②]。

浡泥国王墓在安德门外约3公里的铁心桥乌龟山南麓。东、西、北三面环

---

① 季士家，韩品峥.金陵胜迹大全·文物古迹编·郑和墓.南京出版社，1993

② （清）张廷玉等.明史·列传第二百十三·外国六·浡泥

图 9-22　浡泥国王墓

资料来源：杨新华.文莱：热带王国皇冠上的明珠.南京出版社，2005

山，南临池塘，遥对牛首山双阙。现存墓冢、神道石刻 7 种 15 件和祀祠的石柱础（图 9-22）。

9.9　城镇

9.9.1　浦口

浦口西周时属扬州，春秋时属棠邑，晋永嘉元年（307）建宣化镇，隋开皇三年（583），改称六合镇，属尉氏县（原棠邑），元代改称浦子市，亦称浦子口、浦口，属六合县。

明初，浦口开始划归应天府。明洪武九年（1376）划六合县的孝义乡（今东门、南门镇一带）和滁州、和州一部分设县名江浦，县署所在地为浦子口。洪武二十四年（1391）江浦县治迁至旷口山（今江浦）。

1. 浦口城

在营建南京都城的同时，朱元璋认为浦口"扼抗南门，钳制江淮"，属军事重镇，遂命丁德于明洪武四年（1371）动工筑城。浦口城周长 16 里（8 公里）余，环绕今浦口泰山、南门、顶山三镇，依山傍水。五座城门为：东"沧波"，西"万峰"，北"旸谷"，南"清江"，南便门"望京"。明洪武九年至十一年（1376~1378）在浦口城设立"五卫"（龙虎、武德、横海、和阳、江淮）、"三仓"，以驻军、囤粮。

明弘治十六年（1503）因江潮入望京门，东南城墙坍入江中。直至明万历四十五年（1617）才开始补建，至次年完成，同时增建 4 个城门、1 座瓮城、7 座敌台、9 个水洞。新旧 7 座城门命名为：东改"沧波"为"朝宗"，北改"旸谷"为"拱极"，西仍为"万峰"，南为"金汤"，便门为"广储"、"攀龙"、"附凤"。经过这次修建，浦口城的平面形状由"圆如满月"变成了"弓形"。[1]（图 9-23）

---

① 　王惠萍.沧海桑田话浦口.南京大学出版社，1990

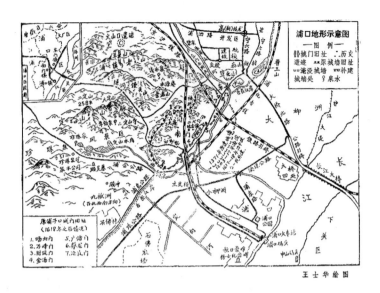

图 9–23　浦口城

资料来源：王惠萍. 沧海桑田话浦口. 南京大学出版社，1990

2. 珍珠泉

浦口定山西南麓有珍珠泉。泉水自石缝涌出，如成串珍珠。因附近有定山寺，珍珠泉也随之成名。明成化年间（1465~1487），著名学者、浦口人庄昶隐居定山寺近 30 年，修建了定山草堂、天峰阁、半云亭、霁月溪等等景点。明万历十八年（1590）南京大旱，田野尽赤，但珍珠泉沿途二十多里却青翠碧绿，不觉旱情。人们认为是龙王保佑。于是，浦口守御彭绍贤等在珍珠泉一带兴建了以龙王阁为主体的一系列亭台楼阁，如龙王阁、鱼乐轩、画舫斋、揽胜亭、集翠台等。一时间，游人如织，成为"江北第一游观之所"。

3. 江浦

江浦古名旷口山。明洪武二十四年（1391）江浦县治从浦子口（今浦口）迁至江浦。明万历元年（1573）筑土城，万历八年（1580）改筑砖城。

9.9.2　六合

六合古称棠邑，秦始皇二十六年（前 221）建棠邑县。隋开皇四年（584）因境内六合山有六峰，峰峰相连，形胜奇特，遂更县名为六合。南唐时曾一度更名雄州，旋又恢复为六合。自明初开始六合才划归应天府。

9.9.3　溧水

溧水古称中山。隋开皇十一年（591）设置溧水县，筑土城。明嘉靖三十七年（1558）改建石城。城内街道均以石铺就，"街衢繁盛，物阜民康"。

溧水县永寿寺塔是明万历年间修建的一座风水宝塔。相传万历年间，溧水人丁不旺、文风不振、经济凋敝，阴阳家认为县城三面环山而西北空缺，秦淮河水由此向北流入南京，把溧水的财气、才气都带走了。为此，在万历三十四年，由知县徐良彦倡导，官员和民众共同集资，修建宝塔，以塞水口，补山水之缺。明万历三十五年（1607）十二月宝塔落成，命名为永昌塔，后敕改永寿塔，在塔周建永寿寺。永寿寺塔是一座仿木楼阁式砖塔，八角七层，高 32.5 米，造型优美，塔面刻有云纹、卷草纹、砖雕金刚等图案。

9.9.4　高淳

高淳原为溧水县的一个镇。明"弘治四年（1491），析溧水十四区民，增置高淳"。高淳镇改称淳溪镇，为高淳县治所在地。

明嘉靖五年（1526）淳溪筑土城，东北就丘陵地势，西南借官溪为壕。城有 7 门，砖砌，东滨阳、南迎熏、西留晖、北拱极、东北通贤、西南襟湖、东南望洋。城呈椭圆形，占地约 0.5 平方公里。

镇的主要街道与官溪河平行，名正仪街，全长 800 米。正仪街两端多为住宅，中段为商店。每隔 6 至 15 户，有深巷 1 条，宽仅 1.2~1.5 米，巷口往往建有一个上跨小巷的小楼——"土地神楼"，供奉木雕神像，颇具特色。

9.10　小结：古代城市规划的杰出范例

明代的南京，首次成为一个大一统国家的都城，她的营建，可以说是开创了古代城市规划又一杰出的范例。南京是当时国内乃至世界上最雄伟壮丽的城市，明初（永乐迁都北京前）也是南京在国内乃至世界上最具影响力的时期。

意大利传教士利玛窦在明万历年间到达南京时，这样描述这座城市："这座都城叫做南京（Nankin），……作为地方长官的驻地，它有另一个名字，通称为应天府。在中国人看来，论秀丽和雄伟，这座城市超过世上所有其他的城市；而且在这方面，确实或许很少有其他城市可以与它匹敌或胜过它。它真正到处都是殿、庙、塔、桥，欧洲简直没有能超过它们的类似建筑。在某些方面，它超过我们的欧洲城市。这里气候温和，土地肥沃。百姓精神愉快，他们彬彬有礼，谈吐文雅，稠密的人口中包括各个阶层；有黎庶，有懂文化的贵族和官吏。后一类在人数上和尊贵上可以与北京的比美，但因皇帝不在这里驻跸，所以当地的官员仍被认为不能与京城的相等。然而在整个中国及邻近各邦，南京被算作第一座城市。"[1]

---

[1] （意）利玛窦，（比）金尼阁.利玛窦中国札记·第三卷·第十章利玛窦神父被驱逐出南京.中华书局，2010

9.10.1 中都—南京—北京

从朱元璋准备称帝开始，一直到明永乐十九年（1421）正式迁都北京之后，建都何地的争论始终没有停过。明初也就劳民伤财连建三座都城。

南京都城建设始于元至正二十六年（1366），次年新宫建成。明洪武二年（1369）九月，朱元璋诏以临濠（今安徽凤阳）为中都，按京师之制建置城池宫阙（图9-24）。到洪武八年（1375），诏罢中都役作，这时中都的宫阙城池以及附属设施都已基本完工。[①] 同时，诏改建南京大内宫殿。明永乐十四年（1416）下诏开工营建北京宫殿，永乐十八年（1420）建成。

三座都城集我国都城规划建设经验之大成，一脉相承，又逐步发展，把我国古代都城规划推向了一个登峰造极的水平。而南京在三者中起着承前启后的关键作用。由于中都的建设是在南京都城的建设过程之中，几乎是同期建设，因此南京和中都还互有借鉴，明北京则以南京和中都为蓝本。从南京与中都、北京的比较中不难看出明南京都城的特色。（图0-5d、图9-6、图9-25）

9.10.1.1　国都选址

在国都的选址方面，朱元璋本来最属意于中原。初期是开封。明洪武元年（1368）八月曾下诏，以应天为南京，开封为北京。但朱元璋亲赴开封，"及至彼（开封），民生凋敝，水陆转运艰辛，恐劳民之至甚。会议群臣，人皆曰古钟离（凤阳）可，……于此建都"。于是"择淮水以南，以为中都"。直到晚年，朱元璋还想迁都关中。

在明初当时的情况下，南京充分体现了《管子》"凡立国都，非于大山之下，必于广川之上。高毋近旱而水用足，下毋近水而沟防省"[②]的主张。朱元璋对南京虽有"六朝国祚不永"的忌讳，但对于以江浙皖人士为主的朱元璋决策层而言，南京的战略地位、山川形势、交通条件等无疑起了决定作用，这些条件是开封、凤阳，甚至当时的北京都不及的，从而使朱元璋及其谋士们最终做出了"长江天堑，龙盘虎踞，江南形胜之地，真足以立国"的决断。

9.10.1.2　都城位置

中都城位于临濠淮河与濠河交汇处。都城以皇城为中心，把凤凰山、万岁山、日精峰、月华峰包含在内，还因地制宜，为了包括独山、凤凰嘴，所以都城呈长方形，皇城居中偏西，而且在西南部多出一角。皇城在凤凰山、万岁山南的开阔地带。"万岁山……形势壮丽，岗峦环向，国朝启运，筑皇城于是山，绵国祚于万世，故名。日精峰，在万岁山东，旧名盛家山；月华峰，在万岁山西，即马鞍山也。三山相联并，国初建都时改名。……凤凰山与万岁山相连，势如

---

① 王剑英. 明中都·六、明中都的设计、布局和建筑. 中华书局, 1992
② 管子·乘马第五

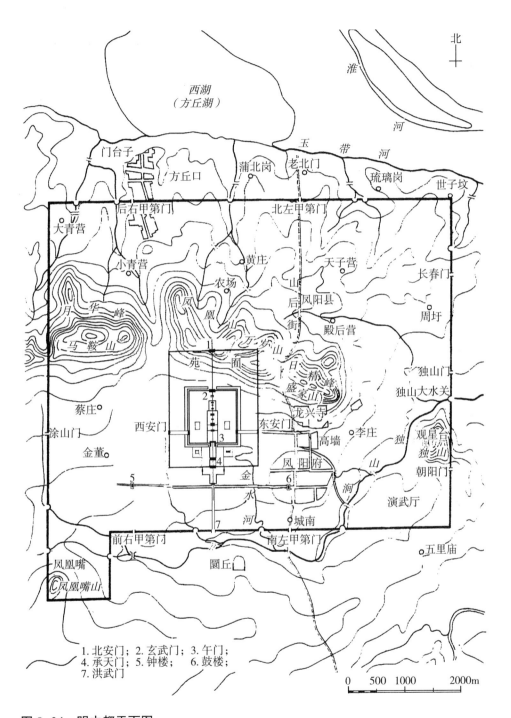

1. 北安门；2. 玄武门；3. 午门；
4. 承天门；5. 钟楼；　6. 鼓楼；
7. 洪武门

图 9-24　明中都平面图

资料来源：据王剑英的《明中都》（中华书局，1992）编绘。

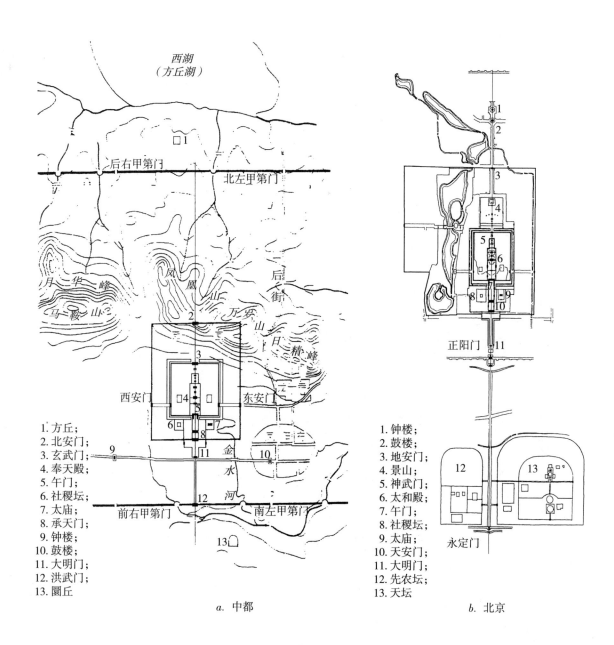

1. 方丘；
2. 北安门；
3. 玄武门；
4. 奉天殿；
5. 午门；
6. 社稷坛；
7. 太庙；
8. 承天门；
9. 钟楼；
10. 鼓楼；
11. 大明门；
12. 洪武门；
13. 圜丘

a. 中都

1. 钟楼；
2. 鼓楼；
3. 地安门；
4. 景山；
5. 神武门；
6. 太和殿；
7. 午门；
8. 社稷坛；
9. 太庙；
10. 天安门；
11. 大明门；
12. 先农坛；
13. 天坛

b. 北京

北

图 9-25 三座明都城的中轴线（同比例）

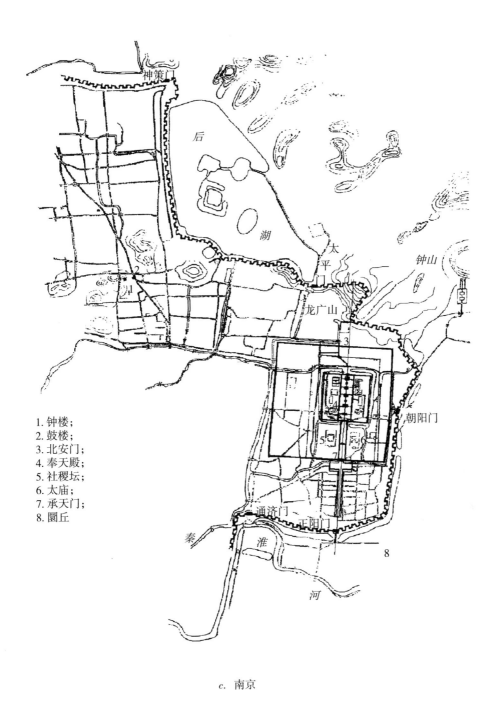

1. 钟楼;
2. 鼓楼;
3. 北安门;
4. 奉天殿;
5. 社稷坛;
6. 太庙;
7. 承天门;
8. 圜丘

c. 南京

图 9-25　三座明都城的中轴线（同比例）（续）

凤凰飞翔，故名。"[1]

北京城地处平原地带，本无山可枕。明永乐年间，将拆除元代宫殿的渣土和挖掘故宫护城河的泥土在元代延春阁的基础上堆起一座土山，叫"万岁山"（今景山），又称大内"镇山"。该处在元代有个名叫"青山"的小山丘。

南京都城位置考虑了原来基础，尤其是南唐都城的利用。为了建造一座更加壮丽的城池，又完全没有拘泥于原有格局，而是在更大的范围内依山就势，控江跨淮，把诸多制高点包入城内，都城完全呈不规则形。为此，不惜填湖而建皇城，北枕龙广山（今富贵山）。龙广山是皇城中轴线的北起点。

9.10.1.3 独具特色的规划思想和规划手法

"乐和礼序"的传统在明南京都城的规划建设中已发挥得相当完备，虽没有北京那样淋漓尽致；而南京在遵循"天材地利"的规划思想上更独具特色，在具体的规划手法上也显得极为高明。有些规划思想即使不是当时的主观意愿，但却有着非凡的客观效果。

1. 都城形制

中都、南京、北京都城形制大体是一致的，只是因地制宜而有所不同。

中都形制为三重城垣：宫城—皇城—都城。（中都时，把宫城称为皇城，把皇城称为禁垣。）天、地、日、月，各坛形制齐全。

宫城—皇城—都城—外郭四重城郭，如此宏大而完备，是明南京的首创，也堪称世界之最。

明北京也是宫城—皇城—都城—外郭四重城郭，不过外郭（外城）只修筑了南面一部分，使明北京城垣呈"凸"字形。

2. "乐和礼序"

明南京的规划布局，宫城、皇城和都城及其中轴线是"乐和礼序"的最好体现。对此，朱元璋在洪武二十五年（1392）对皇城的改建完成后，有过一段精辟的论述："南方为离明之位，人君南面以听天下之治，故殿廷皆南向。人臣则左文右武，北面而朝，礼也。五府、六部官署，宜东、西并列，其建六部于广敬门之东，皆西向，建五府于广敬门之西，皆东向。惟刑部掌邦刑已置于西北太平门之外，于是以宗人府，吏、户、礼、兵、工五部，列于广敬门之东；中、左、右、前、后五府，太常寺列于广敬门之西，悉改造令规模宏壮。"[2]

这是朱元璋的一贯思想。从中都开始，明代宫城改进了元大都以前的布局，把连接宫城的东、西大门——东华门和西华门的道路从宫城中部移到了前朝正门——奉天门之前；而在奉天门左右各布置了文华门、武英门通向文华殿和武英殿。这就使宫城中的功能安排更为清晰，前三殿和后三宫紧密地连在一起，加强了它们的封闭性，也使中轴线对称更为严谨。

---

[1] （明）柳瑛.中都志·卷二.转引自王剑英.明中都·六、明中都的设计、布局和建筑.中华书局，1992

[2] 明太祖实录·卷二二〇

按《考工记》关于"匠人营国，方九里，旁三门，……左祖右社，面朝后市"原则，在中轴线上布置了象征皇权的一系列宫殿、门户外，南京第一次把太庙和社稷坛分别单独置于"宫城之东南"和"宫城之西南"，拉长了中轴线，使皇城及其中轴线更符合礼制，更加壮丽。明中都虽也把太庙和社稷坛布置在宫城之东南和西南，但在中都和太庙一起的还有中书省，和社稷坛一起的还有御史台、大都督府。

圜丘（俗称天坛）、方丘（俗称地坛）分别在正阳门外钟山之阳和太平门外钟山之北。符合"天南地北"、"天圆地方"的传统观念，是"象天法地"的最好写照。

北京地势平坦，不受地形限制，在元大都的基础上，吸取了中都和南京的经验。因而都城形制更接近理想的模式，布局规整，结构严谨。"左祖右社"、"天南地北"、"天圆地方"、"日东月西"等传统观念被反映得淋漓尽致。

比较南京和北京的中轴线和"T"形广场，可以证明这一形制在明南京已经相当完备，而在明北京达到了登峰造极的程度。北京城不仅与南京城一样，把太庙和社稷坛置于"宫城之东南"和"宫城之西南"，拉长了中轴线；而且把钟鼓楼置于中轴线的北端。使这条轴线南起永定门，北至钟鼓楼，长达 7800 米。中轴线上布置了一系列宫殿和广场。全轴线可分三大段：永定门至正阳门可看成轴线的"前奏"；中段自正阳门起至神武门，是轴线的重点所在，其中太和殿及其广场是全轴线的最高潮；神武门以后是轴线的"尾声"。（图 9-25）

3. "天材地利"

结合南京的山川形势，因地制宜，体现了《管子》"天材地利"的思想，这是明南京最有特色之处。明南京皇城，特别是宫城，规整而对称，承袭规制而不失帝王至尊。但明南京都城，却非方非圆，把制高点圈进城内，利用南唐城的南面和西面，加以拓宽和增高，沿北面的清凉山、马鞍山、四望山（今八字山）、卢龙山（今狮子山）、鸡笼山（今北极阁）、覆舟山（今小九华山）、龙光山（今富贵山），"皆据岗垄之脊"[①]。城墙或高或矮，或宽或窄，不拘一格。遇山则就山势筑城，高低起伏；遇水则以水面护城，蜿蜒曲折。利用外秦淮河和玄武湖等水面，作为宽窄不一的护城河。护城河与城墙之间也或宽或窄，顺其自然。

南京的城门也是别具一格。它们一反传统大多为内瓮城，也有外瓮城。而且平面形式多种多样，有规则的，也有不规则的。有一道瓮城的，也有三道瓮城的。

9.10.2　孝陵新制

明孝陵"前朝后寝"和前后三进院落的陵寝形制为帝王陵寝的一代新制。

[①]　康熙江宁府志·卷 5·石头山.转引自：季士家，韩品峥.金陵胜迹大全·文物古迹编·明代南京城.南京出版社，1993

不仅如此，更为重要的是，从规划设计的角度看，孝陵是"象天法地"与"天材地利"理念的杰作。

选定"风水宝地"，以"象天法地"的手法赋予周围的自然山水以中国古代哲学中的传统文化内涵。

明孝陵的神道是曲折的，这在我国帝王陵寝中也是独一无二的。不论如何解释这一现象，不外乎"象天法地"或"天材地利"的理念。总之是尊重自然，人文建筑和自然环境高度和谐统一的"天人合一"境界。同时客观上也增加了神道的长度，更赋予了一种神秘感。

9.10.3　影响所及

明代是古代南京城市建设最重要的时期，有着许多独特的创新；而且影响所及，至于民国，直到现在。

9.10.3.1　地域范围

南京管辖的地域范围自明朝"始括江北二县。"

1927年国民政府复定南京为首都后，划明外郭以内范围为南京特别市。

今天的南京市域比应天府只少了句容和溧阳两县。

《南京城市总体规划（1991~2010）》划定的"主城"东南以"绕城公路"为界，与外郭以内范围也大体相当。

明都城城墙是南京很长时期以来政治、经济、文化活动以及居民生活的界线。

9.10.3.2　留给后人的宝贵文化遗产

明代留下的遗存还十分丰富，最主要的是都城墙、皇城遗迹和孝陵。

1. 明城墙、城门和护城河

南京城墙是世界上现存最完整、最大、历史最悠久的城墙。

现存城墙主要是明代建的。但她的历史文脉一直从春秋、六朝、南唐延续到清末和民国，每个时期都在城墙上留下了印记。

城墙把南京重要的自然与人文景观串联起来：玄武湖—鸡鸣寺—武庙—六朝宫苑遗址（北极阁、九华山）—紫金山—半山园—白鹭洲公园—内、外秦淮河—大报恩寺遗迹—越城遗址—莫愁湖—石头城—金陵邑遗址—清凉山—古林公园—渡江纪念碑—绣球公园—静海寺、天妃宫—阅江楼—玄武湖。

南京城墙不仅指墙体本身，也包括城门、瓮城、水关，包括作为护城河的水系以及城墙所在的山体。

所以，南京的城市特色概括为"山水城林，融为一体"也好，概括为"山川形胜，故都文脉"也好，城墙是最能体现南京古都特色的载体，从空间和自然方面讲，它体现了山川形胜；从时间和人文方面讲，它体现了故都文脉。

2. 明皇城、宫城

皇城包括宫城还留有不少遗存。主要有：

中轴线上的御道（今御道街），外五龙桥，午门（今午朝门）及内五龙桥；宫城东门——东华门，西门——西华门；皇城西门——西安门。

宫城的护城河——御河。

3. 明孝陵

2003 年，南京明孝陵作为"明清皇家陵寝"的扩展项目正式列入联合国教科文组织《世界遗产名录》。明孝陵包括起自下马坊的陵前道路、神道和陵区。

此外还有徐达、常遇春、李文忠等功臣的陪葬墓。

4. 外郭

外郭尚存部分遗迹，俗称"土城头"，大部分城门的名称现在成为所在地及其附近一带的地名。

第 10 章

清朝江宁

明万历四十四年（1616），满族统治者努尔哈赤建立王朝称汗，国号大金，史称后金，定都赫图阿拉（后称兴京，今辽宁省新宾）。明崇祯九年（1636），皇太极改大金为大清，称帝，改元崇德。崇祯十六年（1643）皇太极卒，立年幼的福临为君，是为清顺治帝，多尔衮为摄政王。

明天启七年（1627），农民起义战争在陕北爆发。明崇祯十七年（1644）正月，李自成在西安建立大顺政权，年号永昌。同年三月攻克北京，推翻明王朝。李自成进军北京的消息传到关外，多尔衮急忙率军南下。驻守山海关的明将吴三桂投降，为清军打开了由东北进入华北的通道。明崇祯十七年（清顺治元年，1644）五月，清军击败农民军，占领北京。清迁都北京。

同年六月，在马士英等拥立之下，明思宗朱由检堂兄、福王朱由崧在南京称帝，年号弘光。清顺治二年（1645）清军占领南京，朱由崧被俘，被称为南明的弘光王朝亡。

清咸丰三年（1853）3月19日，太平军攻克江宁。太平天国定都江宁府，改江宁府为天京。清同治三年（1864）7月清军攻占天京，复改天京为江宁府。

10.1　江宁府

10.1.1　东南地区的中心

清平定江南后，以南京为江南省（今江苏、安徽两省及上海市，即明朝的"南直隶"）首府，设承宣布政使司。改应天府为江宁府，仍辖上元、江宁、溧水、江浦、六合、高淳、句容、溧阳八县，隶属江南省。设经略招抚内院大学士。清顺治四年（1647）改经略招抚为总督，辖江南、江西、河南三省。顺治六年（1649）改辖江南、江西二省。顺治十八年（1661），江南省分设左、右布政使司，江宁府隶属右布政使司（治所苏州），左布政使司寄治江宁。清康熙三年（1664）改总督专辖江南省。康熙六年（1667），江南省左、右布政使司改称安徽、江苏布政使司，江宁府隶属江苏布政使司。康熙二十一年（1682）复改辖江南、江西二省。清雍正八年（1730），溧阳改属镇江府。清乾隆二十五年（1760），复设江苏布政使司，辖江宁、淮安、徐州、扬州四府和海州（今连云港）、通州（今南通）二州。[①]（图10-1）

管辖江南省和江西省的**两江总督署的设置，使南京成为清政府统治东南地区的中心。**"两江总督署"（早期为江南总督署）设在明朝汉王府旧址，江宁布政使司设在原徐达府内（今瞻园）。

南京也是江南邮驿的中心，置铺递、驿递。铺递以铺夫铺兵专递公文；驿递以马递送，除公文外，并护送官物及乘传官员。江宁府所属地区有金陵驿、

---

① 叶楚伧，柳诒徵. 首都志·卷一·沿革. 正中书局，民国24年

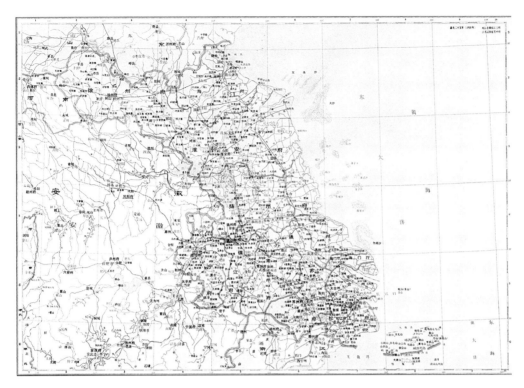

图 10–1　清江苏地图
资料来源：谭其骧. 中国历史地图集. 中国地图出版社，1982~1988

江东驿、龙江水马驿、大胜驿、云亭驿、龙潭水马驿、江淮驿、东葛驿、棠邑驿、江宁马驿 10 处及高桥铺、淳化铺、索墅铺、江东铺、城东铺等 85 处。[①]

在西方传教士利玛窦等的努力下，在 17 世纪初，在北京、南京、南昌、上海等地，已逐渐有了天主教团体。清顺治十八年（1660），罗马教廷传信部在中国推行代牧制，从澳门教区分设南京代牧区（Apostolic Vicariate of Nanking），聘任罗文藻为南京宗座代牧。罗文藻是历史上第一位中国籍主教。康熙二十九年（1690），罗马教廷决定，将北京、南京两个代牧区提升成为教区，南京教区（Diocese of Nanking）正式成立。当时南京教区管理江苏、安徽和河南等地。

10.1.2　八旗驻防城

清初，原明都城 13 座城门有 3 座被封闭：金川、钟阜、清凉。

清朝以明皇城为八旗驻防城（图 10–2）。

"八旗"是满族特有的社会组织，八旗驻防制度则源于努尔哈赤时代的筑城屯兵，是满族统治者控制全国的工具。驻防中坚持满汉分居。驻防旗人居住的"满

[①]　南京市地方志编纂委员会. 南京邮政志·第一章机构沿革·第一节古代通信

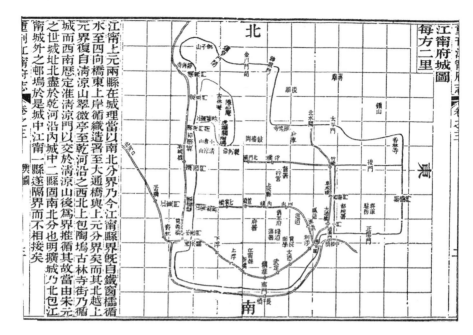

图 10-2　清江宁府城图
资料来源：江宁府志

城"自成独立的生活区域。

　　清顺治六年（1649），时任城内守备的陈祥开始在原明皇城范围内建八旗驻防城，即所谓"满城"。清顺治十六年（1659，另说顺治十七年），重造驻防城，"起太平门沿旧皇城基址至通济门，止开二门通出入，为八旗驻防之地，江宁将军开府于此。"[1] 驻防城沿用旧皇城西墙加筑城垣，形成"满城"的西墙。北墙即为明皇城北安门城垣向东加长到朝阳门北与明都城墙相接。东墙和南墙即为明都城墙。但史籍关于西墙的记载自相矛盾：既说"起太平门东，至通济门东止"，又说"长九百三十丈"。"九百三十丈"折合今制为 2.98 公里，而太平门至通济门距离约为 4 公里。

　　有学者经过分析研究，认为，"实际上满城的西墙即是明故宫西安门墙向南加长到通济门东与南京城墙相衔接，满城的北墙即是明故宫北安门墙向东加长到朝阳门北，与南京城墙相衔接"。满城"呈矩形，东、西向尺寸为 2100 米，南、北向尺寸为 2980 米"。"共设四门：东一，原朝阳门；南一，原正阳门；西二，原西安门旧址重建，正对玄津桥，新辟小门正对大中桥"[2]。此西墙二门为满城与繁华市区的主要通道。

---

① 龚荣.江苏考略.转引自：杨国庆，王志高.南京城墙志·第七章明城墙的修缮·第二节清代.凤凰出版社，2008
② 梁庆华，邢国政.南京明故宫范围有多大.南京史志，1989（6）

驻防城内设江宁将军、都统二衙门。清康熙玄烨于康熙二十三年（1684）第一次南巡至南京时即驻跸于驻防城内将军署。

明皇城成为八旗驻防城后，明宫建筑遭到破坏。康熙在二十三年（1684）南巡时，作《过金陵论》大发感慨："……道出故宫，荆榛满目，昔者凤阙之巍峨，今则颓垣残壁矣！……顷过其城市，闾阎巷陌未改旧观，而宫阙无一存者。见此兴怀，能不有吴宫花草、晋代衣冠之叹耶！"[①] 没过多少年，康熙三十八年（1699），正是康熙，批准拆迁南京明故宫的琉璃瓦、藻井、丹陛等物，发往浙江普陀山，建造法雨寺九龙大殿。

10.2　南京与《红楼梦》

《红楼梦》原名《石头记》，又叫《金陵十二钗》。《红楼梦》与南京有着非常密切的关系。《红楼梦》的作者曹雪芹的童年和少年时期是在南京度过的。《红楼梦》中多处提到金陵、石头城、六朝遗迹等等，在第二回中贾雨村跟冷子兴说："去岁我到金陵地界，因欲游览六朝遗迹，那日进了石头城，从他老宅门前往过，街东是宁国府，街西是荣国府。"说明《红楼梦》是以南京为创作的生活背景的。

10.2.1　江宁织造署

南京云锦，起源于六朝，发展于宋元，兴盛于明清，成为皇家御用贡品。清初康熙、雍正年间，云锦生产达到了高峰，成为当时南京最大的手工产业，有织机 3 万多台，工人 5 万左右，近 30 万人以织锦及其相关产业为生，他们大多集中在城南门东、门西地区。

但到了清代后期，南京云锦逐渐失去了服务的主要对象和传统的市场，过去作为皇家御用贡品的南京云锦开始衰落，南京的丝织业日趋萧条。随着清朝的灭亡，官营织造局撤销，机房停顿，南京云锦几成绝响。

10.2.1.1　江宁织造署与曹家

江宁织造署是清代专司织造御用和官用缎匹的官办织局，而实际上也是皇帝设置的兼有监督地方官员和掌握政治信息职能的特殊机构。江宁织造署建筑建于清顺治十一年（1654），毁于太平天国时期。东邻利济巷，南近铜井巷和科巷，西邻碑亭巷和延龄巷，北邻今长江路。江宁织造署大致分三路：东路是办公的衙署；中路是住家的府第；西路是花园。

织造署是官府衙门，织造局则是织造的工场。江宁织造局在织造署以东，今汉府街附近。此织造局毁于太平天国战争时期。清同治四年（1865）李鸿章在珠宝廊重建织造局。

---

① 康熙起居注·二十三年十一月初二日

曹雪芹的曾祖父曹玺、祖父曹寅、父亲曹颙和叔父曹頫三代四人先后在金陵担任江宁织造郎中要职达 59 年之久。曹氏祖籍辽阳，先世原是汉族，后为满洲正白旗"包衣阿哈"（即家奴）。曹寅之母孙氏曾是康熙乳母，曹寅自小与康熙一起长大，故曹家与清廷关系非同一般。江宁织造署曾为清代皇帝的行宫，康熙 6 次南巡，除第一次外均在江宁织造署驻跸。康熙并御书"萱瑞堂"。《圣祖五幸江南全录》是康熙四十四年（1705）第五次南巡的起居录。其中记载：四月二十六日"驾往太平门登城阅视城垣"后"即回行宫，至碑亭巷"。

康熙三十八年（1699）第三次南巡谒明孝陵时御题"治隆唐宋"，由曹寅刻立于明孝陵的碑殿。碑殿由毁于战火的原明孝陵中门改建。

江宁织造署西花园中的楝亭是曹家对外交往的重要场所，江南名士的汇集之地。曹玺曾在西花园中手植楝树一株，后在树下建亭，曰楝亭。曹寅以楝亭为自己别号。随康熙南巡驻跸织造署的御前侍卫纳兰性德有《满江红》词，在标题中就说"为曹子清题其先人所构楝亭，亭在金陵署中"。曹子清即曹寅。

满江红

为曹子清题其先人所构楝亭，亭在金陵署中

纳兰性德

籍甚平阳，羡奕叶流传芳誉。君不见山龙补衮，昔时兰署。饮罢石头城下水，移来燕子矶边树。倩一茎黄楝作三槐，趋庭处。

延夕月，承朝露。看手泽，深余慕。更凤毛才思，登高能赋。入梦凭将图绘写，留题合遣纱笼护。正绿阴青子盼乌衣，来非暮。

清雍正五年（1727），曹頫因"行为不端"、"骚扰驿站"和"亏空"等罪名被抄家，由内务府郎中隋赫德接任江宁织造郎中。

乾隆时期，为迎接次年乾隆的南巡，乾隆十五年（1750），原江宁织造署改建为正式的江宁行宫。

江宁织造署改建为正式的行宫，织造署迁到了淮清桥东，太平天国时毁。清同治十一年（1872），在旧址重建。

10.2.1.2 江宁织造署与曹雪芹

曹雪芹名霑，字梦阮，号雪芹，又号芹圃、芹溪。

有学者考证，江宁织造署是《红楼梦》的作者曹雪芹的诞生地。曹雪芹于清康熙五十年（1711，一说康熙五十四年）在此出生，到清雍正五年（1727）曹家被抄才随家迁往北京。也有学者认为曹雪芹于康熙五十年在北京诞生。他的父亲曹颙在当年的三月间不幸病逝。康熙五十一年（1712）二月，曹寅进京述职后，将还不满百日的曹雪芹，带回他任职的南京抚养。也就是说，江宁织造署即使不是曹雪芹的诞生地，至少曹雪芹在江宁织造署度过了他锦衣玉食的童年和少年时期。

10.2.1.3　水月庵和万寿庵

《红楼梦》写到了水月庵。曹寅在清康熙五十年（1711）七月初四的奏折中说："菩提子，织造局内所种四粒，已出一颗，……万寿庵和水月庵两处所种，亦俱于六月内各出一颗。"《同治上江两县志·卷二十七·图说》中明确标出了水月庵在汉王府织造局西北面的太平桥南街。万寿庵创建于康熙四十七年（1708），清光绪十三年（1877）重修时改庵为寺。20 世纪 60 年代曾在中山东路 291 号发现光绪十三年刻制的"万寿禅寺"旧额。可见，水月庵和万寿庵确是曹家家产，在南京是实有的。[①]

10.2.2　随园与大观园

随园本为曹家所有，曹雪芹应该到过随园这个地方。清雍正五年（1727）曹家被抄。随园也被赐给了继任江宁织造的隋赫德，名"隋园"，成为隋织造园。

清代诗人、诗论家袁枚（1716~1797）曾任江宁、上元等地县令。清乾隆十三年（1748）袁枚父亲亡故，辞官养母，在江宁购得隋园，加以改造、扩建。袁枚运用自然地形，因势造景，随其高为置江楼，随其下为置溪亭，或扶而起之，或挤而止之，皆随其丰杀繁瘠，就势取景而莫之夭阏者，故改"隋"为"随"。随园园门在东北隅（今青岛路），园东南近五台山永庆寺，西北至今汉口路是小香雪海，西南角到乌龙潭是袁氏祖茔，四周无围墙遮拦。[②]

袁枚认为《红楼梦》中大观园即随园："康熙间，曹练（楝）亭为江宁织造，……雪芹撰《红楼梦》一部，备记风月繁华之盛，中有所谓大观园者，即余之随园也。"（袁枚：《随园诗话》）胡适则认为，"袁枚在《随园诗话》里说《红楼梦》里的大观园即是他的随园。我们考随园的历史，可以信此说不是假的。"（胡适：《红楼梦考证》）当然，这里所说的"随园"不是袁枚改造、扩建后的随园，也不是隋赫德的"隋园"，而是更早时曹家的"随园"。

与袁枚同时，富察明义《题红楼梦》诗二十首，是目前发现的最早咏《红楼梦》的诗篇。他在诗的前面的小序曰："曹子雪芹出所撰《红楼梦》一部，备记风月繁华之盛。盖其先人为江宁织府；其所谓大观园者，即今随园故址。惜其书未传，世鲜知者，余见其钞本焉。"他还有一首《和随园自寿诗韵十首》，开头即曰"随园旧址即红楼，粉腻脂香梦未休"，此诗下有小注曰："新出《红楼梦》一部，或指随园故址"。明义是清忠勇公傅恒的后代，明义的堂兄明琳与曹雪芹是好朋友，他的堂姊夫墨香又是雪芹好友敦诚、敦敏的叔父，因此他很有可能见过曹雪芹，他的说法值得注意。袁枚说他的随园就是大观园，实际上是采用了明义的说法，这就更引人深思。

---

① 季士家，韩品峥.金陵胜迹大全·风景名胜编·江宁织造署与曹雪芹家的金陵史迹.南京出版社，1993

② 南京市地方志编纂委员会.南京园林志·第二章古代园林·第二节宅第花园.方志出版社，1997

当然这只是关于大观园原型几个说法之一。也有说法，认为大观园即是江宁织造署："康熙南巡时，数次都以曹寅的织造署为行宫。书中大观园的规模正与此相当。……书中甄家一直都在南京正暗示故事的真正地点是南京，而非北京。"（赵冈：《红楼梦考证拾遗》）

10.2.3　云锦与《红楼梦》

曹雪芹成长于江宁织造世家，对于皇家御用贡品的南京特产——云锦当然印象深刻，在《红楼梦》中多处描述的有关织物实为江宁织造局所产云锦。

如《红楼梦》第五十六回说到"上用"织物："只见林之孝家的进来，说：'江南甄府里家眷昨日到京，今日进宫朝贺，此刻先遣人来送礼请安。'说着便将礼单送上去。探春接了，看道是：'上用的妆缎蟒缎十二匹。上用杂色缎十二匹。上用各色纱十二匹。上用宫绸十二匹。宫用各色缎纱绸绫二十四匹'"。有关用云锦做的服饰的描述就更多了。贾宝玉、林黛玉、薛宝钗、史湘云等等的衣着服饰多为江宁织造局所产云锦。（《红楼梦》第二回、第八回、第四十九回）

10.2.4　雨花石与《红楼梦》

《红楼梦》中写到主人公贾宝玉"一落胞胎嘴里便衔下一块五彩晶莹的玉来"。（《红楼梦》第二回）"通灵宝玉""大如雀卵，灿若明霞，莹润如酥，五色花纹缠护"。（《红楼梦》第八回）《红楼梦》还有诗云："无才可去补苍天，枉入红尘若许年"。（《红楼梦》第一回）《列子》中说，"天地亦物也。物有不足，故昔者女娲氏炼五色石以补其阙"[1]。雨花石也是五色石，往往被描述为"凡有五色"，"纹理萦绕石面，望之透明，温润可喜"，"结成五色、珠玑绚烂、莫可名状"，"体质空透、五色俱备"等。曹雪芹笔下的"通灵宝玉"的原型乃是石头城所产的雨花石。

南京雨花石早已誉满天下，其文化历史源远流长。南京北阴阳营文化遗址中，从当初含在死者口中和陶罐里就发现了76颗雨花石。雨花石是一种天然玛瑙石，现在的主产地在六合、仪征（现属扬州）一带。雨花台以前也曾产过雨花石。雨花石有过众多别称，如绮石、五色石、六合石、灵岩石、江石子、螺子石等。由于南朝梁代云光法师"雨花说法"，从而"玛瑙岗"成为"雨花台"，"玛瑙石"成为"雨花台石"，进而到"雨花石"。而史料中正式出现雨花石名称的是明末清初人徐荣的《雨花石》诗和藏石世家张岱的《雨花石铭》。《桃花扇》作者孔尚任《六合石子》诗，把雨花石之形成、来源、状态、鉴赏作了详尽的描述。

---

[1]　列子·汤问第五

10.3 江宁行宫

由于康熙与曹家的特殊关系，江宁织造署曾经作为清代皇帝的行宫。康熙 6 次南巡，有 5 次在江宁织造署驻跸。两江总督尹继善为迎接乾隆第一次南巡（乾隆十六年，1751），在江宁织造府的基础上大兴土木，将其正式改造为江宁行宫。乾隆南巡五次，皆在此驻跸。"江宁行宫，在江宁府治利济巷大街，向为织造廨署。圣祖南巡时，即驻跸于此。乾隆十六年（1751）大吏改建行殿，有绿静榭、听瀑轩、判春室、镜中亭、塔影楼、彩虹桥、钓鱼台诸胜。"[①] 乾隆第一次南巡时江宁行宫的状况，高晋所撰《南巡盛典》有详细描述，并附有"江宁行宫图"。（图 10-3a、图 10-3b）

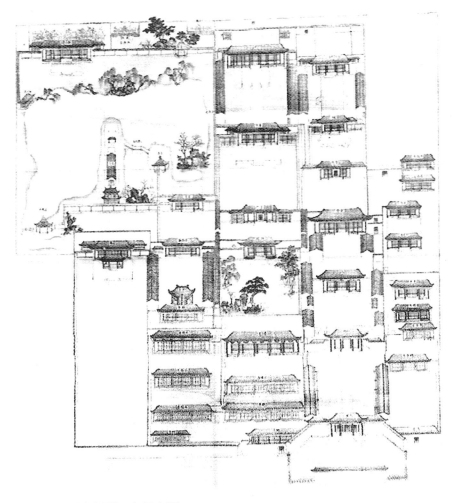

图 10-3a 样式雷江宁行宫图
资料来源：吴良镛先生提供

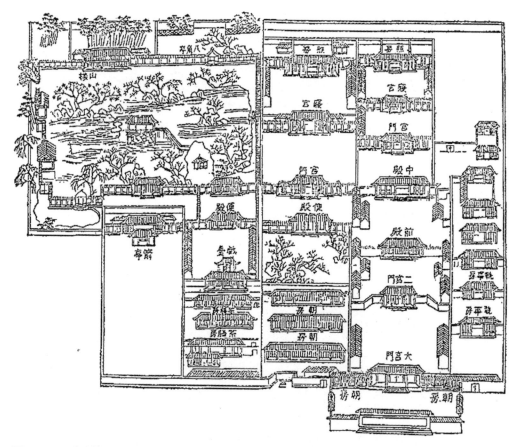

图 10-3b 《南巡盛典》附江宁行宫图

资料来源：吴良镛．金陵红楼梦文化博物苑·附录 A1　江宁行宫建筑与基址规模略考．清华大学出版社，2011

10.3.1　区位

　　康熙、乾隆历次南巡，除内庭部分人员以外，还有"王公大臣、章京侍卫官员、拜唐阿兵丁等达两千五百多人"。显然，江宁行宫核心区域不可能安置这么多人，周边还应有一个更大的范围——"行宫外"。一般将江宁行宫和"行宫外"整个地区统称为"江宁行宫"，也逐渐称之为"大行宫"。

　　在清代康熙、乾隆二帝南巡时，大行宫地区的北界是在两江总督府的前街，南界在西华门大街，西界在碑亭巷，东界在利济巷大街。

　　而江宁行宫，南临西华门大街，西临碑亭巷，在西华门大街上的大宫门对着吉祥街，也就是说，江宁行宫大致处于大行宫地区的西南角上。[1]（图 10-4）

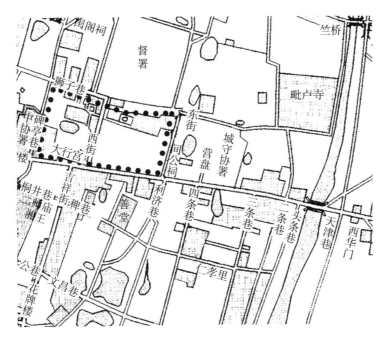

图 10-4　大行宫地区

资料来源：吴良镛. 金陵红楼梦文化博物苑・附录 A1 江宁行宫建筑与基址规模
略考. 清华大学出版社，2011

10.3.2　样式雷的改建设计

资料表明，样式雷参与了江宁行宫的改建设计工作。图 10-3a 是林徽因先生交吴良镛先生收藏的样式雷《江宁行宫图》。样式雷是中国清代宫廷建筑匠师家族。始祖雷发达（1619~1693），原籍江西永修，明末迁居南京。清初，雷发达应募到北京供役内廷。"此图当属样式雷主持的改造设计方案，其中房屋形制、样式等明显不太统一，例如，集中于大门西侧西南二区之内的朝房、茶膳房等辅助功能用房（不含南府房）与其他主体建筑明显有别，很可能不是同期之设计。"

"此样式雷作《江宁行宫图》的设计成图时间可能如下：①若为康熙南巡设计，1688~1706 年由雷发达或雷金玉所作；②若为乾隆南巡设计，1750 年前后由雷声澂所作。"

《南巡盛典》所附"江宁行宫图"反映的是乾隆第一次南巡时江宁行宫的实际建筑状况，类似于竣工图；而样式雷的《江宁行宫图》是与此对应或为康熙南巡所做的设计方案，所反映的则更接近此前的江宁织造府。《南巡盛典》中所言"西偏即旧池重浚，周以长廊"的情况，两图就有较大差异。

关于"旧池重浚"。原设计中有池南岸一长洲伸入池中心，上建船房和亭，有桥。而乾隆十六年（1751）的实际修造将此长洲和其余淤塞部分一并开挖，只留池心一小岛建新亭，并架设另一桥通此亭。

关于"周以长廊"。原设计中池南岸有一列长廊迤西至池西南角曲水前一圆顶小亭止，池北岸也有一长廊迤西转南至池西北岸一临河房为止，此二廊未及之池西南的很大一部分仅为驳岸，并没有"周"廊；而实际修造中在池西南则全部周以曲折长廊，而且还在池西临河房南侧沿廊建造了一座三面临水之台榭。[①]

10.3.3　建筑形制

曹玺、曹寅在江宁织造任上，分别衔居正一品和正三品，其府署的等级规模也应为正三品以上，因此，江宁织造府的基本规制框架应当参照一品至三品的官署建筑。

样式雷作《江宁行宫图》中的房屋虽均为行宫殿宇名称，但其大部分建筑均与三品左右文官衙署的建筑形制接近，如各门屋均为三开间，各厅殿最高只有五开间，主体建筑的屋顶形式为卷棚歇山或卷棚硬山等。也就是说，按照建筑形制来分析，此图很可能在某种程度上较为完整地反映了康熙朝兼作行宫和织造府，或乾隆朝在织造府基础上改造为行宫的各座建筑的有关信息。[②]

10.3.4　建筑布局

根据《南巡盛典》所附"江宁行宫图"中所示建筑名称和功能，江宁行宫大致分为五个区域：外一路为外朝区和部分寝宫，由南至北依次布置有照壁和大宫门、二宫门、前殿、中殿、宫门、寝宫、照房七座建筑；内一路为内朝区和主要寝宫，由南至北依次布置有便殿、宫门、寝宫、照房四座建筑；东一区为服务区，布置有若干茶膳房、轿库房等其他用房若干；西南一区也是服务区，布置有若干朝房、茶膳房、南府房等辅助功能用房；西北一区为园林、观戏、射箭等游憩活动区域。

乾隆在四十九年（1784）最后一次南巡，驻跸江宁行宫时，作《江宁行宫八咏》组诗，记有江宁行宫的八座建筑（亦是八景）：勤政堂、鉴古斋、镜中亭、彩虹桥、塔影楼、听瀑轩、绿净榭、判春堂。据考证，江宁行宫五个区域和各建筑位置如图 10-5。[③]

---

① 段智钧，王贵祥. 江宁行宫建筑与基址规模略考. 吴良镛. 金陵红楼梦文化博物苑·附录A1. 清华大学出版社，2011

② 段智钧，王贵祥. 江宁行宫建筑与基址规模略考. 吴良镛. 金陵红楼梦文化博物苑·附录A1. 清华大学出版社，2011

③ 段智钧，王贵祥. 江宁行宫建筑与基址规模略考. 吴良镛. 金陵红楼梦文化博物苑·附录A1. 清华大学出版社，2011

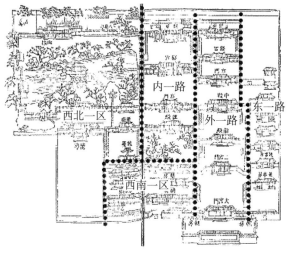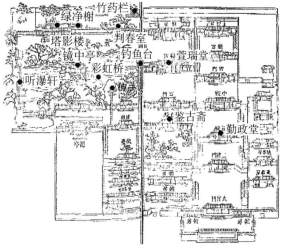

江宁行宫总体分区示意图（底图为《南巡盛典》所附江宁行宫图）

江宁行宫主要建筑分布图（底图为《南巡盛典》所附江宁行宫图）

图 10-5　江宁行宫分区与建筑分布

资料来源：吴良镛.金陵红楼梦文化博物苑・附录 A1　江宁行宫建筑与基址规模略考.清华大学出版社，2011

10.4　秦淮河、孔庙及贡院

10.4.1　秦淮河

秦淮河是南京的母亲河，秦淮河两岸很早就是先民定居的聚落所在地。六朝时期，后来被称为内秦淮河的一段，已是繁华地区。及至明清，内秦淮河两岸依然河房鳞次栉比，富贾云集，青楼林立。尤其是夫子庙、贡院附近这一段，更是河上画舫凌波，桨声灯影，歌女花船，昼夜不绝。"六朝金粉"的典故也出于此，宋朝杨万里诗有"六朝金粉暖消魂"之句。

"秦淮灯船之盛，天下所无，两岸河房，雕栏画槛，绮窗丝障，十里珠帘，……薄暮须臾，灯船毕集，火龙蜿蜒，光耀天地，扬槌击鼓，蹋顿波心，自聚宝门水关，至通济门水关，喧阗达旦，桃叶渡口，争渡者喧声不绝"。[①]

10.4.2　孔庙与府学、县学

10.4.2.1　夫子庙

夫子庙是孔庙的俗称，全称是"大成至圣先师文宣王庙"，简称"文庙"，是供奉和祭祀孔子的地方。孔子自古被人们尊称"孔夫子"，故孔庙俗称"夫子庙"。南京夫子庙位于秦淮河北岸贡院街，因在秦淮河畔而独具特色。

---

① （清）余怀.板桥杂记・雅游.上海启智书局，民国 22 年

孔庙一般和国学、府学、州学或县学联为一体。南京夫子庙是前庙后学，孔庙、学宫与东侧的贡院组成古代文化教育建筑群。

今天的夫子庙于宋景祐元年（1034），由东晋学宫扩建而成。宋建炎年间遭兵火焚毁；宋绍兴九年（1139）又重建，称建康府学。宋乾道四年（1168）创立贡院。元朝改为集庆路学。明初为国子学，将上元、江宁两县学并入。其后再毁再建。清顺治九年（1652）府学迁往原国子监，夫子庙原府学故地改为上元、江宁两县的县学。清咸丰三年（1853）毁于太平天国战火。清同治八年（1869）重建。1937年遭侵华日军焚烧而严重损毁。

利用天然河流秦淮河作它的泮池，是南京夫子庙的一大特色。南岸的石砖墙照壁，全长110米，是全国照壁之最。北岸庙前有聚星亭、思乐亭；中轴线上前庙后学，建有棂星门、大成门、大成殿、明德堂[①]、尊经阁等建筑；另外庙东还有魁星阁。夫子庙两侧是学宫前甬道（民国以后废科举，学宫甬道成为摊贩市场，即今东市、西市）。东甬道为学宫正门，门前有坊，上书"泮宫"。坊东为明清两朝状元、榜眼、探花题名牌坊。坊西为会元、解元题名牌坊，坊的背面是武科题名牌坊。

灯彩是南京夫子庙的另一个特色。每年元宵节，自农历正月初一至十八，这里举行夫子庙灯会，热闹非常。（图10-6）

10.4.2.2　江宁府学

清初江宁府学在原明国子监。太平天国时期，原江宁府学成为太平军的宰

图10-6　夫子庙（1888年）
资料来源：叶兆言著文. 老南京·旧影秦淮. 江苏美术出版社，1998

---

① 一般学宫都称"明伦堂"，唯独南京的称"明德堂"。据说当年文天祥为元军所俘，北上小住南京时，遇上南京降元的大臣留梦炎为复建的夫子庙题写"明伦堂"三字，文天祥挥笔写下"明德堂"，改伦为德。

夫衙。太平天国失败后，清同治五年（1866），两江总督曾国藩命李鸿章在朝天宫后山建孔庙，朝天宫成为江宁府学。曾国藩亲自为东西两侧牌楼书写门额：德配天地、道贯古今。

10.4.2.3 六合文庙

六合文庙即孔庙，也是学宫，始建于唐咸通年间（860~874），后几经废兴。清咸丰八年（1858）庙毁，同治九年（1870）在原址重建。文庙主体建筑为大成殿，另外还有照壁、泮池、品字井、棂星门、戟门、奎星亭和万寿宫等。占地8000 平方米。

10.4.3 "南闱"

10.4.3.1 贡院

江南贡院[①] 始建于南宋乾道四年（1168），由吏部侍郎史正志以蔡宽夫住宅创立，是当时建康县学、府学考试的场所。明定都南京后，这里改为乡试、会试的场所。明永乐年间，江南贡院经过重建，规模渐大。迁都北京后直至清代，江南贡院成为专门的乡试场所。从道光年间至光绪年间，规模庞大，盛况空前，考生号舍多达 20664 间，可同时容纳 2 万余名考生参加考试。清代江苏、安徽两省合称江南省，江南贡院与北京的顺天贡院同享盛名，分别称为"南闱"和"北闱"。

江南贡院东起姚家巷，西至贡院西街，与夫子庙隔街相望，南达贡院街，与秦淮河畔的河房相邻，北到建康路。贡院正门分三道，第三道为"龙门"。由"龙门"向前，直通明远楼。贡院四周高墙环绕，四角都建有一座两重檐的瞭望楼，与贡院中央的明远楼相呼应。明远楼明永乐年间初建，清道光年间重建，三层，是贡院最高的建筑物。上面两层四面皆窗，登临四顾，贡院情形尽收眼底。每届科考，外帘官员在此发号施令和负责警戒。明远楼的周围，便是鳞次栉比的考生号舍。考试 3 日，考生吃住均在号舍之内，不得离开号舍。过了明远楼，木牌坊后便为至公堂，这是监临（监考官）等外帘官聚会办公的场所。至公堂的后进为戒慎堂，其后门为外帘门，外帘官到此止步。出了外帘门，为一水池，上有青条石砌造的单孔石桥一座，称作飞虹桥（在今南京市中医院内）。过了飞虹桥，便至衡鉴堂，这是内帘官（即主考官与同考官）评阅试卷并确定名次的地方。内外帘官之间以飞虹桥相隔，不得跨越。（图 10-7）

10.4.3.2 考棚

明清时代，参加贡院的"乡试"之前，报考人必须先通过预试。预试的场所，称为考棚。南京设置了上江考棚和下江考棚，分别成为安徽和江苏学子的预试考场。"上江考棚，旧在朝天宫之皇甫巷。乱后（指太平天国运动失败以后）同

---

① 季士家，韩品峥.金陵胜迹大全·风景名胜编·江南贡院及明远楼.南京出版社，1993

飞虹桥
至公堂
甬道
明远楼
龙门

图 10-7 江南贡院

资料来源：照片：叶兆言著文.老南京·旧影秦淮.江苏美术出版社，1998

江南贡院全图：朱炳贵.老地图·南京旧影.南京出版社，2014

治四年（1865）十月，买三条营梁姓屋。……十二年（1873）移于中正街，系安徽省绅捐建。""修造为屋七十七间，厢二十七厦，计文场七十九字，九百零四坐。并买黄、姚二姓屋，建提调公馆。"①今白下路第六中学内保存着上江考棚的老建筑。

---

① （清）莫祥芝，甘绍盘等.同治上江两县志·卷十一·建置

下江考棚在今市立第一医院一带，西起中华路，东到信府河。

10.5　民居及园林

10.5.1　城南民居

成片的民居是南京城的主要组成部分，特别是城南。南京历代都城的宫殿衙署大都集中在城北。而城南秦淮河沿岸从六朝时期开始一直就是民居的集聚之地。横塘、长干里是最著名的居住区；乌衣巷则是王、谢等大族的居住地。

南京民居多为穿堂庭院式住宅，一至二层，一路二进到多路多进。青砖黛瓦，特别以高大的封火墙（俗称马头墙）为标志。除一般居民居住的普通民居外，还有达官贵人或富户的住宅、机房帐房、河房、会馆等多种类型。

10.5.1.1　达官贵人富户的住宅

达官贵人或富户的住宅都是规模很大，俗称"九十九间半"。如清末文人甘熙故居，清末钦差刘芝田住宅，清末富商蒋寿山住宅，清末富商魏家骅住宅。

1. 甘熙故居

甘熙（1797~1857）故居位于南捕厅 15 号、17 号、19 号，占地 1.4 公顷。建筑群三路五进，坐南朝北，东南角为 500 多平方米的花园。清朝嘉庆年间由甘福修建。金陵甘氏是江南望族，其祖先最早可追溯到战国的秦丞相甘茂，其后甘罗、甘宁、甘卓等都是著名人物。甘熙是甘福的次子，清道光年间进士，晚清著名文人，著有《白下琐言》、《桐荫随笔》、《栖霞寺志》等。清嘉庆四年（1799），甘福家迁居南捕厅，在原住宅基础上进行扩建。嘉庆十七年（1812）建"友恭堂"。清道光十二年（1832）建津逮楼，收藏大量书籍。后甘熙又建文调轩、寿石轩等。太平军攻占南京时，津逮楼、文调轩、寿石轩等皆毁于战火。

2. 刘芝田住宅

刘瑞芬（1827~1892）字芝田，官至两淮盐运使，清末任钦差大臣，出使英、法、俄等国。刘芝田住宅位于门西殷高巷 14 号，占地 3000 平方米，建筑面积 2700 平方米。

3. 蒋寿山住宅

蒋寿山住宅在门东三条营 18 号、20 号，二路七进，占地 4500 平方米。蒋寿山为南京晚清富商，传说以赶毛驴起家，人称蒋驴子。清光绪三年（1877），蒋寿山致富被封官。据蒋寿山后人相传，蒋氏宅院是买下李渔的芥子园改建的。

4. 魏家骅住宅

魏家骅住宅在门西高岗里 17 号、19 号，二路五进，占地 2200 平方米。魏家骅（1862~1933）字梅荪，号贞士，江宁人，分别于清光绪二十四年（1898）、二十九年（1903）两为进士，任过翰林编修、山东东昌府知府，官至三品大员。

魏家骅家族以商号"魏广兴"经营丝织业，拥有织机3000多张。

5. 秦大士故居

秦大士故居又称秦状元故居，位于长乐路57、59、61号。秦大士（1715~1777）字鲁一，号涧泉，世居金陵。清乾隆十七年（1752）状元，官至侍讲学士。嘉庆年间退任，就明崇祯大学士何如宠故居遗址建宅邸。秦大士故居三路多进，一直为其后人居住。长子秦承恩官至直隶总督，次子秦承业以帝傅之荣赠礼部尚书，故里人呼其宅为"大夫第"。秦大士故居厢房内嵌有碑刻十二块。上面刻秦状元正、草、隶、篆四体书诗词等。61号院内保存古井一口。

10.5.1.2　机房、帐房

城南居民很多以织锦为业，往往在住宅中布置织机，开间和进深都较普通住宅大。规模小的称机房，大的称帐房。典型的帐房如钓鱼台83、85、87号吴家帐房，三路四进。

10.5.1.3　河房

河房是沿秦淮河两岸临水的住宅。前门临街，后窗面水。可以欣赏秦淮河的桨声灯影，也可从河中的船上购物，有的还可从河上进出。现被称为"媚香楼"的钞库街38号河房，据说是秦淮歌伎李香君的故居。孔尚任的戏曲名作《桃花扇》讲述了明末清初青年才俊侯方域与秦淮歌伎李香君一段曲折离奇的乱世爱情，李香君成为知名人物。

10.5.1.4　会馆

明清时期，南京的会馆很多，一般均选址于水陆交通便利，靠近所经营的商品的市场，主要集中于城中和城南地区。会馆规模大小不同，大的多路多进，小的只有一路。大的会馆装修华丽，门楼、大厅均有斗拱，小的与民居形式雷同。会馆中以安徽各地所设的为多，湖南会馆也有几处，其他如浙江、湖北、两广、福建、江西、山陕、中州等地区均在南京设有会馆。会馆中保存完整并较为典型的有大百花巷13号、15号泾县会馆和颜料坊90号山西会馆等。大辉复巷21号的甘、宁、青三省会馆也很有特色。[①]

10.5.2　名人故居

10.5.2.1　半亩园与扫叶楼

龚贤（1618~1689），字半千，被推为金陵画派"金陵八家"之首。清军占领南京后，龚贤离开南京，在外漂泊了20年，年近半百才退隐南京。他选择了清凉山下虎踞关，置地半亩，建屋数间，在屋旁空地栽竹种花，取名"半亩园"，别称"草香堂"。

据传今清凉山扫叶楼即龚贤故居。龚贤自画了一幅《扫叶僧像》，悬于楼上。

---

① 季士家，韩品峥.金陵胜迹大全·文物古迹编·城南民居.南京出版社，1993

画中一老僧持帚扫叶，眼望云天，心境高远。扫叶楼由此得名。但据研究论证，扫叶僧并非龚贤，而是他的好友、清凉寺方丈莲乘之徒宗元字扫叶者。扫叶楼即扫公房，是清凉寺的一处禅房。原扫叶楼于清咸丰年间毁于战火，光绪十五年（1899）重建。[①]

龚贤晚年的故居究竟在何处？说法不一：一说在清凉山东北侧的虎踞关的半亩园，一说在清凉山南的扫叶楼，还有认为半亩园和扫叶楼是同一个地方，有不同的名称而已。

10.5.2.2　秦淮水亭

清雍正十一年（1733），吴敬梓（1701~1754）从安徽全椒迁居南京，在秦淮河与青溪汇合处的淮清桥附近购置"秦淮水亭"。后来，吴敬梓"而家益以贫，乃移居江东之大中桥"[②]。就在南京，他写下名著《儒林外史》。

吴敬梓所居秦淮水亭为南朝梁尚书仆射、陈尚书令江总持的旧宅遗址，称"江总宅"或"江令宅"。此处环境历来为文人称道，住过多位名人。唐代诗人刘禹锡《金陵五题》中有江令宅一首；宋朝兴国军段缝即曾居此；宋王安石有《招约之职方并示正甫书记》诗："往时江总宅，近在青溪曲"；苏东坡也想在此比屋而居，"若得与君连北巷，故应终南忘西川"；南宋建康知府马光祖在此修筑了青溪园。明代称息园，清康熙年间即称秦淮水亭。

10.5.3　园林

10.5.3.1　芥子园

约在清康熙元年（1662），李渔由杭州迁居南京，在城南建芥子园。李渔（1611~1680）初名仙侣，后改名渔，字谪凡，号笠翁。在南京期间，李渔与其婿沈心友及王概、王蓍、王臬三兄弟，编绘画谱，以"芥子园"名之。此画谱堪称中国画的教科书。

因为芥子园地仅 3 亩，如同"芥子"，故名。李渔在其《芥子园杂联》序中说："此余金陵别业也，地止一丘，故名'芥子'，状其微也。往来诸公，见其稍具丘壑，谓取'芥子纳须弥'之义，其然岂其然乎？"园虽小，但李渔就是位园林专家，经他精心设计，步移景换，别有情趣。园内设有栖云谷、月榭歌台、一房山、浮白轩、来山阁等。

芥子园究竟在哪里？比较有根据的说法是芥子园在清光绪年间成为蒋寿山住宅的一部分。李渔在其《芥子园杂联》序中说："周处读书台旧址与余居址相邻。"[③]周处台在老虎头，其西不远处就是三条营的蒋寿山住宅。按立于蒋宅山墙下的光绪元年石碑记载，三条营原来是条水沟，后加盖青石板成为小巷。芥

① 季士家，韩品峥.金陵胜迹大全·风景名胜编·扫叶楼与龚半千.南京出版社，1993
② （清）程晋芳.文木先生传
③ （清）李渔.一家言全集·卷四·芥子园杂联

子园在水沟附近是合乎情理的。清康熙十六年（1677），李渔迁回杭州。清同治十二年（1873），芥子园遭水淹，损毁严重。蒋寿山后人一直传说蒋氏宅院是买下芥子园建成的。

10.5.3.2　瞻园

瞻园是南京现存历史最久的一座园林，原为明代中山王徐达府邸的"西圃"，明万历年间已初具规模。清顺治二年（1645），该园成为江南行省左布政使署、安徽布政使署，清乾隆二十五年（1760），安徽布政使迁安庆，于此新设江宁布政使署。瞻园开始由封闭的私人宅园，变为半开放型街署花园。乾隆二十二年（1757）巡视江南，曾驻跸此园，题曰"瞻园"。太平天国期间，瞻园先后为东王杨秀清府、夏官副丞相赖汉英衙署和幼西王肖友和府。清同治三年（1864），该园毁于兵燹。同治四年（1865）、光绪二十九年（1903），瞻园两度重修，但已非原园景况。

"瞻园昔以石胜，传系（北宋）宣和遗物。有厅曰静妙堂，前后方池二，有沟可通。"[①]静妙堂即明时止鉴堂，清乾隆年间改为绿野堂，清江宁布政使李宗羲于同治四年（1865）修瞻园后改静妙堂。（图 10-8）

10.5.3.3　煦园

明成祖次子朱高煦为汉王，其府第西园，以朱高煦之"煦"字取其名谓"煦园"。全园面积约 1.4 公顷。清顺治四年（1647）在原汉王府设江南总督（后为两江总督）署。清乾隆十二年（1751）两江总督尹继善把煦园列为乾隆南巡行宫花园。道光年间又行扩建。

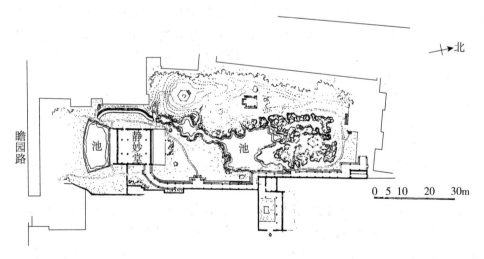

图 10-8　瞻园

资料来源：童寯. 江南园林志. 中国工业出版社，1963

---

① 童寯. 江南园林志·现况. 中国工业出版社，1963

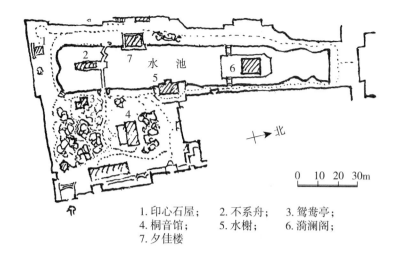

1. 印心石屋；　　2. 不系舟；　　3. 鸳鸯亭；
4. 桐音馆；　　5. 水榭；　　6. 漪澜阁；
7. 夕佳楼

图 10-9　煦园
资料来源：据童寯．江南园林志（中国工业出版社，1963）编绘

煦园中为一狭长水池——太平湖。由石舫和漪澜阁将水池分为相互分隔而又关联的三部分。中部形成较大水面，南有石舫，北有漪澜阁，南舫北阁遥相呼应；东为水榭，西为夕佳楼，东榭西楼隔岸相望。石舫为尹继善时所造，曰"不系舟"。岸边叠假山。假山中部有一石刻匾额，"印心石屋"四字系道光为两江总督陶澍所题。水池东南还有方胜亭（俗称鸳鸯亭）和桐音馆。（图 10-9）

10.6　门东、门西

南京城南地区自六朝以来一直是南京最为繁盛的传统居住区，也是手工业作坊集聚区，特别是云锦织造。"金陵商贾以缎业为大宗，而皆聚于城西南隅者"。"乾嘉间，通城机以三万计。其后稍稍零落，然犹万七八千。"[①]

城南一般以今中华门为界分门东和门西。"金陵聚宝门，左右袤延，淮水邪界于其北，中狭而旁广，故城厢隙地，如舒两翼。然土人呼门东、门西。"[②]（图 10-10a、图 10-10b）

门东、门西是南京传统民居集中地，是南京自然与人文交相辉映的历史文化地区。由于门东、门西少有宫殿衙署等官方屋宇，躲过了朝代更迭带来的破坏，较少大规模的人为损毁。虽随着岁月流逝，年代久远的地面实物已很少留存，但街巷肌理大体得以保持，地名、传说等使很多历史信息得以延续，记录了这里深厚的文化底蕴。

① （清）陈作霖．凤麓小志·卷三志事·记机业弟七．金陵琐志九种．南京出版社，2008
② （清）陈作霖．东城志略·引．金陵琐志九种．南京出版社，2008

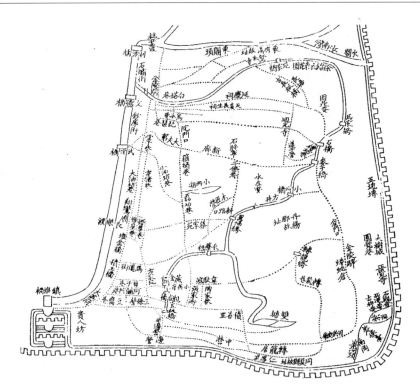

图 10-10a　东城山水街道图

资料来源：（清）陈作霖.东城志略.金陵琐志九种.南京出版社，2008

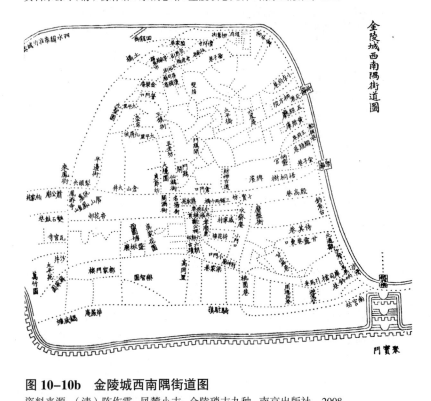

图 10-10b　金陵城西南隅街道图

资料来源：（清）陈作霖.凤麓小志.金陵琐志九种.南京出版社，2008

10.6.1　街巷肌理

城南地区不仅留下了很多传统民居，而且保存着历史的城市格局和街巷肌理。城南小巷弯曲，四通八达，其肌理除由古城的整体城市格局的因素决定外，还由于秦淮河的走向。因此城南地区的街巷肌理不同于城北地区，它的景色，它的氛围很有特色。吴敬梓在《儒林外史》中有多处描述："城里几十条大街，几百条小巷，都是人烟凑集，金粉楼台。城里一道河，东水关到西水关足有十里，便是秦淮河。水满的时候，画船箫鼓，昼夜不绝。……那秦淮到了有月色的时候，越是夜色已深，更有那细吹细唱的船来，凄清委婉，动人心魄。"（吴敬梓：《儒林外史》）（图 10-11）

图 10-11　城南街巷肌理

10.6.2　文化底蕴

10.6.2.1　以凤凰台为中心的门西

"金陵为山水之窟，其西南隅尤佳。"①门西地区，隋唐以前"大江前绕"，"（刘）宋元嘉中，……诏置凤凰里，起台于山，号凤台山。大江前绕，鹭洲中分，

---

① （清）陈作霖.凤麓小志·卷一志地·考园墅弟三.金陵琐志九种.南京出版社，2008

最为登眺胜处。唐李供奉尝宴游其所。厥后渚沚丛生，洪流西徙，而杨吴筑城，山势横断，凤台遂在城内。前临城壖，后俯淮水，纵横约十许里，兹山之麓尽是矣。溪谷殊状，高下坡陀，曲巷斜街，易迷向背，则赖花盝冈之标识焉。"①

　　门西人文荟萃，古迹遍布。清人陈作霖的《凤麓小志》中除凤凰台外还列了不下数十处。如：唐上元县治、宋家园、瓦官寺、万竹园、阮籍墓、杏花村、胡氏愚园、谢公祠、"六朝松石"、文孝庙、凤游寺、孙楚酒楼、刘宋南苑、南唐宋齐邱南园、宋绣春园、赏心亭及张咏折柳亭等等。被认为是江南第一座寺庙的建初寺也在门西，且与凤凰台比邻。"吴大帝赤乌十年（247），为西竺康僧会建寺，名建初。晋宋有凤翔集此山，因建凤凰台于寺侧。"②而门西所有这些名胜古迹"皆不能实指其处矣"，但凤凰台立于凤台山，且有花盝冈（今花露冈）为标识，遂成为门西的中心景点。"明以陪京之繁盛，士大夫丽都闲雅，润色承平，选胜探幽，率在凤台左右。"③（图10-12）

图10-12　凤凰台

资料来源：（清）高岑.金陵四十景图.朱炳贵.老地图·南京旧影.南京出版社，2014

---

①　（清）陈作霖.凤麓小志·卷一志地·考街道弟一.金陵琐志九种.南京出版社，2008

②　（宋）周应合.景定建康志·卷之四十六·祠祀志三·寺院.台北成文出版社，1983

③　（清）陈作霖.凤麓小志·卷一志地·考园墅弟三.金陵琐志九种.南京出版社，2008

10.6.2.2　以夫子庙为核心的门东

清末陈作霖认为，"予既辑《凤麓小志》以纪西南隅之名迹，而东城阙如。山川有灵，殆将怨我。"于是撰《东城志略》。"访秦君伯虞于南冈草堂，……相与登孝侯之台，寻鹫峰之寺。俯仰陵谷，不尽流连，古意满怀，呼之欲出。"[①]确实，门东与门西一样，不仅民居集聚，且多名门望族；而且同样人文荟萃，古迹遍布。赤石矶、娄湖头、光宅寺、芥子园、桃叶渡……，等等。尤其是秦淮两岸，自东水关至镇淮桥，以夫子庙为核心，正是南京"十里秦淮"之精华所在。

10.7　村镇

10.7.1　杨柳村

杨柳村在江宁龙都，距南京城 40 公里。村落依山傍水，背靠马场山，面临杨柳湖。自明初开始，这里就有大户人家集中建筑住宅、宗祠，先后形成中杨柳村、前杨柳村和后杨柳村。中、后杨柳村已在太平天国期间毁于战火。

前杨柳村始建于明万历七年（1579），自明万历年间至清嘉庆年间共建有 36 个宅院。每个独立的宅院皆有堂号。还有朱、刘、时、赵四姓宗祠。各宅院之间，全部以青石铺路，条石为阶。宅院均为三组纵列、多进，少则三进，多则七进。左、中、右各组之间有贯通前后的"备弄"，专供女眷及佣工行走，也有防火作用。

为运输大量建筑材料，专门开挖了一条人工河通秦淮河，在秦淮河畔的竹丝岗的"野埠头"是当时的专用码头。[②]

10.7.2　刘家陇村万寿台

南京最早的古戏台之一——万寿台位于高淳县固城湖南刘家陇村。据传始建于元延祐元年（1314），清乾隆十四年（1749）重建。砖木结构，飞檐翘角，台顶正中有一方斗式藻井。台面呈"凸"字形，宽 6.6 米，深 2.94 米，面积约 20 平方米。整个戏台占地面积为 91.2 平方米。

10.7.3　湖熟镇清真寺

湖熟镇是南京回民大镇。湖熟镇马氏始祖马白好五丁、马古台等原是西域

---

① （清）陈作霖 . 东城志略 · 引 . 金陵琐志九种 . 南京出版社，2008
② 季士家，韩品峥 . 金陵胜迹大全 · 文物古迹编 · 杨柳村明清古建筑群 . 南京出版社，1993

鲁密国（土耳其帝国）人，跟随明宋国公冯胜贲来到南京，有一部分回民入籍上元县。马白好五丁的子孙马仪泰定居在湖熟镇繁衍子孙。

湖熟清真寺始建于明洪武二十五年（1392）。清光绪二十二年（1896）重建大殿。清宣统三年（1911）在大殿西侧建宿舍、客堂等。

第5篇
近代民国　中西结合

　　南京在中国近代史上有着特殊的地位。南京是近代史的开端和终结的标志性事件——《南京条约》的签订、中国人民解放军解放南京——的发生地。

　　近代工业、商业、服务业和基础设施特别是津浦、沪宁两条铁路的布局，使南京再次成为交通枢纽，而下关成为南京重要的节点，从而构成了近代南京"一条轴线（中山大道）、三个中心（下关、新街口、夫子庙）"的城市布局结构。

　　作为统一后的近代中国的首都，尤其是抗日战争前的十年，南京以《首都计划》为代表的城市规划及在其指导下的建设，具有从古代传统走向近现代规划理念的时代价值。民国南京的规划建设是中国古代都城规划建设的终结。民国南京的规划建设构筑了现代南京城市的基本骨架。

　　吕彦直等我国近现代第一代规划师、建筑师在南京创造了一批优秀的规划设计作品。更为难能可贵的是他们在吸纳西方科学技术的同时，对中国近现代规划、建筑的民族化进行了卓有成效的探索。

第 11 章

晚清洋务

鸦片战争（1840 年，清道光二十年），外国资本主义列强用坚船利炮打开了古老中国的大门。鸦片战争的失败和《南京条约》等一系列不平等条约的签订，引起中国政治、经济、文化的激烈动荡，使中国社会发生了根本性的变化。政治上独立自主的中国，领土主权遭到破坏，自给自足的自然经济开始解体，逐渐成为世界资本主义的商品市场和原料供给地。中国从封建社会逐步沦为半殖民地半封建社会。

11.1　近代史的发端

11.1.1　《南京条约》

清朝自嘉庆中叶后，日趋衰落。外国商人为牟取暴利，在华南将大量鸦片走私输入中国，事态的发展引起了朝野人士的警觉。林则徐奏折一针见血地指出：若再听由鸦片泛滥下去，则数十年之后中原再无可御敌之兵，也没有可以充饷之银。清道光十八年（1838）十一月林则徐奉命赴广东查禁鸦片。中国的禁烟措施，遭遇英国政府的强烈反应。道光二十年（1840）夏，由 48 艘舰船和 4000 余名官兵组成的英国远征军封锁了广州珠江口，鸦片战争爆发。

清道光二十二年（1842），鸦片战争的战火燃至江浙，英军 80 余艘舰只侵入长江南京下关一带水域。迫于压力，朝廷派钦差大臣耆英、伊里布和两江总督牛鉴，在南京静海寺、上江考棚等处与英军议和。清政府一味妥协退让，委曲求全，道光二十二年七月二十四日（1842 年 8 月 29 日），在停泊于南京下关江面的英国"康华丽"号战舰上，耆英、伊里布与英国全权代表璞鼎查签订了中国近代史上第一个丧权辱国的不平等条约——中英《江宁条约》（即《南京条约》）。

《南京条约》共十三款，其主要内容包括中国向英国赔款 2100 万两白银，割让香港岛给英国，开放广州、福州、厦门、宁波、上海等五处为通商口岸等。清道光二十三年（1843）英国政府又强迫清政府订立了《中英五口通商章程》和《中英五口通商附粘善后条款》（《虎门条约》）作为《南京条约》的附约，增加了领事裁判权、片面最惠国待遇等条款。道光二十四年（1844）7 月、10 月，美国和法国趁火打劫，先后威逼清政府签订了中美《望厦条约》和中法《黄埔条约》，获得除割地、赔款之外与英国同样的特权。从道光二十五年（1845）起，比利时、瑞典等国家也都胁迫清政府签订了类似条约。

从此，资本主义列强打开了中国的门户。

11.1.2　"睁眼看世界"

鸦片战争的炮火，惊醒了一些有识之士，促使他们"睁眼看世界"，去了解西方,认识西方,并推介西方。这些有识之士中首推林则徐和魏源,他们是率先"睁眼看世界"的人。

林则徐(1785~1850),在清道光年间曾任江苏按察使、江宁布政使、江苏巡抚、署理两江总督,与南京关系十分密切。林则徐于清道光十九年(1839)主持编译《四洲志》,请人翻译英国人慕瑞的《世界地理大全》,搜集相关报纸新闻编辑而成。书中介绍了世界五大洲中 30 多个国家的地理和历史概况,是当时中国一部较有系统的世界地理志。

清光绪九年(1883),时任两江总督的左宗棠在长江东街 4 号建造陶林二公祠,以纪念民族英雄林则徐以及曾任江苏巡抚、两江总督的陶澍。陶林二公祠建筑坐北朝南,二进三开间,建筑面积 479 平方米,院落面积 683 平方米。

魏源(1794~1857),是当时"经世致用"思想的代表人物。清道光年间,他在江苏布政使贺长龄幕府中,编辑《皇朝经世文编》,并参与筹议漕粮、水利等工作,积累了实际经验。鸦片战争爆发后,魏源感愤时事,撰成《圣武记》14卷。认为鸦片战争中国失败的主要原因是由国内政治所致。他遵林则徐嘱,把林则徐未竟的事业,继承下来,以林则徐的《四洲志》为基础,于清道光二十二年(1842)在镇江写成 50 卷的《海国图志》。道光二十七年(1847)至二十八年(1848),魏源又将《海国图志》增补为 60 卷本,刊于扬州;到清咸丰二年(1852)又扩充为百卷本。《海国图志》是一部划时代的著作,介绍西方各国历史地理状况,主张学习西方的先进科学技术,率先提出"师夷长技以制夷"。魏源摒弃以我为天朝中心的史地观念,打破对待西方的传统价值观,接受五大洲、四大洋的新的近代自然科学知识,介绍西方的社会制度、风土人情,拓宽了国人的视野。《海国图志》中已指出"量天尺、龙尾车、风锯水锯、火轮机、水轮舟、自来水、自转碓、千斤秤之属,凡有益于民用者,皆可于此造之"。

清道光初年,魏源曾先后作江苏布政使、巡抚的幕僚,在南京龙蟠里度过其生平最长的一段幕僚生涯。龙蟠里的魏源故居是一处典型的江南民居建筑,砖木结构,三进九间。位置就在今天的龙蟠里 20 号、22 号,紧邻乌龙潭。原称"湖干草堂",后改"小卷阿"。"卷阿"为《诗经·大雅·生民之什》的篇名。卷者,曲也;阿者,大也。院子里有一株蜡梅,是魏源当年亲手栽种的。

11.2 太平天国天京

清咸丰元年(1851)1 月 11 日,洪秀全在广西桂平县金田村率众起义,建国号"太平天国"。3 月,太平军转战到武宣东乡,洪秀全正式称"天王"。

咸丰三年(1853)3 月 19 日,太平军攻克南京,天王洪秀全认为南京地连三楚,势控两江,群山屏围,长江襟带,钟阜有龙盘之像,石城有虎踞之形,便宣布定都江宁府,改江宁府为天京。

咸丰六年(1856)8 月,天朝内官总管陈承瑢向天王告密,谓东王杨秀清假托"天父下凡"，"逼封万岁"，有弑君篡位之企图。天王密诏北王韦昌辉、翼王石达开及燕王秦日纲铲除东王。9月1日，北王赶回天京，与燕王会合，陈承瑢开城门接应。众军突袭东王府，包括东王及其妻妾在内五十四人被杀，又以搜捕"东党"为名，大杀异己。翼王到天京后，责备北王滥杀。北王尽杀翼王家属及王府部属。翼王从安庆起兵讨伐，北王在情急之下攻打天王府，失败被杀。燕王及陈承瑢不久亦被处死。是为"天京事变"。

天京事变后，太平天国人心开始涣散，军事形势逆转，清军陆续在各战场得胜。清同治三年（1864）6月1日，洪秀全病逝。洪秀全长子16岁的洪天贵福即位为幼天王。一切朝政由信王洪仁发、勇王洪仁达、幼西王萧有和及安徽歙县人沈桂4人执掌。

清同治三年（1864）7月19日，清军挖掘地道轰塌太平门城墙20余丈，攻占天京。忠王李秀成、尊王刘庆汉等护卫幼天王突围。此后，洪天贵福一行狼狈流窜于安徽、江西等地。10月25日洪天贵福被俘，11月被杀于南昌。太平天国在南京建都12年。太平军余部仍转战大江南北，一直奋战到同治七年（1868）。

太平天国时期已进入我国近代，洪秀全等假借当时从西方传入的新兴宗教基督教起义，提出了自己的纲领。《天朝田亩制度》体现了农民阶级要求废除旧有封建土地所有制的强烈愿望。《资政新篇》是具有发展资本主义意愿的政治纲领。但这些只是纸上谈兵，从未认真推行，更没有任何成效。

从城市规划的角度看，太平天国在其首都天京的所作所为与以前的封建王朝并没有什么区别，并没有促使城市近代化。作为太平天国的都城，清咸丰三年（1853）太平军攻打南京和清同治三年（1864）清军攻占天京，两军相互攻防，以及太平天国统治集团的内讧，给南京造成了极大的创伤。**这是南京古代、近代史上遭到的第二次浩劫。**明孝陵地区就是太平军和清军对峙的重要战场，地面木结构建筑几乎全毁。夫子庙、灵谷寺、大报恩寺及其琉璃塔等也毁于战火之中。杨秀清的东王府在清咸丰六年（1856）"天京事变"中，被北王韦昌辉付之一炬。清同治三年（1864）清军攻占天保城、地保城后，居高临下日夜炮击天京，最后挖掘地道炸塌城墙，蜂拥入城，天王府被焚毁大半。……

11.2.1　天朝宫殿

太平天国天朝宫殿[①]在今长江路东段。此处殿宇始建于明洪武年间，先后成为陈友谅之子陈理的汉王府、朱元璋养子沐英的西平侯第和黔宁王府。明永乐二年（1404），朱棣次子朱高煦扩建为新汉王府，西花园命名为"煦园"。清顺治四年（1647）汉王府开始成为江南总督署，此后这里一直是清王朝两江总督

---

① 季士家，韩品峥.金陵胜迹大全·文物古迹编·太平天国天王府遗址.南京出版社，1993

署的所在地。

太平天国天朝宫殿，一般称为天王府。开始只将两江总督署稍加修葺，天王洪秀全入驻后，即着手改建为天朝宫殿。工程从清咸丰三年（1853）5 月动工，至 11 月方成。可惜年底失慎起火，化为焦土。咸丰四年（1854）2 月，在旧址上再兴土木，规模更大。据当时英国驻上海领事馆翻译官富礼赐（Forest）《天京游记》载，他于咸丰十一年（1861）参观天朝宫殿时，工程还只完了一半，如果全部完成，"全宫面积将倍于现在"。

11.2.1.1 范围

改建后的天朝宫殿规模宏伟，殿阙巍峨。"城周围十余里，墙高数丈，内外两重，外曰太阳城，内曰金龙城，殿曰金龙殿，苑曰后林苑。雕琢精巧"。它的范围大体是：东到黄家塘，西到碑亭巷，北到浮桥、太平桥一线，南到科巷。如果再加上周围的朝馆、侍卫府等附属建筑，天朝宫殿的范围东到逸仙桥、竺桥，东北至小营，南抵四条巷中段。

11.2.1.2 布局

天朝宫殿的最南部为大照壁。卢前《天京录》称："大照壁高数丈，宽十余丈，置太平天国黄旗三杆。"大照壁是张挂天王诏旨的地方。

大照壁以北数十丈为一高台——天台，又称天父台。台高五丈，圆形，石砌。一说台高二、三丈，方广四、五丈。天王洪秀全于每年阴历十二月十日（即其生日，亦为金田起义纪念日），登台祷天。天台也是天朝宫殿的望楼，是天朝宫殿内外最突出的制高点，可供凭高远眺，观察情况。台下另有一坛，为洪秀全焚香祀天之处。

天台东、西、北数丈之外，各有一牌坊。东书"天子万年"，西书"太平一统"，北书"天堂路通"（或曰上有立匾，刻"天朝"二字）。位置约在今小粉城巷附近。

"天堂路通"牌坊稍北，为御沟，宽深各二丈。上有五龙桥。其位置在原总统府照壁稍南。

御沟北丈余，在原总统府照壁处，即为天朝宫殿外重宫城——太阳城的正南门，称真神皇天门或真神荣光门，又称天朝门或凤门。太阳城宫墙高两丈余，厚约四尺。皇天门外，东西有平房二所，各五、六间，谓外朝房，侍卫值宿之所。

皇天门内，东西各有一个亭子，叫吹鼓亭。笛韵悠扬，琴声不断。朝会之期，锣鼓喧天，八音齐奏。

皇天门北还应有一个真神殿。陈庆甲《金陵记事诗》自注："头门为皇天门，门内殿为真神殿，殿后为圣天门。"

再北正中为真神圣天门，是为天朝宫殿内重宫城——金龙城的正门。门内为朝房，东西各数十间。圣天门的位置应在现存照壁与大殿之间，今尚遗石基六个。

圣天门正北为正殿，曰金龙殿。这是天朝宫殿内最重要的建筑。天王洪秀全朝会、接见均在此殿进行。现存大殿五间八架，进深 13.4 米，宽 32.2 米。殿前有抱厦，进深 4.6 米，宽 26 米；抱厦前有月台，进深 10 米，宽亦 26 米。

天朝宫殿内应有三座大殿。东王杨秀清在答复英国驻华公使包令的正式文书中说："真神殿是我天父殿，基督殿是我天兄殿，金龙殿是我天王殿"。但基督殿位于何处，至今无从查考。

大殿以后，穿堂东西各有内厅三进，"工"字形，现存建筑似为天朝宫殿原有格局。

宫殿左右各为东花园和西花园，宫后即后林苑。

后林苑约在今南京航务工程专科学校一带，东花园在今黄家塘一带，遗迹早已渺不可觅。

西花园系在道光年间"煦园"的基础上扩建而成。现存的石舫为清乾隆年间两江总督尹继善所造，并题额曰"不系舟"。（图 11-1）

11.2.1.3 损毁

清同治三年（1864）7 月 19 日，天京被清两江总督曾国藩所部湘军攻陷，湘军放火烧毁了后宫的几乎所有房屋。天朝宫殿遭到了严重破坏。曾国藩的机要幕僚赵烈文在见过劫后的天朝宫殿后，在日记中说："大殿内的穿堂甚长，以北皆毁拆"。但在日记中他也记述了天朝宫殿前半部分的布局状况。毛祥麒、周馥等也说："大门前二吹鼓亭犹存，大堂如故。……大堂后穿廊如故。"可见天朝宫殿的前半部分当时并没有严重毁坏。幸存下来的建筑，在以后的几十年中，或被拆除，或被改建，已面目全非了。

同治九年（1870）在此处重建两江总督署。

11.2.2 王府衙署

太平天国前期，除天王外，还有东、西、南、北、翼、燕、豫七王。后期封王越来越多，在太平天国运动前后十八年的历史上，曾封王 2000 余人。

建都天京之后，太平天国除大兴土木，为各王建造王府外，大多利用原有衙署、府邸改建。到了后期，到处都有王府，而且变化很大。（图 11-2）

太平天国王府星罗棋布地分布在苏、浙、皖等地。如江苏苏州忠王李秀成的忠王府，浙江金华侍王李世贤的侍王府。

11.2.2.1 东王府

东王杨秀清的府邸东王府是可与天王府相提并论的王府，建筑宏伟，总体布局也与天王府相似。东王府位于虎贲仓以南、堂子街以北、侯家桥以西、罗廊巷以东。王府大门外建有五层更楼一座，登楼能眺望江北太平军望楼。头门内东侧官厅为"承宣厅"，西侧官厅为"参护厅"。二门后为工字形大殿和内殿。再后为七进住房。王府内大花园中东有"多宝楼"，西有"紫霞坞"。

清咸丰六年（1856）"天京事变"中，杨秀清被杀，东王府被北王韦昌辉下令付之一炬。

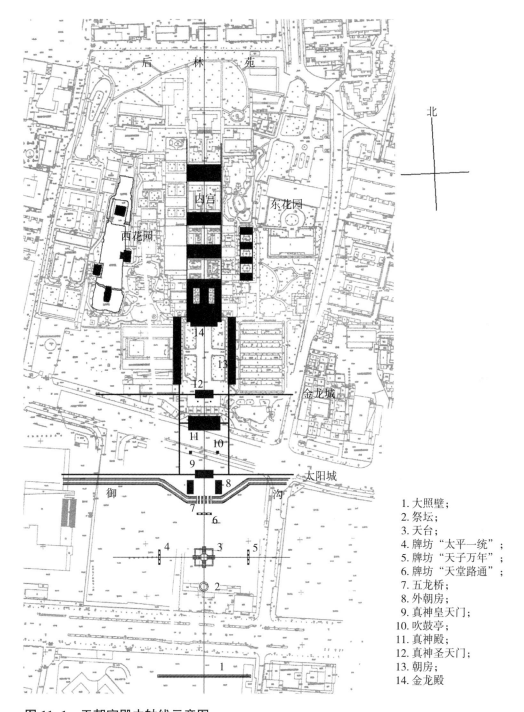

1. 大照壁；
2. 祭坛；
3. 天台；
4. 牌坊"太平一统"；
5. 牌坊"天子万年"；
6. 牌坊"天堂路通"；
7. 五龙桥；
8. 外朝房；
9. 真神皇天门；
10. 吹鼓亭；
11. 真神殿；
12. 真神圣天门；
13. 朝房；
14. 金龙殿

图 11-1　天朝宫殿中轴线示意图

11.2.2.2　瞻园

南京瞻园是明代中山王徐达府邸的西花园，清代为江宁布政使衙署。太平天国时曾先后作为东王杨秀清的住处、西王萧朝贵和幼西王萧有和的王府、夏

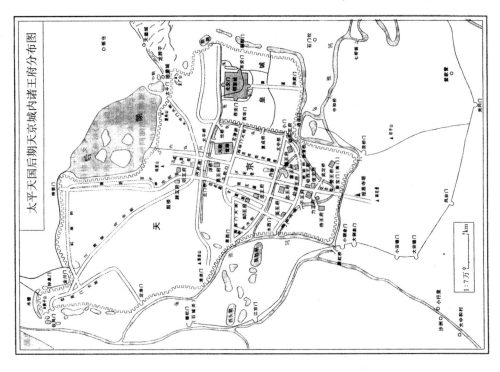

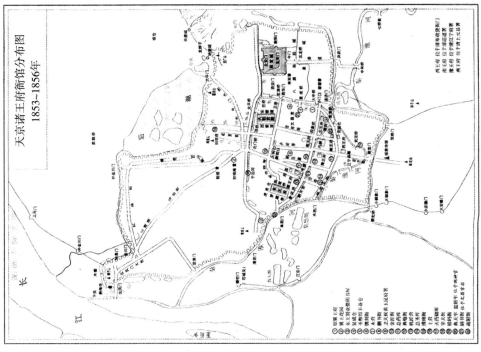

图11-2 天京城内太平天国王府分布图

资料来源：南京建置志

官副丞相赖汉英的衙署。

11.2.2.3　天朝总圣库

天朝总圣库是太平天国的国库。太平天国明令一切缴获尽归天朝圣库。天朝总圣库位于昇州路北、安品街南、仓巷东、登隆巷西。原为姚氏住宅。

11.2.2.4　金沙井衙署

金沙井 34 号和 36 号，原为汪士铎祖传私宅。太平天国建都南京后，即将金沙井附近的寺庙道观拆毁，取其建筑材料，在汪氏宅基上重新建造房屋，作为官员办公的衙署，规模颇为壮观。清同治三年（1864）天京被湘军攻陷，鉴于南京城中原城隍庙已被太平天国拆毁，遂"暂就金沙井贼遗老屋"（即今 34 号和 36 号）权作江宁府城隍庙。同治十三年十二月（1875 年 1 月）江宁府城隍庙在原址重新修建竣工，金沙井 34 号和 36 号五进房屋的前两进被改作祭祀原清江南大营统帅向荣和江南大营副帅张国梁的祠堂；祠堂后的"老屋三重"用作"崇善堂"，以收养和周济丧失劳动力的寡妇。

11.2.3　防御工事

太平军进入南京后，利用旧有的城池加强对天京城的防御，广筑望楼、营垒、城堡，开挖壕沟，全面构筑以原城墙为主要防线的全方位防御体系。

11.2.3.1　城墙、城门的改造与增筑

太平军进入南京后，驻防城西墙被拆除，将军署和都统署也被拆毁。[①]而对原有低矮地段的城墙，加高、增筑，并修葺各城门。

在水西门与赛虹桥之间，近赛虹桥处增辟"小南门"。[②]

神策门只有外瓮城而没有内瓮城，这在南京明城墙中是独一无二的。有记载表明神策门的外瓮城可能是太平天国所增筑。清人李滨在《中兴别记》中说：同治二年（1863）四月，清军在神策门外开掘地道时，太平军守城将士则"附城筑墙，号月围，下穿横洞，豫防及之"。所谓"月围"是"月城"的别称。

11.2.3.2　天保城、地保城

为了护卫天京，清咸丰三年（1853）春即修筑了天保城、地保城两个军事要塞。[③]

天保城位于紫金山第三峰（西峰），即今紫金山天文台内。天保城有石垒二座，雄踞紫金山上，居高临下，俯瞰全城。城堡南北宽 37.2 米，东西长 62 米，内堡上下两层，东、西、南均开有进出城门。

---

① 南京市白下区文物事业管理委员会 . 南京市白下区文物志・二、宫殿城垣官署・驻防城 . 江苏古籍出版社，1995
② 聂伯纯，韩品峥 . 太平天国天京图说集 . 江苏古籍出版社，1985
③ 有专家认为从天保城石色看，应属明初建筑；朱元璋为控制制高点，建二城势所必然。参见：季士家，韩品峥 . 金陵胜迹大全・文物古迹编・明代南京城 . 南京出版社，1993

地保城则位于太平门外龙脖子，东依紫金山及龙脖子隘口，西临白马湖，南靠明城墙。地保城有石垒三座，周围壕沟三道，壕外梅花桩十余层。依山傍水，紧靠城墙，扼守隘口，与天保城上下呼应。

11.2.4 壁画

从在广西起义开始，太平天国政权就大力提倡壁画。建都天京后，壁画更成为太平天国数以千计府第衙馆的装饰，以至"门扇墙壁，无一不画"。中央政府还特地在天京城土街口，设立了专业性的美术机构——"绣锦衙"，掌管织锦与绘画，网罗天京与扬州的画士和民间画匠进行集体创作，壁画之风盛行。太平天国壁画题材多为山水花鸟和祥禽瑞兽以及军事斗争，一般不出现人物，有很高的艺术价值，而且打破了江南一带无壁画的格局。

现在全国还保存有太平天国壁画100多幅，分布在浙江、安徽、江苏等地，其中以南京、苏州、金华的壁画保存最为完好。南京约有30幅。

南京保存太平天国壁画最多的堂子街106号和108号两所庭院，太平天国前期曾作过总理朝政的东王杨秀清属官的衙署，后期为某不知名王的王府。每进东、西、北壁原都有壁画，均是绘在墙壁或板壁之上。现存壁画共18幅，其中既有表现山水风景的"江天亭立图"、描绘花鸟动物的"柳荫骏马图"、寓意吉祥的"鹤寿图"，又有表现军事斗争的"江防望楼图"，具有很高的艺术观赏价值和历史研究价值。

除堂子街外，南京罗廊巷、如意里、黄泥岗、竺桥、江宁下乐村等地都先后发现太平天国壁画。[①]

11.3 城市近代化的起步

11.3.1 洋务运动

19世纪中叶，经受了鸦片战争及太平天国的打击，清政府感到了生存危机。以总理衙门大臣恭亲王奕䜣、两江总督曾国藩、闽浙总督左宗棠、直隶总督李鸿章、湖广总督张之洞等为代表的洋务派提出"师夷长技以自强"，主张引进西洋先进技术，以"中学为体，西学为用"，掀起了一场洋务运动。清咸丰十一年（1861），曾国藩创办的安庆军械所，同治四年（1865）开始建设的金陵机器局等军事工厂是我国近代工业的开端。

宣统元年（1909），清政府颁发《城镇乡地方自治章程》。规定自治的内容主要是关于城镇的建设和发展。如建中小学堂、清扫和修筑道路；架设路灯、

---

① 季士家，韩品峥 . 金陵胜迹大全·文物古迹编·太平天国壁画 . 南京出版社，1993

办劝工厂、整理商务、开设市场、施衣、放粥等；建图书馆、阅报社、电车、公园、救火会等。上海、天津和汉口、北京、南京、济南、广州等大城市陆续进行了一些市政建设。

清朝康熙年间，允许天主教在华发展。至 18 世纪初，南京和澳门、北京一起被西方教会列为在中国的三个主教区之一。清末，南京出现了一批西式的教堂、教会学校和医院，也开始引进西方的规划设计方法。

按清咸丰八年（1858）签订的中英、中法《天津条约》，南京是沿长江首批开放的口岸之一，由于南京被太平军占领，未能实施。

清同治三年（1864）7 月清军攻占天京，复改天京为江宁府，隶属江南省江苏布政使司。为了医治太平天国战争造成的创伤，需要修复和新建一些建筑工程，南京一度略见繁荣。同治三年（1864）十月，重建驻防城。同治十一年（1872），重建将军署和都统署，仍旧制。[①]

随着南京被西方教会列为在中国的三个主教区之一，南京出现了一批西式的教堂、教会学校和医院。清同治九年（1870）建成的"圣母无染原罪始胎堂"（今石鼓路天主堂），清光绪十四年（1888）创办的汇文书院（今金陵中学）和光绪十八年（1892）建成的"基督医院"（今鼓楼医院）是由教会创办的南京最早的一批西式公共设施。

洋务运动的兴起，更使南京开始有了一些近代工业和市政设施建设。（图 11-3a、图 11-3b）

11.3.2 下关的兴起

沪宁铁路和津浦铁路在南京隔江对接又一次成就了南京全国南北交通的枢纽地位。由于下关地处江边，又是沪宁铁路终点站所在地，对岸即为津浦铁路终点站所在地——浦口，所以，下关成了南京近代市政设施建设最为集中的地区，是南京最先近代化的地区。（图 11-4）

位于下关江边路与铁路桥之间的大马路，长 616 米，宽 11 米，始建于清光绪二十一年（1895），是洋务运动的产物。光绪二十五年（1899）南京下关正式对外开放为商埠，英、日、美、法、德诸国纷纷在下关设领事馆与商行，并在下关设金陵关。开埠之初仅限于下关沿江一带，未及城内。招商局和太古、怡和洋行以及大阪商船会社等陆续在江边兴建码头，经营客货运输，促使下关大马路、二马路、永宁街一带商业区发展起来，当时可谓巨贾云集，商铺林立。"南有夫子庙，北有大马路。"逐步形成近代南京两大商业中心的格局。

清光绪二十三年（1897）开始，英国伦敦合众冷藏有限公司（又名万国进

---

① 南京市白下区文物事业管理委员会. 南京市白下区文物志·二、宫殿城垣官署·驻防城. 江苏古籍出版社，1995

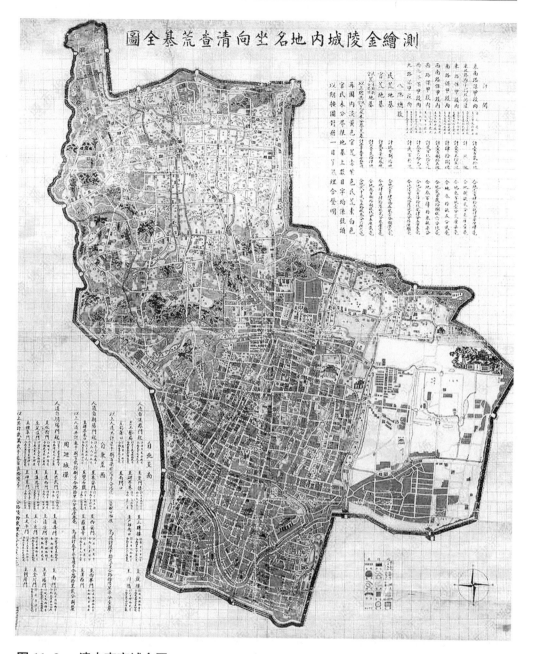

图 11-3a　清末南京城全图
资料来源：南京市城市规划编制研究中心

出口公司）老板威廉·韦思典（William Vestey）、爱德蒙·霍尔·韦思典（Edmund Hoyle Vestey）兄弟资本集团先后在汉口、南京、天津、青岛等地兴办企业，统称和记洋行。清宣统三年（1911），兄弟资本集团派大班（洋人经理）马凯司（Mackeiyie），买办（华人经理）韩永清、罗步洲来南京，在下关宝塔桥以北的

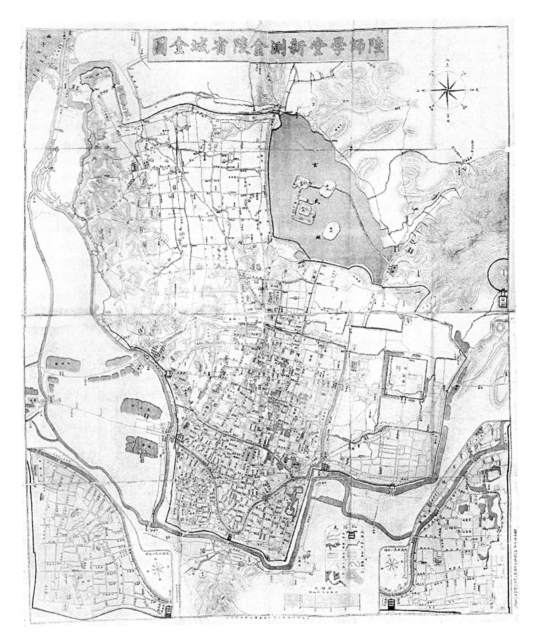

图 11-3b　陆师学堂新测金陵省城全图

资料来源：陆师学堂清光绪三十四年（1908）测绘。引自：武廷海 . 六朝建康规画 . 清华大学出版社，2011（图中"洪武门"应为正阳门）

沿江地区，征地 600 余亩，筹建蛋品和肉类加工企业。

　　下关的建设，也使南京这座一直主要在秦淮河两岸发展的城市开始走向长江。但此时的南京与长江还仅仅是下关一个点的接触，南京仍然主要是垂直于长江发展。

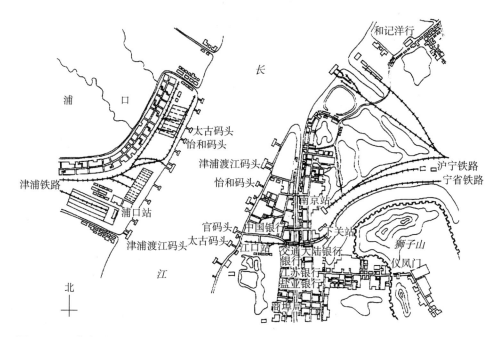

图 11-4 清末下关

资料来源：曹洪涛，刘金声 . 中国近现代城市的发展 . 中国建筑工业出版社，2000

11.3.3 近代工业

洋务运动兴起后，南京曾是我国近代工业相对集中的城市。清同治四年（1865）开始建设金陵机器局。陆续建设的工厂还有：同治五年（1866）的金陵船厂，清光绪十年（1884）的金陵火药局，光绪二十年（1894）的胜昌机器厂，等等。

11.3.3.1 金陵机器局

清同治四年（1865）李鸿章任两江总督，在聚宝门外雨花台瓷塔山西天寺废墟创办金陵机器局（今晨光机器厂），并将曾国藩创办于咸丰十一年（1861）的安庆军械所和李鸿章创办于同治二年（1863）的苏州洋炮局迁来南京，由苏州洋炮局总办刘佐禹任总办，英国人马格里为督办。

聚宝门外雨花台瓷塔山地处老城外，避开了繁华地区，但又距城区不远；更重要的是靠近外秦淮河，具有良好的水运条件。

金陵机器局于同治五年（1866）部分厂房建成，设机器厂、翻砂厂、熟铁厂和木作厂。同年十二月又就报恩寺坡下菜地，续造委员住房一所，计十二间。这是南京最早的近代工业。

同治九年（1870）7 月，在通济门外神木庵旧址兴建火箭分局。同治十年（1871）9 月，在通济门外九龙桥兴建火药局（1875 年被焚毁）。

　　同治十一年（1872），李鸿章派马格里去欧洲购置设备，招募洋匠。同治十三年（1874），从英国、德国和瑞士购回一批机器，安装使用。这是金陵机器局建成后进行的第一次大规模扩建和技术改造。

　　同年，为筹设江防，设立乌龙山机器局。清光绪五年（1879）乌龙山机器局并入金陵机器局。至此，金陵机器局拥有机器厂三家（正厂、左厂、右厂）、火箭局、火箭分局、洋药局、水雷局等四局及翻砂、熟铁、炎铜、卷铜、木作各厂。

　　光绪七年（1881）11 月，时任两江总督刘坤一提出奏章，建议在金陵设厂制造洋火药（黑火药），向英国购得全套机器。厂址在南京通济门外七里街靠近九龙桥的地方，光绪十年（1884）5 月完工。

　　光绪十一年（1885），两江总督曾国荃奏报朝廷拨银 10 万两，从美国购进机器 50 多台，并奏准每年增拨经费 5 万两。扩建工程于光绪十三年（1887）竣工。金陵机器局又得到一次较大的扩建和技术改造。

　　光绪二十年（1894），建立东子弹厂，采用无烟药装弹，这是制造技术上的一大进步。

　　中日甲午战争后，金陵机器局在洋务派张之洞、刘坤一等支持下，进行了一些扩建，其生产能力也得到了进一步提高。

　　光绪三十四年（1908），金陵洋火药局并入金陵机器局。

　　清宣统二年（1910），陆军部命金陵机器局归并江南制造局。第二年 4 月，陆军部令金陵机器局停办，由江南制造局接收，后于 10 月复工。

　　现存金陵机器局早期建成的厂房有：清同治五年（1866）的机器正厂，同治十二年（1873）的机器右厂，清光绪四年（1878）的机器左厂，光绪七年（1881）的炎铜厂、卷铜厂，光绪九年（1883）的熔铜厂，光绪十一年（1885）的熔铜厂，光绪十二年（1886）的木厂大楼、机器大厂等。这些厂房均为有别于中国传统风格的近代建筑。（图 11-5）

11.3.3.2　浦镇机车厂

　　清光绪三十四年（1908）英国人在修筑津浦铁路的同时，在浦口城万峰门内以旧城墙为围墙建浦镇机车厂（今浦镇车辆工厂）。

　　在浦镇机车厂西北小山上，英国人还建有两幢西式别墅，建筑面积 1323.30 平方米。津浦铁路总工程师兼浦镇机车厂总工程师英国人韩纳长期在此居住。因此，别墅所在的小山人们俗称"老韩山"。

　　浦镇机车厂建立之初，浦镇机车厂买办刘凤友介绍一批天津、唐山的技术工人南下进入浦镇机车厂，并出资在厂区北面龙虎巷建民居出租给工人居住。龙虎巷成了浦镇机车厂住宅区。龙虎巷民居不同于传统的南方民居，而是单层合院，具有典型的华北建筑风格：封闭而厚实的青砖墙，硬山顶，装饰简洁，做工精良。

图 11–5 金陵机器局厂房
资料来源：南京晨光集团公司

11.3.4 对外交通

11.3.4.1 港口码头

清同治七年（1868）后，美商旗昌轮船公司于下关设"洋棚"一处，供沪、汉航线旅客上下。同治十一年（1872），李鸿章令轮船招商局在下关建筑简易码头，至同治十三年（1874），南京码头的停泊吨位达 1600 吨。清光绪八年（1882）轮船招商局在下关建码头一座。

光绪二十五年（1899），南京正式开为商埠，清政府允许外国商轮往来南京港口，在下关设金陵关，并划定下关惠民河以西，沿长江 5 华里地域为中外"通商场所"，成为中外商轮集中靠泊的港区。金陵关所属南京口理船厅制订的章程中首次划定南京港界为："下游自草鞋夹江口一直抵浦口为止，上游自大胜关夹江口一直抵浦口为止"。随后，外商接踵至下关建造码头。英商怡和洋行捷足先登，于光绪二十六年（1900）5 月，在今 6 号码头建成南京首座外商码头，名为怡和码头。接着，光绪二十七年（1901）英商太古洋行在今 2 号码头处建太古码头；光绪二十九年（1903）日商大阪洋行在今下关电厂附近建大阪码头（后改名日清码头）；光绪三十二年（1906）德商美最时洋行在今 4 号码头处建美最时码头。这些洋行所建的码头，并非远洋轮泊位，主要是经营长江航运。同时，民族资本也开设源大、泰丰、泰昌、天泰、协和等码头。

金陵关还设邮政总局，并建局于下关。

11.3.4.2　铁路

清光绪三十四年（1908）和宣统三年（1911）沪宁、津浦两条铁路先后建成通车。

沪宁铁路终点站——下关车站初建于清光绪三十一年（1905）。初建时按当时统一规格"一等站屋"设计，有大小平房 18 间，建筑面积 520 平方米。有大厅、票房、电报房、站长房、邮政房、货物经理人房等建筑设施。候车室仅有两小间，木结构屋顶，屋面铺盖瓦楞白铁皮。

津浦铁路终点站——浦口车站建成于宣统三年（1911），与津浦铁路同时投入运营。站场占地 4000 余平方米，站舍为 3 层。

11.3.5　城市交通

11.3.5.1　马路

清光绪元年（1875），修筑由西华门，经大行宫、新街口、螺丝转弯、汉西门大街至旱西门（汉西门）马路。光绪二十年（1894），张之洞任两江总督，主持修建江宁马路，并造铁桥于惠民河，于次年完成。马路自下关江边，由仪凤门入城，经三牌楼、鼓楼，绕鸡笼山南至碑亭巷、总督衙门，宽 6~9 米，可通行马车和人力车（称东洋车或黄包车），这是南京第一条近代道路。光绪二十五年（1899），马路延伸至龙王庙，终于通济门；光绪二十七年（1901）延伸至贡院街、大功坊、内桥；光绪二十九年（1903）又东连中正街（今白下路西段），西接旱西门，形成贯通城垣南北、东西的大道。[①]

光绪三十一年（1905）前后，江南造币厂有了南京最早出现的汽车。[②]

11.3.5.2　江宁铁路

清光绪三十三年（1907）九月，两江总督端方奏请清廷批准，"仿照浙江铁路局在杭州省城添辟城门，接筑支路之例，由下关筑一支路经金川门入城至中正街（今白下路），计划路线长度七英里有奇"，同年十月开工，次年（1908）十二月建成，清宣统元年（1909）一月通车，称宁省铁路，宣统三年（1911）改名江宁铁路。

江宁铁路起自下关江边，跨惠民河、入金川门、绕北极阁至中正街（今白下路）。初设江口、下关、三牌楼、无量庵（今鼓楼）、督署、中正街共 6 站。[③]

---

① 南京市地方志编纂委员会 . 南京市政建设志 · 第一章城市道路 · 第一节路网 . 海天出版社，1994

② 王恒宇 . 白门忆往录 . 南京史志，1987（4）

③ 南京市地方志编纂委员会 . 南京公用事业志 · 第一章城市公共交通 · 第二节南京市铁路 . 海天出版社，1994

南洋劝业会期间增设劝业会站（后改称丁家桥站），增为 7 站。

11.3.5.3 公共交通

南京最早的城市公共交通是客运马车，清末由上海传入。清光绪十七年（1891）前后，在成贤街和保泰街之间出现第一个修造马车的"贤泰公司"。

南洋劝业会期间，有马车行 18 家，马车 40 余辆。还从上海调来人力车 20 余辆。[①]

清光绪三十四年（1908）和宣统三年（1911）沪宁、津浦两条铁路先后通车后，浦口民埠局购置"浦北"小轮，专营客、货渡江。[②]

11.3.5.4 增辟城门

清同治四年（1865），于朝阳门城券外增建半椭圆形的"方越城"，即外瓮城。

清光绪三十四年（1908），于清凉、定淮二门之间增辟草场门。因城内原有"草场"，故名。

清宣统元年（1909）通小火车后，为方便城北交通，在今钟阜路附近开小北门，俗称"四扇门"。

同年为建公园及筹办南洋劝业会，两江总督端方在神策、太平二门间新辟城门，以通后湖。工程完成时已由张人骏继任两江总督。张，直隶丰润人，故名门曰丰润门（今玄武门）。玄武湖从此成为游览之地。

11.3.6 公共设施

11.3.6.1 教堂

石鼓路天主教堂。清同治三年（1864），法国传教士雷居迪随法国的炮舰来南京复建因"南京教案"被拆的教堂，同治七年（1868）在石鼓路原佛教古刹的废墟上动工，同治九年（1870）建成，定名为"圣母无染原罪始胎堂"，即现在的石鼓路天主堂，建筑面积 900 平方米。1927 年北伐战争中，该堂遭到严重的损坏。1928 年重修。

石鼓路天主教堂在外观及内部结构上模仿了"罗马风"的做法，坐北朝南，高 2 层，平面呈十字形，砖木结构，人字形顶，木屋架，瓦楞镀锌铁皮屋面，拱形门窗。外观造型简洁朴实。教堂内部空间主要分为三部分，即高耸的中厅和两边低矮的侧廊。堂内天花为圆弧拱顶，富于变化。堂内绘有多种图案，还有清朝碑刻 4 块。在教堂正中祭坛上设有"无染原罪始胎圣母像"。祭坛后部中央有一座钟楼，内有大钟 1 口，钟楼顶部也有十字架，与屋脊上的十字架相呼应。

---

① 南京市地方志编纂委员会.南京公用事业志·第一章城市公共交通·第一节客运马车、人力车、三轮车.海天出版社，1994

② 南京市地方志编纂委员会.南京公用事业志·第一章城市公共交通·第五节轮渡.海天出版社，1994

11.3.6.2　医院

1. 金陵医院

清光绪八年（1882），美国传教士哈弗格在汉西门黄泥岗购地建西式医院，次年建成，名金陵医院。有专业的医生和护士。这是南京由教会开办的第一所医院。

2. 基督医院

清光绪十二年（1886），美国基督会派遣加拿大医生威廉·爱德华·麦克林（William E. Macklin，中国名字马林）来南京传教。为传教方便，马林在鼓楼附近开设诊所、药房。后国人景观察等捐款、赠地，于光绪十八年（1892），在现鼓楼医院处建成一座三层楼房,命名为"基督医院",马林任院长,民间称之为"马林医院"（今鼓楼医院）。

3. 金陵中西医院

清光绪三十至三十二年间（1904~1906）任两江总督的周馥在西安门设金陵中西医院,分男、女科,有"华法"医士（中医）11 人,"西法"医士（西医）5 人,护士 6 人。这是南京最早的兼有中西医的医院。

11.3.6.3　文化教育设施

清末废除科举制度，新式"洋学堂"兴起。除外国教会人士创办的以外，清政府和民间也开始兴办"洋学堂"。光绪二十七年（1901）诏令各省的书院改为大学堂，各府、厅、直隶州的书院改为中学堂，各州县的书院改为小学堂。

1. 汇文书院和金陵大学

美国基督教会美以美会传教士傅罗（Flower）于清光绪十四年（1888）在南京干河沿创办汇文书院。傅罗邀福开森（J. C. Ferguson）合作并推荐其为院长。书院设博物馆、医学馆和神道馆（文科、医科和神科），另设中学部称成美馆。同年春建钟楼。后来，美国基督教会中的基督会和长老会又分别于光绪十七年（1891）和光绪二十年（1894）在南京创办了基督书院和益智书院。光绪三十三年（1907）基督、益督书院合并为宏育书院。

汇文书院钟楼由福开森亲自设计督造。原为一座三层建筑，外加中部高五层的钟楼，为南京当时最高层建筑，曾被称为"三层楼洋行"，是南京第一幢"洋楼"。后屋顶失火重建，将主体改为二层，原三层部分改为阁楼，设有老虎窗，并将原两折屋顶改为四坡屋顶。钟楼部分改为现今的四层。立面为清水青砖墙面，造型典雅、朴素。在檐口、转角、入口等局部用精细的磨砖做成圆弧和曲面线脚，构成具有特色的装饰。（图 11-6a、图 11-6b）

清宣统二年（1910）宏育书院与汇文书院合并，依大学建制成立金陵大学。金陵大学始建时仍设在干河沿汇文书院原址，同时在鼓楼西南坡斗鸡闸（今汉口路）北购得大片荒地建造新校舍。汇文书院创办人福开森和金陵大学校长包文（A. J. Bown）明确要求"建筑式样必须以中国传统为主"。工程由美国芝加哥帕金斯（Perkins）建筑事务所负责。

图 11-6a　汇文书院钟楼（1890）

图 11-6b　汇文书院钟楼（现状）

2. 江南水师学堂和江南陆师学堂

清末，清政府在南京先后创办了江南水师学堂和江南陆师学堂。

江南水师学堂位于中山北路 346 号，建于清光绪十六年（1890）。该学堂是清政府在洋务运动中开办的军事学校。光绪二十四年（1898）4 月，18 岁的鲁迅考入该学堂的轮机班就读，同年 10 月退学，改入江南陆师学堂附设的矿务铁路学堂。今存总办提督楼、英籍教员办公楼和二门（现大门）等建筑。

江南陆师学堂于清光绪二十二年（1896）由前任两江总督张之洞奏请创设。位于今中山北路 283 号大院和对面南京军区住宅大院以及相邻之察哈尔路 37 号南京师范大学附属中学东半部校园。两江总督得知青龙山蕴藏煤炭，决定在江南陆师学堂附设矿务铁路学堂。鲁迅于光绪二十四年（1898）11 月从江南水师学堂转入江南陆师学堂附设的矿路学堂，光绪二十八年（1902）毕业。现存大门石鼓、学生饭厅两幢、总办大楼、学生宿舍一排及德籍教员楼两幢。

3. 两江师范学堂

总督张之洞于清光绪二十八年（1902）开始筹办三江师范学堂，聘请湖北师范学堂堂长来南京，绘制建造学堂蓝图、订定学堂规章制度、安排课程设置等。光绪二十九年（1903）9 月，三江师范学堂正式开学。开办之初，学堂暂设于总督府署，同时在北极阁前明代国子监旧址（今东南大学）兴筑校舍。光绪三十一年（1905）改"三江"为"两江"，定名为"两江优级师范学堂"。（图 11-7）

4. 小学

光绪三十一年（1905）清政府正式宣布废除科举制前后，官办新式学堂兴起。清光绪二十八年（1902），江宁府创办了江宁第四模范小学堂（今大行宫小学）、上江高等小学堂等。光绪三十一年（1905），江宁县第四高等学堂（今珠江路小学）和初等小学堂（今考棚小学）等官办新式小学建立。光绪三十二年（1906），两江总督端方见江宁、上元两县，官办小学甚少，提出将江宁府城（南京）划为东、南、西、北四区，每区设初等小学 10 所，共 40 所，由官府筹款兴建。这一计划并未完全实现，先后有近 20 所小学在城内建立。

图 11-7 两江师范学堂

同时，新式学堂也开始在农村兴办。光绪二十八年（1902），孙乐皆在淳化镇下王墅村创办江宁县县立王墅小学，这是江宁县最早的新式农村小学。光绪三十四年（1908），地处汤山地区的丁墅学堂创办。宣统元年（1909），汪时雍在铜井镇老街东首积善庵内创办私立小学（今铜井中心小学）。宣统三年（1911），汤山唐云楷等在延祥寺内创办汤山高等小学校，严少陵在江宁三山何家场创办小学堂等。

5. 金陵神学院

金陵神学院，美国南北长老联合会于清光绪三十三年（1907）在南京创办，后来美以美会、监理会、基督会等陆续加入。光绪三十四年（1908），司徒雷登（John Leighton Stuart，1876~1962）应邀从杭州来到金陵神学院任教，主持这个神学院的《新约圣经》经文注释系，在这里度过了十一年时光。金陵神学院位于今汉中路两侧，今南京医科大学校园是学院的本部，江苏省中医院院址是学院的养牛场和幼儿园，当年并无汉中路，土地连成一片。

6. 金陵刻经处

中国近代佛学界知名人士杨仁山居士创办金陵刻经处，于清同治五年（1866）刻出第一部经《净土四经》。起初，由杨仁山居士在北极阁借得一片土地，盖了一处储存经版和经书的场所。后来，因地皮产权纠纷，就把经版、佛书储存到位于南京花牌楼租赁的住宅中。为了使刻经处有个永久的场所，居士在延龄巷内，置地建宅，作为家庭住宅及刻经处，这就是现在的金陵刻经处所在地，只是大门已改在淮海路上了，占地1.4公顷。清光绪二十三年（1897）杨仁山将全部宅第捐赠给金陵刻经处。

金陵刻经处不是单纯的经坊，同时是佛学研究的学术场所。清光绪三十四年（1908），杨仁山于金陵刻经处内创办"祗洹精舍"，正式开始讲学，并亲任讲席，培育佛教人才。祗洹精舍因经费不敷，只办了两年。清宣统二年（1910），又于金陵刻经处成立"佛学研究会"。宣统三年（1911）杨仁山逝世，葬于刻经处后院，墓为一白塔。

7. 惜阴书院与江南图书馆

清初书院官学化，顺治九年（1652）明令禁止私创书院。雍正十一年（1733）各省城设置书院，后各府、州、县相继创建书院。

清雍正二年（1724）设钟山书院。钟山书院即江宁府书院，据《乾隆江南通志》，"在上元县治北，旧为钱厂地。过朝清雍正二年（1724），总督查弼纳建。""钟山书院山长著闻者甚多。钱大昕以淹博名，与诸生讲论古学，以通经读史为先。其著《廿二史考异》，即在院内，居四年然后去。"[①]

清道光十八年（1838），两江总督陶澍为了纪念东晋将领陶侃，在清凉山旁的盋山园西建祠，名书舍为惜阴书院（今龙蟠里9号）。"惜阴"取自陶侃名句："大

---

① 叶楚伧，柳诒征. 首都志·卷七·教育上·书院. 正中书局，民国24年

禹圣人,犹惜寸阴,吾辈当惜分阴"。咸丰三年(1853),惜阴书院毁于太平军战火。同治六年(1867),两江总督曾国藩筹款重修,规模有所扩大。

清光绪年间,端方出任两江总督,呈请在惜阴书院原址兴建江南图书馆。光绪三十三年(1907),建造藏书楼两幢44间,开始收藏宋元明清历代秘籍珍本。这是中国最早的公共图书馆。端方委派著名版本目录学家、藏书家缪荃荪(号艺风)为江南图书馆总办(馆长),并拨款买下当时号称清代四大藏书家之一的杭州丁丙、丁甲兄弟的"八千卷楼"嘉惠堂的藏书8000余种、60万卷和武昌"月槎木樨香馆"藏书4557种,于清宣统二年(1910)11月正式对外开放。

8. 英华书院与惠济寺

浦口区汤泉镇北的惠济寺于明崇祯十六年(1643)重建观音宝殿、清康熙二年(1663)修大雄宝殿,均存有题名刻石。

清道光中,毛麟、苏兆奎创立英华书院于寺内。1982年文物普查时,发现英华书院青石额匾,长44厘米,宽110厘米,厚13厘米,已断为两截,"英华书院"4字为隶书,下款为道光岁次甲午(1834)。于寺庙内办书院,在全国并不多见。

惠济寺这座千年古刹毁于太平天国时期的战火中。

11.3.6.4　市政公用设施

1. 江苏咨议局

清末资产阶级的革命活动促使清廷发起所谓"预备立宪",各地先后成立"咨议机构"。南通实业家张謇任江苏省咨议局议长。张謇为修建江苏咨议局议场,特请南通工程技术专科学校的毕业生孙支厦负责设计,并赴日本考察议院建筑。清宣统二年(1910)江苏咨议局办公楼建成。江苏省咨议局在今湖南路10号,现为江苏省军区机关所在地(图11-8)。

图 11-8　江苏咨议局办公楼

2. 南京邮局

清光绪二十三年（1897），南京在贡院街开办第一个邮政局。当时南京邮政局为镇江邮政司的一个支局。光绪二十五年（1899）南京设海关后，邮政支局逐渐分布到南京各处。

3. 电灯厂

清宣统元年（1909），在西安门外的旗下街（今西华巷南段）建造一家电灯厂，用以供给江宁将军府与两江总督府两个衙门的晚间照明，名为"金陵电灯官厂"，向上海西门子洋行订购了3台各为100千瓦的发电机。由于余电太多，将官用电灯厂改为公用电灯厂，余电公开出售。宣统二年（1910）9月27日，第一台100千瓦发电机组试运行，南京电力史上的第一度电发到了两江总督府及其会议厅（今长江路292号）。宣统三年（1911）冬，另两台100千瓦的发电机先后发电。当时有两条输出电压为2.3千伏的供电线路：一条经新街口、白下路口至朝天宫；一条经大行宫至夫子庙。

11.3.6.5 园林景点

1. 玄武湖公园

玄武湖在清朝以前一直属于禁区，清末逐渐开禁。清同治十年（1871），两江总督曾国藩在梁洲重修湖神庙，增建湖心亭、观音阁、赏荷亭等。清光绪七年（1881），左宗棠在任内修筑了连通梁洲的长堤。清宣统元年（1909）两江总督端方奏请朝廷开辟丰润门（今玄武门），并筑翠虹堤，扩大绿地。宣统三年（1911），作为玄武湖公园对外开放。

2. 莫愁湖

明太祖朱元璋将莫愁湖赐予徐达。明亡后，莫愁湖一度衰败。清乾隆五十八年（1793），江宁知府李尧栋自捐俸银复建郁金堂、苏合厢，建湖心亭。清咸丰六年（1856），莫愁湖之建筑及花树皆毁于战火。清同治十年（1871）直隶总督曾国藩修复湖心亭、胜棋楼、郁金堂、赏荷亭、光华亭等。

3. 北极阁

清康熙初年，鸡鸣山钦天台所有仪器设备全部运往北京，钦天台被废弃。康熙二十三年（1684），康熙南巡，曾登临鸡鸣山游览，题"旷观"二字，后两江总督王新命等众官吏在鸡笼山顶勒碑建亭，康熙二十四年（1685），御碑亭建成，并在碑亭附近兴建了北极阁、万寿阁等建筑。这组建筑正在明代"北极真武庙"的后上方，故取名"北极阁"。从此，均称鸡鸣山为北极阁。

清咸丰三年（1853），北极阁等建筑被焚毁于太平军战火。清同治十年（1871）重建（图11-9）。宣统三年（1911），各地革命军会攻南京。保皇派、江南提督张勋设指挥部于北极阁。为打垮张勋，山上诸亭阁建筑均毁于炮火之中。

图 11-9　北极阁（1888）

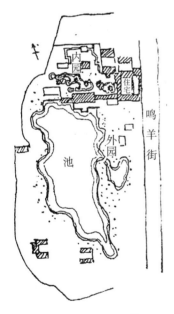

图 11-10a　愚园平面

资料来源：童寯. 江南园林志. 中国工业出版社，1963

4. 愚园

愚园位于南京城南门西，前临鸣羊街，后倚花露岗，是清末南京最著名的私家园林。这里曾是徐达后裔魏国公徐傅的别业——魏公西园。后该园易主徽州商贾汪氏，再易主吴用光。清乾隆以后，该园逐渐败落。清同治十二年（1873），清代名人、苏州知府胡恩燮辞官归里，购下西园原址，筹划、构筑私家花园。"自以为愚，更其名为愚园。"愚园于民间俗称"胡家花园"，占地约 2.4 公顷（南北约 240 米，东西约 100 米）。胡恩燮模拟苏州狮子林的造园技法，将假山石堆砌得玲珑精巧。园子的中心点是"愚湖"，假山松石环抱，清远堂、春睡轩、延青阁等景点林立。童寯教授认为："清同治后，南京新起园林，今犹存数家，以愚园为最著，即胡园也。……南有大池，周以竹树；北部叠石为山，嵌空玲珑，回环曲折，颇见经营之妙。"[①]（图 11-10a、图 11-10b）

---

① 童寯. 江南园林志·现况. 中国工业出版社，1963

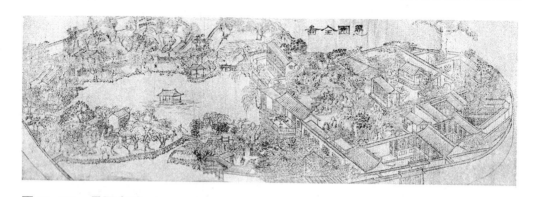

图 11-10b　愚园全图
资料来源：童寯.江南园林志.中国工业出版社，1963

11.3.7　南洋劝业会和第一届全国运动会

11.3.7.1　南洋劝业会——南京走向城市近代化的标志性事件

清宣统二年四月二十八日至十月二十八日（1910 年 6 月 5 日至 11 月 29 日），在南京举办了全国性的工农业产品展览会——"南洋劝业会"。**这是我国首次举办的大型博览会，为我国会展事业之始。**

南洋劝业会的发起人是两江总督兼南洋大臣端方。清光绪三十一年（1905）底，清廷派载泽、端方等前往欧美、日本"考察政治"。端方在欧美期间，注意留心各国之博览会，特别仔细地考察了在意大利米兰举办的世界博览会及渔业赛会。端方回国后，任南洋大臣、两江总督，即酝酿在江宁举办博览会，会同江苏巡抚联衔奏请于江宁举办第一次南洋劝业会，"专以振兴实业，开通民智为主意"。清宣统元年（1909）五月，端方之职由张人骏接替。七月，清廷正式下谕同意开办南洋劝业会。从此，筹备工作加速进行。宣统二年（1910）正月南洋劝业会会场落成竣工。（图 11-11a、图 11-11b）

南洋劝业会主要会址及办公管理机构和展馆，设在南起丁家桥、北到今模范马路、西近三牌楼、东临丰润门（今玄武门）的区域。占地 700 余亩。狮子桥大体是其中轴线。模范马路当时作为"南京市交通线示范马路"就是为了举办南洋劝业会而专门辟建的。会场的中心约在今南京工业大学化工楼处，建有四方形三层塔式楼房一座，为南洋劝业会的管理和议事中心，现尚存楼房旁的一个水泥遮阳棚。筑铁路支线通入会场。有全国 22 个行省和 14 个外国参加展览。会场内按展品内容分设教育、美术、卫生、武备、机械等馆，按地区分设京畿、湖北、云贵、山东等馆，以及两个陈列外国产品的展馆；附设马戏场、动物园、植物园、剧场等。新建了不少旅馆、餐馆、店铺。[①]自备发电机装设电

[①]　南京市人民政府研究室.南京经济史（上）·第十四章晚清时期的南京经济.中国农业科技出版社，1996

湖北馆正门

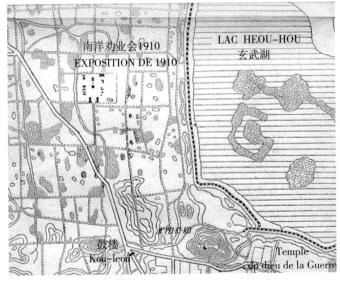

位置图

图 11-11a　南洋劝业会

灯为场地和道路照明。南洋事务所曾为慈禧建造了一个临时行宫，但慈禧于清光绪三十四年（1908）去世。行宫已经不见踪影，门前的镇兽——一对石貔貅还在。

　　南洋劝业会还对参展产品进行了评比，评选出一等奖 66 件，二等奖 214 件，三等奖 428 件，四等奖 1218 件，五等奖 3345 件，合计获奖赛品 5271 件。这些

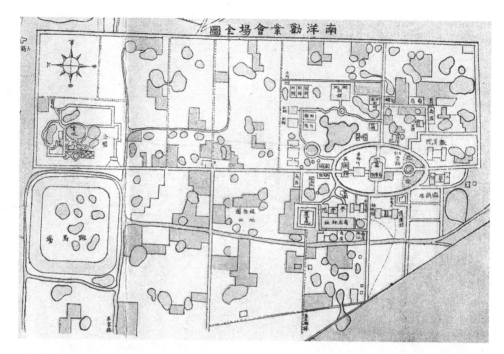

图 11-11b　南洋劝业会场全图

资料来源：南京全图（1910）．南京出版社，2012

获奖产品以农产品、工艺品居多，机械工业品不仅寥若晨星，而且与外国同类产品相去甚远，人们对参展物品之缺少创造发明多少有点失望。

　　但南洋劝业会的意义远超过了展览本身。南洋劝业会的举办，是南京走向城市近代化的标志性事件，促进了南京以至全国的商业和近代交通的发展，对南京的城市格局也有一定的影响。（图 11-11c）

　　美、日两国都派出了一定规模的代表团来南京观摩。驻上海的各国领事馆人员参观了展览。鲁迅和当年还是中学生的茅盾、叶圣陶等，也参观过南洋劝业会。鲁迅那时刚从日本回国在绍兴府中学堂任监学（教务主任）兼博物教习，全校 32 名教职员和 220 多名学生，除了安排个别人员留守学校之外，其他全体由鲁迅领队远征南京参观南洋劝业会。茅盾在晚年回忆说，"从湖州到南京，行程二日二夜，我们一行共二百多人，包括教师四人，工友二人。……拂晓到达南京下关车站，猛抬头看见斗大的'南洋劝业会'五个闪闪发光的字，走近了看，才知是许多小电灯泡连串做成的。"（茅盾：《我与湖州中学》）

11.3.7.2　第一届全国运动会

　　宣统二年（1910）10 月 18~22 日，中国著名教育家张伯苓等全国体育界人士在南洋劝业会跑马场举办了中国有史以来第一届全国运动会，运动会全称是"中华全国学校分区运动会"，体育史学界认为这次运动会是"首次以奥运会模式的全国性的体育竞赛大会"。张伯苓作为运动会的发起人之一，担

图 11-11c 南洋劝业会周边地区
资料来源：南京市城市规划编制研究中心

任总裁判。"南洋劝业会"跑马场在南洋劝业会的西北角，位于许府巷、南瑞路、内金川河和青石村巷范围内。跑马场大门大致位于今天的丁家桥小学（图 11-11b）。

运动会期间，张伯苓等发起筹备成立了中国第一个全国性的体育组织。这一组织后来被视为中国国家奥委会的前身。

第 12 章

民国首都

20 世纪初，资产阶级民主革命思潮迅猛传播，震撼着中国思想界，同时，国内外出现了许多革命团体。清光绪三十一年（1905）8 月 20 日，中国同盟会成立。孙中山提出"驱除鞑虏，恢复中华，创立民国，平均地权"的政治纲领。清宣统三年（1911）10 月 10 日晚，打响武昌起义的枪声。11 日，起义军占领武昌城。12 月 2 日，江宁（南京）光复。

中华民国元年（1912）1 月 1 日，孙中山在南京原清两江总督署就任中华民国临时大总统。

12.1　政治中心

12.1.1　定都南京

武昌地处中原腹地，乃九省通衢。武昌起义后，将临时政府设于武昌自然是顺理成章之议。但不久汉阳失守，清朝大军虎视江南。而 12 月 2 日，江浙联军光复江宁（南京）。于是在武昌的各省代表决定将临时政府设于江宁（南京）。12 月 24 日，已宣布独立的 17 省代表共 46 人齐集江宁。12 月 29 日，在江苏咨议局会议厅定中华民国新年号，选举孙中山为中华民国临时大总统。

民国元年（1912），中华民国定都江宁，改江宁府为南京府，废上元、江宁县。江苏都督府移治苏州。

武昌起义后，清政府任命袁世凯为内阁总理大臣组织责任内阁。民国临时政府在南京成立后，经过南北双方多次磋商，议定了清帝退位的优待条件，并经南京临时参议院正式通过。民国元年（1912）2 月 12 日，清帝退位。孙中山辞去临时大总统职，由袁世凯代替，同时要求临时政府地点设于南京，新总统在南京就职，想把袁世凯置于南方革命派的监督和控制之下。袁世凯根本不愿离开自己势力强大的北方，2 月 15 日，袁世凯任中华民国临时大总统，3 月 10 日在北京就职。同年 4 月，参议院决议将临时政府迁往北京，开始了中华民国史上北洋政府统治时期。

迁都北京后，民国元年（1912）6 月，江苏都督府自苏州迁回南京。12 月，成立江苏省行政公署。民国 2 年（1913），废南京府，设江宁县，隶属江苏省。民国 3 年（1914），江苏省设金陵、徐海、淮扬、苏常、沪海等五道，金陵道辖江宁、江浦、六合、高淳、溧水、溧阳、句容、丹徒等 11 县，治所江宁。

北洋政府时期，全国一直处于军阀混战状态。为了统一全国，中国国民党筹组国民政府，于民国 14 年（1925）7 月 1 日在广州正式成立。民国 15 年（1926）7 月 9 日，蒋介石在广州就任国民革命军总司令并率师北伐。

民国 16 年（1927）3 月 23 日，北伐军攻克南京。4 月 18 日，在南京成立国民政府，复定南京为首都，"划外郭以内地为南京市，设市政府，直隶国民政府行政院。外郭外地为江宁县，隶江苏省政府"。民国 17 年（1928）1 月"以江苏省第一造林场紫金山林区凡钟山全部，划为陵园区，设管理委员会，直隶国民政府"[1]。民国 18 年（1929）南京更名为首都特别市，江苏省政府移治镇江。民国 19 年（1930）更名为首都市。南京市政府设在夫子庙金陵路 1 号，即江南贡院，明远楼是其大门。

民国 38 年（1949）4 月 23 日，中国共产党领导的中国人民解放军解放南京。

1949 年 10 月 1 日，中华人民共和国成立，定都北平，改名北京。

中华民国自民国 16 年（1927）4 月至民国 38 年（1949）4 月，以南京为首都，为时 22 年。其间，民国 21 年（1932），日本侵略上海的"一·二八"事变发生后，国民政府立即于 1 月 30 日迁往洛阳。国民党中央并决定以西安为陪都，定名西京，以洛阳为行都。中日《淞沪停战协定》签订后，11 月 29 日迁返南京。民国 26 年（1937）11 月，国民政府迁往陪都重庆，民国 35 年（1946）5 月还都南京。抗日战争期间，南京曾为汪精卫伪政权所在地。

民国是南京在古代和近代历史上最重要的 4 个时期之一，民国 16 年（1927）至民国 26 年（1937）是南京近代城市建设的黄金时期。

（图 12-1~ 图 12-5）

12.1.2　南京与上海

根据中英《南京条约》的规定，上海于清道光二十三年（1843）辟为商埠，西方的资金、技术以至思想观念、生活方式不断涌入上海。从此，上海迅速崛起。清咸丰三年（1853），上海口岸对外贸易总量跃居全国第一，并成为东亚第一大港。北洋政府时期，上海属江苏省沪海道。20 世纪 30 年代，上海已被称为仅次于纽约、伦敦、柏林和芝加哥的世界第五大城市。[2]而清末和民国，首都在北京和南京。这样，就形成了全国的政治中心与经济中心分离的状况。

在古代，限于当时的生产方式，一国的都城既是政治中心，也是国家经济最繁荣的城市。因为唯有如此，才能使政权正常运转，统治得以巩固。但到了近代，随着资本主义生产方式的出现、科学技术的进步和交通工具的变化，经济中心就有可能与政治中心分离。

上海由于其特殊的历史原因和优越的地理条件，在经济上很快超越南京等其他城市，成为全国的经济中心。而南京仍然作为一国首都，与上海各自扮演着自己的角色。南京与上海有着不同的历史背景和自然条件，又相距不远，在很多方面是互补的。上海兴起之后，上海始终是影响南京发展的极为重要的外部因素。（图 12-6）

---

[1]　叶楚伧，柳诒征.首都志·卷一·沿革.正中书局，民国 24 年
[2]　董鉴泓.中国城市建设史（第三版）·中篇近代部分·第十章由"租界"发展的大城市.中国建筑工业出版社，2004

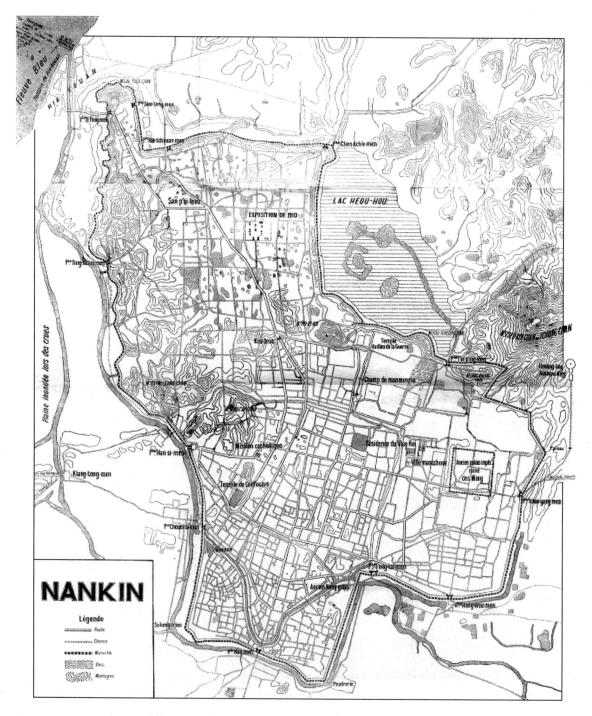

图 12-1　1912 年南京地图

资料来源：南京市城市规划编制研究中心

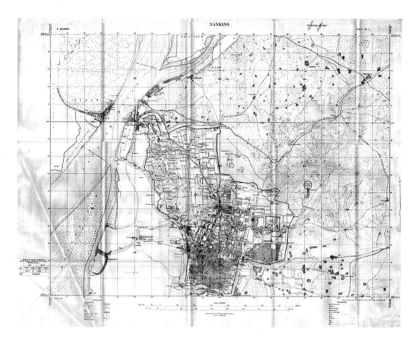

图 12-2　1927 年南京地图
资料来源：南京市城市规划编制研究中心

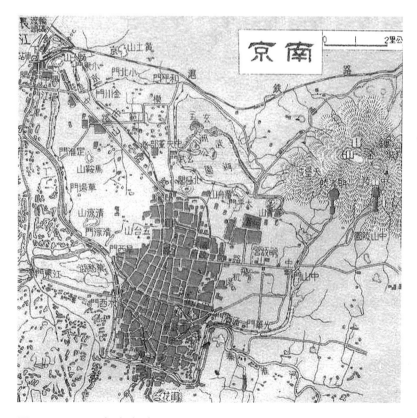

图 12-3　1935 年南京地图
资料来源：南京市城市规划编制研究中心

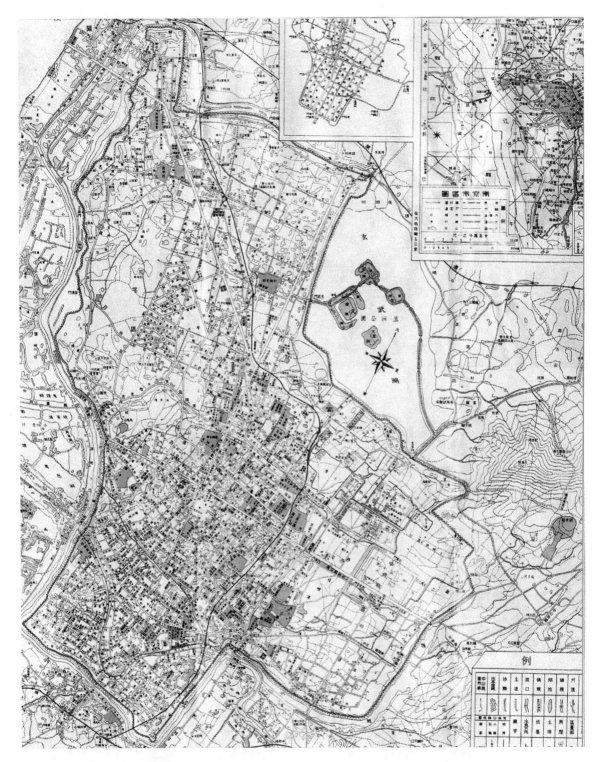

图 12-4　1936 年南京地图

资料来源：南京市城市规划编制研究中心

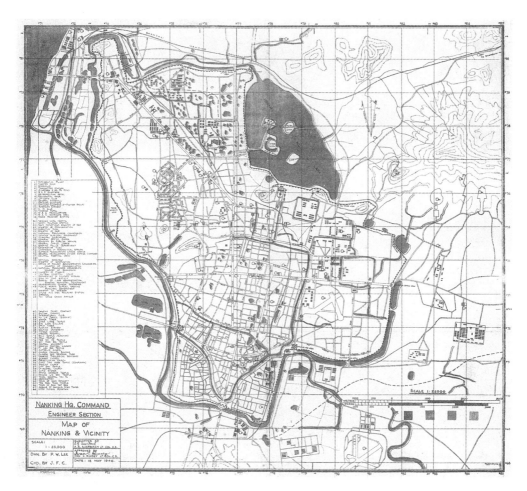

图 12-5　1946 年南京地图
资料来源：南京市城市规划编制研究中心

12.2　城市近代化

　　中华民国成立之初，南京虽定为首都，限于当时条件，所有机关用房均利用原有设施，也来不及进行市政建设。北洋政府时期，以北京为首都，南京的建设也只是零星的。及至民国 16 年（1927）复定南京为首都，才有了比较正规的规划和相当规模的建设。此时的**首都建设完全摆脱了我国古代都城建设的传统模式，走上了城市近代化的道路**。

　　由于日本侵略者占领南京，导致首都建设中断，且遭到空前的浩劫。抗日战争胜利后，国民政府迁回南京，但又忙于内战，不久便处于风雨飘摇之中，南京的城市建设乏善可陈。

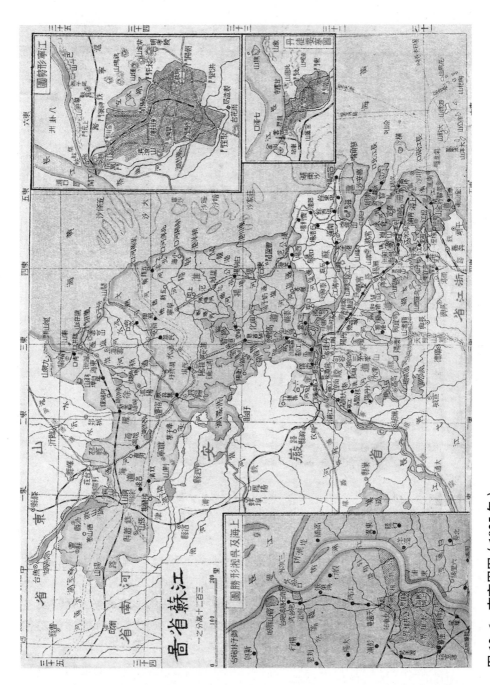

图 12-6 南京周围（1925 年）

资料来源：南京市城市规划编制研究中心

　　1949 年的南京：人口为 103.69 万人；建成区面积约 54 平方公里；[①]市区共有各类房屋建筑面积 1184 万平方米，其中住宅 743 万平方米，人均居住面积 4.83 平方米；城区道路长度 241 公里，面积 189 万平方米；公共汽车 20 辆；电话 2936 部；日均供水量 4.02 万吨；园林绿地面积 1972.7 公顷，公共绿地面积 65.6 公顷，人均公共绿地面积 1.3 平方米。[②]

12.2.1　疆域、人口

　　"国民政府奠都南京，分南京市、江宁县、总理陵园三区。二十年（1931）省市议划界，未果实行。时市区约 157 方公里；县区 2227 方公里。二十三年（1934）省市划界，实行交割。四郊之地，尽入市区。东以乌龙山外郭遗址，南以铁心桥、西善桥、大胜关界江宁，西以长江浦口镇界江浦，北以长江界六合。面积增为 1797 方公里，县区降为 1837 方公里。盖市区在江宁境内者，458.204 方公里，在江浦境内者，19.650 方公里。"（图 12-7）"总理陵园区范围：……东北两面，以环陵路为界，南面以京汤路为界，西面自太平门至中山门，以城垣为界，其幅员奄有紫金山全部，面积约为 30.58 方公里。"[③]

　　据记载，南京市人口，民国 16 年（1927）为 360500 人，由于定为首都，次年（1928）人口急增至 497500 人。民国 24 年（1935）4 月为 968942 人。[④]

12.2.2　关于城墙

　　正如《首都计划》所说，"近代战具日精，城垣已失防御之作用"[⑤]。而近代交通的发展，与城墙的矛盾也日益显现。但作为古迹，其历史文化价值与其在风景名胜中的景观作用却无可估量。因此，如何对待城墙就成为城市建设中无法回避的问题。

12.2.2.1　城墙的存废

　　对于城墙，民国时期就有存废之争。主张拆除者，有的是因城墙、城门年久失修，修葺困难；有的是想拆城取砖。中央陆军军官学校就以校长蒋介石的名义要求拆城取砖。国民政府于民国 17 年（1928）11 月向南京市政府下令拆除神策门至太平门城墙（但台城一段仍保留）。此举遭到著名画家徐悲鸿等有识之士的反对。民国 18 年（1929）1 月，北平政治分会向国民政府发"灰电"转述徐悲鸿的意见："首都后湖自太平门至神策、丰润门一带为宇内稀有之胜境，有

---

①　据统计，南京建成区面积，20 世纪 20 年代为 11.89 平方公里，30 年代为 23.69 平方公里，40 年代为 31.20 平方公里。
②　南京市地方志编纂委员会 . 南京简志·第八篇城市建设 . 江苏古籍出版社，1986
③　叶楚伧，柳诒征 . 首都志·卷一·疆域 . 正中书局，民国 24 年
④　叶楚伧，柳诒征 . 首都志·卷六·户口 . 正中书局，民国 24 年
⑤　国都设计技术专员办事处 . 首都计划·道路系统之规划，1929

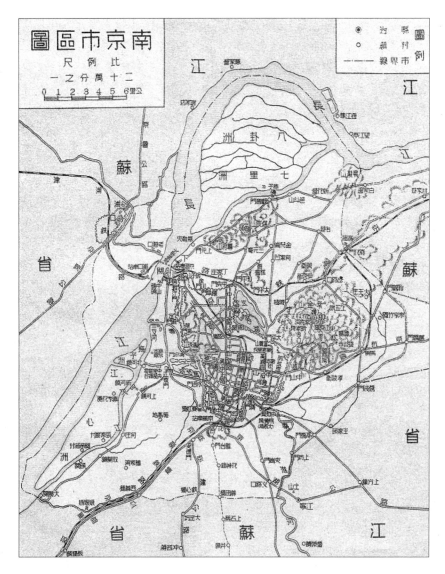

图 12-7 南京市区图（1948 年）

人建议拆除此段城垣，务恳据理力争，留此美术上历史上胜迹。"国民政府委员、负责首都建设委员会的孙科也向国民政府呈文："窃查国都设计评议会于 3 月 1 日开第二次会议讨论，当由茂菲顾问发表关于南京城垣存废意见，以为南京城垣尚非无可利用之处。在计划未经决定以前，应暂予保留，以便设计。"在多方反对声中，国民政府遂下令停止拆城，使城墙得以保留。

民国 18 年（1929）编制的《首都计划》提出城墙"得用之以为环城大道"，在城内之墙脚下筑道环绕一周以及利用城垣作为高架观光游乐大道。对于城墙与道路的关系，《首都计划》提出"所有干道穿过城垣之处，皆筑适宜拱门，以便出入。此种拱门，以照我国旧日城门之三门式者为宜。此三门式之拱门，居

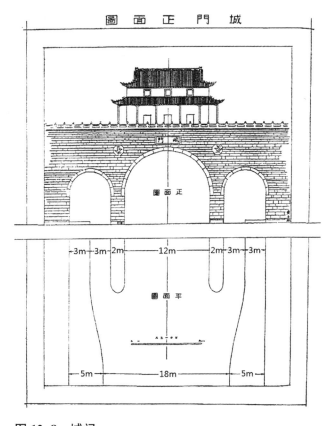

图 12-8　城门
资料来源：国都设计技术专员办事处 . 首都计划 .1929

中者较宽，两旁者较窄"[1]（图 12-8）。

　　基于这些认识，民国 20 年（1931）4 月，国民党中央执委会秘书处向国民政府行政院递交公函，认为"本京城垣，在历史古迹上、首都安全上、风景形胜上，均有保存之价值"，提议"请中央转函国府，严令人民不得毁伤本京城垣，并饬负责机关切实保护"。这份公函得到各方面的重视与关注。国民政府内政部遂给行政院秘书处发函："除咨请南京市政府并令行首都警察厅饬属切实保护外，相应复请查照转陈为荷。"自此，南京特别市工务局对南京城墙的维修，成为日常工作。

12.2.2.2　增辟、改建城门

　　"辛亥革命，驻防城毁，仅存午朝西华（应为西安）二门城券而已。"[2]

　　为了适应城市交通的发展和人们生活的需要，民国时期在城墙上先后开辟了很多个城门或豁口。

---

① 国都设计技术专员办事处 . 首都计划·道路系统之规划，1929
② 叶楚伧，柳诒征 . 首都志·卷一·城垣 . 正中书局，民国 24 年

为沟通下关与城内联系，民国 3 年（1914）5 月至民国 4 年（1915）3 月，在仪凤门以南明城墙上新开一个单孔城门，称海陵门[1]，同时开通城门至江边码头的道路。民国 17 年（1928）修建迎櫅大道，把海陵门原有单孔拱门改建成三孔拱门，此即《首都计划》推荐之城门形式。

民国 17 年（1928）修建迎櫅大道，朝阳门狭小，决定将它拆除，挖低门基，在稍北处改筑了三拱门券。

民国 16 年（1927）在正觉寺附近拆城筑路，"开通汲水道"。"城南一带居民饮水原多取自东关头水闸。但该闸工程方在进行中，饮水来源顿形断绝，城厢一带居民，多用水车在通济门外九龙桥下及中华门外护城河两处取水，困难已极，且城门狭小，车马往来拥挤不堪。……故在武定门正觉寺傍拆辟城墙，筑大路以利汲水。"[2]因邻近城内武定桥，此城墙豁口被称作"武定门"。武定门城门于民国 23 年（1934）夏建成。

民国 20 年（1931）因建汉中路延至城墙，破墙筑路，于汉西门北侧城墙打开豁口，未及建门。汉中门城门建成于民国 23 年（1934）。

民国 22 年（1933）至民国 23 年（1934）建中华门环路，在门内瓮城左右城墙，破墙开路，各建中华东门、中华西门。

民国 22 年（1933）建设子午路（即中央路）时，在神策门西破墙开路以利城北交通，后取名中央门。

因金川门改建为市内"小铁路"的出入通道，出于城北交通需要，于民国 21 年（1932）在金川门西侧城墙打开豁口，并于民国 23 年（1934）建成新民门城门。

民国 23 年（1934）在玄武门（原丰润门）单孔城门基础上，新增两孔券门。

民国 24 年（1935）因市内"小铁路"向南延伸，遂于门东石观音庙抵城墙处开雨花门以通铁路。

民国 17 年（1928）7 月将七处城门更名，并加以整修：改朝阳门为中山门，海陵门为挹江门，仪凤门为兴中门，神策门为和平门，丰润门为玄武门，聚宝门为中华门，正阳门为光华门。民国 18 年（1929）4 月，国民政府要员分别书写了城门匾额。

12.2.3　城市道路交通

12.2.3.1　道路与交叉口

1. 道路

民国 3 年（1914）至 4 年（1915），取八字山之土，垫成由海陵门城门口到

---

① 海陵门的开辟得到时任江苏省民政长的韩国钧的支持，韩为泰州人，泰州古称海陵，故名。
② 南京特别市工务局年刊 . 南京市档案馆

江岸码头的道路。

抗日战争爆发前，建成了中山北路、中山路、中山东路及中央路、汉中路、中正路（今中山南路）、中华路、雨花路、建康路、昇州路、白下路、太平路、国府路（今长江路）、珠江路、广州路、莫愁路、上海路、云南路、黄埔路等一批主次干道以及山西路一带新住宅区道路。由此，逐步形成了以中山码头至中山门的中山北路、中山路、中山东路为骨干，以新街口为中心的道路网。（图 12-9）

为迎接孙中山先生灵榇，在中山陵举行奉安大典，按照《首都大计划》的

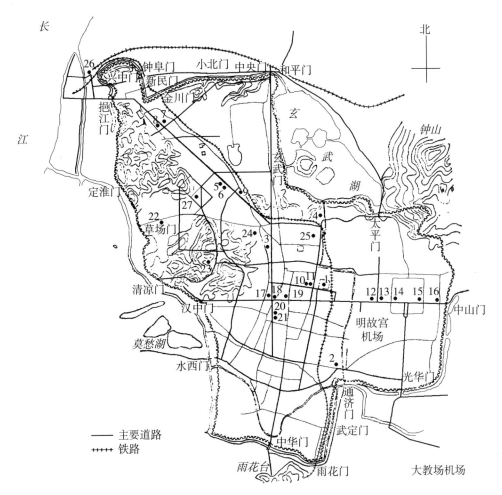

1. 国民政府、行政院；2. 立法院（抗战前）；3. 司法院；4. 考试院；5 监察院；
6. 最高法院；7. 铁道路（抗战后为行政院）；8. 交通部；9. 外交部；10. 国民大会堂；
11. 美术馆；12. 中央医院；13. 励志社；14. 国民党党史陈列馆；15. 国民党中央监察委员会；
16. 中央博物院；17. 中国国货银行；18. 交通银行南京分行；19. 中央通讯社；20. 大华大戏院；
21. 中央商场；22. 美国顾问团公寓；23. 金陵女子大学；24. 金陵大学；25. 中央大学；
26. 下关火车站；27. 新住宅区第一区

图 12-9　民国南京主要道路及重要建筑分布图

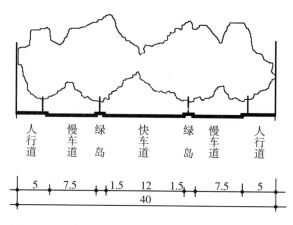

图 12-10　中山路断面（单位：米）

道路走向，在民国 17 年（1928）至 18 年（1929）修建了从下关码头经挹江门、鼓楼、新街口、中山门到中山陵的道路，并将沿途新筑的道路、码头、桥梁等均冠以"中山"之名，以纪念孙中山先生。中山北路、中山路、中山东路统称中山大道，亦称迎榇大道，全长 12 公里。路幅宽 40 米，三块板路型：快车道宽 10 米；两侧慢车道各宽 6 米；绿岛各宽 4 米，绿岛内植悬铃木[①]两排；人行道各宽 5 米，人行道上植悬铃木一排。民国 17 年（1928）8 月动工，次年 5 月第一期工程竣工，即完成 10 米宽的快车道。北段（中山北路）分别于民国 24 年（1935）、25 年（1936）铺筑部分路段的慢车道，直至新中国成立后的 1951 年才全线形成 40 米路幅。中段（中山路）分别于民国 19 年（1930）、21 年（1932）和 24 年（1935）铺筑慢车道，40 米路幅全线建成；民国 36 年（1947）、37 年（1948）又开始改变横断面，将绿岛宽度改为 1.5 米，悬铃木由两排改为一排，快车道宽度改为 12 米，慢车道宽度改为 7.5 米（图 12-10）。东段（中山东路）的慢车道和人行道也是分期建成的，直到 1952 年全部完工。[②]

　　中山大道（中山北路、中山路、中山东路）采用"三块板"的道路断面形式，在山西路、鼓楼、新街口等布置环形广场，并以悬铃木为行道树，形成"绿色隧道"，成为南京的一大特色。

2. 交叉口环形广场

　　与此同时，在道路系统中设置环形广场。至 1949 年，南京城区共有新街口、

[①] 悬铃木，俗称法国梧桐。其实在南京的大部分是英国悬铃木。悬铃木有多个品种，其每串果球数量不同：美国悬铃木为一球，英国悬铃木为二球，法国悬铃木为 3~6 球。当年法国人把英国悬铃木带来上海栽在霞飞路（今淮海路）一带，被人们称为法国梧桐。建设中山陵园时，傅焕光经过考察，将这一树种引入南京，首先在中山门至陵园的陵园路两侧种植了 1034 棵，随后又在中山大道上栽种作为行道树。

[②] 南京市地方志编纂委员会．南京市政建设志·第一章城市道路·第二节干道．海天出版社，1994

鼓楼、山西路及颐和路一带住宅区内的环形广场 9 处。[①]

（1）新街口广场

新街口广场位于城区中心。广场平面呈正方形，长宽均为 100 米，用地面积 1 公顷，中心岛为圆形，直径 50 米，环形车道宽 20 米，人行道宽 5 米。广场四角为花圃绿地。新街口广场始建于民国 19 年（1930）11 月 12 日，民国 20 年（1931）1 月 20 日完工。曾称第一广场，是南京商业、金融和娱乐中心。初建时布置为中心直径 16 米的草地，向外依次为 8 米宽的弹石停车场、9 米宽的草地（四角有进出路）、20 米宽的沥青车行道、5 米宽的混凝土人行道。

民国 31 年（1942）11 月，孙中山诞辰七十六周年前夕，汪精卫为了笼络民心，将安放在原中央军校（现南京军区所在地）内的孙中山铜像移至新街口广场中心，面向北方。同时，将宽 8 米停车场及宽 9 米的草地，改造为混凝土路面及植树带，还建造 4 座小喷水池。（图 12-11）

该铜像为孙中山先生生前的日本友人梅屋庄吉捐送。梅屋庄吉曾对孙中山的革命活动多方支持。民国 14 年（1925）孙中山在北京病逝后，梅屋庄吉十分悲痛，他不惜变卖家产，为孙中山铸造了这尊铜像。铜像由日本著名的"筱原金作工场"设计，雕塑家牧田祥哉制作。铜像高 2.9 米，重 1 吨多，以孙中山向

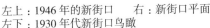

左上：1946 年的新街口　　右：新街口平面
左下：1930 年代新街口鸟瞰

图 12-11　新街口

① 南京市地方志编纂委员会．南京市政建设志·第一章城市道路·第三节环交广场与立交桥．海天出版社，1994

民众发表演讲的姿势为造型，栩栩如生。孙中山铜像于民国 18 年（1929）3 月由梅屋庄吉亲自送来，安放在中央军校。

从民国 31 年（1942）到 1966 年"文化大革命"开始，孙中山铜像一直树立在新街口广场，客观上给繁华喧嚣的新街口平添了几分历史氛围和文化气息。这已经成了南京中山大道的中心，也为南京市民及曾经在南京生活过或到过南京的人们所认可，成为人们心目中南京的重要标志。

（2）鼓楼广场

鼓楼广场位于北京东路、北京西路、中山路、中山北路、中央路五条干道交会处。

在中山大道未辟建前，仅有保泰街（今北京东路西段）一条路通过鼓楼门洞往下关方向，其周围均为空地和少量建筑物。民国 18 年（1929）中山北路、中山路建成后，连同广场西侧通向鼓楼街的道路与保泰街交会成为十字交叉路口。民国 23 年（1934），开辟中央路后成为五路交叉口，建成长 42 米、宽 18 米的椭圆形环岛，成为环形交叉口。但中央环岛太小，且地形起伏，纵坡过大（0.5%~4.7%），行车冲突点多，易发事故。

（3）山西路广场

山西路广场位于中山北路、湖南路、山西路交会处。民国 24 年（1935）将十字平交口改建成环形广场，中心岛直径 48 米，环形车道宽 10 米，环道内侧筑有路牙及 1.2 米宽人行道，环道外侧为 3 米宽土人行道并铺路牙沿，再外侧为 2.4 米宽排水明沟。民国 35 年（1946）夏，将环形车道向外拓宽 11 米，使环形车道宽达 21 米，内侧 12 米沥青路面作为快车道，外侧 9 米弹石路面作为慢车道，车行道外侧铺筑 5 米混凝土人行道，余 3 米作绿化带。民国 36 年（1947）将 9 米宽弹石路改成沥青路面。

12.2.3.2 公共交通

1. 小铁路

民国 17 年（1928），清宣统元年（1909）一月通车的"江宁铁路"改名为"南京市铁路"，称"京市铁路"，民间俗称小铁路。民国 25 年（1936）自中正街站向南延伸，经武定门、辟雨花门出城，在养虎巷口与宁芜铁路连接，增设武定门、中华门两站，全线增为 9 站。

京市铁路和中山大道是民国时期南京的主要交通线路。民国元年（1912）1 月 1 日，孙中山就是由上海抵达下关后转乘"小火车"到"督署站"（后改国民政府站）进原清两江总督署就任临时大总统的。[①]

2. 代步车辆

民国 11 年（1922），成立宁垣长途汽车公司，试办下关经三牌楼至贡院街

---

① 南京市地方志编纂委员会.南京公用事业志·第一章城市公共交通·第二节南京市铁路.海天出版社，1994

的公共交通。民国 12 年（1923）10 月，正式营运，线路起自沪宁车站，经下关大马路、三牌楼、丁家桥、鼓楼、珍珠桥、大行宫，至门帘桥（今火瓦巷口）。民国 9 年（1920），南京有了出租汽车，小汽车 10 余辆。民国 12 年（1923）有出租汽车行 11 家，汽车 60 余辆。但当时流行的代步工具主要还是人力车和马车。据资料统计，民国 18 年（1929）市内有马车 480 辆。[①]

3. 轮渡

民国 2 年（1913）开办轮渡关浦线，往返于下关、浦口之间，设有 1200 客位的"飞鸿"轮等。民国 3 年（1914），津浦铁路局在浦口建码头 10 座，"津浦一号"码头为客运轮渡码头，在浦口火车站对面，两者有雨棚相接。

下关轮渡码头最初在大生码头（今南京港三号码头），位于金陵关附近。同年，津浦铁路局租用下关商埠局的西炮台江岸（今南京港七号码头），作为轮渡码头，称飞鸿码头。中山大道开工后，即在大道起点江边筹建新码头。民国 17 年（1928）5 月 28 日，孙中山先生灵柩由此登陆。民国 22 年（1933）12 月，码头扩建，至民国 24 年（1935）3 月竣工。民国 25 年（1936）3 月码头外的配套市政工程基本完工，码头正式启用，定名中山码头。码头设有候船室、栈桥和趸船。侵华日军占领南京期间，中山码头成为海军码头，改名"安宅栈桥"。

抗日战争前还开辟了轮渡宁九线，往返于下关、九里埂。抗日战争后由福记轮船公司经营，通达六合县。[②]

12.2.4 对外交通

12.2.4.1 港口

民国元年（1912）津浦铁路通车后，铁路局兼办港务，在浦口建津浦码头 10 座。民国 4 年（1915）对中外轮船开放，南京港区扩展到浦口，与下关组成南京港区的中心装卸区域。民国 22 年（1933），民国交通部划定南京港界为："自十二圩以西起，沿江上溯，经南京、浦口至苏皖交界点止"。抗日战争胜利后，南京港界定为：从大胜关开始，向下游三海里半（6.48 公里）。

12.2.4.2 公路

民国 8 年（1919），上海的史量才、刘柏森，江宁的陶保晋、唐云阶等实业家，组建南汤山兴业公司（北京汤山为北汤山），以工代赈，组织灾民兴建了南京至汤山的汽车路——钟汤路，并栽白杨为行道树。这是南京最早的可通汽车的公路。钟汤路自钟灵街（今孝陵卫）至汤山，初路宽仅 3 米，后又裁弯取直，拓宽至 7

---

① 首都市政公报. 民国 18 年 3 月 31 日
② 南京市地方志编纂委员会. 南京公用事业志·第一章城市公共交通·第五节轮渡. 海天出版社，1994

米，筑"旁子路（即路肩）各5尺"，于民国10年（1921）完成。[①]

（南）京杭（州）公路起自南京麒麟门，于民国17年（1928）底动工，民国21年（1932）2月建成通车；（南）京芜（湖）路起自南京中华门，于民国19年（1930）动工，民国23年（1934）元旦建成通车；京建路（南京至安徽建平，建平又名郎溪）起自南京中华门，于民国21年（1932）动工，民国23年（1934）建成通车。[②]

12.2.4.3 铁路、铁路轮渡

民国19年（1930），下关火车站进行重建。重建的车站站屋为中间3层、两侧2层的建筑。站屋中部为椭圆形车站大厅。民国36年（1947），下关火车站又行扩建。扩建工程由基泰工程司杨廷宝建筑师设计，当年完工。扩建后的车站，增建了一座"U"字形大楼，围住原车站。南北两翼为2层，西面主要入口设计成五孔13米高的大拱门作为入口通至大厅。大厅南侧设置行包房、售票处，还有检票口及辅助出入口各1个；北侧为贵宾、邮件用房以及出入口，各种流线布置合理，互不干扰。

民国19年（1930）10月成立首都铁路轮渡设计委员会，计划在下关、浦口间建立铁路轮渡。当年12月轮渡工程开工。民国22年（1933）8月，向英国定购的"长江号"渡轮驶抵下关。9月，轮渡工程完成。10月，下关、浦口间铁路轮渡通航。

民国24年（1935）4月修成中华门至安徽孙家埠铁路175公里。其后又扩展修筑中华门至尧化门段，与沪宁铁路接轨。至此，江南铁路全线告竣，南京成为我国近代水陆交通的重要枢纽。

抗战时期，江南铁路中华门至尧化门段被日寇拆除，其沪宁铁路和宁芜铁路的联络线功能由城内"小铁路"替代。

12.2.4.4 飞机场

民国年间，南京曾有过2个主要飞机场：明故宫机场和大校场机场。此外，还修建过其他几个小型飞机场。侵华日军也修建过几个机场。

1.明故宫机场

明故宫机场，国民政府民国16年（1927）定都南京后所建，最初只在明故宫遗址上修建了一条土跑道和几间棚屋，由军政部航空署管理。民国18年（1929）4月，明故宫机场首次扩建，将土跑道拓展为800米长的碎石面跑道。同年7月8日，开辟了南京历史上最早的民用航空线——上海至南京航线[③]，明故宫机场逐渐发展为军民合用的机场。民国25年（1936）10月再次扩建，将附

---

① 南京市公路管理处.南京近代公路史·第一章近代公路肇始时期·第二节近代公路的雏形.江苏科学技术出版社，1990

② 南京市公路管理处.南京近代公路史·第二章近代公路发展时期·第二节近代公路的兴建.江苏科学技术出版社，1990

③ 蒋永才，狄树之.南京之最·交通邮电·最早的民航机场.南京出版社，1991

近的第一公园也纳入其中，建成长 489 米、宽 25 米的滑行道，并装置了夜航灯光设备等。南京沦陷后，机场被日军占用。民国 27 年（1938）日军曾扩建机场，修筑滑行道和停机坪等。民国 36 年（1947）又扩建，占地约 2000 亩，拥有交叉跑道两条，东南—西北向长 1001 米，西南—东北向长 837.3 米。

2. 大校场机场

大校场机场位于光华门外七桥瓮南，距新街口 6.2 公里。总面积 2.72 平方公里。民国 20 年（1931）4 月在大校场建立航空学校，民国 23 年（1934）开辟为飞机场，有一条土跑道，为国民政府唯一的空军基地，军民合用，与土山机场共用一个区域。民国 36 年（1947）夏，改造大校场机场。跑道按国际民航组织 B 级标准设计修建，长 2200 米，宽 45 米，是当时设施最好的飞机场之一。

3. 小型飞机场

（1）小营机场

中华民国临时政府于民国元年（1912）1 月在小营操场建机场，但既无跑道，亦无通信设备，仅供表演之用。民国 16 年（1927）废弃。

（2）溧水机场

溧水机场位于溧水县东外章家庄，距县城中心 15 公里。民国 20 年（1931）国民政府计划修 200 米 × 200 米的停机场。民国 25 年（1936）修建长 1500 米、宽 1200 米的停机场，无跑道。临战可扩为野战机场，民国 26 年（1937）废弃。

（3）草场村机场

草场村机场位于麒麟门附近吴家墩励志庄草场。民国 27 年（1938）侵华日军辟机场跑道，长 1500 米，宽 60 米。民国 34 年（1945）机场废弃。

（4）土山机场

土山机场位于江宁土山镇，距大校场机场 3.7 公里。民国 28 年（1939）侵华日军修建碎石跑道，长 1600 米，宽 50 米，两端保险道各 100 米。至今仍为军用机场。

（5）马群机场

马群机场又称白水桥机场，民国 34 年（1945）侵华日军修建，6 个月后日本投降停建，机场废弃。

12.2.5　市政设施

12.2.5.1　上下水

1. 自来水

民国 18 年（1929）组成自来水厂筹备处，确定在汉西门外夹江边蒲洲建厂。民国 19 年（1930）成立自来水工程处。民国 22 年（1933）初步建成北河口水厂，开始供应沉淀水，日供水能力为 4 万吨。与此配套，在清凉山上建了一座地下水库。水库长 54 米，宽 41 米，蓄水高度 4.8 米，库容量 1 万立方米。水库与北河口水厂间的总管直径 762 毫米，出水库的干管直径 600 毫米，直接通向新街口。民国 25 年（1936）计划扩建北河口水厂，后因南京沦陷而停顿。抗日战争胜利后，作过一些扩建，民国 37 年（1948）最高日供水能力为 7 万吨。

2. 污水处理

民国 25 年（1936），在江苏路建造了日处理能力 1000 余吨的试验性生活污水处理厂——南京第一新住宅区化粪厂，处理山西路以西、西康路以南新住宅区的生活污水，厂外为分流制管道系统。[①]

12.2.5.2　供电

民国元年（1912）初，金陵电灯官厂更名为江苏省立南京电灯厂。在孙中山先生的建议下，电灯厂又增加了两个机组，供电范围从城内延伸到下关码头、火车站等商埠地区。

当时，下关是商贾云集的商埠重地，从西安门供电到下关，电压已显不足。下关商董们建议在飞虹码头（今中山码头）建立发电分厂。民国 8 年（1919），河海工程专门学校校长许肇南创办下关发电所，安装两台 0.5 万千瓦汽轮发电机组，于次年 10 月正式开始发电。民国 25 年（1936），下关发电所总装机容量达到 3 万千瓦，并向整个南京地区供电。抗日战争胜利后，下关发电所改称下关发电厂。

12.2.5.3　邮政

民国元年（1912）民国临时政府改大清邮政局为中华邮政局。民国 3 年（1914）在南京大石桥设江苏邮务管理局，民国 7 年（1918）建江苏邮务管理局新址于下关大马路。民国 12 年（1923）奇望街支局新楼（今建康路邮局）建成开业。

民国 16 年（1927），国民政府在南京中山北路 761 号设立中华邮政总局，管理全国邮政。

民国 18 年（1929）江苏邮务管理局改称江苏邮政管理局。

12.2.5.4　广播

民国 17 年（1928）8 月，国民政府中央广播电台开播，电台设在湖南路国民党中央党部内，发射功率仅为 500 瓦。民国 20 年（1931），于江东门建成中央广播电台发射台机房和发射塔，并于民国 21 年（1932）11 月 12 日正式投入使用。电台发射功率为 75 千瓦。两座发射铁塔高 125 米。

12.2.6　工业

与此同时，南京的工业也有所发展，分别在龙潭和卸甲甸选址建厂，这是南京向长江沿江两岸发展的开始。

[①] 南京市地方志编纂委员会．南京市政建设志·第三章城市排水与防汛·第四节城市污水整治．海天出版社，1994

1. 金陵兵工厂

民国元年（1912），创建于晚清的金陵机器局更名为金陵制造局，隶属陆军部军械司。民国 17 年（1928），金陵制造局改辖上海兵工厂，称为"上海兵工厂南京分厂"。次年 6 月，更名为"金陵兵工厂"，直属军政部兵工署管辖。

民国 23 年（1934），金陵兵工厂翻新厂房，增购机器设备，包括添修旧有的枪厂、冲弹厂、器材厂，新建南弹厂、北弹厂、木厂、工具厂和职工住宅、浴室、物料库、试验室等。

民国 26 年（1937），日军迫近南京，9 月中旬奉命将枪弹厂西迁重庆与四川第一兵工厂合并，11 月又将所余厂部一律西迁。12 月 1 日全部撤离南京，于嘉陵江北岸簸箕石建厂，次年 3 月改厂名为"二十一兵工厂"。

日军占领南京后，在金陵兵工厂原址上建立"支那派遣军南京造兵厂"。

日本投降后，二十一兵工厂奉命成立"京沪区兵工厂接收处"，原金陵兵工厂暂定为二十一兵工厂南京分厂。民国 35 年（1946），改名为"第 60 兵工厂"，隶属于兵工署管辖。民国 37 年（1948）11 月间，60 厂的主要机器设备经由上海迁往台湾高雄。

2. 和记洋行

清宣统三年（1911），英商韦思典兄弟资本集团在下关宝塔桥以北的沿江地区，征地 600 余亩，筹建蛋品和肉类加工企业。民国 2 年（1913），设在宝塔桥西街 168 号的蛋品和肉类加工企业正式开业，定名为 The International Export Company Ckiangsu Limited（江苏国际有限出口公司），又称"南京英商和记有限公司"或"南京英商和记洋行"（现为南京天环食品（集团）有限公司）。和记洋行是当时全国最现代化的食品加工厂。

和记洋行于民国 5 年（1916）至民国 11 年（1922）4 次扩建，占地面积达13.5 公顷，建筑面积达 14.6 万平方米。建筑多为钢筋混凝土结构，其中 4~6 层建筑物有 16 座，英国总监工办公楼建于民国 4 年（1915），钢筋混凝土结构，建筑面积 1677.6 平方米，建筑造型具有英国折衷主义的特征。

民国 26 年（1937）南京沦陷后，和记洋行停产，设备被日军搬走或毁坏，厂房被改作日军仓库。民国 36 年（1947），和记洋行恢复生产。

3. 中国水泥公司

民国 8 年（1919），在上海从事营造业的姚锡舟等人筹建中国水泥股份有限公司，选择南京东郊青龙山北麓龙潭建厂。这里石灰石资源丰富，水陆交通便利。民国 10 年（1921）9 月中国水泥公司成立，民国 12 年（1923）4 月开工生产，日产水泥 500 桶（每桶 170 公斤）。

4. 江南水泥公司

民国 22 年（1933），亲日的冀东伪政府成立，唐山启新洋灰公司协理陈范有等极力主张在南方建新厂"以避敌日之锋"。陈范有的北洋大学同学赵庆杰觅得南京栖霞山新厂址。

民国 24 年（1935）5 月，江南水泥公司成立，董事会设在天津，陈范有被选为常务董事，主持建厂工作。江南水泥公司订购了丹麦史密斯公司水泥生产设备，向德国禅臣洋行订购了全部电气设备。

水泥厂于民国 26 年（1937）建成，年产 20 万吨。陈范有任命德国禅臣洋行的代表卡尔·京特为江南水泥厂代理厂长。

民国 27 年（1938）5 月，水泥厂停产。

5. 永利铔厂

民国 22 年（1933）11 月，天津永利制碱公司总经理范旭东获准承办南京硫酸铔厂，与永利制碱公司总工程师侯德榜一起择定江北卸甲甸为厂址，并派侯德榜为硫酸铔厂总工程师兼厂长，负责建厂。永利制碱公司也更名为永利化学工业公司。民国 23 年（1934）侯德榜率技术人员赴美国进行铔厂的设计、采购和培训工作。民国 25 年（1936）底工程基本完工。次年 2 月永利化学工业公司南京硫酸铔厂正式投产。永利铔厂占地 133 公顷。

在卸甲甸创办工业企业，把南京的城市建设范围扩大到了长江北岸，为后来大厂工业区的形成和发展打下了基础。（图 12-12）

图 12-12　建厂之初的永利铔厂

12.2.7　商业区

城市的近代化促进商业的繁荣。在传统商业的基础上，在条件相对优越的区位，逐步形成了夫子庙、下关和新街口三处文化、商业中心。

12.2.7.1　夫子庙

南京夫子庙是前庙后学，由孔庙、学宫与东侧的贡院组成古代文化教育建筑群。民国废科举，夫子庙两侧学宫甬道成为摊贩市场，即今东市、西市。夫子庙地区渐渐成为庙市合一的文化、商业街区，除了传统的古玩、饮食等一批"老字号"以外，也逐渐发展了近代商业、文化娱乐业。如永安商场、首都大戏院、大光明大戏院等。

1. 首都大戏院

首都大戏院（1949 年后称"解放电影院"）位于南京夫子庙贡院街 84 号，民国 16 年（1927）筹建，民国 20 年（1931）建成，有 1357 个座位，规模之大在当时是全国数一数二的。电影进入中国初期一般都是在室外和茶馆里放映，而"首都大戏院"是把电影从室外引到室内放映的中国第一批影院之一。"首都大戏院"隆重开业之时，号称"东方最富丽的天国，首都最堂皇的剧场"。

2. 永安商场

民国 29 年（1940），南京"鸿记营造厂"老板陆新根看中了夫子庙贡院街一块风水宝地，投资买下兴建商场。陆新根受上海"永安公司"名气影响，建成后的商场取名为永安商场。民国 32 年（1943）5 月，永安商场开业。

12.2.7.2 下关

1. 大马路

下关随着清末对外开埠通商，沪宁铁路、津浦铁路通车，特别是火车轮渡开通以后，商务日臻繁荣，逐渐成为新兴商贸区。米市街（今惠民桥北）为粮食贸易市场，鲜鱼巷为水产市场，惠民桥南为盐市场，大马路、商埠街则为饭店酒楼、银号钱庄、绸布百货等商号密集的街市。当时有"南有夫子庙，北有大马路"的说法。

2. 扬子饭店

扬子饭店在今下关宝善街 2 号，民国 3 年（1914）由法国人法雷斯建，称法国公馆。占地约 3000 平方米，地上 3 层，地下 1 层。国民政府定都南京后，公馆改称扬子饭店，曾接待过不少政界要员和知名人士。扬子饭店用南京明城墙砖作为主要建筑材料，并按西洋圆拱发券方式砌筑，屋顶及高低错落的老虎窗颇具风味，建筑风格明显受到法国文艺复兴时期城堡式官邸建筑的影响。建筑外观雄伟而朴实，而内部却相当豪华。

12.2.7.3 新街口

民国 18 年（1929）开始的首都建设彻底改变了新街口的风貌，宽达 40 米的 4 条干道在此交会。中山东路、中正路、汉中路和中山路，中间形成环形广场。由于变成新的交通枢纽，新街口迅速形成新兴的商业中心。1930 年代在新街口周围建成国货银行、浙江兴业银行、交通银行、中央商场、大华大戏院、新都大戏院、世界大戏院、福昌饭店等一批金融、商业、文化娱乐设施。

1. 中央饭店

中央饭店在今中山东路 237 号，始建于民国 16 年（1927），曾是国民政府要员和社会名流的下榻之所。主楼对称，主体 3 层，中间最高 6 层，采用红白相间的方格构图，入口为柱式门廊，雅致大方。

2. 福昌饭店

福昌饭店位于中山路 75 号，民国 22 年（1933）9 月由华盖建筑事务所设计。建筑高 6 层，占地面积 248 平方米，建筑面积 1483 平方米，具有 20 世纪 30 年代西方现代建筑风格，是民国时期南京的高层建筑之一。建筑内部车库、餐厅、客房等功能设施俱全，其电梯是南京民国建筑中最早设置的。

3. 中央商场

民国 23 年（1934）冬，张静江、曾养甫等发起筹建大型商场。"拟于中正路（今中山南路）之东、淮海路北，建筑中央商场，招商设肆，以推销本国国货及各省土产为目的。"中央商场于民国 25 年（1936）元月开张营业。中央商场的设立，使南京的商业由传统型迈向现代型，也为新街口地区成为南京的商业中心打下了基础。

4. 交通银行南京分行

交通银行南京分行（今中国工商银行南京分行）在中山东路 1 号新街口广场东北角。建于民国 22 年至民国 25 年（1933~1936）。缪凯伯设计。平面近似正方形，坐北朝南。西方古典形式，正、侧面爱奥尼柱直贯上下 3 层，高达 9 米，楼原 4 层，民国 26 年（1937）增建一层，屋顶以西式栏杆围护。（图 12–11）

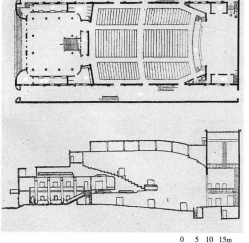

0　5　10　15m

图 12–13　大华大戏院

资料来源：清华大学土木建筑系剧院建筑设计组．中国会堂剧场建筑，1960

5. 国货银行南京分行

中国国货银行南京分行（今南京市邮局新街口支局）坐落在中山路 19 号（原为中山路 9 号）。

中国国货银行成立于民国 18 年（1929）11 月 1 日，系官商合办的银行，由孔祥熙、宋子文创设，总行设在上海。南京分行建筑始建于民国 23 年（1934），由公利建筑公司建筑师奚福泉设计。民国 24 年（1935）4 月开工，民国 25 年（1936）1 月竣工。建筑地上 6 层，地下室 1 层，占地面积 1920 平方米，总建筑面积 4022 平方米，是民国时期南京的高层建筑之一。建筑采用现代建筑的平面，立面处理在局部地区重点施以中国传统构建装饰和花纹图案，是探索在近代建筑中体现"中国款式"的重要范例之一。

6. 大华大戏院

大华大戏院（今大华电影院）是一座中西合璧式的建筑，由南京基泰工程司杨廷宝、关颂声主持设计。大华大戏院民国 23 年（1934）开工，民国 25 年（1936）5 月建成开业。坐落于繁华的新街口中心区中山南路 67 号，是民国时期上流社会的娱乐场所。建筑造型颇具时代特色，立面虽对称，但已省去了传统烦琐的装饰，代之以简洁的曲面形体和浮雕式的平直线脚，是当时南京最具现代感的建筑之一。（图 12–13）

12.2.8　住宅

12.2.8.1　新式住宅

1. 华兴村

南京近代最早的新式住宅区是"华兴村"。民国 11 年（1922），由部分华侨回国创办的"华兴农业有限公司"，于民国 11 年（1922）在南京中华门外板桥镇附近，购地 1800 亩（120 公顷），建立"华兴村"，共建造住宅房屋 70 幢左右。南京沦陷时，华兴村为日军占领，遭日寇破坏，华侨大部分回到港澳或重返国外，只剩 7 户老弱病残者。

2. 新住宅区

20 世纪 30 年代初，按照《首都计划》所定的范围，拟新建 4 个住宅区。第一区位于山西路、颐和路一带，第二区位于中山北路以西军械局附近，第三区位于中山路东、西两侧，第四区位于金陵女子文理学院附近。第二区和第三区未付诸实施。第四区原计划建住宅 295 幢，只有少数动工，因抗日战争爆发而停建。（图 12-14）已经建成的位于山西路、颐和路的"新住宅区第一区"占地面积 36 公顷，划分宅基地 287 处。这一街区是民国时期政府高级官员、军队高级将领和社会名流等上层人士的住宅区，也有部分外国使领馆。

注：图内敷色者即所定新住宅区第一区

图 12-14　新住宅区位置

3. 陵园新村

中山陵东南有陵园新村，占地千亩，建有新式住宅 200 余幢，每幢占地 3 亩，并配套有水、电灯、电话，建邮局一处。日军攻打南京期间，陵园新村被炮火化为灰烬，只有陵园邮局在民国 36 年（1947）重建，留存至今。

4. 公教一村至五村

抗日战争胜利后，大批机关公教人员返回南京。为此，政府筹建了五片住宅区，选址在大机关附近的考试院路（今北京东路）、回龙桥（今镇江路）、青岛路、中山北路和马府街，分别编为公教一村至五村，建筑总面积约 3.8 万平方米。各村均以 2 层住宅为主，比较简陋。特别的是各村均有一六角形主楼，5 幢二层楼呈辐射状与其相连。（图 12-15）

12.2.8.2 里弄式住宅

南京沦陷前还兴建了良友里、梅园新村、复员新村、淮海新村、匡庐新村等一批里弄式住宅。

梅园新村是民国时期由政府直接推动集中兴建的住宅区之一，以中高档住宅为主。梅园新村的开发商是当时实力雄厚、运作方式也十分西化的乐居房产

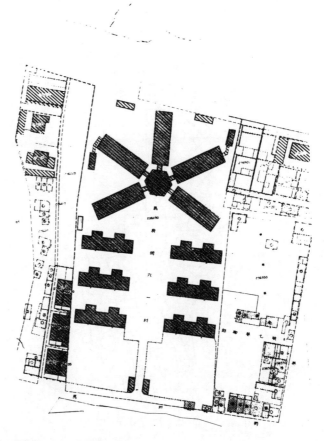

图 12-15　公教五村

股份有限公司。而业主多为政界、军界人士及工程管理人员等中、高级阶层。业主先出资买下土地使用权后，请设计师按自己要求设计住房。因此住宅区内建筑形式、用地面积和居住标准呈现出明显的多样化，有独栋院落式住宅、联排式住宅、行列式住宅、散落居民住宅等，各种建筑类型相互交融，别具特色。

民国 35 年（1946）5 月，以周恩来、董必武为首的中国共产党代表团由重庆迁来南京，以梅园新村 17 号、30 号和 35 号作为办公和居住地点，直到第二年 3 月。梅园新村 17 号是中共代表团办事机构的所在地，30 号是周恩来、邓颖超办公和居住的地方，35 号是董必武、李维汉、廖承志、钱瑛等办公和居住的地方。

12.2.8.3　名人住宅

民国期间，南京作为政治中心，达官贵人云集，别墅、公馆、宅邸遍布全市。

1. 汤山温泉别墅与陶庐

民国初年，有大批达官贵人在汤山温泉建造别墅。位于汤山温泉路 3 号的汤山温泉别墅为一座尖顶小楼，中西结合，庄重典雅，分地上和地下两层。进门为第二层，有会客室、休息室、棋室；地下室有蒋介石、宋美龄夫妇双人浴池、侍卫官浴池。

别墅原为国民党元老张静江的别墅，人称"张公馆"，后作为结婚礼物送给蒋介石夫妇。南京沦陷后，公馆被日军占用。民国 35 年（1946）2 月，南京市工务局奉命修理公馆，成为"汤山主席官邸"。

曾经误以为汤山温泉别墅就是"陶庐"。"陶庐"是江宁人陶保晋私有房产。陶保晋在抗日战争时期曾在伪政权内任职。民国 35 年（1946）4 月，国民政府将陶庐作为逆产没收。真正的陶庐在今温泉路 1 号大院内，为中国传统建筑风格，始建于民国 9 年（1920），已于 20 世纪 80 年代初拆除。（图 12-16）

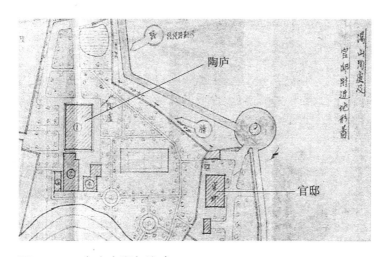

图 12-16　主席官邸与陶庐
资料来源：南京市档案馆

2. 憩庐

民国 17 年（1928），蒋介石夫妇初到南京，暂住在城南三元巷的一所老房子里。作为永久的住处，官邸建在南京城东的黄埔路陆军军官学校里。民国 18 年（1929）7 月 12 日开工，同年 10 月 14 日落成。憩庐的建筑坐北朝南，砖木结构，楼高 2 层，地下 1 层，是典型的民国时期中西合璧风格建筑。主楼建筑面积 270 平方米，外观呈赭红色。一楼的东侧是蒋介石的会客室，客厅的墙上悬挂着孙中山与蒋介石的大幅合影照片。照片的上方悬挂孙中山手书横条："安危他日终须信，甘苦来时要共尝"。中间是一大餐厅。西侧是一间小会客室，里面的布置明亮而优雅，这是宋美龄的会客室。官邸楼上西侧是书房，东侧是一间大卧室。卧室的外面也有一间客厅，这里专门会见内亲。卧室的东面是一个大平台，习惯早起的蒋介石清晨常在这个平台上看报休息。

民国 19 年（1930）1 月，在其后增建一正方形 2 层副楼。副楼有各种房间 103 间，是警卫和保障人员的宿舍，一楼设有大型舞厅。

3. 马歇尔公馆

马歇尔公馆在今宁海路 5 号，原为金城银行别墅，是"新住宅区第一区"中的一幢住宅。民国 24 年（1935）由著名建筑师童寯、赵深、陈植设计。日军占领南京后，这里曾经是"南京安全区国际委员会"总部，以拉贝为代表的国际友人保护了大批南京难民。抗日战争胜利后，为美国总统特使马歇尔公馆，一度成为国共两党和谈的场所。歇山顶仿古 2 层楼房掩映于青松翠竹之中，花墙漏窗，小园清幽，楼前有宽敞的绿地和用红、黑、白三色鹅卵石铺成的鹰、狮、白虎、鸟四种图案的小路，颇具江南园林风格。

4. 汪精卫公馆

汪精卫公馆，在今颐和路 38 号，原为"新住宅区第一区"内褚谊民官邸。建于民国 25 年（1936）。占地 1500 多平方米，3 层，砖混结构，平顶红墙。底层有会客室、办公室，二楼中间是大会客室，四周为卧室，三楼是卧室。抗日战争胜利后，作为逆产被没收，后改作美军军官俱乐部。

5. 孔祥熙公馆

孔祥熙公馆在今高楼门 80 号。原为海关总署住宅，民国 34 年（1945）后为孔宅。外观简洁，仅在入口处设一门斗，朝南有一排圆拱形大玻璃门窗，采光通风良好，二楼设一半圆形带护栏的阳台，左侧为车库。屋前老树名木，庭院幽深。

6. 孙科公馆

孙科公馆（延晖馆），在今中山陵 8 号。建于 20 世纪 40 年代末，基泰工程司杨廷宝设计，占地约 40 余亩，建筑面积约 1000 平方米。住宅楼两层，用玻璃砖作墙面，客厅光线明亮而柔和；卧室屋顶有蓄水池，供隔热保温。前院设警卫室、车库、停车场等，东南是大面积的草坪和树丛，环境幽深宁静。

7. 宋子文公馆

宋子文公馆，在北极阁山顶，建于民国 22 年（1933），由杨廷宝设计。楼房两幢,平面呈曲尺形,建筑面积 720 平方米。主楼十字拱门廊,外观朴素,屋面粗糙,远望如草顶,烟囱、老虎窗使建筑体形富于变化。西安事变后张学良曾被囚一侧小楼。

8. 李宗仁公馆

李宗仁公馆位于傅厚岗 30 号（今江苏省省级机关第一幼儿园）。该宅原系国民政府军委会办公厅副主任、首都警察厅厅长姚琮于民国 23 年（1934）建造。民国 26 年（1937）8 月,中共中央和红军代表周恩来、朱德、叶剑英应邀到南京参加国防会议,朱德和叶剑英两人就住在姚琮公馆。抗日战争胜利后,曾为捷克驻华大使馆,一年后改作美军招待所。民国 36 年（1947）李宗仁及其随员入住,直至南京解放前夕离开。整个宅院坐北朝南,占地面积 4500 平方米。院内松木蔽日,花草茂盛,水池假山,精巧别致。公馆主楼为假 3 层西式小楼,砖混结构,并建有地下室。青平瓦屋面,青砖清水外墙。

9. 白崇禧公馆

白崇禧公馆在雍园 1 号,靠近梅园新村,原是一位富商的房产。20 世纪 40 年代,白崇禧托人租下这里,稍加装修后,便成为他在南京主要的居住活动场所。民国 37 年（1948）,李宗仁竞选"副总统"时,这里成为实际上的李宗仁竞选"总部"。公馆占地近 400 平方米,四周为高达 2.6 米的围墙。院内绿树荫荫,静谧幽深。

10. 拉贝故居

约翰·拉贝（John H. D. Rabe,1882~1950）于 1931~1938 年担任德国西门子公司驻南京办事处经理,并代理德国纳粹党南京小组负责人。侵华日军南京大屠杀期间,拉贝和其他国际友人不顾个人安危,设立国际安全区,拉贝住宅就是其中一个难民所,收留、保护了 600 多名中国难民。拉贝故居位于广州路小桃园 10 号（今小粉桥一号）,建于 20 世纪 30 年代初。房子是一幢 3 层砖木结构小楼,四坡顶,红瓦屋面,乳白门窗,另外还有一个小花园,与当时的金陵大学生活区相连。

11. 赛珍珠故居

赛珍珠（Pearl Buck 1892~1973）是一位美国作家,民国 10 年（1921）秋被金陵大学聘为中文系教授,在中国度过近 40 年。她以中国社会为作品的主要内容,20 世纪 30 年代获得诺贝尔文学奖。赛珍珠故居在南京大学北园西墙根（南京大学北园的围墙是后砌的）,是北园最偏僻的所在,现在是南京大学科技实业集团公司和南京大学产业办公室的办公楼。在这里,她写作了赢得诺贝尔文学奖的几乎所有作品,包括处女作《放逐》和成名作《大地》。

12. 何应钦公馆

何应钦公馆在南京大学北园（斗鸡闸 4 号）内,始建于民国 23 年（1934）,建筑师沈鹤甫设计,抗日战争期间毁于兵火。民国 34 年（1945）底,何应钦以其夫人王文湘的名义在原址重新建造,民国 35 年（1946）3 月竣工。公馆占地面积约 6388 平方米,有 2 层西式楼房一幢,3 层西式楼房一幢,平房二幢。现存楼房一幢，平房一幢，为"南京大学台港澳事务办公室"。

12.2.8.4　棚户

南京绝大多数居民，则居住在城南及下关等地的旧式宅院甚至棚屋之内。至民国37年（1948），尚有近20万人居住在309处棚户区。

12.2.9　行政办公建筑

虽然《首都计划》等规划推荐了中央政治区的选址，但并没有按规划实施。抗日战争以前，沿中山北路、中山路、中山东路等主要干道两侧，新建了一批办公楼，如外交部、交通部、励志社等。（图12-9）

1. 民国临时政府办公处

民国元年（1912）元旦夜10时，孙中山在南京原清两江总督署的暖阁就任中华民国临时大总统。（图12-17a）

原清两江总督署的西花园——煦园西的一座西式平房为临时大总统办公处（图12-17b）。办公处原为清两江总督端方于清宣统元年（1909）建造的一座花厅，坐北朝南，面阔7间，中间有一个拱式门斗，由大门而入为穿堂，是衣帽室，其右侧3间，分别为小会议室兼会客室、大总统办公室和总统临时休息室；左侧3间为一个大会议室，内阁会议及高级军政联席会议均在此举行。

煦园东北角小院为孙中山寓所。这里有一中式木结构两层小楼，原为清两江总督高级幕僚的住处。

图 12-17a　民国临时大总统府辕门

图 12-17b 民国临时大总统办公室

临时参议院设在原江苏咨议局，其他行政机关分散在城内（图 12-18）。民国元年（1912）4 月 3 日，孙中山离任，临时政府迁往北京。

2. 国民政府办公楼

民国 16 年（1927）国民政府复定都南京后，以原清两江总督衙署为国民政府办公地，于 9 月移驻这里办公。国府东院（东花园）建行政院办公处，西院作为国民政府参谋本部和主计处的办公地（图 12-19a、图 12-19b）。民国 23 年（1934）在原清两江总督衙署中轴线的最后部，建了国民政府办公楼——子超楼（林森字子超，故名），成为国民政府首脑的主要办公地点（图 12-19c）。煦园则成为国民政府的西花园。民国 37 年（1948）5 月 20 日国民政府改为总统府。

3. "五院"办公楼

民国 17 年（1928）10 月，国民政府实行"五院制"。

（1）行政院

行政院初期在国民政府东院（东花园）建办公处。抗日战争结束后，行政院改在中山北路原铁道部办公。

（2）立法院

立法院于民国 17 年（1928）10 月成立时办公地点在斛斗巷前清靖逆侯张勇的宅府内（今白下路 273 号南京海运学校校园）。一幢四面方正的三层古式楼房是立法院的办公和主要活动场所。抗日战争胜利后，立法院搬到了中山北路今天的军人俱乐部。

北

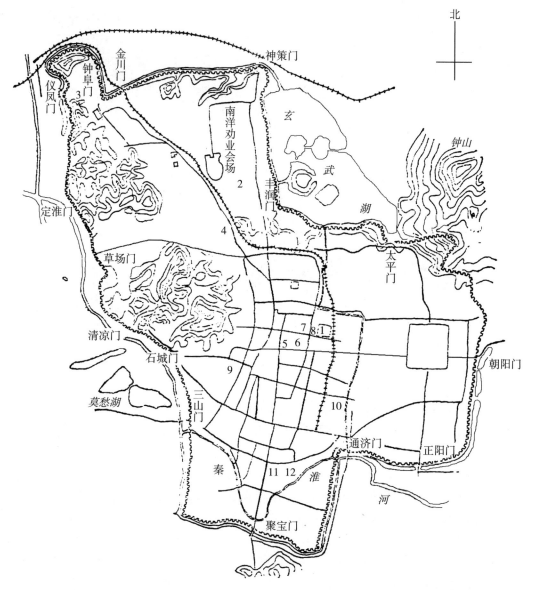

1. 总统府（清两江总督衙署）；2. 参议院；3. 海军部（清江南水师学堂）；4. 外交部；
5. 法制局（清中协署）；6. 教育部（清交涉司署）；7. 实业部（清劝业道署）；8. 内务部
（清江南政务厅）；9. 陆军部（清督练公所）；10. 司法部；11. 财政部；12. 交通部

图 12-18　民国临时政府机关分布图

（3）司法院

　　司法院位于中山路 251 号，占地面积 22.5 亩。主楼高 3 层，西方古典风格，
建成于民国 24 年（1935）。大门亦为西方古典风格。民国 38 年（1949）4 月，
一场大火席卷了这个院落，只门楼保存了下来（今南京市供电局大门）。

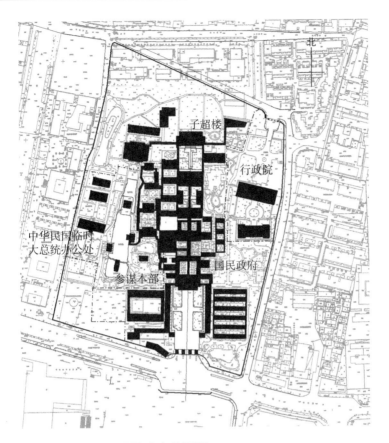

图 12-19a　民国国民政府总平面

图 12-19b　民国总统府鸟瞰

图 12-19c　子超楼

（4）考试院

考试院选中环境幽雅的武庙旧址作为院址，民国 17 年（1928）开始在武庙基础上扩建，到抗日战争前形成了一组相当规模的建筑群。

（5）监察院

监察院成立之初办公地点在复成桥东、公园路旁一座坐东朝西的平房内，北面是第一公园，南面紧接明御河。监察院于民国 25 年（1936）搬入新的办公地点——中山北路今天的军人俱乐部内。还都南京后，监察院仍迁回原址，和立法院在同一地点办公。

4. 最高法院办公楼

最高法院办公大楼在中山北路，由过养默建筑师设计，民国 22 年（1933）5 月建成。最高法院门楼高大，为拱形。法院主楼 3 层，属于西方现代派风格。主楼无论立面还是平面均呈"山"字形，寓意执法如山。沿大门两侧原各有一道"山"字墙，与主楼相呼应。在大门与主楼之间，有一座圆形喷水塔。在这里办公的除最高法院外，还有最高法院检察署（隶属于司法行政部）。

5. 部办公楼

国民政府各部办公楼分散在城内各处，以中山北路两侧居多。

（1）交通部

交通部最初在华侨路慈悲社一组平房内办公。后在中山北路 303 号今解放军南京政治学院建筑新的办公楼，由俄国建筑师耶朗于民国 17 年（1928）设计，民国 19 年（1930）开工，民国 23 年（1934）竣工。占地 19500 平方米，入口大门外设两座仿故宫金水桥，门前设花圃，院内办公楼面朝东北，中国传统宫殿式，三层钢筋混凝土结构，重檐歇山顶，琉璃瓦，"日"字形建筑平面，建筑面积 18933 平方米。民国 26 年（1937）冬，日本侵略军侵占南京，交通部办公楼被日军炮火击中，原先的大屋顶被焚毁。修葺后改平屋顶。

（2）外交部

外交部大楼（图 12-20），在中山北路 32 号。华盖事务所赵深、童寯、陈植设计。占地面积 45.6679 亩，建筑面积 8500 平方米。民国 23 年（1934）3 月开工，次年 6 月竣工。平顶，钢筋混凝土结构，平面呈"T"字形，面阔 51 米，进深 55米。中部五层，两端四层。立面采用"三段式"划分，泰山面砖饰面，细部为中国传统装饰。日本侵略军侵占南京时，驻华日军司令部设于此，总司令冈村宁次就在此办公。日本投降后，仍作为外交部。

（3）铁道部

铁道部大楼，华盖建筑师事务所赵深、范文照设计，在中山北路 252、254 号。建筑群由两个三层楼、三个两层楼组成。民国 35 年（1946）后为国民政府行政院使用。

透视图

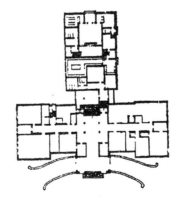

平面图

图 12-20　国民政府外交部

资料来源：潘谷西 . 中国建筑史 . 中国建筑工业出版社，2004

6. 国民党中央监察委员会办公楼

国民党中央监察委员会办公楼在中山东路 311 号。现为南京军区档案馆。办公楼于民国 25 年（1936）由杨廷宝设计。整个平面布置与建筑形式都和国民党中央党史史料陈列馆相同。因其地址在明故宫东侧，与国民党中央党史陈列馆建筑群以明故宫中轴线为轴对称布置，习称"东宫"。

7. 励志社

国民党励志社，是蒋介石的内廷供奉机构，也承担接待外国来华军政人员，特别是美军顾问团的任务。励志社总社在中山东路 307 号（今钟山宾馆），三幢宫殿式建筑，建于民国 18 年（1929）至民国 20 年（1931）间，由范文照、赵深设计。

大礼堂建于民国 20 年（1931），主体为钢筋混凝土结构，而梁、椽、挑檐则是木结构。高 3 层，重檐庑殿顶，平面为方形，建筑面积 1360 平方米，可容500 人就座。1 号楼建于民国 18 年（1929），砖木结构，建筑面积 2050 平方米。中间高 3 层，庑殿顶；两翼高 2 层，歇山顶，东西对称。3 号楼建于民国 19 年（1930），砖木结构，建筑面积 1846 平方米。屋顶结构与 1 号楼相反，中间高 3 层，歇山顶；两翼高 3 层，庑殿顶。东西对称。1 号楼和 3 号楼内部均呈中廊式布局，两边是带有独立卫生间的客房，它们是当时接待贵宾住宿之处。

12.2.10 文化教育建筑

12.2.10.1 文化建筑

1. 紫金山天文台

民国 18 年（1929），国民政府中央研究院天文研究所筹建中央天文台，台址选在紫金山第三峰天堡山上，民国 23 年（1934）9 月 1 日建成，后称紫金山天文台。这是我国自行建造的第一个现代天文台，由我国著名的天体物理学家余青松组织创建，曾有"远东第一台"之称。

由于天文台在紫金山上，当时的总理陵园管理委员会提出，必须按照中式风格设计。设计由杨廷宝领衔的基泰工程司承担。建筑均以毛石为主要外墙饰面材料，朴实厚重，与山石浑然一体。牌楼为毛石作三间四柱式，覆蓝色琉璃瓦，跨于石阶之上。建筑间以梯道和栈道通连，各层平台均采用民族形式的钩栏，建筑台基用毛石砌筑。

"九·一八"事变后，日本侵略者逼近华北。为了保护珍贵文物，中央研究院天文研究所受命把北京古观象台所存明清时期天文仪器转移到南京。民国 23年（1934），浑仪、简仪、圭表三件明代仪器和小天体仪、小地平经纬仪两件清代仪器运抵南京浦口，次年陈列于紫金山天文台。

2. 北极阁气象台

民国 17 年（1928），地理学家竺可桢在刘宋时鸡笼山（北极阁）上的日观台旧址创建中国历史上第一个气象研究所——中央研究院气象研究所。民国 19 年（1930）拆原北极阁残垣建气象观测台。台为六角形 3 层楼阁，钢筋混凝土建筑，高 14 米。南京北极阁气象台被海内外气象学界誉为中国近代气象发祥地。我国近、现代一批著名气象学家涂长望、赵九章、叶笃正、陶诗言等都曾在此工作。

3. 中央研究院

中央研究院（今中国科学院南京分院和南京地质古生物研究所）在今北京东路 39 号北极阁山东麓，建于民国 20 年（1931）至民国 36 年（1947），杨廷宝等设计。有四角攒尖顶门阙三座和地质研究所、历史语言研究所、社会科学研究所三幢楼房，顺山势而建，环境幽静。

4. 国民大会堂

国民大会堂（今人民大会堂）在今长江路 264 号，建于民国 23 年（1934）至民国 25 年（1936），公利工程司奚福泉设计。主体 4 层，建筑面积 5100 平方米。对称造型，体块简洁，虚实对比。雨篷前伸遮护台阶，檐口、门窗、雨篷、门厅，用中国传统纹样装饰。是既具现代感、又具民族风格的新型建筑。（图 12-21）

5. 国民党中央党史史料陈列馆

国民党中央党史史料陈列馆（图 12-22）在中山东路 309 号，明故宫西侧，与国民党中央监察委员会建筑群以明故宫中轴线为轴对称布置，俗称"西宫"。

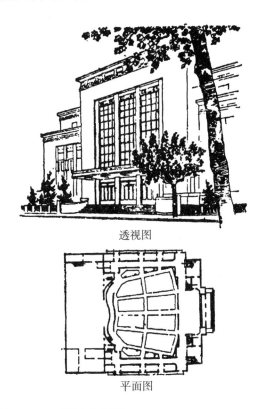

透视图

平面图

图 12-21 国民大会堂

资料来源：潘谷西. 中国建筑史. 中国建筑工业出版社，2004

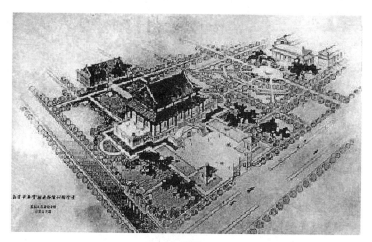

鸟瞰图

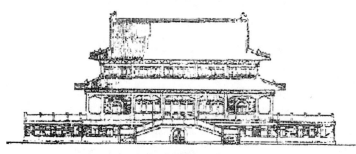

立面图

图12-22　国民党中央党史史料陈列馆

资料来源：鸟瞰图引自《杨廷宝建筑设计作品选》；立面图引自潘谷西主编的《中国建筑史》（中国建筑工业出版社，2004）。

杨廷宝（基泰工程司）于民国23年（1934）设计，次年2月动工，7月落成。党史馆坐北朝南，四周布置花园和警亭四座。底层有大小办公室、会议室和史料库房，二层、三层为陈列室。参观由大台阶直达中间礼堂，后至两侧陈列室。建筑外观为重檐歇山宫殿式建筑，庄重宏伟。

6. 中央博物院

民国23年（1933），时任中央研究院院长的蔡元培倡议，成立中央博物院筹备处。蔡元培亲自兼任第一届理事会理事长，在中山门半山园征地12.9公顷，原拟建"人文"、"工艺"、"自然"三大馆，后因时局关系，仅建"人文馆"，民国25年（1936）动工兴建。一年后日军占领南京时第一期工程仅完成大半。抗日战争结束后续建，直到20世纪50年代才最后完成。

通过建筑设计方案竞赛，采用了徐敬直的方案，最后由徐敬直、李惠伯设计，梁思成、刘敦桢任设计顾问，建筑面积23000平方米。深远宽阔的草坪尽头，三层石台基上耸立着九开间的仿辽庑殿顶棕色琉璃瓦大殿，屋面坡度平缓，斗拱粗壮有力，层顶"如翚斯飞"，造型古朴雄浑。（图12-23）

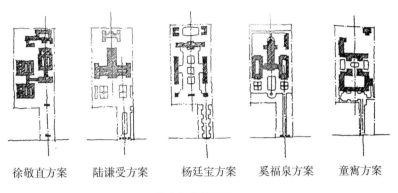

| 徐敬直方案 | 陆谦受方案 | 杨廷宝方案 | 奚福泉方案 | 童寯方案 |

获奖方案平面图

方案透视图（最后修正图）

图 12-23　中央博物院获奖方案
资料来源：南京博物院

7. 美术馆

国立美术馆在今长江路 266 号。建于民国 24 年（1935）至民国 25 年（1936）。公利工程司奚福泉设计，范文照为顾问。坐北朝南，中间部分高 4 层，两边高 3 层。大门和主楼之间有一片开阔的空地。占地面积 4165 平方米，建筑面积 1326 平方米。

12.2.10.2　教育建筑

1. 金陵大学

创建于清朝末年的金陵大学（今南京大学）根据帕金斯（Perkins）建筑事务所的规划，于清宣统二年（1910）开始建筑设计并动工，民国元年（1912）建成科学馆（今南京大学东大楼），民国 8 年（1919）建成行政院大楼（北大楼）。到民国十年（1921），在鼓楼西南坡建造的新校舍基本竣工，大学部迁入。干河沿汇文书院原址改设附属中学（即今金陵中学）。民国 12 年（1923），金陵大学的文理、农林两科共设 13 个系、3 个专修科，在校学生 500 多人，成为一所完备大学。民国 3 年（1914）1 月，金陵大学还收购了基督医院（即马林医院），作为附属医院，更名为"金陵大学鼓楼医院"。

　　金陵大学北大楼（当时称作行政院大楼），在校园中轴线的最北端，是金陵大学的主楼，由美国建筑师史摩尔（A.G.Small）设计。建筑采用中国传统的建筑形式，同时又糅合了西方的建筑布局，在大楼南立面的中部，建有一座高5层的正方形塔楼，将大楼分隔成对称的东西两半，塔楼顶部又冠以"十"字形脊顶，实际上是西洋式钟楼的一种变形。大楼墙壁用明代城墙砖砌筑，清水勾缝，墙面布满了爬藤植物。（图 12-24a、图 12-24b、图 12-24c）

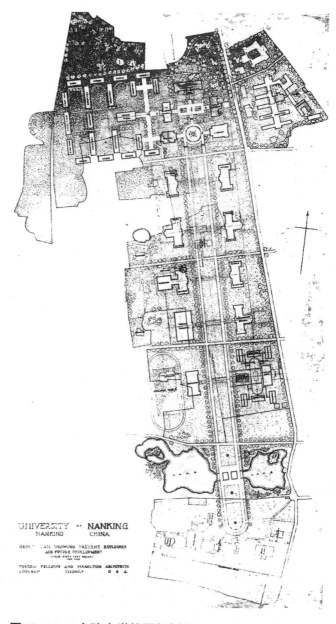

图 12-24a　金陵大学校园规划图
资料来源：南京大学建筑规划设计研究院

图 12–24b　金陵大学（1927）
资料来源：南京大学建筑规划设计研究院

图 12–24c　金陵大学北大楼
资料来源：南京大学建筑规划设计研究院

2. 中央大学

李瑞清于清光绪三十一年（1905）任两江优级师范学堂监督（校长）。中华民国成立后，学堂改为学校，民国 4 年（1915）8 月，由两江师范学堂改名的国立南京高等师范学校正式公开招生。民国 9 年（1920）4 月校务会议一致赞同在南高师基础上创办一所国立大学，次年 6 月暂名为东南大学。民国 16 年（1927），国民革命军北伐至江苏省，明令将东南大学、河海工科大学等九所江苏境内专科以上学校合并组建成国立第四中山大学，后又称江苏大学，最后于民国 17 年（1928）定名为国立中央大学。

中央大学（今东南大学）位于南京四牌楼 2 号。民国 8 年（1919），著名教育家郭秉文接任南京高等师范学校校长一职。由于南高的校舍基本上都是沿用历经兵灾的两江师范学堂旧房，计有一字房、教习房和平房斋舍，这些校舍不仅破旧，而且难以适应学校发展的需要。于是，郭秉文聘请杭州之江大学的建筑师韦尔逊先生到东南大学兼任校舍建设股股长，拟订通盘规划。根据这一规划，校园内图书馆、体育馆、学生宿舍、科学馆等建筑相继落成。民国 16 年（1927）后又建起了校园南大门、大礼堂、生物馆、牙科医院等建筑。

图 12-25　中央大学大礼堂
资料来源：南京大学建筑规划设计研究院

（1）大礼堂

大礼堂位于校园中央，与南大门在同一条中轴线上。民国19年（1930）3月28日动工兴建，后因经费困难而停工。此后，由建筑系教授卢毓骏主持续建，于民国20年（1931）4月底竣工。大礼堂由英国公和打样行设计，造型庄严雄伟，属西方古典建筑风格。主立面取西方古典柱式构图，底层三门并立，南向，三排踏道上下。正立面用爱奥尼柱式与山花构图，上覆欧洲文艺复兴时代的铜质大穹隆顶，顶高34米。礼堂内3层，面积共4320平方米，可容2700余人。（图12-25）

（2）梅庵

近代著名教育家、美术家、书法家、鉴赏家李瑞清（号梅庵）提倡科学与国学、艺术相结合，是高等学府设立美术学科的第一人。他视教育若性命，学校若家庭，学生若子弟，以"嚼得菜根，做得大事"为校训，要求教师德学兼备，具有热心、耐心、事业心，要求学堂管理者威慈皆备，通晓教育原理和章程。他身体力行，率先垂范，倡导和培育了俭朴、勤奋、诚笃的好校风。民国5年（1916）南高校长江谦为纪念李瑞清办学功绩，于"六朝松"畔建茅屋三间，取名"梅庵"。后改为砖混结构，面积204平方米。由史学大师柳诒征书匾。20世纪20年代，梅庵曾是会议、讲习场所，梁启超、胡适之、恽代英、瞿秋白、邓中夏等曾在此讲学或活动过。中央大学期间，此地乃音乐系琴房。

（3）国学图书馆

民国16年（1927），位于龙蟠里的江南图书馆改为国立中央大学国学图书馆。民国17年（1928），馆长柳诒征为纪念江南图书馆创办者缪艺风和发扬陶侃珍惜光阴的精神，将藏书楼命名"陶风楼"。民国18年（1929），图书馆又改名为江苏省立国学图书馆。

3. 金陵女子大学

金陵女子大学（今南京师范大学）由美国基督教八个教会于清宣统三年

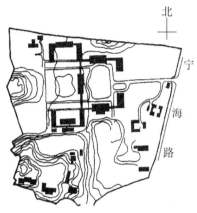

图 12-26　金陵女子大学校园

资料来源：潘谷西.中国建筑史.中国建筑工业出版社，2004

（1911）开始筹备，民国 4 年（1915）在南京绣花巷临时校址正式开学。民国 10 年（1921），校长德本康夫人在陶谷（位于今随园）购地建校。由美国建筑师亨利·茂菲规划设计、吕彦直参加建筑设计。民国 12 年（1923）7 月学校迁入新址。民国 17 年（1928），校董会推选金女大首届毕业生吴贻芳为校长。民国 19 年（1930）改名金陵女子文理学院。（图 12-26）

4. 金陵神学院

金陵神学院创办于清光绪三十三年（1907），位于今汉中路两侧。民国 10 年（1921），美国南卡罗莱纳州生姆脱城三一堂捐建一座建筑物，用作监理会国外布道百年纪念，故名百年堂，现在是南京医科大学的一幢办公楼。在抗日战争期间，金陵神学院分别成立了金陵神学院上海分校与金陵神学院成都分校。

5. 金陵女子神学院

金陵女子神学院创立于民国元年（1912），由美国基督教贵格会、南北长老会、美以美会、监理会、基督会和浸礼会等联合组建。美国传教士沙德纳为首任校长，借用进德女校为院址。民国 10 年（1921）10 月迁入大铜银巷 17 号新校舍。现存建筑有圣道大楼和 2 幢学生宿舍，属美国殖民时期建筑风格。大楼朝南，建筑面积 1560 平方米，砖木结构。平面呈"十"字形，主体 2 层，门厅 3 层，开连续拱券顶柱式门廊。底层正中是布道堂，可容二三百人。宿舍楼在大楼西侧和东北侧，均为四面坡屋顶，上开老虎窗，建筑面积分别为 804 平方米、978 平方米。

大铜银巷 17 号金陵女子神学院原址现为金陵协和神学院校园。

6. 道胜堂（道胜小学）

道胜堂位于今中山北路 408 号。民国 4 年（1915），美国传教士约翰·马吉在南京创办"中华圣公会"，在今下关天光里一带租房布道。次年设益智会，办益智小学。民国 8 年（1919），马吉在海陵门（今挹江门）外置地建"道胜堂"。新建三幢二层歇山顶楼作为教室，西式小楼作为礼拜堂和住宅，另有一座民族风格钟亭。民国 14 年（1925）又建"中华圣公会"办公楼，校名改为"道胜小学"并增设幼儿园。民国 31 年（1942），又增加初中部，更名"道胜中小学"。民国 35 年（1946）正式定名为"私立道胜初级中学"。

7. 鼓楼幼稚园

南京高等师范学校教授、国立东南大学教授兼教务主任陈鹤琴致力于研究儿童心理学、家庭教育学和幼儿教育学。民国 12 年（1923）他创办了中国最早的幼儿教育实验中心——鼓楼幼稚园，作为理论研究的实验基地。

8. 晓庄试验乡村师范

陶行知于民国 16 年（1927）3 月 15 日，在南京北郊晓庄创办"晓庄试验乡村师范"，以"教学做合一"指导学校实践。蔡元培先生赞之为"现代教育方法中最好的一种"，并亲书"教学做合一"校训匾额，任学校董事长，在校执教。著名乡村教育家赵叔愚任第一院（小学师范院）院长，著名教育家陈鹤琴任学校指导员及第二院（幼稚师范院）院长。

民国 35 年（1946）7 月 25 日陶行知病逝于上海。同年 12 月在晓庄建墓，墓面朝东南，墓前有墓碑和牌坊，碑高 2 米，上刻沈钧儒题字"陶行知先生之墓"。牌坊高 5 米，宽 4 米，坊额刻有陶行知手迹："爱满天下"；坊柱联语为郭沫若书写的陶行知遗教："千教万教教人求真，千学万学学做真人。"

9. 中央陆军军官学校

中央陆军军官学校建筑群位于南京城东的黄埔路。民国 17 年（1928）国民党"中央陆军军官学校"（即黄埔军校）迁到这里后，陆续兴建了大量校舍，形成一组建筑群，由张谨农设计的大礼堂是其中最具代表性的建筑。大礼堂东边约 200 米处是"憩庐"，是红砖砌成的两层西式小楼，建于民国 18 年（1929），是蒋介石和宋美龄起居、工作的主要场所。

民国 34 年（1945）9 月 9 日上午，在中央陆军军官学校（9 月 8 日起作为中国陆军总司令部）大礼堂隆重举行中国战区侵华日军签降仪式，侵华日军总司令冈村宁次签下了降书。

12.2.10.3 医疗建筑

1. 鼓楼医院

清光绪十八年（1892）建的"基督医院"（民间称之为"马林医院"），民国 3 年（1914）改为金陵大学鼓楼医院，是南京地区最早的一所西医院。

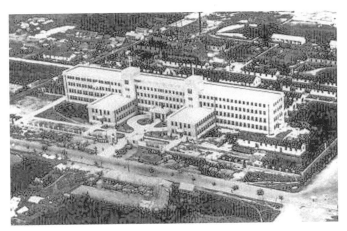

鸟瞰图

立面图（局部）

图 12-27　中央医院

资料来源：立面（局部）引自潘谷西 . 中国建筑史 . 中国建筑工业出版社，2004

2. 中央医院

中央医院（今南京军区总医院）由南洋华侨胡文虎资助，基泰工程司杨廷宝设计于民国 20 年（1931），民国 22 年（1933）建成。医院原为陆军模范医院旧址，主楼（图 12-27）在南侧，由中山东路出入；中部属卫生署（部）；北部为卫生实验院，附有护士学校、助产学校等。医院主楼退进中山东路 10 余米，辟为绿化地带，以阻隔城市噪声。主楼面南，楼高 4 层。最大容量约为 300 床位，建筑面积 7000 多平方米，北面预留扩建用地，原拟医院扩建后平面为井字形。

12.2.11　宗教建筑

12.2.11.1　圣保罗堂

圣公会曾于清宣统二年（1910）由季盟济会长在南京马府街赁屋开始传道。民国元年（1912），购置门帘桥即今太平南路一座旧屋。民国 2 年（1913），季盟济从美国一位圣公信徒那里募到一笔捐款，于是拆除旧房，按教堂形式设计，由金陵大学建筑工程师齐兆昌监造。民国 12 年（1923）教堂落成，正式命名为圣保罗堂。

民国 26 年（1937），日寇侵占南京，该堂被日本宪兵队占领，宗教活动被迫迁到丰富路神召会房屋内维持。抗日战争胜利后，清理堂址，重建大门，修葺房屋，种植花木，始复旧观。

12.2.11.2 毗卢寺

毗卢寺，在民国时期有很高的知名度，因坐落在民国政治文化中心——长江路的东端，成为当时全国佛教的中心。

毗卢寺始建于明嘉靖年间，因寺中供养毗卢遮那佛，名毗卢庵。清咸丰年间毁于兵火。清同治三年（1864）僧量宏在总督署前创一佛殿，重建毗卢庵，后迁至今汉府街。清光绪十年（1884），曾国荃任两江总督，招海峰至南京择地造寺，经与量宏商量，在原毗卢庵址建寺，将周边扩大，东至清溪河，西至大悲巷，北至太平桥，南至汉府街，成为南京第一大寺，方丈海峰。

民国元年（1912），方丈瑞生，传天台宗。同年，太虚在毗卢寺筹办中国佛教协进会，从事讲学和教务活动。民国 20 年（1931）4 月，中国佛教会会址由上海迁至毗卢寺，由太虚等主持会务。此外，中华佛学研究会、中国宗教联谊会、首都中医院皆设于此，其时民国要人多相往来。寺中万佛楼，供奉镏金铜佛三千尊，造型各异，叹为民国一景。万佛楼内藏有一套《乾隆大藏经》。清刻板乾隆大藏经，全套共 168 本，全世界仅有 40 套，弥足珍贵。

12.2.12 公园

民国时期除着力建设中山陵园外，还辟建、维修了一批新型公园。如第一公园（今公园路体育场）、玄武湖公园、莫愁湖公园、白鹭洲公园、鼓楼公园等。

12.2.12.1 中山陵园

民国 14 年（1925）3 月 12 日，伟大的革命先行者孙中山先生在北京病逝，灵柩暂停于北京西山碧云寺。4 月，国民党中央组成"总理葬事筹备委员会"，负责陵墓工程与奉安大典事宜。为遵循孙中山先生归葬南京钟山的遗愿，以钟山第二峰中茅山南坡为建陵地址。陵墓选定我国著名建筑师吕彦直（1894~1929）的设计方案，于民国 15 年（1926）1 月破土，3 月 12 日奠基。吕彦直积劳成疾，于民国 18 年（1929）病逝，后陵墓工程由刘梦锡工程师主持。民国 18 年（1929）6 月 1 日举行奉安大典。陵墓整个工程至民国 20 年（1931）年底告竣。（图 12-28）

孙中山先生葬事筹备处成立之初，曾设想将整个紫金山建为中山陵园，限于当时条件，未能实现。民国 16 年（1927）夏，葬事筹备处主任干事夏光宇再次提议将整个紫金山划入陵园范围。经陵园计划委员会勘测，决定陵园北以省有林地为界，东迄马群，西至明城墙，南沿钟汤路。周围的明孝陵、灵谷寺等景点均划入陵园范围。民国 17 年（1928）1 月，省立第一造林场紫金山林区划归葬事筹备委员会管理，改为中山陵园[1]。此后陆续规划建设了植物园、体育场以及一批纪念性建筑和配套设施，中山陵园成为著名的风景区。（图 12-29）

---

[1] 南京市档案局、中山陵园管理局．中山陵史迹图集．江苏古籍出版社，1996

图 12-28　中山陵
资料来源：中山陵园管理局

图 12-29　总理陵园地形全图
资料来源：中山陵园管理局

民国 18 年（1929）9 月 30 日国民政府决定撤销葬事筹备委员会，改设总理陵园管理委员会，民国 35 年（1946）7 月改为国父陵园管理委员会，均直属国民政府。

12.2.12.2　第一公园

第一公园最早名"韬园"，是由清人蔡和甫于清宣统元年（1909）在复成桥东岸沿明故宫护城河辟建，意为"韬光养晦"，也意为隐藏着一处幽雅的园林。北洋政府时期，江苏督军李纯（字秀山）在原韬园基础上重建公园，名"秀山公园"，并在公园旁建起了南京最早的体育场——江苏省立南京公共体育场。民国 16 年（1927）后，改为南京第一公园。当年秦淮游船从夫子庙出发后，向东驶过利涉桥、东关头、大中桥而进入护城河，第一公园是秦淮灯船终点。当时各色人等均来此泛舟，其中不乏仁人志士、文人墨客。民国 11 年（1922）著名作家朱自清就是沿此途与俞平伯泛舟后写下了著名散文《桨声灯影里的秦淮河》。这里还曾是我国第一座研究佛学的最高学府，民国 11 年（1922），佛学大师欧阳竟无在此举办中国佛学院——"支那内学院"（印度称中国为支那，佛教称佛学为内学）。

民国 25 年（1936）明故宫机场扩建时，第一公园成为机场的一部分。

12.2.12.3　玄武湖公园

民国 16 年（1927）8 月，玄武湖公园正式对游人开放。次年 8 月，改名五洲公园，五个洲分别以亚、欧、美、非、澳命名。10 月，国民革命军贺耀祖立"北伐光复南京阵亡将士纪念塔"于"非洲"。民国 19 年（1930）1 月，环湖马路建成，长 4032 米，宽 4.57 米。民国 21 年（1932）11 月，孙元良于玄武湖梅岭建"1·28 淞沪抗日阵亡将士纪念塔"。民国 23 年（1934）4 月，五洲公园改名玄武湖公园，并决定为五个洲重新命名；经过征求意见，反复酝酿，民国 24 年（1935）7 月，正式改五洲名为环洲、樱洲、梁洲、翠洲和菱洲。民国 26 年（1937）3 月，辛亥革命的重要组织者柏文蔚等为纪念西藏喇嘛诺那大师和加强汉藏民族友谊，于环洲东北侧建喇嘛庙、诺那塔，并勒碑纪念。同年 5 月，建水上飞机码头。民国 32 年（1943），侵华日军于园内练兵，肆意践踏，游人却步。

民国 17 年（1928）9 月，应玄武湖管理局主任常宗会增设动物园之请求，南京市政府从武进县引进猴子。于梁、翠二洲交界处湖边土阜隙地建动物苑。苑之规模极小，饲养动物仅有猴、鸳鸯、家兔。日军侵占南京时，动物苑被毁，汪伪时期于旧址重设，饲小禽、鸟鸽、家兔及两栖动物。抗日战争胜利后，梁洲建小规模动物园。民国 36 年（1947）7 月，成立南京市动植物园筹备委员会，计划征用太平门至和平门间民地 5.34 公顷建动物园，但未实现。

12.2.12.4　莫愁湖公园

民国 3 年（1914），巡按韩国钧拨官钱修葺楼台，并于湖西南隅拓地造景。民国 17 年（1928）12 月，南京特别市市政府公园管理处接管莫愁湖，辟为公园，并于民国 21 年（1932）重修景点。在日军侵占南京期间，湖床淤塞，树木凋零，建筑破损，所谓公园仅郁金堂、胜棋楼一隅而已，面积约 0.6 公顷。[①]

12.3　都市主要计划

南京近现代意义上的城市规划，是到了民国时期，因应近现代工业和交通的发展，进而引起城市的近代化而开展的。

民国 28 年（1939）6 月国民政府公布的《都市计划法》规定，都市计划均应拟定"主要计划"和"细部计划"。那时已处于抗日战争的非常时期，所以民国时期的城市规划名称及做法并不统一。

北洋政府时期，曾有过三次关于南京城市发展的规划设想：民国 8 年（1919）孙中山的《实业计划》的相关内容、民国 9 年（1920）的《南京北城区发展计划》和民国 15 年（1926）的《南京市政计划》。民国 16 年（1927），国民政府复定南京为首都后，至民国 37 年（1948），南京进行过一系列城市规划活动。主要有《首都大计划》、《首都计划》及《首都计划的调整计划》、《南京市都市计划大纲》等。这些规划大体相当于《都市计划法》中的"主要计划"。

12.3.1　《实业计划》的相关内容——《新建设计划》

《实业计划》是孙中山为发展中国实业而撰写的专著。原稿为英文，题为 *The International Development of China*（《国际共同发展中国》），约于民国 6 年（1917）2 月开始着手撰写。民国 8 年（1919）8 月 1 日孙中山在上海创办《建设》杂志，自创刊号起，连续发表《实业计划》中译稿。民国 9 年（1920）上海商务印书馆出版英文版，民国 10 年（1921）10 月上海民智书局出版中文版。后作为《建国方略之二：物质建设》，与《孙文学说》和《民权初步》一起编入《建国方略》。《建国方略》是全面构想改造中国的现代化蓝图。而在《实业计划》中，孙中山提出了他实现中国经济现代化的伟大计划，具有国土规划的性质。《实业计划》对南京给予特别的关注，认为："南京为中国古都，在北京之前，而其位置乃在一美善之地区。其地有高山，有深水，有平原，此三种天工，钟毓一处，在世界中之大都市诚难觅如此佳境也。……当夫长江流域东区富源得有正当开发之时，南京将来之发达，未可限量也。"

《实业计划》[②]分六大计划，三十三部。由于有关南京的内容是整个《实业计划》的一小部分，所以不可能是南京的全面规划，当然内容也就相当粗略，侧重点是整治长江航道，建设沿江商埠。这部分关于南京及浦口的内容，后来也

[①]　南京市地方志编纂委员会 . 南京园林志 · 第三章公园 · 第四节莫愁湖公园 . 方志出版社，1997
[②]　孙文 . 建国方略 · 之二 · 实业计划 . 中州古籍出版社 .1998

被称为《孙总理新建设计划》。

12.3.1.1 沿江城市带

《实业计划》预见到在长江沿江两岸可能形成两行相连的城市带。在其第二计划第三部"建设内河商埠"中提出镇江、南京、芜湖、安庆、鄱阳、武汉为6个内河商埠。认为长江"水路通衢两旁，定成为实业荟萃之点"，"将来沿江两岸，转瞬之间变为两行相连之市镇，东起海边、西达汉口者，非甚奇异之事也"。

12.3.1.2 关于长江航道

在其第二计划第二部"整治扬子江""丙·自江阴至芜湖"中认为"下关一边陆地，时时以河流过急，河底过深之故而崩陷。斯即显然为此部分河道太窄，不足以容长江洪流通过也。……必以下关全市为牺牲，而容河流直洗狮子山脚，然后此处河流有一英里之阔"。"南京、浦口间窄路下游之水道，应循其最短线路，沿幕府山脚，以至乌龙山脚。其绕过八卦洲后面之干流，应行填塞，俾水流直下无滞。""米子洲（即江心洲）上游支流，应行填塞，另割该洲外面一幅，使本流河幅足用。"

12.3.1.3 南京码头

主张将南京码头移至米子洲。第三部"建设内河商埠""乙·南京及浦口"中主张"南京码头当移至米子洲与南京外郭之间，而米子洲后面水道自应闭塞，如是则可以作成一泊船坞，以容航洋巨舶。此处比之下关，离南京市宅区域更近；而在此计划之泊船坞与南京城间旷地，又可以新设一工商业总汇之区，大于下关数倍。即在米子洲，当商业兴隆之后，亦能成为城市用地，且为商业总汇之区。此城市界内界外之土地，当照吾在乍浦计划港所述方法，以现在价格收为国有，以备南京将来之发展"。

12.3.1.4 建隧道连接南北

同在第三部"建设内河商埠""乙·南京及浦口"中认为"南京对岸之浦口，将来为大计划中长江以北一切铁路之大终点。在山西、河南煤铁最富之地，以此地为与长江下游地区交通之最近商埠，即其与海交通亦然。故浦口不能不为长江与北省间铁路载货之大中心，……且彼横贯大陆直达海滨之干线，不论其以上海为终点，抑以我计划港为终点，总须经浦口。所以当建市之时，同时在长江之下穿一隧道以铁路联结此双联之市，决非躁急之计。如此，则上海、北京间直通之车，立可见矣"。

12.3.1.5 关于浦口

同在第三部"建设内河商埠""乙·南京及浦口"中计划"现在浦口上下游之河岸，应以石建或用士敏土坚结，成为河堤，每边各数英里。河堤之内应划分为新式街道，以备种种目的建筑所需。江之北一岸陆地，应由国家收用，一如前法，以为此国际发展计划中公共之用"。

12.3.2 《南京北城区发展计划》

下关是个古老的港埠，第二次鸦片战争后，南京开辟为通商口岸，开放下关为中外通商的商埠。开埠通商和沪宁铁路的建成通车，促进了南京下关逐渐成为近代化港口地区。

民国9年（1920），为适应下关地区的发展趋势，下关商埠局制定了《南京北城区发展计划》。这是南京第一部近代意义上的城市规划。《南京北城区发展计划》主要是加强下关与城区的联系，以加快开发建设包括下关地区在内的北城区。内容分为"区域分配计划"和"干路计划"两部分。（图12-30）

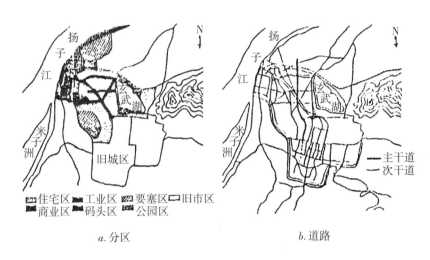

图 12-30 南京北城区发展计划
资料来源：孟建民．城市中间结构形态理论研究与应用．东南大学研究生论文

12.3.2.1 区域分配计划

"区域分配计划"对城市用地按功能大体划分为8个区：住宅区、商业区、工业区、码头区、铁路站场、公园公墓区、要塞区和混合区。这些功能分区是在已经存在的基础上作适当调整；只有少量是新划的，如玄武湖畔的住宅区，公墓与公园区，沿江的码头与工业区。

12.3.2.2 干路计划

"干路计划"把道路按宽度分为5个等级：120尺、100尺、60尺、45尺。主干道两条：一条为南北向作为北城区的主干，一条为滨江大道。

12.3.3 《南京市政计划》

民国14年（1925）春，鉴于民国虽已建立，却未在南京设立现代市政体制，南京各界代表协商市政建设，决定组建"南京市政筹备处"，负责制订南京城市发展计划。民国15年（1926），由筹备处陶保晋主笔拟成《南京市政计划》。

《南京市政计划》设想通过旧城改造，以改善城区内外的联系和环境，是一次考虑了城市整体关系的规划工作，其内容包括市区计划、交通计划、工业计划、商业计划、公园计划、名胜开发计划、住宅计划、教育计划、慈善公益计划、财政计划等十个方面。此外，《南京市政计划》还对计划实施的手段和程序也作了必要的考虑，对投资来源、人力、物力作了安排。《南京市政计划》承接了《南京北城区发展计划》的有关内容。（图12-31）

12.3.3.1 交通计划

交通计划是《南京市政计划》的主要内容。有6个子项：规划干路以利交通；修神策路以通车站；兴办环城电车；疏浚秦淮河道；开辟城门以利交通；填筑下关江岸以兴商业。这些规划保持了《南京北城区发展计划》"干路计划"中的道路结构，计划新增或修整道路28条，而对城南旧区的道路没有做出调整的计划。道路宽度与《南京北城区发展计划》"干路计划"一样分为5个等级。

12.3.3.2 工业计划

计划认为"工业之盛衰全视水陆交通便利与否以为断"。下关自老江口以下至观音门沿江一带，江岸水深，滩地广阔，既可停泊大轮，又可衔接沪宁、津浦两条铁路，可选为建厂最佳位置。计划在东西炮台地方设大型电厂。

12.3.3.3 公园计划、名胜开发计划

计划在全市兴建五大公园和五大名胜。五大公园是：东城公园——利用明故宫古迹适加修葺促成；南城公园——利用贡院及夫子庙一带加以点缀布置；西城公园——利用清凉山、虎踞关、随园、古林寺一带山水风景；北城公园——利用鼓楼公园扩展至钟楼、北极阁、台城一带；下关公园——利用静海寺外三宿岩风景。五大名胜为：秦淮河、莫愁湖、雨花台、玄武湖与三台洞。

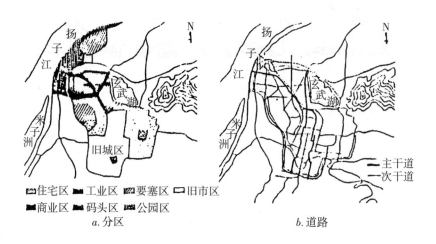

图 12-31　南京市政计划

资料来源：孟建民．城市中间结构形态理论研究与应用．东南大学研究生论文

12.3.3.4 住宅计划

为使下关住民移居城内，拟定海陵门、三牌楼、双门楼至丰润门一带辟为住宅区；而"城内住宅则已积习相沿，不易改进"，拟以明皇城区为新住宅区，并要求"一律规定图式，分配地段，辟路种树，合资建筑，以为住宅之模范"。

12.3.4 《首都大计划》

国民政府复定都南京后，民国 17 年（1928）初，南京市工务局开始编制都市计划，三易其稿，于同年 10 月公布，由当时的市长何民魂定名为《首都大计划》。这是国民政府时期南京编制并有所实施的第一部都市计划，对南京近现代城市格局特别是路网骨架的形成起着重要作用，对其后南京的都市计划有着深刻的影响。（图 12-32）

12.3.4.1 规划目标和指导思想

市长何民魂提出计划的目标是："要把南京建设成'农村化'、'艺术化'、'科学化'的新型城市。"体现出规划的指导思想是"农村化"、"艺术化"和"科学化"。

"农村化"，意即"田园化"。认为"最近各国都市主张田园化运动。所谓田园化就是都市要农村化。因向来以工商业为生命，现代大城市居民的生活往往过于反自然，过于不健全，所以主张都市田园化于城市设施时，注意供给清新自然之环境。此不但东方学者有此主张，即欧美学者亦力倡其说。"（何民魂：《第六次总理纪念周之报告》）

"艺术化"指"东方艺术化"，也就是"民族化"的意思。提出"南京市的建设，不要单是欧化，而把东方原有的艺术失掉。因为东方文化历史悠久，不必模仿

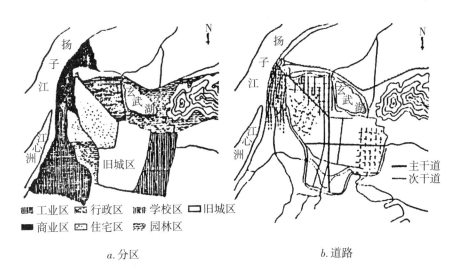

a. 分区　　　　　　　　　　　　*b.* 道路

图 12-32　首都大计划

资料来源：孟建民. 城市中间结构形态理论研究与应用. 东南大学研究生论文

人家。""不要按照巴黎或伦敦资产阶级化的都会式样，依样仿造。"

"科学化"意指应吸取欧美国家都市规划建设方面的先进经验，考虑社会发展的新趋势和新需求。如工业的发展导致城市分区的显化；汽车时代的到来对道路提出的新要求等等。

12.3.4.2 初稿

《首都大计划》初稿完成于民国17年（1928）2月。其内容包括分区与道路两部分。

1. 分区

共分了七个分区：旧城、行政、住宅、商业、工业、学校和园林。

行政区被划定在城内东北、玄武湖西岸，因为该处"地势平坦，处境幽静"；位于城北干道一侧，交通便达；而且地旷人稀，可节省投资，易于开发。工务局对行政区做了详细规划，甚至对建筑的内容和形式都进行了具体设计。住宅区有3处：一为旧城；二"自狮子山至五台山于行政、商业区中间地方"，以为近期开发之地段；三"东方临江群山之处"，作为远期规划地段。工、商业区则"本总理遗教"而布置，对下关工、商业区也有详细规划。学校区设于城东明故宫旧址，认为"风景优美，市嚣不侵"，与学校区的特点十分相宜。

2. 道路系统

在道路系统上，首次拟定了中山大道。初稿设定的中山大道由鼓楼直抵仪凤门。其他干道南北向有：鼓楼至聚宝门；鼓楼经成贤街花牌楼至益仁巷；鼓楼经干河沿直至秦淮河。东西向有：汉西门经大行宫至朝阳门；汉西门经中正街至大中桥；水西门经奇望街至通济门。道路宽度分为50米、40米、30米和24米四个等级。

12.3.4.3 二稿

民国17年（1928）夏，对初稿进行了修订。

分区方面，划江浦及下关为商业区；以浦口下游及八卦洲为工业区；行政区位置不变；教育区（学校区）位置改在鼓楼至北极阁一带；清凉山地区为住宅区。

道路方面，中山大道调整为由鼓楼经海陵门至中山码头，实施的迎榇大道即以此为依据。另外又规划了正南北向的子午路。这一路网结构奠定了民国南京道路系统的基本格局，也是后来《首都计划》中道路系统的主要骨架。

12.3.4.4 三稿

二稿之后两个月，又对《首都大计划》的分区部分作了较大调整，从而形成了《首都大计划》三稿。民国17年（1928）10月3日，《首都大计划》第三稿由国民政府第96次国务会议修正通过。

调整的内容主要有：行政区改在明故宫旧址。学校区则毗邻行政区北端，沿太平门向西北至丰润门。商业区分两处，一处在中正街以北，鼓楼以南，东及东南与学校、行政区相接，西迄朝天宫；一处为下关商埠和三牌楼一带。住宅区自神策门至朝天宫，西迄水西门、草场门一线城墙根，东北与商业区毗邻。

12.3.5 《首都计划》

　　《首都大计划》很快被《首都计划》所取代。民国 17 年（1928）12 月，国民政府设国都设计技术专员办事处（处长林逸民），以美国建筑师亨利·茂菲（Henry Killam Murphy，1877~1954）和工程师古力治（Ernest P.Goodrich）为顾问，清华留美归国学生吕彦直（1894~1929）为茂菲助手，主持编制《首都计划》[①]。《首都计划》完成于民国 18 年（1929）12 月。吕彦直是《首都计划》的主要参与者，虽然不久便积劳成疾，因病去世。（图 12-33）

图 12-33　吕彦直规划首都都市两区图案
资料来源：叶兆言著文 . 老南京 · 旧影秦淮 . 江苏美术出版社，1998

[①]　国都设计技术专员办事处 . 首都计划，1929

民国 18 年（1929）1 月成立首都建设委员会，由孙科负责。孙科在其《首都计划》"序"中明确指出，所以"特聘美人茂菲、古力治两君为顾问，使主其事"，是因为"其所计划，固能本诸欧美科学之原则，而于吾国美术之优点，亦多所保存焉"，这反映了《首都计划》以"欧美科学之原则"与"吾国美术之优点"相结合的指导思想。

《首都计划》内容共 28 项，主要包括人口预测、都市界定、功能分区、建筑形式、道路系统、公园及林荫大道、对外交通、市政设施、公用事业、住宅、学校、工业、规划管理及实施程序、资金筹措等；另有附图 59 幅。

12.3.5.1 年限及人口规模

"凡城市设计之效力，其所及之时期，必有一定之限度。此次国都之设计，约以百年为标准。"

南京民国 17 年（1928）的人口为 49.75 万人，经过种种推算，认为"南京百年内之人口，以二百万人为数量，当不致有若何差误。"人口分布根据分区条例人口密度之限制，并挖除一切保留之空地，城内应住 72.4 万人，其余 127.6 万人悉在城外居住。

12.3.5.2 界线

规划的"国都界线"，南起牛首山，西跨长江至顶山，北至八卦洲以北的常家营，东达青龙山，于图内详细标明转折点 36 处（图 12-34）。界线全长 117.2 公里，界线内面积 855 平方公里。其中包括浦口约 200 平方公里，紫金山陵园约 31 平方公里，长江、夹江水面约 90 平方公里。界线拟定的理由为：其一，利用天然界线；其二，易于防守，"军事上所认为重要地点者，均须划入界内"；其三，预备将来发展，"以为此次设计，非预留可容二百万居民之面积，无以收百年内一劳永逸之大效"，"并须广留地段，以备种植，使市民得有新鲜蔬果之享用"；其四，地域整齐适度，认为"在可能范围以内，地形愈圆愈妙"，"界内地面，实去圆形不远"，而"以鼓楼为中点"；其五，避免将来纠纷，通航水道两岸，务须划入同一行政机关统辖，以免将来建设引起法律上、经济上种种纠纷；其六，为便利市民游览，首都附近之名胜悉数划入界内。

12.3.5.3 城市功能分区

关于功能分区，《首都计划》并无专章综述，而是"散见于各报告之中"，在有关章节中分别叙述。在"市郊公路计划"一章中则"约举其要"，作了概略的说明：除下关一带及紫金山陵园、五洲公园外，紫金山南麓为中央政治区及上等住宅区，政治区东南为营房及军用飞机场，还有郊外住宅区等；江东门南部沙洲一带有飞机总站，其北有工业区及工人住宅区，由下关和记洋行至三汊河口为码头；浦口江岸为水陆交通中点，附近为笨重工业区，还有住宅区等；莫愁湖、雨花台、大头山为公园，幕府、紫金两山之间有住宅区；八卦洲一带倘有需要，适用笨重工业。（图 12-35）

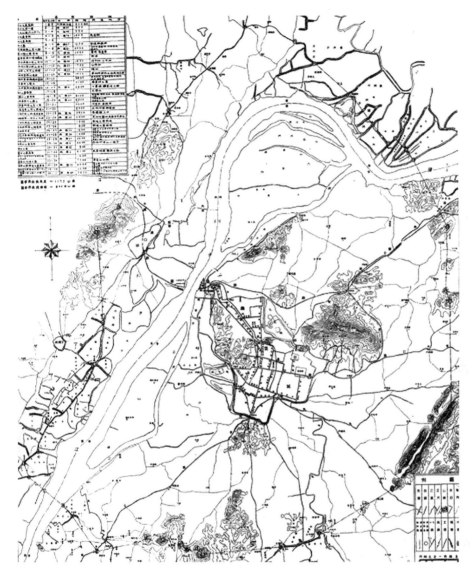

图 12-34　国都界线图

资料来源：国都设计技术专员办事处 . 首都计划 .1929

1. 中央政治区

　　中央政治区地点选择有三：紫金山南麓、明故宫和紫竹林。综合"正负各面理由，中央政治区地点，终以紫金山南麓为最适当"。划定该区面积为 77580公亩（775.8 公顷）[①]。认为较华盛顿中央政治区 65000 公亩（650 公顷）更为充足。（图 12-36a、图 12-36b）

　　吕彦直主张设"中央政府区"于明故宫旧址，他在《规划首都都市区图案

[①]　首都计划中面积单位不一，本书按下列数据换算：1 公顷 =100 公亩 =15 亩 = 2.471049 英亩。

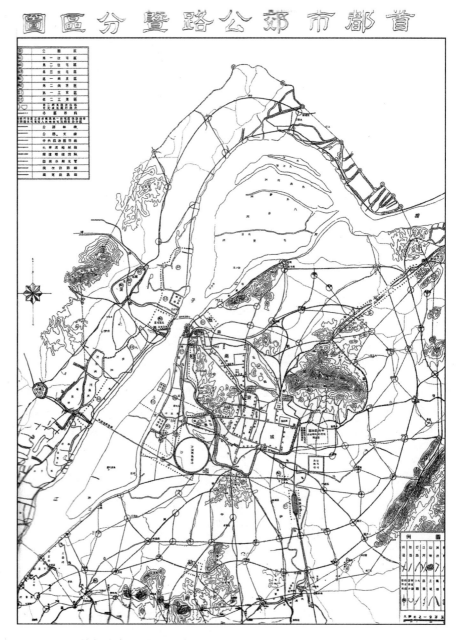

图 12-35　首都市郊公路暨分区图
资料来源：国都设计技术专员办事处．首都计划．1929

大纲草案》中建议，拆除南京东、南两面城垣"以扩成为最新之市区"，"照本计划之所拟，将来南京都市全部造成之时，此处适居于中正之位"。（图 12-33）

2. 市行政区

市行政区按 200 万人口，约需 4 万职员，825 亩（55 公顷）面积。"大钟亭、五台山两处，实为市行政区最好之地点"。大钟亭划定面积为 646.5 亩（43.1 公

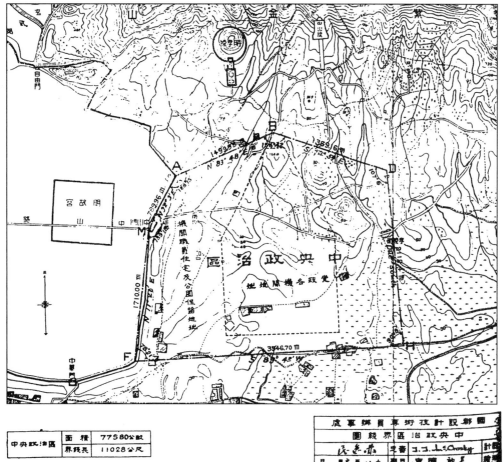

图 12-36a　中央政治区界线图
资料来源：国都设计技术专员办事处. 首都计划 .1929

顷）；五台山划定面积 955.5 亩（63.7 公顷），两处除建设市政府及各局等机关以外，并留有公共运动场、公园及会堂等用地。

3. 工业区

工业区一个在江南下关及其以南由夹江至城墙一带，为第一工业区，以发展不含毒、危险小的工业为主；第二工业区在浦口，作为重工业和"有毒质或危险性质之工厂"的用地。

4. 住宅区

住宅区主要为建"公营之住宅"，其中供给"入息低微之工人"和"因拆屋而无家可归之居民"住用者在旧城"城南、城西、城中人烟稠密诸区"；供给

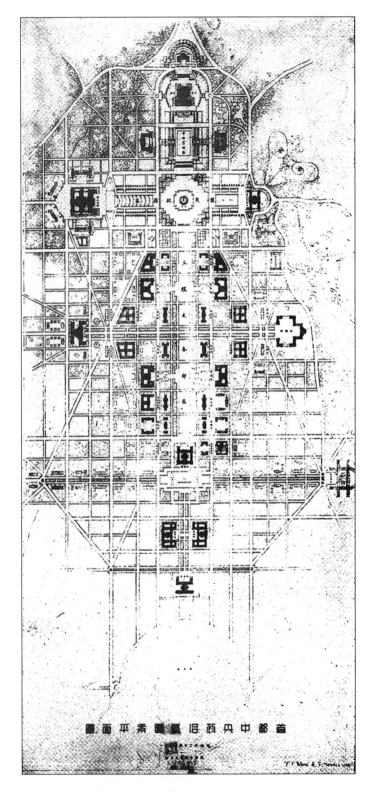

图 12-36b　首都中央政治区平面图
资料来源：国都设计技术专员办事处 . 首都计划 .1929

"政府职工"住用者在玄武湖东北及"中央政治区"东西南三面;工厂工人之住宅,应择下关及三汊河南部工厂区附近。对于高收入者在城北设有高级别墅区。

5. 商业区

商业区在明故宫附近,以引导全城向东发展。同时,计划火车总站位于明故宫以北,总站以南成为商业区是最佳选择。

6. 文化教育区

文化教育区在鼓楼、五台山一带。"五台山内,有一天然之郊外椭圆形运动场。所有公共运动场、公共会所、图书馆、博物院及各种文化机关,皆可建筑其处"。(图 12-37)

规划认为"学校扩增之要求甚烈","凡属现在人烟稠密之区,及将来渐渐发展之住宅区域,皆需将现有之学校从事扩大,或另行寻觅校址"。规划要求小学"学童距离校舍,不能超过一英里";中学"至其距离学生往来之程限,可定为一英里至一英里半"。

关于大学,认为欲将中央大学、金陵大学、金陵女子大学三校划成一教育区,"殊有所难",而这些大学校园四周有足够发展之土地。

12.3.5.4　建筑形式的选择

首先认为,新建筑"要以采用中国固有之形式为最宜。而公署及公共建筑物,尤当尽量采用"。

同时也指出,"所谓采用中国款式,并非尽将旧法一概移用,应采用其中最优之点,而一一加以改良,外国建筑物之优点,亦应多所参入,大抵以中国式为主,而以外国式副之,中国式多用于外部,外国式多用于内部,斯为至当。"

认为"南京地方辽阔,空地尚多,故关于房屋之高度,应有适宜之限制"。

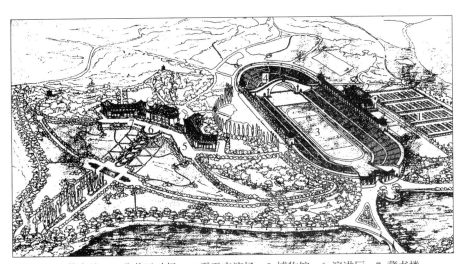

1. 球场;2. 体育馆;3. 公共运动场;4. 露天表演场;5. 博物馆;6. 演讲厅;7. 藏书楼

图 12-37　五台山一带文化区鸟瞰图
资料来源:国都设计技术专员办事处.首都计划.1929

希望避免"纽约市高大建筑物不良诸点，如障蔽日光之照射，如妨碍空气之流转，如火患时危险之增加"。

建筑物"性质不同，其建筑法亦自不一律"。"商店之建筑，因需用上之必要，不妨采用外国形式，惟其外部仍须具有中国之点缀。""住宅方面，中国之建筑最为幽静，盖其室中辟有庭院，与街外远向距离，此其最佳之点，故应保留。中国花园之布置亦复适宜，自应采用。惟关于此项建筑之款式，无须择取宫殿之形状，只于现有优良住宅式样，再加改良可耳。"

12.3.5.5　道路系统

鼓楼以下到南部城墙一带，屋宇鳞次，道路纵横密布，其状如网，规划道路"因其固有，加以改良"；新发展区城东及东北二部，地多空旷，街道系统，悉重新规划，基本上以方格网加对角线为主。同时，规划也指出，"对角线之干路，有时……不可不设，惟设之过多，不独交通上之管理极感困难，且令多数地面成为不适用之形状"。

道路系统分干道、次要道路、环城大道、林荫大道和内街5项（图12-38a、图12-38b）。

中山路（今中山北路、中山路、中山东路）、子午路（今中央路）等为干道。"最近完成之中山马路，由下关直达总理陵墓，连贯下关、鼓楼、新街口、明故宫，及所拟定之中央政治区等之重要地点，且与市内各路之连接，亦易于设计。观于现筑之子午线，即可知其情形，故实为一绝好之主要干路"。新街口为环形广场。干道间距认为"以四百公尺为适度"，其标准宽度为28米，其中两旁人行道各5米，中间车行道18米。

次要道路是指各区域内互相贯通的道路，其中零售商业区道路宽22米（两旁人行道各5米，中间车行道12米）；新住宅区道路宽18米；旧住宅区道路宽12米。

计划利用城墙作为环城大道，"近代战具日精，城垣已失防御之作用，得用之以为环城大道，实最适宜。……该城垣由海陵门南行，经南门东至通济门一部，城面宽度，几尽可筑为行使两行汽车之道路，……所有狭窄城面，将来均须加筑泥土，增其阔度，俾城垣全部皆可行驶两行汽车。"城墙外侧也筑为环城马路，供货车行驶；内侧则筑为林荫大道。

林荫大道主要有两条，除上述城墙内侧的林荫大道（宽至少22米）外，还有一条为沿内秦淮河而筑，主张"拆除背河而筑之房屋，……拆卸房屋而后，两岸辟为林荫大道"。宽14~17米，一旁筑5米行人路，沿河辟小径，以资游览。（图12-39）

内街宽度为6米。一种作为单行线，一边停车，一边通行汽车；另一种，包括"原有道路之不放宽者"，汽车不得行驶，为人力车及步行道路。

12.3.5.6　对外交通

1. 市郊公路

"南京城外，可通汽车之道路甚少，其中较为重要者约有九线。"而京杭（中

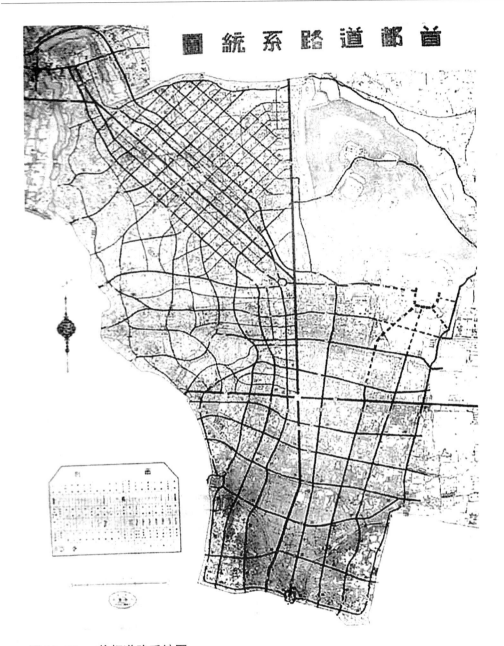

图 12-38a　首都道路系统图
资料来源：国都设计技术专员办事处 . 首都计划 .1929

山门至汤山）、京镇（太平门至尧化门）二路，当时正在建筑之中，"上举各路，除新近筑成者外，类皆不便行车，即可行车，亦多系勉强使用，故非加以改造，不能成为完全之公路。"

市郊公路之"主要干路，纵横贯串，一方利于境内之交通，一方利于境外之联络。路线之形式，大都由中心向外放射，而以横路环绕而联络之，状如蛛网"。两路之距离，通以 1000~3000 米为限。"所有境内农村，各有一直达城内

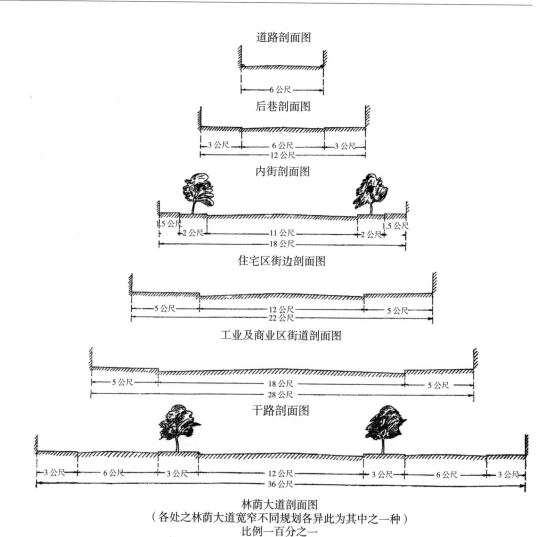

图 12-38b　道路剖面图
资料来源：国都设计技术专员办事处. 首都计划.1929

之捷径"。（图 12-35）

2. 水道

《计划》对外秦淮河、内秦淮河提出不同的改良办法。内秦淮河以恢复往昔游乐景观及排水为目的，两岸拆屋后辟为林荫道，增设抽水机以控制水位。外秦淮河以解决全年通航，保持河水深度、宽度为目的，需设闸蓄水，或浚深河床。"河与城墙间之空地，……宜建筑货栈，……河之他岸……以其大部分而论，最适为各种工业之用。"

3. 铁路

"考之行车经验，客站宜与货站分离。"铁路总客站设在明故宫北由太平门至中山门铁路线的转弯处。下关车站与南京现在及将来之人口中心点距离太远，

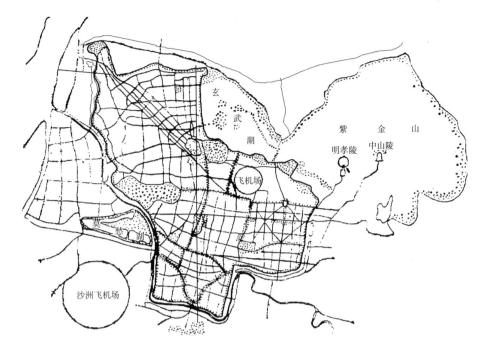

图 12-39　南京林荫大道系统图
资料来源：据国都设计技术专员办事处，《首都计划》第三十五图编绘。

不适用为客站，留作货站。

沪宁线"拟自尧化门站起，向西北另筑一线，经卖糕桥而至神策门站（神策门现已改称和平门），与旧线相联络……"。再由卖糕桥筑一南下之线，通过太平门站进太平门，而直达总客站。再东经中山门之北，沿护城河至大校场附近。拆去太平门站至神策门站之一截旧路线。

火车过长江拟用渡船，认为"长江江面……殊不适于架桥"，"至于建筑隧道，……需款颇巨，苟非至可能时期"。

4. 港口

《计划》认为"南京将成为世界上之一大港，殆无疑义。""宜以下关为主要之港口，而以浦口辅之，并以浦口专为输运特种货物之用。"

5. 飞机场

原有明故宫西南之飞机场，不敷将来商业飞机航行之用。《计划》拟定飞机场站地点有四：中央政治区南的红花圩、夹江东岸水西门西近上新河之皇木场、浦口之临江地段以及小营中央军校陆军操场。

"上列各飞机场，如能悉数建筑，其裨益于首都航空事业，实非浅鲜也。""顾考诸最近世界大城市，除飞机场而外，莫不设有飞机总站"，"以南京形势而论，飞机总站似以水西门外西南隅之地段为宜"。

12.3.5.7　公园及林荫大道

已有公园较大者有中山陵园、玄武湖公园、第一公园，较小者有鼓楼公园、秦淮公园。《计划》认为"现有之公园，似尚未能敷用，宜择地增筑，并辟林荫大道，以资联络，使各公园虽分布于各处，实无异合为一大公园，以便游客之赏玩。"

新增之公园如雨花台、莫愁湖、清凉山等处古迹所存宜即辟为公园。朝天宫建筑精巧，宜辟为公众游戏之所。新街口地处城之中心，宜筑为公园，以应附近居民之需要。下关将成为一繁盛之商港，宜于扬子江岸辟地以为游憩。浦口之西北部，大头山与大顶山东拟辟一郊外公园。五台山、鼓楼、北极阁及其以西之地，宜保留为公众游憩之地。

各公园之间宜筑有林荫大道，平均宽度约为 100 米。此种大道之性质与园无异。林荫大道多在内秦淮河两岸。最有特色的即在城内之墙脚下筑道环绕一周以及利用城垣作为高架观光游乐大道。（图 12-39）

按《计划》，南京城内公园及林荫大道约 6.475 平方公里（1600 英亩），占总面积的 14.4%；按城内居民 72.4 万人计，453 人占有公园 1 英亩（人均约 8.94 平方米）。而"大南京（即整个南京范围）每一百三十七人，即占公园一英亩，此数实城市设计家所认为最适宜者也。"（公园总面积 91976.9 亩，合 61.3179 平方公里，按 200 万人计，约合人均 30.66 平方米。）

12.3.5.8　市政设施

1. 自来水

当时南京尚无自来水。《计划》认为长江是最良水源，最宜于取水地点在江心洲距洲北端约 300 米处。在比较了水塘、水塔两种蓄水方法后，计划在紫金山北崖筑一天然蓄水池。用水量估计在十余年内约为 57 升/（人·日），按人口 100 万计，则每日用水量约为 5.7 万吨。

2. 电力

当时已有下关电厂，但《计划》认为"电厂之设，与其位于下关，宁位于江心洲北端或夹江东岸，彰彰明甚"。而"江心洲北端与夹江东岸相较，后者尤胜于前"。

3. 排水系统

《计划》主张雨污分流。城内分北部和南部，分别在下关和记洋行南部和西南城角西南小河东岸设污水处置所。

4. 公共交通

比较各种交通工具，认为"地底电车（地铁）……就南京现况而论，事实上殆无设置之可能"。而电车、无轨电车、公共汽车三者，"应以公共汽车为宜"。"居民距离可通车辆之路线，不能超过四分之三公里"。

12.3.5.9　浦口计划

《计划》设专章论述"浦口计划"，认为浦口除作为津浦铁路的终点外，"实为一极好之工业地点"，"辟为重大而含有滋扰性质之工业区，以辅助南京之发展"。估计人口将由当时的 2 万余人发展到 17.5 万人。

考虑运输之改良，"应分期建筑与堤岸平行之码头达至九公里长为度"。其中沿长江为两公里，其余七公里分筑于两条运河岸旁。一条由津浦铁路车场东北直达长江；一条为已有的长江直通浦镇。

铁路客站拟改为货站，新客站拟建于旧客站之西北，元庆里一带。

12.3.5.10　实施之法规和条例

《计划》拟定了《城市设计及分区授权法草案》和《首都分区条例草案》，以保障《计划》之实施。

1.《城市设计及分区授权法草案》

《城市设计及分区授权法》是中央政府对于市政府进行设计之授权法。"凡关于详细市政计划之拟订，土地分段之管理，收用土地之程序，市内分区条例之通过，市政府皆应根据授权法而订立。规定此授权法之意义，在使全国城市之市政条例，其形式于范围，皆有整齐划一之现象。"授权法草案"大抵参照美国授权标准法而订"。草案共 42 条。

授权法草案规定"各市应组织一设计委员会，委员由市长委任，但须经市立法机关之同意"。委员五人，互选一人为主席。设计委员会负责"设定全市计划及制定本市地图"，"拟定分区章程及分区地图，并规定取缔建筑物之高度、层数、面积、外观、应留空地及人口密度等条例，呈请市立法机关审核"。

2.《首都分区条例草案》

《计划》在拟订《首都分区条例草案》时指出，"划分区域，乃城市设计之先着，盖种种设计，多待分区而后定"。"分区之作用，在使全市土地之利用得宜，人口之分配得当，并使应留之交通及空地，各从一定之限制，俾市民公共之卫生藉以保持，其关系于城市者至大。故新都市之规划，莫不采用分区之制度。"

分区条例草案将首都之地划分为 8 种分区：公园、第一住宅区、第二住宅区、第三住宅区、第一商业区、第二商业区、第一工业区、第二工业区。（图 12-40）

分区条例详细规定了每一种分区内，"所有新建或改造之屋宇或地方"，除作所列之"一种或数种使用外，不得作别种使用"。

分区条例草案共 19 条。

12.3.5.11　实施之程序

《计划》还提出"实施之程序"，列举了往后 6 年（民国 19 年至民国 24 年）的工作计划，并估计了 6 年内所需之建设费及其筹集的途径。

12.3.6　《首都计划的调整计划》

《首都计划》制定后，蒋介石于民国 19 年（1930）1 月 17 日，亲笔批示："行政区域决定在明故宫"。国民政府立即向首都建设委员会发布训令："行政区域决定在明故宫"。

为此，南京市工务局进行了《首都计划的调整计划》。主要内容有：将中央政治区定于明故宫地区；增加了军事区和机动用地；子午路直通城北；中山

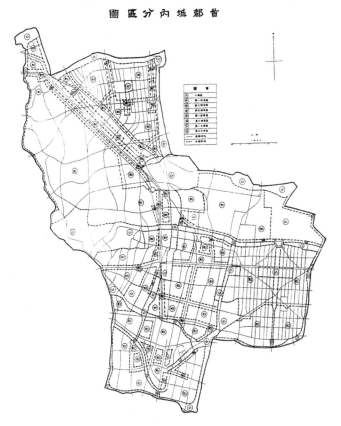

图 12–40 首都城内分区图
资料来源：国都设计技术专员办事处．首都计划．1929

北路两侧路网调整为规整的方格网。此外，对《首都计划》作了进一步的深化，对分区、路网、供电、供水等，都作了具体的安排。

12.3.7 《南京市都市计划大纲》

民国 36 年（1947）2 月，根据"南京市都市计划委员会组织章程"成立南京市都市计划委员会。同年制定了《南京市都市计划大纲》，先明确纲目，待以后详细补充计划的细枝末节。

《都市计划大纲》内容包括：范围、国防、政治、交通、文化、经济、人口、土地等八个方面。

计划大纲以民国 22 年（1933）核定的南京市辖区和民国 25 年（1936）并入的汤山区为规划范围。大纲要求"先明确纲目，待以后详细补充计划的细枝末节"，"规划不定年限，方案可以'随时修正，以资适应'，保持规划的永久性"。

国防方面，大纲确定两条原则：都市计划适应城市空防、陆防、江防；国防建设不妨碍都市发展与市民安全等。

大纲确定首都作为全国政治中心，必须划定政治行政区域。

大纲在交通方面作了较为详尽的叙述，包括市内交通和对外交通，民用交通和军事交通，铁路、公路、水路交通和空中交通。

文化方面，大纲要求划定文化区域，以兴办学校、发展文化教育事业，还特别提出保存历代文物古迹。

大纲重新确定工业区、商业区位置，研究了工商业发展的规模、程度及对环境的影响。

人口方面，大纲提出预测城市人口增加之趋势，研究城市人口密度之限制，由此预测将来居民之需要。

大纲肯定分区制规划方法，认为仍有研究土地重划之必要。

总体上说，《南京市都市计划大纲》只是一份纲要，还不是完整的城市规划，当然也谈不上实施，但仍是南京在民国时期的一份重要的规划文件。

12.3.8　江宁县城规划

民国 2 年（1913）复置江宁县。民国 23 年（1934）称江宁自治实验县，设县治于东山镇。同年进行江宁县规划，将镇区划为行政、园林、商业、教育、河港和住宅等区。这是南京最早的一个县镇规划。（图 12-41）

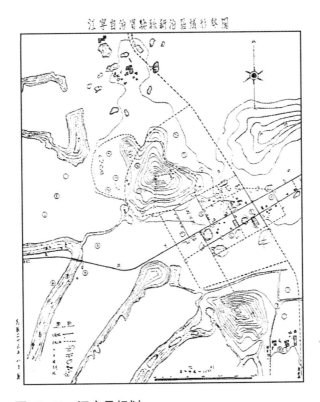

图 12-41　江宁县规划

12.4 细部计划

民国时期的南京很多重要建设项目不仅有工程设计，也有规划，可以视为《都市计划法》所规定的"细部计划"或城市设计。

12.4.1 中山陵及中山陵园的规划设计[①]

12.4.1.1 中山陵

1. 选址

孙中山先生在民国元年（1912）4月1日辞去临时大总统后，一次与胡汉民、徐绍桢等在钟山打猎时，曾笑称："待我他日辞世后，愿向国民乞此一抔土，以安置躯壳尔。"民国14年（1925）3月，孙中山在临终前再次叮嘱："吾死之后，可葬于南京紫金山麓，因南京为临时政府成立之地，所以不可忘辛亥革命也。"[②]

民国14年（1925）3月12日，孙中山先生在北京病逝。为遵循孙中山先生归葬南京紫金山的遗愿，治丧处即派林森到南京初勘。4月，国民党中央推定林森、宋子文等12人组成"总理葬事筹备委员会"，孙科为家属代表，负责陵墓工程与奉安大典事宜。随后在上海成立了葬事筹备处。宋庆龄、孙科及葬事筹备委员会代表多次到紫金山实地踏勘。宋庆龄表示墓址不宜选在山顶，而应建在南坡平阳处。最后葬事筹备委员会选定紫金山中茅山南坡为建陵地址。

2. 方案的征集与评判

（1）建筑

民国14年（1925）5月15日，葬事筹备委员会公布了由负责工程的常务委员宋子文的建筑顾问赫门起草的《孙中山先生陵墓建筑悬奖征求图案条例》，向海内外广泛征集设计方案。原定征求图案于8月31日截止，后因海外应征者要求而延期至9月15日。应征者除建筑师外，美术家也可仅交表现其观念之绘画而不附建筑详图。"一切应征图案须注明应征者之暗号，另以信封藏应征者之姓名、通讯址与暗号"。方案的"评判委员会以葬事筹备委员及家属代表为当然委员"，另由筹备委员会聘请中国画家王一亭、南洋大学校长凌鸿勋、德国建筑师朴士中、雕刻家李金发等4名专家为评判顾问。至9月15日共收到中外建筑师应征的方案40余个，均陈列于上海大洲公司三楼。9月16日至20日为评判时期，宋庆龄、孙科等家属及葬事筹备委员亲临评阅，并由评判顾问写出评判意见书。9月20日对方案进行评判，宋庆龄、孙科等出席。共10个方案获奖。我国著名建筑师吕彦直获首奖（图12-42a~图12-42e），范文照获二奖（图12-43a），杨锡宗获三奖（图12-43b）；7个方案获名誉奖。王一亭评判意见书中认为吕彦直

---

① 南京市档案局，中山陵园管理局 . 中山陵史迹图集 . 江苏古籍出版社，1996；孙中山先生葬事筹备处 . 孙中山先生葬事筹备及陵墓图案征求经过，民国14年

② 孙中山全集·第十一卷 . 中华书局，1986

的方案"形势及气概极似中山先生之气魄及精神",凌鸿勋也认为吕彦直的方案
"简朴浑厚,最适合于陵墓之性质及地势之情形,且全部平面作钟形,尤有木铎
警世之想"。会后,公开展览了 5 天。9 月 27 日,家属及葬事筹备委员联席会议
决定采用首奖方案,并"决定得首奖之吕彦直君为建筑师"。

图 12–42a　中山陵方案鸟瞰
资料来源:南京市档案局,中山陵园管理局.中山陵史迹图集.江苏古籍出版社,1996

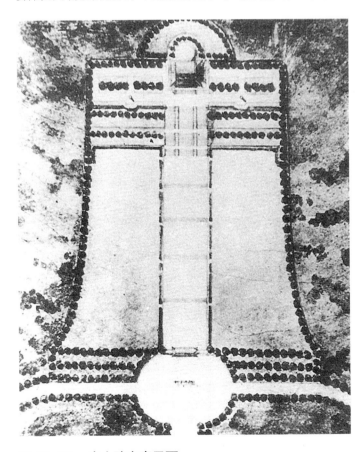

图 12–42b　中山陵方案平面
资料来源:南京市档案局,中山陵园管理局.中山陵史迹图集.江苏古籍出版社,1996

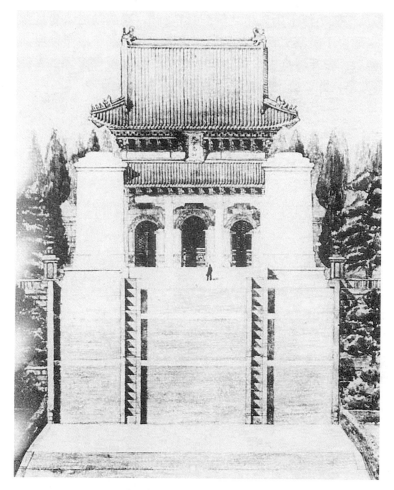

图 12-42c 中山陵方案立面

资料来源：南京市档案局，中山陵园管理局. 中山陵史迹图集. 江苏古籍出版社，1996

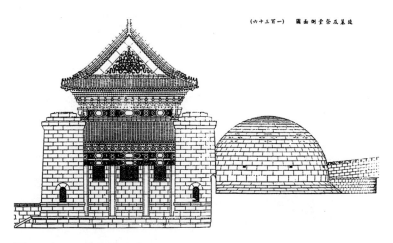

图 12-42d 中山陵方案侧立面

资料来源：南京市档案局，中山陵园管理局. 中山陵史迹图集. 江苏古籍出版社，1996

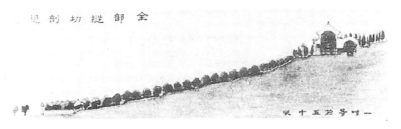

图 12-42e　中山陵方案纵剖面
资料来源：南京市档案局，中山陵园管理局．中山陵史迹图集．江苏古籍出版社，1996

图 12-43a　获二奖中山陵方案立面
资料来源：南京市档案局，中山陵园管理局．中山陵史迹图集．江苏古籍出版社，1996

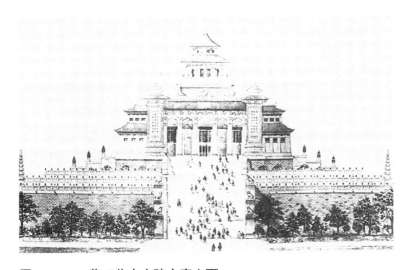

图 12-43b　获三奖中山陵方案立面
资料来源：南京市档案局，中山陵园管理局．中山陵史迹图集．江苏古籍出版社，1996

孙中山先生陵墓建筑悬奖征求图案是我国一次空前的规划设计方案国际竞赛。竞赛项目重要，参与人数众多，评判操作规范，有中外建筑师共同参加，是名副其实的国际设计竞赛。方案公开展览期间，中外各报"谓为中国空前之建筑图案比赛成绩"。这次竞赛的结果充分显示了我国建筑师的卓越才能。他们囊括了全部一、二、三等奖，在其余7个名誉奖中，赵深名列第二。

（2）雕塑

在建造中山陵时，葬事筹备委员会决定在中山陵墓室内放置一尊可供人瞻仰的汉白玉孙中山卧像，遂向国外公开招标。民国17年（1928），经委员会与国内雕塑专家评审，捷克雕塑家高祺的设计方案最终中标。经过将近一年的制作，白色大理石中山仰卧像制成。

设计方案中，除了墓室仰卧像，还要求设计便于祭祀的灵堂中山坐像。葬事筹备委员会仍然决定在国际范围内公开招标。波兰著名雕塑家保罗·兰窦斯基最终中标，用世界上最好的雕塑材料——意大利白石雕刻。民国19年（1930）11月，在中山陵祭堂举行了坐像落成典礼。

3. 规划设计方案

（1）墓地布置

《孙中山先生陵墓建筑悬奖征求图案条例》明确，"祭堂建在紫金山之中茅山南坡上"，约在海拔175米。坡上应有广场，有可立5万人举行祭礼的空地。"墓地四周皆围以森林。堂背山立。山前林地十余方里，东以灵谷寺为界，西以明孝陵为界，南达钟汤路。将来拟筑一大路由钟汤路直达墓地。"

吕彦直在《孙中山先生陵墓建筑图案说明》中阐述，墓地在中茅山指定之坡地，以海拔140米左右为起点，自此而上达170米左右为陵墓之本部，其范围略成一大钟形。陵门辟三洞，前为广场及华表。自此向南即筑通钟汤路之大道。入陵门即达条例要求可立5万人举行祭礼的空地。自陵门至台阶石级，中间铺石为道，石道两旁坡地，则为草场。台阶石级三层，达祭堂平台。台两端立石柱各一，台之中即祭堂。

（2）建筑形式

《孙中山先生陵墓建筑悬奖征求图案条例》要求"祭堂图案须采用中国古式而含有特殊与纪念之性质者。或根据中国建筑精神特创新格亦可"。"墓之建筑在中国古式虽无前例，惟苟采用西式，不可与祭堂之建筑太相悬殊。"

吕彦直的方案，祭堂"前面作廊庑，石柱凡四，成三楹堂之四角，各如堡垒。堂门凡三拱形，其门用铜铸之，堂顶复檐，上层用飞昂搏风之制。檐下铺作之斗拱，因用石制而与木制略异其形式。"

4. 方案的实施

建陵之初，时局动荡，工程进展缓慢。民国16年（1927）4月国民政府定都南京以后，葬事筹备处由上海迁来南京，增加了蒋介石等7人为委员，由林森主持陵墓工程，夏光宇任主任干事。后又组织了陵园计划委员会，规划陵园道路、绿化等事宜。

　　陵墓基本上按照吕彦直的方案实施。陵园设计委员会成立后，夏光宇建议，在陵门前增加墓道，将牌坊南移。

　　实际建成的陵墓，在陵门前东西各增加了卫士室；增加了长达 480 米的墓道，墓道两旁是浓密的雪松；在陵门后、台阶石级前增加了一座碑亭。此外，还在台阶石级、祭堂平台处布置了若干建筑小品，如铜鼎、石狮、香炉等；在博爱坊前广场南的"警钟"的"钟摆"处安放了一座"孝经鼎"。这样比首奖方案更增加了空间层次，丰富了建筑序列，使陵墓更为庄严肃穆（图 12-44、图 12-45）。

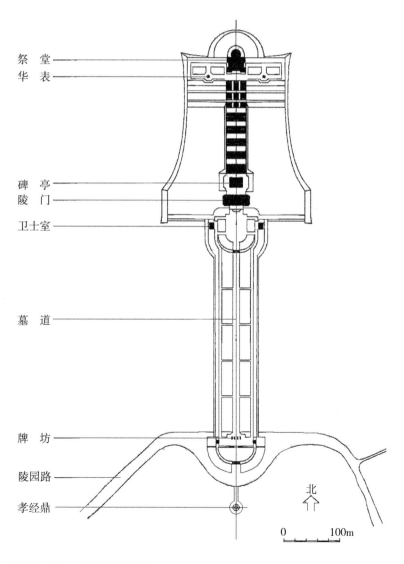

祭　堂

华　表

碑　亭

陵　门

卫士室

墓　道

牌　坊

陵园路

孝经鼎

北

0　　　　100m

图 12-44　中山陵总平面

 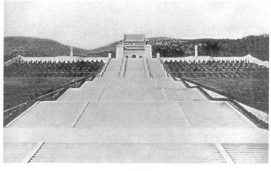

鸟瞰图　　　　　　　　　　　　　　　　正面图

图 12-45　建成不久时的中山陵

资料来源：鸟瞰引自：朱偰 . 金陵古迹名胜影集 . 商务印书馆，民国 25 年；正面引自：南京市档案局，中山陵园管理局 . 中山陵史迹图集 . 江苏古籍出版社，1996

　　中山陵实际上是分期建成的。民国 18 年（1929）6 月 1 日奉安大典前，完成了墓室、祭堂、卧像、平台、台阶、上部围墙、墓道路基及通中山门的陵园路路基等。其余工程自民国 18 年（1929）8 月开工至民国 20 年（1931）底才全部完工。

12.4.1.2　中山陵园

　　中山陵园包括紫金山省有林地，东迄马群，西至明城墙，南沿钟汤路。陵园内围绕中山陵，规划、建设了一系列与之相关的纪念性建筑和配套设施。这些纪念性建筑多由各方人士捐建，大多由我国第一代著名建筑师规划设计。（图 12-29）

1. 陵园路

　　陵园路起自中山门，与城内中山大道相连，经四方城直达墓地。由吕彦直、傅焕光、刘梦锡勘测设计。民国 18 年（1929）3 月竣工。两旁悬铃木参天蔽日，成为南京特有的林荫大道。陵园路的建成实际上就是实现《孙中山先生陵墓建筑悬奖征求图案条例》所说的"筑一大路由钟汤路直达墓地"的要求。

2. 藏经楼

　　藏经楼（今孙中山纪念馆）位于中山陵与灵谷寺之间，由中国佛教会发起募建。卢树森设计，建成于民国 25 年（1936）。藏经楼包括主楼、宿舍和碑廊，面积 3000 多平方米。日军侵华期间和"文革"期间，藏经楼遭破坏，1982 年修复。1985 年 3 月立于楼前的孙中山铜象，为孙中山的日本友人梅屋庄吉捐赠，初立于中央陆军军官学校，后曾立于新街口和中山陵博爱坊前广场南"孝经鼎"的位置。

3. 永慕庐

　　永慕庐位于中山陵东北小茅山万福寺旁，是当年孙中山家属守陵处。陈钧沛设计，民国 18 年（1929）建成。日军侵华时被毁，1995 年复建。

4. 奉安纪念馆

民国 18 年（1929）7 月 2 日，在总理陵园管理委员会召开的第一次委员会议上，林森提议修理小茅山上的万福寺，改作奉安纪念馆，以陈列奉安纪念大典接收的礼品。

万福寺地处偏僻，交通不便。民国 20 年（1931）7 月，陵园决定将奉安纪念馆迁到山下，以四方城附近的原江苏省立第一造林场的场部办公楼，即后来中山陵园办公处的一座楼房为新址。这座楼房，上下两层，共有 10 间，地处陵园大道西侧，是游人赴中山陵的必经之地。奉安纪念馆陈列了 240 多件奉安大典接收的礼品等珍贵实物，有孙中山去世后最初所用的美式小棺，有班禅额尔德尼送给陵园的两座神雕，还有一面银制陵墓全景镜屏以及许多铜器、银器、瓷器、雕塑、绣品、名人字画等。其中最珍贵的，是一面孙中山生前亲手制作的国旗。抗日战争爆发后，奉安纪念馆被彻底破坏，片瓦无存，这些珍贵的纪念品也都不知去向。

5. 总理陵园管理委员会办公楼

总理陵园管理委员会办公楼（今中山书院）位于藏经楼西南。赵深设计，民国 24 年（1935）建成。日军侵华时被毁，1995 年复建。

6. 革命历史图书馆

中山陵广场之西，行健亭东一带原为图书馆、博物馆建筑地址。由于经费筹措问题，只建了小型的革命历史图书馆，以收藏革命史料及书籍。建筑面积 625 平方米。民国 21 年（1932）冬开工，民国 24 年（1935）春建成。

7. 音乐台

音乐台位于中山陵广场之南，为一扇形露天音乐台，占地面积约 4200 平方米。场地平面呈半圆形，在圆心处设置一座弧形乐坛，乐坛后面为一座汇集音浪的大照壁，它是音乐台的设计主体。照壁坐南朝北，宽 16.67 米，高 11.33 米。乐坛正前方有一泓水池，呈半月形，池半径为 12.67 米，用以汇集露天场地的天然积水，并可以增强乐坛的音响效果。乐坛两翼筑有平台，上砌钢筋混凝土花棚。

音乐台利用自然环境，在平面布局和立面造型上，充分吸取了古希腊建筑艺术特点；而在照壁、乐坛等建筑物的细部处理上，则采用中国江南古典园林建筑艺术手法，从而创造出既有开阔宏大的空间效果，又有精湛雕饰的艺术风格，达到了自然与建筑的和谐统一，中国传统风格与西方古典建筑风格的完美结合，是中国建筑史上的一个成功范例。（图 12-46）

音乐台由基泰工程司关颂声、杨廷宝设计，民国 22 年（1933）建成。

8. 仰止亭

仰止亭位于中山陵东二道沟梅花岭上，刘敦桢设计，民国 21 年（1932）由叶恭绰捐建。

9. 流徽榭

流徽榭位于中山陵广场东南。灵谷寺西之山水至灵谷寺路南合而为一，陵

全景图

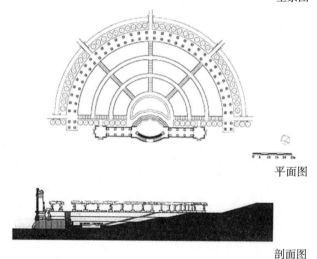

平面图

剖面图

图 12-46　音乐台

资料来源：南京市档案局，中山陵园管理局．中山陵史迹图集．江苏古籍出版社，1996

园筑坝蓄水成一小湖，湖西岸建水榭名流徽。流徽榭，顾文钰设计，由中央陆军军官学校捐建，民国 21 年（1932）建成。

10. 光化亭

光化亭为一纯花岗岩建筑，位于中山陵东南小山丘上。刘敦桢设计，民国 22 年（1933）建成。

11. 行健亭

行健亭位于中山陵广场之西，陵园路与明陵路交叉口。赵深设计，民国 22 年（1933）建成。

12. 永丰社

永丰社是经营陵园产品的地方，位于中山陵广场之西，与行健亭隔陵园路，由中央陆军军官学校捐建。民国 22 年（1933）建成。日军侵华时被毁，1995 年复建。

13. 桂林石屋

桂林石屋位于藏经楼东密林中。杨光煦设计，民国 22 年（1933）建成。由石材砌筑，屋外广植桂花树，故名。时任国民政府主席的林森常来此休息。日军侵华时被毁，现存遗迹。

14. 国民政府主席公邸

国民政府主席公邸（今被称为美龄宫）位于四方城东小红山上。陈品善、赵志游设计，民国 22 年（1933）建成。抗日战争胜利后，为蒋介石公邸，常与宋美龄居此。

主体建筑三层重檐，绿色琉璃瓦。内部装饰奢侈豪华。底层为接待室、秘书办公室等，二楼西边是会客室、起居室，东边是蒋介石、宋美龄夫妇卧室。

15. 总理陵园纪念植物园

民国 15 年（1926）7 月，孙中山先生葬事筹备委员会第四十一次会议通过陵园内设总理陵园纪念植物园（今中山植物园）的计划。民国 18 年（1929），由林学家傅焕光、陈嵘勘定明孝陵、梅花山、前湖之间为园址，占地 240 公顷。在章守玉主持下由钱崇澍、秦仁昌参与规划设计，是我国第一所国家植物园。（图 12-47）

16. 梅花山

梅花山原名孙陵岗，因孙权墓而得名，后在此广植梅花，被称为梅花山。抗日战争胜利后，炸毁在山上的汉奸汪精卫墓，于原址建"观梅轩"。

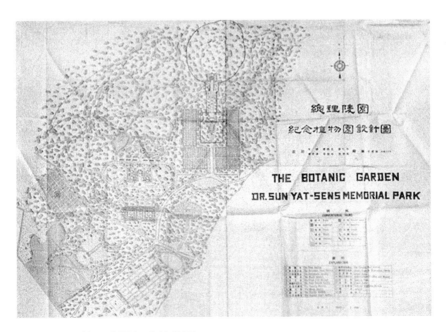

图 12-47　总理陵园纪念植物园

17. 紫霞湖

紫霞湖在明孝陵东北，为20世纪30年代筑坝蓄水而成。因连紫霞洞，故名，为紫金山增添了水景。湖光山色，更令人赏心悦目。抗日战争胜利后，蒋介石选定在紫霞湖北岸建"正气亭"。

18. 廖仲恺墓

廖仲恺（1877~1925）墓（今廖仲恺、何香凝墓）位于总理陵园纪念植物园西。近代民主革命家廖仲恺民国14年（1925）8月在广州被害。次年，国民党中央成立廖仲恺葬事筹备处，决定将廖仲恺附葬南京中山陵侧，在紫金山择地建墓。墓由吕彦直设计。由于此时北伐尚未成功，灵柩暂厝广州。民国24年（1935）6月，廖仲恺的灵柩由广州转道香港、上海，于6月18日下午抵达下关火车站，后暂厝于灵谷寺志公堂。墓的营建工程自灵柩运至南京后，加快了进度。9月1日，廖仲恺灵榇移葬紫金山墓地。葬礼结束后，墓地的地面工程（包括墓表亭、广场、墓前的甬道等等），才开始营建。

19. 谭延闿墓

谭延闿（1880~1930），曾任国民政府主席、行政院院长。谭延闿墓位于国民革命军阵亡将士公墓东北，由杨廷宝、关颂声、朱彬设计，民国22年（1933）春建成。谭墓依山就势，墓道曲折幽深，肃穆而又具园林风情。（图12-48）

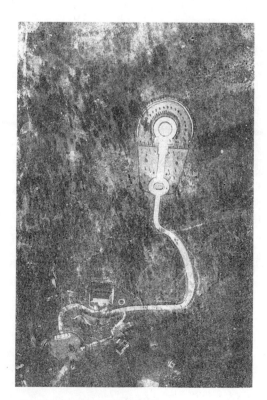

图 12-48　谭延闿墓鸟瞰

资料来源：叶楚伧，柳诒征 . 首都志 . 正中书局，民国24年

20. 国民革命军阵亡将士公墓

民国 17 年（1928）国民党中央设立建筑阵亡将士公墓筹备委员会，次年 9 月决定以灵谷寺旧址为公墓地址。美国建筑师亨利·茂菲被聘为建筑师。公墓于民国 22 年（1933）建成。

规划公墓共分三片，实际只建成居中的第一公墓。公墓中轴线南起正门，经牌坊、祭堂（无梁殿）、第一公墓、纪念馆（今松风阁），止于最北端的纪念塔。正门由原灵谷寺山门改建，在东西两侧各辟一可通车马的边门；祭堂由明代灵谷寺原无梁殿改建，设置"国民革命烈士之灵位"；其余均为新建，纪念塔由茂菲和董大酉设计。

21. 航空烈士公墓

航空烈士公墓位于紫金山北麓王家湾东，建于民国 21 年（1932）。抗日战争前入葬航空烈士公墓的有北伐时期阵亡的航空烈士和"一·二八"淞沪抗战、南京沦陷前京沪杭地区空战中牺牲的航空烈士，也有在内战中丧生的飞行员；抗日战争后入葬的是抗战中牺牲的航空烈士，包括来华参战牺牲的美国和苏联的飞行员。公墓的规划设计者是金陵大学建筑系的邱德孝教授。公墓建筑群坐南朝北，由牌坊、碑亭、祭堂、墓地和纪念塔组成（图 12-49）。抗日战争中为日军所毁，1995 年修复、重建。

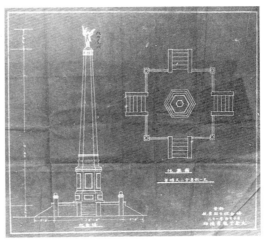

航空烈士纪念塔设计图

航空烈士公墓全景示意图

图 12-49　航空烈士公墓

资料来源：南京市档案局，中山陵园管理局．中山陵史迹图集．江苏古籍出版社，1996

北

陵
园
路

京 杭 公 路

1. 明孝陵神功圣德碑亭；2. 明孝陵大金门；
3. 国民政府主席公邸

图 12-50　国民革命军遗族学校规划

22. 国民革命军遗族学校

国民革命军遗族学校位于南京紫金山明孝陵南（今为前线歌舞团驻地），由国民党中央于民国 17 年（1928）11 月决议创办，宋庆龄、蒋介石、蔡元培、何香凝、宋美龄等 9 人任筹备委员会委员，第一任校长是宋庆龄。学校占地 130 余公顷。前期规划由吕彦直完成（图 12-50）。民国 18 年（1929）10 月，学校建成。宋美龄任常务校董，实际主持学校工作。学校除先后开设小学、中学等部外，还设立农科，从上海迁来良种乳牛场（今卫岗奶业公司前身），供学生实习。

12.4.2　文化教育设施的规划设计

12.4.2.1　金陵大学

金陵大学（今南京大学）鼓楼西南坡校园工程由美国芝加哥帕金斯（Perkins）建筑事务所负责。汇文书院创办人福开森（J. C. Ferguson）和金陵大学校长包文（A. J. Bown）明确要求"建筑式样必须以中国传统为主"。

由帕金斯建筑事务所规划的金陵大学校园，主要建筑沿南北一条主轴线布置，布局严谨。建筑外观用中国传统大屋顶，青砖墙面，进深较大，窗小，力图体现中国传统特色。但规则式的绿地、广场等，明显具有欧美大学校园的特点。（图 12-24a~ 图 12-24c）

12.4.2.2　中央大学

中央大学（今东南大学）位于南京四牌楼 2 号。民国 8 年（1919），著名教育家郭秉文接任南京高等师范学校校长一职。郭秉文聘请杭州之江大学的建筑师韦尔逊到东南大学兼任校舍建设股股长，经过实地查看地形后，拟订通盘规划，决定校舍建筑以四牌楼为中心，次第向四周辐射，按急缓轻重，分期实施。并请上海东南建筑公司绘具总图。根据这一规划，校园内图书馆、体育馆、学生宿舍、科学馆等建筑相继落成。民国 16 年（1927）年以后，除了对这些建筑进行维修改造外，又建起了校园南大门、大礼堂、生物馆、牙科医院等建筑，形成排列有序、错落有致的建筑群。这些建筑，基本上呈对称布局，从南大门至大礼堂形成一条中轴线，其他的建筑物依次排列在中轴线的两侧。（图 12-25）

12.4.2.3　金陵女子大学

金陵女子大学（今南京师范大学）随园建筑群由美国建筑师亨利·茂菲规划设计，吕彦直参加建筑设计。民国 11 年（1922）开工建设，第二年校舍落成。校园环境幽雅，建筑具有中国传统风貌。（图 12-26）

12.4.2.4　中央体育场

民国 22 年（1933）10 月 10 日在新建的中央体育场举办了第五届全国运动会。中央体育场由基泰工程司关颂声、杨廷宝设计，始建于民国 20 年（1931），在今孝陵卫灵谷寺 8 号。包括田径场、国术场、篮球场、游泳池、棒球场及网球场、足球场、跑马场等，占地 80 多万平方米。各赛场均设看台，利用地形，进出口多采用传统牌楼形式，达到形式与功能的完美统一。田径场可容 6 万多名观众，看台下有住宿的房舍，主入口处还有办公室、新闻记者及裁判员用房等，是当时全国最大的工程之一。中央体育场不仅是当时国内第一大，也是当时远东最大的体育场。（图 12-51a、图 12-51b）

12.4.2.5　外交部郊球场

在中央体育场东北，东洼子村附近设有外交部郊球场（初称野球场，即高尔夫球场）（图 12-52a）。"鉴于外宾之寓居首都者极少娱乐机会"，外交部"发起组织郊球（考尔夫）俱乐会，为招待外宾增进国际情感，向总理陵园灵谷寺东部租地一千二百亩"。郊球场于民国 21 年（1932）布置成就，并正式成立了南京郊球会。民国 22 年（1933）又建筑二楼会所一座，由赵深建筑师设计（图 12-52c）。后"又在会所东南起茅庐一宅备外交长官休息之用"[1]。茅庐由朱葆初设计。外交部郊球场于民国 23 年（1934）5 月正式落成。

根据总理陵园管理委员会的"首都野球会球场图"（图 12-52b），球场回纹

---

① 傅焕光. 总理陵园小志

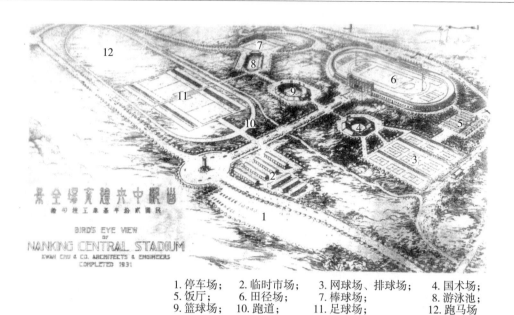

1. 停车场； 2. 临时市场； 3. 网球场、排球场； 4. 国术场；
5. 饭厅； 6. 田径场； 7. 棒球场； 8. 游泳池；
9. 篮球场； 10. 跑道； 11. 足球场； 12. 跑马场

图12-51a 中央体育场

图12-51b 中央体育场田径场（1943）

针状九洞球道从指状山脉南端出发向东北侧坡地发球，继续跨过洼地向对侧山脉打球，除第3、第4洞果岭位于基地东南侧缓坡地外，其余均在洼地两侧。这种直线形球道的打法适合球道长度较短的标准三竿球场，为西方家庭形态的球场特征，较少的标准杆数与较低的技术难度，适合初学者或联谊性质，且花费时间较短，符合外交部设置高尔夫球场以招待外宾增进国际情感的目的。

12.4.2.6 中央博物院

民国22年（1933）成立中央博物院筹备处，然后，进行了中央博物院建筑设计方案竞赛，邀请13位建筑师参加，提供了12个方案。这是第一代中国建筑师尝试将"民族性"与"现代化"相结合的又一次可贵探索。经梁思成等评委评选，徐敬直、陆谦受、杨廷宝、奚福泉、童寯等5个方案获奖。最后采用了徐敬直的方案。（图12-22）

徐敬直的方案利用"菜刀形"基地，把中轴线安排在"刀把"上，将主体建筑置于中轴线北端，其他两馆安排在西部，突出了主体建筑，很好地处理了与城市道路及入口的关系。

图 12–52a　外交部郊球场位置

图 12–52b　首都野球会球场

图 12–52c　郊球会俱乐部

12.4.3　住宅区规划

《首都计划》拟订的《首都分区条例草案》将住宅区分为三类：第一住宅区、第二住宅区、第三住宅区。按规定，第一住宅区的住宅只能是"不相连住宅"，"屋宇高度不得逾三层楼"，"每地段面积最少须有五百四十方公尺"，"屋宇及附屋之总面积不得超过该地段面积十分之四"；第二住宅区的住宅只能是"平排住宅或联居住宅"，"屋宇高度不得逾四层楼"，"每地段面积最少须有三百五十方公尺"，"有旁院之屋宇及其附屋之总面积，不得超过该地段面积百分之四十五"，"如无旁院者，不得超过该地段面积百分之五十五"；第三住宅区可建第一住宅区、第二住宅区许可的建筑，"屋宇高度不得逾四层楼"，"每地段面积最少须有二百方公尺""有旁院之屋宇及其附屋之总面积，不得超过该地段面积十分之五"，"如无旁院者，不得超过该地段面积十分之六"。

民国 22 年（1933），南京市政府制定《南京新住宅区建筑章程》，对房屋间距、高度等提出控制要求，已具有现在的控制性详细规划的基本内容。同年 11 月又作了"其式样、结构、外观色彩应经工务核定"的补充规定。

12.4.3.1　华兴村

南京近代最早按规划建设的住宅区是"华兴村"。第一次世界大战后，部分华侨回国创办"华兴农业有限公司"。民国 11 年（1922）开始筹办，先选择在安徽嘉山县明光乡，后改在南京中华门外板桥镇附近，购地 1800 亩（120 公顷），建立"华兴村"。华兴村由南京李森和营造厂参股兴建，共建造排列有序、仿欧美式样的住宅房屋 70 幢左右，还建有二层办公楼 1 幢、华兴小学 1 所、体育场 1 座、洗衣码头 1 座。居住在华兴村的华侨、侨眷主要从事蚕桑事业，建有养蚕大楼、仓库、食堂等。村内道路旁有排水沟，沟旁植树。村周围以篱笆。村外高地有"华兴公墓"。南京沦陷时，华兴村为日军占领，惨遭毁坏。（图 12-53）

12.4.3.2　新住宅区第一区

按照《首都计划》，首先开辟的新住宅区在颐和路，被称为"新住宅区第一区"，用地分区属于"第一住宅区"。它以颐和路为中心，东起江苏路、宁海路；西至西康路；南起北京西路；北至宁夏路、江苏路，占地面积 36 公顷，划分宅基地 287 处，每处面积约 2 亩左右（约 0.13 公顷）。第一住宅区在规划设计中，按照新住宅区建筑规则的有关规定，正房及附属房屋占地面积 50%，住宅楼房不超过 2 层，屋脊顶高不超过地平线 13 米，正房四周均留出空地，至宅地界至少 2 米，围墙高在 2.5 米以内。由承领者建造新式住宅，陆续建成，房屋设计很少雷同，有各式欧美流行建筑形式，住宅内外装饰讲究，幢幢建有花园庭院、门卫室和汽车房，建筑密度在 20% 以下，宅院绿化面积达 64.8%。雨水、污水实行分流，建有完善的排水管网，住宅区的东侧建有污水处理厂 1 处，区内道路系统完备。（图 12-54）

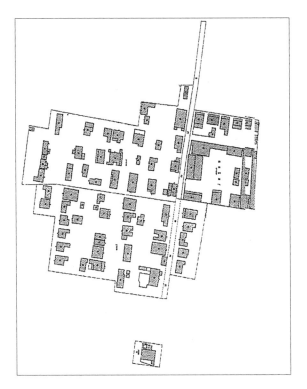

图 12-53　华兴村总平面

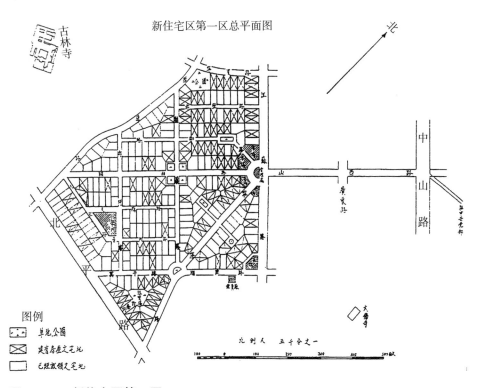

图 12-54　新住宅区第一区

12.4.4 市中心规划

民国 36 年（1947），南京市都市计划委员会计划处编制了南京市市中心规划。规划有总平面及"建筑计划图"，以鼓楼为中心，形成圆形广场，周边为"市政府"、"市议会"及各局的办公楼。（图 12-55）

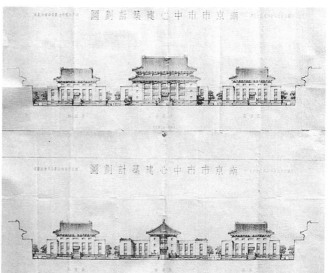

图 12-55　市中心规划

12.5　市政公共设施专项规划

民国期间还编制过一些市政公共设施的专项规划。

12.5.1　《南京市城南区下水道工程计划草案》

民国 24 年（1935）编制了《南京市城南区下水道工程计划草案》。该计划草案由当时的南京市市长马超俊签发。

计划认为，秦淮河在城内南部，通于城外的护城河，而达于江，一向为城南一带泄水之用。城南的排水，一向以秦淮河为唯一归宿。国民政府建都以来，新筑道路虽有下水管，但是为数有限，属临时设备，无整个下水系统。旧式石板砖沟之类，均排泄不畅，而各处水塘，藏垢纳污，均为市内环境不洁的主要原因，近年来人口渐增，房屋建筑随实际需要而猛进，以致水塘日渐填塞。另一方面，给水日便，污水更多。再者，本市地势低下，水患多虞，防水与雨水，关系密切，必先将下水系统规划完备，而后防水工事，才可减轻。上述三个因素，使下水道工程显得更为迫切。

　　计划采用雨水、污水合流制，另用截水管对之分化，使雨水排入秦淮河，污水经由截水管到水西门、汉中门间，由抽水机抽入铁管，引致三汊河口以达长江。

　　计划对于污水的处理，采用江水稀释法。这样可以减少用地，节省费用，也可以较为妥善地除去污物。污水出口，位于本市自来水进口的下游。

　　该计划的设计是在经过地形、水量测量以及雨量多少、人口密度分布、地下水位等有关情况详细调查的基础上进行的。对管内流速、折合径流面积、水管横断面、水管设计及糙率、水管的最低限度、管线及管道配备标准以及溢口设备、窨井距离、抽水机的配置等有关技术标准作了比较全面的规定和分析说明。计划还对采用合流制与分流制的不同优势进行了研究和对比分析，作为规划制定的依据。

12.5.2　《南京市防护建设初步计划·避难场所之构筑》

　　民国 25 年（1936），日军侵华的形势日益严峻。6 月制定《南京市防护建设初步计划·避难场所之构筑》。"为求一般市民在敌机空袭时，能保证安全，免受危害，首都应筹建永久避难所、临时避难所和市外避难所，供一般市民作防空避难的场所"，提出要建 30 个永久避难所；临时避难所则利用土山、城根、空地、寺庙、会堂、学校以及各娱乐场所；市外避难所利用城外运动场、庙宇、山洞、矿穴、学校，予以必要的设备。民国 26 年（1937）又提出《南京市防护团避难实施计划》，对前述要求加以具体化。这一年 12 月南京沦陷时，全市构筑的防空工程有鸡鸣寺防空指挥所工程 1 处、永久性地下室 38 处、防空壕 200 处和露天避难所 125 处。[①]

12.5.3　《园林工作纲要》

　　民国 37 年（1948），南京市园林管理处拟订了《园林工作纲要》。纲要具有城市绿地系统规划的性质。

　　纲要鉴于"本京大小公园场地虽有多处……往往局促一隅，无由开展，长此以往殊非积极建设园林之道，且也地域不予确定，每举一事，甚易引起土地纠纷……"，首次提出"京市应行规定之风景区域"，划定风景区界址范围，有玄武湖风景区、莫愁湖风景区、雨花台风景区、燕子矶风景区、五台山风景区、汤山风景区 6 个，又拟请确定南京市动植物园基址并进行第一期建设，认为"健全之公园绿地系统除隔绝各区外，必须互相贯通，至于绿面及绿带或组成环绕系统或组成放射系统或组成环绕放射混合系统"。纲要就当时城市绿化现状、绿地分类和设计雏议致南京都市计划委员会，报送了比较详尽的第一期资料调查表，将绿地分为园地、林地、机场绿化隙地、保留旷地四类。

---

① 南京市地方志编纂委员会．南京人民防空志·第五章工程建设·第一节规划．海天出版社，1994

纲要着重提出 9 条设计原则，总体构想是尽量利用山坡地及湖泊河流，成为健全之绿化城市与独特之风景区域：①尽速收购空荒及山坡地带；②多辟城区小型公园及广场；③实行山地植林；④建立玄武湖风景区，设计中之玄武湖风景区应包括一部分环湖山地、九华山、北极阁等，以环湖公园大道贯通；⑤开辟莫愁、古林寺、清凉山、五台山等风景区；⑥利用湖河系统形成绿面及绿带；⑦开放学校、机关、运动场所；⑧开放公共机关园地旷地；⑨计划重植市内行道树。纲要还提出了三年园林建设分期推进述要。[①]

12.6　建筑风格

12.6.1　指导原则

五四运动之后，深切感受到列强凌辱的中国文化界在大力提倡科学、民主的同时，爱国主义、民族意识高涨。在这种背景下，《首都大计划》和《首都计划》的指导思想和对建筑形式的具体要求，反映了当时中国的城市规划师和建筑师在学习西方科学的同时，对城市规划和建筑形式追求"民族化"的强烈愿望。民国 17 年（1928）《首都大计划》的指导思想是："农村化"、"艺术化"和"科学化"。所谓"艺术化"指"东方艺术化"，也就是"民族化"的意思。提出"南京市的建设，不要单是欧化，而把东方原有的艺术失掉。因为东方文化历史悠久，不必模仿人家。"民国 18 年（1929）《首都计划》也要求从规划布局到建筑设计要"本诸欧美科学之原则，而于吾国美术之优点，亦多所保存"，并提出了"建筑形式之选择"的明确而具体的要求（见 12.3.5.4）。也是在这种背景下，中央政府于民国 19 年（1930）发表《民族主义文艺运动宣言》，民国 24 年（1935）发表《中国本位的文化建设宣言》，提倡"民族本位文化"。

12.6.2　探索

中国进入近代，中西文化的差异，在建筑领域也引起了相互交汇和碰撞，在具有近代功能的建筑中如何赋予"中国款式"，形成了一股探索之风。这股风最早是由在中国工作的外国建筑师开始的，他们建造了一些"中国款式"的教堂，进而出现于教会办的学校。前期多为近代功能的屋身上生硬地套上带有南方民间样式的大屋顶。后期则逐渐摸索出屋身与屋顶的有机整合，使"中国款式"探索走向成熟。竣工于民国 8 年（1919），由美国建筑师史摩尔（A.G.Small）设计的南京金陵大学北大楼，已经具备了后期"中国款式"的特点（图 12-24b、图 12-24c）。由美国建筑师亨利·墨菲规划设计、吕彦直参加建筑设计的金陵女

---

① 南京市地方志编纂委员会 . 南京园林志·第八章园林管理·第四节规划管理 . 方志出版社，1997

子大学随园建筑群（图 12-26），建设于民国 11 年（1922）、至民国 12 年（1923），显示出茂菲对"中国款式"从建筑单体到群体的掌握已经相当娴熟。

最初由外国建筑师发端的"中国款式"探索之风，在 20 世纪 20~30 年代由中国近代第一代建筑师发展成了一股传统复兴建筑的潮流。开始这一潮流的标志就是民国 14 年（1925）的中山陵建筑悬奖征求图案的规划设计方案竞赛。

随后，《首都大计划》和《首都计划》所提出的建筑形式的原则，在当时取得了相当的共识。特别在建筑界更得到了广泛的认可。当时的南京，正值国民政府定都不久，有大量的建筑设计任务。而以由欧美归国的留学生为主的中国近代第一代建筑师，已发展壮大。建筑师们争相探索新型的中国款式建筑，把传统复兴建筑的潮流引向高潮。南京是这一潮流的主要策源地。

12.6.2.1　传统复兴建筑

在如何体现"中国款式"上有各种不同的处理手法，归纳起来，大体有三种模式。[①]

1. 宫殿式

这类建筑的特点是保持中国古典建筑的基本特征：大屋顶及台基、屋身、屋顶三段关系，连构件和装饰细部也保持传统做法。

谭延闿墓祭堂，民国 20 年（1931）由杨廷宝、关颂声、朱彬（基泰工程司）设计，次年建成。

励志社的三幢宫殿式建筑，位于中山东路 307 号，建于民国 18 年（1929）至民国 20 年（1931）间，由范文照、赵深设计。

国民政府铁道部，华盖建筑师事务所赵深、范文照设计。建筑群由两个三层楼、三个两层楼组成。民国 35 年（1946）后为国民政府行政院使用。

国民党中央党史史料陈列馆（图 12-22），杨廷宝（基泰工程司）设计，民国 23 年（1934）建成。

中山陵藏经楼（今孙中山纪念馆），卢树森设计，建成于民国 25 年（1936）。

中央博物院，徐敬直、李惠伯设计，梁思成、刘敦桢任设计顾问。始建于民国 25 年（1936）。（图 12-23）

2. 混合式

这类建筑的体形主要由功能决定，而不拘泥于中国古典建筑的三段式，完全摆脱构架式的立面构图。由墙体承重，屋顶为大屋顶或大屋顶与平屋顶相结合。主要的"中国款式"特征是大屋顶和附加的柱梁额枋雕饰。

吕彦直设计的中山陵祭堂等一组建筑是这一类型的成功范例。（图 12-42c、图 12-42d）

3. 装饰艺术式

这类建筑在完全由功能决定的建筑体形上，适当装饰具有中国传统特征的

[①]　潘谷西 . 中国建筑史 . 中国建筑工业出版社，2004

符号，以体现建筑的"中国款式"。

国民政府外交部大楼（图 12-20），民国 20 年（1931）由赵深、童寯、陈植（华盖建筑事务所）合作设计，是这类建筑的著名实例。

中央体育场（图 12-51b），民国 20 年（1931）由杨廷宝（基泰工程司）设计，民国 22 年（1933）竣工。

中央医院主楼（图 12-27），民国 20 年（1931）由杨廷宝（基泰工程司）设计。

国民大会堂（图 12-21），民国 23 年（1934）由奚福泉设计。

12.6.2.2　现代式建筑

与此同时，南京也出现了由我国建筑师设计的西方现代建筑和少量西方古典建筑。

美国顾问团公寓大楼在北京西路 67 号、65 号，公寓因分为 A、B 两幢大楼，俗称 AB 大楼。公寓占地面积约 2.4 公顷，建筑面积约 1.5 万平方米。民国 24 年（1935），由上海华盖建筑师事务所童寯、赵深、陈植等设计，民国 25 年（1936）开工，因抗日战争爆发，工程暂停，直到抗日战争胜利后才竣工。楼 4 层，从外观到内部，彻底摒弃了传统装饰，简洁的长方体，虚实对比，强烈的现代感。

馥记大厦位于今鼓楼广场西北角，是建筑师陶馥所创办的馥记营造厂在南京的办公大楼，民国 36 年（1947）由李惠伯、汪坦设计。

中央通讯社大楼位于新街口，楼高 7 层，是当时南京的最高建筑。民国 37 年（1948）由杨廷宝设计。

西方古典建筑如新街口东北角由缪凯伯设计的交通银行南京分行。

12.7　规划管理

古代城市也有相应的规划管理，作为国都的城市尤有严格的规定。明初编纂的《大明律》，在"工律"内列有"侵占街道"一款："凡侵占街巷道路而起盖房屋，及为园圃者，杖六十，各令复旧。其穿墙而出秽污之物于街巷者，笞四十。出水者勿论。"

而近代和现代意义上的规划管理，则始于民国时期。

12.7.1　机构

12.7.1.1　规划管理的机构

民国 16 年（1927）国民政府复都南京，定南京为特别市，随即设立工务局，负责全市市政建设和管理。局内设总务、设计、建筑、取缔和公用五科。设计科负责规划、测绘、工程设计等；建筑科负责核发建筑执照、修缮执照和查处违章等；取缔科负责督拆市区危险及违章建筑等。民国 19 年（1930）5 月，工务局内改设第一科、第二科，第一科分总务、公用、审勘三股，第二科分计划、营造、材料三股。其中，审勘股负责建筑的查勘；计划股负责规划、测绘等。抗日战争胜利后，工务局内设审勘室，负责规划管理。

民国 18 年（1929）设总理陵园管理委员会，直属国民政府，专门负责中山陵园的管理。

民国 22 年（1933）2 月《南京市工务局建筑规则》颁布实行，规定市区内一切公私建筑的修造均须报市工务局申请执照。图则经审查合格后，由工务局通知请照人领取。热照及核准图样均须张挂施工地点，以便工务局随时派员稽查。领照兴工和排灰线等工作完毕后，均须分别填写报告单，呈请工务局派员查勘。违章查处由工务局取缔科负责。

民国 37 年（1938），国民政府统一规定全国的建设管理体制，在中央为内政部营建司，省为建设厅，市为工务局，县为县政府。

12.7.1.2　组织规划编制的机构

国民政府时期曾于南京多次设立负责组织规划编制的机构。民国 17 年（1928）12 月国民政府设国都设计技术专员办事处，负责编制南京城市规划。次年 1 月又设首都建设委员会，主管首都城市规划建设。

民国 36 年（1947）2 月，南京市政府第六十九次市政会议通过《南京市都市计划委员会组织规程》，并据此成立南京市都市计划委员会，负责组织编制南京市都市计划。

12.7.2　管理依据

12.7.2.1　全国性的管理法规

1.《建筑法》

民国 27 年（1938）12 月，国民政府公布《建筑法》，统一规定了建筑设计人、建筑物承建人的资格，建筑的审核权限，建筑执照的申请手续，建筑占地界限的确定，违章建筑的处理办法，名胜古建的保护等。

2.《都市计划法》

《首都计划》列有"城市设计及分区授权法草案"。民国 28 年（1939）6 月，国民政府公布《都市计划法》，对全国的都市计划作了统一的规定。内容有：都市计划之拟定、变更、发布及实施，土地使用分区管制，公共设施用地，新市区之建设，旧市区之更新，组织及经费，罚则。《都市计划法》规定，都市计划分市（镇）计划、乡街计划和特定区计划三种。三种计划均应拟定主要计划和细部计划。主要计划是拟定细部计划的准则；细部计划作为实施都市计划的依据。《都市计划法》在"土地使用分区管制"中规定，都市计划得划定住宅、商业、工业等使用区，并视情况划定其他使用区或特定专用区。各使用区得视实际需要，再予划分，分别予以不同程度之使用管制。

12.7.2.2 南京市的管理法规

1. 关于土地管理的法规

民国 23 年（1934）10 月，南京市政府公布《整理中央政治区域土地办法》。

民国 24 年（1935）1 月，南京市政府公布《南京市城厢空地建筑房屋促进规则》。对在城内和城郊地带拟定建筑计划、使用建筑用地、兴工建筑等事项作出十条规定。3 月，公布《南京市迁移棚户办法》。12 月，公布《南京市收用道路两旁退缩土地暂行规则》。

民国 25 年（1936）10 月南京市政府颁布《首都分区规则草案》，将首都区域内的土地细分为行政区、军用区、公园区、高等教育区、第一住宅区、第二住宅区、第一商业区、第二商业区、第一工业区、第二工业区，并对各分区内土地的适建性、建筑容量、建筑高度进行规定。

民国 33 年（1944）5 月，公布《南京特别市借用人行道暂行简则》。

2. 关于建筑管理的法规

民国 16 年（1927）11 月，国民政府南京市参事会通过《南京特别市市政府工务局取缔市区建筑章程》。随后，南京市政府工务局颁布《市区建筑暂行简章》。

民国 17 年（1928）1 月，南京市参事会修正通过了《南京特别市工务局退缩房屋放宽街道暂行办法》。同年 1 月 28 日，颁布《南京特别市承办建筑店铺登记领照章程》。

民国 21 年（1932）6 月，国民政府首都建设委员会通过《首都新辟道路两旁房屋建筑促进规则》，随后公布《首都新辟道路两旁房屋建筑促进规则施行细则》。

民国 22 年（1933）2 月，南京市政府颁布《南京市工务局建筑规则》。这是民国时期南京市城市建设管理方面的第一部较为全面的规章。《规则》对公私建筑物请照、营造、取缔等手续，建筑通则，设计准则，防火设备，公共建筑，杂项建筑（烟囱、厕所、阴沟、地下室）与罚则均有详细规定。

同年 5 月，公布《南京市新住宅区建筑章程》。11 月，公布经过修正的《南京市新住宅区建筑规则》。7 月，公布《南京市工务局取缔棚户建筑暂行规则》和《南京市政治区域住宅区建筑规则》。提出除遵照《南京市工务局建筑规则》外，应遵照本规则的各项规定。12 月，又公布经过修正的《南京市工务局取缔棚户建筑暂行规则》。

民国 23 年（1934）10 月，南京市政府公布《整理中央政治区域土地办法》和《南京市乡镇区临街建筑暂行规则》。

民国 24 年（1935）1 月，南京市政府公布《南京市城厢空地建筑房屋促进规则》。3 月，公布《南京市迁移棚户办法》。12 月，公布《南京市收用道路两旁退缩土地暂行规则》。

民国 27 年（1938）3 月，伪维新政府督办南京市政公署公布《南京市新住宅家屋管理暂行办法》。8 月，公布《南京市工务局简易修建请照暂行办法》。

民国 28 年（1939）2 月，伪南京市政公署公布《南京市工务局市区建筑暂行简则》。

民国 33 年（1944）1 月，伪南京特别市政府公布《整理首都破损建筑物暂行规则》。

民国 35 年（1946）3 月，南京市政府第二十八次市政会议通过《南京市工务局市民住宅建筑工程组织简章》。4 月，颁布施行《南京市棚户区管理规则》。6 月，南京市政府第三十六次市政会议通过《南京市政府奖励市民建筑住宅暂行办法》，并通过《南京市私有土地上敌伪建筑物处理办法施行细则》。

12.7.2.3 都市计划

南京在北洋政府时期编制的几次规划，均没有法定的审批程序，也就没有经过正规的审批。

民国 17 年（1928）10 月《首都大计划》第三稿由国民政府第 96 次国务会议修正通过，由南京市工务局公布。民国 18 年（1929）底，《首都计划》编具上报，并由国民政府公布，其中包括《首都分区条例草案》。"条例草案"对土地利用等做出了相应规定，并明确工务局为执行机关。但当时国民政府对《首都分区条例草案》并无批准手续，"条例草案"也始终是参照执行的"草案"。

12.8 抗日战争时期的南京

民国 26 年（1937）11 月 22 日，国民政府发表《迁都重庆宣言》，政府迁往陪都重庆。12 月 13 日，日本侵略军占领南京。民国 27 年（1938），汉奸梁鸿志在日本人的直接操纵下，在南京成立所谓"中华民国维新政府"。同年底，汪精卫叛国出走，公开投靠日本。民国 29 年（1940）3 月 30 日，日本扶持汪精卫在南京成立伪中央政权。原南京国民政府的建筑，在沦陷中被日军毁坏严重，汪伪"国民政府"办公地点在战前考试院的旧址。抗日战争胜利后，民国 35 年（1946）5 月，国民政府还都南京。

日军侵占南京期间，烧杀、奸淫、掳掠，无恶不作，城市满目疮痍，人民痛苦不堪。其累累罪行，罄竹难书。**这是继隋初建康城被平荡耕垦、清末太平天国战乱之后，南京历史上第三次遭到的大规模浩劫。**

12.8.1 南京保卫战

民国 26 年（1937）8 月 13 日，日军进攻上海，民国政府随即应战，但中国军队在淞沪会战中失利，11 月 9 日，上海失陷。日军占领上海后，自太湖南北同时西进，威胁南京。

12 月 1 日，日军接到"命令：华中方面军司令官须与海军协同，攻克敌国首都南京"。蒋介石任命唐生智为南京卫戍司令长官，指挥国军抵抗作战。南京保卫战开始。

12 月 4 日，国军在南京南方和日军正面接触。12 月 9 日，日军进抵南京城下。12 月 10 日，日军向雨花台、通济门、光华门、紫金山等阵地发起全面进攻。12 月 11 日，日军猛攻紫金山南北的中国军队阵地。激战终日，日军攻占了杨坊山、银孔山阵地，进至尧化门附近。日军又向乌龙山、幕府山炮台进攻。同时，日军开始攻击中华门，城门被炮火击毁。日军沿长江东岸北进，占领水西门外的棉花堤阵地。日军还在当涂北慈湖附近渡过长江，沿西岸北进，向浦口运动。

为避免南京守军被敌围歼，蒋介石于 11 日中午考虑令南京守军撤退，当晚，蒋介石致电唐生智："如情势不能久持时，可相机撤退，以图整理而期反攻。"

12 月 12 日，日军对南京阵地及城垣发动猛攻。中午前后，在猛烈炮火轰击下，日军攻破中华门，防守此处的第 88 师遂即撤走，南京失陷已成定局。

12 月 13 日拂晓，日军未经战斗即占领了乌龙山；日海军舰艇通过封锁线到达下关江面。大量正在渡江的中国军队官兵被日海军及第 16 师团的火力和舰艇的冲撞所杀伤。与此同时，日军各师已分别由中山门、光华门、中华门、水西门等处进入南京城内；另一部已至江浦，向浦口前进。已渡至江北的中国军队沿津浦路向徐州方向撤退。

12 月 14 日，根据中国大本营的指示，唐生智在临淮关宣布南京卫戍司令长官部撤销，撤至江北的卫戍军部队改隶第三战区。南京保卫战结束。

12.8.2　侵华日军南京大屠杀

12.8.2.1　南京大屠杀

民国 26 年（1937）12 月 13 日，日本侵略军占领南京，在其后长达 6 个星期的时间里，对手无寸铁的无辜平民和已放下武器的军人进行了惨绝人寰的血腥大屠杀，遇难者达 30 万人。"根据 1946 年中国南京审判日本战犯军事法庭调查，确认被日军集体屠杀并被毁尸灭迹的有 19 万多人，被零散屠杀，尸体经过南京慈善团体掩埋的达 15 万多具。""在东京审判的判决书中曾记载'在日本军队占领的最初 6 个星期里，南京及其周围被杀害的平民及俘虏就达 20 万以上。'""日军进入南京后到处抢劫、纵火，南京城南最繁华的商业区和人口密集的住宅区是受害最严重的地区，主要街道几乎都成了废墟。"[1]据"南京国际救济委员会"（由南京安全区国际委员会改称）成员、金陵大学教授刘易斯·史密斯（Lewis S·C Smythe）及其助手，对南京 1937 年 12 月至 1938 年 2 月，在日军暴行中受害情况所作的调查统计，"城里平均每个地区有百分之八十八的房屋遭到破坏，城外地区是百分之九十。城北区房屋遭受破坏的竟高达百分之九十九点二。"[2]夫子

---

[1] 《东亚三国的近现代史》共同编写委员会．东亚三国的近现代史·第三章侵略战争和民众的受害．社会科学文献出版社，2005

[2] "南京大屠杀"史料编辑委员会，南京图书馆．侵华日军南京大屠杀史料·第二部分外籍人士纪实·南京战祸写真．江苏古籍出版社，1985

庙遭侵华日军焚烧而面目全非；天妃宫毁灭于侵华日军的炮火；静海寺大半被毁，仅存方丈室六间，念佛堂五间；华侨创办的华兴村遭日寇破坏而所剩无几；明城墙遭到日军飞机轰炸，大炮轰击，破坏严重，光华门坍塌，中山门三孔券门中两孔被毁，中华门城楼被毁；中山陵园内陵园新村、永慕庐、陵园管理委员会办公楼等多处建筑遭毁……

日军大屠杀较为集中的地点，据民国 36 年（1947）国民政府国防部《审判战犯军事法庭谷寿夫战犯案件判决书》记载有：汉中门外秦淮河岸边，上元门外鱼雷营江边，中山码头，大方巷，鼓楼四条巷一带，三汊河，煤炭港，草鞋峡，水西门外至上新河一带，中华门外风台乡、花神庙一带，燕子矶，等等。

12.8.2.2　南京安全区

民国 26 年（1937）8 月，日军开始轰炸南京，同年 11 月 12 日，上海沦陷。鉴于当时局势的发展，金陵大学校董杭立武邀集留在南京的外籍人士代表，决定成立一个国际救济机构——南京安全区国际委员会，设立安全区。安全区包括金陵大学、金陵女子文理学院、鼓楼医院以及意大利、美国的驻华大使馆在内，占地约 3.86 平方公里，分设交通部大厦、华侨招待所、金陵女子文理学院、最高法院、金陵大学等 25 个难民收容所（图 12-56）。安全区国际委员会总部设在金城银行别墅（今宁海路 5 号，抗日战争胜利后为马歇尔公馆）。德国西门子公司驻南京办事处经理约翰·拉贝被推举为安全区国际委员会主席。南京安全区为大约 25 万中国平民提供了暂时栖身避难的场所。拉贝当时住在广州路小桃园 10 号（今小粉桥一号），他在自己的住宅和小花园里也收留、保护了 600 多名中国难民。

德国人江南水泥厂代理厂长卡尔·京特和丹麦人辛德贝格、日语翻译颜柳风一起，在江南水泥厂前后各竖一根旗杆，每天挂起丹、德两国旗帜，并在工厂房顶画上丹麦和德国国旗，防日机轰炸。留守人员还组织配备有枪支、狼狗的护厂队，日夜环绕工厂的厂河巡逻，确保工厂不受日军的侵犯，在江南水泥厂厂区大约 2400 多亩的土地上设立了安全区。在侵华日军南京大屠杀乃至其后数月时间里，该安全区最多时曾收容了 4 万~5 万名难民。根据当时的南京安全区国际委员会委员约翰·马吉牧师的报告，即便是在民国 27 年（1938）2 月日军下令解散南京安全区国际委员会之后，该安全区仍有 1 万多难民。

丁山上的英商机构亚细亚火油公司、太古洋行、怡和洋行也悬挂英国国旗，防止日军进入，保护和救治难民。

金陵女子大学也曾经成为避难所。

侵华日军南京大屠杀期间，鼓楼医院的外籍医护人员奋勇救治受难的中国军民。

但日军在占领南京后，并未遵守与国际委员会的约定，不顾国际委员会的多次抗议，仍强行闯入安全区，劫掠财物、奸淫妇女、大肆抓捕、杀害青壮年。对日军的暴行，当时国际委员会的外侨不断向日军当局和日本大使馆提出抗议

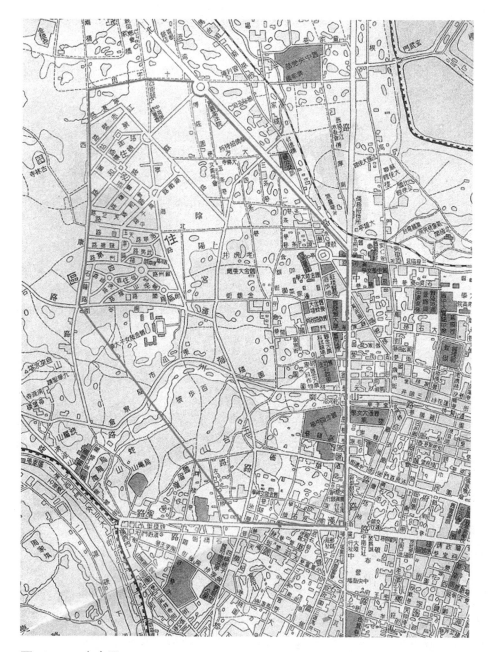

图 12-56　安全区
资料来源：底图：最新南京地图（1938）．南京出版社，2012

和呼吁。在不到两个月的时间里，国际委员会向日方递交的公函就有 69 件，递交的暴行报告有 428 件。民国 27 年（1938）1 月底，日军强迫安全区内难民还家，并声称已经恢复了南京城的秩序，但实际上杀戮依然在继续。2 月 18 日，南京安全区国际委员会被迫改称"南京国际救济委员会"，国际委员会及安全区不复存在，最后一批难民营被迫于民国 27 年（1938）5 月关闭。

12.8.3　汪伪政权

民国 27 年（1938）12 月，汪精卫等逃离重庆。经日本策划，于民国 29 年（1940）3 月 30 日在南京成立伪"中华民国国民政府"，一度仍奉重庆国府主席林森为主席，汪精卫出任代主席、行政院院长。日本政府宣布无条件投降后，民国 34 年（1945）8 月 16 日，伪国民政府宣告解散。

12.8.3.1　"还都"纪念塔

民国 26 年（1937）国民政府迁往重庆。民国 29 年（1940）3 月，汪精卫在南京成立伪国民政府，率领周佛海、梅思平等汉奸在"国民政府"办公地点（国民政府考试院）前举行所谓"还都"仪式，竖立"还都"纪念碑，为"还都"纪念塔奠基。次年 3 月，"还都"纪念塔竣工。该塔外观 3 层，实际高 4 层，共 17 米，钢筋混凝土结构，高台基，勾栏围护，平面为正方形。一楼四面各开有一门，门楣浮雕方回纹。二、三、四楼四面各辟有窗户，四楼窗户宛如时钟，并刻有时间标志。塔顶飞檐翘角，十字脊顶，上覆琉璃瓦，檐下有斗拱等装饰，彩绘游龙等。塔内有螺旋式铁梯可供人们上下登临。

日本无条件投降后，"还都"纪念塔成了这段丑恶历史的见证。因为地处国民政府考试院前，该塔曾被作为考试院钟楼，称为魁星塔，上层悬挂巨钟。

12.8.3.2　"慰安所"

日军在南京设立了所谓"慰安所"。"'慰安所'制度是日本政府与军队的集体犯罪。而'慰安妇'则是没有任何人身自由，被迫为日军提供性服务的妇女，是日军的军事性奴隶。"[①]

据经盛鸿教授研究认定，日军及汉奸在南京共建造了 40 多所慰安所。这些慰安所主要分布在城南、下关及城中地区。城南块是指夫子庙到大行宫一带，这里曾是民国繁华的商业区，也是日本侨民的聚集地，日军的许多军事机关都设在此处，其中大行宫一条街被当年的南京人称之为"日人街"，故这一区域的慰安所大多是日本军方和日侨娼业主开办经营的，共有 20 多家，其中有"安乐酒店慰安所"、"东云慰安所"、"故乡楼慰安所"、"浪花楼慰安所"等，其慰安妇大多数来自于日本、朝鲜及韩国等，这些慰安所是日本高级军官的享乐地。位于夫子庙贡院东街 2 号的"人民慰安所"系大汉奸乔鸿年一手操办。慰安妇来自中国，以扬州女孩居多。

下关是南京的交通枢纽和商业集中区，日军在此驻兵较多，建造了 10 多所慰安所。下关火车站与长江码头系慰安所的云集地，如"华月楼慰安所"、"日升会馆慰安所"、"圣安里 A 所慰安所"、"圣安里 B 所慰安所"等，其中圣安里 A 所慰安所的慰安妇都是日本人，而圣安里 B 所慰安所的慰安妇都是中国妇女。

---

① 《东亚三国的近现代史》共同编写委员会. 东亚三国的近现代史·第三章侵略战争和民众的受害. 社会科学文献出版社，2005

城中主要是指今天的鼓楼区域，日本人及汉奸共在那里开设了8所慰安所，有"鼓楼饭店中部慰安所"、"傅后岗慰安所"、"珠江饭店慰安所"、"满月慰安所"、"菊花水馆慰安所"、"共乐馆慰安所"、"皇军慰安所"等。

"安乐酒店慰安所"，位于繁华的太平南路（现江苏饭店所在地），由日军军部主办，公开名称是"日军军官俱乐部"。实际上这是一家由日本军方直接开办的高级别的慰安所。[①]

"东云慰安所"、"故乡楼慰安所"位于利济巷2号、18号。民国24年（1935），将军杨普庆在此购地建了"普庆新村"。大部分为住宅，南侧有一幢旅馆，最南沿洪鑫里的一幢底层为商店，上层为住宅及库房。日军侵占南京后，"普庆新村"成了"慰安所"，北侧住宅称为"故乡楼慰安所"，容纳日本籍慰安妇，接待日军军官。南侧旅馆称为"东云慰安所"，又名"东方宾馆"，容纳朝鲜籍慰安妇，接待日军士兵。"东云慰安所"的二楼阁楼有狭小的房间，用来关押、处罚不听话的慰安妇。这幢楼房东侧通过连廊可通一小辅房，小辅房是慰安妇的盥洗场所。这是一处被认为是亚洲面积最大的，且被健在的"慰安妇"所指认的"慰安所"。[②]

12.8.3.3 日本神社

神社原为日本民间宗教祭祀的庙宇，主要是祭拜祖灵与自然万物。日本军国主义兴起后，创造了一套发扬忠君思想的"国家神道"，并将其灌输入教育体系，神道成为日本天皇皇权的象征。日本政府制订了烦琐的规定，使得神社祭祀成为强制性的教育与文化仪式。第二次世界大战期间，日本每侵略一个地方，便在该地兴建日本神社，作为日本权力的符号象征，神社被赋予了军事侵略与政治统治的精神内涵。

五台山1号"日本神社"建筑为日军侵华时所建，于民国28年（1939）竣工。为日式和风建筑，砖木结构，柱跗式台基，歇山顶，外廊柱为方形，建筑面积480平方米。抗日战争胜利后，南京日本神社被改造成"中国抗战阵亡将士纪念堂"，附属建筑被辟为"日军战利品陈列室"，展示中国军队接收自日军的战利品，室外展示缴获的日军炮弹。

12.8.3.4 三藏塔

民国31年（1942）初冬，日本侵略军在报恩寺旧址建"稻垣神社"，破土过程中发掘到一个石函。石函两面刻有宋天圣五年（1027）和明洪武十九年（1386）的文字，说明唐玄奘遗骨辗转来宁的迁葬经过。石函一侧铭文为："大唐三藏大遍觉法师玄奘顶骨，早因唐末战乱废塔，今长干演化大师可政于长安传得，于此葬之。天圣丁卯二月五日同缘弟子唐文遇、弟文德、文庆、弟子丁洪审、弟子刘文进、弟子张霭。"另一侧的铭文为："玄奘法师顶骨塔，初在天禧寺之东岗，

---

① 南京晨报.2004年07月20日

② 2003年11月19日，居朝鲜平壤的"慰安妇"朴永心在日本研究者西野六瑠美子等陪同下来到南京利济巷2号，指认该建筑即为当年她遭受日军侮辱和摧残的慰安所.第二天，她又指认她的房间在二楼朝北，由东数的第三间，当年编号19。

大明洪武十九年受菩萨戒弟子广福……普觉迁于寺之南岗三塔之上……"。石函内的铜质小盒内装着玄奘的部分顶骨。这一发现轰动了佛教界,日方想攫为己有。迫于舆论压力,最后将顶骨打碎瓜分,允许留一部分于中国。民国 32 年(1943)2 月 23 日举行玄奘法师佛骨移交仪式,将佛骨供奉于覆舟山九华寺。次年建成三藏塔,埋玄奘法师的顶骨于塔内石刻莲花座下。

12.8.3.5　汪精卫墓与观梅轩

民国 33 年(1944)11 月 10 日,汪精卫病发不治,死于日本,尸体被运回南京,埋葬于南京梅花山。由于汪伪政权的迅速败亡,汪精卫的坟墓外部建筑始终没有完工。国民政府还都前,民国 35 年(1946)1 月 21 日,部队工兵奉命趁着夜色炸毁汪精卫的坟墓。墓地残基当夜就被工兵夷平。第二年在此盖起了一座廊亭,即为观梅轩。

12.8.4　抗日根据地

就在汪伪政权中心的周围,存在着抗日根据地。

12.8.4.1　新四军驻高淳办事处

民国 27 年(1938)6 月,陈毅率新编陆军第 4 军(新四军)第一支队从皖南出发东征,渡固城湖,到达高淳,在淳溪镇吴家祠堂设司令部。

同年 8 月,为开通茅山抗日根据地和皖南新四军军部的通道,一支队政治部决定组成民运工作组,在高淳县城开展地方工作,对外称新四军驻高淳办事处。

12.8.4.2　竹镇市抗日民主政府

民国 28 年(1939)8 月,新四军第五支队在支队司令员罗炳辉、政治部主任方毅率领下进入六合的竹镇一带,开辟抗日根据地。刘少奇、邓之恢、方毅、吴学谦、罗炳辉等曾在这里战斗。民国 31 年(1942)8 月,经淮南行署批准,竹镇市抗日民主政府(乡级)成立,竹镇成为当时苏皖边区抗日根据地的政治、军事、经济、文化中心。

12.8.5　日本投降

民国 34 年(1945)8 月 15 日,日本宣布无条件投降。9 月 2 日,参加对日作战的同盟国代表接受日本投降签字仪式在停泊于日本东京湾的美军军舰"密苏里"号上举行。中国抗日战争胜利结束,世界反法西斯战争也落下帷幕。9 月 9 日上午 9 时,第二次世界大战中国战区日军投降签字仪式在南京中国陆军总司令部(即中央陆军军官学校原址,9 月 8 日迁入)礼堂内隆重举行。中国战区受降代表为南京中国陆军总司令何应钦。日本中国派遣军总司令官冈村宁次在投降书上签字。

民国 34 年(1945)11 月 6 日,国民政府成立战争罪犯处理委员会。民国 35 年(1946)2 月 15 日,战争罪犯处理委员会在励志社大礼堂设立国防部审判战犯军事法庭，专门审讯侵华日军战争罪犯。制造南京大屠杀的元凶、乙级战犯谷寿夫，用一把名叫"助广"的军刀屠杀三百余名中国人的刽子手田中军吉，在南京紫金山下进行"杀人比赛"的向井敏明、野田岩（又名野田毅）等，在法庭受到审判，被判处死刑，在南京执行枪决。

12.9 小结：民国南京城市规划的时代价值

吴良镛先生为本书2008年版《南京城市规划史稿古代篇·近代篇》作的"序"中说："南京城是在中华人民共和国建国以前的最后一个都城，建都在我国早期现代化以后，时间虽不长，但从种种现代化措施来看，可以认为中国具近代意义的大规模城市规划是从南京开始的，因而更有一定的时代价值。"

12.9.1 民国南京城市规划与中国近代城市规划

在近代的百年间，"我国的城市规划工作很落后，在数千个不同规模的城镇中，只有很少一部分进行过城市规划，而按规划进行建设的城市则更少。"[1]

而最早进行规划的则是被列强占据的城市，或被列强占据的"租界"。

俄罗斯占据旅顺、大连后，于清光绪二十六年（1900）制定了城市规划；占据哈尔滨后，也于光绪二十六年（1900）制订了"南岗区计划"。德国占据青岛期间，于光绪二十四年（1898）和宣统二年（1910）先后两次制定城市规划，进行了用地分区，重点解决港口和铁路的布置。日本占据下的台北，于光绪二十五年（1899）和二十七年（1901），光绪三十一年（1905），民国21年（1932）三次公告城市规划。[2]

"九一八事变"后，日本扶植建立了所谓"满洲国"。民国21年（1932），长春（伪满"首都"，称新京）制定了"国都建设计划"。这一时期，东北的其他城市如大连、沈阳、吉林、哈尔滨等也都作了城市规划。

英国城市规划师艾伯克隆比将"大伦敦规划"的核心规划思想与香港当地情况结合，于1948年提出了《香港初步城市规划报告》（*Hong Kong Preliminary Planning Report 1948*）。

在近代，"中国也出现了新的城市规划学说。康有为在《大同书》中提出了建立生活居住环境的乌托邦。孙中山的《建国方略》是一个宏大的'国土规划'性质的和地区城市开发规划的纲领。在实践方面，特别值得一提的是南通的城市规划和建设。1895~1925年，在中国实业家张謇推动下，南通为了发展近代工业和航运，开辟了新工业区和港区，建立了多核心的城镇体系，旧区内辟商场、

① 董鉴泓.中国城市建设史（第三版）·中篇近代部分·第十六章中国近代城市建设中的若干问题.中国建筑工业出版社，2004
② 台北市政府都市发展局.台北市都市发展年报，1995

兴学校、建博物馆、修道路，进行了近代城市建设。"^① 我国自主正式编制近代意义上的城市规划始于 20 世纪 20 年代。民国 10 年（1921）广州建市后，出台了正式的城市规划文件《广州市城市设计概要草案》。该草案提出除原有旧城商业区外，在黄沙铁路以东、省府合署以西一带规划新的商业区。清咸丰十一年（1861）开埠的广东海边小镇汕头，城市发展迅速。汕头市政当局于民国 11 年（1922）编制了"市政改造计划"，报经广东省政府审批后于民国 15 年（1926）颁布实施，效果明显。^② 上海于民国 18 年（1929）编制了《大上海都市计划》，规划避开"租界"，在江湾一带建新市区；抗日战争胜利后，上海于民国 35 年（1946）至民国 38 年（1949）编制了"上海都市计划蓝图一、二、三稿"。这一时期，还有不少城市编制了城市规划，如无锡、抗日战争时的陪都重庆等等。但这些规划，实际作用和影响不大。

　　近代南京在北洋政府时期编制过几次城市规划，最早的是由下关商埠局于民国 9 年（1920）制定的《南京北城区发展计划》。但这些规划只是局部地区的、内容着重在市政设施方面的，并不是全面的都市计划；而且只有很少部分得到实施，只在很短的时期内起过作用。民国 16 年（1927）国民政府成立以后编制的《首都大计划》和《首都计划》，在内容和形式上引进了当时欧美城市规划的理论及方法。尤其是《首都计划》就其所规划的城市规模以及规划形式之完备和内容之全面而言，是我国近代自主编制的最早的一部城市规划。虽然由于当时的社会环境和历史原因，按规划实施的不多，但不可否认，**在民国时期的城市规划特别是《首都大计划》和《首都计划》的指导下，民国 16 年（1927）到民国 26 年（1937）十年间是南京近代史上城市建设最为集中、最有成效的时期，南京的城市格局有了明显的改变，初步呈现出现代都市的风貌。**

12.9.2　《首都计划》与《首都大计划》

12.9.2.1　《首都计划》融合了《首都大计划》

　　《首都计划》无疑是南京近代史上一部最重要的都市计划。但是，《首都计划》是在《首都大计划》的基础上制定的。《首都大计划》无论是在指导思想上还是在路网结构等规划内容上都对《首都计划》产生了很大的影响。而且民国时期南京的主要路网结构还是按照《首都大计划》实施的。《首都大计划》比《首都计划》更切合实际，与规划的实施关系更紧密。只是《首都大计划》没有《首都计划》那样完备。应该给予《首都大计划》对南京的作用和在南京城市规划史中的地位以应有的肯定。《首都计划》与《首都大计划》是一脉相承的，可以认为《首都计划》融合了《首都大计划》。

---

① 　吴良镛．城市规划．中国大百科全书·建筑园林城市规划．中国大百科全书出版社，1988
② 　庄林德，张京祥．中国城市发展与建设史·7 中国近代城市．东南大学出版社，2002

1. 指导思想

《首都大计划》提出了"农村化"、"艺术化"和"科学化"的指导思想，这一提法是比较完整的、全面的。其中认为"现代大城市居民的生活往往过于反自然"，主张"注意供给清新自然之环境"，"南京市的建设，不要单是欧化"，"东方文化历史悠久，不必模仿人家"，"不要按照巴黎或伦敦资产阶级化的都会式样，依样仿造"等，都是很有见地的思想，今天读来，仍觉颇具现实意义。《首都计划》并没有另提，只是很好地接受了这一指导思想，并在"建筑形式之选择"等内容中作了具体的体现，使这一指导思想通过《首都计划》的实施得以贯彻。而孙科在其《首都计划》"序"中所谓"欧美科学"与"吾国美术"的提法并没有超越《首都大计划》的指导思想。

2. 道路骨架

对南京城市格局起主要作用的中山大道是在民国17年（1928）初《首都大计划》的初稿中首次提出的，在民国17年（1928）夏《首都大计划》的二稿中作了调整并最后确定。《首都大计划》的二稿还规划了子午线——中央路。中山大道就是按照《首都大计划》二稿的道路走向于民国17年（1928）8月动工的，此时，《首都计划》尚未开始编制；中山大道于次年5月完成第一期工程时，《首都计划》尚未编制完成。《首都计划》沿用了这一路网结构。《首都计划》中"道路系统之规划·（二）现在道路状况"一节就提到"最近完成之中山马路，由下关直达总理陵墓，连贯下关、鼓楼、新街口、明故宫，及所拟定之中央政治区等之重要地点，且与市内各路之连接，亦易于设计。观于现筑之子午线，即可知其情形，故实为一绝好之主要干路"。而中山大道和子午线——中央路恰恰是民国时期城市规划付诸实施的主要内容。

12.9.2.2 《首都计划》的时代价值

融合了《首都大计划》的《首都计划》具有一定的时代价值。

1. 我国第一部近代意义上的城市总体规划

从前述中国近代城市规划的历程可知，不同于近代百年间我国出现的其他城市规划，或由外国占领者主导，或只涉及城市的局部地区，《首都计划》由中国政府组织编制，规划范围涵盖全市域，内容包括市政建设的方方面面，编制程序和成果完备，称她是我国第一部近代意义上的城市总体规划是当之无愧的。

南京的首都地位，更使这部规划具有广泛的社会影响和时代价值。诚如具体承办《首都计划》的"国都设计技术专员办事处"处长林逸民在《呈首都建设委员会文》中所说，"我国实行都市计划，实始于职处之成立，此次设计不仅关系首都一地，且为国内各市进行设计之倡。影响所及，至为远大"。

2. 具有区域观念和战略眼光

林逸民在《呈首都建设委员会文》中说："查城市设计外国早已盛行，近且城市与城市之间，即未开辟之地，亦为设计所及。……加以全部计划皆为百年而设，非供一时之用，且具整个性质，不能支节拟定"。"各项面积、长度，皆系按切现在将来情形从长拟定，务使首都一经建设，种种皆臻于最适用之地位，……将使首都一地不独成为全国城市之模范，并足比伦欧美名城也。"^①确实，《首都计划》具有一定的区域观念和战略眼光。中央政治区地点在紫金山南麓，就不能不说是一个有长远眼光的选择。

可惜的是，正是由于过于理想，脱离了当时实际。长远目标与眼前现实总是一对绕不开的矛盾，也许这是规划工作的必然逻辑。

3. 崇尚自然和提倡民族化

《首都计划》和《首都大计划》明确提出崇尚自然和提倡民族化的指导思想，这些提法在今天看来仍具现实意义。

在编制《首都大计划》时，时任南京市长何民魂认为，"现代大城市居民的生活往往过于反自然，过于不健全，所以主张都市田园化于城市设施时，注意供给清新自然之环境。"提出城市要"农村化"，即"田园化"。《首都计划》在确定"国都界线"时说，"查名胜地方，如雨花台、牛首山、燕子矶、三台洞、玄武湖、莫愁湖、幕府山、紫金山等，均为市民暇时游玩之地，故悉划入界内以利市民。"

何民魂还提出"南京市的建设，不要单是欧化，而把东方原有的艺术失掉。因为东方文化历史悠久，不必模仿人家。""不要按照巴黎或伦敦资产阶级化的都会式样，依样仿造。"孙科则提出《首都计划》以"欧美科学之原则"与"吾国美术之优点"相结合的指导原则。

《首都计划》对不同建筑类型的"建筑形式之选择"提出了明确而具体的要求，深刻影响了民国时期建筑风格的探索。

4. 建立全国城市规划工作体系的尝试

《首都计划》拟定了《城市设计及分区授权法草案》和《首都分区条例草案》。《城市设计及分区授权法草案》是为中央政府拟定的对于市政府进行设计之授权法。法案规定了城市规划（城市设计）的组织机构及其权限、规划编制（制定地图）、土地分区管理、建筑管理以及法律责任等，设想了全国的城市规划（都市计划）工作体系。很显然民国 28 年（1939）公布的《都市计划法》吸收了《城市设计及分区授权法草案》中相当一部分条款内容。

12.9.3　规划的程序和方法

12.9.3.1　《南京市都市计划大纲》

《都市计划大纲》不是一部完整的都市计划，但是，"先明确纲目，待以后详细补充计划的细枝末节"，"大纲要求规划不定年限，方案可以'随时修正，

---

① 林逸民.呈首都建设委员会文.国都设计技术专员办事处.首都计划，1929

以资适应'"的做法和提法，从城市规划的方法论角度讲，是很有见地的，很值得借鉴。

12.9.3.2 分区管理

《首都计划》拟定了《城市设计及分区授权法草案》和《首都分区条例草案》，拟采用中央授权地方依法对城市土地的使用实施分区管理。《城市设计及分区授权法草案》是我国最早的关于城市分区管理的法案，虽然最终未正式成为法律，却影响深远。民国25年（1936）10月南京市政府颁布《首都分区规则草案》，民国28年（1939）公布《都市计划法》，显然都参照了《城市设计及分区授权法草案》和《首都分区条例草案》。

这些都借鉴了美国的"区划"制度。

美国的区划（Zoning）是一种政府法令，它依据宪法条款规定的"管辖权"（Police Power）由城市政府对城市土地的使用实施分区管理。区划的一项主要内容是关于土地使用性质的限制，对市区的每块土地都具体规定了允许的用途，提出避免用地之间的相互干扰的原则。此外，区划还对建筑物的高度和体积、建筑物的占地面积比和人口密度等做出限制，如建筑高度和后退红线、天空曝光面、容积率以及相应的奖励办法等。

"分区管理"制度是从规划编制到规划实施的一种有效管理手段。只是限于当时条件，这一制度始终没有有效施行。

12.9.4 南京近代城市格局的形成：一条轴线，三个中心

《首都大计划》和《首都计划》效仿当时美国一些城市，采用放射形及方格网相结合，形成以新街口环形广场为中心，以中山北路、中央路、中山路、中正路（今中山南路）、中山东路、汉中路为骨架的道路系统。这一道路系统的主骨架的建设是民国时期城市规划实施中最为成功的范例。中山大道（中山北路、中山路、中山东路）"三块板"的道路断面形式，山西路、鼓楼、新街口等圆形广场，以悬铃木为行道树形成的"绿色隧道"，加之两旁还分布着国民政府的一些重要的行政办公建筑和文化建筑，使中山大道成为民国南京的一条主要轴线。这一道路系统和空间布局形成了民国时期南京主要的城市格局，树立了孙中山铜像的新街口广场，更成为南京的主要标识地之一。（图12-9）

而近代工业、商业服务业和基础设施特别是津浦、沪宁两条铁路的布局，使下关成为南京重要的结点，与新街口、夫子庙一起三足鼎立。

这样就构成了近代南京"一条轴线（中山大道）、三个中心（下关、新街口、夫子庙）"的城市布局结构。

民国时期的城市格局彻底摆脱了我国古代城市，尤其是都城以皇宫为中心、轴线对称的传统形制。

12.9.5 传统复兴建筑——建筑风格的探索

在遵循"欧美科学之原则"的同时，在建筑设计特别是建筑群的规划设计上却体现了强烈的民族传统意识。以中山陵规划设计方案竞赛为标志的传统复兴建筑思潮，在《首都大计划》和《首都计划》的指导思想引导下，趁着国民政府定都南京的机会，以南京为主要基地，得到了广泛流传和造成了深刻影响。

在南京，中国近代第一代建筑师们身体力行，在城市规划和建筑设计中作了不懈的努力，对在新式建筑中如何体现中国传统作了各种探索，其中不乏传世杰作，如吕彦直规划设计的中山陵。

如前所述，民国南京的建筑风格的主流是传统复兴建筑，而具体设计手法可归纳为宫殿式、混合式和装饰艺术式三类。这三类设计手法是当时的时代风格，实际上也是尝试"中国款式"建筑的必由之路。所以，即使在 1949 年以后，甚至到了现在，探索建筑的民族形式的尝试，大体也可归入这三类模式。

民国时期建筑师们对建筑风格的民族化的追求是难能可贵的。但这一时期很短暂，真正有价值的就是所谓"黄金十年"。在这么短的时间里不可能形成成熟的完整的所谓民国建筑风格。民国建筑风格是个探索过程。

12.9.6 民国南京城市规划的缺憾

12.9.6.1 规划的内容

民国时期的规划，其制定、审批等程序没有得到规范，《都市计划法》直到民国 28 年（1939）才公布施行，当时正值抗日战争。所以，不仅北洋政府时期的规划从内容到程序，很不统一；国民政府时期的规划也很不规范。

《首都计划》是一部内容相当完备的总体规划（《都市计划法》称《主要计划》）性质的都市计划，而且不仅有总体规划的内容，有些部分还涉及详细规划，如中央政治区、市行政区、文化区等都有专门的平面图和鸟瞰图，甚至有"城门正面图"。这些内容对于相当于总体规划层面的规划而言本是可有可无的。

《首都计划》没有一张完整说明功能分区的总体规划图（或称城市总图），不能不说是一大缺陷。59 幅附图中有"首都市郊公路暨分区图"，但对功能分区的表述不全。另有一幅"首都城内分区图"。这里的"分区"是指《首都分区条例草案》中的"第一住宅区"、"第一工业区"等"分区"，与"中央政治区"、"文化教育区"等功能分区是不同的。《首都计划》的"功能分区"只有文字的表述。现在从有些书刊上见到的"'首都计划'（南京）城市总图（1929 年）"或"'首都计划'（南京）用地分区图（1929 年）"并不是《首都计划》原有的附图，而是后来根据《首都计划》的文字说明绘制的。

12.9.6.2 规划的实施

民国时期的《都市计划法》公布施行时值抗日战争，南京的规划没有及时修订和审批，当在情理之中。因此很多内容没有付诸实施，也就可以理解了。

《首都大计划》和《首都计划》除了上述路网以外，就都没有得到多少实施。特别是城市功能分区除位于山西路、颐和路一带的住宅区建了第一区外，基本上是落空的。如中央政治区地点推荐在紫金山南麓，由于当时该地区仍属荒郊，各部都不愿去，而陆续建到了交通和市政设施便利的中山北路两侧。傅厚岗的市行政区和安排在江南的工业区也都没有实现。中央机关尚且如此，《首都计划》的命运可想而知。但实施的结果也说明《首都计划》确有脱离实际之处，有些内容已在后来的《首都计划的调整计划》中作了修改和深化。

12.9.6.3　路网与城市肌理

《首都大计划》和《首都计划》的路网的实施，虽然促进了南京的近代化，但对于南京的不利影响也是很明显的。南京的城市肌理自六朝、南唐以至明清是一脉相承的。不论是河道水系、道路街巷，还是宫城轴线，都大体西南——东北走向，一般为南偏西约14°（六朝、南唐）和南偏西约5°（明）。所以，正南正北的子午线（中央路、中山路）和45°对角线（中山北路）的主干道显然与城市原有肌理是不相吻合的，新的路网格局重叠在原有肌理上，造成很多不规则的、锐角形的地块和畸形的交叉口。

其实，《首都计划》也认识到并明确地指出了这一点，"对角线之干路，……不可不设，惟设之过多，不独交通上之管理极感困难，且令多数地面成为不适用之形状。"

12.9.6.4　住宅区

《首都计划》住宅区的安排必然加剧贫富差别，加剧阶级矛盾，这当然是那个时代无法避免的。《首都计划》明确，供给"入息低微之工人"和"因拆屋而无家可归之居民"住用者在旧城"城南、城西、城中人烟稠密诸区"；供给"政府职工"住用者在后湖东北及"中央政治区"东西南三面。对于高收入者在城北设有高级别墅区。

12.9.6.5　市政建设与古迹的关系

中山大道作为迎榇大道固然是从下关码头到中山陵的一条合理路径，而且中山大道以其"三块板"的断面形式、圆形广场和法国梧桐为行道树，形成了南京的一大特色。但是，中山东路从当年明宫城的奉天门和奉天殿之间横穿，虽然避开了西安门—西华门—东华门—东安门这条横轴，使西安门、西华门、东华门等遗迹得以保存，但仍将明故宫遗址一切两半，不能不说是一大遗憾。

其实，《首都计划》本来就没有要把明故宫遗址作为一个整体保留下来的打算，这里是中央政治区选择地点之一。这样，中山东路横穿明故宫遗址，也就不足为奇了。

还有一处留下遗憾的是：陵园路从明孝陵大金门和神功圣德碑亭之间穿越，切断了明孝陵的神道。如果能将陵园路移到大金门南通过，就保持了明孝陵大金门以内的陵区的完整性。

第6篇
全新时代　曲折前行

1949年4月23日，南京翻过了作为我国古代、近代史上最后一个都城的历史，展开了崭新的一页。

新中国的成立，全国的城市规划、建设的体系和机制都发生了翻天覆地的变革。不仅古代的规划体系不复存在，近代的规划体系也必须摒弃。但人类的历史总是延续的，新南京是从旧南京演变而来的。

南京从首都变成省会。此后30年，历程虽然曲折，但南京和全国其他城市一样，城市建设取得了显著成绩，城市面貌发生了很大变化。

南京长江大桥的建成，以及与此相应的城市基础设施的建设，使南京的城市布局结构发生了根本性的改变。南京形成了"一条轴线、一个中心区"的布局结构：中央路—鼓楼广场—中山路—新街口—中山南路成了一条主要轴线；鼓楼—新街口地区成为南京的市中心。

城市性质的改变和当时的政治经济条件的制约，南京不是重点发展地区。但是，南京的规划工作者根据需要，编制了"分区计划"、"初步规划"等总体规划性质的规划和一批详细规划、专业规划。即使在"文化大革命"期间，仍然编制了"轮廓规划"。

第 13 章

过渡时期

1949 年 4 月 23 日，中国共产党领导的中国人民解放军解放南京。南京翻过了作为我国古代、近代史上最后一个都城的历史，展开了崭新的一页。5 月 10 日，南京市人民政府成立。

1949 年 10 月 1 日，中华人民共和国中央人民政府在北京成立，南京市为中央人民政府直辖市。同年 12 月，改为华东军政委员会直辖市。1952 年 9 月，南京市与苏南、苏北行政公署合并为江苏省；12 月，成立江苏省人民政府，以南京为省会；南京改辖江苏省。

13.1　过渡时期总路线

13.1.1　国家财政状况根本好转

新中国成立之初，全国经济千疮百孔，百废待兴，最为紧迫的问题是国家财政状况没有根本好转。

1950 年 6 月，中国共产党第七届中央委员会第三次全体会议确定在国民经济恢复时期的主要任务，是为争取国家财政经济状况的基本好转而斗争。

通过对工商业的合理调整，不仅使一度呈现的私营企业生产经营萎缩的态势得到迅速扭转，而且使公私关系、劳资关系的紧张局面得到缓和。主持政务院财政经济委员会的陈云在总结 1950 年的财经工作时说："一是统一，二是调整。统一是统一财经管理，调整是调整工商业。统一财经之后，物价稳定了，但东西卖不出去，后来就调整工商业，才使工商业好转。六月以前是统一，六月以后是调整。只此两事，天下大定。"[①]

与此同时，1950 年 6 月，《中华人民共和国土地改革法》正式颁布。1952 年底，除一部分少数民族地区及台湾省外，全国的土地改革基本完成，使农村的土地占有关系发生了根本变化。在中国延续两千多年的封建土地所有制被彻底废除，"耕者有其田"的理想变成了现实。[②]

经过 3 年努力，我国的国民经济得到了全面的恢复，国家财政经济状况有了根本好转。

13.1.2　过渡时期总路线和"一五"计划顺利执行

1953 年，中共中央提出了过渡时期总路线。过渡时期总路线的基本内容是：从中华人民共和国成立，到社会主义改造基本完成，这是一个过渡时期。党在这个过渡时期的总路线和总任务，是要在一个相当长的时期内，逐步实现国家

---

① 陈云 . 一九五一年财经工作要点 . 陈云文选第 2 卷 . 人民出版社，1995
② 中共中央党史研究室 . 中国共产党历史第二卷（1949~1978）. 中共党史出版社，2011

的社会主义工业化，并逐步实现国家对农业、手工业和资本主义工商业的社会主义改造。

1953 年起，我国开始执行国民经济"第一个五年计划"，进行有计划的经济建设。

根据中国共产党在过渡时期总路线的要求，"一五"计划所确定的基本任务是：集中主要力量进行以苏联帮助我国设计的 156 个建设项目为中心、由限额以上 694 个建设项目组成的工业建设，建立我国的社会主义工业化的初步基础；发展部分集体所有制的农业生产合作社，发展手工业生产合作社，建立对农业和手工业社会主义改造的初步基础，基本上把资本主义工商业分别纳入各种形式的国家资本主义的轨道，建立对私营工商业社会主义改造的基础。并以此为中心，进行财政、信贷、市场三大平衡和安排人民生活。

至 1956 年底，我国对个体农业、手工业和私营工商业的社会主义改造任务基本完成，基本上完成了对生产资料私有制的社会主义改造，社会主义的社会制度在中国基本建立起来了。

"一五"计划所规定的各项建设任务的胜利完成，使我国建立起社会主义工业化的初步基础。

13.1.3　《论十大关系》

1956 年 4 月 25 日，毛泽东在中共中央政治局扩大会议上作了《论十大关系》的报告。《论十大关系》以苏联的经验为鉴戒，总结了我国的经验，论述了社会主义革命和社会主义建设中的十大关系，提出了适合我国情况的多快好省地建设社会主义总路线的基本思想。其中关于十大关系之一的沿海工业和内地工业的关系，指出"在这两者的关系问题上，我们也没有犯大的错误，只是最近几年，对于沿海工业有些估计不足，对它的发展不那么十分注重了。这要改变一下。""沿海也可以建立一些新的厂矿，有些也可以是大型的。至于沿海原有的轻重工业的扩建和改建，过去已经作了一些，以后还要大大发展。""好好地利用和发展沿海的工业老底子，可以使我们更有力量来发展和支持内地工业。如果采取消极态度，就会妨碍内地工业的迅速发展。"[1]

13.1.4　城市规划向苏联学习

在经济工作全面向苏联学习和外交政策向苏联"一边倒"的重大决策背景下，城市规划工作也全面向苏联学习。

1952 年 9 月，在政务院财政经济委员会召开的全国城市建设座谈会上提出

---

[1]　毛泽东.论十大关系.毛泽东选集第五卷.人民出版社，1977

《中华人民共和国编制城市规划设计程序草案》，规定城市规划编制分城市规划、建设规划、详细规划和修建设计4个步骤。这个《草案》虽未正式颁布，却是新中国建国初期编制城市规划的主要依据。

1956年7月，国家建设委员会颁布了《城市规划编制暂行办法》，规定城市规划按初步规划、总体规划和详细规划三个阶段进行。初步规划是和总体规划同一性质的规划，只是由于当时许多城市因为基础资料等原因尚不具备编制总体规划的条件，可以先进行初步规划。初步规划与总体规划的主要内容基本上是一样的：确定城市性质；拟订近、远期人口规模；选择城市发展用地，划分功能分区；拟订各项用地的经济技术指标。详细规划的主要内容是对近期建设地区的住宅、公共建筑和公用事业进行合理布置，作为修建设计的依据。

"一五"期间，国家确定的156项重点工业建设项目都集中在我国西部和东北地区的十几个大中城市，因而虽然全国有150个城市编制了初步规划或总体规划，但由国家建委等中央部门批准的重要城市，只有太原、西安、兰州、洛阳、包头、成都、大同、湛江、石家庄、郑州、哈尔滨、吉林、沈阳、抚顺、邯郸15个。[1]

13.2 改造旧南京

13.2.1 恢复和发展经济

1949年的南京有人口103.69万人；建成区面积约54平方公里；市区共有各类房屋建筑面积1184万平方米，其中住宅743万平方米，人均居住面积4.83平方米；城区道路长度241公里，面积189万平方米；公共汽车20辆；电话2936部；下水道165公里；日均供水量4.02万吨；园林绿地面积1972.7公顷，公共绿地面积65.6公顷，人均公共绿地面积1.3平方米。[2]

1949年5月，南京市军事管制委员会主任刘伯承明确指出："南京是反动统治的中心，是畸形发展的消费城市"，"恢复和发展生产，是我们的中心任务"。[3]同年9月，南京市军事管制委员会副主任宋任穷在南京市一届一次各界人民代表会议的报告中提出，我们的目标是"把过去畸形发展的旧南京，改造成为真正健全繁荣的新南京"。[4]

为此，当时的主要工作是摧毁敌特组织，打击反动势力，维护社会治安；安置失业人员，开展生产自救；逐步恢复和发展工农业生产及繁荣商业。同时，

---

① 汪德华.中国城市规划史纲·8.2 20世纪80年代城市规划进展.东南大学出版社，2005
② 南京市地方志编纂委员会.南京简志·第八篇城市建设.江苏古籍出版社，1986
③ 工商业界座谈会记录.南京市档案馆
④ 宋任穷同志在南京市一届一次各界人民代表会议上的报告.南京市档案馆

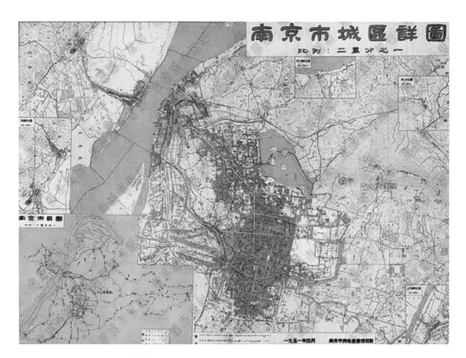

图 13-1　南京市区详图（1951）

疏散城市人口，以减轻城市负担。据统计，1949 年 6 月至 1952 年 12 月，全市共疏散回乡人员 332748 人。[①]

经过三年的努力，南京国民经济得到了恢复，1952 年全市工农业总产值达到 27632 万元，工农业主要产品的产量已超过历史最高水平。南京开始由所谓"消费型城市"向"生产型城市"转变，1949 年全市工业总产值为 5078 万元，社会商品零售额为 4657 万元，两者之比为 1 ∶ 0.917；1952 年两者分别为 24854万元和 19354 万元，两者之比为 1 ∶ 0.778。国有经济的主导地位得到确立，地方国营工业在工业所有制结构中的比重由 1949 年的 25.32% 上升到 1952 年的48.52%，私营商业在商业所有制结构中的比重由 1950 年的 92.41% 下降为 1952年的 67.29%。[②]（图 13-1）

"一五"期间，南京并非全国的重点建设城市，但工业生产规模有所扩大，尤其重工业得到更快的发展。1957 年的工业总产值达到 7.7 亿元，比 1952 年增长 2 倍多，五年间，平均年增长率达 27.5%。重工业产值的比重由 33% 上升为48%。全市工业总产值在江苏省所占比重逐年上升：1949 年为 4.2%，1952 年为11%，1957 年为 22.9%，已跃居全省首位。

[①]　南京市民政局 . 南京社会福利工作十年（1949~1959）

[②]　南京市人民政府研究室 . 南京经济史（下）· 第二章国民经济恢复时期的南京经济 · 第六节国民经济恢复和发展的成就和经验 . 中国农业科技出版社，1998

"一五"期间，南京发展最为显著的产业是化工、机械、建材和电子，为日后南京四大支柱产业打下了基础。

13.2.2　改善城市功能

1952年9月举行的全国城市建设座谈会对全国城市的分类排队中，将城市按性质与工业建设比重分为重工业城市（8个）、工业比重较大的改建城市（14个）、工业比重不大的旧城市（17个）和一般城市四类。南京属于"工业比重不大的旧城市"。[①] 1954年6月举行的全国城市建设会议的城市分类排队中，南京属于14个"市内建设若干个新工厂，只在局部地区进行城市建设的城市"之一。[②]

南京地处东部沿海，属于"工业比重不大的旧城市"、"只在局部地区进行城市建设的城市"，当然不在城市规划的重点城市之列。尤其是南京作为旧中国首都，以前所作的城市规划更理所当然地要被摈弃，南京的城市规划工作也全面向苏联学习。

"一五"期间，南京城市本着"填空补白，由内向外，紧凑发展"的原则，逐步由就地发展到开始向外扩展。

五年间，全市基本建设投资额38291万元，其中生产性建设投资23369万元，占61%，非生产性建设投资14922万元，占39%。住宅建设投资5071万元，占13.2%，建住宅190万平方米。

13.2.2.1　公共设施

1952年江苏省人民政府迁至南京，南京成为全省政治中心，随之设立的部、委、厅、局等各种机构，使城市基本人口增加。大专院校院系调整，全市大专院校从11个，增至1954年的56个（包括军事院校），教职员工和学生达12.3万人，使南京成为全省甚至华东地区重要的高等教育基地之一。五年中，新建中等学校29所，新建科研机构3个，新建独立的医疗防疫机构13个，新增病床1563张。电影院由7家增加到10家，剧场由6家增加到17家。工业生产迅速发展并成为城市的主体，1949年有工业企业58个，工业用地面积59公顷。到1957年，市区工业企业总数增加2.2倍，职工增加8倍，工业用地增加7.3倍。[③]

13.2.2.2　城市道路

五年间，新建改建道路111万平方米。新中国成立之初，城市道路以维修为主，全面整修城区主次干道，修缮小街小巷，翻修郊区道路。同时，完成了民国时期留下来未建成的中山北路、中山东路等快慢车道，提高了城区主要道路等级。

---

① 董鉴泓 . 中国城市建设史（第三版）·第十八章半个世纪以来的城市规划发展历程及其特点 . 中国建筑工业出版社，2004

② 董鉴泓 . 中国城市建设史（第三版）·第十九章现代中国城市规划与建设实践的前期 . 中国建筑工业出版社，2004

③ 南京市人民政府研究室 . 南京经济史（下）·第三章"一五"时期的南京经济 . 中国农业科技出版社，1998

13.2.2.3　对外交通

1954 年，南京军区空军司令部扩建大校场机场，将跑道加宽至 60 米，两端各修 200 米 × 60 米安全道。1956 年 7 月，南京民航由明故宫机场搬迁至大校场机场。1958 年，明故宫机场改为工业用地。

13.2.2.4　供水

三年经济恢复时期，因城市消费阶层的变化、城市人口减少及偷漏水减少，供水量大幅度下降，平均日供水量只有 2 万多立方米。到 1955 年最高日供水量仍未超过北河水厂 6 万立方米 / 日的供水能力。

随着城市生产发展、人口增加和人民生活水平提高，供水量逐年上升，1957 年最高日供水量达到 7.99 万立方米，北河口水厂超负荷运行。

13.2.3　文物古迹保护

13.2.3.1　公布文物保护单位

1949 年 5 月，南京市军管会发布关于保护公共财产、文化机关及文物古迹的布告。10 月，市政府成立文物保护管理委员会，年底，市政府颁布了《保护文物古迹办法》。

1956 年、1957 年，江苏省政府公布了南京市第一、第二批省级文物保护单位共 76 处。

13.2.3.2　城墙的保护与损毁

城墙对于南京而言是至关重要的文物古迹，近代以来一直存在存废之争。

新中国成立以后至 1954 年，南京城墙作为国家财物，受到中共南京市委、市政府的关注，得到了较全面的保护。在此期间，对城墙作了全面的调查。对许多危险地段的维修安排了计划，进行了力所能及的局部性维修。

1954 年 7 月中旬的一场暴雨引起的城墙连续崩塌事故造成严重的人员伤亡，导致有计划、大规模的拆城。

1. 保护

1950 年 1 月，南京市建设局、南京市公安局联合发出布告，严禁"私拆城墙、盗卖城砖"。1950 年 2 月 1 日，南京市军事管制委员会以主任粟裕、副主任唐亮的名义，发出布告："查本市城墙建筑完整，惟近据报告，有附近居民及少数部队前往拆取城砖挖城土，以致发生倒塌情事，此种行为不仅破坏公物古迹，抑且危害人民安全，希我全市人民妥为保护，禁止任意拆毁，倘有故违，定当严加惩处，希各周知。"

2. 增辟与开通城门

新中国成立之初，为防空疏散需要，设想在市委、市政府北面沿玄武湖的城墙下打洞。后经研究决定在鸡鸣寺东北被称为"台城"的城墙上集中打一个缺口，辟一新的城门洞，初名"台城城门"，后定为"解放门"。"解放门"于

1951 年 1 月开工，1952 年 6 月竣工。与此同时，就"台城城门"施工之便，一并整修了北侧的"后湖小门"。

为方便城内、城外通行，1953 年 3 月，市政府要求市工务局开通已经堵塞多年的定淮门、钟阜门、武定门和草场门。

3. 从自然毁坏到大规模拆除

1949~1954 年的城墙毁损，大都属于自然毁坏和局部私拆毁坏。1953 年 3 月，在开通草场门过程中发现城门拱圈漏水甚剧，情况很坏。市工务局遂建议将草场门城门拱圈拆除。在得到副市长同意后，草场门城门于 1953 年 11 月被拆除。

导致有计划、大规模拆城的直接原因是 1954 年 7 月中旬的一场暴雨。这场暴雨使雨水浸灌后的南京城墙连续发生崩塌事故，其中挹江门外绣球公园、草场门南侧、合作干校西北隅、九华山北侧以及中华门外西干长巷等地段城墙，尤为严重。1954 年 7 月 28 日傍晚，中华门外西干长巷段一处城墙突然坍塌，长达 30 余米，导致城下居民死亡 19 人，重伤 7 人，轻伤 5 人，毁坏房屋多间。为防止这类事件再次发生，由南京市建委及工务局立即组织专人对南京城墙进行了大规模普查，提出《拆修城墙工料费用概估表》和初步拆修方案，认为南京城墙"为欲长久保存，小量的养护不能解决问题，大举修葺则在国家当前情况下，似乎没有可能与必要……对今后城市的发展来说，城墙造成城区与郊区的分隔，使道路系统的分布与各个区域的联系，都蒙受到很大的影响。因此，我市认为南京城墙在原则上应加以拆除……"，同时也认为"重点保留一部分也有必要"。

1954 年 9 月，在南京市人民政府委员会及南京市政治协商委员会联席会议上，对南京市工务局提出的《南京城墙保存原则》进行讨论，获得绝大多数委员的同意。会议决定：南京"古城墙除有历史文物价值的，有助于防空、防洪及点缀风景的部分应予保留外，其他部分一律拆除"。[①] 1954 年 11 月 17 日，文化部正式电复南京市人民政府，同意所提出的拆城原则。南京市工务局于 1954 年 12 月 14 日拟定《中华门拆城临时工程处施工组织计划》，并于 12 月 31 日获江苏省人民政府批复同意。1954 年 12 月 30 日上午，南京市工务局会同市房地局、公安局、卫生局、第三区人民政府、园林处等单位讨论决定，各派员组成"中华门拆城临时工程处"，隶属南京市工务局。

由此，开始了有计划、大规模的拆城。最先拆除的是中华门东门、西门及西门至汛期倒塌缺口之间长约 40 余米的城墙。

13.3　初步规划

1953 年 11 月，南京市市政建设委员会规划处成立，即着手规划编制工作。由于当时尚不具备编制总体规划的条件，南京最初编制的规划称为初步规划。

---

① 南京市拆除城墙计划草案（1954 年），南京市城建档案馆

13.3.1　1954 年《南京城市分区计划初步规划（草案）》

1953 年，南京市市政建设委员会规划处组织专人搜集资料，编制《城市分区计划初步规划》，并参照苏联城市规划的做法和定额指标，于 1954 年 6 月完成《城市分区计划初步规划（草案）》及"城市用地分配图"。

1954 年 7 月，市政建设委员会向建筑工程部顾问、苏联专家巴拉金和克拉夫丘克汇报了南京市城市分区计划初步规划。两位专家对规划的基本骨架和市中心的位置予以肯定，同时希望继续深入研究，系统地进行规划工作。巴拉金提了 9 条具体意见，认为在城市发展方向和建筑艺术布局方面都存在不足。南京"因其为临江城市，故在规划布局方面应多考虑向长江方向的发展。""市区分配图上建筑艺术布局极不成熟。""希望立即按照具体规划设计程序搞总体规划。"

1954 年夏天，南京遭遇特大洪涝灾害。灾后，组织编制了河湖水系规划和城市公用事业等专项规划，如 1 ：5000 建成区街道网规划、1 ：1000 干道平面规划设计、市中心规划示意图等，补充和深化了城市分区计划。

《城市分区计划初步规划（草案）》全文 12 章，附图表 38 张，主要内容有：人口估算、土地平衡、建筑层数、道路系统、对外交通和绿地系统等。（图 13-2）

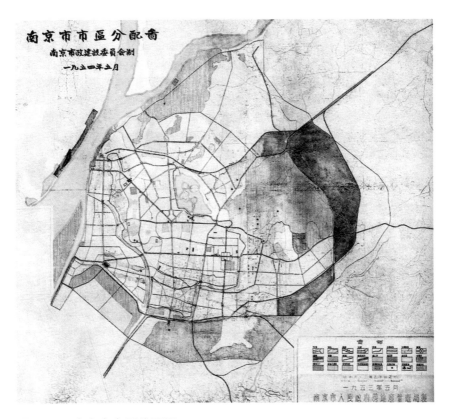

图 13-2　南京市市区分配图

13.3.1.1　规模

当时南京建成区约 60 平方公里。规划用地 160 平方公里，大致范围是：北至上元门、迈皋桥，东至孝陵卫以东，西南至小行，西至江边。迈皋桥一带可向燕子矶方向机动发展。秦淮河以西低洼地区为规划备用地。规划范围是近二、三十年规划重点建设地区，不包括独立工人镇和农业用地。

规划五年后人口达到 132.7 万人，用地 130 平方公里；二十年后人口发展到 200 万人，用地 260 平方公里。

13.3.1.2　分区

规划将全市划为居住、工业、文教、军事、港埠和市中心 6 个功能区。

市中心确定在鼓楼，布置广场和高大建筑物，并以干道使之与城市各部分相连。市中心主要设置领导机关和大型商业、文化、服务设施，而且便于游行、集会。

文教区安排在清凉山以北沿城墙一带及太平门外、中山门外、光华门外等地。

工业区，由于缺少资料和技术指标，仅从风向、长江水流和地理位置考虑，设置两个工业区：城北和上路以西地区，主要安排对水体有污染的项目；城南上新河镇西南沙洲圩地区，作为对大气有污染的工业发展用地。规划还对工业区内的电器工业区、机器工业区、水泥及化学工业区、砖瓦工业区、木材加工区、食品加工区和轻工业区进行了具体安排。

13.3.1.3　市区道路交通

规划建立环形、放射、轴线对称的道路系统。重点是利用老城区已有道路骨架构成一个基本对称、自然闭合的市中心外围环线，并将中山南路与白下路交会后延伸至与中华路相接，构成城市中轴线。

市中心外围环线的走向，城西及城西北部分基本上利用老城基，局部采用新线：由城西南角起经水西门、汉中门、草场门、老虎洞，跨中山北路、金川门、小北门至中央门。环线城东北段路线：利用现有的环湖路路基，由中央门经铁路客运总站，至太平门。这一段路线穿过玄武湖与紫金山之间，风景优美。向湖一面，有条件增辟林荫道。环线城东及城南路线：由太平门向南，利用已开辟的新解放路，跨珠江路后开辟新线，经西华巷（此段因牵涉大量房屋拆迁及毗卢寺古迹，具体走向尚待进一步研究），沿秦淮河东岸（沿河一段可增辟林荫道），至双桥新村，折向西沿铁路至客货混合站及中华门仓库区，与环线西段构成全环。

13.3.1.4　对外交通

1. 铁路

规划将老城区的铁路"京市铁路"（俗称"小铁路"）拆除。此时的"小铁路"乘客有限，主要功能已成为沪宁铁路和宁芜铁路的联络线。而沪宁铁路和宁芜铁路的联络线仍恢复至紫金山以东。列车编组总站设在尧化门以东。考虑到将来架设长江大桥，客运总站移至和平门东、玄武湖北。

2. 港口、码头

除下关、浦口的港口、码头外，增设上元门工业码头、燕子矶危险品码头和上新河木材码头。

规划提出，河川水道系统必须为城市居民服务。南京下关港区界线，除上游外，一般下移至中山码头。拟将中山码头以南的九甲圩一带江岸划为风景地带，加以绿化，建立住宅区。

3. 长江大桥桥位

规划初定长江大桥桥位有两处：下关草鞋峡附近幕府山与对岸大顶山之间；燕子矶下游乌龙山附近。

13.3.1.5 绿地系统

规划玄武湖、莫愁湖和雨花台为全市性文化休息公园，紫金山为森林公园，与河道、干道绿地共同构成城市绿地系统。

13.3.1.6 市政公用设施

1. 给水

根据 1952 年调查统计，全市用水人数（不包括部队人数）约为 67.3 万人，全年总给水量为 737.3 万吨，平均每人每日供水 18 升，水厂日供水能力为 5.83 万吨。规划认为，二十年后南京可能有 150 万人，以人均每天用水 150 升计算，日需水量达 225 万吨。所以自来水厂的规模将大力扩充至 8 万吨。南京市规划工业区在北郊燕子矶一带，为了供给工业用户及繁荣北郊，规划在燕子矶笆斗山附近江边增设一水厂，其容量与现有水厂相同，即两厂总共达到日供水 16 万吨。

2. 排水

全城沟渠依地形分为 5 个主要区域。①城南区：面积 2475.3 公顷，以城内秦淮河为出口，经东、西两水关出护城河（城外秦淮河）入长江，间有个别沟渠出口注入水塘。②城北区：面积 1883 公顷，以城内金川河为出口，入长江。③汉中门区：面积 54.3 公顷，经汉中门，以护城河为出口。④下关区：面积 48.8 公顷，各沟渠分别以惠民河或长江作出口。⑤浦口区：面积约 200 公顷，以长江或池塘作出口。

规划建议，沟渠系统基本上采用分流制，在已有沟渠地区（合流制），视实际情况采用分区混合制。结合道路系统及房屋建筑的改造，分期分区按排水面积进行改造，调整管线，逐步齐全系统。出口水系，根据目前情况及将来需要，分别在混合制及分流区埋设截水管，污水分区抽出城进行处理或稀释。逐步疏浚秦淮河及金川河，在外秦淮河东、西水关之间修建节制闸，抬高上游水位，冲洗城内秦淮河，并考虑城内的航运。引玄武湖、前湖、琵琶湖水在必要时冲释城内河流，以补东、西水关外秦淮河进水之不足。河岸设园林道，保护水流，增加绿地，美化城市。

3. 电信

规划提出南京电信局设于游府西街。城内设 2 个电话自动局，城南设于游府西街，装置电话 2400 门；城北设于鼓楼，装置电话 1600 门。市内电话线路在经济繁荣后争取逐步改为地下电线。郊区重要集镇要逐步设置电话交换总机，以增加电话的容量。浦口、浦镇、上新河 3 处的交换总机要扩充。广大农村待将来繁荣后要逐步设置电话。

13.3.2　1956 年《南京城市初步规划（草案）》

"一五"计划的顺利实施，毛泽东主席《论十大关系》精神的贯彻，使南京的建设项目有了很快的增加，特别是教育事业和工业。至 1956 年，南京已有大学及中专院校十几所，千人以上工厂增至 27 个，还有中央各部委来选址建厂十几处。此时，国家建委负责人曹洪涛来宁时指出："像南京这样的老城市，应该承认现实，利用现实，合理发展。中央针对'一五'前期工作中存在的问题提出的'城市由内向外，填空补白，紧凑发展'的精神，比较符合南京的实际情况。"

在这样的形势下，市规划部门开展了对 1954 年《城市分区计划初步规划（草案）》的修订工作。

1956 年 5 月，国家城市建设总局顾问、苏联专家巴拉金和总局规划局副局长王文克来南京指导工作，听取市工务局关于规划工作的汇报。

在大量搜集资料和多次听取专家意见的基础上，1956 年 11 月形成《南京市城市初步规划草图（初稿）》。后又经反复修改，1957 年底基本完成了《南京市城市初步规划（草案）》。（图 13-3）

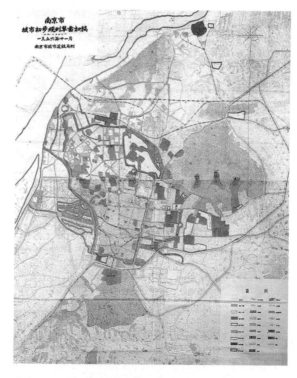

图 13-3　南京市城市初步规划草图初稿

13.3.2.1 城市性质

规划确定："南京为全国交通工业城市之一，工业生产将随着全国的经济发展而发展，造船工业、电子器材、食品工业及纺织工业均有一定的发展和新建；南京具有文化中心的特点，南京为省会所在地，并为华东军区所在地，为军事和政治中心之一；南京因自然及历史条件所形成，具有风景名胜古城的特色。"

13.3.2.2 城市规模

市区用地为 160 平方公里（包括紫金山），人口控制在 130 万人。考虑到南京城区和附近地区地形条件的限制以及遵循"城市不宜发展过大"的原则，130万人为南京城区人口的极限。

13.3.2.3 规划布局

1. 工业

规划的重点是工业区的选址和工业用地布置原则的确立。在安排新建工业时，若城区人口超过 130 万人时，则将此类单位安排在卫星城镇。城区内原有工厂除个别有害工厂须逐步迁移外，应承认现实，并从勤俭建国的角度出发就地扩建。新建和扩建的工厂要根据经济和安全兼顾的原则，分别集中在中央门外和中华门外两处工业区。

燕子矶地区为化工类等对城市污染较重的工业区；东井亭以西至和上路两侧为一般工业区；上元门以西至宝善桥沿江一带为造船和食品工业区；中华门外五贵里一带为机械制造工业区。

2. 教育

大专院校用地，除原有学校和已安排在建学校外，考虑到城区居住用地不足，规划提出在中山门外、太平门外和石门坎一带发展新校区。

3. 居住

居住用地以工厂、学校等集中地区为单位，分区平衡。全市规划干道所包围的居住地段共 108 块，合计居住用地面积 4614.9 公顷，人口密度为每公顷350~600 人。

4. 市中心

照顾到历史形成的实际情况，提出不将行政、商业和文化活动中心分散布置。鸡鸣寺仍为市行政中心；省政府在长江路原址或迁至明故宫遗址；新街口—鼓楼为商业文化活动中心，两者之间的珠江路、广州路改为林荫大道；珠江路以北为大型游行集会与文化活动中心；夫子庙为传统的商业娱乐中心。由于城市将向北向东发展，规划还考虑设置 16 个区中心。

13.3.2.4 道路交通

市区干道系统对 1954 年《南京城市分区计划初步规划（草案）》的修正不多。主要有两个方面。一是取消难以形成的环路规划，另规划两条联系长江大桥与城东南的过境快速干道；二是将中央路、中山路自长江路以北的宽度由 40 米改为 60 米。

城市干道系统按照不同功能分为三类。一为市区主要干道：东西向干道有汉中路—中山东路、北京东路—北京西路、建康路—大光路（以上道路均向西端延伸）和模范马路等，南北向干道有中央路—中山路、中华路、西康路、解放路—公园路、御道街、成贤街、热河路等；二为工业运输道路：城北地区有和上路、和燕路、迈皋桥—张庙路、模范马路—西康路，城南地区有集合村—中和桥路、大光路、宁芜路等；三为对外公路穿市区线，主要考虑长江大桥建成后南北公路交接汇成一个系统。

13.3.2.5　对外交通

规划配合铁道部门对长江大桥桥位进行比较、研究，推荐在下关宝塔桥以东 300 米左右跨江的方案。

铁路规划，在市内铁路拆除后，沪宁铁路和宁芜铁路的联络线有两种方案：铁道部设计院提出从玄武湖以东经富贵山、中山门外、光华门至中华门的穿城方案。规划认为此方案对城市发展仍有诸多妨碍，主张利用尧化门至中华门的铁路老路基，恢复抗日战争前的线路。火车客运站仍为和平门东、玄武湖北，另增钟阜门外、中华门外两个货站和仓库区以及若干工业专用线。编组站在尧化门沪宁、宁芜两线联络分岔处以东，沪宁正线以南地区。浦口调车场可仍维持原状作为浦口、浦镇地区性的编组站。

13.3.2.6　市政公用设施

1. 电力

规划提出扩建下关发电厂。规划两条 110 千伏高压线线路选线：①宁望线。自下关发电厂出线至安怀变电所，由变电所再出线绕过城北工业区往望亭，以适应城北工业区的供电需要。②宁马线。自下关发电厂出线进入邓府山变电所，再由变电所出线往马鞍山，以适应城南工业区的供电需要。规划还对城南、城北变电所进行了选址安排，对西华门、东门街、中华门等变电所提出扩建或调整意见。

2. 电信

无线电收发讯区。南京市的发讯区宜划定在中华门外区域范围；南京市的收讯区划定在中山门外高级步兵学校以南；人民广播电台发讯区在江东门外的电台发讯区域。远景规划，收发讯区以分布在市中心区的两侧为宜，以避免主要接收方向或主要发射方向经过市中心区。

电信系统。市内电话规划确定了电话密度、交换区的划分、各个自动分局的容量。第二个五年计划期间扩建自动交换机容量 2000 门。配合城市道路修建工程新设地下电缆管道。

13.3.3　大厂镇初步规划

大厂镇位于长江北岸，20 世纪 30 年代，永利化学工业公司南京硫酸铔厂选址于六合县卸甲甸。永利铔厂在当时号称"远东第一大厂"，后卸甲甸成为大厂镇。1952 年 10 月划归南京市。

　　大厂镇规划开始于 1955 年，一直进行到 1958 年。规划由南京市市政建设委员会组织编制。首先提出"有关大厂镇市镇规划若干问题的调查和初步规划意见的说明"和"大厂镇市镇规划草图"的四个方案及其综合说明等图纸文件，于 12 月中旬向重工业部化学工业管理局和国家城市建设总局汇报。

　　规划包括的主要内容有：①大厂镇人口现状及规划人口构成；②现有居住用地的适用性和居住用地选择的意见；③居住、居住建筑情况和居住区改造的意见；④几项公用设施的现况和改善意见；⑤初步规划草图几个方案的综合简要说明。

　　关于大厂镇人口规模，采用基本人口比重法对近期（1962 年）规划人口进行了预测。规划大厂镇基本人口为 7500 人；根据"规划暂行定额草案"推算服务人口为 2800~3500 人，被抚养人口为 14000 人，合计近期规划人口 25000 人。

　　大厂镇初步规划草图拟制过程中，着重研究这样几个问题：居住区用地的发展方向、市镇中心的位置、工业远景发展的用地指标以及铁路站线的布置等。对以上问题，试图在不同方案中研究不同的解决方法。但由于资料依据不足，加以缺少经验，规划未能集中成一个全面而成熟的方案。（图 13-4）

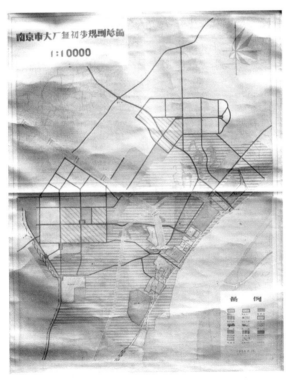

图 13-4　大厂镇初步规划总图（1958）

13.4　详细规划和专项规划

市规划部门在主要精力投入全市的城市初步规划的同时，也结合初步规划和当时建设的需要进行了少量详细规划，或与有关部门共同编制专项规划。

13.4.1　住宅区规划

新中国成立初期，旧城改造执行"由内向外，填空补白，紧凑发展"的原则。1949年4月，旧城内农地尚占旧城内土地总面积的27.35%。住宅建设总的思路是：充分利用原有基础设施和住房，不征或少征地，不拆迁或少拆迁，根据财力，因陋就简、因地制宜地通过对危旧房和棚户区的维护和改造，以保障居民起码的住房需求；有条件时，再进行小量新建。新建住宅用地一般在建设单位院内或附近菜地、农田、池塘等空地上就地解决。

13.4.1.1　五老村

五老村为白下区一住有214户的棚户区，村内草屋低矮破烂，卫生条件极差。1952年开始，结合爱国卫生运动，群众自己动手，政府帮助，将五老村破旧杂乱的棚户拆除，填平37个污水塘、2条臭水沟，按统一规划建成一批水电齐全、砖木结构的平房。

为了推广五老村的经验，规划部门选择宝善街、新街口摊贩市场和下码头三处，做了简易规划示范。

13.4.1.2　工人新村

为了安排市劳动模范和厂矿的优秀工人，1953年在芦席营西、南昌路南规划建设了工人新村。新村除保留原有部分建筑外，36幢2层砖木结构的住宅均为南北向行列式布置。总建筑面积2.4万平方米。住宅每层设公用厨房、公共厕所、公用自来水龙头，有较完善的下水道、道路和照明用电系统。（图13-5）

13.4.2　1954年《南京市市中心比较方案初稿》

结合编制《城市分区计划初步规划》，1954年5月拟订了《南京市市中心比较方案初稿》，提出市中心鼓楼和蓝家庄的比较方案。方案对两处在位置、地形、城市艺术布局、交通情况、历史意义、地基条件、工程准备条件、建筑层数和发展现实性等9个方面作了相当详细的比较，并绘制了市中心示意草图。（图13-6）

13.4.3　1956年《南京绿化规划初步意见》

1956年5月编写的《南京绿化规划初步意见》分析现有绿地分布不合理，

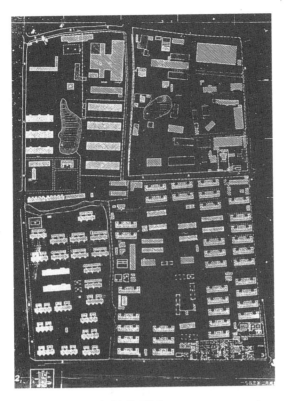

图 13-5　工人新村总平面

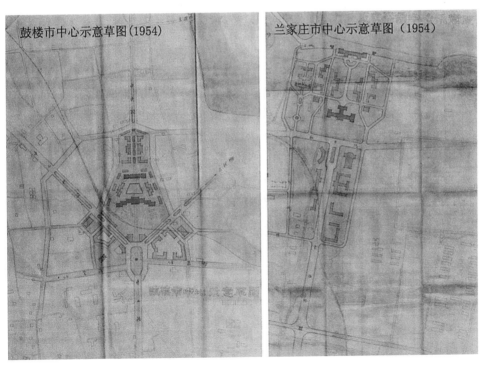

图 13-6　市中心鼓楼和蓝家庄的比较方案

主要分布在城东北隅，服务效能受到很大限制，城西南人口稠密地区，绿化条件反而很差。《意见》按照合理分布的原则，提出开辟城南雨花台、城西莫愁湖两个大型公园，并组织城区隙地植树，以改善绿化条件，并在居民区内适当分布区公园和小花园。规划将城区绿化按用地性质分为城市公用绿地、城市专用绿地、郊区森林公园、苗圃四个部分进行阐述，并分别提出今后五年的发展计划。

13.4.3.1　城市公用绿地

城市公用绿地包括文化休息公园、区公园、街心花园、儿童公园、绿化广场、行道树、林荫道等。1955 年底南京有公用绿地 168.09 万平方米，如以南京 100 万人口计算，每人约占 1.68 平方米。计划自 1956 年至 1962 年继续新建城市公用绿地 635.15 万平方米，达到每人 8 平方米。公用绿地的建立分基本布景和补充布景两个步骤，前三年完成基本布景以奠定绿地规模。后四年（1959~1962）继续在完成基本布景面积上逐步增加建筑和服务设施，充实游览内容，完成补充布景，以提高绿化质量。全市性文化休息公园由市政投资，区公园以下绿地采取民办公助方式进行，国家给予不同程度协助和资助。

13.4.3.2　城市专用绿地

城市专用绿地包括各种城市防护林及街坊内部绿地。当时，城市防护林尚未正式建立，街坊内部及城区零星隙地可绿化的共有约 1825.33 万平方米（其中已初步绿化的为 1172.73 万平方米，空地为 652.60 万平方米）。计划每亩种乔灌木 160 株，3 年完成。1959~1962 年在已完成的 1825.33 万平方米的基础上，根据结合生产提高绿化质量的原则，增植部分果树和珍贵观赏树，达到每亩 200 株的绿化标准。

13.4.3.3　郊区森林公园

森林公园包括中山陵、雨花台林区和城区富贵山西北山区，郊区栖霞山、玄武湖外围等风景林。计划 1957 年将约 200 万平方米宜林荒山全面绿化，1958~1962 年对原有森林和新造幼林不适宜的树种逐步进行更新和改造。

13.4.3.4　苗圃

《意见》提出自 1956 年起科学研究机关和农林院校的公营苗圃，在不妨碍教学和研究原则下逐步组织到城市绿化计划中来，并适当组织和辅助城区群众自办小苗圃。1957 年底拟将苗圃面积扩充到 106.67 万平方米，1958~1962 年维持约 120 万平方米，多育生长快速、栽培养护技术粗放的树种，以满足群众植树的需要。

13.4.4　风景名胜区规划

13.4.4.1　中山陵规划分区图

1949 年以后，中山陵园受到全面保护。1953 年，有关部门编制了"中山陵规划分区图"。（图 13-7）

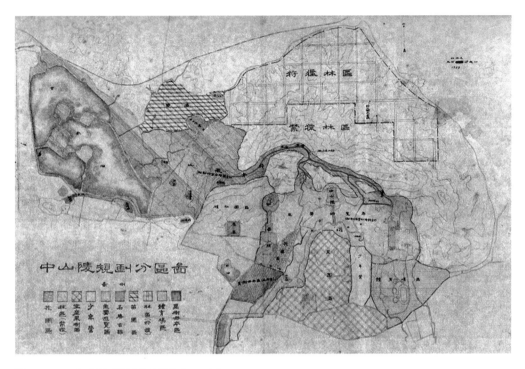

图 13-7　中山陵规划分区图（1953）

13.4.4.2　雨花台烈士陵园

在国民党统治时期，雨花台是共产党人和革命志士的殉难地。1949 年 12 月 12 日闭幕的南京市第一届第二次人民代表会议通过在雨花台兴建烈士陵园的决议。1950 年 1 月 "南京市兴建人民革命烈士陵筹备委员会" 成立。是年 7 月 1 日，在雨花台主峰举行了纪念碑奠基仪式，同时在东、西、北三个烈士殉难处，分别建立 "革命烈士殉难处" 的纪念性标志。8 月成立筹备委员会设计委员会负责陵园的总体规划设计及碑、馆设计，由杨廷宝教授担任主任。9 月 4 日，市政府批复明确陵园边界为：以雨花台为中心，东北至淞沪抗日阵亡将士纪念塔，南至尹家山南麓，西至宁花公路，北至宁芜公路起点处。1951 年 9 月市城建局园林处绘制《烈士陵造林规划图》，1952 年兴建 "死难烈士万岁" 纪念碑。1954 年市工务局设计科编制《雨花台公园第一期工程规划》，开始大规模的植树绿化。1954 年和 1957 年南京军区后勤部与市民政局在雨花台西南的望江矶修建了皖南事变 "三烈士" 墓及革命军人公墓，归雨花台烈士陵园管辖。（图 13-8a、图 13-8b）

13.4.5　关于城墙：《南京市拆除城墙计划草案》

1954 年由南京市市政建设委员会拟定的《南京市拆除城墙计划草案》是在当时条件下提出的一份关于南京城墙存废的规划设想。

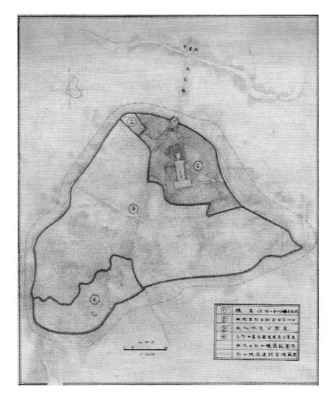

图 13-8a　烈士陵园规划范围草图

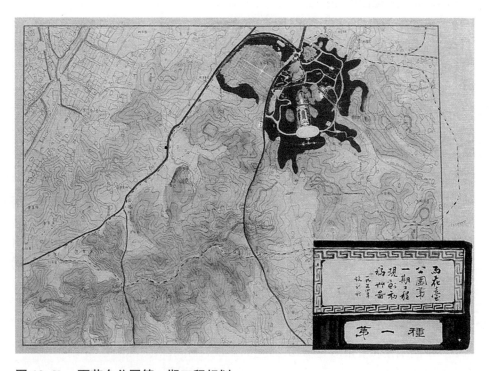

图 13-8b　雨花台公园第一期工程规划

1955 年，时任南京市文物保管委员会主任的杨仲子在南京市政协组织召开的"关于拆除城墙问题座谈会"发言中说："清光绪年间就有人主张拆城建火车站；民国时期又有人主张拆台城，故城墙拆与不拆问题已有几十年历史，一直到今天未能解决这个问题。"

1949 年至 1954 年的城墙毁损，大都属于自然毁坏和局部拆毁。1954 年 7 月中旬的一场暴雨，使雨水浸灌后的南京城墙连续发生崩塌事故，中华门外西干长巷段一处城墙突然坍塌，导致城下居民伤亡多人。

为防止这类事件再次发生，由南京市建委及工务局立即组织专人对南京城墙进行了大规模普查。根据调查，南京市工务局提出了《南京城墙保存原则》，并获得 1954 年 9 月南京市人民政府及南京市政治协商委员会联席会议同意，决定：南京"古城墙除有历史文物价值的，有助于防空、防洪及点缀风景的部分应予保留外，其他部分一律拆除"。[①] 为此，南京市委、市政府书面报告江苏省委、省政府。江苏省政府批准南京市委、市政府意见并上报华东局及中央。华东局同意省委、省政府意见报中央，并要南京拟出详细计划再报。[②]

1954 年 10 月，南京市市政建设委员会在《南京城墙保存原则》基础上，拟定了《南京市拆除城墙计划草案》[③]。《草案》由"城墙之现状及处理原则"和"第一期拆城计划概要"两部分共七小节组成。在"拆城处理原则"一节中，对南京城墙保存的原则明确为："①南京四个历史时期的城墙[④] 中规制宏伟、质量较好有代表性，足供研究历史文物者的参证的应予保留；②在风景地区周围足以增进景色的应予保留；③在原来具有挡土作用，如加拆除，城内土山将致塌卸，因而影响其他设施的暂予保留"。

根据这项原则，拟保留石头城段（1300 米）、合作干校西北隅至狮子山东麓段（约 4400 米）、中华门及内瓮城、富贵山东麓至和平门南城墙转折处（约 6450 米）、台城段（290 米），五段保留城墙合计长度为 12440 米，约占全部城墙不足 37%。城门拟保留中华门、挹江门、玄武门、解放门、通济门、兴中门（旧有城门中当时尚存有城楼的城门，仅兴中门与和平门二门，拟保留兴中门一处，以供后人之研究），其他各城门则随城墙一并予以拆除，不在拆除地段以内的，亦可拆成缺口。

在《南京市拆除城墙计划草案》的补充说明中，对中华门瓮城和玄武门南北一段城墙的存废问题保留了另一种意见：中华门瓮城位于中华门与雨花路之间，适足以妨碍城郊的交通，如将其拆除，辟为广场，栽以绿化，并将中华路、雨花路建成园林大道，则不仅可增加城市道路的艺术意义，且在中华路上即可直望到雨花台，更增加了城市的景色；玄武门南北一段城墙（北至和平门，南

---

①　南京市拆除城墙计划草案（1954 年），南京市城建档案馆
②　关于拆除南京城墙问题的报告（1954 年），南京市城建档案馆
③　南京市拆除城墙计划草案（1954 年），南京市城建档案馆
④　指东吴的石头城、南朝的台城、杨吴的金陵府城及明代的都城

至解放门）应予拆除至地平面，原有的条石勒脚，适可利用为驳岸，城基则辟为林荫道，城区与玄武湖可以打成一片，湖光山色，尽收眼底。

1954 年 11 月 17 日，文化部正式电复南京市人民政府，同意所提出的拆城原则。

13.5 规划管理

13.5.1 管理机构及管理权限

1949 年 5 月 5 日，南京市军事管制委员会政务接管委员会公用事业部接管南京市工务局。7 月 14 日公用事业部更名为南京市建设局，下设工务科审勘股。1953 年 3 月 5 日，撤销南京市建设局，成立南京市工务局。

1953 年 11 月，成立南京市市政建设委员会，下设规划处，负责规划编制；督导处负责安排建设用地、建筑管理和审查学校、大中型企业、居住区等重要工程的总平面布置，以及道路、港口规划。同时在市工务局设审勘科，负责核发建筑执照。

1956 年 7 月，撤销市工务局和市市政建设委员会，改设市城市建设局和市人民委员会城市建设办公室。城市建设局内设建筑管理科、土地使用科、规划科等。1957 年 11 月，城市建设局内设规划设计室，负责城市规划和市政工程设计。

新中国成立初期，根据国家建设征用土地办法，城市建设用地根据需要，由建设单位上级机关核定，报城建管理部门核定范围，采取适当补偿的办法，进行征用和核拨。用地规模在 300 亩（20 公顷）以下和迁移居民 30 户以下的向县级人民委员会申请核拨。

1956 年城建局的《南京城市规划、土地征用及建筑管理等案件审批试行办法（草稿）》规定建设用地的征用分市、区两级审批。须由市人民委员会批准的是：新建和扩建用地在 50 亩（3.33 公顷）以上，或虽用地不多，但关系广场、干道及城市规划的；涉及拆除民房 50 户以上的；属中山陵、雨花台范围及其边沿的用地等。须经城建办批准、城建局发文的是：市区用地 10 亩（0.66 公顷）以上、郊区用地 20 亩（1.33 公顷）以上或虽用地不多但影响城市规划的；涉及拆除民房 20 户以上的；除中山陵、雨花台外其他名胜古迹、庙宇寺院、宗教团体及少数民族产权等。

13.5.2 管理法规

1949 年 11 月，南京市政府公布《南京市建筑审查暂行办法》和《南京市修建违章罚则》两个草案，明确规定公私房屋的申报和修建由市建设局工务科审勘股审核发照。1950 年公布《南京市征用土地暂行实施办法草案》。1951 年 1

月，公布《南京市公有土地管理及经租暂行办法》，对《南京市建筑审查暂行办法》进行修订，重申市内公私建筑物，除特别说明无须呈报和领照者外，均应先领照后动工；对现有或设计中的建筑物，凡有碍市政计划、公共安全或市容、交通、卫生者，应酌情加以限制、修改或停止使用，直至令其拆除；加强现场查验工作，对不符合核准图样者，不得进行施工。1952 年 10 月，南京市政府批准《南京市使用土地暂行办法》，内部执行。

1956 年 12 月至 1957 年 4 月间，南京市人民委员会颁布了《南京市建筑管理暂行办法》、《南京市简易建筑管理暂行办法》、《南京市易燃建筑管理暂行办法》、《南京市各建设单位建筑用地及初步设计送审暂行细则》、《南京市各建设单位建筑技术设计送审暂行细则》。其中《南京市建筑管理暂行办法》规定凡征地、建筑、埋设管线等，均须规划主管部门审核和指导，并具体规定了送审手续、管理分工、审查范围，成为日常规划管理的主要法规。

13.5.3　管理概况

1949 年 11 月，市政府公布《南京市建筑审查暂行办法》，规定公私房屋的修建由市城建局工务科审勘股审核发照。1951 年对《暂行办法》进行修订，重申市内公私建筑物，除特别说明无须呈报和领照者外，均应先领照后动工。

1956 年 8 月，《南京市建筑管理暂行办法》规定，对新建和改扩建项目，建设单位要按基建程序向上级主管机关报送初步设计，同时要求报送城建局审查，同意后方可进行技术设计。技术设计经上级主管机关核定后，建设单位即可送市城建局核发建筑执照。

13.5.3.1　选址和用地管理

1. 工业企业

新中国成立后，南京城市建设贯彻"充分利用，合理改造，紧凑发展"的方针，利用原有设备，挖掘土地潜力，就地扩建了一批工厂，有南京有线电厂（734 厂）、南京无线电厂（714 厂）、长江机器厂（720 厂）、华东电子管厂（741 厂）等电子工业企业；有金城机器厂（511 厂）、南京磁性材料厂（898 厂）、南京教学仪器厂（今江南光学仪器厂）、南京化工厂、南京汽车修配厂、中国水泥厂和永利宁厂（今南化公司）等一批机械和化工企业。新建的长江煤油厂、钟山化工厂等企业在中央门外选址定点。地方企业一般安排在中华门外的安德门地区。

1956 年根据中央"十大关系"中提出的"要更多地发展沿海工业"的方针，南京的工业，尤其是化工、电子和机械工业有了较快发展。市建设规划主管部门在规划管理中重申城区内原有工厂除个别有污染的须逐步迁移外，仍应就地改造扩建；新建和移址扩建的工厂分别集中在中央门外和中华门外两处工业区；化工类企业安排在燕子矶地区；东井亭以西至和上路两侧为一般工业区；上元门以西至宝善桥沿江一带为造船和食品加工工业区；中华门外五贵里一带为机械制造工业区。按此布局，选址新建了磷肥厂、机床铸件厂、制药机器制造厂、塑胶厂、电焊条厂等，移址扩建的有长航三厂、线路器材厂、毛纺厂等。同时还划定了晨光机器厂、无线电厂、机床厂、长江机器制造厂、水工仪器厂等扩建厂址的用地范围。此次对工业企业用地的布局安排和调整，对日后南京工业布局的影响深远，初步奠定了中央门外作为电子和石化两大工业基地的基础。

2. 教育用地

新中国建立初期，南京的高等院校共有 13 所（公立 8 所、私立 5 所），相对集中于老城的中西部。1952 年院系调整时，南京大学、南京工学院（今东南大学）和南京师范学院（今南京师范大学）3 校在不扩大用地范围的情况下，进行原址改建和扩建。对一些调整后新建的高校，如南京农学院(今南京农业大学)、南京林学院（今南京林业大学）、南京航空学院（今南京航空航天大学）则引向环境较好的太平门外和中山门外选址新建；华东水利学院（今河海大学）、南京艺术专科学校（今南京艺术学院）、华东药学院（今中国药科大学）等院校仍在老城中西部选址兴建。

3. 住宅区

新中国成立初期，住宅建设本着"充分利用，逐步改善"的原则，以维护保养为主，很少建设成片住宅，少量新建住宅用地一般安排在单位院内或附近荒地、菜地等空地上。

13.5.3.2 违章查处

新中国成立后，市政府着手解决在城市建设中的无序状态。根据《南京市修建违章罚则》，1949 年对淡海营造厂在承包市立九中大礼堂工程中不按图施工，将水泥柱下木桩改小，处以 300 万元（旧人民币）罚款。1950 年重点取缔了 300 余户违章建筑，处理无照施工 45 起，为疏浚惠民河而拆除妨碍工程建设的棚屋 1000 户。1951 年，违章建筑增多，主要为无照施工、居民私搭乱建、不按规定建设等。如牙科医院改建房屋未领执照建设；水利专科学校建筑占据道路，规定退让 14 米，实际只退 5 米。

1957 年，先后检查 20 个单位，查出征而未用可退出的土地 92 公顷。

第 14 章

道路探索

1956 年 9 月，中国共产党第八次全国代表大会召开，开启了全面展开社会主义建设的时期。期间虽有"反右"、"大跃进"的曲折，但大规模的经济建设为把我国建设成为一个具有现代农业、现代工业、现代国防和现代科学技术的社会主义强国奠定了坚实的基础。

1958 年 7 月，江宁、江浦、六合三县划归南京市，1962 年 5 月划出。

14.1 对社会主义建设道路的探索

14.1.1 中共八大

1956 年 9 月，中国共产党召开了执政以后的第一次全国代表大会——中国共产党第八次全国代表大会。大会分析了国内形势和主要矛盾的变化，提出了今后的根本任务。在生产资料私有制的社会主义改造已经基本完成的情况下，国家的主要任务是在新的生产关系下"保护和发展生产力"。在明确主要任务的基础上，八大进一步确定了社会主义建设的战略目标，即"尽可能迅速地实现国家工业化，有系统、有步骤地进行国民经济的技术改造，使中国具有强大的现代化的工业、现代化的农业、现代化的交通运输业和现代化的国防。"八大实际上确定了中国社会主义现代化建设分两步走的构想：第一步，用三个五年计划的时间初步实现工业化；第二步，再用几十年的时间接近或赶上世界最发达资本主义国家。[①]

14.1.2 从整风到反右

1957 年 2 月 27 日，毛泽东在有 1800 多位各方面人士出席的最高国务会议第十一次（扩大）会议上，以《如何处理人民内部的矛盾》为题发表讲话，系统地阐明关于严格区分社会主义社会的敌我和人民内部两类矛盾以及正确处理人民内部矛盾的问题。这篇讲话后来经过整理并作了若干修改与补充，以《关于正确处理人民内部矛盾的问题》为题，于同年 6 月 19 日发表。

1957 年 4 月 27 日，中共中央发出《关于整风运动的指示》。《指示》提出：由于党已经在全国范围内处于执政的地位，得到广大群众的拥护，有许多同志就容易采取单纯的行政命令的办法去处理问题，而有一部分立场不坚定的分子，就容易沾染旧社会作风的残余，形成一种特权思想，甚至用打击压迫的方法对待群众。因此有必要在全党进行一次普遍、深入的反对官僚主义、宗派主义和主观主义的整风运动。

随着整风运动的迅猛展开，各种批评意见急剧升温，情况趋于复杂。毛泽东认为"事情正在起变化"，形势已经是"右派猖狂进攻"，提出中国发生"匈

---

① 中共中央党史研究室. 中国共产党历史第二卷（1949~1978）. 中共党史出版社，2011

牙利事件"的危险。6 月 6 日，毛泽东为中共中央起草《关于加紧进行整风的指示》，指出："这是一场大规模的思想战争和政治战争"。这一系列部署表明，运动内容已由解决人民内部矛盾为主题的整风运动变为整风和反击"右派"。由于当时对形势作了过分严重的估计，并且沿用革命时期大规模的急风暴雨式的群众性政治运动的斗争方法，对斗争的迅猛发展又没有能够谨慎地加以控制，致使反右派斗争被严重地扩大化。[①]

14.1.3　"大跃进"和八字方针

在八大结束后的一段时间里，大会确定的把党和国家的工作重点转移到经济建设上来的重要决策，在实践中得到很好的贯彻，大规模的社会主义建设全面展开，第一个五年计划顺利完成。

1958 年，我国开始实施发展国民经济的"第二个五年计划"。但是，"二五"计划的编制和执行背离了中共八大一次会议《关于发展国民经济的第二个五年计划的建议》精神，批判"反冒进"，盲目追求高指标。1958 年 5 月，中共中央制定了"鼓足干劲，力争上游，多快好省地建设社会主义"的总路线，随后农村人民公社一哄而起，8 月，中央发动"大跃进"运动，要为实现当年产钢1070 万吨而奋斗。

"大跃进"使工业在数量上高速增长，却引起国民经济和工业内部结构的严重失调和农业生产的逐年下降。"大跃进"带来的是国民经济的全面紧张和人民生活的严重困难，国内经济形势十分严峻。

1960 年 11 月，中共中央发出《关于农村人民公社当前政策问题的紧急指示信》；1961 年 1 月，中共中央八届九中全会提出对国民经济实行"调整、巩固、充实、提高"的八字方针。着手压缩基本建设战线，调整工业内部结构，提高企业经济效益，支援农业生产。经过三年的初步调整，1963 年起形势开始好转。到 1965 年，国民经济得到了恢复和发展，各行各业生机勃勃，财政收入增加，社会安定，人民生活水平提高。

1964 年末至 1965 年初召开的第三届全国人民代表大会第一次会议再次提出一个历史性任务："在不太长的历史时期内，把我国建设成为一个具有现代农业、现代工业、现代国防和现代科学技术的社会主义强国，赶上和超过世界先进水平。"

14.1.4　城市规划的"大跃进"和"三年不搞城市规划"

1958 年 6 月，建筑工程部主持在青岛召开全国城市规划座谈会，提出在大

---

① 中共中央党史研究室 . 中国共产党历史第二卷（1949~1978）. 中共党史出版社，2011

城市周围建立中小城市，积极开展县镇和农村规划等。受总路线、"大跃进"、人民公社"三面红旗"思想的影响，1960年在桂林召开的第二次全国城市规划座谈会，强调城市规划要为消灭"三大差别"、向共产主义过渡服务。提出"大中小结合，以中小为主，大力发展小城市，适当发展中等城市"的方针，强调要压缩特大城市的规模，在大城市周围建立卫星城。

在国民经济全面紧张和人民生活严重困难的情况下，1960年11月，全国计划工作会议宣布，三年不搞城市规划。在此期间，城市规划技术人员被下放到农村，规划机构缩简。

1963年，随着国民经济的恢复，城市规划工作也逐步得到恢复。

14.2 "大跃进"形势下的南京城市建设

1958年7月25日，江浦、江宁、六合三县划归南京市，全市面积由778平方公里扩大为4535平方公里。1962年5月又将三县划出。

1965年南京建成区面积82平方公里，人口116.5万人。

14.2.1 工业布局

1958年至1965年，特别是1958年全民办工业，全市工业企业数量大幅度增加，全市仅市区工业企业数比1957年增加3.6倍。新建工业企业多数占用民房，见缝插针，布局混乱。工业的大发展，引起城市用地紧张，不少工厂，特别是一些较大的企业（南京汽车制造厂、南京铸造厂等）开始向市区边缘和近郊（主要是北郊）发展。1958年，明故宫机场改为工业用地。同时工业布局的散乱使全市环境污染问题日趋突出。

由于生产的大发展，相应地全市非生产性建设投资的比例减少。这一时期国家对南京的投资中，生产性建设的投资1958年至1962年占88%，1963年至1965年占85.2%，尤其是"大跃进"的3年，由于工业建设迅速发展，城市人口迅速增加，城市住宅建设、公用事业跟不上工业建设和其他事业发展的需要，城市用地矛盾突出。地方工业与集体福利事业又占用100多万平方米的民房，因而这一时期全市虽然新建了300多万平方米的住宅，但住房仍很紧张。后来由于经济调整，压缩城市人口，情况稍有好转。

14.2.2 市政设施

14.2.2.1 道路

这一时期突击兴建和维修大批郊区道路。在城区内改建了鼓楼广场，拓建北京东路，兴建北京西路、太平北路，完善中央路、中山南路的快慢车道，拓建长乐路、热河路等主次干道，使干道网得到改善。1958 年，用人工拌和铺筑了新街口至大行宫的南京第一条沥青混凝土高级路面。

1958 年 12 月，市内铁路（俗称"小铁路"）被拆除。

14.2.2.2　供水

1960 年底建成大厂镇水厂，形成江南、江北两个供水系统。1960 年代后期开始调用城市部分工厂自备水源以解决边缘地区用水之急。

14.2.2.3　引水工程

1955~1961 年建成玄武湖引水工程，利用下关电厂冷却水，在金川门提升，通过城北护城河送入玄武湖，以补充湖水之不足，并建成和平闸，以控制湖面水位。

14.2.3　住宅

1963 年经济形势好转后，在朱雀路、长江路、中山路、中山东路等处，试建底层为商业用房的 3~4 层沿街住宅楼，住房套型有两室、两室半和三室等，这是早期规划建设的室内设备较为齐全的散列式住宅楼。

14.2.4　城墙的继续损毁

1961 年，国务院公布中山陵、明孝陵为全国重点文物保护单位。

自 1955 年开始，拆除城墙渐成规模。1958 年，各区及有关单位直接拆城，施工混乱，管理不善，遗留严重问题，形成破烂不堪的场面。还有的单位随意在规定范围以外乱拆。南京市城市建设局于 1958 年 10 月向全市各区下发《请严格控制城墙拆除范围的函》，重申按规定可以拆除的地段如下：①从通济门套城以西起经东水关、武定门、雨花门到中华门；②从中华门西干长巷向西到赛虹桥附近的城西南角，向北经水西门到汉中门；③从金川门经新民门到小东门；④太平门城楼。在划定范围以外未经市人民委员会批准一律不得拆除，如已拆除一部分，应责成各单位予以恢复。

1959 年春，中共南京市委书记彭冲指示"拆城工作立即停止"[①]，南京大规模的拆城宣告结束。但是，南京局部拆城、擅自拆城仍未间断。1963 年 1 月，南京市人民委员会再次公布《关于迅速制止私拆、乱拆城墙的通报》[②]后，私拆、乱拆城墙的现象才大体停止。

截至 1962 年，城墙保留及拆除的情况见表 14-1、图 14-1。

---

① 南京市市政工程公司. 关于城墙整理意见的报告（市工养（59）字第 138 号）. 南京市城建档案馆

② 南京市人民委员会. 关于迅速制止私拆、乱拆城墙的通报（宁城字第 002 号，1963 年 1 月 4 日），南京市城建档案馆

南京城墙拆除状况统计表[①]   表 14-1

起讫	长度（米）			拆除时间	备注
	保留	拆动	全拆		
中华门瓮城	490				完整
中华东门			46	1955 年 3 月	
中华门西—西干长巷			480	1955 年 5 月	城基西侧建宿舍楼
西干长巷—西水关		2314		1960 年 4 月 ~1962 年 4 月	全段拆动，条石大部保留
西水关—水西门			400	1959 年 2 月 ~1960 年 4 月	清理不彻底，碎砖遗留很多
水西门及瓮城—汉中门		1480	690	1955 年 11 月 拆瓮城；1959 年 3 月 拆主城门	历年私拆现象甚多
汉西门瓮城	620				市政公司机具站仓库
汉中门—乌龙潭			315	1956 年 1 月、10 月	城基建拆迁房，开辟道路
乌龙潭—清凉门	795				沿线缺口 10 余处
清凉门—定淮门	620	400	1580	1955 年 4 月 ~1956 年 8 月	已修补石头城被毁坏段，私拆缺口多
定淮门—狮子山	4170				有数处被私拆
狮子山—小东门 *			340		小东门尚未拆尽
小东门—农机厂			3902		先拆后批
农机厂—小红山	5448				该段有两处大裂隙
小红山—太平门			360	1955~1957 年三次拆除	太平门城门开道路
太平门—无线电工业学校	5220				中山门以南部分被拆
无线电工业学校—城东南角		590			已拆未整理，后被南航拆坏
城东南角—光华门			900	1959 年 2 月	城顶土坡被占种植
光华门城门—通济门			1450	1958 年 1 月	光华门西 500 米已绿化
通济门—瓮城	90		600	1960 年 2 月	尚有两个瓮城未拆
通济门—东水关			436	1960 年 2 月	未拆尽，城门西侧建办公房
东水关—武定门		984		1960 年 2 月	全段缺口很多
武定门			100	1958 年 10 月	南北两端未整理
武定门—中华门		1930		1958 年 3 月	大炼钢铁时，拆城施工紊乱
台城	290				
合计	17743	7698	11699		
总长	37140				

注：* 小东门即钟阜门。

[①] 杨国庆，王志高 . 南京城墙志·第六章明城墙的损毁·第四节中华人民共和国 . 凤凰出版社，2008

图 14-1 南京明城墙的存废图

14.2.5 规划为"大跃进"和人民公社服务

市规划部门为配合南京市在短期内成立的 57 个人民公社建设的需要，在进行江东公社新式农村居民点、十月公社果园、东山镇小城镇规划试点的基础上，于 1958 年 10 月开始编制带有区域规划性质的"一市三县轮廓规划"。其间，还组织南京工学院的学生完成了近 720 平方公里，总长约 600 公里的农业机耕道路网规划。与此同时，为配合大炼钢铁，规划部门还进行了安排小、土高炉用地和矿区的道路网规划。完成了小红山、秣陵关和西善桥 3 处土炉群基地规划，安排了 13 立方米以上高炉建设用地 34 处。1959 年，规划部门进行了郊区和 3 县 10 个人民公社、5 个卫星城的规划；同时，为了迎接国庆 10 周年，在城区开展了干道和广场的规划设计。

14.3　区域规划和缩减调整规划

14.3.1　1960 年《南京地区区域规划》初稿

1958 年 6 月建筑工程部在青岛召开了"全国城市规划座谈会"，提出在大城市周围建立中小城市，积极进行县镇和农村规划等问题。全国进入建立人民公社和大炼钢铁的高潮，给城市规划提出了新课题。1960 年，建筑工程部在桂林召开的第二次全国城市规划工作座谈会上提出"大中小结合，以中小为主，大力发展小城市，适当发展中等城市"的方针，强调要压缩特大城市的规模，在大城市周围建立卫星城。

1958 年 7 月，江浦、江宁、六合三县划归南京市。市规划部门在 10 月开始编制带有区域规划性质的《一市三县轮廓规划》。

1960 年，市规划部门与南京工学院协作，依靠科研人员和基层专业人员，编制完成了《一市三县轮廓规划》。这是《南京地区区域规划》的初稿，也是"大跃进时期"南京编制的主要规划。规划根据南京市委和青岛规划会议关于划分经济协作区开展区域规划工作的精神，解放思想，跳出城市规划的圈子，面向城乡，深入县乡，以 3 个月的时间完成了这部区域规划。

规划包含各项专业规划图和总图 12 张。规划范围包括市区和 3 个县，4535 平方公里。规划从远期着眼，近期着手，用远近期结合的方法组织地区经济大协作。主要内容有：人口规模和工业布局的初步依据；工业与农业、城镇人口与农村人口的初步平衡；11 个卫星城、5 个工业区和 3 个矿区的位置、性质及规模；6 个人民公社总体规划。规划方案以工业布局和农业用地规划为主，进行了包括文教卫生、农田水利、资源分布等专业规划在内的大致 3 个五年计划期间的轮廓布置。（图 14-2）

14.3.1.1　区域规划的总体布局

规划特别强调以母城为中心，以卫星城、社区中心为辅助的多等级城镇体系，以及"满天星"的布局结构。

14.3.1.2　农业用地和农田水利

遵照"以粮为主，全面发展"的原则，依照南京地区自然状况，将农业用地分为农田区、林业绿化区、畜牧饲料区和水产区。水利规划按照"历史最旱年份不受旱，一月最大暴雨不成涝，千年洪水不出险"的高标准，在山区选择了三面环山的地形，布置了大小水库数百座，并拟以"等高河"使库库相连，相互调剂。河网地区则规划河网方整化，交通上形成水陆交通网，加强城市、

图 14-2 1960 年南京市城市总体规划图（草案）

公社及矿区之间的联系。

14.3.1.3 工业布局

规划认为，工业的合理布局有助于原有集镇向卫星城或工业区的方向发展，从而促进工业支援农业，逐步缩小城乡差别。根据这个原则，规划要求今后1000 人以上的工厂，不再放在城市内，而按其性质、资源分布、地形特点、集镇原有基础和生产协作关系，分类布置在东山、板桥、甘家巷等 20 多个工业区和卫星城。根据总图的功能分区，在近郊中央门外布置汽轮电机厂、老虎山钢铁厂，太平门外安排电影机械厂，光华门外安排矿山机械厂，远郊甘家巷选为炼油厂厂址，大厂镇布置钢铁厂及热电厂，板桥安排重型机器厂。这些工厂后来大部分建成，构成了南京卫星城和工业区的雏形。

14.3.1.4　水陆交通网

对交通网的要求是：水陆并重，水陆相连，调整和利用原有公路系统，以公路系统和宁浦铁路枢纽为骨干，扩展简易公路和铁路，通向大片田地及边远矿区。在全面发展工农业，组织地区经济大协作的大前提下，规划亦强调了调整的重要性。规划把长江南岸的干河（如秦淮河、江宁河、九乡河等）按地形条件裁弯取直，并在干河不发达的地区布置大沟，力求外通长江，内接河网，逐步实现排灌与航运并举，从而构建完整的水系。

1. 公路

公路系统着重在战略部署上提出对外交通公路规划。对外省的联系主要采用既有的放射形骨架。江北地区有南京经仪征至扬州、经六合至淮阴、南京至合肥、南京至和县四条；江南地区有南京经龙潭至镇江、经句容至杭州、经溧水至高淳和经板桥、马鞍山至芜湖四条。由于长江大桥位于南京建成区西北，一旦建成，经过南京的过境交通，必然穿过建成区如中央门外工业仓库区，直接与中山北路垂直相交穿过城市的西北部分，因此，规划江南地区下长江大桥后，经镇江、杭州方面的交通由北面过境，经溧水、高淳和芜湖方面的交通由西北面过境，均利用"外十八"环形道路相连。

2. 铁路

江北地区规划安排通扬州及合肥的两条新线。扬州线由六合县城旁经过；合肥线有两个方案，一经江浦县城及桥林，接淮南铁路；一由东葛出线向西北直通合肥。江南地区规划安排杭州线，由中山陵车站接轨，经淳化、溧水向南，以此规划线路与现有的三线构成南京地区铁路网。南北以大桥相通，辅以火车轮渡。南京的客运总站设在太平门外玄武湖北岸。货场分设3处：一在中央门外工业区南，利用现有调车场加以扩大；一在中华门外集合村五贵里一带；另一处江北则设在二浦之间，充分利用现有的浦口站。编组作业设在尧化门至栖霞山一段6公里长的直线地带，浦镇林场、永宁附近设一辅助编组站，为江北地区客货车调车编组使用。所有站场线路附近均留出地带用以绿化，既保证行车安全又改善城市环境，减少噪声和烟尘。在主要公路铁路交叉处，要考虑立体交叉和铁路电气化后净空的要求。

3. 城市道路

规划对1956年初步规划草案中的一些弯曲干道进行取直和拓宽，增加路网密度，规划新建、扩建北京东路、北京西路、鼓楼广场、太平北路、长乐路、雨花台至安德门路等。另外还突击规划修建全市通往工厂、矿区的道路系统。

14.3.1.5　公社中心和居民点

规划提出，为了便于进行大面积机耕，组织社员集体生活，试将分散的自然村进行有计划的合并，建立过渡性居民点。居民点规模应在20~100户，

3000~5000 人之间，圩区及平原区的耕作半径控制在 1.5~2 公里；丘陵及山区耕作半径控制在 1 公里左右。待农村经济条件有进一步提高后，再作第二次合并。

14.3.1.6　卫星城

按照桂林会议提出的"以发展中小城市为主，对现有大城市要加以适当控制，对特大城市要加以压缩和调整，在大城市周围建立卫星城"的精神，计划压缩母城规模，将城市人口由现有的 163 万人压缩到 120 万人。为了配合这一计划，又制定了南京地区卫星城规划。卫星城规划的基本原则主要有 4 项：①卫星城规划应作为区域规划的深化内容。按区域规划以 12 年为限，卫星城规划亦以 12 年为限；②卫星城的选址应在工农业生产充分利用资源的前提下，考虑到充分利用长江、铁路、公路和集镇的原有基础；③卫星城的数量和规模必须考虑到人口的来源，即"农转非"数量的可能性；④卫星城镇的规划既要考虑到本地区以母城为主的关系，又要考虑到邻近城镇的关系，要从 12 年设想期内着手，又要为 12 年后创造条件并留有余地。根据上述原则，规划选定 10 个卫星城：江北地区有冶山、六城、瓜埠、大厂镇、珠江和桥林，江南地区有汤山、湖熟、秣陵和板桥。工业区选定 5 个，即龙潭、燕子矶、甘家巷、淳化和凤凰山。矿区共选 3 个：灵山、梅山和云台山。

14.3.1.7　电力网

规划提出，下关电厂扩建到 16 万千瓦，主要出线有江东门线、中山北路线、中央门线、江边线、下萨线等。热电厂发展到 80 万千瓦。新建 60 万千瓦的板桥热电厂。板桥和燕子矶各设 22 万伏变电所，并相联后接到热电厂。22 万伏线路东与镇江谏壁相连，南与马鞍山、芜湖相通，形成华东地区电力网。

14.3.2　1961 年缩减调整规划

1961 年我国国民经济的发展进入三年调整时期。在这一时期，为了认真贯彻"调整、巩固、充实、提高"的八字方针，对南京城市发展提出了"压缩城市人口，严格控制城市土地，支持农业建设"的新的规划方向。规划部门根据城市人口急剧增加，影响城市正常发展的严重情况，对《南京地区区域规划》中的"市区规划总图"进行修改。鉴于城区范围的扩大，修改重点放在城北新市区的调整：和燕路以东为生活区，以西为工业区。修改图标示了甘家巷炼油厂、燕子矶化工厂的位置和江北浦口地区规划，其他方面变化不大。此外，修改总图时还研究了铁路客运总站的位置以及过境交通等问题。

14.3.2.1　人口规模调整

在压缩城镇人口方面，规划提出了 3 个缩减方案，即方案一计划将南京城市人口缩减到 100 万（1961 年南京实有城市人口为 136 万）；方案二计划缩减到 90 万；方案三计划缩减到 80 万。即使按方案一，将南京城市人口压缩到

100 万，考虑城市人口的机械增长和自然增长，要在 3 年内每年疏散 10 多万城市人口。为了实现这一计划，南京市政府决定在 3~5 年内迁移出一批工厂、学校和服务性行业；同时加紧发展郊区和三县小城镇建设，其中以大厂、板桥、燕子矶等 5 个卫星城和 4 个工矿区为重点，争取将城市人口恢复到 1957 年的水平（约 110 万）。然而经过三年城区人口疏散工作，城市人口的机械增长虽然得到了控制，但缩减计划并没达到预期目标。到 1962 年，南京城市人口仍有 133.4 万。

14.3.2.2 用地规模调整

在城市用地规模调整方面，"大跃进"带来的问题也相当严重。由于各个发展单位在确定目标时都贪大求多，规划的指导思想是"一切为生产服务"，哪里需要生产用地，规划就把在哪里划拨土地，使南京建成区面积在短短三年中迅速增加了 27 平方公里。当时的城区范围扩展到：北到中央门外迈泉桥，南至中华门外安德门，东抵中山门外孝陵卫，西达水西门外江东门。长江之北的浦口、浦镇和大厂镇等用地也大有增加。在进入三年调整时期后，本着"坚决、彻底、全面、干净"的精神，对浪费的土地进行了全面的清查。据当时的统计，南京因"多征少用，早征迟用，征而不用"而浪费的土地近 20000 亩。从 1961 年到 1962 年共收回征而未用的土地 11290 亩，还有一些基建单位由于项目下马未经正式退地手续将不用土地退还农民约 5000 余亩，合计共退 16000 余亩。城市用地规模的假性膨胀得到了遏制，但城市外围用地的松散布局却已成型。

14.4 外围城镇规划

14.4.1 县轮廓规划

1958 年，为配合"大跃进"的形势，曾编制过三个县的"轮廓规划"：《江宁县轮廓规划初步意见》《江浦县轮廓规划》和《六合县轮廓规划》。

1958 年，江浦县计划建 40 个新厂，如水泥厂、玻璃厂、耐火砖厂、棉纺厂、缫丝厂、针织厂等。《江浦县轮廓规划》为这些厂的选址对珠江镇的布局起了一定作用。

1958 年编制的《六合县轮廓规划》为了适应"大跃进"运动，六城镇主要安排纺织、冶炼、馅糖、机械、农机工业。该规划主要是属于县域范围内的工农业生产发展规划，并没有对六城镇的总体布局做出安排。

14.4.2 《板桥工业区初步规划》

1958 年在"大跃进"的形势下，在板桥镇西南筹建南京第二钢铁厂，板桥镇东南筹建南京铸锻中心（两者都因技术经济力量不足于 1962~1963 年下马）。
为此在 1958 年编制了《板桥工业区初步规划》。规划由南京市城市建设局组织
编制。经三个方案比较并选定第三方案。

1960 年 2 月，南京市城市建设局又对第三方案作了进一步修改和深化补充。
当时规划范围的板桥地区（包括江宁镇）现状人口为 2.25 万人。"二五"期间板
桥计划发展一个年产 140~300 万吨的钢铁厂，并形成一个钢铁联合企业。新建
工厂的职工人数将达 3.5 万人，如以带眷系数 4 推算，"二五"期间板桥地区人
口将达 14 万人。

根据节约用地和紧凑布局的原则，规划方案将板桥镇至江宁镇之间的宁芜
铁路向东南改线约 11 公里，使厂与厂之间、厂区与居住区之间连成一个整体。
生活居住区在厂区的东北面，有适当的卫生防护隔离地带，保证生活居住区的
卫生条件。规划拟定生活居住用地 5.6 平方公里。（图 14-3）

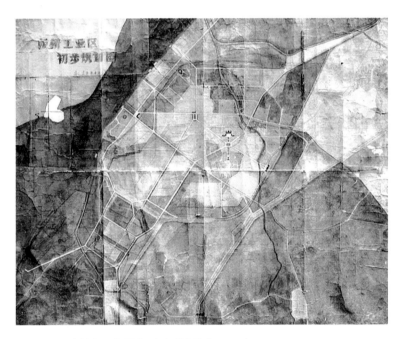

图 14-3　板桥工业区初步规划图（1959）

14.5　详细规划和专业规划

在编制《南京地区区域规划》等全市性规划的同时，也编制了若干住宅区
的详细规划和单独编制的专业规划。

此外，在此期间，也有过一些地区的近期规划，如 1960 年的丁家桥地区近
期规划（图 14-4）。

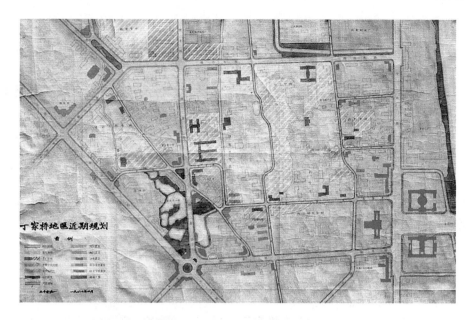

图 14-4 丁家桥地区近期规划

14.5.1 住宅区详细规划

14.5.1.1 五老村

1958 年，市政府号召"改造棚户区，建设新街坊"，规划部门本着统一规划、从实际出发、因陋就简、自力更生的原则，将街坊建设与整顿市容、改造家园、爱国卫生运动结合起来，拟定了五老村街坊规划。

该规划从改善居住条件入手，将 200 余间草屋改为瓦房；新建和改建道路，铺设下水道；为适应"大跃进"形势，规划兴办建筑工业社、纸盒加工厂等街道工业及公共食堂；扩建幼儿园和新建民办小学各 1 所；在沿街和宅间空地上，栽植经济花木。

1965 年，针对该村房屋质量普遍较差，五老村又做过一次改善性规划，在基本保持原有地段风格的前提下，以就地改建为主。对房屋的设计采取分户设计，有的是平房，有的是平房带阁楼。开间、进深、隔间则按实际情况灵活处理。规划采取分期分批实施，至 1966 年 4 月，完成了第一批的 20 户改建工程，同时调整了街坊的小学布局，后因"文革"开始，规划未能全部实施。

14.5.1.2 大厂镇九村、十村

20 世纪 50 ~ 60 年代，鉴于工人居住条件过于简陋，南京化学工业公司在远离生产区的大厂镇山畔村筹资兴建两处职工生活区，即九村、十村。这两处生活区以 2 层楼房为主，呈行列式分布，每户住宅有简易厨房和厕所，生活设施尚齐全。

14.5.2　1958 年《南京（规划区）港区初步规划》

1958 年的《南京（规划区）港区初步规划》由南京市城市建设局承担编制。规划区内包括下关、浦口、新炭场三个港区作业区。其余大厂、板桥、栖霞等计划新开发的作业区另作专题研究。

14.5.2.1　港区历年吞吐量

1936 年经过南京港的外轮及内河班轮总吨位为 1126.43 万吨，那时南京港共有轮船 40 艘，估计总吨位约 10 万吨，年吞吐量约 60 万吨，进口以糖、纱、煤为大宗，出口以大豆、小麦及其他农产品为大宗，约 70% 经浦口，30% 经下关。新中国成立后南京港的货运量逐年上升，1951 年进出总量 79.6 万吨，1957年 311.18 万吨（主要是煤炭，占总运量 60%）。

南京港客运，1957 年进出旅客约 60 万人次。

14.5.2.2　近期南京港吞吐量

规划市区（包括新开发的工人镇）增开几组新的作业区来分担全市运输量，减少中转层次。初步考虑建立：①大厂地区拟就卸甲甸码头加以扩建成立大厂作业区，初步估计年运量在 200 万吨以上，主要是化肥与焦炭。②由于牛首山、凤凰山铁矿的大量矿砂的运出量估计在 100 万吨以上，板桥将开发为新工人镇。建议就现在江边留存的四码头扩建成为板桥作业区。③栖霞山的江南水泥厂在"二五计划"期间产量增加到 150 万吨，其他矿区的矿砂及建筑材料的运出估计也在 100 万吨以上。建议开发一条引河直达江南水泥厂，并在厂区附近建立栖霞作业区。依据以上估计至 1962 年南京港规划区吞吐量为 298 万吨，其中主要物资——煤炭为 114 万吨。

14.5.2.3　南京港的客运

南京港的客运几乎全由下关作业区承担。据统计，1953 年人口流动系数（出口数 / 人市人口数）为 0.35，1954 年为 0.39，1955 年为 0.46，1957 年接近 0.50。估计 1962 年人口流动系数为 0.70。出口人数为 160 万人（估计 1962 年全市人口数）×0.70=112 万人，近期计划指标拟按 180 万人 ×0.80=144 万人估算。

14.5.2.4　作业区的位置及范围

规划提出南京市规划港区 3 个作业区的具体位置及范围如下：

1. 水域

维持现状，上自有恒面粉厂以上，下至草鞋峡。

2. 陆域

下关作业区：货运区南自大马路东，西以惠民河及长江为界，北至老江口尖端，沿江岸线长度为 750 米，陆域面积约 11 公顷。

客运区上自公共路口，下至哈尔滨路口，沿江约 250 米岸线作为客运码头地区，考虑不予封闭，在公共路与大马路之间地区，沿江边马路布置港口服务设施，仓库区放在东面地区，客运班轮的附带货物宜考虑建立水上仓库。

浦口作业区：原状保留，即南自大马路北，火车轮渡码头以上，沿江约 900 米范围内，布置码头，内伸宽度平均约 150 米，港区陆域面积约 13 公顷，唯在大马路口，考虑保留一个小型广场。

新炭场作业区：为煤运专用港区，在转口煤运数量大减时可考虑作为下关电厂专用的煤炭码头及堆栈，原状加以保留，即由新炭场合作街以南约 600 米的沿江岸线内伸宽度 160~240 米不等，总面积 12 公顷。

规划增开 3 个新的作业区，分担全市运输量，减少中转层次。

①大厂作业区。大厂地区拟就卸甲甸码头加以扩建成大厂作业区。估计年运量在 200 万吨以上，主要是化肥与焦炭。

②板桥作业区。板桥将开发为新工人镇，建议将江边留存的四码头扩建成为板桥作业区。牛首山、凤凰山铁矿的矿砂运出量估计在 100 万吨以上。

③栖霞作业区。建议开挖一条引河直接栖霞作业区。江南水泥厂在"二五"期间计划产量增到 150 万吨，其他如矿砂及建筑材料的运出估计也在 100 万吨以上。

14.5.3 1960 年《南京市工业废水处理和污水综合利用 3 年规划》

1960 年，南京市城市建设局根据中共南京市委"根治两河"的指示，制订《南京市工业废水处理和污水综合利用 3 年规划》。规划提出"2~3 年内，彻底改变水系面貌"，"做到有水皆清，无水不活，清污分家，综合利用"。实现规划目标的措施主要是污水综合利用，有害工业废水处理与管理，污泥综合利用。这是南京市第一个涉及环境保护的规划。

14.5.4 1961 年《南京市绿化系统的现状和规划》

1961 年 4 月，市建设局园林处编制完成《南京市绿化系统的现状和规划》。

14.5.4.1 现状分析

至 1960 年底，全市公共绿地 242 万平方米，按 100 万人计，平均每人占公共绿地 2.42 平方米，其中市级公园 4 处（中山陵、玄武湖、雨花台烈士陵园、莫愁湖），面积为 160 公顷；区级公园 14 处，共 35 公顷，每区均有 1~2 处。林荫道 10 条；沿城墙和秦淮河、护城河的防护绿带 15 万平方米；风景林地 3670 万平方米，其中城区为 241.7 万平方米（包括公共单位内部绿地）；苗圃 395 万平方米；城区街坊绿地（包括公共单位专用绿地）1276 万平方米，约占城区用地的 1/4。市区内绿化覆盖率为 15.2%，其中主要街道绿化覆盖率为 32%。行道树 13.9 万株。但绿地分布不平衡，绿化质量不够，苗木品种差。

14.5.4.2　规划

在分析现状及存在问题的基础上,拟定了远景规划和 1961~1963 年 3 年内的初步打算。提出长期规划,近期着手,根据可能和具体条件,逐步地分批建成,使城市大、中、小型绿地及绿化点、线、面有机结合和有步骤地使南京形成绿、彩、香、洁净的风光绮丽、物产丰饶的城市。

在远期规划内,南京市公共绿地扩大为 1476 公顷,按城区 100 万人计算,平均每人公共绿地 13~15 平方米。市公园 4 处,面积 933 公顷,水面 543 公顷;区公园及小游园 36 处,543 公顷;林荫道则要求完全做到园林化,宽度至少达到北京东路或新太平路(太平北路)标准;滨河绿带,两岸绿带至少保持宽 60 米,滨江绿带则宽 100 米以上;卫生防护林带尤需建成。

区域性公园及风景线,2~3 年内扩充 4 条风景线,规划面积为 60 公顷,分别是:①以清凉山公园为基点,联系孝园、五台山、乌龙潭、石头城西,与莫愁湖和鼓楼相呼应,形成广州路—西藏路—北京西路风景线,主要扩建清凉山及乌龙潭地区,约 25 公顷;②以鼓楼公园为起点,东联大钟亭、北极阁、鸡鸣寺、和平公园、九华山等山林名胜,形成北京东路风景线,扩建九华山、西家大塘等地,约 20 公顷;③以白鹭洲为基点,通过内外秦淮河及长乐路,联系东水关、节制闸、武定门、周处台、白下愚园(胡家花园)等风景点,形成秦淮风景线,主要扩建白鹭洲、周处台、白下愚园等地,约 10 公顷;④以绣球公园为基点,北联狮子山、朝月楼,南联四望山、小桃源、姜家圩,形成挹江门风景线,扩建朝月楼、绣球公园,约 5 公顷。

中小型绿地扩建则结合城市改造及爱国卫生运动,充分利用小块废弃地及原有名胜古迹,发展巩固居民区内小型绿地,共约 10 公顷。提高、巩固、扩建太平公园、西流湾、午朝门、竺桥小游园等;新建孝园、秀山公园(公园路)、南林树木园、半山园、宫后山(朝天宫)、迈皋桥等。

规划在 3 年内扩建林荫道及绿化广场 5 公顷。继续延伸北京东路、北京西路的林荫道,新建太平门、北京西路、西藏路等绿化广场,开辟玄武湖北岸环湖林荫大道;结合市政工程开辟新的林荫道。规划分批建成中央门外工业区与城区间的防护林地,3 年内先种植宋家埝以南,城墙与护城河之间绿地;完成旧城墙墙基的环城防护绿带。居住区绿地和公共单位专用绿地则要求 3 年内全部达到五老村绿化水平,并使绿化面积达到全部居住用地的 35% 左右。

对于名胜古迹,此次规划充分意识到其历史价值,肯定结合公园开辟扩建和绿化,采取修葺恢复,将其组织到公园内作游览点,以及进行初步绿化等做法。今后将根据需要与条件,分别规划组织到市、区公园或市内风景线内,以便能够逐年地加快恢复、修葺、充实、利用,以满足人民欣赏古代艺术创造,丰富文化生活内容的需要。(图 14-5a、图 14-5b)

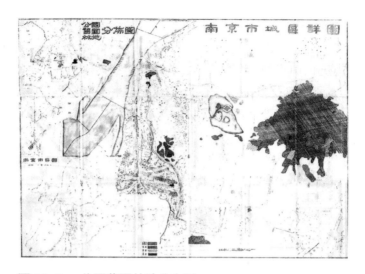

图 14-5a　公园苗圃林地分布图

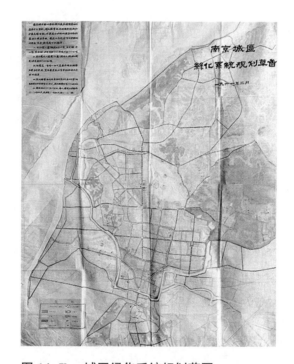

图 14-5b　城区绿化系统规划草图

14.5.5　1961 年《城区水道系统规划及 2~3 年内建设的初步意见》

　　1961 年编制的《城区水道系统规划及 2~3 年内建设的初步意见》主要是对南京市内各水系的防洪排涝作计划安排，同时提出污水利用支援农业灌溉的计划。

14.5.5.1 现状

南京城区，以原城墙内地区为核心地区，面积130平方公里。全区主要水面有秦淮河城内外各支流、金川河、玄武湖、南十里长沟、唐家山沟、紫金山沟及城河。城河以内地区及下关地区，建有排水管线，分别输送污水及雨水至附近水面，形成城内南北两个主要排水系统。北部为玄武湖—金川河流域，面积58平方公里。

城区排水管线，除个别小地区外，均为雨污合流制系统，管线全长327公里，绝大部分集中于市中心附近，管道直接与河道相接。全市仅有江苏路污水处理场一处，容量小，作用不大。

14.5.5.2 长远规划和2~3年内建设的初步意见

城区水道系统及排水应配合全市总体规划，以"治用兼顾，兴利除害并举"的原则进行全面规划。并根据需要和可能，以用为主，在现有基础上调整充实，分期分批安排近期建设项目。

1. 长远规划

①根据秦淮河流域规划要求，继续以行洪450立方米/秒，终年通航300吨船艘，拒长江洪水位百年一遇，上游保水灌溉，下游适当供给城河冲洗与满足通航标准。

②完成金川河引水工程配套，逐步达到全部利用下关电厂冷却水6立方米/秒（约每日50万立方米）。

③整修加固琵琶湖、半山园、心管涵闸，提高玄武湖、琵琶湖、前湖及东南护城河水位，增加水量分别达到800万立方米、20万立方米、56万立方米、90万立方米，使其对城区水道的冲洗量年达550万~600万立方米，以补城区水源不足，并减少从金川河引水需终年提水的负担。

④结合园林建设逐步扩大水面，包括玄武湖北湖区200万立方米，莫愁湖200万立方米，乌龙潭、白鹭洲、西流湾等10万立方米，共410万立方米。

⑤浚挖城内秦淮河、金川河，降低现有河底高程1~2米，达到内秦淮河南中东区标高2~3米，北区珍珠河、明御河等底宽20~30米，并修筑河岸坡壁，达到雨季能充分调节，减少泵站设备，扩大水面，配合绿化形成本市较完整的绿化系统，并相应改建小型桥梁20座。

⑥在浚挖内河的基础上，继续浚挖金川河中支与秦淮河北支上游干河沿至浮桥段，并设小型泵站及管道，穿越宁海路高地衔接二河，达到河流死端、水流畅活、水面扩大，并减少埋设巨型干管的投资，开通金陵阁白鹭洲武定门水。

⑦根据航运要求，分期分批浚挖惠民河、南河赛虹桥至板桥镇，要求底宽15~20米，底高1~2米，基本达到终年通航。

⑧分别整治南北十里长沟、唐家山沟、紫金山沟、响水河、玉带河（中华门外）等市区边缘河沟，做到排洪20年一遇，并经常保有不小于1米水深的清水。

⑨根据污水支援农业水肥的要求，充实排水管道系统，全城区共分9个流域区。

⑩整顿充实城内地区管线系统。配合居住街坊及道路改造，随着水塘填平，添建改建中小型管道，填平市中心区附近大型排水沟，改埋干管，提高环境卫生水平。

⑪整顿现有排涝系统。江河堤标准加高，培厚堤防，分别达到抗御洪水千年及百年一遇的标准，适当合并分散的排涝泵站并加强泵站设备能力。

⑫街区内部粪便污水收集要逐步强化城市的排水系统。

⑬开放秦淮河、南河、城内秦淮河、惠民河、金川河下游等衔接长江的短航，并结合绿地分布，开放游憩性的水面。

⑭加强工业污水处理利用的研究及管理工作，确立有毒污水超过规定浓度排出厂外的制度，强调就地处理回收利用，确保城市安全卫生。

2. 2~3 年内建设的初步意见

《意见》还就 2~3 年内的建设提出了 9 条具体措施。

14.5.6　1961 年新街口市场规划

这是南京早期开展的有关市中心商业布局的详细规划。

规划范围地处新街口广场西北角（现金陵饭店位置），当时为摊贩市场，建筑面积 2736 平方米。因市场内部布局混乱，道路狭窄，1961 年 7 月，值翻建汉中路小学东侧的一排小吃部房屋之际，市城建局会同市设计院、鼓楼区商业分局、文教分局、市影剧公司及市场管理委员会等单位进行了研究，于同年 8 月编制完成了《关于新街口市场规划说明》。

规划从现状出发，提出适当压缩经营范围，经营门类以旧货、修理和小吃为主，结合少量的小型文化娱乐；打通并适当拓宽两条东西向和一条南北向道路，路幅宽度分别保持 5.6~7.0 米以上，路口不设大门；小学东侧的一排小吃部房屋，是联系市场南北两部分的纽带，同意其继续施工；拆除经世界剧场门前通管家桥的路北一排对交通有影响的房屋；新建一幢建筑面积达 1200 平方米以上的市场建筑，拟安排旧货与修理两个门类；在市场南部中心处，拆除草棚，辟出绿化场地，以增加活动空间等建议。

规划调整后新街口市场建筑面积 2725 平方米。

14.6　规划管理

14.6.1　规划设计机构与管理机构

1958 年在市城市建设局内设规划处，负责规划选址、核拨土地等规划管理工作。

1960 年 9 月在市城市建设局下成立南京市城市设计院，下分城市规划、市政工程、建筑工程 3 个设计室和勘测大队。城市规划设计室主要负责规划设计，建设管理工作仍留在城建局建管处，以一个星期一次碰头会的形式联系工作。

1962 年，南京市城市设计院撤销，规划设计又回归城市建设局内，与原建管处合并成立规划处。规划处设总图（含规划、市政设计）、建筑、管理（包括土地征用）3 个组。原市政设计室（内设道路组、排水组）、建筑设计室合并成立南京市设计院。

1964 年，市城建局市政设计室和勘测大队、南京市设计院合并成立南京市勘测设计院。

1965 年，土地征用工作划归市城建局房地产公司新成立的土地征用科，土地划拨工作仍留在城建局规划处管理组。

14.6.2　《南京市建筑管理办法》

在实施多年后，《南京市建筑管理暂行办法》修订为《南京市建筑管理办法》，于 1964 年 5 月由南京市人民委员会公布施行，成为南京市规划管理的主要法规。

《南京市建筑管理办法》规定，在征用土地方面，市负责核拨审批，区办理具体征用手续；在建筑管理方面，建筑面积在 100 平方米以上的由市审批，建筑面积在 100 平方米以下，又不在干道或河道两侧、不在风景名胜区者，由区审批。

14.6.3　建设项目的选址

1958 年的"大跃进"，工业项目仓促上马，当年即核拨各种建设用地 1208 万平方米。1959 年核发建筑执照面积 92.88 万平方米。经济发展违反科学规律，基本建设不按程序，缺乏规划、疏于管理，造成布局不合理，配套不齐全，大量浪费土地、管线互相干扰，建设秩序混乱。

1960 年后，国民经济处于困难时期，大力压缩建设规模，企业"关、停、并、转"。规划管理的主要工作，在土地方面是控制用地，进行了三年的退地工作；在建筑管理方面是整顿、加强建筑工程秩序，制止违章建设。

14.6.3.1　南京长江大桥

南京长江大桥勘测设计工作开始于 1956 年，曾就下三山、煤炭港和宝塔桥三处桥址进行过比较。因宝塔桥桥址距市区仅 2 公里，在下关江面狭窄段下游，冲淤平缓，岸线较稳定，且此段铁路线路最短、最顺，故将其作为建议桥址。1960 年 1 月，正桥开工。为配合大桥的全面建设，南京市成立了大桥配合工程指挥部，市城建局规划处、市政设计室对拆迁、征地、南京火车站选址、南北公路引桥及引线比较等内容，提出了一系列管理办法和规划方案。原设计公路引桥落地后再跨铁路，坡度为 3.5%，公路桥面宽度曾计划缩窄为 11 米（车行道 8 米），且正桥公路桥面改为木结构。市规划部门据理力争，改为南岸引桥跨铁路后再落地，坡度为 3.17%。车行道宽度恢复原设计 15 米、两侧人行道各宽 2.25 米。1968 年 10 月 1 日铁路桥正式通车，同年 12 月 29 日公路桥通车。

14.6.3.2 南京火车站

随着南京长江大桥的建成通车，京沪线串联，南京站需另行选址，改为通过式车站。规划部门先后提出黑墨营、中央门、小红山（面对玄武湖）等方案，后采用了小红山方案。

14.6.3.3 工业企业

1958 年后，中央提出全民办工业的方针，根据大厂镇、板桥、甘家巷等卫星城镇初步规划和中央门外、中华门外工业区的近期规划，为建立大中型骨干冶金企业，先后在大厂镇选址新建南京第一钢铁厂（后更名南京钢铁厂），同时在南化和南钢之间新建南京热电厂，为两厂提供电力支持。在城区西南部，为合理利用铁矿资源和便利的水陆交通条件，扩建了凤凰山铁矿，此后又新建了第二钢铁厂（今西善桥钢铁厂）。后上海梅山冶金公司落户板桥地区，南京西南部冶金企业布局逐步形成。

1958 年还选定小红山、秣陵关两处作为"大炼钢铁"的土高炉基地。

同时，一批化工企业在燕子矶、栖霞一带选址建厂。

1961 年，市建设主管部门根据中央提出的"调整、巩固、充实、提高"八字方针，清理、退回征而不用的土地 1.6 万亩（约 1067.20 公顷）。提出控制和节约使用城市用地，充分利用现有厂址，尽可能少征地少拆迁。

1. 南京炼油厂

1958 年，为利用长江水运，接近华东燃料油消费地区，化工部拟在南京建一 100 万吨~300 万吨规模的炼油厂。市规划部门提出在乌龙山东的选址意见。该处为丘陵地形，在长江下游，便于备战隐蔽和厂区内的安全分隔，虽位于城市主导风向的上风向，但距离城市较远，影响较小。1965 年 8 月竣工，年加工原油能力 100 万吨。

2. 南京化纤厂

选址于栖霞的南京化纤厂于 1964 年建成投产。

14.6.3.4 住宅区

1958 年后，一些大型企业利用厂区附近的空地，规划建造了为数不多且标准偏低的生活区，如南化公司建设的九村、十村生活区，江南水泥厂兴建的职工宿舍等。

14.6.4　违章查处

1958 年"大跃进"后，违章建设泛滥。1960 年市城建规划部门在检查南京钢铁厂、南京航空学院等 72 家单位违章情况时，共查出征而未用的土地 349.5 公顷，内有耕地、菜地 232.1 公顷。1961~1962 年，在全市开展"四整顿"时，先后检查 317 家单位的违章建筑，涉及用地 48.3 公顷，事后责令其停工或补办法定手续。1963 年仅征而未用的土地一项，就达 697.5 公顷。

第15章

十年内乱

1966 年 5 月 ~1976 年 10 月，为"文化大革命"时期。1971 年 3 月，江宁、江浦两县划归南京市，1975 年 11 月，六合县划归南京市。

15.1　十年内乱

1956 年 11 月，上海《文汇报》发表姚文元的文章《评新编历史剧〈海瑞罢官〉》，拉开了"文化大革命"的序幕。1966 年 5 月，中共中央召开政治局扩大会议，5 月 16 日通过了经毛泽东多次修改和亲笔加写的《中国共产党中央委员会通知》（即"五·一六"通知），一场所谓"文化大革命"的风暴席卷全国。

1966 年 10 月后，由"批判资产阶级反动路线"引发的造反浪潮开始扩展到工农业领域，严重干扰国民经济正常运行。1967 年 1 月，上海"造反派"组织宣布夺取中共上海市委的领导权。以此为发端，出现全国性的"全面夺权"，导致"天下大乱"。

1971 年"九·一三"林彪事件发生后，在周恩来主持下展开了对极"左"思潮的批判，并展开了对一系列工作的调整和整顿。

1975 年初，邓小平主持中央工作，对各方面工作进行全面整顿。但是，各方面整顿的展开，势必触及"文化大革命"的错误和对这些错误的纠正，出现否定"文化大革命"的发展趋势。这既遭到"四人帮"的猖狂反对，也为毛泽东所不能容忍。于是，所谓"批邓、反击右倾翻案风"的运动从北京扩大到全国。全面整顿至此中断。

1976 年 1 月，周恩来逝世。"四人帮"压制和阻挠群众的悼念活动，激起广大群众的极大愤怒，全国爆发了以天安门事件为中心的强大抗议运动。"四人帮"诬陷天安门事件为"反革命政治事件"，毛泽东据此撤销了邓小平的一切职务。而后由中共中央第一副主席、国务院代总理华国锋主持中央工作。

1976 年 9 月，毛泽东逝世，"四人帮"加紧了篡夺最高领导权的活动。10 月 6 日，华国锋、叶剑英等毅然采取行动，粉碎了"四人帮"，结束了"文化大革命"。

15.1.1　国民经济运行遭受严重干扰

十年"文化大革命"期间，全国处于混乱状态。全国工农业生产出现 1967 年、1968 年连续两年下降的局面。1969 年起，形势趋于相对稳定，工农业生产比较正常。尤其是出于备战需要，三线建设重新大规模、高速度地展开。

15.1.2　城市规划工作遭受严重挫折

十年"文化大革命"期间，全国处于混乱状态。城市规划工作同样遭受严重的挫折。规划机构撤销，人员流散，资料散失，管理失控，违章泛滥。1967 年，国家建委指示暂停执行北京市城市总体规划，竟然要求在建设中尽量采取见缝插针的办法，以节约用地，贯彻"干打垒精神"，以降低造价。这对全国产生了极其不良的影响。

1971 年，北京市根据万里指示，召开北京市城市建设会议，要求北京市规划局立即组织力量重新编制首都城市总体规划。1972 年，国家建委城建局乘此有利时机，在合肥召开有十几个省、市参加的城市规划工作座谈会，要求各地恢复城市规划工作，修订城市总体规划。1975 年前后，各地陆续编制出一批总体规划。但这些努力仍然遭到冷遇，并未收到实际成效。

15.2 内乱中的南京

1971 年 3 月，江宁、江浦两县划归南京市，1975 年 11 月，六合县划归南京市。

1966 年，南京市城建局规划处被撤销，只在城建局城建科内留 2~3 人维持日常工作。

1972 年，南京参加了在合肥召开的城市规划工作座谈会。1974 年在城建局内恢复了规划处。

15.2.1 南京向重化工方向发展

随着"文化大革命"在全市的开展，在五年调整基础上良好的经济发展态势被大动乱所取代。1966 年由于"文化大革命"对经济影响的时间较短，全市国内生产总值仍比上年增长 15.2%；到了 1967 年，经济形势急转直下，全市完成国内生产总值比上年减少 20.3%。1968 年，全市国民经济继续在低水平徘徊，全年完成国内生产总值比上年仅增加 1.3%，退回到了 1965 年的水平。在这以后，随着政治形势的动荡不定，经济发展时起时落。

1966~1976 年，国家生产力布局方针有所变化，即由内地三线建设转向沿海地区，南京因得天独厚的自然地理和经济发展的条件，而成为国家重点建设地区。1968 年，公路、铁路两用的南京长江大桥建成通车，次年中央门长途汽车站建成使用，更突显南京的地理区位优势。从 1970 年起，全市工业基本建设规模空前扩大，仅 1970~1976 年，在市区范围及其周围地区，新建、扩建的大中型工业企业就有 15 个，增加工业用地 400 公顷。但由于这些工业项目缺乏统一规划，孤立地选厂定点，从而进一步拉大了城市的框架。加之城市交通运输、文教卫生、科研等部门有较大幅度的发展，在此期间市区面积又增加了 34.2 平方公里。

"文化大革命"后期由于投入的增加，全市电子、化工、机械等重工业部门得到迅速的发展。优越的交通、地理、资源条件，使南京在我国工业化建设中被列为重点布局地区。国家明确提出在长江中下游沿江地区建设我国的重化工业产业带，南京吸引了众多的国家投资，仅 1969~1973 年，国家就在南京新建和改建扩建了南京化纤厂、南京汽车制造厂、南京炼油厂等大型项目。这些项目的陆续投产，进一步促进了南京工业结构向重化工方向发展。

"这一时期南京市非生产性投资的比例从 3 年调整时期的 14.8% 下降到 10.55%（'三五'时期）和 10.92%（'四五'时期），用于住宅建设的投资仅占 1.69%（'三五'时期）和 3.79%（'四五'时期）。"[1]

但 1966~1976 年，南京产业结构演变过程中，以纺织、食品为主的轻工业仍占较大比重。

1966~1976 年是南京农业低速发展时期。由于农村生产关系严重脱离农业生产力实际，同时片面强调"以粮为纲"，限制了郊县农村多种经营的发展，全市农业总产量平均每年递增 2.6%，不仅严重地落后于重工业的发展，同轻工业和城市人民生活的需要也不相适应。

经过十年，南京的产业结构由"轻重农"转向了"重轻农"，1965 年"重轻农"产值之比为 42 ∶ 33 ∶ 25，1976 年演变到 62 ∶ 27 ∶ 11。[2]

15.2.1.1 南京汽车制造厂

南京汽车集团有限公司的历史可追溯到 1947 年。1958 年 3 月 10 日成功地制造出我国第一辆轻型载货汽车，国家命名为跃进牌汽车，批准成立南京汽车制造厂。

15.2.1.2 鲁宁输油管线

在 1970 年代我国石油工业大发展时期，为了向南方输送原油，1974 年中央批准建设我国最重要的南北输油干管——鲁宁输油管线，并列为国家重点工程项目之一。这一管道除将原油转运到上海、九江、广州、安庆等地大型炼油厂外，每年在南京就地加工的约有 700 万吨。这一后天形成的资源条件，又加快了南京石油加工业的发展。1975 年鲁宁输油管线开工建设，1978 年建成投产，总投资约 4 亿元。该线北起山东省临沂，南至江苏省长江北岸的仪征，距南京市区约 70 公里。鲁宁输油管线管径 720 毫米，全线总长 655 公里，其中江苏段 356.68 公里。设计年输油量为 2000 万吨。鲁宁输油管线建成投产，打通了胜利、华北、中原等油田原油直达长江的通道，改变了原油由海轮绕道进江的流向，减轻了铁路运输压力，发挥了管道运输运距短、速度快、连续性、运费廉等优势，对华东、华中乃至华南地区石化工业的发展有着重要作用。特别对南京的经济影响巨大，逐步形成以仪征分输站为中心，南京炼油厂、扬子石化公司、仪征化纤厂等企业环绕的化工工业基地格局。（图 15-1）

---

[1] 南京市人民政府研究室.南京经济史（下）·第五章"文革"动乱时期的南京经济·第一节城市经济遭到厄运.中国农业科技出版社，1998

[2] 南京市人民政府研究室.南京经济史（下）·第五章"文革"动乱时期的南京经济·第一节城市经济遭到厄运.中国农业科技出版社，1998

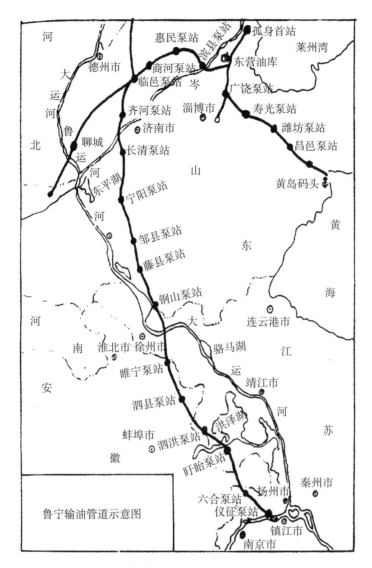

图 15-1　鲁宁输油管道示意图

15.2.1.3　梅山冶金公司（9424 厂）

国家决定在南京建梅山炼铁基地，作为上海钢铁厂的后方物资供应地，为上海炼钢提供生铁。梅山工程指挥部成立于 1969 年 4 月 24 日，是中共第九次全国代表大会闭幕的日子，于是称梅山工程为"9424"。

15.2.2　城市基础设施建设

这一时期，市区盲目扩大，沿着铁路、公路等交通线向外延伸，布局混乱。1978 年市区基本连片的建成区面积已达 116 平方公里，比 1957 年扩大了 1 倍多，人口达到 113 万人。

15.2.2.1　南京长江大桥及铁路建设

1960 年 1 月开工建设的南京长江大桥，1968 年 9 月，铁路桥正式通车，新的南京站启用，原下关的南京站改称南京西站，停办浦口站的客运业务，宁浦火车轮渡停航。

1968 年 12 月 29 日公路桥通车。

大桥上层公路桥长 4589 米，车行道宽 15 米，两侧各有 2 米多宽的人行道；下层的铁路桥长 6772 米，宽 14 米，铺有双轨。其中江面上的正桥长 1577 米，其余为引桥。

随着长江大桥的建设，1966 年，铁路枢纽主体编组站移至尧化门地区，建设为南京东站。

15.2.2.2　城市道路

1968 年为了配合南京长江大桥建设，拓建韶山路（今龙蟠路西段）、建宁路，兴建大桥南路、大桥北路、中央北路等道路，使城北道路网有所改善，将长江南北交通与城区交通联成一体。1972 年，兴建江宁路，拓宽北京东路东段、北京西路西段，拓建玄武湖内环路和外环路，并开始城西干道（虎踞路）的建设。

15.2.2.3　供水

1967 年 7 月建成中华门水厂，1970 年 6 月建成大桥水厂，1974 年 7 月建成上元门水厂一期工程，全市水厂增至 5 座。

15.2.2.4　供气

1965 年市城市建设局征得南京炼油厂同意，向南京市供应部分液化石油气（简称液化气）。1966 年 5 月，南京市液化气供应站成立，同年 8 月开始供气。首批供应民用户 2000 户，工业户 6 户。

1970 年，上海在南京建设的梅山冶金公司焦化厂投产，经江苏省、南京市与上海市共同协商，将该厂部分焦炉气供应南京。同年 5 月建成日供气 40 万立方米的输配系统。1971 年 1 月开始向用户供气。首批供应民用户 1800 户，工业户 11 户。

15.3　轮廓规划

1975 年，国家经济秩序有所恢复和好转，城市基建项目不断增加，南京城市规划管理工作日益繁重。虽然当时南京颁布了《南京市建筑管理办法》等若干管理规定，但规划管理部门在划拨基建用地时缺乏具体的依据，对南京的发展前景缺乏远期目标，规划管理工作一直处于被动局面。

为了扭转这种局面，适应城市建设发展的需要，南京城市规划部门决定编制《南京市轮廓规划》。之所以被称为"轮廓规划"，是由于当时南京城市规划工作刚恢复不久，专业力量缺乏，在人手少、时间短、条件差的情况下，规划

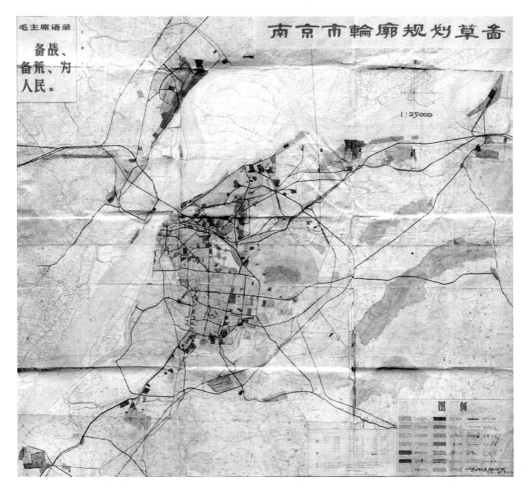

图 15-2　南京市轮廓规划草图

部门只能先编制一个粗略的轮廓规划，以控制城市的发展方向，为今后正式编制总体规划做好准备。所以这个规划又称为"南京市总体规划轮廓草图"。编制轮廓规划是对城市建设长期无规划指导的一种补救措施，也是作为正式编制总体规划的过渡和准备。"轮廓规划"的内容在某种意义上更具有规划大纲的特点。

由于 1975 年的《南京市轮廓规划》只制定了一些原则，比较简略，因此只向市领导做了汇报，供内部掌握，并未上报审批（图 15-2）。

15.3.1　规划原则

"轮廓规划"提出的规划原则是："改造老城区，充实配套新市区，控制发展近郊工业区，重点发展远郊城镇"。针对城市中存在的住房紧张、交通拥挤、服务设施不完善等严重问题，"轮廓规划"提出的规划思想是：控制城市的发展规模，严格控制主城用地的扩展。规划认为，只有控制城市规模，才能避免继续加重城市负担，减缓城市环境的恶化程度，为城市进行结构性调整争取时机。规划试图通过发展远郊城镇来疏散城市人口，控制主城规模，以此实现"事业要发展，规模要控制"的目的。

15.3.2　城市性质

南京的城市性质表述为："江苏省的政治、经济、文化中心，东南沿海的军事重镇，华东地区重要的交通枢纽，以石油化工、电子仪表、两汽（汽车、汽轮发电机）一机（精密机床）为支柱的门类比较齐全的综合性工业基地"。

15.3.3　城市规模

在现状人口为 103 万人的基础上，"轮廓规划"将市区人口控制在 110~120 万人以内；城市用地规模以市区外围菜地为限制地带。

15.3.4　市区道路系统

道路系统规划可概括为 3 句话：打通南北，联系东西，外加一环。规划明确城东、城西干道（即后来的龙蟠路和虎踞路）为分担市区南北向交通的辅助干线，以此解决市区道路网长期不能适应南北向交通要求的矛盾。

在市区规划新建和改造南北向 3 条主要干道，新建城西干道、城东干道，改造大庆路（即中央路）—中山路—中山南路—中华路；规划新建和改造东西向 8 条联系干道（象栖路、建宁路、模范马路、北京西路—北京东路、汉中路—中山东路、升州路—建康路、集合村路、雨花台南路），构成"经三纬八"的主要干道网。另外打通南北各 3 处出口，以适应市区以南北向交通为主的流量和流向特点，北有中央门、四平路广场、黑墨营交叉口，南有中华门、赛虹桥、通济门。计划建设 1 条高架公路，从长江大桥南岸公路引桥中段向东引出 1 条高架过境公路，使对外交通不穿过市区，而从外围疏散。

15.3.5　对外交通

长江航运方面，规划设立上至板桥下至龙潭、仪征 7 个港区。

铁路设想增加宁襄（湖北襄樊）线、宁杭线、宁启（启东）线等新线。宁芜线技术改造绕行方案走向基本明确，改线外绕至南岔路口、板桥。铁路南站规划设在双龙街。

关于机场规划，除大校场现存机场的军用机场按部队意见放在江北老山西麓外，考虑在湖熟建设大型民用机场。

15.4 居住区规划

15.4.1 梅山冶金公司生活区

梅山冶金公司（9424厂）生活区由梅山冶金公司设计室规划设计，始建于1969年。该企业隶属上海冶金系统，设计采用上海市的住宅设计标准。规划时并未严格按居住小区各项控制指标对住宅楼、区内道路、地下管线和公共建筑等统一布局，但实际上已初具住宅小区的规模。

生活区选址在厂区东南上风向阳坡面上，一期规划占地30公顷，建造职工住宅13.12万平方米，单身住宅2.2万平方米，公共建筑3.99万平方米，入住人口2万人。建筑间距系数一般为1.1~1.3，少数背阳坡加大为1.5。住宅设计为单元式，以4层为主，主要套型为一室户、一室半户。一期住宅建设建筑标准偏低，空斗墙，不搞外粉刷，无阳台、壁橱，蹲式厕所公用，外观较单调。生活区配套建有中学1所，小学1所，幼托3所及食堂、菜场、粮油店、商场、煤气变压所、邮电、银行、简易电影院等公共设施，基本满足职工日常生活的需要。全区设上、下水及煤气管网，雨水由加盖明沟排放，车行道路宽3.5米，人行道宽1.5~2米。（图15-3）

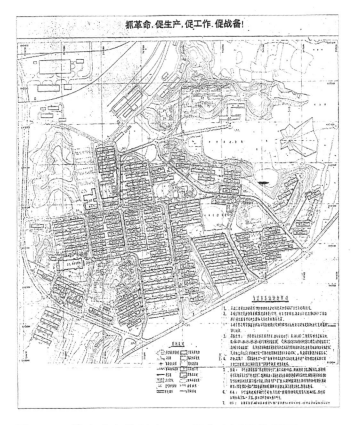

图15-3 梅山冶金公司（9424厂）生活区总平面

15.4.2 瑞金新村

瑞金新村占地 9.43 公顷，原址为 1956 年停用的明故宫飞机场，改造前是一片破草棚和垃圾场。1975 年，南京市革委会组织省汽车运输处、市分析仪器厂、市无线电元件二厂及白下区区属厂共 16 家单位，采取统建投资与集资联建方式，在原明故宫机场跑道南侧兴建多层楼群住宅区。（图 15-4）

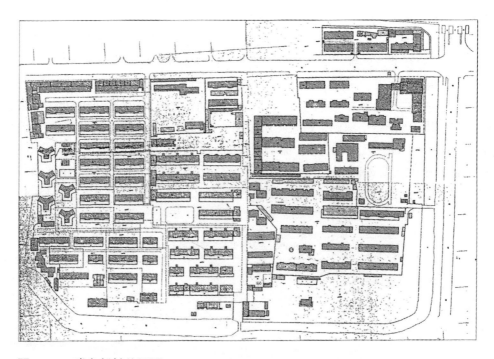

图 15-4 瑞金新村总平面

15.5 专业规划

15.5.1 防空规划

南京战略地位重要，新中国成立初期曾屡遭空袭，是全国开展防空建设最早的城市。1953 年国家确定南京是应建立防空专业机构的城市，1954 年中央人民政府列南京为一等城市。

南京对防空工程建设做过多次规划，其内容繁简不一，要求有高有低。

1953 年以后国务院颁布《结合民用建筑修建二级防空洞的规定》，1953 至 1965 年的 13 年中，南京市随基建项目附建二级防空洞 43 个。

15.5.1.1 《南京防空工事修建规划》

1966 年 8 月，南京市人民防空委员会制定《南京防空工事修建规划》。

规划按照战时留城人口每 3 人拥有 1 平方米工事的标准计算，计划新建 23.63 万平方米工事，其防护能力应能满足防弹片、防气浪、防机枪扫射、防火的要求，位置重要而又有条件的还应设置射击孔。规划新建市指挥所 1 所，区指挥所 3 所，射击工事 9 个。

15.5.1.2　《南京市人民防空战备工作规划、人防工事构筑方案》

1971 年根据全国人防领导小组提出的要求，结合南京市的实际情况拟定《南京市人民防空战备工作规划、人防工事构筑方案》。该规划"以 9 座山为依托，以干、支道为纽带，把人员掩蔽工事与山区坑道连通，城郊相连，远近郊配合，组成防打结合的防御体系"。构筑工事的要求分为 4 类：①人员及重要物资防护隐蔽工事 345 万平方米。②干支道工程 19 条，总长 67.47 公里。③9 座山工程：富贵山、九华山、北极阁、狮子山、八字山、四望山、清凉山、五台山、雨花台。④浦镇、大厂镇、栖霞、龙潭、板桥等远郊及县，根据"山，散，洞"的要求，靠山打洞，以建立独立的生产、战斗重点。

该规划工程规模巨大，超出市财力、物力的承受能力，因此最终只完成 4.3 万平方米（占计划的 6.14%）。19 条主、支干道只动工 7 条，建成 1 条；10 座山（增加紫金山）工程开工 7 座亦未全部按规划实施，其中紫金山西麓，富贵山、四望山 3 座未动工。

15.5.1.3　《南京市人民防空、城市防卫工程规划》

1975 年 4 月，中共南京市委根据南京军区和江苏省委要求，拟制《南京市人民防空、城市防卫工程规划》。该规划期限 5 年，工程量为构筑 25.1~30.55 万平方米人防工程。工程包括：4 条地下深层干道；4 个要点工事；继续构筑 10 座山的坑道工程。此规划上报江苏省委，于同年 5 月 26 日批复同意。

15.5.1.4　《南京市人民防空工程建设总体规划》

1976 年，南京军区派出"三防"战略工作组，帮助拟制《南京市人民防空工程建设总体规划》。该规划确定到 1985 年全市新筑人防工程 75.9 万平方米。工程包括：人员掩蔽工事 43 万平方米；10 座山坑道工程 4.7 万平方米；5 条地下深层主干道 135 万平方米。该规划上报后，省人防委于 1977 年 10 月 12 日批准实施。

15.5.2　环境保护规划

15.5.2.1　《南京市"三废"治理规划》和《南京市环境保护两年（1974~1975）规划》

为有计划、有步骤、有目标地指导全市"三废"治理工作，1973 年 3 月，市革委会治理"三废"领导小组办公室制定了《南京市"三废"治理规划》，同年 12 月，市革委会治理"三废"领导小组办公室进一步制定出《南京市环境保护两年（1974~1975）规划》。规划的目标是：环境质量得到一定的改善；秦淮河水变活，水体污染减轻；大气污染得到控制；部分废渣得到利用，排放减少；建成一批有害物资回收较好，达到或接近国家排放标准的"三废"治理工程。列治理项目 186 项，总投资 8006 万元，要求有关部门将发展生产与保护、改善环境统一起来，将治理"三废"的项目纳入计划。

15.5.2.2 《南京市环境保护 10 年规划（草案）》

1976 年 5 月，国家计委、国务院环境保护领导小组下发《关于编制环境保护长远规划的通知》，对包括南京在内的 18 个环境保护重点城市提出在 1980 年建成清洁城市的奋斗目标。据此要求，市计委和市环境保护办公室于同年 7 月编制完成《南京市环境保护 10 年规划（草案）》。

规划 5 年（1976~1980）的目标是：工业和生活污水得到治理，按国家排放标准排放；所有排烟装置都要采取消烟除尘等多种措施，基本解决空气污染问题等。据此目标，在治理工业污染、治理城市污水、控制地面水系污染、改善城市环境、防止食品污染、控制长江南京段油及其他水上流动污染等方面，提出重点项目、重点行业的治理时间、内容及要求。计划安排各类项目 458 项，总投资 1.63 亿元。

10 年规划的初步设想是：调整工业布局；根治秦淮河、金川河、南北十里长沟等水系，开辟新的交通干道；实行大地园林化，合理使用农药，开展环境保护的科学研究。

随着对环境问题认识的提高，这个规划已开始从单纯的工业"三废"治理扩展到工业布局、城市基础公用设施、绿化等与环境保护相关的许多方面，拓宽了环境保护范围。

15.6 规划管理

15.6.1 规划管理机构的撤销与恢复

1966 年，城建局规划处被撤销，仅在城建局城建科内留 2~3 人维持建筑管理、核拨用地等日常工作。后来，有关建筑管理、核拨用地等日常规划管理工作受军管会生产指挥部城交组领导。

1969 年 11 月，成立南京市革命委员会城建局，负责城市建设规划、基本建设和市政、房产管理等工作。

1970 年城建局工作恢复，下设城建科负责规划、建筑管理、核拨、征用土地和三废治理。

合肥城市规划座谈会后，1974 年在城建局内恢复规划处，人员编制 24 人，负责编制规划、建设项目的选址、办理核拨用地与审查征用土地补偿安置业务；核发各种建筑物、构筑物与工程管线的建筑执照。规划处下设总图、工程管网、建筑 3 个规划小组和 1 个建筑管理小组。

15.6.2　管理废弛

"文化大革命"开始,各项管理工作,机构瘫痪,制度废弛,城市建设陷入失控、无序状态。

1971 年南京新建房屋面积 40 多万平方米,领取建筑执照的仅 17.2 万平方米,只占 43%。

1973 年合肥全国城市规划座谈会后,1974 年规划处恢复工作。1974 年 3 月,南京市革委会颁布《南京市建筑管理办法》,规定单幢建筑面积在 100 平方米以内,简易建筑面积在 200 平方米以内,及临时建筑单幢在 200 平方米以内的,由区城市建设部门审批。重申新建、扩建、翻建工程需按规定向市城建局申请建筑执照,强调建设单位必须按照核准的设计图和规定事项施工,在动工前应由城建局组织人员查验灰线,工程完工后应报请竣工验收。

1975 年,规划处组织编制了《南京市轮廓规划》,并据此编制老城区改建、道路红线、近期管线综合等规划方案,规划管理有所加强,选址混乱、违章建设、无序敷设管线等现象有所遏制。

15.6.2.1　选址工作

1. 工业企业

"文化大革命"期间,工业企业随意选址建设现象十分严重。1968 年安排的铁合金厂,打乱了迈泉桥、燕子矶一带的功能分区。江南煤田的开发,乱挖乱建对环境造成巨大破坏。

《南京市轮廓规划》的编制,在严格控制市区用地扩展的前提下,进一步控制发展近郊工业区,工业布局坚持大分散、小集中,重点发展远郊城镇。12 月,市城建局在加强城市建设管理工作意见中,提出对城市用地的管理首先要挖掘空地潜力,按规划把闲置的空地使用好,强调任何单位和个人不得擅自交换、转让和买卖城市土地,对多征少用和征而不用的土地,要重新安排使用;要节约工业用地,新建项目安排在远郊小城镇。

2. 住宅区

根据《南京市轮廓规划》,1975 年在老城区选择瑞金路、大桥南路、瓜圃桥、后宰门、光华东街等 5 处作为近期建设的生活区。在城郊接合部安排小市、东井村、太平村、化纤新村、五贵里和板桥 6 处生活区。直至 20 世纪 60 年代,南京的住宅建设主要通过对棚户和危房的改造,就地改建和维修一批砖木结构的平房,成街成片改建或新建的住宅很少,只有部分大型企业在厂区附近集中建造了少量标准偏低的职工生活区。这个时期因城市尚有剩余空地,新建住宅多采用行列式平房,即使建成 2~3 层楼房,间距一般也较大。由于分散插建,市政设施难以配套。针对市区房屋占地多、密度大,平均建筑层数只有 1.5 层的现象,市城建规划部门提出住宅建筑应适当提高层数,沿主要街道以 4~5 层为主,有条件的还可适当提高,街坊内部一般不低于 3~4 层,如投资经费暂时有困难,可按规划先打好 4~5 层的基础，以后再分期分层建设。当时建设规模不大，规划管理的重点主要放在用地和审批手续上，对规划设计中一些技术指标的控制并不十分严格。

3. 道路

①大桥南路和大桥北路：1968 年为配合南京长江大桥建设，开始规划设计连接长江大桥主桥、贯通长江两岸的大桥南路和大桥北路。大桥南路自长江南岸公路引桥向南延伸，至盐仓桥与中山北路相交，全长 1178 米，幅宽 20 米。大桥北路在选线时，曾有两种方案，一是与铁路引桥同向，线路直通浦口区的东门镇；另一方案由公路正桥向北，与铁路引桥形成一定角度后经泰山新村向大厂镇延伸。经方案比较后采用后者，遂使大桥北路与大桥南路形成曲线对称、形态优美的空间布局。

②城西干道和城东干道

城西干道、城东干道是历次规划提出的城市主干网中的经二路和经三路。自 20 世纪 70 年代中期起，规划部门为确定城西干道的红线位置，开展过多次现场踏勘和比选，最终确定自大桥南路直线与中山北路相交后，经草场门、清凉山到水西门，再经赛虹桥接宁芜公路。其中大桥南路于 1968 年修建成单幅路。虎踞南路北起汉中路，南至水西门大街，位于城墙墙基之上，1971 年新辟道路时幅宽仅 12 米，1975 年拓宽至 20 米。

4. 五台山体育馆

五台山体育场，为民国时期的露天体育场，它是利用五台山东端一天然盆地兴建的。20 世纪 70 年代初，市政府决定在南京选址建造一座万人体育馆。选址方案有两种：一是依托南京体育学院，在东郊环境较好的东洼子以东兴建；另一方案是安排在五台山顶峰，利用五台山的特有地形和已初具规模的五台山体育场，便于组织全国或地区性综合体育竞赛、大型群众文体活动和集会。经过比较，选定将体育馆建在五台山峰顶台地上，占地 3.5 公顷。工程于 1975 年 6 月完成。

5. 江苏省电视塔

省电视塔最早建于栖霞山，因受紫金山阻挡，部分城区成为信号盲区。20世纪 80 年代初，省电视台在鼓楼广场等处选址，因一时难定，在鼓楼城楼西侧，临时建一转播塔以应急需。

15.6.2.2 违章查处

"文化大革命"期间违章之风无法控制。在失控失管的情况下，城区"大路稀、小路窄"的矛盾更加突出。

1973 年，南京市组织整顿交通、马路和市容，清除侵占道路和围墙内严重影响市容的违章建筑 6000 平方米，清除马路仓库 445 处、2.7 万平方米，使原来乱占乱建乱倒现象比较严重的江边路、建宁路、长乐路、江宁路有所改观。拆除宝善街、丰富路等居住区内严重阻塞道路的违章建筑 505 户、3900 平方米。

1974 年 3 月，为加强城市建设管理，纠正在建设工程设计、施工和管理中的混乱状况，《南京市建筑管理办法》对建设工程验线作出规定，建设单位和施工单位必须按照核准的设计图和规定事项施工，在动工前应经批准执照机关查验灰线。工程完工后，建设单位应报告批准执照机关查验竣工。同时还要求地下工程、管线工程、大型公共建筑和其他重要工程完工后，应向市城建局报送竣工图 1 份。但在实施中，存在验收人员缺乏，技术标准不清，以及管理部门、建设单位、施工单位之间的协调问题，以致建设工程验线在许多工程建设中并未全面执行。

1974~1975 年，下放人员开始陆续回宁，大批下放返城人员在城墙脚下、城门外、河道边、支路边随意搭建临时住房，违章建筑随处可见。

第7篇
改革开放　探索创新

在改革开放的新的历史时期，全国的城市建设和规划工作得到了前所未有的发展。南京也不例外。

由于优越的区位条件和大型基础设施的建设，南京经济迅速发展，南京在国家产业格局中的战略地位上升，成为长江下游重要的中心城市。在城市发展中，南京采取综合开发新区与改造旧城区相结合的方针，着力保护历史文化，注重加快外围城镇的发展。

就城市规划工作而言，这一时期有着突破性的进展。实质性内容主要体现在城市空间发展规划理念的研究：20世纪80年代的"圈层式城镇群体"，90年代的"都市圈"，21世纪的"多中心、开敞式"；传承历史文脉彰显城市特色的尝试：作为著名古都、历史文化名城的南京，充分重视传承历史文脉彰显城市特色，进行了大量卓有成效的规划探索和规划实践。程序性内容主要是对城市规划编制体系的探索和规划管理法制化的推行。

第 16 章

改革开放

1976 年 10 月 6 日，中共中央采取断然措施，逮捕了江青、张春桥、姚文元、王洪文"四人帮"，历时 10 年的"文化大革命"结束。

1978 年 12 月 18 日至 22 日，中国共产党第十一届中央委员会第三次全体会议做出把工作重点转移到社会主义现代化建设上来和实行改革开放的决策，在经过粉碎"四人帮"后的两年徘徊之后，实现了具有深远历史意义的伟大转折，开创了有别于前 30 年的新的历史时期。

在新的历史时期，全国的城市规划工作如同所有其他事业一样，得到了前所未有的发展。南京也不例外，城市规划工作无论是类型还是规模都是空前的，尤其是在**城市空间发展规划理念的研究和传承历史文脉彰显城市特色的尝试，对城市规划编制体系的探索和管理法制化的推行**等方面取得了显著的成就。

1983 年 3 月，溧水、高淳两县划归南京市。2000 年 12 月江宁撤县设区。2002 年 4 月撤销浦口区和江浦县，合并设立新的浦口区；撤销大厂区和六合县，合并设立六合区。2002 年末南京市辖玄武、白下、秦淮、建邺、鼓楼、下关、浦口、栖霞、雨花台、六合、江宁 11 区和溧水、高淳 2 县，总面积 6598 平方公里，其中市区面积为 4737 平方公里。全市人口为 563.28 万人，其中市区人口 480.35 万人；全市非农业人口 339.35 万人，占总人口的 60.25%。[①②]

16.1 综述

16.1.1 前 30 年的回顾

1949~1978 年的 30 年，历程虽然曲折，但南京仍然有很大发展。城市建设取得了显著成绩，城市面貌发生了很大变化。

南京的城市规划工作也和全国一样，经历了一个起步相对稳定、继而坎坷曲折的过程。

南京在新中国成立后 30 年建成的房屋总面积为 1119 万平方米，其中住宅 401 万平方米，城市住宅建筑面积由建国初期的 743 万平方米增加到 1361 万平方米，城市每人平均居住面积由 1949 年的 4.83 平方米增加到 5.03 平方米。城市公共绿地面积比建国初期扩大 2.1 倍，达 6183 公顷；城市公园由 5 个增加到 18 个。1978 年供水能力达到 46.6 万吨，比新中国成立初期增加 6.8 倍。液化气、煤气用户达 15.8 万户，占城区总户数的 61%。城市公共交通营运车辆数（包括电车）达 626 辆。

1978 年南京市辖 9 区和江宁、江浦、六合 3 县。总面积 4717.74 平方公里，其中市区 840.28 平方公里；总人口 337.95 万，其中市区 177.51 万。[③]

---

① 南京市统计局 . 南京统计年鉴
② 2013 年 2 月，溧水、高淳 2 县撤县设区，3 月撤白下区和下关区，至此，南京市下辖 11 区。
③ 南京市统计局 . 南京统计年鉴

16.1.1.1　由国都到地区中心

新中国的成立，就南京而言，政治地位又一次下降：从首都到省会，从中央直辖市，到省辖市。城市性质、地位的急剧改变，使南京面临如何适应新的功能定位的严峻问题。当时的主要目标是："把过去畸形发展的旧南京，改造成为真正健全繁荣的新南京"[①]。

政治地位的下降，同时，在当时的国际环境和国家政策下，南京不可能列入国家重点建设城市之列。

但由于曾经是首都，南京拥有不少高级别的设施，如高等院校，研究机构，博物院、影剧院、医院，等等，使南京始终具有科技、文化和人才优势。

同时，南京的区位是不可能改变的，长江大桥的建成，更使沪宁、津浦、宁芜三条铁路干线与全国各地相连，极大地方便了南北交通，南京成为重要的交通枢纽。

南京还是南京军区所在地。

16.1.1.2　城市布局结构的变化

由于近代工业和市政设施特别是津浦、沪宁两条铁路的建设，以及中山大道（中山北路—中山路—中山东路）的建设，使与江北的浦口隔江相望的下关成为南京重要的节点。随后很多国民政府机关和公共设施沿中山大道的布局，使中山大道成为城市的一条主要轴线。位于中山大道关键结点的新街口逐渐成为新的商业文化中心。这一切使南京突破了封闭的老城格局，形成了近代南京"一条轴线（中山大道）、三个中心（下关、新街口、夫子庙）"的发展局面。南京城市向长江岸边发展，虽然只是"点"（下关）的接触。

1968 年南京长江大桥的建成，新的南京火车站的启用，以及与此相应的城市基础设施的建设，使南京的城市布局结构又一次发生了根本性的改变。在火车是对外交通主要工具的年代，下关失去了重要性，新火车站所在的中央门地区取而代之；鼓楼广场是新中国成立后南京的政治中心；商业进一步向新街口集中。**南京形成了"一条轴线、一个中心区"的布局结构：中央路—鼓楼广场—中山路—新街口—中山南路成了一条主要轴线；鼓楼——新街口地区成为南京的市中心。**

16.1.1.3　"由内向外，填空补白，紧凑发展"——旧城改造

民国时期的南京虽为首都，但其建成区面积也不过 54 平方公里，原明城墙内也还有大量空地和菜地。1949 年 4 月，旧城内农地尚占旧城内土地总面积的27.35%。原明故宫飞机场是一片破草棚和垃圾场。因此，新中国成立初期，旧城改造执行"由内向外，填空补白，紧凑发展"的原则。同时限于当时财力，旧城改造的规划和建设主要着眼于改善居住条件，整治环境卫生。

由于城市建设长期欠账，"骨"、"肉"关系失调，南京至"文化大革命"后期，人均居住用地仅为 3.23 平方米，比建国初期的 4.83 平方米下降了 1.6 平方米。

---

① 宋任穷同志在南京市一届一次各界人民代表会议上的报告．南京市档案馆

　　南京是南京军区机关所在地，南京的部队用地所占比重特别大，据1978年的统计，在市区，部队用地占所有建设用地的11%。不仅比重大，而且机关所围的院落大。这是南京城市规划不能不考虑的特殊状况。

　　机关所占院落大，有利有弊。这些院落大多建筑密度较小，绿化好，环境幽静，而且相对而言管理严格。这对保持南京市区的较好环境起到了不可忽视的作用。但是，由于院落大，且封闭管理，使南京的道路系统不畅，支路不密，给市区的路网规划和城市交通带来很大困难。（图16-1）

图16-1　南京市市区用地现状图（1978）

16.1.1.4　工业城镇的建设

近代南京在江北浦口、卸甲甸和江南龙潭等地建厂发展工业，为南京发展外围城镇打下了良好基础。新中国成立以后，根据国家控制大城市规模的方针，历次规划也都重视发展外围城镇。一些大型工业，尤其是化工厂大多选址于郊外，逐步形成了大厂、板桥、尧化门地区等工业城镇。

在外围工业城镇形成过程中，有两种情况，带来两种效果。

一是，在外围发展工业时，注意到了同时规划建设与之相应的生活设施和市政设施，按一个相对独立的城镇来规划和建设。大厂镇的规划和建设是一个较为成功的案例。

二是，在"先生产，后生活"等政策影响下，注重工厂的建设，忽视生活设施和市政设施的规划建设，把这些设施仅仅作为工厂的生活区规划建设，甚至只是建设工厂的厂前区。因此，这些地区虽然有大量居民，却始终形不成一个完整的城市生活环境。尧化门地区陆续建了不少大型化工企业，但均各自为政，没有形成一个整体。板桥更由于梅山冶金公司的归属问题，规划建设的除了工厂外，就是它自己的"生活区"。

16.1.1.5　历史文化的保护与损毁

南京有着深厚的历史文化积淀。1949 年 5 月，市军管会发布关于保护公共财产、文化机关及文物古迹的布告。10 月，市政府成立文物保护管理委员会。年底，市政府颁布了《保护文物古迹办法》。1956 年、1957 年，省政府公布了南京市第一批、第二批省级文物保护单位共 76 处。1961 年，国务院公布中山陵、明孝陵为全国重点文物保护单位。

南京众多的文物古迹始终是南京规划建设中一个无法回避的极其重要的元素。城墙就是一个典型代表。

古代留下来的城墙既是历史文化的宝贵资源，又与现代生活有着多种冲突。或爱或嫌，时保时毁，远见卓识者爱之保之，急功近利者嫌之毁之。近代如此，现代也如此。

大规模的拆城可以说事出有因，1954 年的暴雨使多处城墙坍塌，导致居民多人伤亡。当时险段还有不少，"为欲长久保存，小量的养护不能解决问题，大举修葺则在国家当前情况下，似乎没有可能与必要"。

即使如此，有识之士仍然为保护城墙尽了最大的努力。1954 年的《南京市拆除城墙计划草案》在当时条件下提出了最大限度地保护城墙的原则；当"大跃进"时期拆城渐成规模时，1959 年春，时任中共南京市委书记的彭冲指示"拆城工作立即停止"。正是由于这些努力，南京终于留下了当今世界上保存最完整、规模最宏大的古城墙。

这是南京的无价之宝，同时也给南京的规划建设出了很多难题。随着城市建设规模的加大，矛盾也越来越突出，尤其反映在交通问题上。

新中国成立后的 30 年间，总体上讲，对历史文化的重视程度比较差，尤其

"文革"期间，历史文化遗产被作为"四旧"，毁坏程度难以估量。不过当时城市建设量不大，因而没有因建设而造成更多的历史文化古迹的毁坏。

16.1.1.6　力所能及的规划工作

新中国成立以后，南京正式开展城市规划编制工作始于1953年11月成立南京市市政建设委员会规划处。

由于南京的特殊地位，民国时期编制的南京城市规划的作用已理所当然地随政权的更迭戛然而止。其实，自抗日战争开始以后，南京的规划建设也乏善可陈。

由于城市性质的改变和当时的政治经济条件的制约，南京不是重点发展地区，因而也不是国家关注的城市规划重点城市。但是，新中国成立之初，南京的规划工作者根据需要，参照苏联城市规划的做法和定额指标，编制了"分区计划"、"初步规划"等总体规划性质的规划和住宅区、绿化、防空、环境保护等详细规划和专业规划。即使是在"文化大革命"的困难条件下，仍然以"轮廓规划"的形式做了力所能及的工作。

新中国成立后至20世纪70年代，南京编制过总体规划性质的城市规划5次及一批详细规划。这些规划由南京市城市建设局负责组织，编制任务则由城建局规划科（处）承担，规划方案完成后，一般未向市政府办理报批手续，这一状况一直延续到1970年代末。

在规划实施管理上，规划工作者从南京长远和全局角度出发，在一些重大项目的建设上，提出了重要的意见，从而在很大程度上使南京在城市总体布局方面没有出现大的失误。

但是，从专业角度讲，传统的城市规划是建筑学的组成部分，内容主要着眼于道路网和建筑群的安排，我国计划经济体制下更强调城市规划是城市建设的蓝图和国民经济计划的继续，规划的成果就是一份城市总体规划图（初步规划、轮廓规划）及其说明书，然后就是排出一幢幢建筑的"详细规划"，规划管理的依据就是这种总体规划和"详细规划"。实践证明，总体规划只是原则规定，仅仅依据总体规划来管理，随意性很大，必然因人而异；而"排房子"这样的"详细规划"又太具体，在复杂的现实面前，很难适应，再加上规划方面的法制很不健全，所以实际上规划管理处于依据不足，甚至无法可依的情况。只不过当时建设数量不大，速度不快，规划管理中，矛盾不很突出。

16.1.2　改革开放的新时代

16.1.2.1　历史的转折

1978年12月，中共十一届三中次全会举行，做出把工作重点转移到社会主义现代化建设上来和实行改革开放的决策，实现了具有深远历史意义的伟大转折。我国进入了社会主义现代化建设的新时期。

1. 拨乱反正、改革开放（1977~1984）

从 1978 年中共十一届三中全会至 1984 年中共十二届三中全会期间，是我国全面进行拨乱反正、推进改革开放的试验期和农村改革的全面推进期。这一时期，城市规划工作在新的条件下得到恢复和重建。城市规划密切结合国家城市发展方针、贯彻国民经济和社会发展计划的要求，对城市建设的恢复和发展发挥了重要的控制和协调作用。

改革开放以后，我国的发展重点逐步转移到以经济建设为中心的轨道上来，积极探索具有中国特色的社会主义建设之路。国家经济体制改革的序幕已逐步拉开，城市发展处于快速起步阶段。但是由于受当时历史条件的局限，在 1978~1984 年这一时期我国的宏观经济发展特征仍带有很重的计划经济的痕迹。

（1）城市化进程的恢复

1978~1984 年，是农村体制改革推动我国城市化发展的阶段，恢复性的"先进城后建城"的特征比较明显。大约有 2000 万上山下乡的知识青年和下放干部返城并就业，高考的全面恢复和迅速发展也使得一批在农村的知识青年进入城市；城乡集市贸易的开放和迅速发展，使得大量农民进入城市和小城镇，出现大量城镇暂住人口；国家为了还过去城市建设的欠账，提高了城市维护和建设费，结束了城市建设多年徘徊的局面。

随着我国农村经济体制改革的推进，在城市工业大发展的同时，农村工业化取得了巨大成绩，乡镇企业发展迅速。而发展乡镇企业需要小城镇作为依托和载体，乡镇企业的发展也为发展小城镇创造了经济条件。1980 年我国提出了新的城市发展方针，即"严格控制大城市规模，合理发展中小城市，积极发展小城镇"，有力地促进了我国小城镇的发展。同年国家还修订了设镇标准，放宽了设镇条件，我国由大城市—中等城市—小城市—小城镇所组成的城镇体系框架逐步拉开。

20 世纪 80 年代初期开始积极探索整县改市模式和撤地设市模式，切块设市和整建制改市两种模式并行，1983 年以后逐渐以整建制改市模式为主。

1983 年，我国取消"政社合一"的人民公社体制，恢复了乡（镇）建制。小城镇的发展，成为推动我国"农村城市化"的主力，也是"自下而上"城市化的主要体现。

这个阶段，人口城市化率由 1978 年的 17.92% 提高到 1984 年的 23.01%，年均提高 0.85 个百分点。

（2）适应社会经济的转型，城市规划迅速复兴

中共十一届三中全会后，城市规划也得到迅速恢复和发展。1978 年，国务院召开第三次全国城市工作会议。会议制定了《关于加强城市建设工作的意见》。文件提出："全国各城市，包括新建城镇，都要根据国民经济计划和各地区的具体条件，认真编制和修订城市总体规划、近期规划和详细规划"。

1980 年 12 月，国家建委颁发了新的《城市规划编制审批暂行办法》。办法

规定，城市规划按其内容和深度的不同，分为总体规划和详细规划两个阶段。总体规划的主要任务是：确定城市性质、发展方向和规模，安排城市用地的功能分区和各项建设的总体布局，选定规划定额指标，制定实施规划的步骤和措施。总体规划的期限一般为 20 年，近期建设规划是总体规划的组成部分，是实施总体规划的阶段规划，期限为 5 年。同时，国家建委还颁发了《城市规划定额指标暂行规定》，作为与城市规划编制办法相配套的技术性文件。

1984 年 1 月 5 日，国务院颁布《城市规划条例》，以国家行政法规规范了我国城市规划的制定和实施。《条例》共 7 章 55 条，明确了城市的定义及分级、城市规划的制定、旧城区的改建、城市土地使用的规划管理、城市各项建设的规划管理以及对违章行为的处罚。

2. 改革由农村向城市推进（1985~1991）

1984 年 10 月 20 日，中共十二届三中全会通过了《中共中央关于经济体制改革的决定》。城市经济体制的转型加快了我国由计划经济向社会主义市场经济的转变，同时在土地、资金、市场等方面也逐步为城市化发展打开了制度性约束的缺口，城市发展逐步回归正常化，城市规划与建设需求日益扩大。

（1）城市经济体制改革成为推动我国城市化的重要动力

《中共中央关于经济体制改革的决定》提出了社会主义经济是"公有制基础上的有计划的商品经济"的论断，加快了以城市为重点的整个经济体制改革的步伐。1988 年 4 月，七届全国人大一次会议通过的《宪法》修正案，增加规定："国家允许私营经济在法律规定的范围内存在和发展"。城市经济改革推动了城市化发展，城市建设的任务日益繁重，城市在组织区域经济活动中的经济中心作用日益突出。这一时期城市数量迅速增加，新增城市主要是大规模"地改市"、"县改市"的结果。

为合理地制定城市规划和进行城市建设，适应社会主义现代化建设的需要，1990 年 4 月 1 日，我国颁布实施了《中华人民共和国城市规划法》。提出"国家实行严格控制大城市规模、合理发展中等城市和小城市的方针，促进生产力和人口的合理布局。"规定"编制城市规划一般分总体规划和详细规划两个阶段进行。大城市、中等城市为了进一步控制和确定不同地段的土地用途、范围和容量，协调各项基础设施和公共设施的建设，在总体规划基础上，可以编制分区规划。"1991 年 9 月国家建设部颁布了新的《城市规划编制办法》，对改革开放以来规划界的探索进行了总结和肯定，自此我国的城市规划工作也迈入了一个新的发展阶段。

（2）土地使用制度的改革，为城市发展提供重要的资金来源

七届全国人大一次会议通过的《宪法》修正案，规定土地使用权可以依照法律的规定转让，标志着我国的根本大法肯定了土地所有权和使用权可以分离，土地使用权具有价值，可以入市流转。1988 年 12 月 29 日第七届全国人民代表大会常务委员会第五次会议做出《关于修改〈中华人民共和国土地管理法〉的

决定》，1990 年，国务院出台《城镇国有土地使用权出让和转让暂行条例》，明确国有土地使用权可以依法出让、转让、出租、抵押，土地使用权出让可以采取协议、招标、拍卖方式。以行政法规的形式，确立了城镇国有土地使用权出让、转让制度。

土地有偿使用制度，打破了城市建设的资金瓶颈，并成为地方政府进行城市开发与建设资金的重要来源。土地有偿使用政策的实施，强化政府对土地市场的调控，使土地成为经营城市的重要资源，促进了新一轮城市的建设与开发。

3. 改革开放深入发展，城市化进程全面推进（1992~2000）

1992 年初，邓小平先后到武昌、深圳、珠海、上海等地视察，发表了一系列重要讲话。讲话针对当时人们思想中普遍存在的疑虑，重申了深化改革、加速发展的必要性和重要性，并从中国实际出发，站在时代的高度，深刻地总结了十多年改革开放的经验教训，在一系列重大的理论和实践问题上，提出了新思路，有了新突破，将建设有中国特色社会主义理论大大地向前推进了一步，从而也推动了改革开放和各项建设事业的新发展。

（1）伴随社会主义市场经济体制改革逐步深入，我国城市化进程全面推进

1994 年中共十四届三中全会《关于建立社会主义市场经济体制若干问题》提出了建立社会主义市场经济体制的目标，经济建设步入持续、快速、健康发展的轨道。

1992~2000 年，这一阶段是以开发区为主要动力的城市化发展阶段。这个时期私营、个体经济快速发展，中小城市和小城镇发展快速，而大城市也呈现出强劲的发展势头。小城镇与小城市的人口成为中国城市人口的主体。导致这一时期"小城镇化"的原因是多方面的：一是自 1980 年以来开始实施"控制大城市规模、合理发展中等城市、积极发展小城镇"的方针。二是分散的农村工业化，结果形成了两类转移人口，即"离土不离乡、进厂不进城"的就地转移人口（主要是乡镇企业职工）和"离家离土"但同时在乡村保留"住房与土地"的流动人口。三是城乡隔离体制的制度性约束。农村剩余劳动力转移的内在冲动无法得到国家城市发展政策的认可，更无法大规模地向大中城市真正地转移，只能现实地落脚在中小城市和小城镇。

（2）通过住房制度改革，形成推动城市化发展的新动力

在土地市场化基础上，进一步实现房地产市场化。随着住房产权的明晰化，通过公房上市，房地产一级和二级市场得以建立并日益成熟，为城市空间的扩展创造了良好的平台，房地产也成为城市发展的支柱产业。通过房地产业发展，不断启动和扩大国内消费需求，推进了我国的城市化进程，也为我国城市规划与建设事业的发展提供了巨大的现实需求，城市规划事业迅速并蓬勃发展。

（3）人口向城镇集聚的趋势不可逆转

这一时期城市发展速度尽管不慢，但是受传统"二元体制"的影响仍有很

大的局限。分散型城市化造成城市集聚效率不高，带来了环境污染、土地资源浪费等问题。人口和劳动力从乡村向城市的流动逐渐加速，每年数千万的农民工进城打工等，促使人口向城市（城镇）集聚的趋势不可逆转。

16.1.2.2　南京城市的新发展

在新时期南京在各个方面得到了全面发展。

2000年，南京全市人口545万，其中非农业人口310万。市区人口290万，其中非农业人口256万；五县人口255万。国内生产总值1021.3亿元。[①]

1. 经济发展，南京在国家产业格局中的战略地位上升

1978年起，受"文革"影响的城市生产生活秩序逐步恢复，国家一些重大工业投资项目在南京开始选址或者建设。工业建设在调整中发展。南化项目、梅山项目等的建设，提升了南京在全国工业布局中的地位，相应带动南京在全国产业格局中的地位提升。

1980年，为了配合南化公司乙烯扩建工程，南京市设立大厂区。

新生圩港区一期工程于1985年10月建成。1986年1月，全国人大常委会批准了南京港对外开放；1988年3月，国务院批准南京市列入沿海开放地区。

1988年4月，江苏省政府、南京市政府在浦口共同创建南京高新技术产业开发区，1991年3月被国务院批准为全国首批也是江苏省首家国家级高新区。1992年后陆续建立了一批开发区，出现了一股开发区热，区县以至乡镇到处都搞。新港、江宁、六合、溧水、江浦、大厂等开发区于1993年相继被批准为省级开发区。至1998年末，南京有国家级和省级开发区9个。

2. 大型基础设施的建设

改革开放以后，南京开始加快大规模的基础设施建设。

秦淮新河于1978年11月全面开工，1980年汛前河成行洪；新建新生圩外贸港区；扩建铁路东编组站；扩建大校场机场候机楼；新建长途汽车东站；鲁宁输油管道新建扬子分输站和大型储油罐群，使南京成为华东最大的原油储存中转基地；1997年建成禄口国际机场；开辟龙潭深水港区，再建万吨级以上泊位16个，使南京港拥有万吨级泊位40余个；铁路运输新建宁襄、宁启、宁杭、宁连等干线，形成七线汇集的铁路交通格局；铁路南京车站改扩建工程完成；随着城市化进程加速和区域一体化趋向，加速构筑"一小时交通圈"；沪宁高速公路于1996年9月全线通车；长江二桥也于2001年3月建成通车。

3. 综合开发新区与改造旧城区相结合

1980年6月，中共中央、国务院在批转国家建委党组《全国基本建设工作会议汇报提纲》中，提出"住宅商品化"的决策。1983年，市政府公布了《加快住宅建设暂行规定》及《城镇建设综合开发实施细则》两个文件，明确提出"实行综合开发新区与改造旧城区相结合，以旧城改造为主"的城市建设方针。

---

① 南京市统计局.南京统计年鉴

南京市、各区成立了一批城镇建设综合开发公司。1978 年前后建设了瑞金新村，1983 年后宰门、锁金村等小区开工建设，次年，以安置下放回宁人员为主的南湖居住区开工建设，居住区总建筑面积 56.72 万平方米。南湖居住区的建设也拉开了大规模建设河西新区的序幕。水西门外、汉中门外、草场门外陆续建起了一批住宅区。1978 年 4 月，中国国际旅行社南京分社代表与新加坡欣光（私人）有限公司董事长陶欣伯在南京签订《金陵饭店建设合同》，在新街口广场的西北角（原为摊贩市场、棚屋集中地区），兴建金陵饭店。饭店由香港巴马丹那设计事务所设计。1980 年 3 月破土动工，1983 年 5 月建成。饭店占地 2.5 公顷，建筑面积 6.6 万平方米。塔楼高 110.75 米，地上 37 层，800 床位，为当时内地之最高建筑，启动了南京高层建筑的建设。

根据当时城市交通矛盾突出程度，城市建设开始实行"以路带房，以房补路"的综合开发措施。先后拓宽改造了和燕路、建宁路、韶山路、新街口环路、湖南路等市内主要道路，建成了雨花路立交桥、中央门立交桥、黄家圩立交桥、三汊河大桥等，打通了富贵山隧道。与此同时，打通了大桥北路、浦珠公路、浦泗公路、宁杭公路和宁镇公路等 16 条城市进出口所谓"卡脖子"路段。

1995 年，南京以道路建设为突破口，以加快城市基础设施建设为主要目标，全面拉开城市现代化建设的框架。同年，南京市行政区划进行了新中国成立以来的最大一次调整，市区面积从 947.31 平方公里扩大到 975.76 平方公里，城区面积从 76.34 平方公里扩大到 126.73 平方公里，对全市的经济发展和改革开放起到了促进作用，扩大了城市发展的空间。

4. 历史文化保护

1982 年，南京被列为国家第一批历史文化名城之一。同年 8 月，市政府公布了市级以上文物保护单位 142 处，其中全国重点文物有中山陵、明孝陵、天王府 3 处。1983 年底国务院在对南京城市总体规划的批复中，明确将南京定为"著名古都"。

为了保护好南京城墙遗迹，制止乱占、乱拆、乱挖城墙的现象，1982 年 7 月发布"南京市人民政府关于保护城墙的通告"。规定：凡现有城墙、城门、敌楼和城墙内外 15 米内的坡地，均为文物古迹的保护区，其所有权属于国家，任何单位和个人不得以任何理由据为己有或占用，更不得破坏。严禁拆取城墙砖石，严禁擅自开门挖洞，严禁在城门洞内堆放易燃、易爆等危险品，严禁在城墙上种植、樵牧，严禁在城墙上钉桩挂线。保护区内，严禁挖石取土、搭构建筑物、随意种植或排放废水。距保护区 50 米以内，如需兴建、改建建筑物，其高度、体量等应事先征得市文物事业管理委员会的同意，报经市规划局批准，才能施工。

为悼念遇难烈士，早在 1949 年，南京市人民政府在雨花台开始建立烈士陵园。1979 年在北门内建立雨花台烈士群雕。1989 年在原纪念碑址重建雨花台烈士纪念碑，并在南面沿中轴线建倒影池、纪念桥、纪念馆、忠魂亭等，形成了一组完整的纪念建筑群。

根据《夫子庙地区规划设想》，夫子庙于 1983 年开始复建，1986 年 7 月完成。夫子庙建筑群包括大成殿、大成门、两庑、棂星门以及东、西市场。

为悼念遇难者，南京人民政府在侵华日军南京大屠杀江东门集体屠杀遗址和遇难者丛葬地建立纪念馆，纪念馆于 1985 年 8 月 15 日建成开放，1995 年又进行了扩建。纪念馆占地面积 3 万平方米，建筑面积 5000 平方米。建筑物采用灰白色大理石垒砌而成，气势恢宏，庄严肃穆，全面展示了"南京大屠杀"特大惨案的有关史料。

1995 年前后，全国许多城市热衷于修建广场。南京于 1998 年由南京市规划设计院编制了《南京主城城市广场规划》。此后南京陆续建设了一批广场。1997年建成的汉中门市民广场即为其中之一。此处留有明石城门遗迹，在南唐时为大西门。改造前为鱼市场和自来水设备修造厂，改造后成为富有历史文化内涵、又有时代气息的市民广场。

5. 外围城镇的发展

在市区发展的同时，南京外围的城镇也有较大发展。这主要是由于工业和港口、铁路等对外交通设施建设的带动，大多利用原有基础，基本上分布在长江沿江地带，说明南京具备经济发展的诸多有利条件。如依托 1982 年建成投产的梅山炼铁基地的板桥，以化工、钢铁为主要产业的大厂，以石油、化工为主要产业的尧化门—栖霞地区。南京外围城镇的发展形成的城镇群体布局的特点是，"以市区为中心，在市区不同方向，相距 20 公里左右的沿江适宜地带，建设了一批以基础工业为骨干的工业、交通城镇。市区与城镇之间有菜地、农田、风景林区相隔，有公路、铁路相联。""这样的布局，充分利用本市的自然和历史条件，不仅适应了经济发展，而且有利于控制市区规模，有利于保持市区传统特色，有利于生态平衡，使市区处于相对稳定状态，从而有利于旧市区有计划的改造。"[①]

随着开发区和大型基础设施的建设，浦口高新技术产业开发区、新生圩港、江宁开发区等地区迅速发展，带动了江北、尧（化门）—栖（霞）、东山等外围城镇的发展。

16.1.3 城市规划工作的恢复和发展

1978 年国务院召开的第三次全国城市工作会议后，南京的城市规划工作也得到迅速恢复和发展。

1978 年 11 月南京市规划局正式成立，标志南京的城市规划工作全面恢复，并开始了新的征程。

---

① 陈铎，奚永华，张炎禹.南京外围城镇的建设对市区性质和发展规模的影响.城市规划，1983（2）

16.1.3.1　规划编制

"文革"期间中断的城市规划的编制工作重新开展，1979 年初开始，组织有关部门技术人员编制了三次报经国务院批准的城市总体规划，先后提出"圈层式城镇群体结构"、"都市圈"和"多中心、开敞式"的规划理念。为了适应发展需要，补充完善总体规划的不足，规划部门组织有关研究机构开展了一系列规划的拓展延伸工作，如《南京经济社会发展和城镇体系布局的研究》、《南京沿江地区规划研究》。

南京一向重视南京城本身以外地区的共同发展。在编制南京城市总体规划过程中除了一般的县城、建制镇以外，还对外围城镇提出了新市区、卫星城、新城等概念，并在南京城市总体规划编制前后对其中一些地区进行了不同深度的总体规划。1983 年的"九大门外新市区"，1995 年的仙（鹤门）—西（岗）新市区，2001 年的东山、仙西、江北（浦口—珠江）三个新市区。

1986 年 12 月，完成《南京主城分区规划》，1987 年 11 月经市人大常委会批准，12 月由市政府正式颁布实施。

1980 年代中后期，改革开放进一步深入，一种实现规划管理的有效的规划层次——控制性详细规划应运而生。南京的控制性详细规划由试点而逐渐扩展。1995 年，国家颁布《城市规划编制办法实施细则》，控制性详细规划的编制走上规范化轨道。

除了上述法定层次的规划，南京还进行了大量专项规划。主要涉及交通、历史文化名城保护、环境保护、绿化系统、市政公用事业。

1986 年 4 月，成立南京市综合交通规划领导小组，先后组织编制了《南京综合交通规划》、《南京城市交通发展战略与规划研究》。领导小组下专门设立地铁专业组，为地铁一号线提出了线路规划方案，组织编制了工程可行性研究报告。1993 年，编制了《南京城市快速轨道交通线网规划》。

国家第一批历史文化名城名单公布后，1984 年 10 月编制完成《南京历史文化名城保护规划方案》。2000 年前后，南京市规划局组织开展了老城保护与更新规划工作，完成了《南京老城保护与更新规划研究（总体阶段说明书）》。

16.1.3.2　规划立法

为整顿和加强建设管理，1978 年 10 月南京市革命委员会颁布《南京市建筑管理办法实施细则（暂行）》，后修改和调整为《南京市城市建设规划管理暂行规定》，于 1987 年 4 月由市政府颁布。

1990 年 4 月 1 日，《中华人民共和国城市规划法》施行，1990 年 4 月 7 日经市十届人大常委会第十六次会议审议制定《南京市城市规划条例》，同年 6 月18 日，由江苏省第七届人大常委会第十五次会议批准，自 8 月 15 日起实施。这是南京市在城市规划管理方面颁布的第一部地方法规，也是全国城市中最早颁布的城市规划地方法规。1995 年 3 月，《南京市城市规划条例实施细则》经市政府批准实施。自此南京的规划管理逐步走入正规，城市规划工作迈入了一个新的发展阶段。

16.1.3.3　规划管理

1984 年 1 月，市政府决定将总图科和小区科从市规划局机关划出，以两个科室的专业人员为主组建南京市规划设计院。自此，市规划局不再直接承担规划编制任务，编制任务主要由南京市规划设计院承担。1990 年代后，市规划管理部门开始在全国范围内，邀请一流的规划设计单位来南京市参与部分重大规划项目的招投标。1990 年代后期，随着城市规划设计市场进一步开放，为了进一步提高规划设计水平，市规划局在 1999 年第一次组织有境外规划设计单位参加的南京火车站、龙蟠路沿线地区环境设计方案国际竞选。

1986 年市规划局在鼓楼、秦淮两区进行试点，成立区规划办公室作为其派出机构。

从 1985 年开始，市规划部门开始建立规划设计要点制度。建设单位委托设计前，须经规划部门划定建设项目的设计范围，提出规划设计要点后，方可进行方案设计。方案设计和单体的平、立、剖面图设计及施工图设计，经规划部门审批后，方可领取建筑执照。同年 7 月市规划局公布申请征（拨）用地的程序及有关规定，明确建设单位的申请程序。

在实行"建设用地规划许可证"和"建设工程规划许可证"规划实施管理制度的基础上，1993 年 4 月开始启用"选址意见书"，从而真正建立起并有效实施了"一书两证"制度，使规划管理进一步走向规范化、制度化。

16.2　城市空间发展规划理念：圈层式城镇群体—都市圈—多中心、开敞式

编制城市总体规划，主要是研究和落实城市空间发展规划理念。南京这样的大城市，随着经济和社会的加速发展，所谓"大城市病"日益显现。在市场经济条件下，大城市继续发展是不可避免的。如何健康地发展，即既能够加速发展，又得以合理布局；既是一个特大城市，又有良好生态环境，就成为必须破解的难题。

在这方面，南京先后提出了"圈层式城镇群体"、"都市圈"和"多中心、开敞式"的规划理念。三者一脉相承，又逐步发展。

16.2.1　圈层式城镇群体——《南京市城市总体规划（1981~2000）》

根据中央 1978 年《关于加强城市建设工作的意见》"认真抓好城市规划工作"的要求，在总结新中国成立 30 年来经验教训的基础上，南京市规划局于 1978年 10 月开始着手编制《南京城市总体规划（1981~2000）》。1979 年初，组织铁路、

水运、公路、民航、市政、公用、文物、园林等有关部门和部分工厂、企业技术人员，并邀请南京工学院和中国科学院南京地理研究所的专家，参加编制南京市城市总体规划中的相关专项规划。

经过深入调查研究、广泛搜集资料和多次的方案论证，于 1979 年 6 月形成初稿。7 月 17 日和 7 月 30 日，市规划局分别向国家城建总局、江苏省、南京市和南京军区领导做了汇报。1980 年 3 月，市规划局邀请清华大学、同济大学、南京工学院的教授和北京、上海、天津、武汉、广州、沈阳等大城市的城市规划方面的专家对规划方案进行讨论并征求修改意见。

1980 年 6 月 18 日，市革委会原则同意《南京市城市总体规划（草案）》。1980 年 9 月 2 日，《南京市城市总体规划方案》在玄武湖梁洲正式展出，以征集市民和各方面的意见。1981 年 6 月通过市人大常务委员会审议，同年 7 月 14 日，市政府报送江苏省政府审批。9 月，省建委组织全国各地专家 50 多人，对《南京市城市总体规划》进行技术鉴定，并整理出鉴定意见书和综合报告。1982 年 7 月，江苏省城市规划审议鉴定委员会由副主任委员杨廷宝主持讨论，原则同意《南京市城市总体规划》和技术鉴定综合报告。1982 年 8 月 22 日，省人民政府报请国务院审批。1983 年 11 月国务院批复原则同意《南京市城市总体规划》，并提出"要严格按照批准的城市总体规划进行建设和改造，使南京这座历史文化名城成为经济繁荣、文教科技事业发达、环境优美、有古都特色的社会主义现代化城市。"

《南京市城市总体规划（1981~2000）》是新中国成立 30 年来南京编制的一部颇为全面、完整、深入的城市总体规划，是新中国成立后南京第一部得到国家正式批准的具有法规性的城市总体规划，也是规划事业逐步恢复后的第一次城市总体规划。

规划的范围包括南京市区及六合、江浦、江宁三县共 4717 平方公里。规划期限近期为 1985 年，远期至 2000 年。规划内容包括：①城市性质；②市区规模；③总体布局；④工业规划；⑤城市交通规划；⑥园林绿地规划；⑦城市住宅及主要公共建筑规划；⑧城市水源和给排水规划；⑨城市燃料动力规划；⑩电讯规划；⑪ 环境质量保护规划。同时，规划还完成了包括城镇规模及规划布局、人口、通讯、港口及航运、道路网规划、交通规划、园林绿地系统和风景区规划、工业布局、公共建筑规划、给排水及污水治理工程、城市燃气工程、蔬菜用地规划、环境保护规划、近期建设规划、九大门外新市区用地规划等 20 多项专项规划研究工作。规划成果包含规划说明书、专项规划说明 27 件；圈层式城镇群体布局规划、长江南京段岸线规划、水运规划、供电网规划、城镇布局及对外交通规划、绿化规划和文物古迹保护、人口用地现状分布图、城区环境质量综合评价、市区总体规划图、市区道路规划图、公共交通线路及设施规划图、绿化规划图、给排水管网和设施规划图、煤气管道规划图、公共建筑规划图、近期建设规划图、蔬菜基地规划图、大厂区规划图、龙潭—栖霞工业区规划图、板桥工业区规划图、东山镇及岔路口规划图等 37 项规划图件；规划统计资料汇编 1 份。[①]

16.2.1.1　城市性质

在总体规划编制过程中，对南京城市性质的提法很多，国务院批准的《南京市城市总体规划（1981~2000）》所确定的城市性质为：著名古都，江苏省的政治、经济、文化中心。

16.2.1.2　城市规模

规划市区用地范围，包括 6 个城区和栖霞及雨花台 2 个近郊区与城区相接的西北部，东北到笆斗山，东近马群，西南至安德门，西至茶亭，北达长江。1978 年南京建成区面积 116.18 平方公里，人口 113.76 万人。规划市区控制在 120 平方公里左右。

人口规模预计市区人口 1985 年为 136 万人，2000 年为 142 万人。规划要求将市区人口规模控制在 120 万人左右。考虑到实际情况，国务院在批复中要求市区人口近期控制在 140 万人以内，2000 年控制在 150 万人以内。

16.2.1.3　城市布局

规划针对当时南京市区功能布局混杂、生产生活用地犬牙交错的现状特点，提出在利用现有城镇基础的前提下，有所控制，有所发展，互相配合，互相依存，分工协作，使大、中、小城镇和郊外广阔的"绿色海洋"有机地结合，以圈层式城镇群体的布局构架进行规划建设的思想。即以市区为主体，围绕市区由内向外，把市域分为各具功能又相互有机联系的 5 个圈层。①市区（中心城市）；②蔬菜、副食品生产基地和近郊主要风景游览地区（4 个市郊区）；③沿江 3 个主要卫星城与 3 个县城以及两浦地区（市郊和郊县交界边缘）；④ 3 个郊县的农田山林；⑤远郊小城镇（在三县范围内，围绕 3 个县城的集镇为基础发展而成）。这种圈层式城镇群体布局概括为"市—郊—城—乡—镇"的组合形式。（图 16-2a）

中心圈层即市区，是全省的政治、经济、文化中心，是文化古都的遗址，是科研文化国际活动的一个中心。市区建设要实行改造、提高、配套的方针，不再安排新建单位。（图 16-2b）

第二圈层为蔬菜、副食品基地和风景游览区。这个圈层是市区和主要卫星城的隔断地带，是保证圈层式城镇群体的关键所在，不得突破。

第三圈层为沿江 3 个卫星城、3 个县城和两浦地区。沿江 3 个卫星城：大厂、西善桥—板桥与栖霞—龙潭，主要发展石油化工、钢铁冶炼和建材工业。3 个县城中，六城镇、东山镇以农机、轻纺工业为主，珠江镇规划为科学城。两浦地区——浦口、浦镇，以中转港口服务为主；除与水陆交通有关的项目和少量中等技术学校外，不宜再安排其他新单位。这些城镇和地区，按照已定性质适当控制发展，使之成为南京外围相对独立的生产基地，以接纳市区疏散外迁的单位和人口以

---

① 《南京市城市总体规划（1981~2000）》

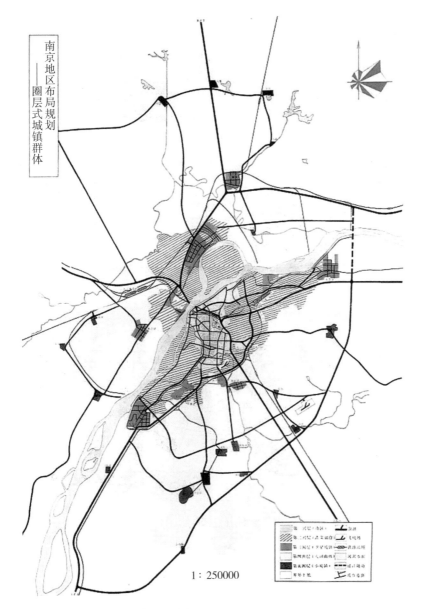

图 16-2a　南京地区布局规划

及必须进入南京而市区又无法安排的工矿企业和科研教育单位。

第四圈层是大片农田、山林，是南京地区生态平衡的重要基础。

第五圈层为远郊小城镇，以现有主要集镇为基础，从实际出发，因地制宜，重点发展农工商联合企业。这些小城镇包括：湖熟、凤凰山、横溪、冶山、竹镇、桥林。

16.2.1.4　对外交通

规划利用南京地处长江下游，是沪宁、津浦、宁芜三条铁路交会点的优势，

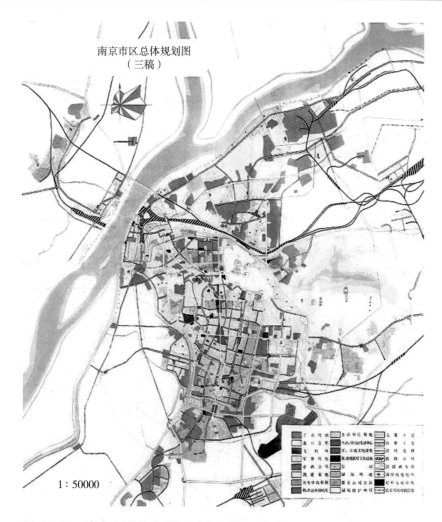

图 16-2b　南京市区总体规划图（三稿）

把南京建设成为水、陆、空综合交通枢纽。规划建设七线汇集的铁路枢纽，形成"南三条，北四条，当中轮渡加大桥"的南京铁路枢纽布局。

实行深水深用，浅水浅用，长航短航分工配合，建成长江主要港区 9 处，江河联运港区 4 处，内河港区 7 处，发展江海、江河、水陆联运的"百里港区"。

在经过南京的 104、205 和 312 三条国道的基础上，新辟六（合）扬（州）市际公路，改建、新建一批公路，利用南京"明外郭土城头遗址"改造为江南各卫星城镇和小城镇的主要联系公路。

结合鲁宁输油管道穿江工程，规划在龙潭附近三江口设过江汽车隧道，在板桥与桥林江面设汽车过江轮渡线，使大江南北的公路联系有天上（长江大桥）、水面（轮渡）和地下（过江隧道）3 种方式，适应战备需要。

在湖熟安排现代化国际机场，将原大校场机场作为国内航线用，在江北老山 205 国道附近预留军用大型备用机场位置。

16.2.1.5　城市道路系统

规划以长江大桥南岸引桥和从长江大桥落地桥（回龙桥）平台附近引出高架快速道路等措施，设置疏解过境和入城交通的线路。以南北向干道 3 条，东西向干道 8 条构成市区"经三纬八"的主要干道网。在"经三纬八"主干道大约 2 公里间距之间，分别设置若干次干道，共同组成市区道路系统骨架。同时，要打通城北、城南各 3 个出口，改善这 6 处的通过能力，使之能与"经三纬八"配套。

16.2.2　都市圈——《南京市城市总体规划（1991~2010）》

1989 年南京市规划局成立新一轮总体规划修编的工作班子，经过一年的调查研究，编写了修订南京城市总体规划的工作计划。1990 年 6 月 23 日，南京市人民政府批转市规划局《关于南京市城市总体规划修订的工作方案》，总体规划的修订工作正式开始。由有关部门组成了城市规划修订中心组和专业技术人员组成的 7 个专题工作组，完成了现状资料搜集整理、背景材料的搜集分析以及规划方案比较分析等工作，提出《南京用地潜力分析报告》、《计算机预测人口规模的模拟报告》、《城市边缘地区研究》、《南京自行车交通的出路》等 10 个分报告的草稿。1990 年底完成《南京市城市规划纲要（送审稿）》。

1991 年 4 月 1 日，南京规划建设委员召开第五次会议，审议《南京市城市规划纲要》，南京规划建设委员会全体委员、省市有关领导及有关部门负责人参加会议。与会人员听取了市规划局关于编制《南京市城市规划纲要》有关情况的说明和市规划设计院关于纲要内容的详细汇报，对城市性质、城市布局和城市用地发展方向、古都风貌保护、城市交通、环境质量等内容提出了审议意见，经过修改调整，于年末完成了城市总体规划修订初稿。

1992 年，南京市规划局对城市总体规划修订初稿经过一年的反复讨论修改，完成了《南京市城市总体规划（1991~2010）》稿。同年 12 月 1~4 日，由市政府组织召开《南京城市总体规划（1991~2010）》专家咨询论证会，获得通过。1993 年 1 月 16 日经市十届人大常委会第三十六次会议审议通过。1993 年 4~6 月，在省美术馆公开展览，以广泛征求市民和各方面的意见，并于 4 月上旬上报江苏省人民政府。经进一步修改完善后，1993 年 10 月由省政府转报国务院审批。1995 年 1 月 26 日，国务院以国函〔1995〕8 号文批复同意，并明确了南京的城市性质、发展规模，强调要切实加强对生态环境和历史文化名城的保护，同时对南京城市建设的发展和规划工作的进一步深化提出了要求。批复要求把南京建设成为经济发达、环境优美、融古都风貌与现代文明于一体的江滨城市。

《南京市城市总体规划（1991~2010）》成果包括《南京市城市规划纲要》、

《南京市城市总体规划（1991~2010）》文本和说明书及各种图纸。[①]

16.2.2.1 指导思想

正确认识和处理好发展与控制的关系，在更大空间范围内进行城市总体布局。充分体现山、水、城、林相融的城市环境特色，保护古都风貌，使南京既能够加速发展，又得以合理布局，既是一个特大城市，又有良好生态环境。

总体规划修订的重点地域是以主城为核心的高度城市化地区——南京都市圈。

修订的重点内容：优化市域城镇格局，促进城乡协调发展；优化都市圈布局，合理分布产业和人口；优化主城用地结构，大力发展第三产业；优化生态环境，保护古都特色；优化城市基础设施，提高整体服务水平。

16.2.2.2 规划范围和期限

规划范围分3个层次：城市规划区即南京市行政区域，总面积6516平方公里。南京都市圈包括长江南京段两岸的市区全部和六合、江浦、江宁县各一部分，总面积约2753平方公里，占市域总面积的42%。主城范围为长江以南，以绕城公路为界的地域，总面积约243平方公里。

规划期限分3个时段：总体规划期限为20年，即1991~2010年。远景展望到21世纪中叶。近期建设规划期限为20世纪末。

16.2.2.3 城市发展战略

南京城市经济社会发展的战略目标：2000年以前以"翻三番，奔小康"为基本目标，2010年前后达到世界中等发达国家同类城市水平。以建设国际化大都市为长远奋斗目标，建设经济发达、环境优美、融古都风貌和现代文明于一体的国际名城。

城市性质：南京是著名古都，江苏省省会，长江下游重要的中心城市。

16.2.2.4 市域城镇发展总格局

长江两岸沿江束状交通走廊是市域城镇的主发展轴，主城向南的交通干线为市域城镇的次发展轴。（图16-3）

主城以内涵发展为主，重点发展第三产业，强化金融、贸易、信息中心职能；外围城镇重点发展第二产业，配套基础设施建设，增强城镇吸引、辐射能力和城镇间相互有机联系；其他地区以第一产业为主，着重提高第一产业的集约化和商品化水平。

1. 人口分布

①人口分布的总原则是：主城人口应合理控制，尤其要控制人口的机械增长；各类中小城镇，尤其是都市圈内和发展轴上的城镇应加快城市化进程，人口的增长速度应快于主城。主城人口占市域城镇人口的比重有所下降，由74.1%下降到46%；中小城镇人口占市域城镇人口的比重有较大的上升，由25.9%上升到54%。

---

① 南京城市总体规划（1991~2010）。

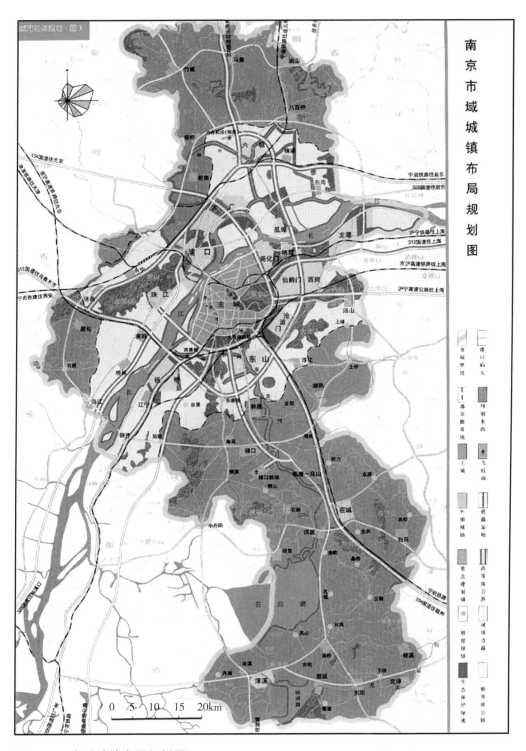

图 16-3　市域城镇布局规划图

②全市总人口：2000年为600万左右，2010年为680万左右；其中城镇人口2000年为340~360万，2010年为460~480万；人口城镇化水平：2000年为60%左右，2010年为70%左右。

③都市圈总人口：2000年为430万左右，2010年为500万左右；其中城镇人口2000年为310~320万，2010年为390~400万；人口城镇化水平：2000年为75%左右，2010年80%左右。

④主城人口：2000年为200万左右，2010年为210万左右。

16.2.2.5　都市圈

南京都市圈是以长江为依托，以主城为核心，以主城及外围城镇为主体，以绿色生态空间相间隔，以便捷的交通相联系的高度城市化地区。它有三大要素：城镇、生态空间和交通联系。（图16-4）

1. 产业布局

优化都市圈的产业布局是都市圈发展的基础。在现状布局基本合理的基础上，加快产业结构的调整，逐步形成由主城第三产业中心、沿江工业走廊及优质高效的农业生产基地共同组成的具有高度现代化水平的生产力密集地区。

图16-4　南京都市圈

①第三产业的总布局为：主城要形成大都市的核心区；仙（鹤门）—西（岗）地区是远景国际化大都市的新核心；浦口建成江北地区的中心。

②以外围城镇为第二产业的主要发展空间；加快主城工业用地的调整步伐；积极引导乡镇工业的合理布局。

主城内一般不再新增工业用地，保留的工业以内涵发展为主。工业用地的调整以搬迁、转化和改造为主。

乡镇工业要向乡镇、建制镇规划的工业小区相对集中。

③在都市圈的其他地区以市场为导向，以"菜篮子工程"为重点进行第一产业布局。与绿色生态空间和城镇布局相结合,建设以生态农业为主要模式的种、养、加一体化的蔬菜副食品生产基地和风景林、经济林、防护林相融合的综合性林业体系。

2. 城镇

都市圈城镇布局结构是:以长江为主轴,东进南延,南北呼应;以主城为核心,结构多元，间隔分布，逐步形成现代化大都市的空间格局。

都市圈城镇主要有主城、12 个外围城镇和 14 个重点发展的建制镇等。

①主城以金融、贸易、科技、信息、综合管理、服务职能为主。以土地有偿使用机制优化土地利用结构，重点发展第三产业，提高基础设施水平，形成布局合理、环境优美、运作高效、设施齐全、融古都风貌和现代文明于一体的都市核心。

②仙（鹤门）—西（岗）是南京的新市区，远景国际化大都市的新核心、总用地 80 平方公里。2010 年规划人口 20 万，用地 30 平方公里。

③浦口是高新技术产业基地和水陆交通枢纽，在泰山新村地区逐步形成都市圈的江北中心。2010 年规划人口 25 万，用地 42 平方公里。

④其他外围城镇有板桥、西善桥、东山、沧波门、尧（化门）—栖（霞）、龙潭、大厂、珠江、六城、瓜埠。

⑤重点发展的建制镇：江南 8 个，江北 6 个。

3. 生态空间

生态防护网是都市圈总体布局中的基本要素和支撑系统，也是未来国际化大都市一流环境质量的重要保障，在宏观上形成对主城及其外围城镇不同尺度的绿色包围圈，并使城镇内外防护系统有机衔接。以城镇之间的山林、水体、基本农田、人工防护林为主骨架，城镇内部的绿地系统为次骨架，沿主城对外放射的交通走廊和河道等的绿化带为连接体，共同构成生态防护网。作为生态防护网组成部分的绿色空间，必须严格加以保护，严禁毁坏侵占。

4. 交通联系

以主城向外辐射的国道、省道及公路环线为主骨架，改造、完善现有地方公路网络，积极发展市郊铁路，开通内河航道，形成多途径、快速、便捷的都市圈交通网络。

16.2.2.6 主城

主城是南京都市圈的核心。规划重点是：优化城市用地结构，大力发展第三产业；强化城市道路交通，提高基础设施水平；提高城市环境质量，保护古都特色；完善城市防灾体系，保障城市安全。（图16-5a、图16-5b）

1. 布局结构

主城以河流、铁路、城墙等为边界，分为5个片区：以第三产业为主体的中片，以河西生活居住区为主体的西片，以中央门外工业区为主体的北片，以钟山风景区为主体的东片，以纪念风景区、对外交通设施为主体的南片。

2. 用地调整

主城范围为长江以南、绕城公路以内的区域，总用地由原138.98平方公里增加到243平方公里，其中城市建设用地为195平方公里。

通过完善土地有偿使用机制，优化主城用地结构。

3. 公共设施

主城公共设施规划以提高南京经济、文化中心地位为目标，本着分布合理、重点突出、服务均衡的原则，形成由市中心区、1个副中心、7个地区中心及若干个居住区中心组成的公共活动中心体系。

①市中心区以城东干道、城西干道、新模范马路、建康路、升州路为界，占地20.5平方公里。市中心区主要由新街口—鼓楼金融商贸中心和鼓楼信息中

图 16-5a 主城用地现状图（1990）

图 16-5b　主城

心，北京东路、北京西路行政中心，山西路、湖南路、中央路、太平南路、莫愁路商业街，长江路文化街和珠江路—广州路科技街等专业中心构成。

　　②茶亭副中心是有一定规模的综合中心，和市中心区共同承担对外辐射、对内服务的功能。

　　③7个地区中心是：中片热河路、中央门，西片中保、沙洲，东片孝陵卫，北片迈皋桥，南片光华门。

　　④在新街口附近地区培育、开辟中心商务区（CBD）。

　　⑤按照"大市场、大流通"的要求，形成面向区域、辐射全国的市场体系。

　　⑥主城内现有科研单位、大专院校原则上不新增用地。以现有科研单位为基础，形成一批研究中心。新建、扩建的院校和科研单位安排在江浦科学城。大力发展职业教育和成人教育，完善普教体系。

　　建设一批高标准的现代化文化中心，如长江路一带的文化娱乐中心、艺术中心，鼓楼歌剧院；建设一批系列博物馆。

　　完善五台山体育中心；依托体育学院发展大型综合性体育中心；形成省、市、区体育设施网络，达到可承担全运会的水准；远景在主城以东的仙鹤门建设能承担国际综合性运动会的现代化体育中心。

发展以现代化大型综合医院为核心的市—区—街道三级医疗卫生网络；完善市级专科医院体系；完善便民医疗保健网络。

4. 住宅

主城住宅建设致力于改善居民的居住条件和生活环境，提高居住水平和设施配套水平，实现每户有一套住宅。2010 年人均居住面积达 12 平方米。

5. 绿化

以使主城成为环境优美的园林化城市为目标，建设高水平的点、线、面相结合的绿地系统，并与都市圈生态防护网主骨架联为一体，形成内外交融的绿化空间。明城墙风光带内的工业用地均应转化为绿地。主城公共绿地指标为14.3 平方米 / 人。

6. 地下空间

重视城市地下空间，尤其是繁华地区及大型公共建筑地下空间的开发利用。地下空间可以结合人防工程或地铁站点综合开发建设。

16.2.2.7　历史文化名城保护

历史文化名城保护要充分发挥南京的山、水、城、林交融一体的气度恢宏的城市特色，从整体上综合考虑环境风貌、城市格局、文物古迹、建筑风格和发掘历史内涵 5 个方面，建立完整的历史文化名城保护体系。（图 16-6a、图 16-6b）

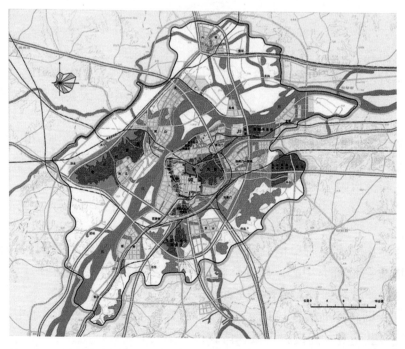

图 16-6a　历史文化名城保护规划（都市圈）

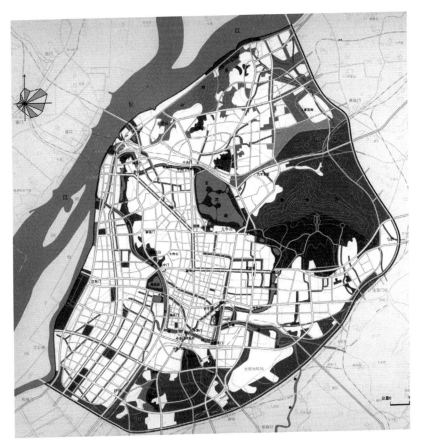

图 16-6b　历史文化名城保护规划（主城）

1.环境风貌是历史文化名城的自然载体。要切实加强自然风景和文物古迹比较集中的 13 片环境风貌保护区的保护工作。

①明城外郭内的重点保护区为：钟山风景区、石城风景区、大江风貌区、雨花台纪念风景区、秦淮风光带、明城墙风光带等 6 片。

②明城郭以外的重点保护区为：栖霞山风景区、牛首祖堂风景区、汤山温泉—阳山碑材风景区、老山森林风景区、桂子山—金牛水库风景区、天生桥—无想寺风景区、固城湖风景区等 7 片。

2.12 片重要历史文物保护地段是：明故宫地区、朝天宫地区、夫子庙地区、天王府—梅园新村、门东传统民居、门西传统民居、大百花巷传统民居、金沙井传统民居、南捕厅传统民居、中山东路近代建筑群、民国时期公馆区、杨柳村古建筑群。

3.保护中华路、御道街、中山路 3 条历代都城遗存的中轴线。

保护明代四重城郭。继续保留民国时期形成的中山北路、中山路、中山东路的以浓郁的绿化相间隔的三块板式道路形式和若干有代表性的环形广场。

4. 做好门东、门西、大百花巷、金沙井、南捕厅等 5 片传统民居的保护和修复工作，以传统风格规划建设乌衣巷；对民国时期有代表性的公共建筑要加强维修和保护，公馆区应保护好整个区域的建筑环境，保持原有布局特色和建筑风格；继续探索具有南京传统特色的建筑风格。

5. 重视历史文化积累，揭示隐形文化的内涵。建立古代历史、近代历史、艺术、历史名人、民俗风情、自然、科技等七大博物馆系列；修复若干具有重要历史文化价值的景点；对历史文化遗址建立标志物；在重要地段设立能反映城市历史和特色的城市雕塑。

16.2.2.8　环境保护

城市区域大环境与内部环境应协同保护和建设，环境污染的控制要与生态环境的建设有机结合。充分利用南京山、水、田、林的自然特点，结合城镇、产业、交通的布局，建设生态防护网架；以主城、仙西地区为重点控制地区，加强对现有各类污染源的整治，严格控制新增污染源，尤其是要严格控制在主城上风向增加大气污染源，严格保护城市饮用水源地，严格保护历史名城的人文景观和自然景观；全市要逐步达到各类环境功能区标准，实现生态良性循环，使南京成为具有良好生态环境质量的城市。

16.2.2.9　交通

1. 对外交通

对外交通发展的总体目标是：以国家及区域交通构架为依据，以加快建设沿江和跨江通道为重点，逐步完善交通网络和客货站场，强化多方式联运和集约化运输，建立经济合理、协调发展的现代化综合运输体系，提供足够的运输能力和优质服务，促进南京及更广大区域的社会经济发展。（图 16-7a）

①建成功能完善的"七线汇集"的铁路南京枢纽，改造沪宁、宁芜、津浦线。新建宁襄、宁启、宁杭、宁连等线。建设京沪高速客运专线南京段、长江铁路二桥。建设永宁编组站和沧波门编组站，保留尧化编组站；新增安德门和丁家庄货场；扩建、改造南京站、南京西站和浦口站，新建南京南站。

②南京地区对外公路网主要由国道、省道组成。104（北京—福州）、205（山海关—广州）、312（乌鲁木齐—上海）、328（南京—启东）四条国道均应达到一级以上公路标准。增建沪宁、宁合、宁芜、宁杭高速公路。

③发展江海、江河、水陆联运。

④建设禄口机场，作为我国东部重要的干线机场和上海虹桥国际机场的备降机场，并逐步建成为现代化国际机场；预留六合城西机场场址。

⑤新建由沿海地区至南京的输油管道，预留过江管位。

2. 市域交通

市域内的交通要与城镇布局相适应，强化都市圈内城镇之间的联系，并应与对外交通及各城镇的内部交通相衔接。

①以公路环形放射网为主骨架，以其他地方公路为补充，联系市域各城镇。

图 16-7a 对外交通规划

公路一环为一级汽车专用路；二环为高速公路。建设八卦洲、大胜关长江公路桥。建设通向禄口机场的汽车专用路。

②利用宁芜铁路既有线，开设由板桥经西善桥、中华门、沧波门、仙鹤门、尧化门—栖霞至龙潭的市郊旅客列车，与主城地铁1号线相衔接，共同形成沿江轨道客运线。

③完善城北、板桥、大厂等地方铁路环线，新建西岗、龙潭等地方铁路环线。

3. 主城交通

主城道路网由快速道路、主干道、次干道和支路组成。各级道路红线宽度为：主干道40~60米（在特别困难的情况下不得小于30米），次干道24~40米，

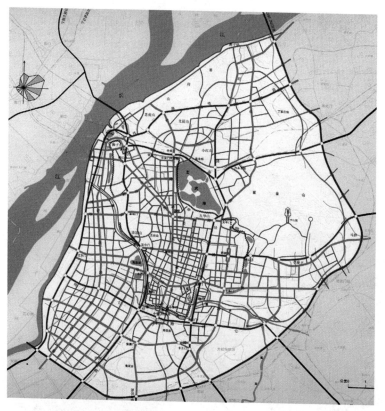

图 16-7b　主城交通规划

支路 15~20 米。城市道路网总长度为 737 公里，道路网密度 3.8 公里／平方公里。其中主次干道长度为 444 公里，干道网密度 2.3 公里／平方公里。旧城区的规划道路面积率为 15% 左右。（图 16-7b）

①主城快速道路网由外环线、内环线及放射性快速道路组成。外环线即公路一环是环城汽车专用路；内环线由城西干道、建宁路、龙蟠路、城东干道、纬七路共同组成，全长 27 公里。

②形成主城"经五纬八"的主干道系统，主干道的平均间距为 2 公里。主次干道的平均间距为 1 公里。

③积极建设城市地铁（快速轨道交通）。一号线由小行经中华门、新街口、鼓楼、南京火车站、迈皋桥至燕子矶，与市郊铁路相衔接；二号线由东山经光华门、下关至浦口；三号线由上新河经新街口、中山门至仙鹤门；四号线纵贯河西地区至下关，沿建宁路、宁镇公路至仙鹤门。

④公共交通是城市客运交通系统的主体。积极发展城市小公共汽车和出租汽车。

⑤要着力解决自行车交通的通畅、安全和停放等问题；社会停车场的布局和容量应基本满足今后的停车需求。

⑥各外围城镇内部道路应自成体系，并与市域公路网保持便捷的联系。

16.2.2.10　长江岸线综合利用

以保证沿江地区在安全、稳定和经济有效的水利环境中顺利发展为目标，遵循顺应自然、保护自然、改造和利用自然的原则，稳定河势，统筹安排，合理利用长江岸线，塑造滨江城市风貌。

要稳定长江南京段目前河势，从基本稳定中求得进一步改善。

按深水深用、浅水浅用的原则进行港口合理布局，充分利用宜港岸线，提倡货主码头社会化。

结合过江交通通道，规划大胜关、长江大桥、八卦洲、石埠桥、三江口5个相对集中的空中或水下综合过江走廊。

确保9个饮用水源保护区：子汇洲、夹江、上元门、燕子矶、龙潭、桥林、江浦—浦口、大厂镇、扬子。

利用水源保护区、过江通道和其他不宜建港岸线，开辟滨江绿带。（图16-8）

16.2.2.11　市政公用事业

强化城市基础设施。都市圈内城镇的电力、燃气、供水、通信、防洪、排涝等设施应接近或达到中等发达国家同类城镇的水平。

16.2.2.12　城市防灾体系

1. 防洪

以"地区防洪与流域防洪相衔接，工程性措施与非工程性措施相结合，抵挡外洪，疏截山水"为原则，全面规划，分期实施，逐步建成完善的高标准城市防洪体系，确保城市的安全。

2. 人防

本着人防工程和城市建设相结合、平时和战时相结合的原则，安排好掩蔽工程、疏散手段和后方基地。

3. 消防

改善城市消防环境，提高消防监测水平，均匀设置消防站点，提高城市消防能力。

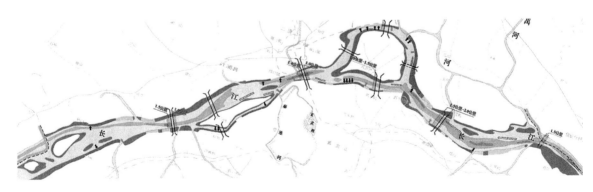

图 16-8　长江岸线规划

4. 抗震

主城及外围城镇按其不同地质地貌条件制定抗震区划，建立相应的预报、防震体系。

16.2.3 多中心、开敞式——《南京市城市总体规划（1991~2010）》的调整

16.2.3.1 调整工作：总体规划编制方法的不断改革和完善的成功先例

面对变化的国际国内环境，站在21世纪的新起点上，需要进一步明确新世纪的发展思路，需要在冷静总结和认真思考的基础上确定城市未来的发展战略，正是出于这样的思考和需要，南京市又开始着手新一轮的城市总体规划工作，主要由市规划局具体负责。从2000年6月开始，在有关部门的配合下，规划工作小组对《南京市城市总体规划（1991~2010）》的实施情况进行了回顾、评价与反思，提出了"深化在研究、简化在编制、强化在实施"的总体规划调整思路。组织了中国城市规划设计院、清华大学、北京大学、东南大学、南京大学等多家国内著名的规划设计单位，对南京市城市发展的有关问题进行了专题研究，完成《南京区域发展定位研究》、《南京社会发展问题研究》、《南京人口与城镇化水平研究》、《南京人居环境和可持续发展研究》、《南京城市空间特色研究》、《南京主城合理容量研究》、《南京城市空间发展趋势研究》、《南京三个方向发展优势分析》和《南京城市总体发展战略和空间布局研究》等9项研究课题。此外，为提高规划调整的工作水平，还邀请来自美国、英国、新加坡的规划专家和国内吴良镛、齐康两位院士担任这次总体规划调整工作的顾问。在此基础上形成了《南京市城市总体规划（1991~2010）》局部调整的初步成果。

在初步方案完成后广泛征求了市委、市人大、市政府和市政协以及各区县、各有关部门的意见，征求了国内外专家的意见，还通过公开展示和举办讲座的方式广泛征求公众的意见。2001年1月规划调整方案通过了国内外专家的咨询论证，又多方面征求了市领导、市内专家、相关部门以及公众的意见，并根据各方意见进行了深化、优化、补充和完善工作，市政府于2001年7月2日报送建设部，请求确认《南京市城市总体规划（1991~2010）》局部调整的请示报告。建设部于2001年8月30日以建规函〔2001〕259号文批复同意南京市城市总体规划局部调整。

南京总体规划调整工作是一个全新的挑战性工作。在《城市规划法》中规定了"城市人民政府可以根据城市经济和社会发展需要，对城市总体规划进行局部调整，报同级人民代表大会常务委员会和原批准机关备案"，但《城市规划法》、《城市规划编制办法》和《城市规划编制办法实施细则》中，对于如何调整、如何修订、调整修订与新编工作有何差异等具体问题均没有涉及；从城市规划

编制方法的改革角度看，1990 年代以来，国内有大量文章探讨了总体规划编制办法的改革思路，但是真正按照改革思路完成的城市总体规划编制实例并不多。南京总体规划调整工作定位为在 1990 年总体规划的架构中进行有的放矢的调整，在具体的工作思路、方法、内容上都有创新性发展，为国内大城市规划编制调整和审批制度改革做出了有创意的探索。从实践效果来看，许多重要的规划思路已经开始影响政府的决策，得到社会的广泛认可，社会各界普遍认为这次规划起点高、视野广、思维开阔、有预见性又有现实可操作性。可以说，这一次总体规划调整针对在新的历史时期国内城市新一轮总体规划编制工作，为总体规划编制方法的不断改革和完善开创了一个较为成功的先例。

16.2.3.2 主要调整内容

经过认真研究认为：现行总体规划在城市性质、规模、发展方向和总体布局等方面无须变更。但是规划在某些局部还存在不足；在实施过程中也有不少变化。面对新世纪的新形势和新要求，现行总体规划有必要作局部调整。

1. 发展目标

增加南京城市发展目标的内容，南京城市发展目标是：建设一个"充满经济活力的城市——长江下游现代化的中心城市；富有文化特色的城市——具有一定国际影响的历史文化名城；最佳人居环境的城市——人与自然和谐共生的城市"。

2. 人口

对人口的分布及城镇化水平略作调整。2010 年全市总人口为 680 万左右，远景按 1000 万左右预留；城镇人口为 520 万人左右，城镇化水平为 77% 左右，远景按 870 万左右预留，城镇化水平为 87% 左右。2010 年都市发展区总人口为 530 万左右，远景按 800 万左右预留；城镇人口为 450 万左右，远景按 740 万左右预留；2010 年城市化水平为 85% 左右，远景为 90% 以上。主城 2010 年控制在 300 万以内，远景下降到 260 万比较适宜的人口规模；都市发展区的各外围城镇 2010 年城镇人口为 240 万人左右。

3. 市域

市域规划重点是"优化市域城镇发展格局，重视推进小城镇发展"。进一步完善长江两岸沿江束状交通走廊作为市域城镇的主发展轴，市域南北向的交通干线作为市域城镇的次发展轴的构思。进一步发挥南京中心城市作用，在区域中实现从东向西的扩散，在市域中实现由中心向外围的扩散。

将外围城镇分为新市区和新城两级，形成主城—新市区—新城—重点镇—一般镇五级大中小级配合理的市域城镇等级结构。各级城镇有：主城，新市区 3 个：东山、仙西、江北（浦口—珠江），新城 7 个，重点镇 9 个，一般镇 24 个。（图 16-9）

为促进城乡空间协调发展，规划将整个市域空间划分为城镇发展空间、农业发展空间、生态保护空间。（图 16-10）

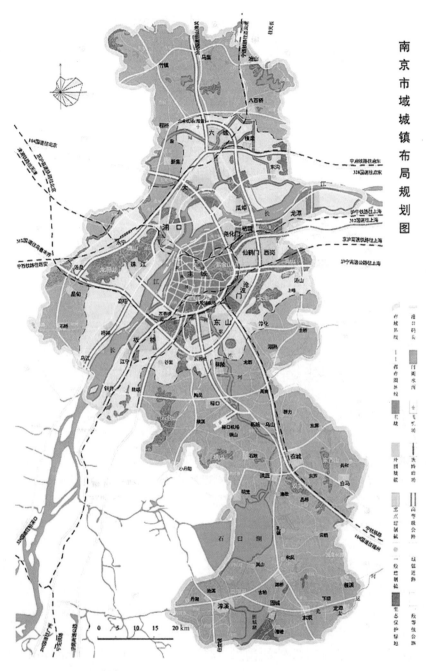

图 16-9　市域城镇体系

4. 都市发展区

鉴于江苏省城镇体系规划把以南京为核心的宁镇扬地区称为"南京都市圈"，调整后的总体规划中，"都市圈"改称"都市发展区"。都市发展区总面积为 2947 平方公里，占市域总面积的 45%。（图 16-11）

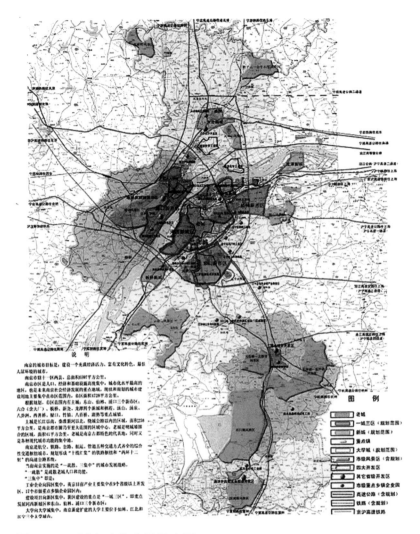

图 16-10 城市功能布局示意图

都市发展区规划重点是"优化空间布局结构，突出新市区的建设"。都市发展区逐步形成以长江为主轴，以主城为核心，结构多元，间隔分布，多中心、开敞式的现代化大都市空间格局。

在都市发展区构筑多中心结构体系，主城形成都市发展区的核心，发挥南京都市圈乃至更大范围的区域中心作用；在新市区形成区域副中心，与主城共同承担区域中心职能。

以城镇之间的山林、水体、基本农田、人工防护林作为主骨架，城镇内部的绿地系统作为次骨架，沿城镇之间的交通走廊和河道水系的绿化带作为连接体，构建都市发展区生态防护网络。

都市发展区城镇之间形成以快速轨道交通和快速道路为骨架的高效、安全、舒适的都市发展区综合交通体系。

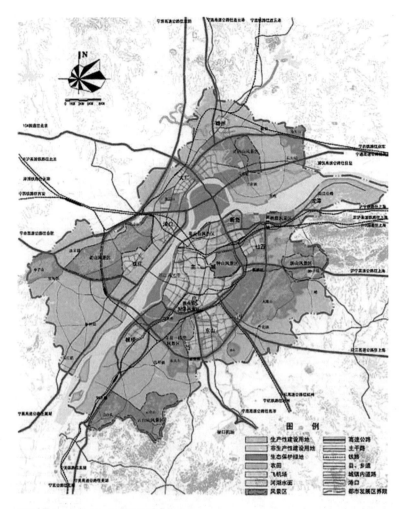

图 16-11 都市发展区

新市区：调整后的规划由原来一个新市区（仙西）改为 3 个新市区，作为都市发展区的 3 个次区域中心。

仙西：都市发展区的次区域中心，以发展新经济为主的新市区。2010 年规划人口 16 万人，远景 60 万人。

浦口—珠江：都市发展区的次区域中心，具有相对独立的区域综合服务功能的新市区。2010 年规划人口浦口 14 万人，珠江 10 万人，远景分别为 50 万人和 40 万人。

东山：都市发展区的次区域中心，承担主城综合功能扩散的新市区。2010 年规划人口 30 万人，远景 70 万人。

这次调整更强调了都市发展区生态网架的建设，目标和要求更具体。

为保持绿色开敞空间对城市生态环境的改善和调节作用，在都市发展区内应保证不小于 75% 的绿色开敞空间，林木覆盖率不小于 40%。

位于南京的常年主导风向上的灵岩山—八卦洲—长江廊道、青龙山—紫金山—玄武湖廊道、云台山—牛首祖堂山—老山廊道，其山体、水面、农田等绿色开敞空间应严格保护，严禁毁坏和破坏性的开发建设。

八卦洲、江心洲应以绿色开敞空间为主体。

绕城公路两侧林带宽度每侧不小于 100 米；公路二环两侧控制各 500~1000米的绿色开敞空间，其中两侧各 100~300 米应建成环城林带，在经过城市化地区时绿色开敞空间的控制宽度也应不低于 300 米。城镇之间主要河道水系、交通走廊建设一定宽度的绿化带，逐步连贯沟通城镇内部绿地。

5. 主城

主城规划调整的重点是"优化主城用地功能结构，提升主城整体品质"。（图16-12a、图 16-12b）

在主城布局以河流、铁路、城墙等为自然边界，分为旧城（中片）和东、西、南、北 5 个片的基础上，更加突出和强调以明城墙以内的旧城空间层次，形成"主城—旧城—中心商务区"的空间结构。

旧城要强调环境品质的提高和历史文化特色的体现，以改善环境和发展第三产业为主。结合工业用地转换和旧住宅区改造，改善人居环境，塑造城市特色。要控制旧城住宅建设，特别是高层住宅建设。增设集中绿地，以明城墙、秦淮

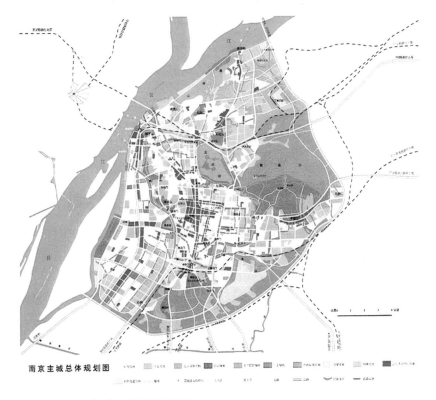

南京主城总体规划图

图 16-12a　主城土地利用规划

图 16-12b　主城空间布局结构

河风光带建设为重点，改善旧城环境。结合地铁站点建设，加强新街口空间整合，提高新街口的服务效率、环境质量和文化品位。把旧城建设成为商业服务繁荣，文化设施多样，现代与历史、自然与人文和谐共生的城市核心区域。

进一步优化主城用地结构，增加第三产业用地，保留一定的工业用地；增加道路广场用地，提高居住用地标准和绿地指标。在河西地区增加一定的都市型工业用地，以增加就业岗位。

这次调整更加重视主城的环境和城市特色。

大力改善主城环境。主城绿地系统规划强调"两环四片"结构性绿地建设，即在加快明城墙绿带、环城公路和滨江绿带的同时，在主城的东、南、西、北4个方向着力发展完善4块大型集中绿地，即东——钟山风景区，南——雨花台风景区以及向南的绿地山林，北——幕府山公园及滨江绿地，西——夹江滨江绿地，并以江心洲为补充。同时要强调便民性绿地的建设：80%以上居民步行10分钟能够到达一块公共绿地。

着力塑造南京城市特色。主城作为体现南京城市特色的主要载体,通过"凸显山水,保护城林;构筑系统,强化标志"等措施进一步保持和发扬主城"山水城林,融为一体"空间特色和著名古都的文化内涵。

规划延续了南京古代城市利用天材地利、因地制宜的城市规划理念。从区域——轴线——节点 3 个层面入手,形成点线面相结合的空间特色体系。维护自然山水的永恒性和城林文化的延续性。

在保护自然、历史景观的同时塑造现代化城市景观。

6. 交通等城市基础设施

主城主干道网形成"经六纬九"骨架。在河西增加滨(夹)江路作为经六路,在纬八路和绕城公路之间增加纬九路。(图 16–13)

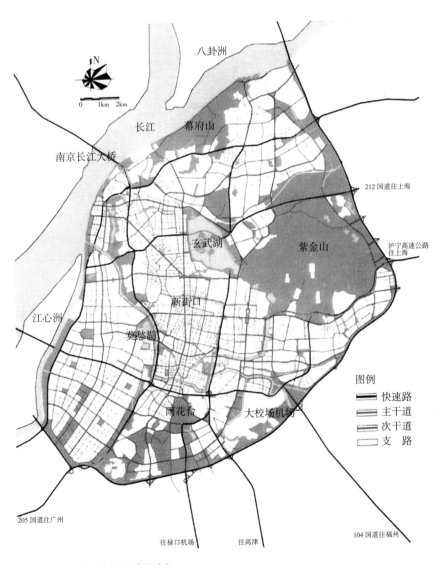

图 16–13 快速路系统规划

　　加快轨道交通的建设。2010 年前，要建成 3 条轨道交通线及其部分延伸线，总长约 50~60 公里，包括地铁一号线（南北线）、东西线（自河西副中心经新街口至仙西新市区）、结合高速铁路过江隧道建设的地铁过江线和一号线的延伸线。

　　社会停车场的布局和容量应基本满足今后的停车需求。

　　更加重视环境保护。主城规划 5 个污水处理系统。在各外围城镇规划建 12 个污水处理系统，皆为二级处理。各县集中建设污水处理厂，将新城及周边城镇的污水纳入其中进行处理；其余镇区设小型污水处理站处理工业及生活污水；农村可考虑埋设小型地埋式污水处理装置。（图 16-14a、图 16-14b）

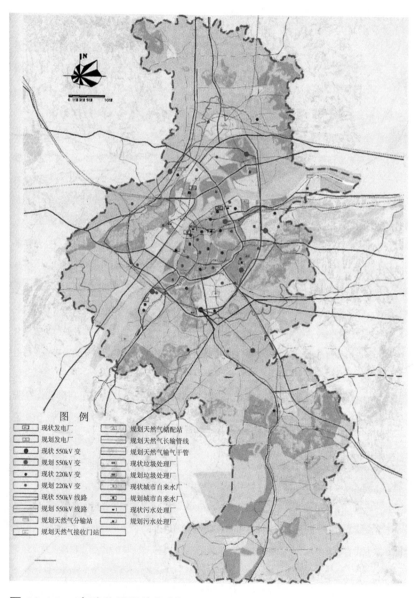

图 16-14a　市政公用设施规划

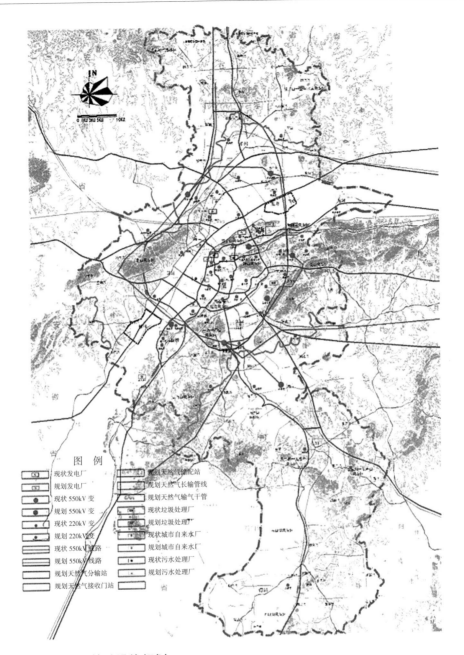

图例

现状发电厂		规划天然气储配站	
规划发电厂		规划天然气长输管线	
现状 550kV 变		规划天然气输气干管	
规划 550kV 变		现状垃圾处理厂	
现状 220kV 变		规划垃圾处理厂	
规划 220kV 变		现状城市自来水厂	
现状 550kV 线路		规划城市自来水厂	
规划 550kV 线路		现状污水处理厂	
规划天然气分输站		规划污水处理厂	
规划天然气接收门站			

图 16-14b　基础设施规划

16.3　传承历史文脉彰显城市特色：历史文化名城保护规划

　　文化是一个城市的灵魂。历史承载着文化，积淀着文化的深厚。在新的历史时期，随着物质文明水准的提高，人们对历史、文化的认识也不断提高。作为著名古都、历史文化名城的南京，在传承历史文脉彰显城市特色方面更是受到充分重视，进行了大量卓有成效的规划探索和规划实践。

16.3.1　历史文化名城保护规划

16.3.1.1　1984年《南京历史文化名城保护规划方案》

1982年2月18日国务院批转国家建委等部门"关于保护我国历史文化名城的请示的通知"，公布了国家第一批历史文化名城名单（24个），南京名列其中。通知同时要求编制历史文化名城保护规划，划定文物保护范围。同年6月，南京市政府召开南京历史文化名城保护工作会议，8月23日，市政府《关于公布南京市第一批文物保护单位的通知》，公布了市以上文物保护单位共142处，其中全国重点文物有中山陵、明孝陵、天王府3处。1983年底国务院在对南京城市总体规划的批复中，明确地将"著名古都"定为南京城市性质之一。据此，南京市规划局会同市城乡建设委员会、文化局、文物管理委员会、园林局、房地局，在现状调查、分析特色的基础上，于1984年10月编制完成《南京历史文化名城保护规划方案》，首次提出历史文化名城的保护要形成一个完整的体系。次年上报南京市政府。

规划总的设想是：从进一步发挥南京的**山、水、城、林交融一体**及气度恢宏的特色出发，综合考虑城市的环境风貌、城市格局、建筑风格和文物古迹四个方面，划出若干片自然风景和文物古迹比较集中的重点保护区（市内五片、外围四片），以及一批分散的重点建筑群的保护范围，同时以明朝城垣、历代城濠、丘岗山系和现代林荫大道为骨干，形成保护性的绿化网络，连接各个片区和建筑群，构成一个较为完整的保护体系。

市内五片重点保护区为钟山风景区、石城风景区、大江风貌区、雨花台纪念风景区、秦淮风光带，市区外围的四片重点保护区为栖霞风景区、牛首祖堂风景区、汤山温泉和阳山碑材疗养游览区以及江浦老山森林风景区，规划初步划定范围并提出规划建议。

在《南京历史文化名城保护规划方案》的指导下，1980年代，陆续编制了《秦淮风光带规划设想》、《南京钟山风景名胜区总体规划》、《栖霞山风景区总体规划》、《牛首—祖堂风景区规划》、《汤山风景区规划》、《老山森林风景区规划》等。

16.3.1.2　编制并完善各个层次和各专项的保护规划

进入1990年代以后，城市的快速发展给历史文化的保护带来严峻挑战。南京市规划部门为了妥善处理发展与保护的关系，为历史文化名城的保护提供依据，加强了历史文化名城保护规划方面的工作，逐年编制并完善各个层次和各专项的保护规划。

首先是在1992年城市总体规划的修订工作中，在1980年代制定的《历史文化名城保护规划》基础上，开展了新一轮的历史文化名城保护规划。规划从城市环境风貌、城市格局、建筑风格、文物古迹的保护、发掘历史文化内涵 5 个方面，按照城市整体格局和风貌、历史文化保护区和文物古迹 3 个保护层次，建立了较为完整的历史文化保护体系。这一体系融会了自然与人文要素、贯穿了有形与无形财产，全面而独特，在国内具有开创性和领先性。

在此期间，南京陆续编制完成了《南京朝天宫地区保护更新规划设计》《夫子庙—秦淮风光带地区保护规划》等 10 个历史文化保护区的保护规划，以及《明城墙风光带保护规划》、《明孝陵及明功臣墓遗址保护规划》、《南京近代优秀建筑保护规划》、《中华路改建规划》等一批专题性保护规划。

16.3.1.3 《南京历史文化名城保护规划》的调整

2000 年 6 月，南京城市总体规划调整工作的全面展开，对南京的城市空间特色提出了"保护山水、发展城林、构筑系统、强化标志"的原则。针对历史文化名城保护规划在实施的过程中，保护、控制、深化的力度与同类城市相比存在较大的差距，一些有影响的历史文化景点、景区没有做保护与利用的详细规划，规划确定的历史文化保护地段、文物点、古河道等，由于缺乏政策措施保障，存在不同程度的消失和损毁，历史文化名城保护体系尚未形成，著名古都特色不明显等状况，南京市规划局委托市规划设计研究院进行了《南京历史文化名城保护规划》的调整工作，于同年 12 月初步确定保护规划框架和主要内容。

16.3.2　老城保护与更新规划研究

南京老城是指明城墙围合的区域，是古都南京的核心，南京历史文化主要载体的集中地区。

在 2000 年前后，南京市规划局组织开展了老城保护与更新规划工作。组织中外专家对其进行专题研究和探讨，相继完成"南京老城的历史沿革研究"、"南京老城空间形态优化研究"、"南京老城已建居住区调研和改善研究"等专题；召开"南京老城保护与发展国际研讨会"；编制完成了《南京老城保护与更新规划研究（总体阶段说明书）》。

根据南京老城的具体情况，南京老城历史保护的内容包括城市物质文化遗存和非物质文化遗存两大类。城市物质文化遗存保护分点——文物古迹保护、区——环境风貌和历史文化保护区、面——整体格局 3 个层次。[①]

16.3.3　环境风貌和历史文化保护区规划

南京的历史文化保护规划均将一些文物古迹比较集中，能较完整地体现某

---

① 周岚，童本勤，苏则民，程茂吉．快速现代化进程中南京老城保护与更新．东南大学出版社，2004.

一历史时期传统风貌的街区、建筑群、古遗址，定为历史地段（或历史文化保护区），单独编制规划。历年陆续编制了明故宫、明城墙、夫子庙、秦淮风光带、门东门西地区、南捕厅、总统府、梅园新村、颐和路民国时期公馆区、高淳淳溪老街等地区的保护规划。

16.3.4 文物建筑及近现代重要建筑的保护

16.3.4.1 紫线划定

从 1980 年开始，在重新调查文物保护单位的基础上南京市开始划定文物建筑保护范围的工作。1983 年，市规划局与市文物事业管理委员会组成工作班子，开展文物紫线的划定工作，在市区范围内共划定 72 处文物保护范围，根据国家文物局和建设部的要求，分为 4 个层次：文物保护单位的占地范围、文物的保护范围、文物的控制范围和特别重要文物的环境协调范围。

1986 年完成的《南京市主城分区规划》中，古迹及纪念性建筑紫线被列为"五线"控制之一。至 1991 年底共划定主城内 78 处文物保护单位的绝对保护范围和建设控制地带，1993 年 8 月获市政府批复同意。2000 年，市规划局会同市文物局共同划定了 7 处 15 片地下重点文物保护范围。2001 年 8 月，两局共同开展了《南京市文物古迹保护紫线规划》，对市级以上文物保护单位划定紫线。其中主城范围内的紫线划定，已于 2001 年底完成。

16.3.4.2 近现代重要建筑的保护

为保护南京近现代重要建筑，对其进行科学合理的使用，1988 年至 1990 年 2 月，以东南大学刘先觉教授为组长的研究小组对南京近现代重要建筑开展调查整理研究，选出 200 幢有价值和代表性的近现代建筑记录在案，其中 21 处报请定为国家级文物保护单位。同期，南京市规划局会同市文物局对市内多处近现代优秀建筑进行了系统的调查整理，对于其中历史价值较高、现状质量较好的建筑建议升级为市级文物保护单位。1991 年 7 月 2 日，建设部、国家文物局将南京的国民政府外交部旧址、考试院旧址等 16 处评为近代优秀建筑。1992 年，南京市公布第二批市级文物保护单位名单，其中 49 处为近现代优秀建筑。1998 年南京市规划局组织编制《南京近代优秀建筑保护规划》，2002 年又编制了《南京近代非文物优秀建筑评估与对策研究》，对尚未列入市级以上文物保护名单的近现代优秀建筑进行更详细深入的调查评估，以求使一批有价值的近现代重要建筑在城市快速更新中得到保护。

1998 年 12 月，《南京近代优秀建筑保护规划》由南京市规划设计研究院编制完成并通过国内专家评审。规划从现存的 200 余处近代建筑中筛选出 134 处为近代优秀建筑，按其重要程度、历史文化价值的大小，134 处建筑又分为 3 个保护级别：特别重要的列为一级保护建筑（共 57 处），比较重要的列为二级保护建筑（共 53 处），其余的为三级保护建筑（共 24 处）。规划对列为一级、二级保护的近代优秀建筑划定保护范围和建设控制范围（协调范围），对列为三级保护的近代建筑只划定保护范围。

16.4 规划编制体系：总体规划—分区规划—详细规划

在城市规划工作中，编制的规划得不到贯彻，城市建设违反城市规划等事例屡屡发生；而规划管理工作效率低下，工作中出现失误的情况也屡见不鲜。这一现象的原因主要有两个方面，一方面，从城市规划工作的本质而言，规划的长远目标与建设的当前需要、规划的整体构想与单位的局部利益之间的矛盾是普遍存在、始终存在的，规划实施过程中的所有问题，究其根本，都是由这一组矛盾派生出来的，城市规划的这一特征，决定了它在实施过程中既要坚持长远目标、整体构想，因而必须有遵照执行的严肃性；同时又要考虑现实条件，兼顾各方利益，因而必须有应变的灵活性。从这个意义上讲，城市规划工作中遇到各种各样的矛盾是不可避免的。另一方面，当前我国的城市规划工作，从观念、内容到程序、方法，本身的确很不适应客观需要，规划编制严重脱离规划管理的实际，规划管理满足不了城市化发展的需要。而这后一方面恰是问题的关键所在。

南京的规划工作者在理论和实践两个方面对规划编制体系进行了深入而有益的探索。

16.4.1 城市规划编制体系专题研究

1997 年，建设部城市规划司组织国内规划管理、规划设计部门以及高校科研机构，开展《社会主义市场经济条件下城市规划工作框架》的课题研究。南京市规划局承担了其中的《城市规划编制体系新框架研究》子课题，由南京市规划局和南京市规划设计研究院的有关人员组成课题组。[①] 1999 年 11 月完成了研究报告。

《城市规划编制体系新框架研究》（以下简称《研究》）分 5 个部分进行论述。

16.4.1.1 城市规划工作面临的新形势

《研究》从社会主义市场经济体制的运行，中国城镇的迅猛发展使城市化进入一个新的阶段，"可持续发展"作为一种新的发展战略，实行和坚持依法治国已经成为我国社会主义建设的一个根本任务和原则等几个方面分析论述了我国改革开放以来，城市规划工作所面临的新形势。城市规划要能在新形势下真正发挥龙头作用，必须审时度势，做出顺应新形势的根本转变。

16.4.1.2 对我国现行城市规划编制体系的反思

《研究》对新中国成立以后，我国的城市规划工作历程作了简要的回顾。认

---

① 陈晓丽.社会主义市场经济条件下城市规划工作框架研究.中国建筑工业出版社，2007

为面对新的形势，现行规划编制体系仍然显得不能适应。问题集中体现在对城市规划的本质特征认识上还没有完全突破计划经济模式和狭义建筑学传统的局限。缺少区域观念，缺少综合观念；缺少可持续发展战略的考虑；缺少法制观念，没有适应市场经济条件下原则性与灵活性的结合；总体规划的编制内容庞杂，审批周期漫长，但对日常的、大量的规划管理工作缺少可操作性，分区规划和控制性详细规划的法律地位相当含糊。

16.4.1.3 对西方城市规划经验的吸取

《研究》简略介绍了西方城市规划工作的通则式和判例式及规划编制的战略性规划和实施性规划的情况。认为不论是通则式还是判例式，都不是绝对的；城市规划由几个层次形成系列，各起不同的作用；区划是实施规划的手段，是规划图则与法规的结合；我们应当在现在的规划工作基础上，结合我国实际，吸取西方城市规划工作经验，形成自己的城市规划编制体系。

16.4.1.4 城市规划编制体系新框架的设想

基于对新形势的认识和对现行城市规划编制体系的反思、对西方城市规划经验的借鉴，提出城市规划的编制体系可以分为规划编制和图则制定两大部分。规划编制应该分基本系列和非基本系列；图则制定可以分法定图则和工作图则。规划编制是图则制定的依据，是图则的技术支撑；图则是规划的法律表现形式，是规划意图的法律化，为城市规划的实施管理提供直接依据。

1. 规划编制

基本系列指各类城镇一般均需编制的规划，这些规划上下层次互相衔接，是一个有机的整体，是城镇实施规划管理的基本依据，全国统一按建设部《城市规划编制办法》编制。

基本系列分为四个层次：战略规划、总体规划、控制规划、详细规划。

从规划的地域角度讲，战略规划是全市域的（即包括所带县、市）或全镇（乡）域的，总体规划和控制规划是城镇的，详细规划是地段的。从规划的作用角度讲，战略规划和总体规划是战略性规划，控制规划和详细规划是实施性规划。不带县（市）的城市、小城市、建制镇可以将战略规划和总体规划合并进行。其他集镇和村可以只编详细规划作为实施性规划。

非基本系列是整个规划编制体系不可缺少的组成部分。但这些规划之间互相并不一定存在有机的联系。可以由各城镇按实际需要编制。需要什么样的规划，就编制什么样的规划，需要什么深度，就做到什么深度。

2. 图则制定

法定图则是在控制规划基础上根据有关法规制定的，是控制规划的法律表现形式，是控制规划的演绎和转化。法定图则是规划管理的基本依据，是实施规划意图的主要手段。控制规划由于其图纸、文字繁多，其图纸和解释性说明本身并不能直接成为法定图则，而只宜作为技术文件，成为法定图则的说明和技术支撑。

工作图则是规划管理部门日常进行规划实施管理的工作依据，是法定图则的补充。工作图则就是经过规定程序审批的详细规划的图纸和文本。

16.4.1.5 与城市规划编制体系新框架相关的两个问题

《研究》论述了城市规划与区域规划、土地利用总体规划、村镇规划等其他有关规划的关系以及城市规划编制体系所必需的法律支撑、体制支撑、技术支撑两个问题。

《研究》还提出了《城市规划编制办法》的修订建议、有关城市规划图则的地方法规的示例和法定图则的土地分类、建筑分组及相容性规定示例等 3 个附件。

16.4.2 总体规划及其拓展和延伸

城市的经济体制改革，由计划经济向有计划商品经济的转变，增强了城市的活力，外向型建设项目的增多和高新技术开发区的出现，特别是第三产业的蓬勃发展，对城市总体规划提出了更高的要求。为了适应发展需要，弥补总体规划的不足，规划局组织有关机构开展了一系列规划的拓展、延伸和深化工作，主要有:《南京经济社会发展和城镇体系布局的研究》、《南京沿江地区规划研究》、《南京城市交通综合规划》、《南京对外交通规划调整》、《南京市历史文化名城保护规划》、《南京外环公路可行性研究》、《南京工业布局调整规划》、《新街口—鼓楼市中心规划》、《南京主城分区规划》及重点地段（夫子庙、鼓楼广场、新街口、下关沿江、火车站等地段）的城市设计等。通过这些规划研究工作，进一步梳理和积累了新的规划思路并适时开展了深入的理论探索，为城市总体规划的修订工作奠定了必要的基础。

16.4.2.1 战略性和区域性研究

《南京经济社会发展和城镇体系布局的研究》和《南京沿江地区规划研究》是《南京城市总体规划（1981~2000）》编制完成以后，对南京进行的两项最重要的综合性的研究工作，为城市总体规划的修订作了具有战略意义和区域观念的准备。

1.《南京经济社会发展和城镇体系布局研究》

《南京经济社会发展和城镇体系布局研究》[1] 课题是受南京市人大常委会城乡建设委员会和南京规划建设委员会于 1984 年委托，在南京大学宋家泰教授主持下，由南京大学地理系、中国科学院南京地理研究所、南京市规划局和南京市规划设计研究院共同协作，于 1985 年底完成的。

研究报告主要内容包括：对南京经济与社会发展条件及其在全国、上海经

---

① 南京经济社会发展和城镇体系布局研究 . 南京规划建设委员会 . 南京规划建设委员会第二次会议文件汇编

济区与江苏省的地位和作用的分析，并进一步论证了南京为长江流域跨省区的中心城市之一；提出了工业、农业、交通运输和通讯、高等教育、科研的发展布局设想；进行了分层次的 2000 年城镇化水平的预测；提出了长远的市域城镇体系的布局规划设想，明确了各级各类城镇的性质和发展规模及其相关措施和政策建议。

为了适应以大城市为中心、以交通要道为依托、分布合理的城市网络的形势发展要求，为了科学地制定以南京为中心的城市经济网络和市域城镇体系规划，研究报告进行了积极的、有益的探索。

2.《南京沿江地区规划研究》

1987~1988 年，开展了南京沿江地区规划研究。《南京沿江地区规划研究》[①]课题由多单位合作完成，南京市规划局陈铎为课题总负责人。课题研究工作分别由 10 个子课题和 2 个专题分组进行，然后综合成综合报告。课题综合组由南京市规划局、南京市规划设计院、南京港务管理局有关人员组成。参加子课题和专题研究工作的还有南京铁路分局、南京河床实验站、南京市水利勘测设计室、南京市政设计院、南京市环保科研所、南京市园林局、河海大学和江苏省社会科学院世界经济研究所的有关人员。

南京作为长江下游仅次于上海的重要中心城市，具有我国内河第一大港的重要地位和我国东部地区"扼江通海、南北汇集"的地理优势。随着改革开放形势的发展，以港口为重要内容的交通体系已逐渐上升为主宰城市未来的主要因素之一。港为城用、城以港兴，充分依托城市优势建设开发港口，进而充分利用港口优势发挥城市优势，已成为南京经济发展首要的战略重点。港、城赖以结合的"黄金纽带"——沿江地区，成为城市今后相当长时期内最为活跃、最为关键、最有前途的发展空间。

课题以认识和推动港口和城市的全面发展为目标，遵循客观的自然规律和社会经济规律，把沿江地区视为南京的主要经济走廊和城市的发展轴。通过对沿江地区的充分利用和合理开发，最大限度地发挥南京中心城市和工业港口城市的综合机能，以求获得最好的经济效益、社会效益和环境效益。

课题研究从几个方面为总体规划的修编提供思考和参考依据：①南京作为长江流域四大中心城市之一，在开发流域经济中的作用；②南京的经济、社会、文化等方面的发展战略以及它们同空间布局发展战略相结合而形成的城市发展战略；③今后充实、调整、发展南京城市总体规划所需的部分前提条件和资料积累；④沿江地区的近期建设与管理所应考虑的诸因素。

课题综合报告分 8 个部分：①顺应规律，展望前景；②强大的沿江经济走廊；③通海枢纽港口；④以江为轴的多元城市布局形态；⑤公路、铁路综合交通网；

---

① 南京沿江地区综合规划研究工作纲要.南京规划建设委员会.南京规划建设委员会第三次会议文件汇编；南京沿江地区规划研究综合报告.南京规划建设委员会.南京规划建设委员会第四次会议文件汇编

⑥长江南京段的治理与保护；⑦过江和沿江基础设施；⑧兼具古都特色和时代气息的滨江风貌。

16.4.2.2　总体规划的深化：外围城镇的总体规划

像南京这样的特大城市，总体规划除了主城外，还应该补充外围城镇的总体规划。这是整个城市总体规划的深化所必需的。

1985 年编制的《浦口三镇总体规划》由南京市规划设计院承担。1987 年 2月 19 日南京市人民政府正式批准执行。规划内容包括：城镇性质、城镇发展规模、城镇规划布局和城镇基础设施四个部分。

尧栖地处南京市区东北近郊，地属栖霞区，北濒长江，南临沪宁铁路，兼有便捷的水陆交通条件和可靠的水源。1983 年 6 月和 1986 年 12 月分别由南京市规划局和南京市规划设计院编制完成了《尧化门—栖霞工业城镇规划》和《尧化门—栖霞地区总体规划》，1987 年 12 月南京市规划规划设计院又分别编制完成了《尧化镇土地利用规划》和《栖霞镇土地利用规划》。

1988 年 7 月南京市规划设计院完成了《板桥工业城镇总体规划》，对板桥工业城镇的布局结构、规划分期提出了 4 个方案进行比较分析，建议采用第 4 方案。1988 年 1 月 11 日，南京市人民政府宁政复 [1988] 4 号文批准。

1988 年编制的《龙潭港口工业城镇总体规划》按南京市城市总体规划（1981~2000）提出龙潭城镇性质为以汽车制造和建材工业为主的港口工业城镇。人口规模定为 30 万人左右。龙潭具有潜在的发展优势，是南京地区最后一处有待开发的深水岸线。电力部拟在西渡一带建 240 千瓦的热电厂，规划的宁镇一级公路经过龙潭老镇之南，一旦这几项建设起步，龙潭临江一片平坦的 105 平方公里土地就是最有潜力的资源。1990 年 4 月南京市规划设计研究院编制完成了《龙潭港口工业城镇总体规划》。规划认为，城市发展用地必须跨出老镇界线，创造良好的投资环境；建设一个多元经济结构的新城市；列出最佳建设序列，统一规划，分期分片集中建设；完善防洪措施；以主导工业为先导，同时发展配套工业。规划拟定龙潭是南京市港口工业卫星城，是具有多元经济及综合服务功能的城市。

1991 年编制的《江浦县珠江镇总体规划修订（1991~2010）》由江浦县城建局和南京大学大地海洋科学系师生共同承担，成果包括：江浦县城镇体系规划说明、珠江镇总体规划修订说明、附件一份、专题报告 5 项、图件 10 张。1992年 4 月 24 日通过专家评审。

16.4.2.3　《南京市城市规划纲要》

在编制总体规划前，先编制《南京市城市规划纲要》。

1989 年南京市规划局成立新一轮总体规划修编的工作班子，1990 年 6 月，总体规划的修订工作正式开始。1990 年底完成《南京市城市规划纲要(送审稿)》。

1991 年 4 月 1 日，南京规划建设委员召开第五次会议，审议《南京市城市规划纲要》，南京规划建设委员会全体委员、省市有关领导及有关部门负责人参加会议。与会人员听取了市规划局关于编制《南京市城市规划纲要》有关情况的说明和市规划设计院关于纲要内容的详细汇报，对城市性质、城市布局和城市用地发展方向、古都风貌保护、城市交通、环境质量等内容提出了审议意见，经过修改调整，于1991年年末完成了城市总体规划修订初稿。

16.4.3　分区规划

1986年12月，完成《南京主城分区规划》，1987年11月28日南京市九届人大常委会第35次会议通过。同年12月8日，南京市政府发出《关于认真组织实施南京主城分区规划的通知》，正式公布实施。此为南京第一部经市人大批准、市政府正式颁布实施的分区规划。

《南京主城分区规划》作为当时国内较早开展的分区规划之一，在没有国家统一规定的编制办法的情况下，以满足实际需要为宗旨，对规划的原则、内容、深度和方法等方面都进行了较深入的探索。该规划"在既维护规划的严肃性，又适应城市动态变化的灵活性方面作了有创新意义的探讨和尝试"。（鉴定意见语）该规划对土地利用分类进行了创新，按不同的规划控制要求，归并为7类10种，编成土地利用规划图，方便了管理需要。规划提出了土地和建筑相互适建规定，为规划管理增加了弹性和灵活性；对道路红线、河湖蓝线、绿化绿线、文物紫线及电力黑线提出了"五线"控制规定，并强调严格控制，以不变应万变，不得随意变动。这样，分区规划使规划刚性部分得到了进一步明确，同时也给详细规划和建设管理留下一定的弹性。

本次分区规划是一次成功的规划，通过实践为弥补从宏观的总体规划到微观详细规划之间的断档提供了方法，完善了规划层次，使规划的编制更加科学化、系列化，为分区规划在全国的推广和后来国家规划编制办法的制定产生了重要影响。除此而外，本次分区规划还具有更深层的意义，就是强调了从管理需要的角度来认识和编制规划，通过一个深度适宜的规划层次，"切实有效地达到指导、促进或控制城市建设的目的"，使分区规划真正成为管理的依据，从而通过管理付诸实施，使城市建设按规划进行。从这一认识出发，将分区规划的主要内容定位在土地利用规划，包括对合理分类的土地使用性质及各类建筑的适建规定；对"五线"提出严格的控制界线和要求，对土地的建筑容量及建筑高度做出限制。

16.4.3.1　对《南京城市总体规划（1981~2000）》的补充和调整

《南京市主城分区规划》是在城市总体规划的基础上进行的，针对在改革开放形势下出现的新情况，分区规划对《南京城市总体规划（1981~2000）》进行了一些补充和调整。

主城范围由原122平方公里增加为147.8平方公里，分成14个分区。

道路系统，在原"经三纬八"城市干道网的基础上调整为"经五纬八"：中山南路继续南下，强化"经一"；在城西新增"经四"，贯穿河西腹地；在城东强化"经五"，形成自唐家山经富贵山隧道出光华门到机场的主干道；延伸纬三、纬四、纬五、纬六、纬七，强化河西、城区、城东之间的交通联系。

公共活动中心，按照"分级配置，相对集中，均匀分布，就近方便"的原则，将全市公共活动中心分为市中心、副中心、分区中心、居住区中心四级。新街口至鼓楼为市中心；夫子庙、迈皋桥、山西路、热河路、茶亭等五处为副中心；太平村、小市、龙蟠路、珠江路、太平南路、莫愁路、五贵里、孝陵卫、中保等九处为分区中心；居住区中心共 21 处。

分区规划还对交通设施、给水、排水、电力、电讯、煤气等专业规划进行了深化和补充。

16.4.3.2　土地利用规划

按照使用性质和对环境的影响，分为 7 类 10 种用地。

Ⅰ　规划保护用地

Ⅰ–1　绝对保护用地　指名胜古迹、重要纪念性建筑所在地用地

Ⅰ–2　严格保护用地　指公共绿地、风景区、苗圃、隔离带、高压线走廊、收发讯区、水源保护区及绝对保护用地周围的用地

Ⅱ　生活用地　以住宅为主包括公共建筑及街道工业的用地

Ⅱ–1　第一种生活用地　指环境、建筑质量较好的以二、三层住宅为主的用地

Ⅱ–2　第二种生活用地　以多层住宅为主的用地

Ⅲ　城市公共活动中心用地　指市中心、副中心用地，主要是以商业、金融、贸易、文化等设施为主兼有企事业单位办公的综合用地

Ⅳ　工作用地　指大专院校（包括中专）、科研设计单位、机关团体、电视广播、特种用地等

Ⅴ　工业用地

Ⅴ–1　第一种工业用地　指对环境有较大影响的工业用地

Ⅴ–1　第二种工业用地　指对环境影响较少或无影响的工业用地

Ⅵ　市政公用设施用地　指大型的交通设施、市政公用设施和建筑基地等用地

Ⅶ　仓库及对外交通用地　指为社会服务的各类仓库、铁路、机场、港口、长途汽车所属站场及有关设施的用地

与此同时，按建设管理需要，把建筑物按使用性质分为 34 类，对应上述 7 类 10 种用地，分别做出允许、不允许和有条件允许的适建规定，作为规划管理的法定依据。

16.4.3.3　"五线"控制

"五线"即道路红线、河湖蓝线、园林绿地绿线、文物古迹紫线和供电高压线黑线。"五线"控制实质上也是土地利用规划，由于涉及城市的基本骨架或城

市特色的保护等重大问题，更应严加控制，不得随意变动。

16.4.3.4 建筑容量控制

各种不同性质的用地应有不同的建筑容量控制，这次分区规划仅对居住用地的建筑容量提出控制要求，划分为五类地区，分别对建筑容积率和建筑密度加以控制。

16.4.3.5 建筑高度控制

南京是著名古都，建筑形态的控制十分重要。分区规划主要从建筑高度要求考虑，对建筑提出控制意见，局部地段对建筑的体量和形式也提出要求。

根据城市功能、景观、古都保护及机场净空等要求，提出以明城墙为界，城墙内"中间高，四周低；北面高，南面低"和城墙外"近墙低，远墙高；景区低，江边高"的原则，将建筑高度划分为低层区、多层区、混合区三类。低层区一般不超过 12 米，多层区不超过 24 米，混合区不限。

16.4.4 详细规划

改革开放进一步深入，宏观的社会经济背景已发生了深刻的变化，市场经济迅猛发展，规划设计和管理要面对多元化的经济、投资主体和随市场变化的需求。为适应城市体制改革带来的变化，适应城市的迅速发展，一种实现规划管理的有效的规划层次——控制性详细规划应运而生，在广州、温州等城市陆续开展。

16.4.4.1 详细规划理论与方法的研究

作为控制性详细规划开展较早的城市之一，南京市规划局于 1989 年底委托东南大学建筑系、南京市规划设计研究院，合作进行"南京控制性规划理论方法研究"，1991 年 5 月完成。该课题分析了控制性规划产生的背景和意义，总结了国内外城市规划控制技术的发展和特点，针对南京城市规划与管理中存在的矛盾，研究适合南京具体情况的规划调控机制，并在控制性规划地块划分、控制体系、控制手段、控制深度、前提条件、成果编制、新技术应用等方面提出相应的理论和方法，及时进行了控制性详细规划理论和方法的探索。课题提出建立由土地使用控制、设施配套控制、建设建造控制、行为活动控制等四方面内容组成的开发管理综合控制技术系统并开发出一套可供管理部门直接使用的控制指标体系，主要包括用地性质、用地面积、建筑密度、容积率、高度、出入口方位、建筑后退、绿地率等指标。

16.4.4.2 控制性详细规划的全面开展

1989 年 5 月，南京市规划部门为适应城市开发建设的需要，着手在小范围内开展控制性详细规划的试点和探索，包括建邺区安品街扩大居住小区和下关区中山码头至三汊河沿江地段的规划。规划的主要内容包括具体的路网结构，居住、公共建筑和市政设施用地安排，建筑体量和容量的控制等。后又结合旧城改造、新区开发，将主城区内一些重点地区的控制性详细规划以指定性任务的方式下达给规划设计部门，陆续完成了安品街小区、苜蓿园地区、下关惠民河两侧、中山南路等地区的控制性详细规划工作，其中仅 1992 年，就配合土地出让，及时完成 28 幅 106 公顷用地的控制性详细规划工作。同期开展了南京经济技术开发区一期、江浦工业开发区（二期）等主城外围地区的控制性详细规划工作。

1995 年，国家颁布《城市规划编制办法实施细则》，控制性详细规划的编制走上规范化轨道。同年年底，南京市主城新修编的分区规划完成，具备了全面开展下一层次规划的条件，市规划局结合城市建设及时组织编制了一些重点建设地区的控制性详细规划工作，如河西 W-1 地区、马群新区起步区等。至 1998 年底，全市已开展了 84 平方公里的控制性详细规划工作。

16.5 规划管理法制化

编制的规划反映了时代的价值取向。方法论体现价值观。"工欲善其事，必先利其器"。没有恰当的方法，再好的设想也是不可能实现的。

16.5.1 规划管理机构的建立与健全

16.5.1.1 市级规划管理机构的建立与健全

1978 年 3 月，南京市城建局规划管理处划归市基本建设委员会领导，为该委的 1 个处。同年 11 月 30 日市革委会撤销市建委规划管理处，成立南京市革委会规划局，内设办公室、总体规划科、小区规划科、建设管理科、土地征用科、资料情报室，编制 50 人。撤销市房管局土地使用科，土地征用业务和市房屋统筹办的房屋拆迁（居民用房拆迁除外）业务划归市规划局。将南京市勘测设计院从城市建设局划出，归市规划局领导。为了加强基本建设技术档案收集、整理、利用工作，1979 年 10 月 15 日市编委同意规划局设立技术档案室（对外称南京市基本建设技术档案室）。

1983 年 12 月，为贯彻实施《南京市城市总体规划（1981~2000）》，江苏省人民政府决定成立南京规划建设委员会，以加强南京的城市规划、建设和管理工作。委员会由南京市人民政府和江苏省、南京市、驻宁部队等有关方面的负责人 20 人组成，是南京地区城市规划建设的最高权威机构。南京市长为委员会主任。下设办公室，由市规划局代管，具体负责处理日常规划咨询工作。办公室主任由市城乡建设委员会主任兼任，市规划局长兼任副主任。

南京市人民政府在《关于贯彻执行国务院〈关于南京市城市总体规划的批复〉的通知》中明确南京规划建设委员会，"作为实施总体规划的权威机构，负责审定近期建设规划，组织制定各项法规，协调各方面关系，加强对实施总体规划的统一领导。"

1984 年 2 月，南京规划建设委员会召开第一次会议，决定设立南京规划建设咨询委员会。[①]

1986 年 5 月，局机关内设机构由"科"改"处"，调整为三处一室，即综合处、建管一处（1988 年 1 月，内设选点小组）、建管二处、办公室（原人事科并入办公室）。

区、县的规划工作均由各区、县建设主管部门统筹管理，1980 年代初一般设有规划股，1980 年代中后期，更名为规划管理科。

为加强规划管理，增加与各行政区的联系，1986 年，市编制办同意市规划局在各区设规划办公室，其行政、业务关系在局，党的关系在区。规划办为事业编制，6 个城区各配 4 名工作人员，雨花台、浦口、大厂各 3 名，栖霞 5 名。1986 年 3 月、5 月，分别成立鼓楼区规划办公室和秦淮区规划办公室，负责所在区的有关规划管理工作。1987 年 11 月，成立江北规划办，负责大厂、浦口、江浦和六合范围的规划管理工作。1989 年 5 月，成立东郊、南郊办事处，分别负责栖霞区范围和雨花区、江宁、溧水、高淳县范围的规划管理工作。至此，南京市四郊五县的规划管理工作全部由江北、东郊、南郊 3 个办事处承担。

鼓楼、秦淮规划办公室分别于 1989 年 5 月、6 月撤销，由区政府设立规划办公室，负责区属建设项目的规划管理工作，并接受市规划局的业务指导。

为纠正有的区将规划管理部分审批权限下放给街道和乡的现象，严格审批手续，南京市政府批准了市规划局《关于重申加强城市建设规划管理工作的报告》，强调严禁越权管理。

1990 年 2 月，南京市规划局设置了监察室，同时增设了测绘管理处（与综合处合署办公）。至此，市规划局内设机构为：办公室、监察室、综合处（含1985 年 12 月成立的市政组、测绘管理）、建设管理一处（内设东郊、南郊规划办事处）、建设管理二处（内设江北规划办事处）。

1991 年 2 月，成立规划监察中队（后改为大队），专司全市的违章查处。同年 7 月成立法规监督处，不另增加编制，负责全市性规划监察管理。市规划局调整为四处二室：建设管理一处、建设管理二处、综合处、法规监督处、办公室、监察室。

1994 年 11 月 4 日，南京市人民政府通知：经省政府批准，调整南京规划建设委员会组成人员，并决定南京规划建设委员会办公室设在市规划局，由市规划局局长任主任。

16.5.1.2 规划专家咨询机构与社团的重建

1. 南京规划建设咨询委员会

1980 年代初，市规划局组织市内专业人员成立市干道建筑会审组，对干道

[①] 南京规划建设委员会 . 南京规划建设委员会第一次会议文件汇编

两侧的重要建筑设计方案提出咨询意见。

1984 年 2 月，南京规划建设委员会决定设立南京规划建设咨询委员会。1984 年 5 月，南京规划建设咨询委员会成立，成为南京规划建设委员会领导下的对南京城市规划、建设和管理进行咨询的机构。作为市政府、市规划部门的参谋机构，负责对南京地区城市规划和建设中的重大项目提供咨询。规划建设咨询委员会组织专家评审的项目主要包括：重要的规划建设方案；需上报市政府的重大规划建设项目；规划建设主管部门认为需要或建设单位提出需要评审的项目等。

1985 年 10 月，南京市政府为加强南京规划建设委员会的工作，决定将咨询委员会按专业划分为城市规划、建筑艺术、城市基础设施和城市环境等四个专业咨询委员会。

1994 年 11 月南京市人民政府通知，南京规划建设委员会下设技术专家咨询委员会，主要承担城市规划建设方面重要课题研究和重大项目的咨询论证，其人员由聘请的有关方面专家学者组成。1995 年市政府批准规划局报批的名单。

2. 南京雕塑家建筑家协会

该协会经南京市编委批准，于 1984 年 9 月 22 日成立。协会的宗旨是：第一，发展雕塑事业，将雕塑建设纳入城市规划管理。编制全市雕塑规划，对重点雕塑方案进行审核。第二，组织雕塑家与建筑家密切配合，使雕塑建设、安放与周围的建筑物和道路、广场、园林相协调。第三，团结雕塑家、建筑家，达到相互学习，共同提高，使雕塑家不断充实雕塑设计新构思，努力创作一批有较高艺术水平的好作品。

3. 南京历史文化名城研究会

1984 年 8 月南京古都学会成立后，古都学会和历史文化名城研究会即开始实行两块牌子合署活动的机制，对上分属中国古都学会（挂靠国家文物局）和中国城科会历史文化名城研究会（挂靠建设部）。合署活动期间，研究会参与了古都学会举办的各类学术研讨会、论证会、座谈会及有关考察咨询活动，曾对秦淮河的保护、规划、利用，南京明城墙的抢修、加固及开发利用，《南京条约》议定处静海寺遗址的保护，夫子庙明远楼贡院博物馆的保护、维修，城南民居调查、保护、民俗博物馆的筹建，以及对中山陵、明孝陵的保护等数十个课题进行学术考察和研讨，提供了许多有价值的建议、设想，供有关部门研究实施。

2000 年 12 月举行南京历史文化名城研究会第三届会员代表大会暨第一次理事会，南京历史文化名城研究会正式与南京古都学会分开，成为独立的社团组织。此后，历史文化名城研究会陆续组织完成了《南京市古镇村资源调查及保护对策研究报告》《南京工业遗产现状调查与保护利用研究》等研究课题。

16.5.1.3　规划设计机构的组建

1. 南京市规划设计研究院

1984 年 1 月，以市规划局总图科和小区科的专业人员为主组建的南京市规划设计研究院成立,规划设计工作从局机关分出。初期,规划设计研究院的人事、后勤等仍由局有关科、室管理。后为市规划局下属事业单位。2003年底改制为南京市规划设计研究院有限责任公司。

2. 南京市建筑设计院

市规划局成立后,将南京市勘测设计院从城市建设局划出,归市规划局领导。1984年7月,测绘队自勘测设计院分离,南京市勘测设计院成为南京市建筑设计院。

3. 南京市测绘勘察研究院

1984年7月,测绘队自南京市勘测设计院分离,独立组建南京市测绘院。1997年2月,南京市建筑设计院勘察分院并入南京市测绘院,成立南京市测绘勘察研究院。该院是国家甲级城市测绘勘察单位,承担城市控制测量与工程测量,地形测量与航空摄影测量,地理信息与图文信息,岩土工程勘察、设计与施工等专业工作。

4. 南京市第二建筑设计院

1984年6月,南京市第二建筑设计院成立。南京市第二建筑设计院由院部和8个区设计室联合组成,以加强对区设计室的业务归口管理和技术指导。

5. 南京市交通规划研究所

1996年成立,主要从事城市交通发展战略与政策规划、城市交通网络发展规划、城市静态交通设施规划、重大交通项目可行性研究、大型建筑物交通影响分析和对外交通规划等。

6. 南京市城市建设档案馆

南京市规划局成立,城建档案管理工作划归规划局资料情报室。1979年10月15日,规划局设立技术档案室(对外称南京市基本建设技术档案室)。1980年11月经南京市编制委员会批准成立南京市基本建设档案馆,隶属于南京市规划局。1986年更名为南京市城市建设档案馆。

7. 南京市城市规划信息中心

成立于2000年3月。该中心的主要任务是,负责建立、管理和维护市规划局规划信息系统,实现局办公自动化;统一扎口和集中管理规划信息数据,为规划管理提供相关的技术和数据服务,为规划管理决策提供有效的支持和保障;并负责局机关相关计算机及应用的培训和考核工作。

16.5.1.4　机关建设

不论法制如何健全,还是要靠人去执行的。因此,加强队伍建设,提高人员的思想政治素质和科学文化素质,是必须常抓不懈的大事。这一时期,规划局提出了"严谨、公正、高效、谦和"作为局风,即严谨的工作作风,公正的办事原则,高效的行政效率,谦和的服务态度。其中最主要的是既要坚持规划原则,又要搞好服务。两者从根本上说是不矛盾的,但在具体工作中却很难处理好,往往不是失之简单、生硬,就是失之迁就,造成失误。因此,要求工作人员经常结合工作实际，总结经验教训，提高思想素质、政策水平和办事能力。同时在业务学习中加强专业知识的学习，提高业务素质。

规划管理工作尝试应用新技术。1988 年，市规划局承担了建设部下达的《城市规划管理应用计算机软件研究》课题，开始为期 3 年的对计算机应用于规划管理的探索与研究。2000 年 3 月，成立南京市城市规划信息中心，建立和开发城市规划信息系统，为城市规划决策提供信息服务。

16.5.2　规划法规

16.5.2.1　地方法规

1.《南京市城市规划条例》

1990 年 4 月 1 日《中华人民共和国城市规划法》的颁布实施，为南京市制定地方城市规划管理法规提供了充分的依据。1988 年，南京市规划局为适应规划管理工作法制化需要，对《南京市城市建设规划管理暂行规定》进行修改和补充，完成《南京市城市规划管理条例（送审稿）》的编写，于 1989 年底经市政府常务会议讨论原则通过。1989 年底，为实现与即将出台的《城市规划法》的衔接，《南京市城市规划管理条例》又在原送审稿的基础上做了相应的调整和补充。1990 年 4 月 7 日经市十届人大常委会第十六次会议审议制定《南京市城市规划条例》，同年 6 月 18 日，由江苏省第七届人大常委会第十五次会议批准，自 1990 年 8 月 15 日起实施。这是南京市在城市规划管理方面颁布的第一部地方性法规，也是全国城市中最早颁布的城市规划地方性法规。

《南京市城市规划条例》共分七章六十八条。

第一章总则。着重强调了城市发展的方针、土地政策、环境保护以及规划编制的依据、规划与计划的衔接等基本原则。规定了南京"城市规划区即南京市行政区域"。

第二章城市规划的制定。明确了南京城市规划按总体规划、分区规划、详细规划三个层次编制，并规定了编制和审批的权限。

第三章新区开发和旧区改建。强调要"统一规划、合理布局、因地制宜、综合开发、配套建设"和"兼顾经济效益、社会效益、环境效益"。强调了对历史文化名城的保护和在继承的基础上的创新。

第四章建设用地的规划管理。明确了纳入规划管理的建设用地的范围，市、县规划管理部门规划管理的权限划分，强调了各项建设工程的"设计任务书报请批准时，必须附有规划管理部门的选址意见书"；需要用地的单位和个人必须向规划管理部门申请领取"建设用地规划许可证"，然后"土地管理部门方可办理审批建设用地手续"。

第五章建设工程的规划管理。明确规定"任何单位或个人需要新建、扩建、改建各项建设工程，必须向规划管理部门申请领取建设工程规划许可证后方可施工"。对市、区、县规划管理部门规划管理的权限和申请领取建设工程规划许可证的程序作了明确的规定。

第六章监督与奖惩。对违法用地、违法建设、违法审批的含义和查处办法作了规定。

第七章附则。明确要求市规划局制定实施细则，报市政府审批后施行。

根据《中华人民共和国行政处罚法》的有关规定，１９９７年７月３０日南京市第十一届人民代表大会常务委员会第三十二次会议通过、８月２９日江苏省第八届人民代表大会常务委员会第三十次会议批准对《南京市城市规划条例》的法律责任进行部分修正。

2.《南京市市区中小学幼儿园用地规划和保护规定》

1990 年代后，在旧城改造和新区开发中，蚕食中小学用地或不按规划配套建设教育设施的现象时有发生。为此，1995 年初，市规划局会同市教育局联合起草《南京市市区中小学幼儿园用地规划和保护规定》。《规定》于 1995 年 9 月 22 日由南京市第十一届人民代表大会常务委员会第十九次会议制定，同年 12 月 15 日江苏省第八届人民代表大会常务委员会第十八次会议批准颁布。这是我市第一部有关基础教育的地方法规，它为中小学幼儿园用地的保护和使用提供了法律保障。

16.5.2.2　政府规章

1987 年 4 月，市政府颁布《南京市城市建设规划管理暂行规定》。它是在 1974 年颁布的《南京市建筑管理办法》和 1978 年颁布的《南京市建筑管理办法实施细则（暂行）》的基础上，进行重大修改和调整后制定的。《南京市城市建设规划管理暂行规定》除总则、附则外，将城市规划管理分为建设用地管理、建设工程管理和违章查处三部分，规定城市规划管理部门在建设用地、建设工程审批方面的职责、审查批准的程序、建筑间距及退让道路标准、违章处理办法等，强调法制意识和规划管理的规范化，其立法体系较为清晰、完整，为制定地方性法规和规章打下了良好的基础。

《南京市城市规划条例》实施后，为完成配套规章的制定，1991 年底，在经过六易其稿后，《南京市城市规划条例实施细则》讨论稿上报市政府。1995 年 3 月，《南京市城市规划条例实施细则》经市政府批准实施。《南京市城市规划条例实施细则》的内容与结构基本上与《条例》相对应，其中重点对建筑间距、建筑退让道路红线和用地边界、退让河道保护线等做了完善和补充，规定平行、不平行、并行等不同布置形态下生活居住建筑的间距标准，要求群体布置的高层建筑应进行日照计算，对严重影响城市规划的违法建设进行了界定，明确十三种严重影响城市规划的情形。另外，对选址意见书、建设用地规划许可证、建设工程规划许可证的申报、审批程序和对违法用地、违法建设、违法审批的处罚等做了尽可能完善的规定，具有较强的可操作性。

1998 年 7 月，针对《南京市城市规划条例实施细则》中的部分条款已无法适应城市建设的新情况，以及国家、地方陆续出台的一批行政法规和规章对规划管理提出的新要求，市政府以第 158 号令修订颁布《南京市城市规划条例实施细则》。

16.5.3 规划编制管理

1978 年 11 月南京市规划局成立后，各项规划的编制、组织、论证、审批等逐步规范化、法制化。

16.5.3.1 实现规划编制与规划管理的分离

1978 年南京市规划局成立后，城市规划的编制由局总图科和小区科承担。1984 年 1 月，市政府决定将总图科和小区科从市规划局机关划出，专门成立南京市规划设计院。自此，市规划局不再直接承担规划编制任务，编制任务主要由南京市规划设计院承担。

1980 年代中期后，市规划设计院实行企业化管理，市规划局对不同的规划编制项目，采用不同的方式进行组织。属于市政府和规划局的项目，采用指令性任务下达，通过签订技术经济承包合同来确保指标的完成；属于开发建设单位的规划项目，一律实行委托。市规划设计院则坚持"三为主"：指令性任务与委托性任务，以指令性任务为主；南京的任务与外地的任务，以南京的任务为主；规划任务与建筑设计任务，以规划任务为主。

16.5.3.2 实现规划编制论证与审批的规范化管理

在相当长的一段时期内，规划编制成果的报审或备案制度很不健全。1980年 12 月，国家建委发布《城市规划编制暂行办法》和《城市规划定额指标暂行规定》，南京市规划局以这两个文件的规定作为规划编制中必须执行的技术标准和法定程序，规划编制的论证与审批开始规范化管理。同时，市规划局较早建立了专家咨询制度，在城市规划编制管理中加强规范化、法制化建设，组织专家咨询委员会对重要规划项目进行咨询论证。

2000 年 7 月，市规划局为加强内部规划编制项目的管理，制定了《南京市规划局内部规划编制项目管理暂行规定》。该《规定》对局内规划编制项目的下达、工作计划的拟定、中间成果和方案成果的检查、评审等各环节提出了具体要求，并规定了审定后修改的时限以及规划文件归档、备案的数量和要求等。

16.5.3.3 引入竞争机制，开始"开门规划"

1980 年代初，市规划局就开始对规划设计任务的下达进行改革，在编制一些重大的详细规划设计项目时，实行竞赛的方法。如锁金村居住区规划设计、共青团小区（现名雨花小区）规划设计都采用了征集方案的办法。1982 年锁金村居住区规划设计时，市规划局第一次采用设计竞赛的办法，从 32 个方案中评选出由市规划局小区科编制的优胜方案。同时，市规划局较早建立了专家咨询制度。通过在城市规划编制管理中加强规范化、法制化建设，组织专家咨询委员会对重要规划项目进行咨询论证，对重大规划项目采取竞赛、招标和在国内外征集方案，重要规划项目通过展览或媒体等形式向市民公示等，不仅明显地提高了编制成果的质量，也进一步提高了规划编制的管理水平。

随着规划设计市场的放开，修建性详细规划和项目的规划设计，逐渐采取招标投标和方案征集等方式。1986 年 8 月进行的凤凰西街居住小区（后称莫愁新寓）规划设计方案招标工作是南京市首次规划设计的招标投标。这次招标有 6 家规划设计单位参加，报送了 8 个方案，经过专家评选，南京市建筑设计院的"BX"方案夺标。

1990 年代后，城市规划设计市场进一步开放。南京市规划局在 1999 年第一次组织有境外规划设计单位参加的南京火车站、龙蟠路沿线地区环境设计方案国际竞选。1997 年 10 月，市规划局首次邀请国外专家——日本的河上省吾为南京市城市交通规划顾问。

16.5.4 规划实施管理

1978 年南京市规划局成立以后，城市规划的实施管理逐步得到加强。市规划局在恢复 20 世纪五六十年代一些行之有效的管理制度的同时，着手改进和建立与城市发展相适应的多项规章制度。随着历次《南京市城市总体规划》的批准实施，《南京市城市规划条例》的颁布实施，规划管理权限不断明晰，管理程序和方法日趋完善，规划的实施管理逐步纳入法制化、规范化轨道。

16.5.4.1 管理体制和权限

1. 市、县分级管理

在管理体制上，明确城市规划由市集中统一管理，市、县按管理权限分级管理。

1978 年 10 月，市革委会颁发《南京市建筑管理办法实施细则》，对市、县两级的审批权限规定为："在县辖地域范围内，市属以上单位的建设用地，由市审定用地范围，然后由县按规定办理核拨、征用土地手续；100 平方米以上的建筑执照由市核拨，不满 100 平方米的由县核发"。

1983 年 6 月市规划管理部门就城市规划和建设管理的市、区分工提出意见，进一步明确了管理权限，指出市辖各区范围的征拨用土地均由市政府审批。县辖范围内 5 亩（3333.3 平方米）以下的由县政府审批，超过 5 亩（3333.3 平方米）的报市审批，超过 10 亩（6666.7 平方米）的，由市转报省政府审批。各区乡镇企事业用地，如果不在城镇规划地区、风景游览区或沿铁路、公路、长江和主要河流两侧，而且用地不超过 5 亩（3333.3 平方米）的，由区政府审批。区属以下单位，单幢建筑面积在 100 平方米以内的建筑和造价不超过 1 万元的其他工程，如果地点不在现有和规划干道两侧 50 米地带、风景名胜地区、近期建设或已按规划建设的地段和其他指定地段内，由工程所在区核发执照。

1990 年 8 月公布实施的《南京市城市规划条例》，对市、县、区审批建设用地和建设工程规划管理做出详细规定。

对建设用地的审批，规定市规划部门管辖范围为：①市区内所有建设用地；②县域范围内的菜地、超过 3 亩的耕地、超过 10 亩的其他土地，以及临时使用超过 20 亩的土地。县规划管理部门管辖范围为县域内不超过 3 亩的耕地，不超过 10 亩的其他土地，以及临时使用不超过 20 亩的土地；县域内的乡（镇）村建设用地。县管辖的上述用地如位于指定的规划控制范围内，或者用地单位系市属以上单位的，在确定用地位置及界限前，需报市规划管理部门核准。对建设工程的审批，规定县规划管理部门的权限为：①由县核发建设用地许可证的用地范围内的建设工程；②县属以下单位建设工程，市属以上单位建筑面积不超过 500 平方米的建筑物；③城市道路、县级以下公路、五级以下通航河道及其桥涵、码头，非过境的 35 千伏和 35 千伏以下电力线，以及不与市联网的其他管线工程。个人建房和上述①、②项建设工程如位于县级以上公路、铁道、文物古迹和风景名胜区以及其他指定的规划控制范围内，县规划管理部门在审批前需报市规划管理部门核准。规定区规划部门审批权限为区辖范围内的个人建房以及建筑面积不超过 200 平方米的区属以下单位房屋，并规定在指定的规划控制范围内不得批准建房，个人建房如位于规划控制范围以内，应先报市规划管理部门核准。规定市规划部门审批的权限为县、区管辖范围以外的建设工程。其中用地面积超过 3 公顷的开发区或改建片区，其规划方案需会同市城乡建设管理部门审定；高度超过 100 米的高层建筑，建筑面积超过 2 万平方米的公共建筑、重要的纪念性建筑，其建设地点、规划设计要点及规划方案应报市人民政府审批。

2. 专家咨询制度的建立

1984 年 5 月，成立由南京地区专家学者组成的规划建设咨询委员会，作为市政府、市规划部门的参谋机构，负责对南京地区城市规划和建设中的重大项目提供咨询。规划建设咨询委员会组织专家评审的项目主要包括：重要的规划建设方案；需上报市政府的重大规划建设项目；规划建设主管部门认为需要或建设单位提出需要评审的项目等。20 年来，规划建设咨询委员会召开的专家评审会逐年增多。由于在规划决策前需通过专家论证，使一批项目的规划方案更趋科学和完善，避免某些规划方案的失误给城市建设带来的负面影响。

16.5.4.2　管理程序

在管理程序和方法上，逐步规范化。

1978 年 11 月，南京市规划局成立后，由建设管理科和土地征用科负责规划的实施管理。1983 年，全市建设用地的规划管理工作，改由规划局、房地产局两部门共同负责。建设单位提出用地申请后，规划局根据建设项目的性质、规模、投资额以及规划要求，确定建设地点，划定用地范围，发给"用地准备工作通知"。建设单位持"用地准备工作通知"向市房地产局申请办理拆迁、补偿、安置手续，填写"征用土地报批表"。规划局再根据房地产局转来的"征用土地报批表"、用地实测范围图及用地协议等资料，最后核定用地范围，报市城乡建设委员会核准。

从 1985 年开始，市规划局开始建立规划设计要点制度，在全国较早采用"规划设计要点"的管理办法。市规划部门在划定建设项目的设计范围，提供红线图的同时，出具"规划设计要点"文件后，建设单位方可进行方案设计。方案设计和单体的平、立、剖面图设计及施工图设计，经规划部门审批后，方可领取建筑执照。同年 7 月市规划局公布申请征（拨）用地的程序及有关规定，明确建设单位的申请程序。最初的"要点"无统一格式，规范性较差，也容易出现遗漏和表述不准确等问题，后经多次调整改进，将设计要点的做法扩大到所有建设工程，并逐步采用分类表格形式，规划设计要点制度进一步完善和规范。1989 年后，为提高规划设计要点质量，市规划局要求，在对重要地段、重要项目的设计要点提出前，需先听取专家意见；对重大建设项目的设计要点，坚持在听取多方意见后，再研究决定。

1987 年 11 月，市土地局成立后，城乡土地实行统一管理，自 1990 年底开始，由市规划局对建设项目实行规划选址定点，划定用地范围，核发建设用地规划许可证。

1990 年 12 月后，按照《城市规划法》的规定，市规划管理部门在全市范围内启用"建设用地规划许可证"和"建设工程规划许可证"。

16.5.4.3 用地管理

市规划局成立后，加强了对用地的规划管理。

自 1950 年代初到 1980 年代末，各项建设用地，一直是按国家建设的需要，对农村土地实行征用，并按规定做好被征单位的补偿和安置工作；对市区内国有土地实行无偿划拨。

为了加强土地统一管理，贯彻实施《中华人民共和国土地管理法》，南京市于 1987 年成立了南京市土地管理局。

1990 年，国务院出台《城镇国有土地使用权出让和转让暂行条例》，明确国有土地使用权可以依法出让、转让、出租、抵押，土地使用权出让可以采取协议、招标、拍卖等方式，以行政法规的形式，确立了城镇国有土地使用权出让、转让制度。

自 1990 年底开始，由市规划局对建设项目实行规划选址定点，划定用地范围，核发建设用地规划许可证。

1992 年，市政府成立国有土地出让办公室，将国有土地使用权出让作为加快经济发展的重大决策来实施。为了按国际惯例采用协议、招标、拍卖等形式出让土地使用权，市规划局组织进行土地现状调查及划定地块范围、提出规划设计要求、绘制相关图件等各项前期工作。此后，市规划部门每年都配合土地管理部门提前做好出让土地储备的各项规划。

16.5.4.4 建筑工程管理

20 世纪 80 年代初，建设单位在申办建筑执照时，市规划局一般先向建设单位提供规划设计红线范围，并在红线图上由经办人员手写若干注意事项，建设单位即可委托方案设计。从 1985 年开始，市规划部门开始建立规划设计要点制度，在划定建设项目的设计范围，提供红线图的同时，出具"规划设计要点"文件。建设单位提供方案设计和单体的平、立、剖面图设计及施工图设计，经规划部门审批后，方可领取"建设工程规划许可证"。

16.5.4.5 市政工程管理

市规划局成立初期由人防科代行市政工程管理职能。

1985 年市规划局成立市政组，逐步加强了对道路、河道、桥梁、管线、地下通道等市政工程的管理，并完成了对全市主次干道的红线规划，开始实施办证制度。

1993 年局综合处增挂市政处牌子。

"六线"及管线综合：

1976 年，市政府颁布《南京市管线测量工作暂行规定》，要求各专业管线单位提前做好计划申报，在路面开挖前和竣工后须经测绘部门验线和测绘竣工图。

市规划局成立后，管线综合得到加强。为做好各管线工程和道路工程在施工时间和地下空间方面相互衔接，专门成立了由管线单位组成的"联络组"，以便互通信息、加强沟通，并通过不定期会议协商解决管线布设中的重大问题。市规划局通过主动收集及管线建设单位上报两种渠道掌握和提出年度计划性规划综合的安排意见，在方案和设计阶段加强审查和协调，并在施工阶段严格验线和竣工测量。

1981 年底，第一次提出对"四线"（即道路红线、河道蓝线、绿地绿线、文物古迹紫线）的控制方案，建立"四线"控制管理的制度。1982 年，根据城市总体规划，在前两年拟定控制方案的基础上，市规划局完成"四线"规划的编制，绘制了 1：1000"四线"规划图，编印了《南京市市区"四线"综合表》。为加强文物古迹保护，市规划局在开展实地调查的基础上，绘制了 1：1000 用地控制图，完成了 1：10000 的《南京市文物古迹保护规划图》等。

1986 年，在编制完成的《南京市主城分区规划》中，首次将"四线"改为"五线"，增加一条高压走廊黑线。1989 年，鉴于南京地铁规划初步方案已开展多年，在"五线"的基础上又增加一条轨道交通橙线，遂称"六线"，并于当年对"六线"规划作了进一步调整和完善。

1986 年 10 月，根据管线测绘的需要，南京市测绘院成立管线队，加强管线工程查验灰线和测绘竣工图的技术力量。当年即开展对南京市管线图大规模修测补绘。1989 年 7 月，市规划局召开城区综合管线图补测补绘审查工作会议。1989 年底，此项工作基本结束，共完成 1：500 综合管线图 1226 幅，成图面积近 60 平方公里，覆盖范围超出了管线密集的老城区，为了解管网现状、进行管线综合和规划管理提供了重要的基础资料。

16.5.4.6 批后管理

1. 执法监察和违法（章）查处

1978 年南京市规划局成立后，建设工程在动工前查验灰线工作开始委托市勘测设计院测绘队负责，使这项工作得到一定加强。

1991 年 2 月，市规划局组建第一支专职规划执法队伍——南京市城市建设管理规划监察中队（1995 年更名为南京市城市建设管理规划监察大队），经过系统培训，于 4 月份开始上岗执法。市规划监察大队成立后，注重加强对重点地段的巡查，同时，加强市、区两级规划管理部门的配合，初步形成市、区监督网络。

1992 年 9 月，为进一步加强市、区规划管理部门之间的工作联系和查处力度，市规划局发布《关于对区、县规划部门实行委托制度的通知》,《通知》规定：凡属市规划部门查处的项目只要办理委托手续后就可由区或县规划部门查处。1993 年，为加大执法力度，市规划局成立规划监察机动队，每天按预定的路线巡查，及时发现、制止违法建设。同时，在市中级人民法院的支持下，成立规划巡回法庭，对一些拒不执行停止建设决定等行政处罚决定的违法案件，提交巡回法庭强制执行。1998 年，市规划局进一步加大规划监察力度，监察大队成立督察科，专司对漏查或不报行为的监察。

2. 行政复议和诉讼

20 世纪 90 年代前，市规划部门在审批建筑执照和查处违章建设中与有关个人或单位之间发生矛盾与纠纷，大多是在行政范围内处理和解决。

20 世纪 90 年代后，随着《中华人民共和国行政诉讼法》、《行政复议条例》、《中华人民共和国行政复议法》的相继施行，市规划部门在依法行使城市规划管理职权的同时，正式引入了行政复议和行政诉讼程序。

1990 年 4 月，秦淮区瞻园路 126 号都乐酒楼业主张某，在未领取建设工程规划许可证的情况下,擅自进行都乐酒楼的扩建工程,违反《城市规划法》和《南京市城市建设规划管理暂行规定》的有关条款，秦淮区规划办公室责令其拆除。张某不服，向市规划局申请复议。经复议，市规划局维持了秦淮区规划办的处罚决定。张某对市规划局做出的行政复议决定不服,以秦淮区规划办公室为被告,向秦淮区人民法院提起诉讼。经法院判决，原告张某违反《中华人民共和国城市规划法》的有关规定，其行为与结果属严重影响城市规划；秦淮区规划办公室根据《城市规划法》第四十条的规定,对原告做出的限期拆除违章建筑的处罚,程序合法，主要证据充分，适用法律正确，判决维持原处罚决定。原告仍然不服判决，向市中级人民法院提起上诉，市中院驳回上诉，维持原判。都乐酒楼违章建设遂被强行拆除。

这是南京市有关规划的第一件行政复议和行政诉讼案件。

与此同时，市法制局开始受理申请人对市规划局具体行政行为不服，向市政府提起行政复议的案件，其中以不服行政许可和不服行政处罚案件为主。

16.6　小结：对城市规划工作的探索

就南京而言，这一时期，城市规划工作的实质性内容主要体现在城市空间发展规划理念的研究和传承历史文脉彰显城市特色的尝试；程序性内容主要是对城市规划编制体系的探索和规划管理法制化的推行。

16.6.1　城市空间发展规划理念的研究

改革开放以后，随着工业化、城市化的快速推进，城市如何健康地发展，成为摆在城市规划工作者面前迫切的课题。南京对此进行了探索：1980年代的"圈层式城镇群体"、1990年代的"都市圈"、新世纪的"多中心、开敞式"。

16.6.1.1　圈层式城镇群体

20世纪80年代，随着改革开放的发展，城市规划也进入了一个转型时期。

"圈层式城镇群体"这一规划思想主要是基于以建设外围城镇来控制大城市规模和促进城乡经济协调发展等目的。

"市—郊—城—乡—镇"的"圈层式城镇群体"布局模式，根本上是对当时国家"控制大城市规模，合理发展中等城市，积极发展小城市"的城市发展方针的积极回应。

5个圈层有着内在联系的城镇结合、城乡兼顾的关系。它们应是相互依存、相互制约又相互促进的。可以说，这是城乡统筹规划思想在城市化初期的最早探索。

在经济文化必然发展的前提下，市区规模的控制有赖于外围城镇的发展。而外围城镇的发展，又必须有市区这样的先进基地来依托。按照南京的情况，人文的优势固然在市区，地理的、天然的优势却在外围，特别在适于设厂建城的沿江地带。

城市在不断扩大，但是能否避免大城市恶性膨胀，这就需要有计划地发展小城镇。乡镇企业的发展已经反映这种趋势，应该发挥包括卫星城市在内的中心大城市的作用，促进所属县城的发展，并以县城为中心促进其他小城镇的发展。这是第一、第三与第五圈层的关系。作为中心圈层的市区也是要发展的，不过不是规模的扩大，而是通过改造，使工业、文化与科研教育以及城市各项设施，不断地技术更新，达到更高的水平，更好地发挥先进基地的作用。

至于城乡两个方面，包括一、三、五和二、四圈层之间的关系，是主导和基础的关系。①

---

① 陈铎.城镇结合，城乡兼顾——对南京总体规划中"圈层式城镇群体"的探索与介绍，1984

16.6.1.2 都市圈

以"都市圈"概念为主要特征的《南京城市总体规划（1991~2010）》在以往南京历次总体规划的基础上兼收并蓄，全方位地学习借鉴世界各国城市规划经验，对传统的规划理论和方法进行了扬弃，结合改革开放的新形势和南京的实际，进行了一系列有益的探索和尝试：如在拟定城市的性质、发展方向和空间布局时，进行了相关的社会经济分析，走出了传统的单一物质规划阶段；规划将视野扩展，从南京的经济辐射和吸引范围来看待南京的地位和作用，特别是把主城和周围地区作为一个整体来考虑南京的发展，使南京这个特大城市，在发展的同时保持良好的生态环境，区域意识、开放观念和可持续发展的思想已有所体现；规划还改变了过去一味追求终极目标最优化、不留余地的静态观念，对长远的战略设想和分阶段的实施方案有所涉及，对城镇的发展时序提出了"相机发展"的方案，以适应市场经济的灵活和弹性；此外，规划还开始考虑利用市场经济的作用和地价经济杠杆来引导城市的合理发展和用地优化。这些尝试反映出南京规划工作者在改革开放形势下的新的追求，也反映出南京规划事业的发展进步。

规划首次提出南京都市圈的概念，即以主城为核心，以由主城、外围城镇和城市化新区共同组成的高度城市化地区作为大都市发展的基本框架。这一构想不仅是"圈层式城镇群体"构想的直接延伸，而且是南京历次规划中城市形态构思的延续和发展，是对城市布局现状优缺点的扬弃，是适应市场经济条件下经济和社会事业加速发展的空间对策，也是南京的自然、地理条件使然。"南京都市圈"概念有它形成和发展的过程，有它提出的必要性和可能性。规划希望，通过"都市圈"的构想，南京城市的发展将适度扩展主城用地，合理控制主城规模，重点发展外围城镇，建设城镇化新区，以合理分布产业和人口；结合自然地形，严格保护绿色空间，构筑生态网架；强化基础设施建设、完善城镇之间互相联系的交通通道和通信手段。在南京都市圈这个更大的空间范围内，求得南京既能够加速发展，又得以合理布局；既是一个特大城市，又有良好生态环境。希望这是在社会主义市场经济条件下，类似南京这样的大城市正确处理发展与控制关系的有效途径。[①]

16.6.1.3 多中心、开敞式

"多中心、开敞式"的都市发展区概念的提出虽然是对《南京市城市总体规划（1991~2010）》的局部调整，但它是在新形势、新情况下对"都市圈"概念的发展。为了适应新的形势，总体规划调整中研究了在经济竞争日益激烈的环境里如何提高南京的中心城市地位和城市竞争力的问题；摆脱就城市论城市，从区域角度研究问题，考虑南京与上海的关系；考虑市场经济发展的需要，研究市场经济发展的规律性，保证市场经济发展需要的空间和弹性；特别重视老

---

① 苏则民. 大城市的发展与控制——关于南京城市总体规划修订的思考. 城市研究，1993（1）

百姓的利益，对于那些容易被市场经济发展所侵占的部分，比如绿地、历史文化资源、公共设施等做出了严格的规定；贯彻以人为本、环境保护和可持续发展的理念；不仅研究城市合理布局等静态问题，更研究了规划的实施问题和政策保障问题等等。

鉴于《南京市城市总体规划（1991~2010）》在实施过程中的实际情况，在原"都市圈"概念基础上，特别提出，都市发展区逐步形成以长江为主轴，以主城为核心，结构多元，间隔分布，多中心、开敞式的现代化大都市空间格局。"多中心、开敞式"概念的提出，既是都市圈概念的发展，也是针对城市规模扩大后控制大城市病与改善环境的重要规划手段。"南京需要从'山水城林有机相融的小南京城'，走向'山水城林有机相融的大南京都市区'，在更大的发展需求空间中构建城市与自然有机镶嵌的空间系统，在南京都市发展区范围内构建'多中心、开敞式、网络化'的组团空间结构，并广泛运用现代科学技术，发展生态文明，建设生态城市。"[①]

此外，这次规划实际除了南京市域的战略规划、主城的总体规划外，还编制了南京市的近期发展规划。

16.6.2 传承历史文脉彰显城市特色的尝试

保护历史文化名城、彰显城市特色，最重要、最紧迫的任务就是保护和展示物质文化遗存，保护老城，在更新中提升老城。南京首先强调保护整体格局，形成保护体系；其次是片的保护——环境风貌和历史文化保护区；第三是点的保护——文物古迹和重要历史建筑。

南京城市特色被归结为：**"山水城林，交融一体"**，既反映了"虎踞龙盘"山川形势的自然特色，也体现了"天材地利"人文特点的规划实践。

最能体现南京古都特色、最能反映南京历史文化名城神韵的载体是城墙、秦淮河和紫金山—玄武湖；城墙范围内的老城则是体现南京城市特色最集中、最典型的地域。

保护历史文化名城、彰显城市特色，更要在新时代下赋予新的内涵。1980年代的"圈层式城镇群体"强调了"蔬菜、副食品生产基地和近郊主要风景游览地区"和"农田山林"的作用；1990年代的"都市圈"突出了"以绿色生态空间相间隔"，"结合自然地形，严格保护绿色空间，构筑生态网架"；新世纪的"都市发展区"，"以长江为主轴，以主城为核心，结构多元，间隔分布，多中心、开敞式的空间格局"。这些城市空间布局构想，意在使南京在城市规模扩大的同时与自然山水之间仍然能够保持和谐的空间关系，将城镇发展空间

---

① 周岚.历史文化名城的积极保护和整体创造·第九章文脉承创论——以南京城市营建传统的继承发扬为例.科学出版社，2011

融于绿色自然山水之中，创造新时代的、更大范围的"山水城林，交融一体"的大南京。

16.6.3　规划编制体系的探索

16.6.3.1　区域和战略的研究——关于总体规划

传统的城市规划学科是由建筑学发展而来，在古代只注重城市建筑空间布局，后来也只就城市论城市。南京的规划工作者认为："制定总体规划需要不断地积累认识，……一是总体规划工作不能中断，需要对城市建设的实践进行不断的调查研究；二是总体规划以后各个层次的规划，它既是总体规划的深入和具体，相对总体规划来说，也是它的实践；三是实施规划的管理，它在城市建设的社会实践中是最直接、最敏感的活动。后两种实践的结果积累起来都会反馈给总体规划。"[①]

1. 关于总体规划

总体规划是在城市的发展战略研究的基础上，对行政管辖范围内的各个城镇分别进行城镇各种功能的用地布局、城镇空间形态与特定意图安排。重点确定城镇结构，包括道路等城市基础设施的骨架以及工业、居住、商业、市中心、绿地等各功能区的布局。这一层次的规划是城镇空间未来发展意图的表达，为后续规划提供框架和依据。

城市总体规划在规划管理中的作用是有限的，主要应该把握住城市的结构。现在常规的总体规划做法，缺少很重要的一项，就是确定城市建设用地和非建设用地的明确界限，以保证城市良好的生态环境。总体规划的用地分类宜粗不必细。如果一个城市能通过总体规划保证开敞空间（非建设用地）不被侵占，就是极大的成功。

2. 总体规划在内容上的拓展、延伸和深化

战略研究。战略研究是总体规划在空间（地域）上的拓展和时间上的延伸，即行政管辖范围内的综合性研究。总体规划尤其是大城市的总体规划，其实包括两个层面的规划。

首先是区域规划，在行政管辖范围内对城镇发展进行综合分析研究，展望 x 年。所谓 x 年，即在城镇水平达到成熟期，城镇不再以外延发展为主而转为以内涵发展为主的状态下，提出城镇的经济、社会、环境和空间发展的战略、方针和政策，作为城镇发展的目标和指导下一层次规划的依据。战略研究包括经济社会发展战略和空间发展战略。经济社会发展战略重点研究经济、社会、环境的发展目标与对策；空间发展战略重点研究城镇布局、基础设施的发展目标

---

① 陈铎，苏则民，魏竹琴 . 城市总体规划的认识发展观——也谈总体规划的修改 . 河北城市规划参考，1988（9）

和骨干网络及重大项目的布局，确定区域内城镇化促进区和城镇化控制区。城镇化促进区即规划中的城镇化地区，城镇化控制区即不允许城镇化的地区。

区域规划中的空间发展战略内容主要是该行政管辖范围内的城镇体系规划（在很多情况下，行政管辖范围与一个完整的城镇体系的地域范围并不一致，一定行政管辖范围内可能称为城镇布局规划更为恰当）。

其次是市区或主城的总体规划。按《城市规划编制暂行办法》的规定，总体规划还应包括近期建设规划。

所以，城市总体规划应该包含市域的战略规划、主城的总体规划和城市的近期发展策略三部分内容。

深化。对于南京这样的大城市而言，总体规划除了主城的总体规划，就地域而言，还应分别进行外围各城镇的总体规划；就专项而言，还应进行各个专题、专项的规划，以使整个市域的总体规划更充实、更深入。

16.6.3.2　规划管理的法定图则——关于分区规划

城市规划有两重作用：既是城市建设的目标、计划和蓝图，要逐步付诸实施；又是城市建设的法定依据、规范和准则，必须遵照执行。与此相应，应该有两种规划编制工作：规划设计和图则制定。前者主要用来体现城市发展的意图，后者则通过编制法定的图则来保证城市发展意图的实现。现在我国的很多规划图，尤其是总体规划图严格地说只是示意图，无法作为法规性质的文件进行操作。所谓图则制定，就要求把规划编制作为法规文件来制定，图则和文本应该具有明确的规定性，赋予它们"明确、肯定、有国家强制力作保障"这样的法律特征。

分区规划是一个深度适宜的规划层次，可以用分区规划的成果来制定法定图则，成为规划管理的基本依据。

16.6.3.3　规划管理的工作图则——关于详细规划

由于规划管理面对的是极其复杂且不断变化的城市，规划必须既有刚性，又有弹性。也就是使分区规划的成果成为法定图则的同时，使详细规划成为工作图则，它们具有不同的审批程序，不同的法律地位，不同的法律效力，各起不同的作用。

工作图则是规划管理部门日常进行规划实施管理的工作依据，是法定图则的补充。工作图则就是经过规定程序审批的详细规划的图纸和文本。工作图则更详细地对用地性质做出安排，规定应该建什么；更具体地规定地块的开发强度和控制指标；更详细地规定建筑物与周边的关系；更具体地提出建筑形态的要求等等。工作图则的土地分类可以是"国标"的小类。

工作图则是一种城市规划实施管理导则。用法定图则把必须管的管住；而工作图则是在遵守法定图则的前提下，给行政管理以适当的灵活性，既便于操作，也可通过行政管理弥补法定图则之不足。

16.6.4　规划管理法制化的推行

16.6.4.1　规划管理机构的建立与健全

1978年成立南京市规划局，成为独立的规划管理部门，而且是市政府的组成部门，这在全国是比较早的。

在1983年12月，为贯彻实施《南京市城市总体规划（1981~2000）》，江苏省人民政府决定成立南京规划建设委员会，由市长兼任主任。这是继北京之后成立最早的规划委员会。作为"南京地区城市规划建设的最高权威机构"，规划委员会在成立早期运作正常。但到后来，几年也不开一次会。问题在于，规划委员会只是省政府决定成立的一个虚设机构，并没有法定的地位。

16.6.4.2　规划法规

1990年4月7日经南京市十届人大常委会第十六次会议审议制定《南京市城市规划条例》，同年6月18日，由江苏省第七届人大常委会第十五次会议批准，自1990年8月15日起实施。这是南京市在城市规划管理方面颁布的第一部地方法规，也是全国城市中最早颁布的城市规划地方法规。

16.6.4.3　管理程序

1."规划设计要点"制度

从1985年开始，市规划局开始建立规划设计要点制度，在全国较早采用"规划设计要点"的管理办法。规划设计要点制度的实质是规划管理程序的规范化，使对项目的设计要求由过去口头的、随意性的改变为书面的、前置的。

2."一书两证"制度

1990年12月后，按照《城市规划法》的规定，市规划管理部门在全市范围内正式启用《建设项目选址意见书》以及《建设用地规划许可证》和《建设工程规划许可证》。

3.专家咨询制度

南京人文荟萃，城市规划、建筑方面的人才集中，南京很早就建立了专家咨询制度。1980年代初，市规划局组织市内专业人员成立市干道建筑会审组，1984年2月，南京规划建设委员会下设专家咨询委员会。咨询委员会一直在运作，起到了一定的技术咨询作用。

结语

一

南京优越的自然条件是世所公认的，"龙盘虎踞"的美誉已持续了1000多年。本来，一个城市自然山水的优劣都是相对的，因为既然有城市存在和发展，就说明那里是适合城市存在和发展的，只是各地特点不同。根本问题在于如何对待自然，如何适应自然而营造具有特色的城市。上海有水无山。她却利用黄浦江塑造了外滩这一城市特色，举世闻名。

《管子》说："凡立国都，非于大山之下，必于广川之上，高毋近旱而水用足，下毋近水而沟防省。因天材，就地利，故城郭不必中规矩，道路不必中准绳。"其中心思想是尊重自然。

如果说，"乐和礼序"的传统理念创造了古代都城的辉煌，那么"天材地利"的规划思想不仅在过去创造了同样的辉煌，而且也完全适用于今天的所有城市。

在选址方面，应是选择有利地形，让城市去适应自然，而不是为了建设去大规模改造自然；在城市布局方面，应因地制宜，利用自然，而不必为了某种"规矩"去劈山填湖。这些道理，今天看来十分浅显，但在古代却可能是"离经叛道"的。南京古代城市规划经验可贵之处正在于尊重和利用了"龙盘虎踞"的山川形势，从城址的选择到城市的形制格局，创造了一座具有特色的城市。在古代"乐和礼序"的传统观念根深蒂固的情况下，南京使"天材地利"的规划思想得到充分的展示，成为有别于我国古代的城市规划主流意识的典型代表。

明城墙、秦淮河、紫金山是南京三处最重要的载体，最集中、最典型、最全面地反映了南京作为著名古都和历史文化名城的自然山水特色、历史文脉积淀以及两者的结合。

今天，我们在南京的规划建设中，不仅要保护、展示这些体现"天材地利"规划思想的典型范例，更应继承和发扬这一规划思想的精神内涵，在城市的宏观布局到局部地段的城市设计中予以体现。

二

我国古代文明包括都城建设有一个由西向东、由北向南的渐移过程。南京地处富饶的长江下游，地跨长江两岸。自东汉末年开始，南京就逐渐成为地区以至全国的政治、经济和文化中心。

南京自东吴以后，即使不是国都，城市的建设处于低谷，但仍然是一定区域内的中心城市。隋、唐两朝是南京地位最低的时期，但仍是蒋州和昇州的州治所在。南宋以南京为"行都"。元代在南京设"江南诸道行御史台"，负责监治东南三省、十道，与在西安的"陕西诸道行御史台"并列，称为"南台"、"北台"。明朝迁都北京后，仍以南京为留都。清朝在南京设立了管辖江南省（今江苏、安徽两省及上海市）和江西省的"两江总督署"。

各个时期，尤其是作为国都的时期，都有"大南京"的观念，在"南京城"

外围建城堡，开运河，加强与周围其他城市或地区的联系。目的是防卫都城，保障供给。孙权凿破岗渎，朱元璋开胭脂河，建外郭。民国时期的规划范围就包含了大江南北。

城市的区位条件也会随着情况的变化而改变。隋朝时，江南运河的开凿和通航，南京原来南北、东西的水运交通枢纽地位不复存在。民国时期南京虽为首都，但上海的兴起，南京的经济地位相对下降，形成政治中心——南京、经济中心——上海的格局。其实这种格局就保持城市的各自特色，充分发挥各自优势而言，不失为一种良好的模式。首都中，美国的华盛顿，加拿大的渥太华，澳大利亚的堪培拉，都是如此。西方国家的省（州）会城市不是当地的经济中心，而往往只是一个小城市的事例更不胜枚举。

城市的地位和作用是客观存在，不以人们的意志为转移。**一个城市的地位和作用必然由于环境条件的变化而改变，从区域的观点和全国的观点来看，一个城市的地位和作用的改变即使是下降，也不见得是坏事。**

三

南京悠久的历史和所谓"短命"的王朝联系在一起。作为历史遗存，古迹中陵墓多且著名。日本侵略者屠刀下 30 万亡灵更深深的铭刻在南京的史册上。南京的历史蕴含着太多的悲情。但另一方面，"短命"的王朝大部分是分裂时期的政权。政权更迭频繁，促进南北交融。

南京不仅有悲情，更有辉煌。在古代，一方面是王朝的衰落，一方面是举世无双的宏伟都城。在近代，南京既是签订丧权辱国的《南京条约》的地方，也是日本侵略者在投降书上签字的地方。南京既有"晋代衣冠成古丘"的伤感，也有"天翻地覆慨而慷"的激奋。

有学者作过粗略的统计，南京在历史上曾经有过的称谓，县、州、郡以上的正式名号有 42 个，加上简称、雅号，竟达 62 个。[①] 这在古今中外历史上是极为罕见的文化现象，这也从一个侧面说明南京社会演变之剧烈，由此导致文化积淀之深厚。正如朱自清所说："逛南京像逛古董铺子，到处都有些时代侵蚀的遗痕。你可以摩挲，可以凭吊，可以悠然遐想；想到六朝的兴废，王谢的风流，秦淮的艳迹"（朱自清：《南京》）。

正因为这些，南京的历史显得浑厚深沉；也因为这些，南京的历史显得丰富多彩。南京是我国长江流域及其以南地域建都王朝最多、建都时间最长的城市。

四

自远古始，南京地区就是西北与东南古文化的交叉地带。春秋、战国时期的吴、越、楚，三国时期的魏、蜀、吴，相互交战的同时，也促进了文化的交流。

---

① 季士家，韩品峥.金陵胜迹大全·综述编.南京出版社，1993

东晋时期更达到了南北交融的高潮。

在全国处于分裂的时期，无论六朝，还是"五代十国"，南京作为一国之都，却出现了文化繁荣的局面，并由此奠定了深厚的文化底蕴。这是因为在分裂时期，相对而言，南京有一个比较安定的环境；北方人士南下，南北交流频繁；统治者的控制较为薄弱。

南京地处西北与东南文化的交叉地带使南京获益匪浅。先秦时，南京就是"吴头楚尾"。东晋对南京的文化发展是一个关键时期。在东晋，不仅是一般的文化交流，更重要的人才的吸引，大批中原人士南下，带来的是中原先进的文化和技术。中原文化与江南当地文化的结合，大大提升了南京的文学艺术和科学技术的水平，使南京成为南方以至全国的文化中心。南京云锦就是在东晋末年正式诞生的。当年刘裕将长安的手工业"百工"包括大批织锦工匠迁到建康，专门设立锦署。

六朝、南唐的文化繁荣为唐、宋的全国文化繁荣高潮打下了基础。此后，**尽管南京的政治、经济地位时起时落，在文化方面却始终处于举足轻重的地位。**在明朝初期和民国，南京是首都，自不必说；即使在非首都时期，也是如此。

南宋偏安江南，南京并非国都，但在建康修府学、创贡院、建立先贤祠，文化教育事业相当发达。元代集庆路学不仅是祭孔的场所和学府，也是书籍的出版机构。朱棣迁都北京后，南京仍保留最高学府——国子监，与北京的国子监，分别称为南监、北监。清代南京的江南贡院规模庞大，盛况空前，与北京的顺天贡院，分别称为"南闱"和"北闱"。我国古代教育的几种形式——太学、府学、县学、书院等，南京都有。由人才培养和选拔机构的设置，可见南京在文化方面在全国的地位。

文化教育和科学技术方面的深厚底蕴，民国时期留下的国家级的设施以及优秀的人才队伍，使南京至今在文化科技领域具有显著的优势。

五

在城市规划领域，古代的南京因其"天材地利"的规划特色而拥有特别重要的位置。

在我国近代史上，南京也有着独特的地位，南京发生过我国近代史上最具历史意义的事件——《南京条约》的签订、太平天国以天京为都、中华民国的建立、日本侵略者在投降书上签字以及解放军解放作为民国首都的南京。

尤其在民国时期，南京实现了城市近代化。1927~1937年的10年间，城市规划及建设实践完全打破了我国城市的传统格局，引进西方先进的规划理念，适应了社会经济的发展。《首都大计划》和《首都计划》是由我国政府组织制定的时间最早、内容最完备的近代城市规划。"可以认为中国具近代意义的大规模城市规划是从南京开始的"。

国民政府定都南京，南京为城市规划师和建筑师们提供了探索建筑民族化的中心舞台。**难能可贵的是，在建筑群的布局及建筑的风格上，城市规划师和建筑师们没有接受全盘西化，他们在接受西方的科学技术的同时，对继承和发扬民族传统在理论上和实践上做了卓有成效的探索，取得了可喜的成绩。**特别是在中山陵建筑悬奖征求图案的国际竞赛中，以吕彦直为代表的中国建筑师显示了令人赞叹的才华，说明中国建筑师完全能够胜任所有重大项目的设计任务。在《首都大计划》和《首都计划》中提出的指导思想和对建筑形式的具体要求，在今天仍然值得借鉴；建筑形式有民族化的宫殿式、混合式和装饰艺术式三种模式，成为我国探索建筑民族形式的主要途径。

六

古代城市的兴衰和近代规划的得失已经成为历史。历史是过去的足迹，是城市的记忆。只有了解历史，才能懂得自己的城市。对于城市规划工作者来说，不仅要了解历史，懂得自己的城市，知道自己城市的来龙去脉；更要想方设法在城市中留下足迹，铭刻记忆，延续历史。一个不忘历史记忆的城市，才是有文化的城市，有品位的城市，有更为璀璨的明天的城市。

现代的南京城市规划工作者献出了他们的智慧、勤劳和业绩，继承了先辈的事业，并将其发扬光大，产生了颇多创新之举。

一是对城市空间发展战略的研究：先后提出了"圈层式城镇群体"、"都市圈"和"多中心、开敞式"的规划理念。以"结构多元，间隔分布，多中心、开敞式的现代化大都市空间格局"来化解城市的发展与规模的控制这对矛盾。二是对传承历史文脉彰显城市空间特色的尝试：南京城市特色"山水城林，交融一体"，既反映了"虎踞龙盘"山川形势的自然特色，也体现了"天材地利"人文特点的规划实践。三是对城市规划编制体系的探索：总体规划在内容上的拓展、延伸和深化；以编制法定的图则来保证城市发展意图的实施。四是对城市规划工作法制化、规范化的推行：以地方法规规范管理程序。

七

有关南京城市演变的课题，前人已经有了许多研究。当然也有不少不同的说法，甚至谬误。对于久远的历史，存有异议是很难避免的。但今天的我们，对这些均宜谨慎对待，避免人云亦云，把存有异议的某种说法当作定论，特别是有一些史实对南京而言是至关重要的。例如：

越城。有史籍称范蠡筑越城。但按有关记载，筑越城是在越灭吴后的第二年，即勾践二十五年（前472）。而据《吴越春秋》，范蠡于勾践二十四年（前473）越灭吴的当年出走。筑越城似与范蠡无关。

固城。固城湖畔的古城遗址，曾被认为是春秋濑渚邑城。深入研究发现，现存遗迹具有"两汉"文化特征，推断是汉溧阳县城。春秋时期吴之濑渚邑城，推测当在今固城遗址之偏西部。

　　冶城。有说是吴王夫差在冶山设冶铸之所，后称冶城。这可能是弄混了东汉末期的吴和春秋末期的吴。有史料说明筑冶城之吴，乃东汉末年之吴，而非春秋末期之吴。

　　六朝建康城。关于六朝建康城历来有多种说法。杨国庆、王志高的《南京城墙志》提供了许多考古新发现，武廷海的《六朝建康规画》更对六朝建康作了深入的研讨。特别是他们对六朝建康城的位置，作了颇有见地的推断。本书在文字叙述中作了引用，但没有对有关附图进行修改，姑且存之，以待进一步的考古发现和论证。

　　宝船厂。宝船厂往往被说成龙江宝船厂。据明嘉靖三十年（1551）任龙江船厂主事的李昭祥撰写的《龙江船厂志》及其附图可知，宝船厂和龙江船厂不是同一个厂，而是两个厂，分处秦淮河两岸。

　　十朝都会。说南京是"六朝古都，十朝都会"。这"十朝都会"是把太平天国算作一个朝代，这至少是有争议的。

　　中山大道。提起中山大道（中山北路、中山路、中山东路），会认为是按《首都计划》修建的。其实，中山大道是在 1928 年夏《首都大计划》的二稿中确定走向、1928 年 8 月动工的，此时，《首都计划》尚未开始编制；中山大道于次年 5 月完成第一期工程时，《首都计划》尚未编制完成。只不过《首都计划》沿用了《首都大计划》的这一路网结构。

　　本书不可能解决有关疑义，也没有去一一考证，只是尽可能辨别正误，或几说并列存疑。

附

录

南京历史沿革简表

朝代			都城	城邑名	备注
春秋	楚	前837~前585		棠邑	现今南京市域范围内最早见于文献记载的邑
	吴	前585~前473		濑渚邑（前541）	现今南京市域范围内最早的城邑
战国	越	前473~前355		越城（前472）	现今南京主城建城史上最早的城
	楚	前355~前223		金陵（前333）	
秦		前221~前207		棠邑县、秣陵县、江乘县、丹阳县	南京地区的第一个县（棠邑县）
汉		前206~220		秣陵县、江乘县、胡熟县，丹阳郡（221）、建业	第一次成为郡治所在
三国	吴	222~280	建业（229~280），52年	建业	第一次成为一国首都．吴甘露元年（265）九月，末帝孙皓迁都武昌。次年，吴宝鼎元年（266）十二月，还都建业
西晋		265~316		扬州，秣陵县、临江县、江宁县、建邺县、建康县	第一次成为州治所在
东晋		317~420	建康（317~420），103年	建康	
南朝	宋	420~479	建康（420~479），60年	建康	
	齐	479~502	建康（479~502），23年	建康	
	梁	502~557	建康（502~557），55年	建康	梁承圣元年（552），梁元帝萧绎即位于江陵，梁绍泰元年（555），梁敬帝萧方智还都建康
	陈	557~589	建康（557~589），33年	建康	
隋		581~618		蒋州，江宁县、溧水县，丹阳郡	
唐		618~907		归化县、白下县、上元县、溧水县，扬州，江宁郡，昇州	
五代十国	吴	907~937		金陵府	杨吴大和五年（933），建都金陵。六年（934）闰正月，金陵火，罢建都
	南唐	937~975	江宁府（937~975），39年	江宁府	宋建隆二年（961）二月李璟迁都洪州（今南昌）。同年六月，李璟卒，李煜还都江宁
北宋		960~1127		昇州，江宁府，上元县、江宁县、溧水县	
南宋		1127~1279		建康府	南宋以建康为行都
元		1271~1368		建康路，江宁县、上元县、溧水县，集庆路	

朝代		都城	城邑名	备注
明	1368~1644	京师（1368~1420），53 年	南京，应天府，上元县、江宁县、溧水县、江浦县、六合县、高淳县	顺治元年（明崇祯十七年，1644）朱由崧在南京即皇帝位，年号弘光。次年，清军占领南京，朱由崧被俘，南明弘光王朝亡
清	1644~1911		江宁府，上元县、江宁县、溧水县、江浦县、六合县、高淳县，天京	太平天国政权于 1853~1864 年间建都南京，称天京
中华民国	1912~1949	南京（1912） 南京（1927~1949），23 年	南京府，金陵道、江宁县、江浦县、六合县、高淳县、溧水县、南京市、首都市	1932 年 1 月 30 日国民政府迁往洛阳，并决定以西安为陪都，定名西京，以洛阳为行都。11 月 29 日迁返南京。1937 年 11 月，国民政府迁往陪都重庆，1946 年 5 月还都南京。1937~1945 年间，南京为日本侵略者占领，曾为汪伪政权所在地
中华人民共和国	1949~		南京市，江宁县、江浦县、六合县、高淳县、溧水县	

主要参考文献

[1] 周礼.新世纪藏书集锦（视听珍藏版）·中华古典文学精华.东方音像电子出版社

[2] 礼记.新世纪藏书集锦（视听珍藏版）·中华古典文学精华.东方音像电子出版社

[3] 管子.新世纪藏书集锦（视听珍藏版）·中华古典文学精华.东方音像电子出版社

[4] 周易.新世纪藏书集锦（视听珍藏版）·中华古典文学精华.东方音像电子出版社

[5] 尔雅.新世纪藏书集锦（视听珍藏版）·中华古典文学精华.东方音像电子出版社

[6] 尚书.新世纪藏书集锦（视听珍藏版）·中华古典文学精华.东方音像电子出版社

[7] 列子.新世纪藏书集锦（视听珍藏版）·中华古典文学精华.东方音像电子出版社

[8] ［春秋］左丘明.春秋左传.新世纪藏书集锦（视听珍藏版）·中华古典文学精华.东方音像电子出版社

[9] ［汉］赵晔.吴越春秋

[10] ［汉］司马迁.史记.新世纪藏书集锦（视听珍藏版）·中外历史文库.东方音像电子出版社

[11] ［汉］班固.汉书.新世纪藏书集锦（视听珍藏版）·中外历史文库.东方音像电子出版社

[12] ［晋］陈寿撰、［宋］裴松之注.三国志

[13] ［晋］左思.三都赋·吴都赋

[14] ［晋］干宝.搜神记.新世纪藏书集锦（视听珍藏版）·中华古典文学精华.东方音像电子出版社

[15] ［刘宋］刘义庆撰.［梁］刘孝标注.世说新语

[16] ［梁］沈约.宋书.新世纪藏书集锦（视听珍藏版）·中外历史文库.东方音像电子出版社

[17] ［梁］萧子显.南齐书.新世纪藏书集锦（视听珍藏版）·中外历史文库.东方音像电子出版社

[18] ［北齐］魏收.魏书.新世纪藏书集锦（视听珍藏版）·中外历史文库.东方音像电子出版社

[19] ［唐］房玄龄等.晋书.新世纪藏书集锦（视听珍藏版）·中外历史文库.东方音像电子出版社

[20] ［唐］姚思廉.梁书.新世纪藏书集锦（视听珍藏版）·中外历史文库.东方音像电子出版社

[21] ［唐］姚思廉.陈书.新世纪藏书集锦（视听珍藏版）·中外历史文库.东方音像电子出版社

[22] ［唐］李延寿.南史.新世纪藏书集锦（视听珍藏版）·中外历史文库.东方音像电子出版社

[23] ［唐］魏徵.隋书.新世纪藏书集锦（视听珍藏版）·中外历史文库.东方音像电子出版社

[24] ［唐］刘知几.史通.新世纪藏书集锦（视听珍藏版）·中华古典文学精华.东方音像电子出版社

[25] ［唐］许嵩.建康实录.上海古籍出版社，1987

[26] ［宋］司马光.资治通鉴.新世纪藏书集锦（视听珍藏版）·中外历史文库.东方音像电子出版社

[27] ［宋］欧阳修.新五代史.新世纪藏书集锦（视听珍藏版）·中外历史文库.东方音像电子出版社

[28] ［宋］马令.南唐书

[29] ［宋］周应合.景定建康志.台北成文出版社，1983

[30] ［宋］张敦颐.六朝事迹编类.南京出版社，1989

[31] ［宋］乐史.太平寰宇记.中华书局，2007

[32] ［元］脱脱.宋史.新世纪藏书集锦（视听珍藏版）·中外历史文库.东方音像电子出版社

[33] ［元］张铉.至正金陵新志.南京文献·第十号～第二十号.南京市通志馆，民国36年，民国37年

[34]〔明〕宋濂.元史.新世纪藏书集锦（视听珍藏版）·中外历史文库.东方音像电子出版社

[35]〔明〕陈沂.金陵古今图考.南京文献·第四号.南京市通志馆，民国36年

[36]〔明〕程三省.万历上元县志.南京文献·第八号.南京市通志馆，民国36年

[37]〔明〕顾起元.客座赘语.庚己编·客座赘语.中华书局，1987

[38]〔明〕礼部.洪武京城图志.南京文献·第三号.南京市通志馆，民国36年

[39]〔明〕吴应箕.留都见闻录.南京市秦淮区地方史志编纂委员会，南京市秦淮区图书馆，1994

[40]〔明〕萧洵.故宫遗录.北平考·故宫遗录.北京出版社，1963

[41]〔明〕盛时泰.牛首山志.南京文献·第一号.南京市通志馆，民国36年

[42]〔明〕李昭祥.龙江船厂志.江苏古籍出版社，1999

[43]〔清〕张廷玉等.明史.新世纪藏书集锦（视听珍藏版）·中外历史文库.东方音像电子出版社

[44]〔清〕莫祥芝，甘绍盘等.同治上江两县志

[45]〔清〕钱大昕.廿二史考异.上海古籍出版社，2004

[46]〔清〕赵翼.廿二史札记

[47]〔清〕孙承泽.天府广记（上册）.北京出版社，1962

[48]〔清〕余怀.板桥杂记.上海启智书局，民国22年

[49]〔清〕王士祯.游金陵城南诸刹记

[50]〔清〕张通之.金陵四十八景题咏.南京文献·第二十三号.南京市通志馆，民国37年

[51]〔清〕陈作霖.凤麓小志.金陵琐志九种.南京出版社，2008

[52]〔清〕陈作霖.东城志略.金陵琐志九种.南京出版社，2008

[53] 朱偰.金陵古迹图考.商务印书馆，民国25年

[54] 朱偰.元大都宫殿图考.商务印书馆，民国25年

[55] 叶楚伧，柳诒征.首都志.正中书局，民国24年

[56] 国都设计技术专员办事处.首都计划，1929

[57] 孙中山先生葬事筹备处.孙中山先生葬事筹备及陵墓图案征求经过.民国14年

[58] 季士家，韩品峥.金陵胜迹大全.南京出版社，1993

[59] 南京市地方志编纂委员会.南京市志丛书

[60] 南京市地方志编纂委员会.南京简志.江苏古籍出版社，1986

[61] 吴良镛.北京旧城与菊儿胡同.中国建筑工业出版社，1994

[62] 吴良镛.人居环境科学导论.中国建筑工业出版社，2001

[63] 吴良镛.金陵红楼梦文化博物苑.清华大学出版社，2011

[64] 贺业钜.中国古代城市规划史.中国建筑工业出版社，1996

[65] 汪德华.中国城市规划史纲.东南大学出版社，2005

[66] 潘谷西主编.中国建筑史.中国建筑工业出版社，2004

[67] 武廷海.六朝建康规画.清华大学出版社，2011

[68] 南京市人民政府研究室.南京经济史（上）.中国农业科技出版社，1996

[69] 南京市人民政府研究室.南京经济史（下）.中国农业科技出版社，1998

[70] 王剑英.明中都.中华书局，1992

[71] 童寯. 江南园林志. 中国工业出版社，1963

[72] 董鉴泓. 中国城市建设史（第三版）. 中国建筑工业出版社，2004

[73] 郭黎安. 魏晋南北朝都城形制初探. 中国古都研究（第二辑）. 浙江人民出版社，1986

[74] 苏秉琦. 中国文明起源新探. 三联书店，1999

[75] 张年安，杨新华. 南京历史文化新探. 南京出版社，2006

[76] 濮阳康京. 江苏高淳固城遗址的现状与时代初探. 东南文化. 2001（7）

[77] 王惠萍. 沧海桑田话浦口. 南京大学出版社，1990

[78] 南京市明城垣史博物馆. 城垣沧桑——南京城墙历史图录. 文物出版社，2003

[79] 南京市档案局，中山陵园管理局. 中山陵史迹图集. 江苏古籍出版社，1996

[80] 南京市统计局. 南京统计年鉴

[81] 杨国庆，王志高. 南京城墙志. 凤凰出版社，2008

[82] 郭湖生. 中华古都. 台北空间出版社，2003

[83] 孟建民. 城市中间结构形态理论研究与应用. 东南大学研究生论文

[84] 谭其骧. 中国历史地图集. 中国地图出版社，1982~1988

[85] 张芝联，刘学荣. 世界历史地图集. 中国地图出版社，2002

[86]《东亚三国的近现代史》共同编写委员会. 东亚三国的近现代史. 社会科学文献出版社，2005

[87] ［意］利玛窦，［比］金尼阁著. 何高济，王遵仲，李申译. 利玛窦中国札记. 中华书局，2010

[88] ［俄］А.В.Бунин.История Градостроительного Искусства·Том Первый. Москва, 1953

后　记

在南京城市规划建设部门工作期间，陆续收集、积累和整理了有关南京城市演变的史料。在我的导师吴良镛先生的鼓励和指导下，作为由他主编的《人居环境科学丛书》之一，《南京城市规划史稿　古代篇·近代篇》于 2008 年出版。吴先生并为之作"序"。

在《南京城市规划史稿　古代篇·近代篇》出版前后，就开始与时任南京市规划局局长的周岚女士和南京市城市规划编制研究中心主任的何流先生酝酿编写《南京城市规划史稿　现代篇》，何流先生已经收集了改革开放以来的部分素材。由于她（他）们工作岗位变动，无暇顾及，这项工作就由我来继续了。

这次出版的《南京城市规划史》主要是在《南京城市规划史稿　古代篇·近代篇》基础上增写了现代部分（第六篇、第七篇）。另外，在《南京城市规划史稿　古代篇·近代篇》出版后，又读到并收集了不少有关史料，也发现书中一些错讹之处，这次作了补充、修改、完善。因此，本书可以视为《南京城市规划史稿　古代篇·近代篇》的第二版。

我深知要整理和编纂南京上下几千年浩如烟海的城市演变史料，遗漏、错误和不妥之处实难避免，现代部分，一定更有许多值得探讨之处，恳请批评指正。此外，由于是编写历史，必然以前人已有成果为基础，大量引用已有史料。本书尽可能注明出处，但恐难一一注明，尤其是一些资料摘选自互联网页。现代部分的附图大都由南京市城市规划编制研究中心、南京市城建档案馆提供，不再一一注明。

在本书的编纂和出版过程中，继续得到吴良镛先生的指导，将本书仍然列入由他主编的《人居环境科学丛书》，专门为本书亲笔书写了信札。吴先生在信中除了对本书提出指导性意见外，还表达了对他的家乡的深厚感情和对家乡的历史文化保护、城市规划建设的深切关注。已任江苏省住房和城乡建设厅厅长的周岚女士、南京市规划局局长叶斌先生、清华大学建筑与城市研究所副所长武廷海教授始终给予了关注和帮助；江苏省城市发展研究所、南京市城市规划编制研究中心、南京市城建档案馆、南京市规划设计研究院给予了大力支持。市规划局组织编纂的南京市志丛书之一《南京城市规划志》已经出版，本书引用了其中不少资料。原南京市文物局副局长、研究馆员韩品峥先生曾对《南京城市规划史稿　古代篇·近代篇》作了仔细的校阅，提出了许多宝贵的意见；南京工业大学蒋伶教授对本书的现代部分提出了许多中肯的建议。在此一并表示衷心的感谢。

苏则民

2015 年 7 月